**E. Buddecke**

# Pathobiochemie

**Korrelationsregister zu den
Gegenstandskatalogen (GK)
„Pathophysiologie – Pathobiochemie“,
„Klinische Chemie“ und
„Pathologie“
für den ersten Abschnitt
der ärztlichen Prüfung
2. Auflage, 1978**

Bearbeitet von
Dr. med. A. Buddecke

W DE G

**Walter de Gruyter
Berlin · New York
1978**

## Hinweise für Benutzer

Der Gegenstandskatalog 2 (GK 2) für den ersten Abschnitt der ärztlichen Prüfung wird 1978 in einer revidierten und neugegliederten 2. Auflage erscheinen und ab August 1978 Grundlage des schriftlichen Examens sein. Das Register enthält Seitenhinweise für die GK **Pathophysiologie und Pathobiochemie, Klinische Chemie** und **Pathologie.**

### 1. GK Pathophysiologie und Pathobiochemie

Das Register gibt für alle durch Dezimalklassifikation geordneten Prüfungsinhalte des Sachgebiets „Pathobiochemie" diejenigen Seiten im Lehrbuch **Pathobiochemie** an, auf denen die hierzu notwendigen Wissensinhalte abgehandelt sind. Das Register stellt lediglich die Dezimalziffern und die zugeordneten Hauptthemen der Lerninhalte zusammen, die angegebenen Seitenzahlen beziehen sich jedoch auch auf die im Katalog aufgeführte Untergliederung der Themen.

Für die Kapitel 15–19 des Gegenstandskatalogs, die Lerninhalte der Pathophysiologie bezeichnen, wird auf entsprechende Lehrbücher verwiesen.

### 2. GK Klinische Chemie und GK Pathologie

Seitenhinweise werden jeweils für die mit laufenden Ziffern versehenen Einzelkapitel der beiden Kataloge gegeben, soweit die dort genannten Lerninhalte aus dem Lehrbuch **Pathobiochemie** entnommen werden können. Die innerhalb der Einzelkapitel durch Klassifikation spezifizierten Gegenstände sind durch die genannten Seitenzahlen jedoch nicht vollständig abgedeckt.

# GK Pathophysiologie-Pathobiochemie

## 1. Stoffwechsel der Nucleinsäuren



## 2. Stoffwechsel der Aminosäuren, Proteine



## 3. Enzyme



## 4. Stoffwechsel der Lipide



## 5. Stoffwechsel der Kohlenhydrate

## 6. Innere Sekretion



## 7. Vitamine



## 8. Gastrointestinaltrakt

## 9. Leber-Galle



## 10. Salz-, Wasser- und Säure-Basen-Haushalt



## 11. Niere

## GK Klinische Chemie

## GK Pathologie

1. Allgemeine Ätiologie und Pathogenese von Krankheiten
2. Zell- und Gewebsschäden 10–12, 35, 49, 58–67, 73–75, 107, 285, 289, 299, 303–304
3. Störungen der Differenzierung und des Wachstums 391–395
4. Tumoren 358–371
5. Entzündungen 386–390
6. Immunpathologie 396–413
7. Wichtige Erkrankungen der Kreislauforgane 347–354, 385
8. Blutungen 375–385
9. Anämien 221–232
10. Erkrankungen der Atemwege
11. Erkrankungen der Verdauungsorgane 264–266, 275–276, 287
12. Erkrankungen der Niere, der ableitenden Harnwege und der Prostata 295–300
13. Morphologische Veränderungen bei Stoffwechselkrankheiten 39–43, 85–88, 133–134
14. Morphologische Grundlagen bei Funktionsstörungen endokriner Organe 150–152, 161–164
15. Erkrankungen des Bewegungsapparates 325–328, 346–347
16. Pathologie des Nervensystems

Eckhart Buddecke

# Pathobiochemie

Ein Lehrbuch für
Studierende und Ärzte

W DE G

Walter de Gruyter · Berlin · New York 1978

Prof. Dr. med. Eckhart Buddecke
Direktor des Instituts für Physiologische Chemie
an der Universität Münster/Westfalen

Das Buch enthält 188 Abbildungen und
91 Tabellen und Formeln

*CIP-Kurztitelaufnahme der Deutschen Bibliothek*

**Buddecke, Eckhart**
Pathobiochemie : e. Lehrbuch für Studierende u. Ärzte. –
1. Aufl. – Berlin, New York : de Gruyter, 1978.
ISBN 3-11-007526-1


Einbandentwurf: Armin Wernitz. Satz und Druck: Walter de Gruyter, Berlin. Bindearbeiten: Lüderitz & Bauer Buchgewerbe GmbH, Berlin.

# Vorwort

Die Biochemie hat die naturwissenschaftlichen Grundlagen der Medizin erweitert und gefestigt. Nachdem die Lebensvorgänge als eine Folge zahlreicher autonom regulierter chemischer Reaktionen erkannt wurden, lassen sich auch Erkrankungen als distinkte Störungen chemischer Reaktionen und biochemischer Prozesse verstehen.

In der **Pathobiochemie** dokumentiert sich das erfolgreiche Zusammengehen der Biochemie mit der Medizin. So läßt sich bei einer Reihe krankhafter Veränderungen eine lückenlose Kette vom molekularbiologischen Defekt bis zum klinischen Symptomenbild herstellen. Trotzdem vermag die Pathobiochemie noch kein geschlossenes Konzept einer „molekularbiologischen Krankheitslehre" zu entwerfen. Weite Bereiche der Pathogenese und Symptomatologie krankhafter Störungen sind immer noch auf den phänomenologischen Bereich beschränkt, doch wird der stetige Erkenntniszugewinn der Pathobiochemie der klinischen Medizin in zunehmendem Maße bessere theoretische Grundlagen und neue diagnostische und therapeutische Modelle liefern.

Die vorliegende Einführung in die Pathobiochemie umfaßt die Hauptabschnitte „Stoffwechsel", „Stoffwechselregulation", „Zellen-, Gewebe und Organe" und „Dynamische Systeme". Sie beschreibt genetische und erworbene Störungen biochemischer Reaktionen oder Abweichungen in der chemischen Struktur der Bausteine des menschlichen Körpers, soweit sie sich als Symptome mit Krankheitswert manifestieren. Seltenere erbliche Stoffwechselstörungen wurden jedoch – um die thematischen Proportionen nicht zu verschieben – entsprechend ihrer untergeordneten klinischen Bedeutung nur kurz, meist in tabellarischer Form erwähnt, wenn sie nicht wegen ihrer paradigmatischen Bedeutung eine ausführlichere Behandlung erforderten. Im übrigen wurde – wenn möglich – die Beziehung zwischen physiologischen Reaktionsabläufen und pathobiochemischen Stoffwechselprozessen oder Funktionszuständen an Hand schematischer Darstellung erläutert.

Das Verständnis der Pathobiochemie setzt ein Basiswissen der Biochemie, insbesondere die Kenntnis der Prinzipien der chemischen Struktur, des Stoffwechsels und der Funktion der Bausteine des menschlichen Körpers voraus, die Lerninhalte des vorklinischen Studienabschnitts sind. Insoweit ist die Pathobiochemie eine weiterführende medizinorientierte Teildisziplin der Biochemie. Diese Tatsache gestattet einen Verzicht auf die Repitition biochemischer Grundlagen und macht die Begrenzung der Pathobiochemie auf einen angemessenen Umfang möglich, erlaubt aber auch fachübergreifende Aspekte; denn als verbindendes Glied zwischen Biochemie und Medizin vermittelt die Pathobiochemie auch die Beziehung zu zahlreichen medizinischen Nachbargebieten wie z. B. zur Pathologie, Immunologie, Pharmakologie, Klinischen Chemie und Inneren Medizin.

Bei der Auswahl des Stoffes wurde die revidierte und neugegliederte **2. Auflage des Gegenstandskatalogs „Pathophysiologie und Pathobiochemie“** eingehend berücksichtigt, doch wurden auch Lernziele der Gegenstandskataloge **„Pathologie“, „Mikrobiologie“** (Immunologie) und **„Klinische Chemie“** aufgenommen, wenn es das Verständnis der Zusammenhänge erforderte. Ein bibliographischer Anhang gibt zusätzliche Hinweise für ein vertieftes Studium der Fachliteratur.

Zahlreichen Fachkollegen, meinen Mitarbeitern und vielen Studenten danke ich für sachkundige Hinweise und kritische Anregungen. Zu besonderem Dank verpflichtet mich auch die langjährige und vertrauensvolle Zusammenarbeit mit dem Verlag Walter de Gruyter.

Münster, Januar 1978 E. Buddecke

# Inhaltsübersicht



## A. Stoffwechsel

## B. Stoffwechselregulation

## C. Zellen, Gewebe und Organe

## D. Dynamische Systeme

# Nomenklatur

**Abkürzungen.** Die internationale Union für reine und angewandte Chemie (IUPAC = International Union for Pure and Applied Chemistry) und die internationale Union für Biochemie (IUB) haben ab 1965 Regeln für die Verwendung von Abkürzungen und Symbolen chemischer Namen herausgegeben, die in der Biochemie von Interesse sind. Die in diesem Buch verwendeten Abkürzungen folgen den Regeln der IUPAC und IUB. In Anpassung an den allgemeinen Gebrauch wurde eine Reihe zusätzlicher Abkürzungen aufgenommen.

**Ionisationszustand von Säuren und Basen.** Bei der Darstellung organischer Säuren, saurer und basischer Gruppen mit chemischen Formeln wurde in der Regel der Ionisationszustand nicht berücksichtigt. Aus Gründen der Vereinfachung wurde jeweils der nicht ionisierte Zustand dargestellt.

**Enzyme.** Die gemeinsame Kommission der IUPAC und IUB hat 1972 Empfehlungen für die Nomenklatur und Klassifikation von Enzymen, Enzymeinheiten und Symbolen der Enzymkinetik veröffentlicht (Enzyme Nomenclature, Elsevier Scientific Publishing Company, Amsterdam, 1972). Nach diesen Empfehlungen erhält ein Enzym einen systematischen Namen und eine vierstellige Codenummer (S. XXVII). Neben den systematischen Namen werden Trivialnamen angegeben, die wegen ihrer Kürze für den allgemeinen Gebrauch empfohlen und auch hier benutzt werden. Auch für die Nomenklatur und Systematik der multiplen Formen von Enzymen bzw. Isoenzymen (S. 4) liegen Empfehlungen der IUB vor.

**SI-Einheiten.** Für die Angabe von Normbereichen bzw. Resultaten klinisch-chemischer Untersuchungen wird das neugeschaffene internationale System der Maßeinheiten (Système Internationale d'Unites, SI-System) verwendet. Das SI-System ist von zahlreichen Staaten (u. a. Schweiz, Österreich und Bundesrepublik Deutschland) offiziell angenommen und z. T. gesetzlich vorgeschrieben (Bundesrepublik Deutschland: Gesetz über Einheiten im Meßwesen vom 2. 7. 1969 (Bundesgesetzblatt I, S. 709)). Das Gesetz schreibt den Gebrauch der SI-Einheiten bei der Übermittlung von Meßergebnissen für die Bundesrepublik Deutschland ab 1. 1. 1978 vor. Zur Erleichterung der Umstellung enthält die Tabelle der Normbereiche (S. XXXII) Angaben von konventionellen Einheiten **und** SI-Einheiten sowie einen Faktor für die rasche Umwandlung. Im Text sind neben den noch gebräuchlichen Meßwerten in konventionellen Einheiten auch die Werte in SI-Einheiten angegeben.

# Reaktionsschemata und Tabellen

**Reaktionsschemata.** In Diagrammen oder schematischen Darstellungen chemischer Reaktionen bzw. Reaktionsfolgen werden verschiedene Typen von Reaktionspfeilen verwendet. Ist bei enzymkatalysierten Reaktionen das Enzym angegeben, steht es – eingerahmt – jeweils neben oder über dem (den) Reaktionspfeil(en). Reaktionspfeile und Symbole haben folgende Bedeutung:

Reaktionsrichtung einer chemischen Reaktion, schließt jedoch die Reversibilität nicht aus.

Reversible chemische Reaktion

Reaktionsfolge, bei denen ein (oder mehrere) Zwischenprodukt(e) nicht in die schematische Darstellung aufgenommen wurde(n).

Stoffwechselnebenweg oder Reaktionen, die nur unter bestimmten, im Stoffwechsel meist nicht gegebenen Bedingungen reversibel sind.

Teilnahme eines Coenzyms oder Cosubstrats und/oder anderer Faktoren (in abgekürzter Schreibweise) an einer enzymkatalysierten Reaktion.

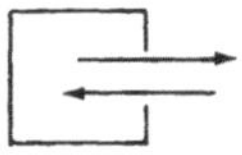
Materieaustausch von Zellen oder subzellulären Kompartimenten. Aufnahme und/oder Abgabe von Substraten oder Produkten des Stoffwechsels.

Stimulierte oder beeinflußte (in der Legende näher bezeichnete) Reaktion bzw. Reaktionsfolge.

Gehemmte bzw. unterbrochene (in der Legende näher bezeichnete) Reaktion bzw. Reaktionsfolge.

Rückkopplungs (feed-back)-Hemmung einer Synthesekette durch ein End- oder Zwischenprodukt des Stoffwechsels.

**Tabellen.** Soll in Tabellen ohne Angabe von Zahlenwerten eine Zunahme oder Abnahme zum Ausdruck gebracht werden, so geben die Symbole jeweils die relative Veränderung gegenüber dem Normbereich an. Es werden folgende Symbole verwendet:

N — Normbereich, normal.

$\uparrow (\uparrow\uparrow)$ — Zunahme (starke Zunahme), Erhöhung, Vermehrung (Zunahme der Stoffmengen-, Massen- oder Anzahlkonzentration oder der Aktivität eines Enzyms).

$\downarrow (\downarrow\downarrow)$ — Abnahme (starke Abnahme), Erniedrigung, Verminderung (Abnahme der Stoffmengen-, Massen- oder Anzahlkonzentration oder der Aktivität eines Enzyms).

$+$ — Positive Reaktion, Vorhandensein der angegebenen Komponente oder des Systems.

$\bigcirc (\emptyset)$ — Keine Veränderung, fehlende oder negative Reaktion, Fehlen der angegebenen Komponente oder des Systems.

# Tabelle der Abkürzungen

## 1. Symbole für monomere Einheiten in Makromolekülen oder in phosphorylierten Verbindungen

| Symbol | monomere Einheit |
|---|---|
| A | Adenosin |
| Ala | Alanin |
| Arg | Arginin |
| Asp | Asparaginsäure |
| Asn (Asp-$NH_2$) | Asparagin |
| C | Cytidin |
| Cys oder Cys | Cystin (halb) |
| Cys | Cystein |
| d | „desoxy“ in Kohlenhydraten und Nucleotiden |
| dRib | 2-Desoxyribose |
| Fru | Fructose |
| Gal | Galaktose |
| Glc | Glucose (auch G, wenn keine Verwechslung mit Guanosin möglich ist) |
| G | Guanosin |
| GlcA | Gluconsäure |
| GlcN | Glucosamin |
| GlcNAc | N-Acetylglucosamin |
| GlcUA | Glucuronsäure |
| Glu | Glutaminsäure |
| Gln (Glu-$NH_2$) | Glutamin |
| Gly | Glycin (bzw. Glykokoll) |
| His | Histidin |
| Hyl | Hydroxylysin |
| Hyp | Hydroxyprolin |
| I | Inosin |
| Ile | Isoleucin |
| Leu | Leucin |
| Lys | Lysin |

| Symbol | monomere Einheit |
|---|---|
| Man | Mannose |
| Met | Methionin |
| NANA | N-Acetylneuraminsäure |
| Orn | Ornithin |
| Ⓟ | anorganisches Phosphat |
| Ⓟ— | Phosphoryl-(Esterphosphat) |
| Ⓟ—Ⓟ | Pyrophosphat (Diphosphat) |
| Ⓟ—Ⓟ— | Pyrophosphoryl-(Diphosphatester) |
| Phe | Phenylalanin |
| Pro | Prolin |
| Rib | Ribose |
| Ser | Serin |
| Thr | Threonin |
| Trp | Tryptophan (auch Try) |
| T | Thymidin |
| dT | Desoxyribosylthymin |
| Tyr | Tyrosin |
| U | Uridin |
| Val | Valin |

## 2. Halbsystematische oder Trivialnamen

| | |
|---|---|
| Acetyl-CoA | Acetylcoenzym A |
| ACTH | Adrenocorticotropin, adrenocorticotropes Hormon |
| ADH | antidiuretisches Hormon (Adiuretin) |
| ADP | Adenosin-5'-diphosphat |
| AMP | Adenosin-5'-phosphat |
| Apo-A(B, C) | Apolipoprotein A(B, C) |
| ATP | Adenosin-5'-triphosphat |
| BAO | Basic Acid Output (Magensaftsekretionsanalyse) |
| BU | Bromuracil |
| CDP | Cytidin-5'-diphosphat |
| Cer | Ceramid |

| | |
|---|---|
| CMP | Cytidin-5′-phosphat |
| CoA | freies Coenzym A |
| –CoA | Coenzym A in Thioesterbindung |
| –[CoA] | Coenzym A in Thioesterbindung (in Formeln) |
| CRF | Corticotropin Releasing Faktor (Hormon) |
| CTP | Cytidin-5′-triphosphat |
| DNA | Desoxyribonucleinsäure |
| DON | 6-Diazo-5-Oxo-Norleucin |
| DOPA | Dihydroxy-phenylalanin |
| FAD | Flavinadenindinucleotid |
| FFA | Freie (nicht veresterte) Fettsäuren (Free Fatty Acids) |
| FMN | Riboflavin-5′-phosphat |
| $FolH_4$ | Tetrahydrofolsäure |
| FSH | follikelstimulierendes Hormon |
| GAG | Glykosaminoglykane (Gesamtglykosaminoglykane) |
| GDP | Guanosin-5′-diphosphat |
| GIP | Gastric Inhibitory Polypeptide (Enterogastron) |
| GMP | Guanosin-5′-phosphat |
| GSH | Glutathion |
| GSSG | oxydiertes Glutathion |
| GTP | Guanosin-5′-triphosphat |
| H | $H^+ + e^-$ |
| HDL | High Density Lipoprotein |
| HHL | Hypophysenhinterlappen |
| Hb, HbCO, $HbO_2$ | Hämoglobin, Kohlenmonoxid-Hämoglobin, Oxyhämoglobin |
| HK | Hämatokrit |
| HVL | Hypophysenvorderlappen |
| ICSH | Luteinisierendes Hormon (Zwischenzellstimulierendes Hormon) |
| IDP | Inosin-5′-diphosphat |
| IgA (D, E, G, M) | Immunglobin(e) der Klasse A(D, E, G, M) |
| IMP | Inosin-5′-phosphat |
| ITP | Inosin-5′-triphosphat |
| I. P. | Isoelektrischer Punkt |
| KS | Keratansulfat |
| LDL | Low Density Lipoprotein |
| LH | Luteinisierendes Hormon |

| | |
|---|---|
| LP | Lipoproteine |
| LTH | Luteotropes Hormon |
| MAO | Maximal Acid Output (Magensaftsekretionsanalyse) |
| MCHC | Mittlere korpuskuläre Hämoglobinkonzentration (der Erythrozyten) |
| MCV | Mittleres korpuskuläres Volumen (der Erythrozyten) |
| MSH | Melanozyten-stimulierendes Hormon |
| NA (NS) | Nikotinamid (Nikotinsäureamid) |
| NAD | $NAD^+$, Nicotinamidadenindinucleotid |
| $NADH_2$ | $NADH + H^+$, reduziertes NAD |
| NADP | $NADP^+$, Nicotinamidadenindinucleotidphosphat |
| $NADPH_2$ | $NADPH + H^+$, reduziertes NADP |
| NMN | Nicotinamidmononucleotid |
| NNR | Nebennierenrinde |
| PAO | Peak Acid Output (Magensaftsekretionsanalyse) |
| PAPS | 3′-Phosphoadenosin-5′-phosphosulfat |
| PAS | Perjodsäure-Schiff-Reagenz |
| P-Lipide | Phospholipide |
| RNA | Ribonucleinsäure |
| m-RNA | Messenger Ribonucleinsäure |
| r-RNA | Ribosomale Ribonucleinsäure |
| t-RNA | Transfer-Ribonucleinsäure |
| SHBG | Sexualhormonbindendes Globulin |
| STH | Somatotropes Hormon |
| $T_3(T_4)$ | Trijodthyronin (Tetrajodthyronin, Thyroxin) |
| TPP | Thiaminpyrophosphat |
| UDP | Uridin-5′-diphosphat |
| UDPG | Uridin-5′-diphosphat-glucose |
| UMP | Uridin-5′-phosphat |
| UTP | Uridin-5′-triphosphat |
| VIP | Vasoactive Intestinal Peptide |
| VLDL | Very Low Density Lipoprotein |
| ZNS | Zentralnervensystem |
| Zyklo-AMP (cAMP) | 3′, 5′-Adenosinmonophosphat |

### 3. Enzyme

Abkürzungen für Enzyme werden von der IUB **nicht** empfohlen. Sie werden jedoch im Schrifttum und in der klinisch-chemischen Routine verwendet. Angegeben ist der von der IUB empfohlene Trivialname sowie in Klammern der systematische Name und die Klassifikationsnummer des Enzyms.

| | |
|---|---|
| ALD | Fructose-biphosphat-Aldolase (D-Fructose-1,6-biphosphat: D-Glyceraldehyd-3-phosphat-Lyase, 4.1.2.13) |
| ADH | Alkoholdehydrogenase (Alkohol: NAD-Oxidoreduktase, 1.1.1.1) |
| Amylase | α-Amylase (1,4-α-D-Glucanohydrolase, 3.2.1.1) |
| AP (APh) | Alkalische Phosphatase (Orthophosphorsäure-Monoester-Phosphohydrolase, 3.1.3.1) |
| CK (CPK) | Kreatinkinase (ATP: Kreatin-N-Phosphotransferase, 2.7.3.2) |
| CK-MM (BB, MB) | Skelettmuskelspezifisches (gehirnspezifisches, hybrides) Isoenzym der Kreatinkinase |
| ENO | Enolase (2-Phospho-D-Glycerat-Hydrolase, 4.2.1.11) |
| GAPDH | Glycerinaldehydphosphatdehydrogenase (D-Glycerinaldehyd-3-Phosphat: NAD-Oxidoreduktase (phosphorylierend), 1.2.1.12)) |
| G-6-PDH | Glucose-6-Phosphatdehydrogenase (D-Glucose-6-Phosphat: NADP-1-Oxidoreduktase, 1.1.1.49) |
| GK | Glycerinkinase (ATP: Glycerin-3-Phosphotransferase, 2.7.1.30) |
| GLDH | Glutamatdehydrogenase (L-Glutamat: NAD(P)-Oxidoreduktase (desaminierend), 1.4.1.3)) |
| GOT (SGOT) | Aspartat-Aminotransferase (Glutamat-Oxalacetat-transferase) (L-Aspartat: 2-Oxoglutarat-Aminotransferase, 2.6.1.2) |
| GPT | Alanin-Aminotransferase (Glutamat-Pyruvat-Transaminase) (L-Alanin: 2-Oxoglutarat-Aminotransferase, 2.6.1.2) |

| | |
|---|---|
| γ-GT (GGTP) | γ-Glutamyltransferase (γ-Glutamyl-Peptid: Aminosäure-γ-Glutamyltransferase, 2.3.2.2) |
| HBDH | β-Hydroxybutyrat-Dehydrogenase (Isoenzym der LDH) |
| HMG-CoA Reduktase | Hydroxymethylglutaryl-CoA-Reduktase (Mevalonat: NAD-Oxidoreduktase (CoA-acylierend), 1.1.1.88) |
| ICDH | Isocitrat-Dehydrogenase (Threo-D-Isocitrat: NAD-Oxidoreduktase (decarboxylierend), 1.1.1.41)) |
| LAP | Aminopeptidase (Leucinaminopeptidase) (α-Aminoacylpeptid-Hydrolase (Cytosol), 3.4.11.1) |
| LCAT | Lecithin-Acyltransferase (Lecithin: Cholesterin-Acyltransferase, 2.3.1.43) |
| LDH | Lactatdehydrogenase (L-Lactat: NAD-Oxidoreduktase, 1.1.1.27) |
| LDH-1 (2, 3, 4, 5) | Isoenzym 1 (2, 3, 4, 5) der Lactatdehydrogenase |
| Lipase | Triacylglycerin-Lipase (Triacylglycerin-Acylhydrolase, 3.1.1.3) |
| MDH | Malatdehydrogenase (L-Malat: NAD-Oxidoreduktase, 1.1.1.37) |
| ME | Malatdehydrogenase (decarboxylierend), Malat-Enzym (L-Malat: NADP-Oxidoreduktase (Oxalacetat-decarboxylierend), 1.1.1.40) |
| OCT | Ornithin-Carbamyltransferase (Carbamylphosphat-L-Ornithin-Carbamyltransferase, 2.1.3.3) |
| PFK | 6-Phosphofructokinase (ATP: D-Fructose-6-phosphat-1-Phosphotransferase, 2.7.1.11) |
| PK | Pyruvatkinase (ATP: Pyruvat-2-O-Phosphotransferase, 2.7.1.40) |
| SDH | L-Iditol-Dehydrogenase (Sorbit-Dehydrogenase) (L-Iditol: NAD-5-Oxidoreduktase, 1.1.1.14) |
| SP | Saure Phosphatase (Orthophosphosäuremonoester-Phosphohydrolase, 3.1.3.2) |

## 4. Allgemeine Abkürzungen und Symbole

| | |
|---|---|
| Å | Angström-Einheit (1 Å = $10^{-10}$ m) |
| Abb. | Abbildung |
| $e^-$ | Elektron |
| g | Erdbeschleunigung (Fallbeschleunigung – 9,81 m/$sec^2$) |
| Kap. | Kapitel |
| min (Min.) | Minute |
| Mol.-Gew. | Molekulargewicht |
| sec | Sekunde |
| h (Std.) | Stunde |
| h (Stdn.) | Stunden |
| Tab. | Tabelle |
| TG (T. G.) | Gewebstrockengewicht |
| UV | Ultraviolett |
| z. T. | zum Teil |
| ∅ | Durchmesser |
| > | größer als |
| < | kleiner als |
| ~ | „energiereiche“ Bindung |

# SI-Einheiten

Das neugeschaffene internationale System der Maßeinheiten (Système International d'Unites, **SI-Einheiten**) benutzt voneinander unabhängige **Basisgrößen,** deren Gebrauch ab 1. 1. 1978 bei der Übermittlung von Meßergebnissen gesetzlich vorgeschrieben ist.

a) Vielfache und Teile von Basisgrößen

| | | | | | |
|---|---|---|---|---|---|
| k | Kilo | ($10^3$) | m | milli | ($10^{-3}$) |
| M | Mega | ($10^6$) | μ | mikro | ($10^{-6}$) |
| G | Giga | ($10^9$) | n | nano | ($10^{-9}$) |
| T | Tera | ($10^{12}$) | p | pico | ($10^{-12}$) |
| | | | f | femto | ($10^{-15}$) |

b) Basisgrößen der SI-Einheiten

| Meßgröße Name | Symbol | Einheit Name | Symbol |
|---|---|---|---|
| Länge | $l$ | Meter | m |
| Masse | $m$ | Kilogramm | kg |
| Zeit | $t$ | Sekunde | s |
| elektr. Stromstärke | $I$ | Ampère | A |
| thermodynam. Temperatur | $T$ | Kelvin | K |
| Stoffmenge | $n$ | Mol | mol |

c) Von der Basisgröße der SI-Einheiten abgeleitete Einheiten

| Meßgröße Name | Symbol | Einheit Name | Symbol |
|---|---|---|---|
| Volumen | $V$ | Kubikmeter | $m^3$ |
| Konzentrationen | | Liter | l |
| Stoffmengenkonzentration | $c$ | Mol/Liter | mol/l |
| Massenkonzentration | $\varrho$ | Kilogramm/Liter | kg/l |
| Anzahlkonzentration | $C$ | Reziprokes Liter | 1/l |
| Kraft | | Newton | $N = m \cdot kg/s^2$ |
| Druck | $p$ | Pascal | $Pa = N/m^2$ |
| Energie | | Joule | J = N/m |
| Leistung | | Watt | W = J/s |
| Radioaktivität | | Bequerel | Bq = 1/s |

d) Im Zusammenhang mit den SI-Einheiten dürfen folgende Einheiten benutzt werden:

Minute (min), Stunde (h), Tag (d), Liter (l), Grad Celsius (°C).

e) Definitionen

| | |
|---|---|
| Mol | Stoffmenge, die aus ebensovielen Elementarteilchen (Atomen, Molekülen, Ionen, Radikalen, Elektronen) besteht wie Atome in 0,0120 kg des Nuklids $^{12}C$ enthalten sind. (1 Mol = $6{,}022169 \times 10^{23}$ Elementarteilchen). Die SI-Einheit mol gilt auch für die alten Einheiten **Val** (Stoffmenge, die $6{,}022169 \times 10^{23}$ Äquivalente enthält) und **Osmol** (Stoffmenge, die $6{,}022169 \times 10^{23}$ gelöste osmotisch wirksame Teilchen enthält). |
| mg/100 g | mg des gelösten Stoffes in 100 g Gesamtlösung. Bei Angabe für Organe oder Gewebe wird das Frischgewicht oder Trockengewicht des Organs mit dem Gewicht der Gesamtlösung gleichgesetzt. |
| g/l | g des gelösten Stoffes in einem Liter Gesamtlösung (z. B. Blut, Plasma, Serum, Harn). Als SI-Einheit zu verwenden, wenn die Molmasse des gelösten Stoffes nicht bekannt ist. |

# Tabelle der Normbereiche

## A. Serum bzw. Vollblut (V)

| Parameter | Konventionelle Einheit | Faktor | SI-Einheit |
|---|---|---|---|
| **1. Elektrolyte** | | | |
| Natrium | 126–150 mval/l | 1 | 126–150 mmol/l |
| Kalium | 3,6–5,2 mval/l | 1 | 3,6–5,2 mmol/l |
| Calcium | 4,2–5,4 mval/l | 0,5 | 2,1–2,7 mmol/l |
| Magnesium | 1,5–2,8 mval/l | 0,5 | 0,7–1,4 mmol/l |
| Chlorid | 96–107 mval/l | 1 | 96–107 mmol/l |
| Hydrogencarbonat | 20–28 mval/l | 1 | 20–28 mmol/l |
| Phosphor (anorg.) | 1,1–3,0 mval/l | 0,5556 | 0,6–1,7 mmol/l (pH 7,4/38 °C) |
| Sulfat (anorg.) | 0,006–0,02 mval/l | 0,5 | 0,003–0,01 mmol/l |
| Lithium | 0,5–2 mval/l | 1 | 0,5–2 mmol (therap. Bereich) |
| **2. Enzyme** (Nomenklatur s. Tab. der Abkürzungen) | | | |
| **a) Transaminasen** | | | |
| Glutamat-Oxalacetat-Transaminase (GOT) | | | ♂ bis 18 U/l (25°)* <br> ♀ bis 15 U/l (25°)* |
| Glutamat-Pyruvat-Transaminase (GPT) | | | ♂ bis 22 U/l (25°)* <br> ♀ bis 17 U/l (25°)* |
| **b) Dehydrogenasen** | | | |
| Glutaminsäure-Dehydrogenase (GlDH) | | | ♂ bis 4 U/l (25°)* <br> ♀ bis 3 U/l (25°)* |
| Lactat-Dehydrogenase (LDH) | | | 120–240 U/l (25°)* |
| α-Hydroxybutyrat-Dehydrogenase (HBDH) | | | bis 140 U/l (25°) |
| LDH/HBDH-Quotient | | | 1,2–1,6 |
| Sorbit-Dehydrogenase (SDH) | | | bis 0,4 U/l (25°) |
| **c) Hydrolasen** | | | |
| saure Phosphatase (ges.) | | | bis 11 U/l (37°) |
| saure Phosphatase (Prostata) | | | bis 4 U/l (37°) |
| alkalische Phosphatase | | | Ki. 150–470 U/l (25°)* <br> Erw. 60–170 U/l (25°)* |
| α-Amylase** | | | 70–300 U/l (37°) |
| Cholinesterase*** (ChE) | | | 1900–3800 U/l (25°) |
| Lipase | | | bis 150 U/l (25°) |
| Leucin-Aminopeptidase (LAP) | | | 10–35 U/l (25°) |

* optimierte Methode

** α-Amylase im Urin: 100–2000 U/l (37 °C)

*** Acetylthiocholin, 25 °C, pH 7,2

| Parameter | Konventionelle Einheit | Faktor | SI-Einheit |
|---|---|---|---|
| **d) Weitere Enzyme** | | | |
| Kreatin-Phosphokinase (CK) | | | bis 50 U/l (25°)* |
| CK-MB | | | bis 10 U/l (25°) |
| Aldolase (AlD) | | | bis 3 U/l (25°) |
| Glucose-6-phosphat-Isomerase | | | 13–86 U/l (37°) |
| γ-Glutamyl-Transpeptidase (γ-GT) | | | ♂ 6–28 U/l (25°)<br>♀ 4–18 U/l (25°) |
| Ornithincarbamyl-Transferase (OCT) | | | bis 10 U/l (37°) |
| **3. Hämoglobinstoffwechsel** | | | |
| Hämoglobin (V) | ♂ 12,6–18,0 g/100 ml<br>♀ 11,4–16,4 g/100 ml | 0,6206 | 7,8–11,2 mmol/l (Hb/4)<br>7,1–10,2 mmol/l (Hb/4) |
| Methämoglobin | | | 0,2–1,0% des Gesamt-Hb |
| CO-Hämoglobin | | | bis 2% des Gesamt-Hb |
| Hämatokrit | | | ♂ 40–48 Vol. %<br>♀ 36–42 Vol. % |
| Färbeindex | | | 0,9–1,1 |
| Bilirubin (ges.) | 0,22–1,0 mg/100 ml | 17,10 | 3,4–17,1 µmol/l |
| konjug. Bilirubin | 0,05–0,3 mg/100 ml | | 0,8–5,1 µmol/l |
| **4. Kohlenhydrate** | | | |
| Glucose (Blutzucker) (V) | 60–110 mg/100 ml | 0,05551 | 3,3–6,1 mmol/l |
| Galaktose | | | |
| Neugeborene | bis 10 mg/100 ml | 0,05551 | bis 0,56 mmol/l |
| Erwachsene | bis 4,3 mg/100 ml | | bis 0,24 mmol/l |
| Fructose (V) | bis 10 mg/100 ml | 0,05551 | bis 0,56 mmol/l |
| Gebundene Kohlenhydrate | 200 mg/100 ml | 0,01 | 2 g/l |
| Lactat (V) | 6–20 mg/100 ml | 0,111 | 0,66–2,2 mmol/l |
| **5. Lipide** | | | |
| Gesamtlipide | | | 4–10 g/l |
| Triglyceride | 70–175 mg/100 ml | 0,01143 | 0,8–2,0 mmol/l |
| Gesamtcholesterin | 160–220 mg/100 ml | 0,02586 | 4,1–5,7 mmol/l |
| Verestertes Cholesterin | | | 70% des Gesamtcholesterins |
| Phospholipide | 120–300 mg/100 ml | 0,01292 | 1,6–3,9 mmol/l |
| freie Fettsäuren | 6–34 mg/100 ml | 0,0354 | 0,2–1,2 mmol/l |
| β-Lipoproteine | bis 550 mg/100 ml | 0,01 | bis 5,5 g/l |
| Gallensäuren | 0,2–1 mg/100 ml | 25,47 | 5,1–25 µmol/l (Desoxycholsäure) |

* optimierte Methode

| Parameter | Konventionelle Einheit | Faktor | SI-Einheit |
|---|---|---|---|
| **6. Proteine und N-haltige Verbindungen** | | | |
| Gesamtprotein | 6–8 g/100 ml | 10 | 60–80 g/l |
| Albumine | 55–67% | | 38–47 g/l |
| $\alpha_1$-Globuline | 2–4,5% | | 1,4–3,2 g/l |
| $\alpha_2$-Globuline | 6–11% | | 4,2–7,7 g/l |
| β-Globuline | 8–12,5% | | 5,6–8,8 g/l |
| γ-Globuline | 13–21% | | 9,1–14,7 g/l |
| Gesamtaminosäuren (als α-Amino-N) | 4–6 mg/100 ml | | 0,04–0,06 g/l |
| Harnsäure (enzymatisch) | ♂ 2,5–6,9 mg/100 ml | 59,48 | 150–410 µmol/l |
| | ♀ 2,0–6,2 mg/100 ml | | 120–370 µmol/l |
| Harnstoff | 10–50 mg/100 ml | 0,1665 | 1,7–8,3 mmol/l |
| Harnstoff-N | 5–23 mg/100 ml | 0,3561 | 1,7–8,3 mmol/l |
| Kreatinin | ♂ 0,7–1,2 mg/100 ml | 88,40 | 62–106 µmol/l |
| | ♀ 0,5–1,0 mg/100 ml | | 44–88 µmol/l |
| Kreatin | 0,2–0,7 mg/100 ml | 76,26 | 15–53 µmol/l |
| Ammoniak (V) | 50–100 µg/100 ml | 0,588 | 29–59 µmol/l |
| $\alpha_1$-Glykoprotein | 50–140 mg/100 ml | 0,01 | 0,5–1,4 g/l |
| $\alpha_1$-Antitrypsin | 154–302 mg/100 ml | 0,01 | 1,54–3,02 g/l |
| Caeruloplasmin | 20–45 mg/100 ml | 0,01 | 0,2–0,45 g/l |
| Haptoglobin | 70–220 mg/100 ml | 0,01 | 0,7–2,20 g/l |
| Transferrin | 200–400 mg/100 ml | 0,01 | 2–4 g/l |
| $\alpha_2$-Antitrypsin | 200–400 mg/100 ml | 0,01 | 2–4 g/l |
| $\alpha_2$-HS Glykoprotein | 40–85 mg/100 ml | 0,01 | 0,4–0,85 g/l |
| $\alpha_2$-Makroglobulin | 150–400 mg/100 ml | 0,01 | 1,5–4 g/l |
| Hämopexin | 70–130 mg/100 ml | 0,01 | 0,7–1,3 g/l |
| **7. Schwermetalle** | | | |
| Eisen (Fe) | ♂ 90–140 µg/100 ml | 0,1791 | 16–25 µmol/l |
| | ♀ 80–120 µg/100 ml | | 14–22 µmol/l |
| totale Eisenbindungs-kapazität | ♂ 300–400 µg/100 ml | | 54–72 µmol/l |
| | ♀ 250–350 µg/100 ml | | 45–63 µmol/l |
| latente Eisenbindungs-kapazität | ♂ 200–300 µg/100 ml | | 36–54 µmol/l |
| | ♀ 150–250 µg/100 ml | | 27–45 µmol/l |
| Kupfer | ♂ 70–140 µg/100 ml | 0,1574 | 11–22 µmol/l |
| | ♀ 85–155 µg/100 mg | | 13–24 µmol/l |
| Eisen/Kupfer/Quotient | | | 0,8–1,0 |
| Caeruloplasmin | 30–60 mg/100 ml | 0,0667 | 2–4 µmol/l (Mol. Gew. 151000) |
| Zink | 80–150 µg/100 ml | 0,153 | 12–23 µmol/l |
| Blei (V) | bis 40 µg/100 ml | 0,0483 | bis 2 µmol/l |

## B. Urin

| Parameter | Konventionelle Einheit | Faktor | SI-Einheit |
|---|---|---|---|
| **Elektrolyte** | | | |
| Kalium | 35–80 mval/d | 1 | 35–80 mmol/d |
| Natrium | 130–260 mval/d | 1 | 130–260 mmol/d |
| Calcium | 5–10 mval/d | 0,5 | 2,5–5 mmol/d |
| Magnesium | 3,4–24 mval/d | 0,5 | 1,7–12 mmol/d |
| Chlorid | 110–280 mval/d | 1 | 110–280 mmol/d |
| anorg. Phosphat | 700–1500 mg/d | 0,032 | 22,4–48 mmol/d |
| Kupfer | 10–70 µg/d | 0,01574 | 0,16–1,1 µmol/d |
| **Hormone und Derivate** | | | |
| Adrenalin | 0,8–7,5 µg/d | 5,46 | 4,3–30,9 mmol/d |
| Noradrenalin | 15–20 µg/d | 5,92 | 88–118 mmol/d |
| Vanillinmandelsäure | 1,7–7,5 mg/d | 5,031 | 8,6–38 µmol/d |
| Aldosteron | 5–20 µg/d | 2,78 | 14–55 nmol/d |
| Cortisol | 20–200 µg/d | 0,0276 | 0,55–5,5 µmol/d |
| Hydroxyindolessigsäure | 5–8 mg/d | 5,23 | 26–42 µmol/d |
| 17-Hydroxycorticoide | ♂ 7–20 mg/d | 2,758 | ♂ 19,3–55 µmol/d |
| | ♀ 4,5–14 mg/d | | ♀ 12,4–38,6 µmol/d |
| 17-Ketosteroide | ♂ 10–20 mg/d | 3,47 | ♂ 34,7–69,4 µmol/d |
| | ♀ 6–14 mg/d | | ♀ 20,8–48,5 µmol/d |
| **Organische Substanzen** | | | |
| Harnstoff | 10–34 g/d | 16,65 | 167–566 mmol/d |
| Kreatinin | 400–2100 mg/d | 0,00885 | 3,54–18,6 mmol/d |
| Kreatin | 10–190 mg/d | 7,625 | 76–1450 µmol/d |
| Harnsäure | 80–1000 mg/d | 0,00594 | 0,48–5,95 mmol/d |
| **Porphyrine** | | | |
| δ-Aminolävulinsäure | 0,5–5 mg/d | 7,63 | 3,8–38 µmol/d |
| Porphobilinogen | 0,8–2 mg/d | 4,42 | 3,53–8,8 µmol/d |
| Koproporphyrin | 50–200 µg/d | 1,53 | 76–306 nmol/d |
| Uroporphyrin | 20–60 µg/d | 1,20 | 24–72 nmol/d |

## C. Magensaft (M) und Faeces (F)

| | | | |
|---|---|---|---|
| Na (M) | 30–90 mval/l | 1 | 30–90 mmol/l |
| K (M) | 4–12 mval/l | 1 | 4–12 mmol/l |
| Ca (M) | 2–5 mval/l | 0,5 | 1–2,5 mmol/l |
| Cl (M) | 50–120 mval/l | 1 | 50–120 mmol/l |
| Na (F) | 7–60 mval/d | 1 | 7–60 mmol/d |
| K (F) | 30–130 mval/d | 1 | 30–130 mmol/d |
| Cl (F) | 15–160 mval/d | 1 | 15–160 mmol/d |

# A. Stoffwechsel

I. Enzyme

II. Nucleinsäuren

III. Proteine und Aminosäuren

IV. Kohlenhydrate

V. Lipide

VI. Wasser- und Elektrolythaushalt

# I. Enzyme

## 1. Natur und Wirkungsweise von Enzymen

Alle Lebensvorgänge lassen sich auf chemische Reaktionen zurückführen, deren geordneter Ablauf innerhalb einer Zelle oder eines Organs charakteristische Stoffwechselphänomene zur Folge hat. Der Stoffwechsel umfaßt die Summe aller jener chemischen Prozesse,

- durch die Stoffumwandlungen im lebenden Organismus vollzogen werden,
- durch die das chemische und funktionelle Organisationsprinzip der Zelle aufrechterhalten wird,
- die dem ständigen Informations- und Materieaustausch der Zelle mit der Umgebung dienen und
- die mit der Bereitstellung oder Gewinnung der benötigten Energie verbunden sind.

Die chemischen Reaktionen des Stoffwechsels vollziehen sich nach den Gesetzen der **Thermodynamik** (Energetik), ihre Geschwindigkeit wird durch die Gesetze der **Kinetik** beschrieben. Die im lebenden Organismus ablaufenden Stoffumwandlungen würden sich jedoch mit unmeßbar kleiner Geschwindigkeit vollziehen, wenn sie nicht durch **Enzyme** katalysiert und in ihrer Geschwindigkeit auf eine für den Stoffwechsel erforderliche Größenordnung erhöht würden.

Die Enzyme gehören ausnahmslos in die Stoffklasse der Proteine, ihre Fähigkeit zur katalytischen Beschleunigung einer chemischen Reaktion geht auf die Wirkung eines aktiven Zentrums zurück, das entweder durch einen bestimmten Teil des Proteinmoleküls selbst repräsentiert oder durch Zusammenwirken des Enzymproteins mit einem Coenzym oder Cofaktor gebildet wird.

Eine auffallende und wichtige Eigenschaft der Enzyme ist ihre ausgeprägte katalytische Spezifität, d. h. die Fähigkeit, nur mit einem bestimmten Substrat und auch nur unter bestimmten Bedingungen zu reagieren. Sie drückt sich darin aus, daß viele Enzyme nur auf bestimmte chemische Gruppen wirken. Reagiert ein Enzym mit mehreren (meist chemisch ähnlichen) Substraten, so sind in solchen Fällen die Reaktionsgeschwindigkeiten für die Substratanaloga beträchtlich niedriger.

Die kinetischen und energetischen Gesetzmäßigkeiten enzymkatalysierter Reaktionen werden durch die Biochemie beschrieben. Sie sind nachstehend in tabellarischer Form nur insoweit wiedergegeben, als sie für das Verständnis pathobiochemischer Zusammenhänge notwendig sind.

**Enzyme und Zellstoffwechsel.** Die Stoffwechselleistungen einer Zelle bzw. eines Organs werden bestimmt durch die Anzahl und die Aktivität der darin enthaltenen Enzyme. Der Synergismus der Enzyme zeigt sich in der Existenz von Reaktions-

Symbole und Definitionen der Enzymkinetik

| Symbol | Begriff | Definition |
|---|---|---|
| $K_m$ | Michaelis-Konstante | Substratkonzentration bei halber Maximalgeschwindigkeit, $K_m = [S]_{V/2}$ |
| $V$ ($v_{max}$) | Maximalgeschwindigkeit | Reaktionsgeschwindigkeit bei Substratsättigung des Enzyms, $V = k_{+2}\ [E_t]$ |
| $v$ | Geschwindigkeit | Initialgeschwindigkeit einer enzymkatalysierten Reaktion, $v = k_{+2}\ [ES]$ |
| $K_I$ | Inhibitorkonstante | Gleichgewichtskonstante der Reaktion EI = E+I (EI = Enzym-inhibitor-Komplex) |
| $k_{+n}$, $k_{-n}$ | Geschwindigkeitskonstante | Geschwindigkeitskonstante der Vor- bzw. Rückreaktion für den n-ten Schritt einer enzymatischen Reaktion |
| [E] | Enzymkonzentration | Konzentration des freien Enzyms |
| $[E_t]$ | Gesamtenzymkonzentration | Konzentration des freien Enzyms und des Enzymsubstratkomplexes [E] + [ES] |

ketten und Reaktionszyklen, in denen jeweils eine größere Anzahl von enzymatischen Einzelreaktionen hintereinander geschaltet ist. Dabei wird das Reaktionsprodukt der vorangehenden Reaktion durch die nächste Reaktion fortlaufend verbraucht („Fließgleichgewicht des Stoffwechsels“).

Jede Verminderung der Aktivität eines Enzyms unter ein für die physiologischen Erfordernisse notwendiges Maß hat eine Veränderung des Stoffwechsels zur Folge und kann sich ggf. als Erkrankung des betreffenden Organs oder des Gesamtorganismus manifestieren.

## 2. Nomenklatur, Einheiten und Meßgrößen der Enzymologie

Die Biochemie hat weit über 1000 Enzyme identifiziert und bezüglich ihrer Spezifität charakterisiert, viele der Enzyme wurden hochgereinigt, etwa 150 in kristallisierter Form dargestellt.

Eine systematische Einteilung der Enzyme basiert auf Empfehlungen der Enzymkommission (EC) der Internationalen Vereinigung für Biochemie (International Union of Biochemistry = IUB). Danach besitzt jedes Enzym

- eine Klassifikations-Nummer (EC),
- einen systematischen Namen, der Angaben über Substrat und Reaktionsmechanismus macht und

- einen empfohlenen Trivialnamen für den praktischen Gebrauch.

Der systematische Name eines Enzyms enthält drei Teile:
- Der erste Teil bezeichnet das (oder die) Substrat(e),
- der zweite Teil sagt etwas über den Typ der katalysierten Reaktion aus, der
- dritte Teil besteht aus dem Suffix„ase“.

Zusätzliche Informationen können – in Klammern gesetzt – folgen. Die Enzyme sind in 6 Hauptklassen mit jeweils mehreren Unterklassen eingeteilt. Die 6 Hauptklassen sind nachfolgend zusammengestellt:

| | |
|---|---|
| 1. Oxydoreduktasen: | Enzyme, welche die Oxydoreduktion zwischen einem Substratpaar katalysieren. Diese Klasse wurde früher als Dehydrogenasen oder als Oxydasen bezeichnet. |
| 2. Transferasen: | Enzyme, die eine Gruppe (die kein Wasserstoff ist) zwischen einem Substratpaar transferieren. |
| 3. Hydrolasen: | Enzyme, welche Ester-, Äther-, Peptid-, Glykosid-, Säureanhydrid-, C—C- oder P—N-Bindungen hydrolytisch spalten. |
| 4. Lyasen: | Enzyme, die vom Substrat Gruppen über einen nichthydrolytischen Mechanismus abspalten und dabei eine Doppelbindung hinterlassen oder die Anlagerung einer Gruppe an eine Doppelbindung katalysieren. |
| 5. Isomerasen: | Enzyme, welche die Umwandlung optischer, geometrischer oder sonstiger isomerer Verbindungen katalysieren. |
| 6. Ligasen: | Enzyme, welche die Bindung zwischen zwei Substraten katalysieren, wobei die Reaktion mit dem Lösen einer Pyrophosphatbindung im ATP oder eines anderen energiereichen Phosphates verbunden ist. |

**Enzymeinheiten.** Die quantitative Erfassung der katalytischen Aktivität eines Enzyms basiert auf der Bestimmung der Zunahme der Geschwindigkeit einer spezifischen chemischen Reaktion in Gegenwart des Enzyms im Vergleich zur Geschwindigkeit der gleichen chemischen Reaktion in Abwesenheit des Enzyms. Dabei ist zu berücksichtigen, daß die katalytische Aktivität eines Enzyms nur unter bestimmten Bedingungen, d. h. innerhalb enger Grenzen des pH-Wertes, bei hinreichender Substratkonzentration sowie definierter Temperatur und gegebenenfalls bei Anwesenheit von Coenzymen bzw. Cofaktoren zuverlässig und reproduzierbar erfaßt werden kann.

Die Geschwindigkeit einer enzymatischen Reaktion wird – entsprechend den Gesetzmäßigkeiten der Kinetik – angegeben als Änderung (meistens als Abnahme) der Substratkonzentration in der Zeiteinheit, d. h. als verbrauchte Stoffmenge.

Im Internationalen System der Maßeinheiten (SI) sind Stoffmenge und Zeiteinheit Basisgrößen, die in **mol** und **sec** angegeben werden. Die Geschwindigkeit einer enzymkatalysierten Reaktion hat demnach die Dimension Stoffmenge/Zeit ($n \cdot t^{-1}$) und die Einheit Mol/Sekunde (mol/sec).

Da auch die Menge eines Enzymproteins als Stoffmenge angegeben werden kann, wäre für abgeleitete Meßgrößen wie z. B. eine Enzymeinheit auch die Angabe der Enzymmenge in der Basisgröße Mol zu fordern. Bei enzymologischen Messungen in der Medizin bzw. Pathobiochemie liegt das zu untersuchende Enzym jedoch niemals in reiner Form vor, sondern ist Bestandteil eines Vielkomponentensystems (z. B. von Blut, Serum, Plasma, Körpersäften, Zellen oder Gewebeextrakten). Das bedeutet, daß die katalytische Aktivität eines Enzyms nicht als Stoffmenge des betreffenden Enzymproteins, sondern nur aufgrund seiner katalytischen Aktivität definiert werden kann.

Unter Berücksichtigung dieser Zusammenhänge hat die Enzymkommission der IUB 1973 folgende **neue Definitionen** der Enzymeinheit für den internationalen Gebrauch vorgeschlagen:

> Eine internationale katalytische Einheit (Name: Katal, Symbol: kat) ist die katalytische Aktivität („Enzymmenge"), welche die Umwandlung von 1 Mol Substrat pro Sekunde (mol/sec) unter Standardbedingungen katalysiert.

Standardbedingungen sind z. B. bei einer Temperatur von 25° C, Einhalten des pH-Optimums und bei Substratsättigung gegeben. Die Basiseinheit, das Katal, soll die folgende (1964 von der EC empfohlene) **alte Definition** ablösen:

> Eine Einheit U (= Unit) ist die Enzymmenge, welche die Umwandlung von einem µmol Substrat in einer Min. unter Standardbedingungen katalysiert.

Die Meßgröße U ist (noch) allgemein gebräuchlich und steht zur Meßgröße kat in folgender Beziehung:

> 1 U (µmol/Min.) = 1/60 µkat (µmol/sec).

Für Angaben von Enzymaktivitäten wird im folgenden die Meßgröße U benutzt. Enzymaktivitäten in Lösung (z. B. Serum) werden als U/Liter (U/l) angegeben.

**Spezifische katalytische Aktivität.** Die spezifische katalytische Aktivität ist eine abgeleitete Meßgrößenart, die aus der Division der katalytischen Aktivität durch die Proteinmasse gewonnen wird. Sie hat die Dimension katalytische Aktivität/Proteinmasse, ihre Einheit ist kat/kg Protein ($kat \cdot kg^{-1}$). Die spezifische katalytische Aktivität ist ein direktes Maß für die Reinheit eines Enzyms bzw. für den Anteil eines Enzymproteins an einem Stoffgemisch.

## 3. Multiple Enzymformen und Isoenzyme

Die Bezeichnung multiple Enzymformen wird auf alle diejenigen Enzyme angewandt, von denen zwei oder mehrere Enzymproteine existieren, welche die gleiche enzymatische Reaktion katalysieren, sich jedoch durch geeignete Methoden (z. B. Elektrophorese) voneinander trennen lassen.

Die möglichen Ursachen für das Auftreten multipler Formen von Enzymen sind in nachfolgender Tabelle zusammengestellt.

Die multiplen Formen der Enzyme in den Gruppen 1–3 werden auch als **Isoenzyme** bezeichnet. Sie unterscheiden sich durch ihre Primärstruktur (Amino-

**Multiple Formen von Enzymen**

| Gruppe | Ursachen für das Auftreten multipler Formen | Beispiele |
|---|---|---|
| 1 | Genetisch voneinander unabhängige Enzyme. Enzymproteine, die durch verschiedene Gene codiert werden. | Mitochondriale und zytoplasmatische Malat-Dehydrogenase |
| 2 | Heteropolymere (hybride) Enzyme, die aus 2 oder mehr nichtkovalent gebundenen Polypeptidketten zusammengesetzt sind. | Isoenzyme der Lactat-Dehydrogenase |
| 3 | Genetische Varianten (Allele) von Proteinen. Enzymproteine, die verschiedenen allelen Zuständen des codierten Gens entsprechen. | Mehr als 80 Glucose-6-phosphat-Dehydrogenasen des Menschen |
| 4 | Enzymproteine, die sich voneinander durch den Besitz eines Nichtproteinanteils unterscheiden. | Phosphorylase a und b |
| 5 | Enzymproteine, die aus einer Polypeptidkette (gemeinsamen Vorstufe, Proenzym) entstanden sind. | Chymotrypsinogen $\rightarrow \pi \rightarrow \delta \rightarrow \alpha$-Chymotrypsin |
| 6 | Polymere Enzymproteine, die aus identischen Polypeptidketten (Proteinuntereinheiten) zusammengesetzt sind. | Glutamat-Dehydrogenasen mit einem Mol.-Gew. von $1 \cdot 10^6$ und $0{,}25 \cdot 10^6$ |
| 7 | Proteine mit unterschiedlicher Konformation. Enzymproteine, die in verschiedenen Raumstrukturen mit unterschiedlicher Enzymaktivität vorliegen. | Alle allosterischen Enzyme |

säuresequenz) und weitere Charakteristika ($K_m$-Werte, Hemmbarkeit durch Enzyminhibitoren, Hitzestabilität). Die verschiedenen Gewebe und Organe besitzen oft ein unterschiedliches Isoenzym-Verteilungsmuster (proz. Anteil der einzelnen Isoenzyme). Bei Enzymen mit Quartärstruktur können durch Hybridisierung intermediäre Typen auftreten.

Die multiplen Formen von Enzymen der Gruppe 4–7 besitzen dagegen gleiche Primärstruktur oder sind Derivate einer gemeinsamen Vorstufe, unterscheiden sich jedoch durch andere Kriterien (Nichtproteinanteil, Konformation, Quartärstruktur).

## 4. Subzelluläre Enzymlokalisation und Organverteilungsmuster von Enzymen

Im Organismus befinden sich die Enzyme eines bestimmten Stoffwechselweges oder einer Reaktionskette häufig in kompartimentierter Form z. B. innerhalb eines Multienzymkomplexes oder in Bindung an subzelluläre Strukturen und Partikel. Dies hat den Vorteil, daß die zahlreichen, im Stoffwechsel nebeneinander ablaufenden Reaktionsketten und Stoffwechselwege mit hoher Selektivität ablaufen und einer getrennten Regulation unterliegen. Durch Biosynthese werden

| Subzelluläre Struktur | Funktion (Beispiele) | Enzymdiagnostik (Beispiele) |
|---|---|---|
| Kern | DNA-Replikation, RNA-Synthese, NAD-Synthese | |
| Mitochondrien | Endoxydation der Substrate (Citratzyklus, Atmungskette, oxydative Phosphorylierung), Fettsäureoxydation, Harnstoffsynthese | Glutamatdehydrogenase (GlDH)<br>Ornithincarbamylphosphattransferase (OCT)<br>Glutamat-Oxalacetat-Transaminase (GOT) |
| Lysosomen | Enzymatische Kontrolle des katabolen Stoffwechsels durch Hydrolasen (Nucleasen, Proteasen, Phosphatasen, Glykosidasen u.a.) | Saure Phosphatase<br>ß-Glucuronidase<br>Multiple Formen der ß-N-Acetylhexosaminidase |
| Mikrosomen (Ribosomen, Endoplasmat. Retikulum) | Proteinbiosynthese, Cholesterinbiosynthese, Glucuronidsynthese, Glykoproteinbiosynthese, Proteoglykanbiosynthese | Steroidhydroxylasen,<br>Glycosyl(Glucuronid)-Transferasen<br>Barbituratinduzierbare biotransformierende Enzyme<br>Glucose-6-phosphatase |
| Zellmembran | Elektrolyt- und Stofftransport, Permeabilitätsschranke | 5'-Nucleotidase, $Mg^{2+}$-aktivierbare ATP-ase<br>γ-Glutamyltranspeptidase (γ-GT) |
| Zytoplasma | Glykolyse, Glykogensynthese und -abbau, Pentosephosphatzyklus, Fettsäuresynthese | Lactatdehydrogenase (LDH)<br>α-Hydroxybutyratdehydrogenase (HBDH)<br>Glutamat-Oxalacetat-Transaminase (GOT)<br>Glutamat-Pyruvat-Transaminase (GPT)<br>Kreatinkinase (CK), Sorbitdehydrogenase (SDH)<br>Glucose-6-phosphat-Dehydrogenase |

die Enzyme einer Zelle laufend erneuert und ihre Konzentration bzw. Aktivität dem Bedarf angepaßt. Für die diagnostische Beurteilung von Enzymaktivitäten im Blutserum ist die intrazelluläre Lokalisation von Bedeutung, da sie Aufschluß über das Ausmaß des Zellschadens und den Sitz des Enzymdefekts geben kann.

**Organenzymmuster.** Die meisten der in der klinisch-chemischen Diagnostik benutzten Enzyme gehören zu den Hauptketten des Stoffwechsels, sind also in den Zellen aller Organe vorhanden (Enzyme der Glykolyse, des Citratzyklus, der Atmungskette u. a.). Sie bilden ein Grundmuster, das allerdings entsprechend der speziellen Funktion der einzelnen Organe durch eine spezifische Ausstattung mit Enzymen und Isoenzymen ergänzt bzw. modifiziert wird. Die Organe des menschlichen Körpers sind daher weniger durch die Existenz organspezifischer Enzyme als durch das Verteilungsmuster (Mengenverhältnis) der einzelnen Enzyme charakterisiert. Für manche Enzyme sind die Aktivitätsunterschiede von Organ zu Organ allerdings so groß, daß der Begriff der **relativen Organspezifität** geprägt wurde (Tabelle). Dies trifft vor allem für das Verteilungsmuster von Isoenzymen zu (LDH, alkalische Phosphatase, CK).

| Enzyme | Herkunftsort und relative Organspezifität |
|---|---|
| 1. Lactat-Dehydrogenase (LDH)* | Alle Organe (Skelett-, Herzmuskel, Leber, Erythrozyten, Thrombozyten) |
| α-Hydroxybutyrat-Dehydrogenase (HBDH) | Herzmuskel, Erythrozyten |
| Sorbit-Dehydrogenase (SDH) | Leber |
| Glutaminsäure-Dehydrogenase (GlDH) | Leber-Mitochondrien, Niere, Gehirn, Lunge |
| 2. Glutamat-Oxalacetat-Transaminase (GOT) | Alle Organe, Herzmuskel, Leber, Gehirn, Erythrozyten |
| Glutamat-Pyruvat-Transaminase (GPT) | Leber-Zytoplasma, Niere, Skelett-, Herzmuskel |
| γ-Glutamyltranspeptidase (γ-GT) | Leber, Gallenwegsepithel, Niere, Pankreas |
| Kreatin-Kinase (CK)* | Skelett-, Herzmuskel |
| 3. α-Amylase | Pankreas, Parotis |
| Lipase | Pankreas |
| Leucinaminopeptidase (LAP) | Gallenwegsepithel |
| Alkalische Phosphatase (AP)* | Knochen, Leber, Gallenwegsepithel, Dünndarm |
| Saure Phosphatase (SP, gesamt) | Niere, Leber, Pankreas, Erythrozyten |
| Saure Phosphatase (Prostata) | Prostata |
| Serum-Cholinesterase (CHE) | Leber (Sekretionsenzym) |
| 4. Aldolase | Skelettmuskel |

* Weitere Differenzierung durch Isoenzymverteilungsmuster

## 5. Enzymopathien

Die herabgesetzte Aktivität eines Enzyms, die Veränderung des Enzymverteilungsmusters innerhalb einer Zelle oder eines Organs oder der Verlust zellulärer Enzyme führen zu Störungen des Stoffwechsels und u. U. zur Stoffwechselinsuffizienz des Organs. Der Verlust zellulärer Enzyme durch Austritt aus der Zelle ist immer ein Sekundärvorgang, d. h. durch einen Primärschaden bedingt.

Als **primäre Enzymopathien** bezeichnet man Erkrankungen, die ihre Ursache in einem ein bestimmtes Enzym betreffenden genetischen Defekt (genetischer Enzymdefekt) haben. **Sekundäre Enzymopathien** treten als Folge exogener Einflüsse auf ein Zellsystem (mangelnde Versorgung mit Substraten, Zellschädigung, Enzymhemmung durch Inhibitoren) auf. Da bei den sekundären Enzymopathien zelluläre Enzyme häufig in den Extrazellulärraum bzw. in das Plasma übertreten, spielen sie für die Erkennung und Verlaufskontrolle von Organschäden in der klinisch-chemischen Diagnostik eine wichtige Rolle.

Eine Klassifizierung von Enzymopathien in schematisierter Form gibt die nachstehende Abbildung.

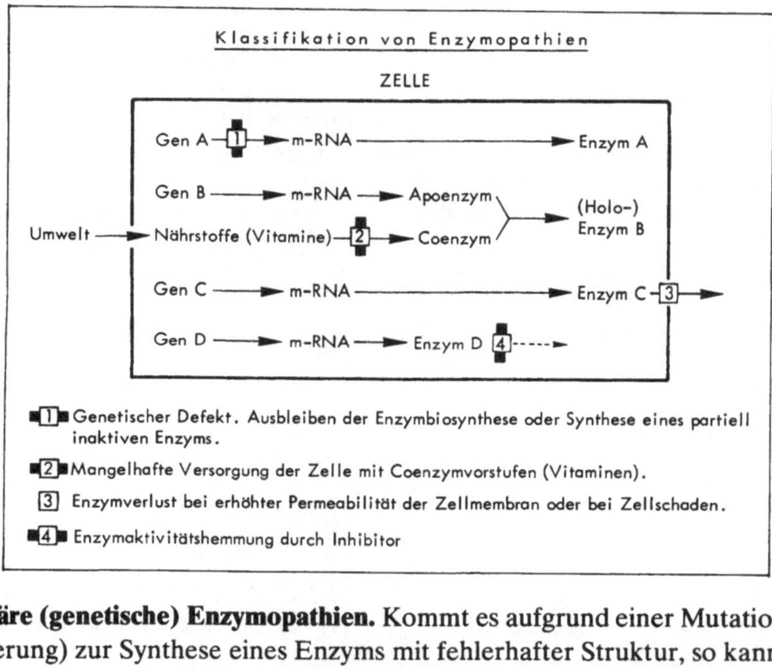


**Primäre (genetische) Enzymopathien.** Kommt es aufgrund einer Mutation (Genveränderung) zur Synthese eines Enzyms mit fehlerhafter Struktur, so kann dessen katalytische Aktivität bis zur vollständigen Inaktivität herabgesetzt sein.

**Enzymvarianten („Enzympolymorphismen").** Das Auftreten von Proteinvarianten ist ein häufiges Ereignis (Kap. Proteine und Aminosäuren, S. 47). Auch die

Enzymvarianten, die in die Gruppe der Isoenzyme bzw. der multiplen Enzymformen gehören, treten bei etwa 1/3 aller Enzyme auf. Bezüglich ihrer katalytischen Aktivitäten weisen Enzymvarianten alle Übergänge auf von normaler über verminderte Aktivität mit nur geringen oder passager auftretenden klinischen Erscheinungen bis zum fast vollständigen Aktivitätsverlust mit schweren Allgemeinsymptomen. Das Auftreten von Enzymvarianten wird als die molekularbiologische Basis für die unterschiedliche individuelle Reaktionsweise auf Nahrungsmittel, Arzneimittel, Toxine, Infektionen u. a. angesehen.

Enzymdefekte können ihrem Träger jedoch auch Selektionsvorteile bieten. Dies zeigt das Beispiel der Malariaresistenz heterozygoter Individuen mit Erythrozytenenzymopathien bzw. Hämoglobinopathien (S. 222). Das gemeinsame Merkmal dieser genetischen Defekte ist eine Verminderung der Konzentration an reduziertem Glutathion im Erythrozyten, die entweder direkte Folge eines Enzymmangels (Glutathion-Reduktasemangel) ist, oder indirekt durch $NADH_2$-Mangel (z. B. bei Glucose-6-phosphat-Dehydrogenasedefekt oder Sichelzellanämie) bedingt ist. Die herabgesetzte Konzentration an reduziertem Glutathion im Erythrozyten verleiht dem Träger Schutz vor einer Malariainfektion, da im Verlauf des ungeschlechtlichen Vermehrungszyklus die Umwandlung des Malaria-Merozoiten zum Schizonten an eine ausreichende Konzentration an reduziertem Glutathion gebunden ist.

Ist durch die Mutation ein Regulatorgen betroffen, so kann dies zur Folge haben, daß das betreffende Protein überhaupt nicht synthetisiert wird. Die Entscheidung darüber, ob die Synthese des Proteins vollständig blockiert ist oder aber ein katalytisch inaktives Enzymprotein gebildet wird, läßt sich durch immunologischen Nachweis des Enzymproteins führen. In zahlreichen Fällen von „Enzymdefekten" hat die immunologische Diagnostik eine äquivalente Menge an enzyminaktivem Protein nachgewiesen.

**Coenzymbedingte Enzymopathien.** Auch coenzymabhängige Enzyme können Sitz von Stoffwechselstörungen sein. Viele Coenzyme benötigen Vitamine als Stoffwechselvorstufen, aus denen sie durch enzymatische Umwandlung gebildet werden. Apoenzym und Coenzym gehen dabei meist eine nichtkovalente dissoziable Verbindung ein, wobei das katalytisch aktive Holoenzym entsteht.

Eine herabgesetzte oder fehlende Enzymaktivität kann bei coenzymabhängigen Enzymen folgende Ursache haben:

- reduzierte Affinität des Coenzyms zum strukturell veränderten Apoenzym,
- Blockierung der enzymatischen Umwandlung des Vitamins zum Coenzym (Defekt der enzymatischen Reaktion Vitamin → Coenzym),
- mangelhafte Zufuhr des Vitamins oder der Vitaminvorstufe mit der Nahrung (Hypovitaminose, Avitaminose, Kap. Vitamine und Coenzyme, S. 185).

Solche Störungen sind durch Beispiele in der folgenden Tabelle belegt.

**Beispiele für Coenzym- bzw. Vitaminmangel-bedingte Enzymopathien**

| Enzymdefekt | Coenzymvorstufe (Vitamin) | Stoffwechseldefekt |
|---|---|---|
| 1. **Herabgesetzte Affinität des Apoenzyms zum Coenzym** | | |
| Cystathioninsynthetase | Pyridoxin ($B_6$) | Homocystinurie |
| Cystathioninlyase | Pyridoxin ($B_6$) | Cystathioninurie |
| Glyoxylat-α-Ketoglutarat-carboligase | Pyridoxin ($B_6$) | Oxalose |
| α-Ketosäuredecarboxylase | Thiamin ($B_1$) | Ahornsirupkrankheit |
| Propionyl-CoA-Carboxylase | Biotin | Propionacidúrie |
| 2. **Defekt der enzymatischen Umwandlung von Vitamin zum Coenzym** | | |
| 5'-Desoxy-adenylcobalamin-synthese | Cobalamin ($B_{12}$) | Methylmalonacidurie, Methylmalonacidurie mit Homocystinurie |
| 3. **Verminderte Bildung des Vitamins aus Vorstufen** | | |
| Intestinaler Tryptophantransport | Nikotinamid | Hartnupsche Krankheit |

Da die Bindung eines Coenzyms an das Apoenzym dem Massenwirkungsgesetz folgt, kann in Fällen herabgesetzter Affinität des Apoenzyms zum Coenzym durch exzessive Erhöhung der Coenzymkonzentration eine so hohe Konzentration an Coenzym-Apoenzymkomplex erreicht werden, daß die katalytische Aktivität des Holoenzyms wieder im Normbereich liegt. Dieser Effekt läßt sich für die Therapie ausnutzen, indem man das betreffende Vitamin in „pharmakologischen" Dosen zuführt. Die hierfür benötigte tägliche Vitaminzufuhr liegt für Pyridoxin in der Größenordnung von 0,5–2,0 g, für Thiamin und Biotin etwa 30 mg, für Cobalamin etwa 1 mg und für Nikotinamid 0,25 g.

Viele erbliche Störungen des Aminosäure-, Kohlenhydrat-, Lipid-, Porphyrin-, Purin- und Pyrimidinstoffwechsels sind als Enzymdefekte identifiziert. Beispiele hierfür sind in entsprechenden Kapiteln abgehandelt. Auch die angeborenen Transportdefekte haben wahrscheinlich ihre Ursache in fehlenden oder falschen Struktur- oder Enzymproteinen.

**Sekundäre Enzymopathien.** Zellschäden der unterschiedlichsten Ursache (Kap. Entzündung, S. 386) betreffen primär häufig die besonders exponierte Zellmembran, die mit Verlust ihrer Fähigkeit zur selektiven Kontrolle der Permeabilitätsprozesse und erhöhter Durchlässigkeit reagiert. Der Austritt zellulärer Enzyme durch die geschädigte Membran (S. 389) hat Stoffwechselstörungen zur Folge, insbesondere, wenn in der geschädigten Zelle eine Kompensation des Enzymverlustes durch de novo Synthese nicht möglich ist.

Ähnliche Konsequenzen hat die **Hemmung enzymatischer Reaktionen.** Zahlreiche Pharmaka, Gifte oder in pflanzlichen und tierischen Nahrungsmitteln enthaltene Wirkstoffe haben den Charakter von Enzyminhibitoren.

**Kompetitive Inhibitoren** (I) konkurrieren mit dem Substrat (S) um das aktive Zentrum des Enzyms (E) und vermindern durch Bildung eines Enzyminhibitorkomplexes (EI) die Konzentration des freien, für den Substratumsatz zur Verfügung stehenden Enzyms. Die scheinbare Michaelis-Konstante des Enzyms ist größer, die Maximalgeschwindigkeit jedoch unverändert.

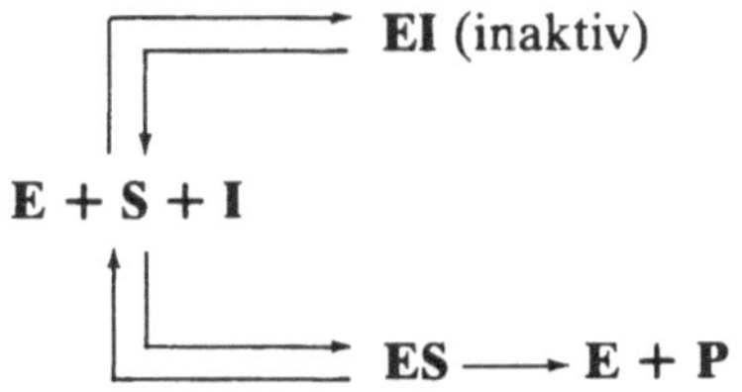


Bei der **nichtkompetitiven Hemmung** reagieren Inhibitor (I) und Substrat mit verschiedenen Stellen des Enzymproteins, so daß sowohl die Bildung eines Enzym-Inhibitorkomplexes (EI) als auch die eines Enzym-Inhibitor-Substratkomplexes (EIS) möglich ist. Da der Enzym-Inhibitor-Substratkomplex wesentlich langsamer zum Reaktionsprodukt (P) zerfällt als der Enzymsubstratkomplex, wird die Reaktionsgeschwindigkeit (und auch die Maximalgeschwindigkeit) verlangsamt. Die scheinbare Michaelis-Konstante bleibt jedoch unverändert.

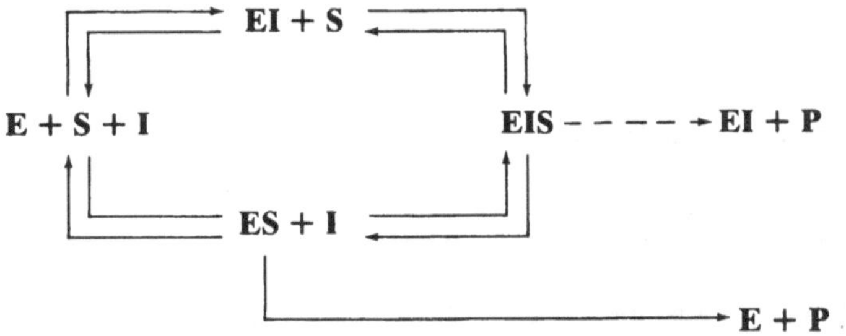


Die **Hemmung** eines Enzyms durch **Substratüberschuß** kann dann von Bedeutung werden, wenn ein Zwischenprodukt des Zellstoffwechsels aufgrund eines Enzymdefekts (s. u.) nicht weiter umgesetzt werden kann und sich daher anstaut.

Die Hemmung einer enzymatischen Reaktion muß keine nachteiligen Folgen für den Zellstoffwechsel haben, wenn ein Enzym betroffen ist, das unter physiologischen Bedingungen mit Substratkonzentrationen arbeitet, die in der Nähe der Michaelis-Konstante liegen, das Enzym also weit vom Zustand der Substratsättigung entfernt ist. Direkte Konsequenzen hat eine Enzyminhibition jedoch bei

Hemmung eines Schrittmacherenzyms, das bei Substratsättigung arbeitet und bei Hemmung direkt mit einer Herabsetzung der Reaktionsgeschwindigkeit reagiert. Schrittmacherenzyme unterliegen häufig einer allosterischen Rückkopplungs-(feed back-) Regulation durch physiologische Aktivatoren oder Inhibitoren.

Eine **irreversible Hemmung** bewirken Enzyminhibitoren, die durch kovalente Bindung an eine funktionelle Gruppe das Enzym irreversibel inaktivieren. Beispiele hierfür sind die Alkylantien (S. 369) und das Diäthyl-p-nitrophenylphosphat S. 255).

**Folgen eines Enzymdefekts.** Der Funktionsausfall eines Enzyms – z. B. innerhalb eines Stoffwechselweges A → D (s. Schema) – wirkt sich nicht nur auf die verminderte oder fehlende Bildung seines Reaktionsprodukts aus (I), sondern führt ebenso zum Anstau des Metaboliten, der von dem defekten Enzym nicht mehr umgesetzt werden kann, und häufig auch zu einem Rückstau von Stoffwechselvorstufen oder zur Speicherung des akkumulierten Zwischenprodukts (II) bzw. zu dessen Ausscheidung mit dem Harn. Auch eine Umwandlung des akkumulierten Zwischenprodukts über Stoffwechselnebenwege zu atypischen, sonst nur in geringer Konzentration gebildeten Stoffwechselprodukten (III) ist möglich.

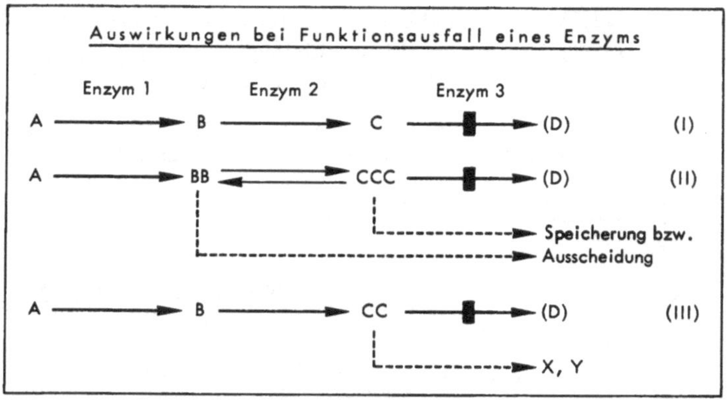


Beispiele sind die ausbleibende Tyrosinsynthese und der gleichzeitige Anstau von Phenylalanin bei der Phenylketonurie (S. 60), der durch Rückstau erhöhte Galaktosespiegel im Blut bei Galaktosämie (S. 71), die Speicherung partieller Abbauprodukte von Sphingolipiden und Glykosaminoglykanen bei den lysosomalen Speicherkrankheiten (S. 112) und die Bildung von Dulcit aus Galaktose oder von Phenylessigsäure aus Phenylalanin als atypische, über einen Nebenweg gebildete Stoffwechselprodukte. Auch pharmakainduzierte Enzymhemmungen können eine unphysiologische Konzentrationserhöhung von Metaboliten des Zellstoffwechsels herbeiführen (Anstieg des Hypoxanthinblutspiegels bei Allopurinolbehandlung, S. 42).

## 6. Enzyme im Blutplasma

Im normalen Plasma bzw. Serum des Menschen lassen sich zahlreiche Zellenzyme in relativ konstanter Aktivität nachweisen. Im Säuglingsalter sind die Aktivitäten meist höher als beim Erwachsenen. Die Zellenzyme des Serums entstammen verschiedenen Quellen. Den größten Anteil an den Serumenzymen scheinen Leber- und Muskelenzyme zu haben, welche die Zellen dieser Organe über einen physiologischen Exportmechanismus verlassen. Auch Thrombozyten und vermutlich Leukozyten können Enzyme ohne nachweisbare Schädigung an das Blut abgeben. Dagegen scheint der Anteil an Enzymaktivitäten, die aus physiologischem Zellumsatz („Zellmauserung") stammen, gering zu sein, da bei einem geordneten Zellabbau keine Abgabe aktiver Enzyme erfolgt.

Bei Anwendung hinreichend empfindlicher Methoden werden sich vermutlich die meisten Enzyme des Zellstoffwechsels im Plasma nachweisen lassen. Die Zahl der für die klinisch-chemische Routinediagnostik eingesetzten Serumenzyme ist jedoch begrenzt (20–30). Ihre Auswahl erfolgt nach den Kriterien einer möglichst hohen Empfindlichkeit, Schnelligkeit, Einfachheit und Genauigkeit einer quantitativen Bestimmung der Enzymaktivität.

Nach ihrer Funktion und Bedeutung für die Diagnostik lassen sich drei Gruppen von Enzymen im Serum unterscheiden:

1. Zellenzyme, 2. Sekretionsenzyme, 3. Exkretionsenzyme.

**Zellenzyme.** Zellenzyme verbleiben nach ihrer intrazellulären Synthese innerhalb der Zelle. Sie sind z. T. strukturgebunden, z. T. in definierten Zellkompartimenten lokalisiert oder Bestandteile von Multienzymkomplexen bzw. speziellen Stoffwechselketten und werden durch die Zellmembran am Verlassen der Zelle gehindert. Erst bei Zellschäden mit pathologischer Steigerung der Permeabilität der Zellmembran oder Zytolyse mit Strukturverlust und Zelltod treten die Enzyme der Zelle in den Extrazellulärraum und in das Blutplasma über und sind dort in erhöhter Aktivität nachweisbar.

Nach dem Austritt aus den Zellen verteilen sich die Enzyme auf die verschiedenen Flüssigkeitsräume, den interstitiellen, lymphatischen und intravasalen Raum. Aus den meisten Organen gelangen die Enzyme vorwiegend über das Lymphsystem in den Blutkreislauf, in der Leber, deren Parenchymzellen direkt Kontakt mit dem Plasma haben, jedoch unmittelbar in die Zirkulation. Die Verteilung des Enzyms auf die verschiedenen Flüssigkeitsräume und die Einstellung eines Gleichgewichts ist innerhalb von Minuten bis wenigen Stunden erreicht.

Je ausgedehnter der geschädigte Bezirk eines Organs ist, d. h. je mehr Zellen beteiligt sind und je schwerer (akuter) die Schädigung ist, desto höher ist der zu erwartende Aktivitätsanstieg von Zellenzymen im Plasma. Im Extremfall kann sich das Enzymverteilungsmuster des Serums an das des schwer geschädigten Organs völlig angleichen (z. B. bei schwerem Myocardinfarkt). In der Regel findet man jedoch das Enzymverteilungsmuster des geschädigten Organs im Serum „verzerrt". Die Gründe hierfür liegen u. a. darin, daß der Übertritt der Zellenzyme in das Blut nicht gleichmäßig erfolgt, sondern von folgenden Faktoren abhängt:

- Von dem Konzentrationsgradienten: Enzyme mit höherer Aktivität in der Zelle führen zu einem rascheren Anstieg der Aktivität im Serum.
- Von dem Molekulargewicht des Enzyms: Enzyme mit geringerem Mol.-Gew. diffundieren rascher als Enzyme mit höherem Mol.-Gew.
- Von der subzellulären Lokalisation: Zytoplasmatische Enzyme erscheinen eher und bei geringerer Schädigung im Blutserum als z. B. mitochondriale Enzyme, die eine Desintegration der Mitochondrienstruktur voraussetzen.
- Unterschiedliche Halbwertszeit für Enzyme im Plasma. Nach dem Austritt aus der Zelle unterliegen die Enzyme einer unterschiedlich raschen Inaktivierung. Die Abnahme der Enzymaktivität folgt einer Exponentialfunktion und ist unabhängig von einer absoluten Höhe des Enzymspiegels. Die Halbwertszeiten der Enzyme im Plasma sind enzymspezifische Kenngrößen und schwanken zwischen Stunden und Tagen (Abbildung). Auch für einzelne Isoenzyme können große Unterschiede bestehen.

Halbwertszeit von Serum-Enzymen nach Stop des Zustroms (Zeitpunkt 0) aus dem geschädigten Gewebe (logarithmische Ordinate)

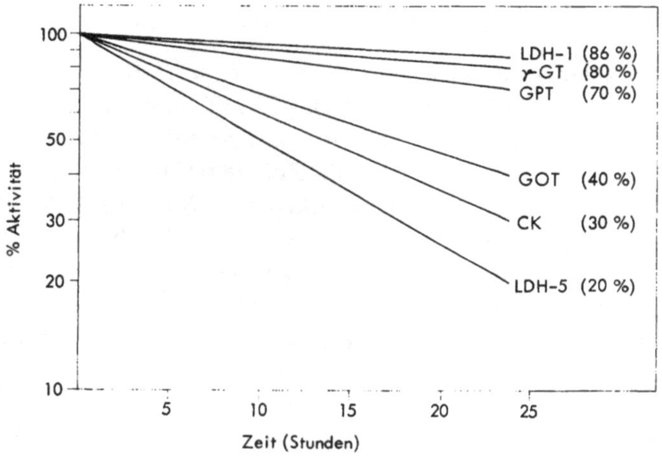


Der Abfall der Enzymaktivität im Plasma beruht z. T. auf einer Denaturierung des Enzymproteins, z. T. geht er darauf zurück, daß nahezu alle Zellen des Organismus in der Lage sind, Enzymproteine aus dem Blut aufzunehmen und abzubauen. Hierbei sind Leber, Niere und Lungen vorwiegend beteiligt. Enzyme mit geringerem Molekulargewicht (α-Amylase, Pepsinogen) können auch durch Ausscheidung über die Niere aus dem Plasma eliminiert werden (s. Tab. der Halbwertszeiten, S. 17).

**Halbwertszeiten von Plasmaenzymen**

| | Stunden | | Stunden | | Tage | | Tage |
|---|---|---|---|---|---|---|---|
| α-Amylase | 3– 6 | GOT | 12–22 | GPT | 1–3 | LDH 1 | 3– 7 |
| Lipase | 3– 6 | CPK | 13–17 | γ-GT | 3–4 | CHE | 8–12 |
| LDH 5 | 8–12 | GLDH | 17–19 | AP | 3–7 | | |

**Sekretionsenzyme.** Die Zellen einiger Organe produzieren Enzyme, die für den Export aus der Zelle bestimmt sind und ihren Wirkungsort nach aktiver Sekretion aus der Zelle erreichen. Einige typische Beispiele sind die Enzyme exokriner Drüsen (Pankreas, Parotis), die regelmäßig auch einen kleinen Teil ihrer Sekretenzyme in das Blut abgeben. Bei akuter und chronischer Schädigung oder bei Rückstau infolge Verschluß des Ausführungsganges werden jedoch große Mengen in das Blut ausgeschüttet.

Beispiele für Herkunft und Abbau von Serum-Enzymen

Mögliche Ursachen für eine Veränderung der Aktivität von Serumenzymen

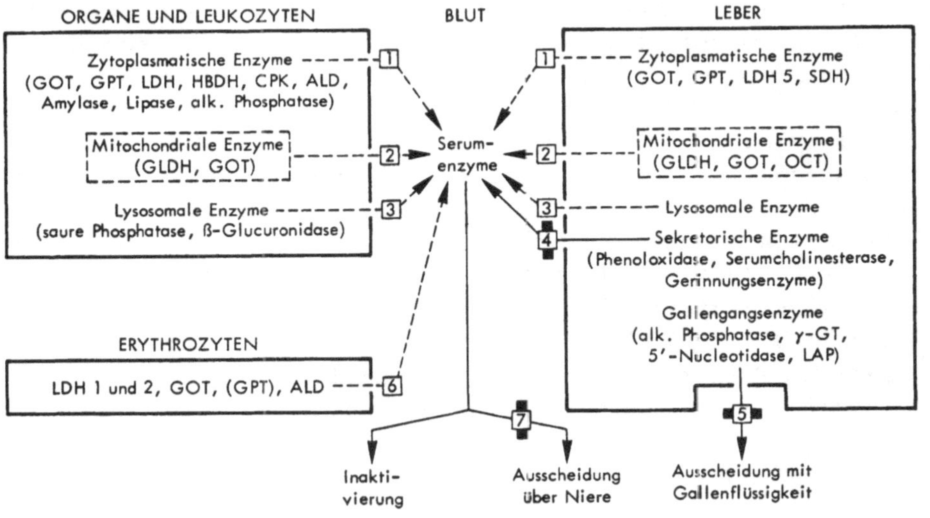


[1] Erhöhte Aktivität zytoplasmatischer Enzyme im Serum (Permeabilitätsstörung der Zellmembran, Zellschaden)

[2] Erhöhte Aktivität mitochondrialer Enzyme im Serum (schwerer Zellschaden, Mitochondriendestruktion)

[3] Erhöhte Aktivität lysosomaler Enzyme im Serum (vermehrte Abgabe)

[4] Verminderte Aktivität von Sekretionsenzymen im Serum (herabgesetzte Synthese bei Zellschäden)

[5] Erhöhte Aktivität von Gallengangsenzymen im Serum (bei Obstruktion der ableitenden Gallenwege)

[6] Erhöhte Aktivität von Erythrozytenenzymen im Serum bei Hämolyse

[7] Veränderte Aktivität von Serumenzymen durch erhöhte oder verminderte renale Ausscheidung

Auch die Leber synthetisiert Enzyme, die unmittelbar nach der Bildung an das Blut abgegeben werden (Serumcholinesterase, Caeruloplasmin, das Phenoloxidaseaktivität besitzt) und deren Aktivität im Blut daher stets höher ist als in der Leber selbst. Leberschäden, die auch die Synthese dieser Enzyme betreffen, führen daher zum Absinken der Aktivität der Sekretionsenzyme im Blut.

**Exkretionsenzyme.** Einige Enzyme der ableitenden Gallenwege gelangen physiologischerweise mit der Galle in den Intestinaltrakt (alkalische Phosphatase, Leucinaminopeptidase, ein Teil der γ-Glutamyltranspeptidase). Bei Gallengangsverschluß kommt es durch Rückstau zur Abgabe dieser Enzyme an das Blut, die Enzyme werden daher als „Cholestase-anzeigende Enzyme" bezeichnet (Kap. Leber, S. 268). Die Herkunft und das Schicksal der Serumenzyme faßt das vorstehende Schema zusammen.

## 7. Enzymimmunassay

Die hohe Empfindlichkeit und Spezifität von Enzymaktivitätsbestimmungsmethoden haben der Enzymologie neue Anwendungsbereiche erschlossen. Dazu gehört der **E**nzym-**I**mmun-**A**ssay (EIA). Er dient der quantitativen Analyse von Substanzen bzw. Plasmabestandteilen, die die Eigenschaften von Antigenen oder Haptenen aufweisen, sich aber aufgrund ihrer niedrigen Konzentration dem Nachweis mit anderen Methoden entziehen. Der EIA ähnelt im Prinzip dem Radioimmunassay (RIA, S. 143), vermeidet aber die beim RIA auftretenden Probleme des Strahlenschutzes und der Beseitigung radioaktiver Abfälle.

Der EIA nutzt die Tatsache aus, daß einerseits ein Enzym (sog. „Marker-Enzym") bei chemischer Konjugation an ein Antigen oder Hapten seine Aktivität nicht verliert, andererseits aber auch das enzymkonjugierte Hapten oder Antigen ihre Fähigkeit zur spezifischen Bindung an Antikörper beibehalten.

Bei dem „**E**nzyme **L**inked **I**mmuno **S**orbent **A**ssay" (ELISA) werden das zu bestimmende Antigen, das in der zu untersuchenden Lösung (z. B. Blutplasma) enthalten ist, zusammen mit einer definierten Menge des gleichen, aber enzymkonjugierten Antigens und einem spezifischen (unlöslich gemachten) Antikörper inkubiert, wobei der Antikörper im Unterschuß vorhanden sein muß. Im Reaktionsansatz konkurrieren Antigen und enzymkonjugiertes Antigen um die Bindung an den Antikörper, wobei sich ein durch das Massenwirkungsgesetz bestimmtes Reaktionsgleichgewicht einstellt.

Man trennt den unlöslichen Antigen-Antikörperkomplex ab und bestimmt die enzymatische Aktivität des freien enzymkonjugierten Antigens durch Substratzugabe. Die Abnahme der Aktivität des Enzyms gegenüber der dem Testansatz zugesetzten Enzymaktivität ist der Konzentration des gesuchten Antigens umgekehrt proportional. Es ist jedoch auch möglich, die Enzymaktivität des unlöslichen Antigen-Antikörperkomplexes zu bestimmen, da das enzymkonjugierte

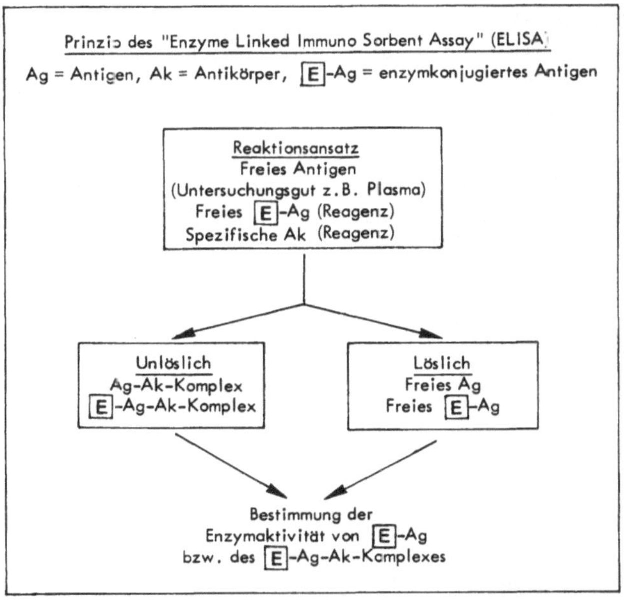


Antigen auch nach Bindung an den Antikörper seine enzymatische Aktivität noch besitzt (Abb.).

Eine weitere Enzymimmunassay-Methode unterscheidet sich von dem ELISA dadurch, daß das enzymkonjugierte Antigen bzw. Hapten bei Bindung an den Antikörper seine Aktivität verliert.

Das Verfahren des Enzymimmunassay eignet sich gut, um kleine Moleküle – Pharmaka, Hormone, Peptide – quantitativ zu bestimmen.

# II. Nucleinsäuren

## 1. Struktur und Funktion der Nucleinsäuren

Jede spezifische biologische Leistung einer Zelle einschließlich ihrer Teilung ist direkt oder indirekt von der Mitwirkung von Nucleinsäuren abhängig. Aufgrund ihrer chemischen Konstitution, makromolekularen Struktur und Funktionen werden die

- **DNA** (Desoxyribonucleinsäure) und
- verschiedene Formen der **RNA** (Ribonucleinsäure) unterschieden.

Eine Übersicht gibt die nachstehende Tabelle:

Molekülstruktur und Lokalisation von Nucleinsäuren

DNA = Desoxyribonucleinsäure   RNA = Ribonucleinsäure

| Bezeichnung | Molekulare Struktur | Lokalisation und Funktion |
|---|---|---|
| DNA | Mol.-Gew. $10^6$ - $10^9$, Länge: 0,001 - 1 nm, Doppelspirale z.T. Ringform (E.Coli), DNA-Gehalt (Mensch): $7{,}0 \times 10^{-12}$ g/Zellkern | Zellkern, Chromosomen (Mitochondrien). Träger der genetischen Information, Triplett (3 Basen) = genetische Informationseinheit (Codon), $2 \times 10^9$ Basen im haploiden Chromosomensatz (Mensch), 1 mm DNA = $3 \times 10^6$ Basenpaare |
| m-RNA (= messenger RNA) (= Matrizen-RNA) (= Boten-RNA) | Mol.-Gew. $1 - 5 \times 10^5$, Länge: $10^2$ - $10^3$ nm, Einzelstrang, 1 - 3 % der Gesamt-RNA | Zellkern (Nucleolus), Cytoplasma. "Negativ" der DNA und Überträger der genetischen Information von DNA zum Protein, Halbwertzeit: Minuten (Prokaryonten) bis Stunden (Eukaryonten) |
| t-RNA (= transfer-RNA) (= soluble(s)-RNA) | Mol.-Gew. $2{,}5 \times 10^4$, 75 - 85 Nucleotide, Kleeblattstruktur, 15 - 20 % der Gesamt-RNA | Cytoplasma. Spezifischer Überträger für Aminosäuren, Matrizen-Erkennungsregion (Anticodon) korrespondiert mit Codon der m-RNA |
| r-RNA (= ribosomale RNA) | Mol.-Gew. $5 \times 10^5$ (16 S RNA in 30 S Ribosomenuntereinheit), Mol.-Gew. $4 \times 10^4$ und $11 \times 10^5$ (5 S und 35 S RNA in 50 S Ribosomenuntereinheit) | Endoplasmatisches Reticulum, "Mikrosomenfraktion". Bildet mit ribosomalen Proteinen Ribosomenuntereinheiten (30 S und 50 S in Prokaryonten, 40 S und 60 S in Eukaryonten) |

**DNA.** Die Desoxyribonucleinsäure ist der Träger der genetischen Information (genetischer Code). Chemisch ist die DNA ein Kettenmolekül (Polynucleotid) relativ einfacher Primärstruktur, dessen Bausteine Purin- bzw. Pyrimidinbasen (Adenin, Guanin, Cytosin und Thymin), 2-Desoxyribose und Phosphat sind. Die Desoxyriboseeste sind durch 3′, 5′-Phosphat-Diesterbindungen, die Basen mit dem C-Atom 1 der Desoxyribose verknüpft (Abbildung).

Ein DNA-Molekül besteht aus zwei um eine gemeinsame Achse gewundenen Nucleinsäureketten, die eine Doppelhelix mit einer konstanten geometrischen Abmessung bilden.

Desoxyribonucleinsäure (DNA)

Helixstruktur doppelsträngiger DNA (A), Anordnung komplementärer DNA-Stränge in Gegenrichtung mit Basenkorrespondenz (B) und Ausschnitt (Tetranucleotid) eines DNA-Moleküls (C)

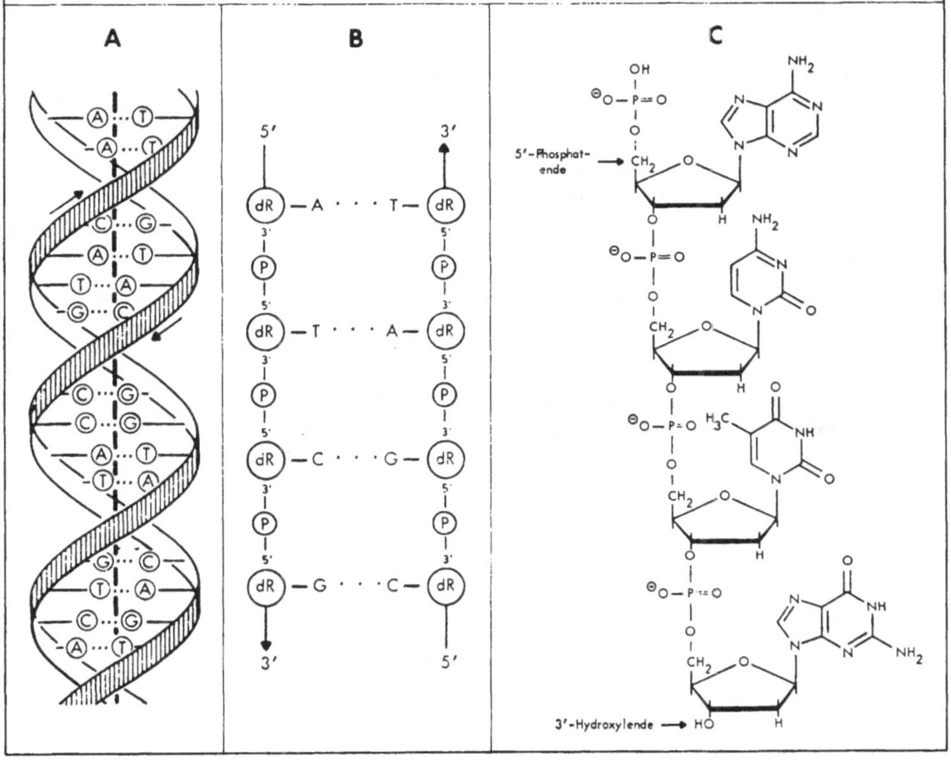


Die DNA erfüllt im Organismus zwei grundlegende Funktionen:

- Sie besitzt die Fähigkeit zur identischen Verdoppelung (Replikation),
- sie bildet die Matrize für die Weitergabe der genetischen Information an Ribonucleinsäuren (Transkription).

Die Transkription vollzieht sich durch die Synthese einer in der Regel einsträngigen RNA, die sich an der Nucleotidsequenz eines bestimmten DNA-Abschnitts orientiert. Die gebildete RNA weist eine komplementäre Sequenz von Nucleotiden auf.

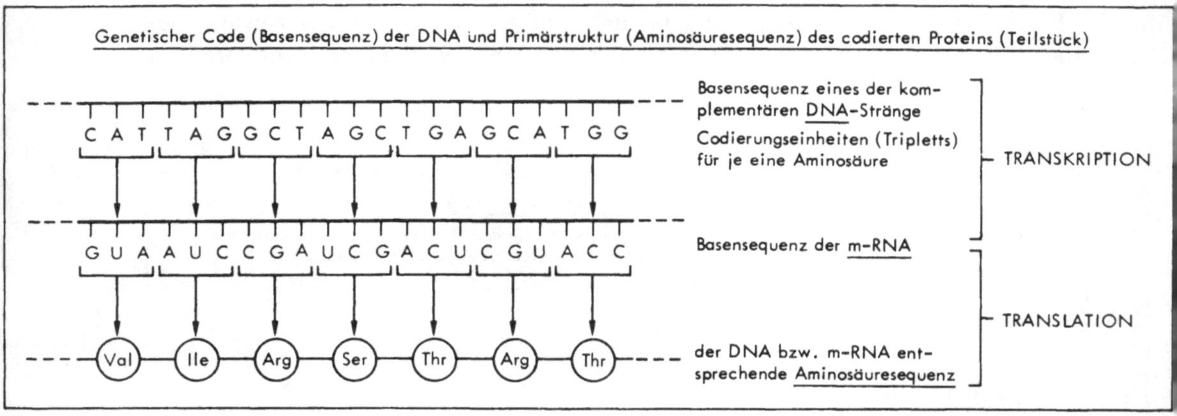


**Chromosomen und Gene.** In der Zelle sind die (nur bei der Zellteilung sichtbaren) Chromosomen das morphologische Äquivalent der DNA. Die 46 Chromosomen des Menschen (diploider Chromosomensatz) bestehen aus einer noch nicht bekannten Anzahl von DNA-Molekülen, die zusammen mehr als $10^9$ Mononucleotide besitzen. Da zur Kodierung eines Proteins etwa 600 Nucleotide benötigt werden, können mit Hilfe des menschlichen Chromosomensatzes mehr als $10^6$ verschiedene Proteine gebildet werden.

Der Abschnitt des DNA-Moleküls, der ein Protein (z. B. ein Enzym) kodiert, wird als **Gen** bezeichnet. Gene sind Funktionseinheiten im genetischen Material,

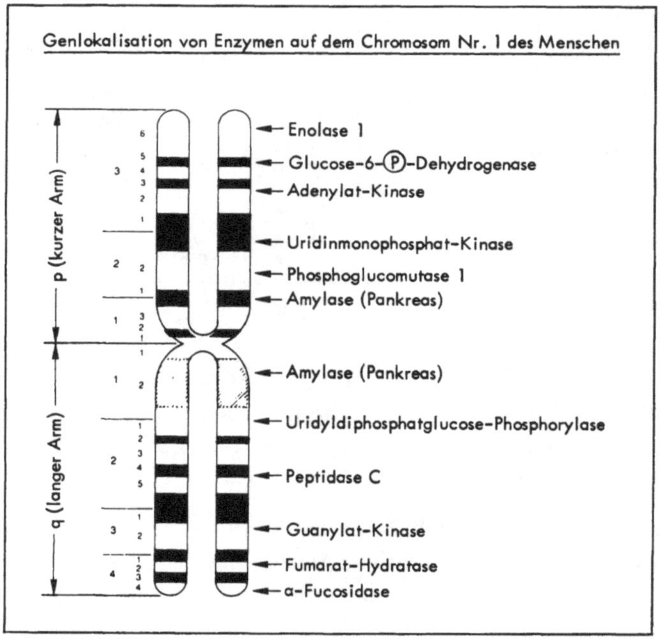

denen definierte Nucleotidabschnitte der DNA entsprechen. Ein solcher auf den Chromosomen festgelegter Bereich, der die Information für die Synthese eines bestimmten Proteins enthält, wird auch als **Cistron** bezeichnet. Ein Gen = ein Cistron. Bei der Chromosomenkartierung sind zahlreiche Enzyme bzw. Proteine (Genprodukte) in ihrer Lokalisation auf bestimmten Chromosomenabschnitten festgelegt. Die Abbildung zeigt dies am Beispiel des Chromosoms Nr. 1 des Menschen.

**DNA-Replikation.** Bei der Teilung somatischer Zellen wird das genetische Material durch identische Verdoppelung der DNA vollständig (diploider Chromosomensatz) und unverändert an die Tochterzellen weitergegeben. Dies erklärt die genetische Konstanz eines Individuums während seines individuellen Lebens. Die Keimzellen höherer Organismen enthalten jedoch jeweils nur einen halben Chromosomensatz (haploider Chromosomensatz mit halber DNA-Menge), der bei der Fortpflanzung durch den haploiden Chromosomensatz des anderen Elternteils wieder zum diploiden Chromosomensatz komplettiert wird. Diese Tatsache bildet die Grundlage der Vererbungslehre.

Die Verdoppelung der DNA bei der Zellteilung erfolgt durch semikonservative Replikation der DNA. Dabei werden die beiden komplementären Stränge der

SCHEMA DER SEMIKONSERVATIVEN DNA-REPLIKATION

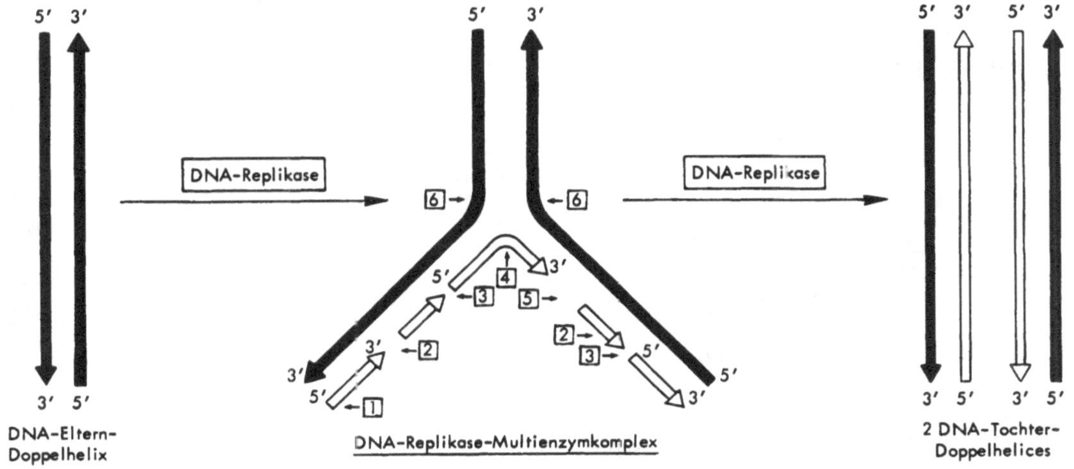


[1] RNA(!)-Polymerase (Starterenzym), synthetisiert RNA-Startstück.

[2] DNA-Polymerase III, Verlängerung der DNA-Kette an RNA-Startstück.

[3] DNA-Ligase, verbindet Teilstücke.

[4] Nuclease, schneidet neusynthetisierte DNA am Replikationsort ein.

[5] DNA-Polymerase I, füllt Lücken, korrektur-lesendes Reparaturenzym, beseitigt und ersetzt RNA-Startstück.

[6] Hilfsprotein, hebt Verdrillung der DNA-Elternhelix am Replikationsort auf.

DNA voneinander getrennt, und an jedem dieser Stränge wird ein komplementärer Gegenstrang synthetisiert. Bausteine für diese Synthese sind die energiereichen Triphosphate, die sich nach dem Gesetz der Basenkorrespondenz an den (Eltern-) Referenzstrang beginnend am 3'-OH-Ende anlagern.

Das DNA-Replikationsenzym (DNA-Replikase) ist ein membrangebundener Multienzymkomplex mit hohem Organisationsniveau und zahlreichen Einzelfunktionen, die in der Abbildung erläutert sind. Die DNA wandert während des Replikationsprozesses gleichsam durch einen Multienzymkomplex-Tunnel, in den die DNA-Elterndoppelhelix einfährt, und aus dem 2 DNA-Tochterhelices am anderen Ende herausgleiten. Die Replikation jeder DNA-Elternhelix beginnt gleichzeitig an zahlreichen Startstellen (beim Menschen 5000) und verläuft mit hoher Geschwindigkeit (5000 Nucleotide/sec). Die Polymerase III arbeitet von 5' nach 3'. Am 2. DNA-Strang, der eine Synthese in 3' → 5' erfordern würde, entstehen durch die Einwirkung der Polymerase III rückwärtsgerichtet hintereinander kleinere Fragmente von je 1000 Nucleotiden, die durch die DNA-Ligase verknüpft werden. Die DNA-Polymerase II hat ähnliche Eigenschaften wie die DNA-Polymerase I (Abbildung), jedoch zusätzlich 3' → 5'-Exonucleaseaktivität.

**Zentrales Dogma der Molekularbiologie.** Das zentrale Dogma der Molekularbiologie (Abbildung) postuliert in der modifizierten Form, daß die genetische Information innerhalb eines Organismus von DNA auf DNA, von DNA auf RNA, aber auch von RNA auf DNA und – bei der Proteinbiosynthese – von RNA auf Protein übertragen werden kann. Dagegen ist ein Informationstransfer von Protein zu Protein oder von Protein zu DNA oder RNA nicht möglich.

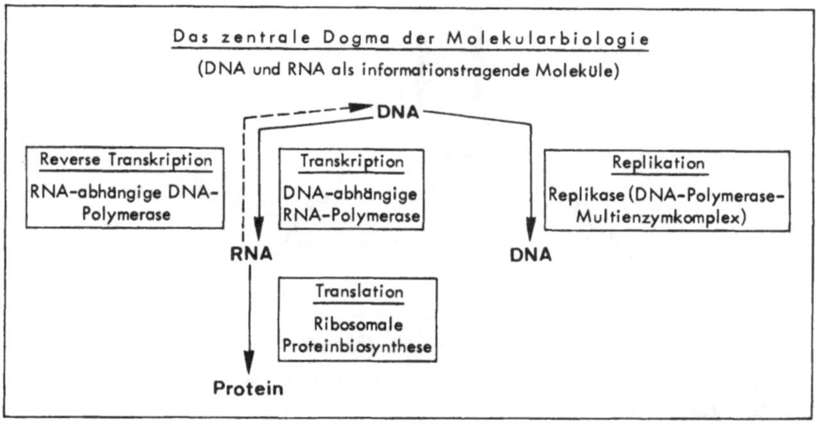


Die identische Reduplikation der DNA durch DNA-Synthese wird als **Replikation** bezeichnet. Bei der RNA-Synthese wird die Information der DNA auf RNA übertragen **(Transkription)** und unter spezifischer Wechselwirkung der verschiedenen RNA-Typen schließlich in die Proteinstruktur übersetzt **(Translation)**.

Eine Rückübertragung der in der RNA enthaltenen Information auf DNA ist durch **umgekehrte** (reverse) **Transkription** möglich und wird durch die RNA-abhängige DNA-Polymerase („reverse Transkriptase") gesteuert.

Die Bedeutung dieses Enzyms, das ubiquitär im Tierreich, bei Mikroorganismen und Viren verbreitet ist, ist noch unklar. Bei RNA-Tumorviren (S. 359), die z. B. das Rous-Geflügelsarkom, die Vogelmyeloblastose und das Mamacarcinom bei Nagern erzeugen, dient das im Viruspartikel vorhandene Enzym zur Herstellung einer Virus-DNA, die den genetischen Code des Tumorvirus enthält und die originale Virus-RNA als codogenen Strang benutzt. Der Nachweis einer reversen Transkriptase auch in Leukozyten von Patienten mit Leukämie (S. 359) läßt allerdings im Hinblick auf das Vorkommen auch in Normalzellen keine Rückschlüsse auf die Pathogenese der malignen Hämoblastosen zu.

## 2. Hemmstoffe der Nucleinsäure- und Proteinbiosynthese

Das System der Nucleinsäure- und Proteinbiosynthese kann durch zahlreiche, chemisch definierte Substanzen, die eine Zelle von außen her erreichen, inhibiert werden. Dabei ist eine Beeinflussung auf ganz verschiedenen Ebenen des Zellstoffwechsels möglich. Oft resultiert aber nicht nur eine selektive Hemmung der Nucleinsäure- bzw. Proteinbiosynthese, sondern eine generelle Hemmung des Zellstoffwechsels. Die beim Studium der Hemmstoffe gewonnenen Erkenntnisse sind von großer praktischer Bedeutung geworden.

Ein Teil der Hemmstoffe vermag Wachstum und Zellteilung von malignen Tumoren und bei neoplastischen Erkrankungen des hämopoetischen Systems zu unterdrücken. Der Effekt dieser als **Zytostatika** bezeichneten Verbindungen (S. 369) ist jedoch nicht spezifisch, sondern erstreckt sich auf alle Gewebe mit hoher Zellteilungsrate (z. B. Knochenmark, Keimdrüsen, Darmschleimhaut, Haarfollikel).

Viele Hemmstoffe sind jedoch mit hoher (oder relativ hoher) Spezifität gegen den Stoffwechsel von Mikroorganismen gerichtet, ohne den Stoffwechsel des Wirtsorganismus zu beeinträchtigen. Solche antimikrobiellen Wirkstoffe – **Chemotherapeutika** und **Antibiotika** – werden bei der Behandlung von bakteriellen Infektionen eingesetzt. Nach ihrem Angriffsort bzw. Wirkungsmechanismus lassen sich die Hemmstoffe wie folgt klassifizieren:

**Inhibitoren der Purin- und Pyrimidinbiosynthese.** Die Abbildung zeigt den Angriffsort einer Reihe von Hemmstoffen, die z. T. direkt, z. T. über eine Hemmung des Einkohlenstoff- (Folsäure-)stoffwechsels in die Purin- bzw. Pyrimidinbiosynthese eingreifen.

**Azaserin** (O-Diazo-acetyl-L-serin) hemmt die Purinbiosynthese auf der Stufe der Übertragung des Glutaminstickstoffs auf das 5-Phosphoribosyl-1-pyrophosphat,

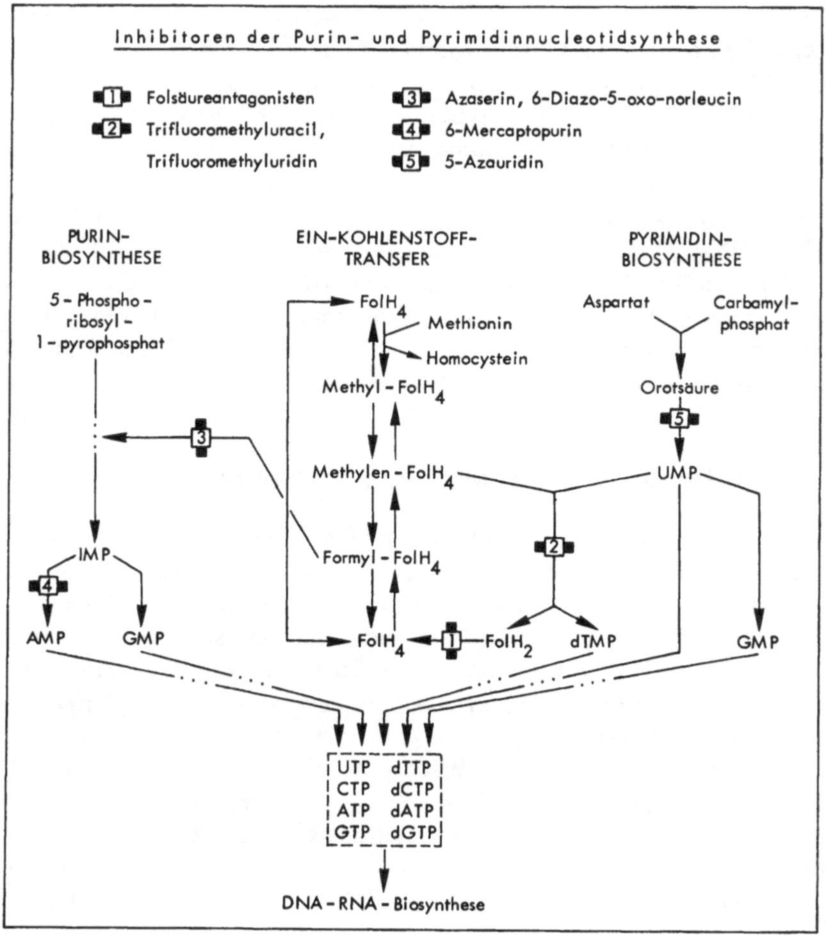


ferner den Einbau des C-Atoms 8 (Transformylase) in das Puringerüst und die Überführung des Xanthosinmonophosphats in das Guanosinmonophosphat. **6-Diazo-5-oxo-norleucin** (DON) hemmt die Übertragung der Formylgruppe und ihren Einbau als C-Atom 8 des Puringerüstes. **6-Mercaptopurin** blockiert die Adenylosuccinase (Reaktion: Adenylosuccinat → Adenosinmonophosphat), so daß das aus Inosinmonophosphat und Aspartat gebildete Succinoadeninnucleotid nicht weiterreagieren kann.

**5-Fluor-uracil** kann als Thyminanaloges aufgefaßt werden, bei dem die Methylgruppe in Position 5 durch ein Fluoratom ersetzt ist. In dieser Eigenschaft wirkt es einerseits als Antimetabolit und inhibiert die Methylierung der Desoxyuridylsäure zu Thymidylsäure. Andererseits wird das 5-Fluor-uracil jedoch im Stoffwechsel auch in die entsprechenden Nucleotide der RNA inkorporiert. Schließlich ist es auch Hemmer der RNA-Biosynthese, da es den Uracileinbau inhibiert. Eine ähnliche Wirkung haben die 5-Fluor-orotsäure und das 5-Jod-uracil.

**Hemmstoffe der DNA-, RNA- und Proteinbiosynthese.** Das Schema erläutert das Wirkungsprinzip von Inhibitoren der DNA-Replikations-, der Transkriptions- und Translationsphase. Die genannten Hemmstoffe sind Beispiele einer sich ständig vergrößernden Zahl von Wirkstoffen, die z. T. als Bakteriostatika und z. T. als Zytostatika bzw. onkozide Substanzen große praktische Bedeutung erlangt haben. Inhibitoren der DNA-Replikation bzw. der RNA-Biosynthese wirken außerdem – soweit sie mit der DNA-Doppelhelix bzw. dem DNA-Matrizenstrang reagieren – mutagen (s. o.).

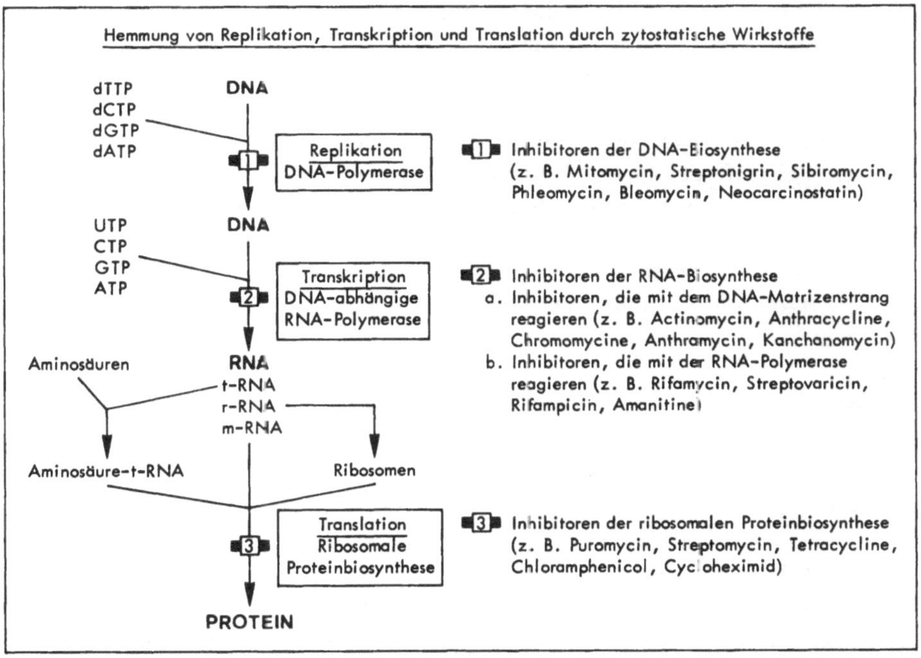


**Inhibitoren der DNA-Biosynthese.** *Mitomycine* – aus *Streptomyces caespitosus* isolierte Antibiotika – sind Indochinonderivate, die ein Äthyleniminringsystem besitzen (ähnlich wie das synthetische gegen Krebszellen wirksame Trenimon). Nach Reduktion in der Zelle (Aktivierung) wird der Äthyleniminring geöffnet, und die Mitomycine erhalten alkylierende Eigenschaften. Durch solche Alkylierungsreaktionen können komplementäre DNA-Stränge „vernetzt" und bei der Replikation nicht mehr getrennt werden. Außerdem scheint Mitomycin (in E. *coli*) ein DNA-abbauendes Enzym zu aktivieren. Mitomycin hat antibakterielle und Antitumor-Eigenschaften; außerdem wirkt es mutagen.

**Inhibitoren der RNA-Biosynthese.** In der Gruppe dieser Hemmstoffe wird unterschieden zwischen solchen, die mit dem DNA-Matrizenstrang reagieren und anderen, welche die DNA-abhängige Polymerase blockieren (Schema, S. 23).

Die *Actinomycine* – eine Gruppe von Antibiotika, die aus Actinomyceten isoliert sind und bei denen ein Phenoxazinringsystem als Chromophor mit zwei (u. a. D-Valin enthaltenden!) Polypeptidketten verknüpft ist – entfalten ihre Wirkung dadurch, daß sie in vivo im Zellkern angereichert werden und mit der DNA spezifische Komplexe bilden. Untersuchungen am Actinomycin-DNA-Komplex sprechen dafür, daß sich Actinomycin bei der Komplexbildung flach über oder unter ein Guanin-Cytosin-Basenpaar in die DNA-Helix einschiebt („Intercalation") und dadurch die Tätigkeit der RNA-Polymerase bei der Ablesung des DNA-Referenzstranges – also eine RNA-Synthese – erschwert oder unmöglich macht. Aufgrund dieser Eigenschaft können Aktinomycine auch mutagen wirken. Die Actinomycinwirkung wird stark von der Sekundärstruktur der DNA und auch von ihrer Basenzusammensetzung beeinflußt. Mit der RNA bildet Actinomycin keine Assoziate.

*Rifampicin,* seine Derivate und chemisch ähnlich gebaute Antibiotika sind starke Hemmstoffe der DNA-abhängigen RNA-Polymerase aus E. *coli* mit hoher Spezifität. Schon eine Konzentration von $3 \cdot 10^{-8}$ M setzt die Enzymaktivität auf die Hälfte herab. Das Antibiotikum wirkt jedoch Species-spezifisch, d. h. nur auf Bakterien. Das entsprechende Enzym aus Rattenleber z. B. wird nicht gehemmt. Auch die DNA-Polymerase bleibt (in therapeutischen Konzentrationen) völlig unbeeinflußt.

**Inhibitoren der Proteinbiosynthese.** *Puromycin,* ein Antibiotikum aus *Streptomyces purum* bzw. *alboniger,* ist nicht nur bei Bakterien, sondern auch in tierischen Zellen wirksam. Aufgrund seiner chemischen Struktur als „Pseudonucleotid" vermag das Puromycin als Antimetabolit der Aminoacyl-t-RNA zu wirken, und zwar wird es anstelle einer Aminosäure an das Carboxylende der wachsenden Peptidkette (d. h. der bereits gebildeten Peptidyl-t-RNA) gebunden. Die nachfolgende Aminoacyl-t-RNA kann nicht mehr mit dem Puromycinrest reagieren. Dadurch kommt es zum Kettenabbruch, d. h. zur vorzeitigen Beendigung der Proteinbiosynthese und zur Ablösung des Proteinbruchstücks vom Ribosom. Wegen seiner hohen Toxizität hat Puromycin jedoch keine Bedeutung als Antibiotikum oder Zytostatikum.

Die Wirkung des *Streptomycins* besteht darin, daß es sich mit der 30 S Untereinheit der Ribosomen verbindet, wobei das Streptomycin-bindende Ribosomenprotein seine Konformation ändert. Dadurch treten gehäuft Fehler beim Ablesen des Codes auf (vorwiegend an den Pyrimidinresten der m-RNA), so daß eine geordnete Weitergabe der genetischen Information nicht mehr gewährleistet ist. Es kann zur vollständigen Hemmung der Proteinbiosynthese kommen. Streptomycin wird als Antibiotikum bei vielen Infektionskrankheiten verwendet, da Bakterien

„streptomycinempfindlicher" sind als Säugetierzellen. Gelegentlich werden die Infektionserreger „streptomycinresistent". Dieser Zustand tritt ein, wenn sich das streptomycinbindende Protein der 30 S Ribosomenuntereinheit durch Mutation so verändert, daß keine Streptomycinbindung zustande kommt.

Einen anderen Angriffspunkt hat das *Chloramphenicol,* dessen Inhibitorwirkung an den 50 S Ribosomenuntereinheiten angreift, und das möglicherweise die Peptidyl-Transferase blockiert.

*Tetrazykline* hemmen die Proteinbiosynthese, indem sie die Bindung der t-RNA an den m-RNA-Ribosomenkomplex verhindern. *Zykloheximid* (Actidion) hemmt die Translokase der 40 S Ribosomenuntereinheiten eukaryoter Zellen (Hefe, Pilze, höhere Pflanzen und tierische Zellen, nicht jedoch die Translokase der 30 S Ribosomen der Bakterien. Es wird daher hauptsächlich zur Behandlung von Pilz- bzw. Hefeinfektionen verwendet.

## 3. Mutation

Unter dem Begriff der Mutation wird eine Reihe umschriebener Reproduktionsirrtümer des genetischen Materials zusammengefaßt. Sie beruhen auf einer Veränderung der Basensequenz und folglich des Informationsgehalts der DNA, der bei der Replikation an die Tochter-DNA oder bei der Transkription an die korrespondierende RNA weitergegeben wird. Eine Mutation kann die Synthese eines Proteins mit fehlerhafter Struktur oder das völlige Ausbleiben der Synthese eines Proteins zur Folge haben. Alle angeborenen Stoffwechselkrankheiten mit nachgewiesenen Enzymdefekten sind auf molekulare Veränderungen der DNA zurückzuführen.

**Spontanmutationen.** Mutationen treten beim Menschen spontan auf, Ursache und Mechanismus sind unbekannt. Je nach Ausmaß der Mutation unterscheidet man

- **Genommutationen,** die den gesamten Genbestand eines Organismus betreffen,
- **Chromosomenmutationen,** die den Verlust, das Hinzukommen oder die Umlagerung einzelner Segmente eines Chromosoms betreffen oder
- **Genmutationen,** bei denen definierte Veränderungen des einzelnen Gens eintreten und nur eine oder wenige Basen betroffen sind (Punktmutationen, s. Abb.).

Die Humangenetik hat die Genommutationen und Chromosomenmutationen durch typische Chromosomenbilder belegt. Die Molekularpathologie von Genmutationen ist in vielen Fällen durch biochemische Untersuchungen näher geklärt.

Die Häufigkeit von Mutationen beim Menschen ist schwer abschätzbar, weil einerseits meist nur homozygote Defektgenträger manifest erkranken, andererseits ein unbekannter Anteil von Mutationen letal verläuft. Auch haben nicht alle Mutationen, die zu einem definitiven Enzymdefekt geführt haben, Krankheits-

Informationsdefekte durch Mutationen

| Genommutation | Chromosomenmutation | Genmutation |
|---|---|---|
| 1. Numerische Chromosomen-Aberrationen<br>Gonosomal:<br>z.B. XXX<br>XXY (Klinefelter)<br>XO (Ulrich-Turner)<br>Autosomal:<br>z.B. $G_1$-Trisomie (21 - 22)<br>$D_2$-Trisomie (13 - 15)<br>2. Triploidie, Tetraploidie | 1. Strukturelle Chromosomen-Aberrationen (in früher S-Phase)<br>z.B. Katzenschreisyndrom (46 XY, 5 p-),<br>Translokationsmongolismus durch Stückverlagerung am Chromosom 21<br>2. Chromatidaberrationen (in später S- oder $G_2$-Phase) | 1. Punktmutationen (Ausfall einer oder mehrerer Basenpaare)<br>z.B. Hämoglobin S<br>2. Ungleiches crossing over<br>z.B. Hb Lepore, $\alpha_2$-Haptoglobin-Variante |

wert. So kann z. B. das Merkmal der Blutgruppe 0 (Häufigkeit 50%) als Defekt der N-Acetylgalaktosamin- bzw. Galaktose-Glykosidtransferase aufgefaßt werden, welche die Erythrozytenantigene A bzw. B (aus der Vorstufe H!) synthetisieren.

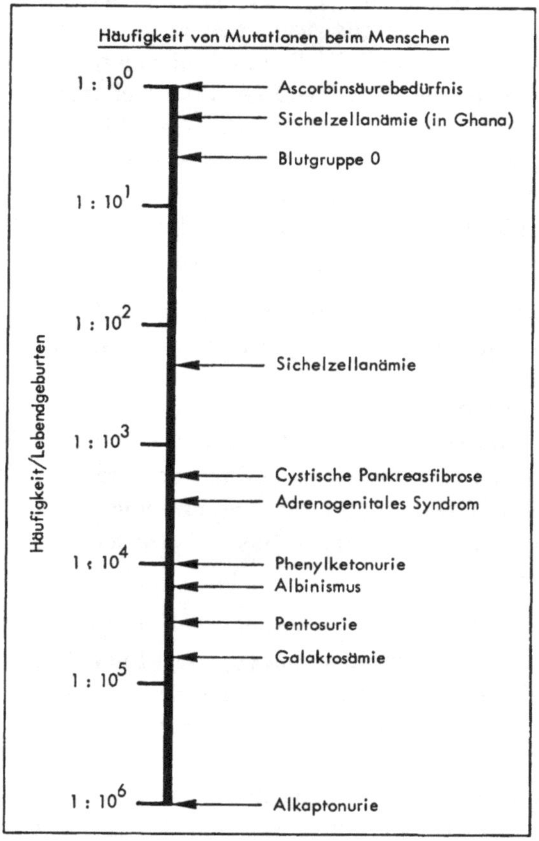

Ebenso kann der zu Ascorbinsäurebedürfnis führende Defekt der L-Gulonolacton-Oxidase (Häufigkeit beim Menschen 100%) durch adäquate Nahrung vollständig kompensiert werden.

**Experimentell induzierbare Genommutationen.** *Mutation durch UV-Licht und energiereiche Strahlung.* Einwirkung von ultraviolettem Licht führt zur Dimerisierung von zwei unmittelbar miteinander benachbarten Thyminbasen in der DNA (Abb.). Das Thymindimere existiert in 4 optisch aktiven Formen, von denen jedoch lediglich die Mesoform nach UV-Bestrahlung entsteht. Als Folge der durch die Thymindimerisierung verursachten Strukturänderung der DNA kommt es zu Störungen sowohl der DNA-Replikation als auch der RNA-Synthese, falls das Thymindimere nicht in einem DNA-Reparaturprozeß (s. u.) wieder entfernt und durch die ursprüngliche Basensequenz ersetzt wird. Bleibt die Reparatur aus, kann es bei der DNA-Replikation zu Brüchen oder Schleifenbildungen innerhalb der neugebildeten DNA kommen. Eine Schleifenbildung kann mit dem Einfügen zusätzlicher Basen in den DNA-Strang (Insertion) verbunden sein.

Mutation durch Thymindimerisierung unter UV-Einfluß

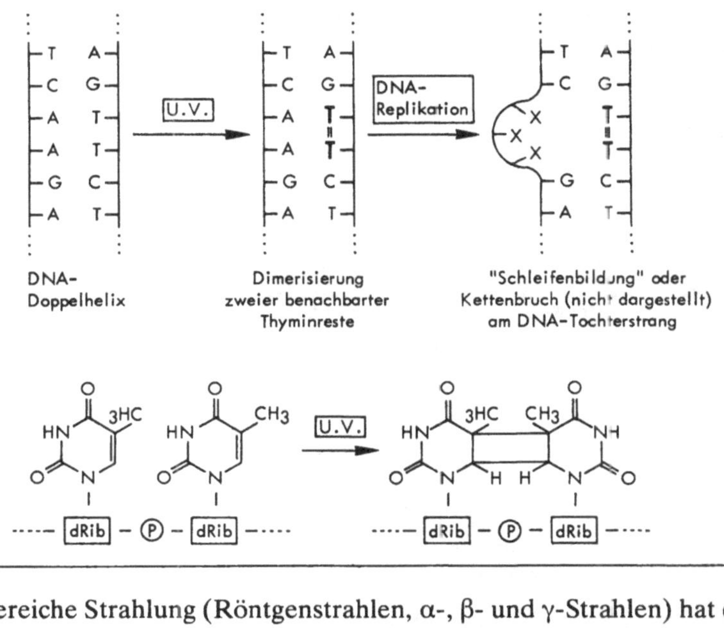


Energiereiche Strahlung (Röntgenstrahlen, α-, β- und γ-Strahlen) hat die Eigenschaft, bei der Absorption Energie zu übertragen und Moleküle zu ionisieren. Diese Ionisierung leitet die Bildung von Hydroxyl- und Perhydroxylradikalen ein, die strukturelle Veränderungen an zahlreichen Bausteinen verursachen. An Nucleinsäuren (DNA, RNA) können hohe Strahlendosen zu einer Zerstörung von Purin und Pyrimidinbasen führen, während der Desoxyribose- bzw. der

Riboseanteil weniger strahlenempfindlich ist. Unabhängig von ihrer direkten Wirkung auf die DNA-Struktur führen ionisierende Strahlen zu einer Wachstumshemmung, die – dosisabhängig – aus einer Hemmung der DNA-Synthese und Blockierung der Mitose besteht.

Der Verlust einer Base (Deletion) oder die Einfügung eines zusätzlichen Nucleotidpaares (Insertion) führen zu einer Rasterverschiebung der DNA, so daß bei der Transkription infolge falschen Ablesens eine veränderte RNA entsteht und Proteine gebildet werden, die – beginnend mit dem durch Deletion oder Insertion veränderten Triplett – eine völlig andere Aminosäuresequenz aufweisen.

*Mutation durch Basenanaloge.* In der Natur nicht vorkommende Strukturanaloge von Basen können anstelle der richtigen Basen in die DNA eingebaut werden und zur Mutation führen. Ein gut untersuchtes Beispiel ist das 5-Bromuracil (BU), das bei der DNA-Synthese an die Stelle des Thymins treten kann. Normalerweise findet sich im 5-Bromuracil die 4-OH-Gruppe in der Ketoform und korrespondiert mit Adenin. Da BU jedoch auch kurzzeitig in eine ionisierte Form bzw. in seine Enolform übergehen kann, ist es auch zu einer Paarung mit Guanin fähig. Bei der Replikation ersetzt 5-Bromuracil meist Thymin, kann jedoch in seiner Enolform als Basenpartner auch mit Guanin korrespondieren, so daß bei der nächsten Replikation Guanin mit Cytosin paart. Auf diese Weise kann ein AT-Paar in ein GC-Paar übergehen (Mutation).

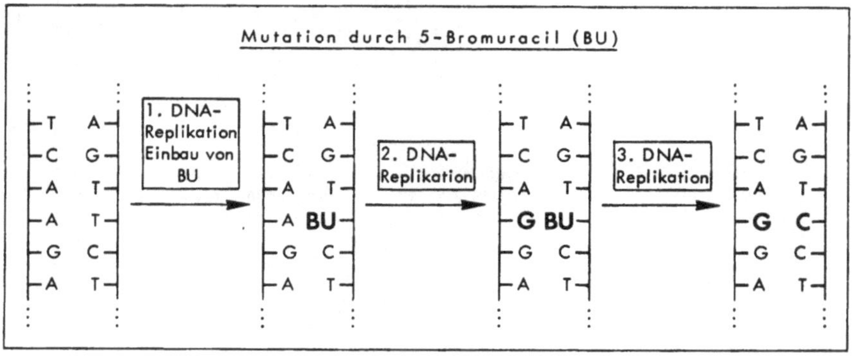


*Mutation durch chemische Veränderung normaler Basen.* Eine Reihe von Mutationen auslösenden Chemikalien verändert die DNA durch direkte chemische Modifikation der Basen. Beispiele hierfür sind Nitrit und Hydroxylamin. Nitrit führt zum Verlust der Aminogruppe von Cytosin, Adenin und Guanin und bewirkt dadurch die Umwandlung von C nach U, von A nach Hypoxanthin und von G nach Xanthin. Hydroxylamin greift Cytosin an und erzeugt eine modifizierte Base, die mit Adenin paart.

Wird im Rahmen einer Mutation eine Base ausgetauscht, so bezeichnet man diesen Vorgang als **Transition,** wenn z. B. eine Purinbase gegen eine andere Purinbase

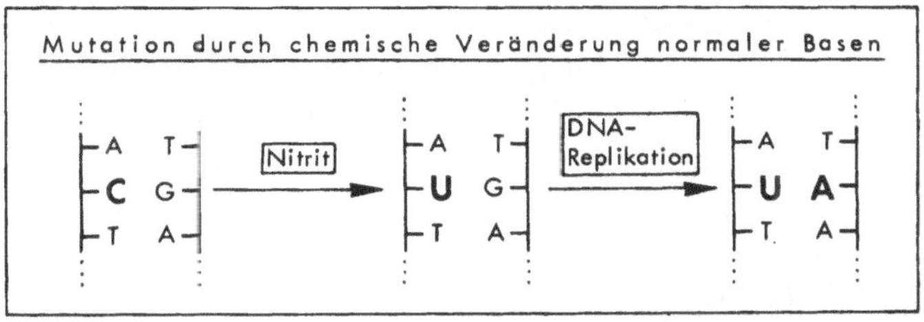


ausgetauscht wird, dagegen als **Transversion,** wenn es zum Austausch einer Purinbase gegen eine Pyrimidinbase oder umgekehrt kommt.

*Mutation durch Intercalation.* Bestimmte Acridinfarbstoffe schieben sich innerhalb der DNA-Doppelhelix zwischen zwei nebeneinanderliegende Basenpaare und verlängern dadurch die DNA um einen bestimmten Betrag (0.34 nm), also die Distanz, die ein normales Basenpaar einnimmt. Bei der Synthese neuer DNA-Stränge kann dann entweder eine Base ausgelassen werden (wenn der wachsende DNA-Strang durch das Acridinmolekül verlängert wird) oder es kann eine zusätzliche Base eingeführt werden (wenn der Matrizenstrang zu lang ist). Diesen Vorgang bezeichnet man als Basendeletion oder Basenaddition (Baseninsertion).

*Mutation durch alkylierende Substanzen.* Alkylierende Chemikalien (Stickstofflost, Zyklophosphoamid, Äthylenimine u. a.) können zu Quervernetzungen innerhalb der DNA-Doppelspirale, zu einzelnen Strangbrüchen oder zu Brüchen in beiden komplementären DNA-Strängen führen.

Wegen der temperaturabhängigen Instabilität der DNA lassen sich (im Experiment) auch *Mutationen durch Temperaturerhöhungen* auslösen.

## 4. DNA-Reparatur

Zellen besitzen die Fähigkeit, durch Mutation entstandene Informationsdefekte, insbesondere unter UV-Einwirkung gebildete Thymindimere zu erkennen und zu entfernen. Dies erfolgt entweder durch eine enzymatische lichtabhängige Spaltung der Dimeren in die Monomeren (Photoaktivierung) oder (häufiger) durch die Exzisionsreparatur (sog. „Dunkelreparatur"), bei der die DNA in unmittelbarer Nähe der Thymindimeren durch eine Endonuclease „eingeschnitten" und ein Abschnitt des mutierten DNA-Stranges durch die Exonucleaseaktivität der DNA-Polymerase aus der DNA heraushydrolysiert wird. Die entstandene Lücke wird durch eine de novo Synthese mit Hilfe der gleichen DNA-Polymerase geschlossen, wobei der intakte Komplementärstrang als Matrize dient, und die Verknüpfung zwischen neusynthetisiertem DNA-Stück und altem DNA-Strang durch eine DNA-Ligase erfolgt. Die DNA-Reparatur ist eine „Anti-Mutation".

**Xeroderma pigmentosum-Kranken** fehlt infolge eines genetischen Defekts die Endonuclease oder ein anderes an der Reparatur beteiligtes Enzym. Sie können daher Thymindimere aus ihrer DNA nicht im erforderlichen Umgang entfernen und sind extrem empfindlich gegen Sonnenlicht. Aus den entstehenden warzenartigen Gebilden der Haut entwickeln sich langsam bösartige Tumoren. Wahrscheinlich vollzieht sich die genetische Rekombination mit Hilfe derselben Enzyme wie die DNA-Reparatur. Dies muß auch als Ursache für die Existenz weiterer Reparaturdefekte beim Menschen angesehen werden, zu denen das **Bloom-Syndrom** (Teleangiektasien, Pigmentierungsstörungen, Hypogenitalismus), die **Fanconi-Anämie** (multiple Mißbildungen, Pigmentierungsstörungen, Hypogenitalismus) und die **Progerie** (vorzeitige Vergreisung und Tod innerhalb der ersten beiden Lebensdezennien) gerechnet werden.

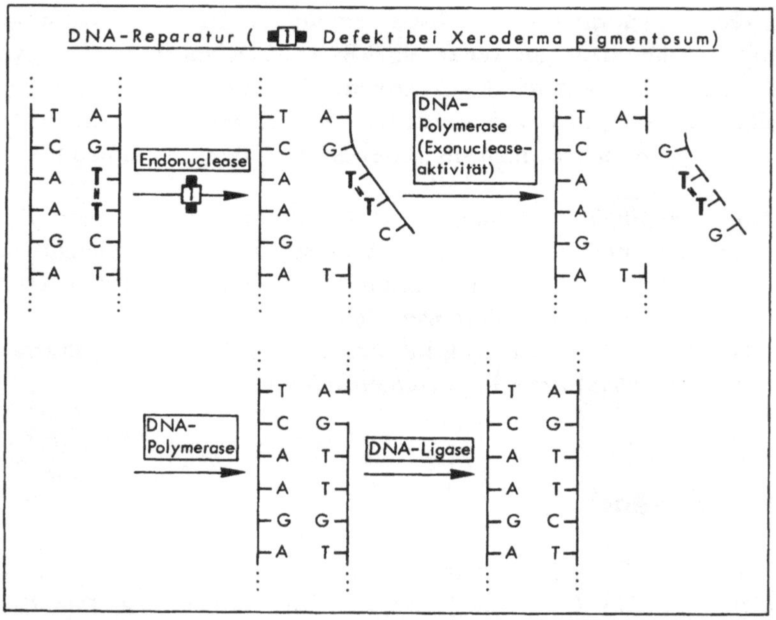


Schlüsselreiz für die Aktivität der Reparaturenzyme ist die räumliche Verzerrung (Konfigurationsänderung) des betroffenen DNA-Stranges wie sie z. B. nach Bildung von Thymindimeren eintritt. Primär ist die Reparatur auf die Integrität der DNA-Replikation gerichtet. Die Aktivität der Reparaturenzyme ist daher während der DNA-Teilung 4–6mal intensiver als während der $G_0$- oder $G_1$-Phase.

# 5. Molekularkrankheiten

Die Zahl der genetisch bedingten, d. h. durch Mutation an einem Genom entstandenen Stoffwechselerkrankungen beträgt über 150. Sie manifestieren sich als Enzymdefekte, als gestörte Transportprozesse oder als Proteine mit veränderten biologischen und funktionellen Eigenschaften und umfassen alle Bereiche des Stoffwechsels.

Die Konsequenzen eines Enzymdefekts sind im Kap. Enzymologie (S. 10) dargestellt. Eine Vielzahl genetisch bedingter Stoffwechselstörungen ist in den nachfolgenden Kapiteln beschrieben.

**Therapie genetischer Defekte.** Die Möglichkeiten einer Behandlung genetisch bedingter Stoffwechselstörungen sind begrenzt. Für eine **symptomatische** Therapie bieten sich folgende Möglichkeiten:

- **Verhinderung der Akkumulation eines nicht metabolisierbaren Substrats.** Die Folgesymptome eines Enzymdefekts lassen sich weitgehend verhindern durch Behandlung mit einer Diät, welche das nicht metabolisierbare Substrat nicht oder in nur geringer Menge enthält. Dieses Prinzip ist z. B. bei der phenylalaninarmen Diät bei Phenylketonurie (S. 60), durch Ausschaltung der Nahrungslactose bzw. Galaktose bei Galaktosämie (S. 71) und durch Vermeidung von Milchfett bei der Refsumschen Erkrankung (S. 113) realisiert.
- **Supplementierung des fehlenden Endprodukts.** Beispiele sind die Behandlung des familiären Hypothyreoidismus mit Thyroxin, des Adrenogenitalen Syndroms mit Glucocorticoiden und der Glykogenspeicherkrankheit Typ I mit häufigen kleinen Glucosegaben zur Vermeidung der Hypoglykämie.
- **Substitution des Genprodukts.** Sie kann bestehen in einer Zufuhr von Immunglobulinen bei erblichem Antikörpermangel-Syndrom (S. 406) oder von gereinigtem Faktor VIII bei der klassischen Hämophilie (S. 381).

  Versuche, das defiziente Enzym durch parenterale Zufuhr zu substituieren, werfen zahlreiche Probleme auf: Die Enzyme müssen aus homologen Quellen angereichert werden, einen hohen Reinheitsgrad aufweisen und in beträchtlichen Quantitäten verfügbar sein. Eine Dauertherapie ist erforderlich, da exogen zugeführte Enzyme rasch eliminiert bzw. zerstört werden, und nur ein geringer Teil von den Zellen des Wirtsorganismus aufgenommen wird. Die Gefahr allergischer Reaktionen ist nicht auszuschließen.

  Bessere Aussichten verspricht die Substitution der Enzyme in „liposomenverkapselter" Form. **Liposomen** sind artefizielle, von einer Phospholipiddoppelmembran umgebene Partikel, die das defiziente Enzym in konzentrierter wäßriger Lösung einschließen. Bei parenteraler Zufuhr werden Liposomen vorzugsweise von der Leber aufgenommen. Stattet man die Liposomen jedoch mit hitzedenaturierten aggregierten humanen IgG-Molekülen aus, die über hydrophobe und elektrostatische Bindungen fest mit der Liposomenmembran assoziiert sind, orientieren die aggregierten IgG-Moleküle ihre Fc-Bereiche (S. 403) auf der Oberfläche der Liposomen in Richtung auf das Außenmedium. Zahlreiche Zellen des menschlichen Körpers besitzen jedoch membrangebundene spezifische Erkennungs- und Bindungsregionen für die Fc-Bereiche von Immunglobulinen. Dies gilt z. B. für polymorphkernige Leukozyten, für Milz, Knochenmark und Leber, die mit diesen Rezeptoren die Liposomen erkennen, binden und mit hoher Ausbeute phagozytotisch aufnehmen. Das in den Liposomen eingeschlossene Enzym wird nach Phagozytose intrazellulär freigesetzt und bringt den Abbau der aufgrund der Enzymdefizienz akkumulierten Stoffwechselzwischenprodukte in Gang. Das Problem der Überwindung der Bluthirnschranke ist jedoch noch ungelöst.

- **Enzyminduktion.** Begrenzte Erfolge wurden mit einer Induktion der UDP-Glucuronyltransferase durch Phenobarbital bei Hyperbilirubinämie (Konjugationsikterus, S. 249) erzielt. Die Behandlung setzt allerdings eine Restaktivität des fehlenden Enzyms voraus. Homozygote Patienten reagieren nicht.
- **Aktivierung coenzymabhängiger Enzyme** durch Substitution des Coenzyms bzw. seiner Vorstufe (Vitamine, s. Tab. S. 185).
- **Vermeidung bestimmter Medikamente.** Bei Enzymdefekten kann eine Stoffwechselbalance ohne klinische Symptome bestehen, die erst bei Belastung durch exogene Fremdstoffe gestört wird. So können zahlreiche Medikamente bei Vorliegen eines Enzymmangels die Restaktivität der Glucose-6-Phosphatdehydrogenase in Erythrozyten soweit herabsetzen, daß es zu akuten hämolytischen Krisen kommt.

Eine **causale** Therapie enzymatischer Defekte durch Einführen neuen genetischen Materials, das die Information für das fehlende Enzym oder Protein enthält, ist theoretisch möglich. Es handelt sich um eine genetische Manipulation, die z. Zt. noch als futuristisch angesehen werden muß, als therapeutisches Prinzip aber zu einer tatsächlichen Korrektur des genetischen Defekts führen kann.

- Die **Transplantation** eines Organs oder von kultivierten Zellen mit dem Ziel, genetisch nicht mögliche Leistungen durch das Transplantat bzw. die transplantierten Zellen erbringen zu lassen, ist formal mit der Einführung eines neuen Genotyps in den Empfängerorganismus gleichzusetzen. Die Transplantation von Knochenmark bei Wiskott-Aldrich-Syndrom (S. 406) bzw. lymphopenischer Hypogammaglobulinämie hat positive Ergebnisse gezeitigt, ebenso die Behandlung der Fabryschen Erkrankung (S. 112) durch Nierentransplantation. Bei der primären Hyperoxalurie (Oxalosis 1) hat die Nierenüberpflanzung allerdings eindeutig versagt. Auch die Transplantation von Hautfibroblasten gesunder Spender an Patienten mit Mucopolysaccharidose hat sich als wenig erfolgreich erwiesen.
- **Transduktion** (Übertragung von DNA durch Phagen auf menschliche Zellen). Der das Bakterium E. *coli* infizierende Phage λ (Lambda) kann z. B. die Erb-

information des Gal-Operons bei seiner Vermehrung in der E. *coli*-Zelle übernehmen und auf menschliche Fibroblasten, die in Zellkulturen gehalten werden, übertragen. Das Gal-Operon von E. *coli* enthält den DNA-Abschnitt, der die für die Galaktoseverwertung notwendigen Enzyme codiert: Galaktokinase, Gal-1-Ⓟ-UDPG-Transferase und UDP-Galaktose-4-Epimerase. Setzt man die λ-Phagen menschlichen Fibroblastenkulturen von Patienten zu, die an Galaktosämie (Mangel an Gal-1-Ⓟ-UDPG-Transferase) leiden, so nimmt ein Teil der Fibroblasten das vom Phagen übertragene Gal-Operon auf und inkorporiert es in die eigene DNA. Die so behandelten Zellen vermögen danach das fehlende Enzym wieder zu synthetisieren, sie sind also „geheilt". Dieses Behandlungsprinzip hat bislang lediglich theoretische Bedeutung.

**DNA-Rekombinationstechnologie.** Mit zunehmender Kenntnis der Vorgänge der DNA-Replikation und DNA-Reparatur verfügt man auch über Enzyme mit der Fähigkeit, aus Chromosomen beliebiger Zelltypen kurze spezifische DNA-Segmente, die meist verschiedene Gene enthalten, herauszulösen. Die dabei verwendeten Enzyme – sog. Restriktionsenzyme (Endonucleasen) – trennen die DNA in Bereichen spezifischer Sequenzen derart, daß sie sich leicht wieder zusammenfügen lassen. Solche Segmente können dann mit Hilfe gleicher oder anderer Enzyme entweder in die DNA-Viren oder die natürlich vorkommenden ringförmigen extrachromosalen DNA-Partikel – sog. Plasmide – inkorporiert werden.

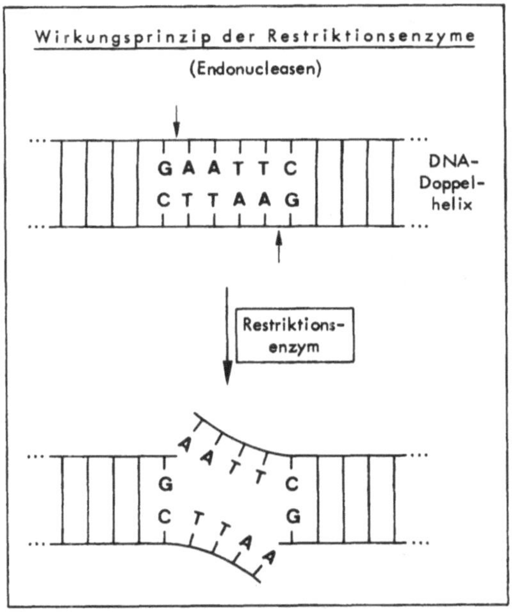

Solche durch Rekombination entstandenen artefiziellen Viren bzw. Plasmide können dann von Bakterien, tierischen oder pflanzlichen Zellen aufgenommen werden und sich dort – synchron mit der Wirtszelle, manchmal jedoch auch unabhängig und schneller – reproduzieren. Enthalten solche inkorporierten DNA-Segmente Gene für Enzyme, die der Wirtszelle (vielleicht aufgrund eines genetischen Defekts) fehlen, besteht die Möglichkeit einer Korrektur von Molekularkrankheiten.

Gelegentlich kann das neue genetische Material auch mit den Chromosomen der Wirtszelle fusionieren und so eine integrierte Komponente des genetischen

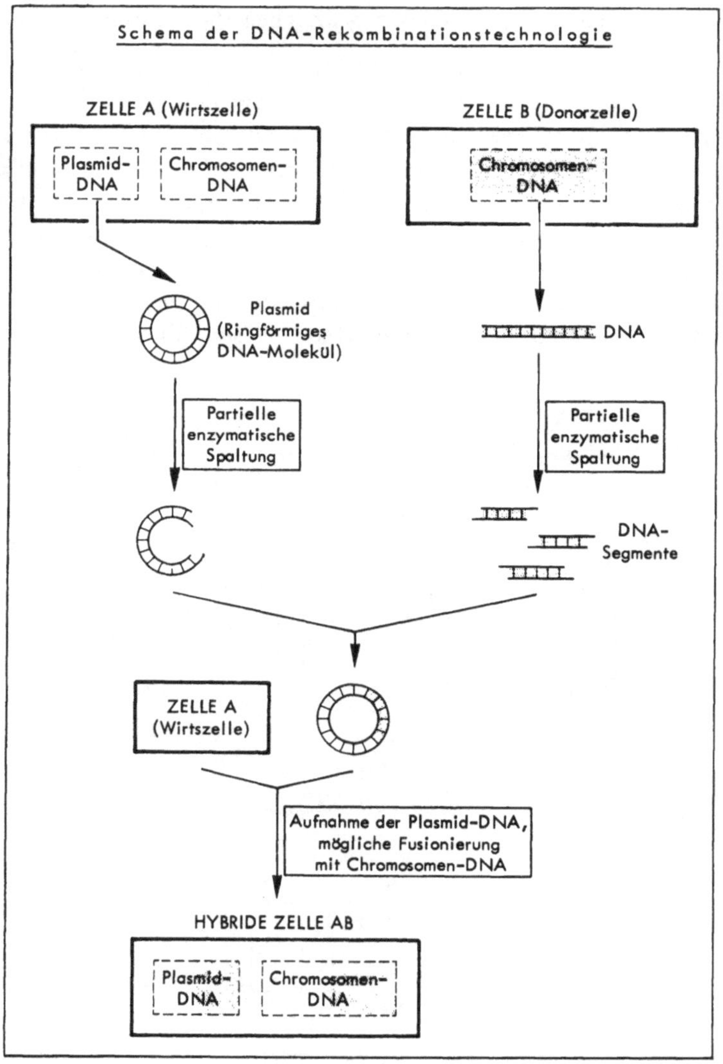

Apparates werden. Zellen, die solch fremdes genetisches Material integriert haben, sind **neue** Organismen, deren Eigenschaften grundlegend von den Zellen des Wirts- oder Spenderorganismus differieren können (Schema).

Die aus der DNA-Rekombinationstechnologie sich ergebenden Möglichkeiten der Genmanipulation haben ethische Probleme und Fragen nach dem Sicherheitsstandard der „Genchirurgie", nach der Gefahr für die Evolution und nach der Verantwortlichkeit der Wissenschaftler, die solche Experimente ausführen, aufgeworfen.

## 6. Pathobiochemie des Purin- und Pyrimidinstoffwechsels

**Hyperuricämie (Gicht).** Eine Erhöhung der Harnsäurekonzentration in Blut und Körpersäften führt wegen der begrenzten Löslichkeit der Harnsäure (bis 405 µmol/l, 6,8 mg/100 ml Serum) zur Ablagerung freier Harnsäure bzw. von Harnsäuresalzen (Uraten) im Gelenkknorpel (Arthritis urica), in der Niere (Gichtniere) und zur Konkrementbildung in den ableitenden Harnwegen (Nieren-, Ureter-, Blasensteine). Der akute Gichtanfall ist durch plötzlich auftretende enorme Schmerzhaftigkeit und intensive entzündliche Reaktion der befallenen Gelenke gekennzeichnet (Häufigkeit des Gelenkbefalls in abnehmender Reihenfolge: Großzehengrundgelenk, Sprunggelenk und Fußwurzelgelenke, Kniegelenk, Fingergelenke, Handgelenk, Gelenke der kleinen Zehen, Schulter- und Ellenbogengelenke).

Ursachen der Hyperuricämien (s. Abb.) können sein:

- Vermehrte Bildung (Biosynthese) von Harnsäure oder
- verminderte renale Ausscheidung.

Beide Ursachen können als **primäre** (genetisch bedingte und vererbbare) Stoffwechseldefekte (primäre Hyperuricämie) oder **sekundär** als Folge einer anderen Grundkrankheit (sekundäre Hyperuricämie) auftreten.

**Primäre Hyperuricämie.** Der Uratpool des Menschen beträgt etwa 1 g. Bei der primären Hyperuricämie ist die Menge auf 15–25 g erhöht. Das Schema zeigt verschiedene pathogenetische Möglichkeiten, die primär zu einer vermehrten Synthese oder verminderten Ausscheidung von Harnsäure führen können.

- Eine vermehrte Bereitstellung von Vorstufen der Purinbiosynthese hat eine vermehrte Harnsäurebildung zur Folge. Dies ist z. B. bei einem erhöhten Umsatz von Ribose-5-phosphat bei erhöhter Aktivität der 5-Phosphoribosyl-1-pyrophosphat-Synthetase der Fall. Auch ein Mangel an Glucose-6-phosphat-Phosphatase (Glykogenspeicherkrankheit Typ I) führt in der Leber über eine Akkumulation von Glucose-6-phosphat zu einem verstärkten Durchsatz im Pentosephosphatzyklus und vermehrter Bereitstellung von Ribose-5-phosphat für die Purinbiosynthese. Das gleiche gilt für eine Variante der Glutathion-

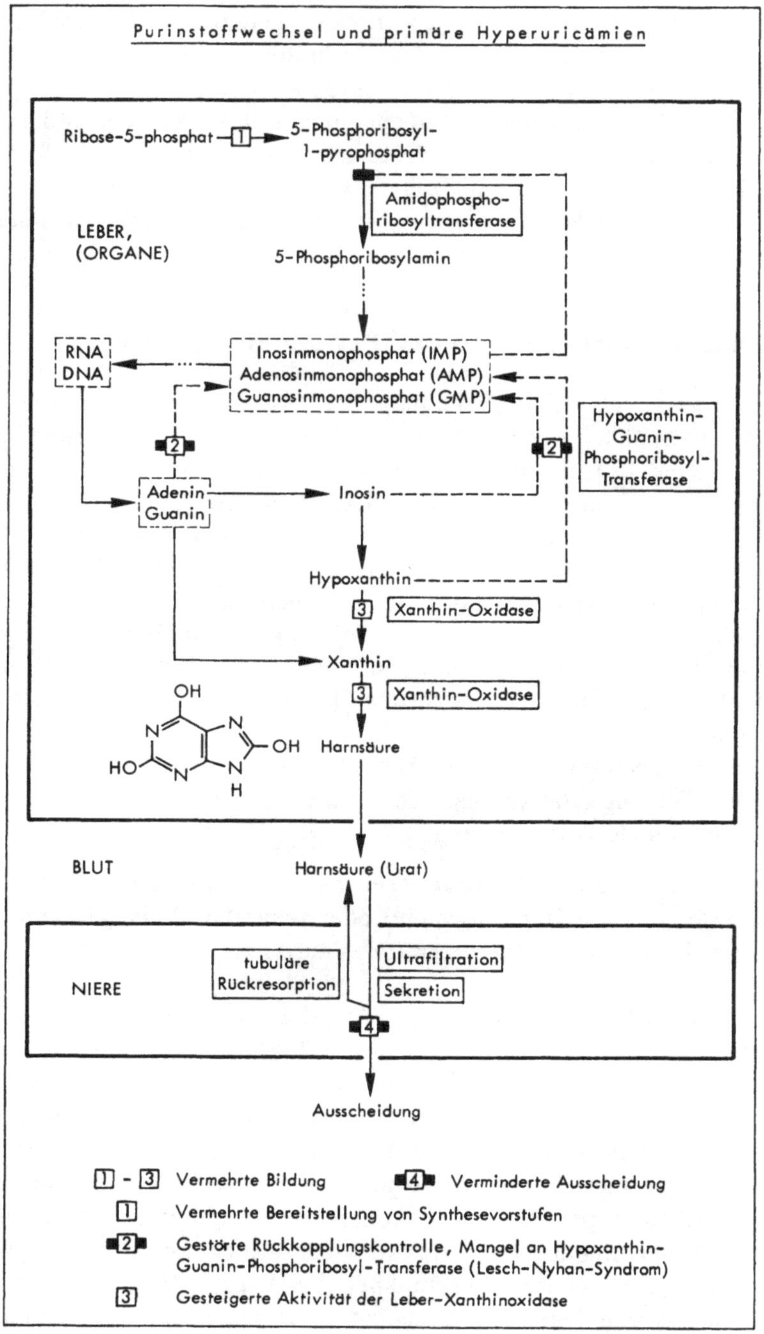
Purinstoffwechsel und primäre Hyperuricämien
Ribose-5-phosphat
1
5-Phosphoribosyl-1-pyrophosphat
Amidophosphoribosyltransferase
LEBER, (ORGANE)
5-Phosphoribosylamin
RNA
DNA
Inosinmonophosphat (IMP)
Adenosinmonophosphat (AMP)
Guanosinmonophosphat (GMP)
2
Hypoxanthin-Guanin-Phosphoribosyl-Transferase
Adenin
Guanin
Inosin
Hypoxanthin
3
Xanthin-Oxidase
Xanthin
Xanthin-Oxidase
OH
N
HO
H
Harnsäure
BLUT
Harnsäure (Urat)
NIERE
tubuläre Rückresorption
Ultrafiltration
Sekretion
4
Ausscheidung
1 - 3 Vermehrte Bildung
4 Verminderte Ausscheidung
1 Vermehrte Bereitstellung von Synthesevorstufen
2 Gestörte Rückkopplungskontrolle, Mangel an Hypoxanthin-Guanin-Phosphoribosyl-Transferase (Lesch-Nyhan-Syndrom)
3 Gesteigerte Aktivität der Leber-Xanthinoxidase

Reduktase, deren erhöhte Aktivität zu einer stärkeren Beanspruchung des zellulären $NADPH_2$-Pools führt und dadurch den Pentosephosphatzyklus stimuliert.

- Eine vermehrte Harnsäurebildung kann auch über eine aus ungeklärten Gründen gesteigerte Aktivität der Leberxanthin-Oxidase zustande kommen, die das Fließgleichgewicht des Purinstoffwechsels in Richtung auf die Harnsäuresynthese verschiebt.
- Gestörte Rückkopplungskontrolle. Bei der Regulation der Purinbiosynthese nimmt die Phosphoribosyl-Transferase eine Schlüsselstellung ein, da ihre Aktivität allosterisch durch IMP, GMP und AMP reguliert wird (negative Feedback-Kontrolle). Eine Störung dieses Regulationsmechanismus liegt beim **Lesch-Nyhan-Syndrom** vor, bei dem aufgrund eines Defekts der Hypoxanthin-Guanin-Phosphoribosyltransferase die intrazelluläre IMP- und GMP-Konzentration erniedrigt ist. Dies führt zu einer etwa 20fachen Steigerung der Purinbiosynthese mit entsprechend verstärktem Purinabbau und erhöhtem Harnsäurespiegel im Blut und in den Geweben. Die klinischen Symptome dieser rezessiv vererbbaren geschlechtsgebundenen Krankheit (es werden nur männliche Personen befallen) sind verzögerte geistige Entwicklung, aggressives Verhalten und Tendenz zur Selbstverstümmelung.
- Die Pathogenese der **verminderten Harnsäureausscheidung** über die Niere ist noch ungeklärt, da es sich um einen komplexen, aus Filtration, Rückresorption und tubulärer Sekretion bestehenden Prozeß handelt. Vermutlich ist die Harnsäuresekretion bei der primären Gicht verringert.

**Sekundäre Hyperuricämie.** Eine Übersicht über die sekundären Hyperuricämien gibt die Tabelle.

**Mögliche Ursachen sekundärer Hyperuricämien**

| Vermehrte Harnsäurebildung | Verminderte renale Harnsäureausscheidung |
|---|---|
| 1. Hämoblastosen<br>Chronische myeloische Leukämie<br>Polyzythämie<br>Osteomyelosklerose<br>Chronische hämolytische Anämie | 1. Chronische Nierenkrankheiten |
| | 2. Hoher Alkoholspiegel |
| | 3. Acidosen<br>Lactacidämie, Ketoacidose (Fasten, Diabetes mellitus) |
| 2. Psoriasis | 4. Arzneimittel<br>Saluretika, Pyrazinamid |
| 3. Vermehrte Zufuhr von Nahrungspurinen | 5. Vergiftungen<br>Blei, Beryllium |

Die durch vermehrte Harnsäurebildung bedingte sekundäre Hyperuricämie kommt gehäuft vor bei erhöhtem Zellumsatz. So erklärt sich z. B. der gesteigerte Nucleinsäureabbau mit vermehrter Harnsäurebildung bei der chronischen myeloischen Leukämie (trotz der verlängerten Halbwertszeit der Leukozyten) aus ihrer absolut hohen Zahl, wobei Zytostatika-Medikation einen akuten massiven Zelluntergang begünstigen kann.

Bei der Polyzythämie bzw. bei chronischen Anämien ist die Neubildungsrate von Erythrozytenvorstufen (Mitose) stark heraufgesetzt. Da die Erythrozytenvorstufen im Verlauf ihres Reifungsprozesses den Kern ausstoßen (DNA-Abbau) und ihre RNA-haltigen Ribosomen abbauen, ist der Katabolismus von Nucleinsäuren entsprechend gesteigert.

Außerdem besteht eine eindeutige Relation zwischen der Zufuhr von Nahrungspurinen (purinreiche Lebensmittel sind die Leber, Niere, Bries, Wildfleisch, Fleischextrakt, Ölsardinen, Hering) und dem Blutharnsäurespiegel. Bei purinfreier Kost sinkt der Harnsäurespiegel auf einen Wert von 180–210 µmol/l (3,0–3,5 mg/100 ml Serum), um bei Purinzulagen proportional anzusteigen.

Eine sekundäre durch verminderte renale Harnsäureausscheidung bedingte Hyperuricämie kann ihre Ursache in Nierenkrankheiten haben, wenn die tubuläre Sekretion von Harnsäure (S. 296) beeinträchtigt ist.

Auch eine Erhöhung der Milchsäure- oder Ketonkörperkonzentration im Serum führt zu Hyperuricämie, die hier durch eine Konkurrenz der Milchsäure bzw. der β-Hydroxybuttersäure und Acetessigsäure mit der Harnsäure um das tubuläre Ausscheidungs-Transportsystem bedingt ist.

Außerdem gibt es eine Reihe von Medikamenten, die durch Hemmung der renalen Ausscheidung zu einer verminderten Harnsäureausscheidung der Niere führen. Dazu gehören Saluretika (z. B. Thiazide, S. 294), Salizylsäure, Pyrazinamid und Nicotinsäure.

**Therapeutische Aspekte.** Allopurinol – ein Isomeres des Hypoxanthins – ist als kompetitiver Inhibitor der Xanthinoxidase wirksam, vermag also die Harnsäurebildung deutlich zu reduzieren. Der therapeutische Effekt besteht jedoch nicht nur in der Ausscheidung des besser löslichen Hypoxanthins als Endprodukt des Purinstoffwechsels (anstelle der Harnsäure), sondern zeigt sich bei Langzeitwirkung besonders in einer Suppression der Purinbiosynthese. Sie kommt durch Umwandlung des Allopurinols im Stoffwechsel in ein atypisches Nucleotid zustande, das einen stark allosterischen Hemmeffekt auf die Amidophosphoribosyl-Transferase – das Schrittmacherenzym der Purinbiosynthese – entfaltet (Abbildung S. 40).

Die Allopurinoltherapie wird ergänzt durch uricosurisch wirksame Medikamente (Probenecid, Sulfinpyrazon, Benzbromaron), die zu einer vermehrten Ausscheidung von Harnsäure führen. Da die Löslichkeit der Harnsäure bei sauren pH-Werten deutlich geringer ist, muß die Behandlung mit Uricosurica durch

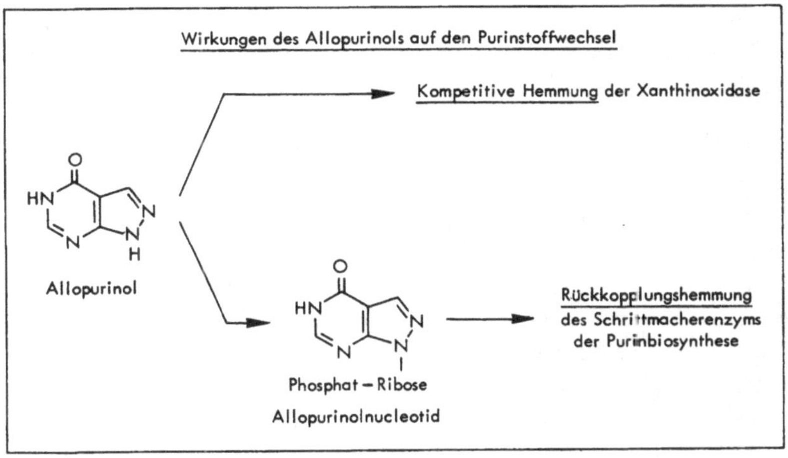


Alkalisierung des Harns (Uralyt) sowie reichliche Flüssigkeitszufuhr unterstützt werden.

Der akute Gichtanfall läßt sich durch Colchicin kupieren. Seine Wirkung beruht auf einer Hemmung der Zellteilung (in der Mitose) und der damit verbundenen Blockade des RNA-Abbaus, die auch durch hohe Dosen von ACTH (80–100 Einheiten/24 h). erreicht werden kann.

Lokalisation von Enzymdefekten bei der hereditären Orotacidurie

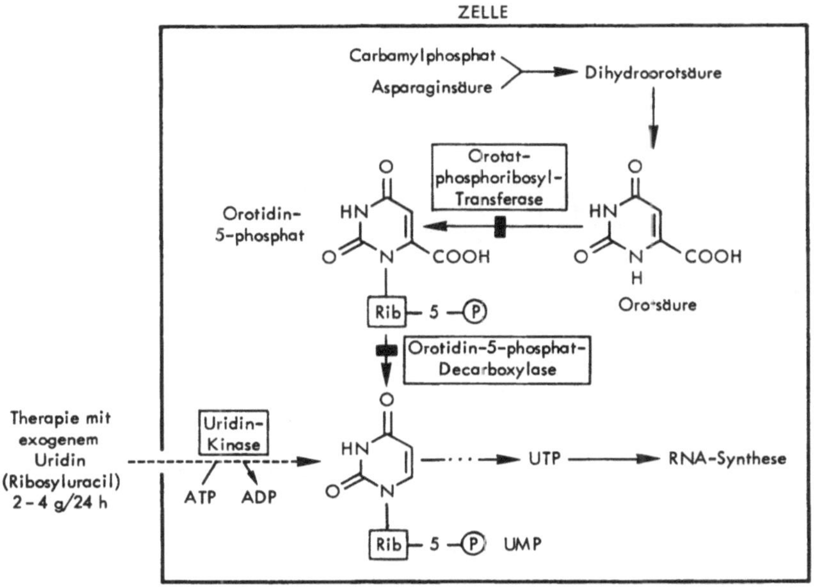

**Xanthinurie.** Bei der Xanthinurie, einem angeborenen Defekt des Purinabbaus, fehlt die Xanthinoxidase, oder sie ist in zu geringer Aktivität vorhanden. Der Abbaublock zeigt sich in der Ausscheidung von Hypoxanthin anstelle des Urats.

**Orotacidurie.** Bei zwei unabhängigen (autosomal) vererbbaren Enzymdefekten (Abbildung) ist die Synthese von Orotidin-5-phosphat bzw. UMP nicht möglich, und es kommt zu einer Akkumulation von Orotsäure in den Geweben und im Serum sowie zu einer vermehrten Ausscheidung im Harn. Das durch den Enzymdefekt bedingte Absinken des zellulären UTP-Spiegels führt zu einer allosterischen Steigerung der Aktivität der (für die Pyrimidinsynthese geschwindigkeitsbestimmenden) Carbamylphosphat-Synthetase II, wodurch Orotsäuresynthese und -ausscheidung verstärkt werden. Die Orotacidurie führt zu Störungen des Wachstums, der geistigen Entwicklung und zu einer hyperchromen Megaloblastenanämie. Die Therapie besteht in Substitution von Uridin, das durch die ATP-abhängige Uridin-Kinase in UMP überführt und so in den Pyrimidinstoffwechsel eingeschleust wird.

Eine erbliche Thyminabbaustörung betrifft die Reaktion β-Aminoisobutyrat → Methylmalonsäure-Semialdehyd, hat jedoch keinerlei pathologische Bedeutung.

# III. Proteine und Aminosäuren

## 1. Proteine und Proteinstoffwechsel

Proteine enthalten eine variable, aber für jedes Protein konstante Zahl von Aminosäuren. Sie besitzen die Struktur von Polypeptiden und können aus **einer** Polypeptidkette bestehen, sich aber auch aus **mehreren** Polypeptidketten zusammensetzen. In einem Protein entspricht die Zahl der Peptidbindungen (n − 1) der Zahl der am Aufbau beteiligten Aminosäuren (n). Viele Proteine enthalten neben Aminosäuren noch andere Bausteine (Kohlenhydrate, Farbstoffe, Lipide, Metalle usw.). Die für ein Protein charakteristische (und genetisch festgelegte) Reihenfolge (Sequenz) der Aminosäuren wird als **Primärstruktur** bezeichnet.

Da die Primärstruktur eines Proteins auch die Sekundärstruktur (Konformation einzelner Peptidketten-Abschnitte des Proteins) und die **Proteinkonformation** (räumliche Anordnung der Polypeptidkette des Proteins) bestimmt, können schon geringfügige Änderungen der Primärstruktur eines Proteins − z. B. der Austausch einer Aminosäure als Folge einer Punktmutation − zu Einschränkung oder Verlust der Funktion (Enzymaktivität, Löslichkeit) des Proteins führen.

Die Proteine sind die beim Menschen quantitativ am stärksten beteiligten Bausteine der lebenden Substanz. Leber-, Muskel- und Nierengewebe bestehen zu 70−80% ihres Trockengewichts aus Proteinen. Der größte Teil der zellulären Proteine sind Enzyme, die z. T. in löslicher Form, z. T. in strukturgebundener Form vorliegen. In der Säugetierleber ist die Zahl der bekannten Enzyme sogar so groß, daß sie das gesamte Zellprotein beanspruchen. Proteine mit Spezialfunktionen sind u. a. die kontraktilen Muskelproteine, das Hämoglobin und die Serumproteine. Mechanische Aufgaben haben die extrazellulären Proteine Kollagen und Elastin und das Keratin der Haare und Hornsubstanzen.

**Proteinumsatz.** Der Stoffwechsel der Proteine ist durch ein dynamisches Gleichgewicht von Synthese und Abbau gekennzeichnet und läßt sich quantitativ für jedes Protein durch seine **Halbwertszeit** ausdrücken. Die Halbwertszeiten der Proteine des menschlichen Organismus schwanken jeweils um Stunden (z. B. Blutgerinnungsfaktoren) bis zu Tagen oder Monaten (Tabelle).

Da die Proteine im Rahmen des Ersatzes durch Neusynthese zu Aminosäuren abgebaut werden, und deren Stickstoff im Harn ausgeschieden wird, läßt sich der Gesamtproteinumsatz aus der Stickstoffausscheidung berechnen (Stickstoffbilanz). Hierfür kann in erster Näherung die Menge des pro 24 h ausgeschiedenen Harnstoffs herangezogen werden, dessen Stickstoff 80−90% des ausgeschiedenen Gesamtstickstoffs enthält. Neubildung durch Synthese und enzymatischen Abbau des Gesamtproteins liegen beim erwachsenen Menschen (70 kg) in einer Größenordnung von 400 g Protein/24 h. Die für die Synthese benötigten Aminosäuren

**Biologische Halbwertszeit von Proteinen (Durchschnittswerte)**

| Proteine | Tage |
|---|---|
| Prokonvertin (Faktor VII) | 0,3 |
| Antihämophiles Globulin (Faktor VIII) | 0,5 |
| Pseudocholinesterase | 1,0 |
| Präalbumin | 1,9 |
| Retinolbindendes Protein | 2,1 |
| Fibrinogen | 5,0 |
| IgM | 5,1 |
| IgA | 5,7 |
| Transferrin | 7,5 |
| Albumin | 19 |
| IgG | 21 |
| Hämoglobin | 60 |
| Myosin | 180 |
| Kollagen | $> 360$ |

entstammen zu etwa 20% den Nahrungsproteinen; ca. 80% des Aminosäurebedarfs werden durch Reutilisation abgebauter Körperproteine gedeckt.

Durch Sekrete und Mucosaepithelabschilferung entsteht ein intestinaler Proteinverlust von etwa 85–150 g/24 h. Eine Wiedergewinnung erfolgt jedoch zu 80% nach enzymatischem Abbau zu Aminosäuren bzw. Peptiden, die vorzugsweise für die enterale Proteinbiosynthese reutilisiert werden.

**Störungen des Proteinstoffwechsels.** Die Störungen des Proteinstoffwechsels können vielfältige Ursachen haben. Man unterscheidet primäre und sekundäre Störungen.

- **Primäre Proteinstoffwechselstörungen.** Die Proteinbiosynthese kann aufgrund eines genetischen Defektes fehlerhafte Proteine liefern (Proteinvarianten), ganz ausbleiben (Proteindefekte) oder aber durch Vermehrung einzelner (maligne transformierter) Zellklone pathologische Mengen eines Proteins bilden (Paraproteinämien). Auch die mangelnde Versorgung des Organismus mit Nahrungsproteinen kann – bei sonst intaktem Stoffwechsel – als primäre Störung des Proteinstoffwechsels aufgefaßt werden.
- **Sekundäre Proteinstoffwechselstörungen.** Erkrankungen des Magen- und Darmtrakts können einen gestörten enzymatischen Abbau (Maldigestion) und/oder ungenügende Resorption (Malabsorption) zur Folge haben. Aminosäuretransportdefekte (S. 67) sind genetisch bedingte Störungen, die wiederum den Proteinstoffwechsel beeinträchtigen. Ebenso können Erkrankungen anderer Organe (z. B. Leber, Niere, Haut) oder endokrine Dysfunktionen das dynamische Gleichgewicht des Proteinstoffwechsels stören und sich in Veränderungen des Plasmaproteinverteilungsmusters (Dysproteinämie) manifestieren.

In den nachfolgenden Abschnitten dieses Kapitels sind die primären und sekundären Störungen des Proteinstoffwechsels behandelt.

## 2. Primäre Störungen des Proteinstoffwechsels

**Proteinvarianten.** Von einem Gen, das die Information für die Synthese eines bestimmten Proteins (Genprodukt) codiert, können zwei oder mehrere verschiedene Zustandsformen existieren, die als **Allele** bezeichnet werden. Ein alleler Zustand eines Gens ist einem Mutationsereignis analog, wird aber viel häufiger beobachtet als eine Mutation. Allele Gene nehmen auf homologen Chromosomen homologe Loci ein. Bei homozygoten Individuen sind die Allele in Allelenpaaren identisch, bei Heterozygoten dagegen verschieden.

Gibt es von einer Genart eine Reihe verschiedener Allele, spricht man von multipler Allelie und bezeichnet die Genprodukte – sofern es sich um Proteine handelt – als **Proteinvarianten.**

Proteinvarianten sind von zahlreichen Blutplasmaproteinen, aber auch von Enzymen bekannt und werden definitionsgemäß als Isoenzyme (multiple Formen von Enzymen) bezeichnet (Kap. Enzyme, S. 7). Von der Glucose-6-phosphat-Dehydrogenase kennt man mehr als 80 Isoenzyme (Varianten), von denen 40 eine normale oder nur geringfügig reduzierte Aktivität aufweisen und daher auch keine klinischen Symptome verursachen. Etwa 20 Varianten sind von einem Enzymdefekt begleitet, der jedoch erst durch die Einwirkung eines exogenen Stoffes (Medikamente, Infektionen, Favabohnen) ausgelöst wird, während die restlichen Varianten sich auch ohne Gegenwart einer auslösenden Noxe als Enzymdefekt manifestieren.

Das Auftreten verschiedener Varianten eines Proteins ist ein allgemeines Phänomen. Die Tabelle gibt Beispiele für die Blutplasmaproteine.

**Proteindefekte.** Durch Mutation werden abgewandelte Gene erzeugt, die funktionell zu veränderten (oder fehlenden) Genprodukten führen. Da ein Protein meistens aus mehr als 100 Aminosäuren besteht, und bei einer Punktmutation jede der Aminosäuren durch eine andere ersetzt werden kann, ist eine Vielzahl von strukturell durch Mutation veränderten Proteinen möglich. Sie unterscheiden sich in ihren physikalisch-chemischen und funktionellen Eigenschaften voneinander, je nachdem welche Aminosäure an welcher Stelle substituiert wurde. Betrifft eine solche Mutation ein Enzymprotein, so kann dessen Konformation so verändert werden, daß es zu einer hochgradigen Reduktion oder zu einem Verlust der enzymatischen Aktivität kommt. Man nimmt an, daß die meisten der bekannten Enzymdefekte durch Mutationen verursacht sind. In vielen Fällen läßt sich das durch Mutation veränderte und katalytisch nicht mehr aktive Enzymprotein durch immunologische Methoden nachweisen.

| Plasmaprotein | Beispiele für Plasmaproteinvarianten (V) | Defektdysproteinämie Bezeichnung | Symptome |
|---|---|---|---|
| Albumin | 7 Albumin-V | Analbuminämie | Geringe Ödemneigung, Transportstörungen für Thyroxin |
| $\alpha_1$-Globuline | 5 $\alpha_1$-Antitrypsin-V<br>4 $\alpha_2$-Glykoprotein-V | $\alpha_1$-Antitrypsinmangel<br>Transcortinmangel | Bronchopulmonale Erkrankungen<br>Transportstörung für Glucocorticoide |
| $\alpha_2$-Globuline | Mehrere Haptoglobin-V<br>5 Caeruloplasmin-V | A-Haptoglobinämie<br>A-Caeruloplasminämie | Keine<br>Wilson'sche Erkrankung |
| α-Lipoproteine | | An-α-Lipoproteinämie | Cholesterinablagerung in Leber und Tonsillen |
| ß-Globuline | 18 Transferrin-V | A-Transferrinämie | Eisenrefraktäre Anämie, Hämosiderinablagerung in Organen |
| ß-Lipoproteine | Mehrere ß-LP-V | A-ß-Lipoproteinämie | Vitamin-A-Mangel, neurologische Störungen, Akanthozytose |
| Fibrinogen | | A-Fibrinogenämie | Blutgerinnungsstörungen |
| γ-Globuline | Zahlreiche H- und L-Ketten-V | A-γ-Globulinämie | Antikörpermangelsyndrome |

Eine Mutation kann jedoch auch Operator-, Repressorgen, Promotor oder Repressor betreffen, so daß u. U. keine Synthese von m-RNA und spezifischem Protein stattfindet und ein echter – genetisch bedingter – Proteindefekt vorliegt. Blutplasmaproteindefekte werden als **Defektdysproteinämien** bezeichnet (Tabelle s. o.), da sie immer eine Änderung der quantitativen Zusammensetzung der Plasmaproteine zur Folge haben.

**Paraproteinämien.** Die Paraproteinämien haben ihre Ursache in der Vermehrung eines Zellklons aus der Klasse der Immunglobuline und werden deshalb auch als **„monoklonale Immunglobulinopathien“** (Immunoglobulinämien, Gammopathien) bezeichnet (Kap. Immunchemie, S. 405). Ihr Syntheseort sind Zellen des lymphoretikulären Systems, die auch physiologischerweise Immunglobuline synthetisieren und sezernieren, jedoch bei Tumoren und Entzündungen des lymphoretikulären Systems zu exzessiver Produktion von Immunglobulinen übergehen. Sie stammen in der Regel aus einem einzelnen Zellklon (selten auch von zwei verschiedenen oder mehreren Zellklonen).

Die **malignen Gammopathien** umfassen die paraproteinämischen Hämoblastosen des lymphoretikulären Systems, bei denen eine obligate Paraproteinbildung stattfindet wie z. B. beim **Plasmozytom,** beim **Waldenström-Syndrom** (Vermehrung der IgM, früher als Makroglobulinämie bezeichnet) und der **H-Kettenkrankheit.** Fakultativ treten Paraproteine bei verschiedenen malignen Lymphomen (Lymphosarkom) auf.

Von den **benignen Gammopathien** gibt es zwei Formen: die sog. **idiopathische Gammopathie,** bei der die γ-Globuline permanent oder intermittierend erhöht sind. Ihre Diagnose erfolgt im Ausschlußverfahren, da trotz exzessiver Synthese von Immunglobulinen kein entsprechendes morphologisches Substrat oder Krankheitssyndrom faßbar ist. Die Diagnose kann daher erst nach Jahren sorgfältiger Beobachtung gestellt werden. Den **symptomatischen (sekundären) Gammopathien** liegen Autoimmunkrankheiten (S. 399) wie z. B. Lupus erythematodes, chronische Polyarthritis oder chronische Hepatitis zugrunde.

Charakteristisch für die Gammopathien ist der schmalbasige spitze Gipfel im Elektropherogramm, der im Bereich der γ- oder β-Globuline liegt (Abb.).

**Proteinmangelsyndrome.** Die im Organismus ablaufende Proteinsynthese erfordert Bereitstellung von Aminosäuren und einen intakten Energiestoffwechsel. Ein Proteinmangelsyndrom kann durch Einschränkung der Protein- und der Energiezufuhr eintreten, wobei es zu einer charakteristischen Reduktion des Muskel- und Fettgewebes kommt **(Marasmus),** aber keine Ödeme beobachtet werden. Ist der Proteinmangel jedoch mit einer gleichzeitig gesteigerten Energiezufuhr in Form von Kohlenhydraten verbunden **(Kwashiorkor),** stehen Ödeme, Hypoproteinämien, Leberverfettung und Steatorrhoe als Symptome im Vordergrund (Tabelle).

Proteinmangelsyndrome

| | Marasmus | Kwashiorkor |
|---|---|---|
| Organe | | |
| Leber | Normaler Proteingehalt | Proteingehalt stark vermindert, schwere Leberverfettung |
| Muskulatur | Starke Reduktion | Geringe Reduktion, Fetteinlagerung |
| Unterhautfettgewebe | Starke Reduktion | Keine Reduktion |
| Intestinaltrakt | Keine Resorptionsstörung | Malabsorption, Steatorrhoe |
| Serum | | |
| Proteine | Geringe Hypoproteinämie → keine Ödeme | Schwere Hypoproteinämie (besonders Albumin und Lipoproteine herabgesetzt) → exzessive Ödeme |
| Aminosäuren | Geringe Verminderung | Starke Verminderung |

Neben der Quantität der Proteinzufuhr ist die Qualität der Nahrungsproteine für eine ausgeglichene Stickstoffbilanz von Bedeutung. Ein Maß für die Qualität eines Proteins ist die biologische Wertigkeit bzw. sein Gehalt an essentiellen Aminosäuren. Der Minimalbedarf für die einzelnen acht essentiellen Aminosäuren (Valin, Phenylalanin, Leucin, Isoleucin, Threonin, Tryptophan, Methionin und Lysin) ist zwar in Ernährungsversuchen ermittelt worden, doch wird die biologische Wertigkeit eines Proteins nicht allein durch den Gehalt an essentiellen Aminosäuren limitiert, sondern ist auch vom Verteilungsmuster der essentiellen Aminosäuren und vom Verhältnis der essentiellen zu den nichtessentiellen Aminosäuren abhängig.

**Hunger.** Der totale Kalorienentzug bei adäquatem Konsum von Flüssigkeit, Substitution von Vitaminen und ggf. von Mineralien (Nulldiät) führt zu einer charakteristischen, in mehreren, fließend ineinander übergehenden Phasen ablaufenden Umstellung des Stoffwechsels:

- Während der ersten ca. 18 h andauernden Phase kommt es durch Absinken des Seruminsulinspiegels zur Blockierung der Glucoseaufnahme in Muskel- und Fettgewebe. Demgegenüber wird die Glucoseutilisation des Zentralnervensystems mit ca. 120 g/d zunächst nicht verändert. Die für die Versorgung des Zentralnervensystems notwendige Glucose stammt vorzugsweise aus dem Glykogendepot der Leber. Die Glykogenmobilisation ist begleitet von einer

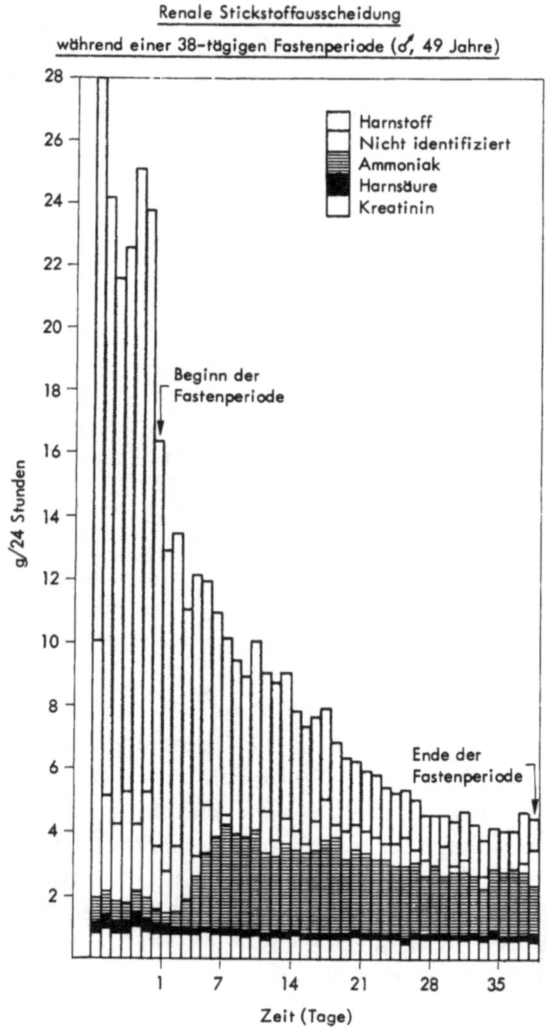

Hemmung der Glucoseoxidation und einer entsprechenden Aktivierung des Glucose-Lactatzyklus (Corizyklus).

- In der zweiten nach 18–24 h einsetzenden Phase des totalen Kalorienentzugs wird die für die Funktion des Zentralnervensystems notwendige Tagesmenge von etwa 120 g Glucose durch Gluconeogenese zur Verfügung gestellt. Hierfür ist ein Abbau von ca. 200 g Protein/24 h erforderlich, der sich in einer negativen Stickstoffbilanz ausdrückt. Da der Verlust von mehr als 40% des Körperproteins mit dem Leben unvereinbar wäre, wird die Energieversorgung des Organismus über diesen Mechanismus nur etwa 2–3 Wochen aufrechterhalten.
- Nach etwa 3 Wochen erfolgt eine entscheidende Stoffwechselumstellung, die durch maximale Lipolyse und Ketogenese gekennzeichnet ist. Dabei werden die Ketonkörper zu dem bevorzugten Substrat der Oxidationsvorgänge im Zentralnervensystem, das nur noch einen kleinen Teil seiner Energie durch Utilisation von Glucose deckt. Diese Stoffwechselumstellung ist von einer drastischen Einschränkung der Gluconeogenese gekennzeichnet. Der Eiweißsparmechanismus kommt in einem deutlichen Abfall der Stickstoffausscheidung im Urin (Abb.) zum Ausdruck. Gleichzeitig erfolgt auch an dem peripheren Gewebe eine Umschaltung von der Ketonkörperutilisation zur Oxidation von freien Fettsäuren. Auf diese Weise werden die Ketonkörper zugunsten des Stoffwechsels des ZNS eingespart, während die freien Fettsäuren zum bevorzugten Substrat der oxidativen Energiegewinnung für die übrigen Organe des Körpers werden. Dieser Adaptationsmechanismus, dessen Kontrolle und Induktion noch unbekannt ist, versetzt den Organismus in die Lage, den Kohlenhydrat- und Proteinabbau zu unterdrücken und seinen Energiebedarf vorzugsweise über den Abbau der Triglyceride des Fettgewebes zu decken.

## 3. Sekundäre Störungen des Protein- (und Aminosäure-) Stoffwechsels

**Magen-, Darm- und Pankreaserkrankungen.** Chronische Erkrankungen des Magens, des Darms und Pankreas führen häufig zu einem Proteinmangelsyndrom, das entweder auf einem ungenügenden enzymatischen Aufschluß der Nahrungsproteine (Maldigestion), auf ungenügender Resorption von Aminosäuren bzw. Peptiden (Malabsorption) oder auf einer vermehrten Abgabe von Proteinen in den Magen-Darmtrakt (exsudative Enteropathie) beruhen kann. Typische Symptome sind die Heraufsetzung der Stickstoffausscheidung im Stuhl (normal 0,5–2,0 g/24 h), Hypoproteinämie, Hypoalbuminämie und Ödeme.

Eine **Maldigestion** für Proteine wird nach totaler oder partieller Gastrektomie (Mangel an Salzsäure und Pepsin), verminderter Sekretion von Pankreasenzymen (chronische Pankreatitis, Pankreaskarzinom, zystische Pankreasfibrose) beobachtet. Eine totale Pankreatektomie führt zur Ausscheidung von 4–8 g Stickstoff/24 h mit dem Stuhl.

Eine **Malabsorption** kann die Folge verschiedener organischer und funktioneller Darmerkrankungen sein und tritt u. a. bei Sklerodermie, Amyloidose, Störung der Darmmotorik, bei Hyperthyreose, arteriellen Durchblutungsstörungen, Pfortaderstauung, Stauung im Lymphgefäßsystem und bei chronischen Schleimhautveränderungen infolge Darminfektionen auf. Eine Malabsorption einzelner Aminosäuren gehört zu den primären (genetisch bedingten) Defekten des Aminosäuretransports (s. u.).

Der Stoffwechselgesunde gibt 35 g Protein in Form von Enzymen und Proteinen mit den Sekreten sowie abgeschilferten Epithelzellen/24 h in den Darmkanal ab, wobei der größte Teil nach proteolytischem Aufschluß rückresorbiert wird, so daß der enterale Stickstoffverlust 0,5–2,0 g/Tag beträgt (s. o.). Eine Steigerung des intestinalen Eiweißverlustes wird als **exsudative Enteropathie** bezeichnet und tritt bei entzündlichen Darmerkrankungen, Polyposis, malignen Tumoren, Lymphstauungen und bei Whipple'scher Erkrankung auf. Eine weitere Ursache ist die angeborene intestinale Lymphangiektasie mit abnormer Erweiterung der enteralen Lymphgefäße und Übertritt von Proteinen in das Darmlumen, die zu Hypoproteinämie, Ödemen, Aszites und Pleuraergüssen führt.

**Erkrankungen der Leber.** Die Leber ist ein wichtiges Organ der Proteinbiosynthese und der Proteinspeicherung. Erkrankungen mit Schwund des Leberparenchyms (z. B. Leberzirrhose) oder Funktionsausfall (Entzündungen, Nekrose) führen zu einer Störung der Proteinbiosynthese, die sich besonders für Proteine mit kurzer Halbwertszeit (s. Tab. S. 46) bemerkbar macht. Bei Entzündungen mit Permeabilitätsstörungen der Zellmembran können zusätzliche Zellproteine in das Blutplasma übertreten (Nachweis zytoplasmatischer oder mitochondrialer Leberenzyme in der klinisch-chemischen Diagnostik der Lebererkrankungen). Da die Leber auch der hauptsächliche Ort des Abbaus von Aminosäuren und der Harnstoffsynthese ist, kommt es bei Einschränkung der Leberfunktion zur Erhöhung der Aminosäure- und Ammoniakkonzentration im Blut. Bei akuter Hepatitis sind Phenylalanin und Tyrosin regelmäßig, bei Leberzirrhose auch Prolin, Citrullin und Glutaminsäure im Serum vermehrt (Defekte im Abbau einzelner Aminosäuren und Enzymdefekte des Harnstoffzyklus s. primäre Störungen des Aminosäurestoffwechsels).

**Erkrankungen der Niere.** Das von der Niere gebildete Ultrafiltrat des Blutplasmas enthält 100–200 mg Protein/l. Von dieser Menge wird jedoch der größte Teil durch tubuläre Rückresorption zurückgewonnen, so daß die tägliche Proteinausscheidung mit dem Harn beim Stoffwechselgesunden < 50 mg/24 h beträgt.

Eine Proteinurie (S. 300) kann durch vermehrte glomeruläre Proteinfiltration oder durch verminderte Rückresorption im proximalen Abschnitt des Tubulussystems zustande kommen. Am häufigsten sind Kombinationen von glomerulären und tubulären Prozessen (Nephrose, Pyelonephritis). Je ausgeprägter die Störung im Glomerulus ist, um so mehr gleicht sich die Proteinverteilung im Urin derjenigen des Serums an. Bei rein tubulären Formen der Proteinurie enthält der Urin vorwiegend $\alpha_2$- und β-Globuline.

Eine gesteigerte Proteinausscheidung mit dem Urin hat eine gesteigerte Synthese von Plasmaproteinen in der Leber zur Folge, wobei die für die Synthese benötigten Aminosäuren bei ungenügender exogener Zufuhr durch den Abbau von Muskelproteinen gewonnen werden.

**Erkrankungen der Haut.** Thermische Schäden der Haut (u. U. auch der Schleimhaut von Mund und Rachen) treten nach Verbrennungen (Verbrühungen) auf und führen innerhalb weniger Minuten zur Koagulation (Hitzedenaturierung) der Proteine und zu einer Permeabilitätssteigerung der benachbarten Kapillaren, die durch Freisetzung vasoaktiver Wirkstoffe bedingt ist. Es kommt zur Exsudation aus den Wundflächen und zu Ödembildung, die einen Verlust an Serumproteinen (bis zu 50%) zur Folge haben und zu einer negativen Stickstoffbilanz führen kann, die durch gesteigerte Proteolyse begünstigt wird. Die Fibrinsynthese der Leber ist dagegen auf ein Mehrfaches der Norm gesteigert.

**Endokrine Dysfunktion.** Da der Proteinstoffwechsel auch einer hormonellen Regulation unterliegt, können sekundären Störungen des Proteinstoffwechsels auch primäre endokrine Dysfunktionen zugrunde liegen:

Zu einer negativen Stickstoffbilanz führen die proteinkatabol wirkenden Schilddrüsenhormone und Glucocorticoide. Anabol wirkende Hormone sind das Wachstumshormon, Insulin und Testosteron. Die unter dem Einfluß dieser Hormone gemessene positive Stickstoffbilanz kommt vorwiegend durch gesteigerte Proteinbiosynthese in der Muskulatur zustande.

## 4. Blutplasmaproteine

**Einteilung und Funktion.** Die Proteinkonzentration des Blutplasmas beträgt 60–80 g/l. Die Plasmaproteine sind ein komplexes Gemisch verschiedener, vorwiegend zusammengesetzer Proteine (Glykoproteine, Lipoproteine), die z. T. im Gefäßsystem zirkulieren, jedoch auch – je nach Molekülgröße – im extravasalen Raum nachweisbar sind. Aufgrund eines ständigen Austausches zwischen vasalem und extravasalem Raum steht das Serumproteinverteilungsmuster in direkter Relation zur Konzentration der Serumproteine des Extrazellulärraums.

Die Zahl der Plasma- bzw. Serumproteine beträgt über 100, ihre Konzentration weist beträchtliche Unterschiede auf (Tab.). Trotz unterschiedlicher Halbwertszeiten wird die Zusammensetzung der Blutplasmaproteine in engen Grenzen konstant gehalten. Ein Teil der Blutplasmaproteine sind plasmaspezifische Syn-

Pathobiochemie der Blutplasmaproteine

| Symptom | Pathogenese |
|---|---|
| Hypoproteinämie | Absolute oder relative Verminderung des Plasmaeiweißgehaltes |
| Hyperproteinämie | Absolute oder relative Vermehrung des Plasmaeiweißgehaltes |
| Dysproteinämie | Änderung der quantitativen Zusammensetzung der Plasmaeiweißfraktionen |
| Defektdysproteinämie | Genetisch bedingtes Fehlen oder Verminderung einzelner Plasmaproteine oder Fraktionen |
| Paraproteinämie | Monoklonale Vermehrung von Immunglobulinen |

theseprodukte von Leber, Knochenmark, retikuloendothelialem System und lymphatischem System, andere nur in geringer Konzentration nachweisbare Plasmaproteine – wie ein Teil der Enzyme – stammen aus Zellen und Geweben und werden nicht als Proteine selbst, sondern aufgrund ihrer Funktion bzw. Enzymaktivität quantitativ bestimmt.

Die Funktionen der Plasmaproteine sind vielfältig: Sie dienen der Wasserbindung und Regulation des kolloidosmotischen Drucks, dem Transport von wasserunlöslichen Verbindungen, Hormonen, Metallen und Lipiden, als Gerinnungs- und Fibrinolysefaktoren, als Enzyme und Enzyminhibitoren, Komplementkomponenten und Immunglobuline.

Die nachfolgende Tabelle gibt eine Übersicht über die wichtigsten Blutplasmaproteine des Menschen, ihre biologischen Funktionen und ihre Veränderungen bei Erkrankungen.

**Pathobiochemie der Blutplasmaproteine.** Die Blutplasmaproteine weisen beim Stoffwechselgesunden eine konstante Konzentration und ein konstantes Verteilungsmuster auf. Mit Hilfe der **Elektrophorese** des Blutserums bei alkalischem pH (pH 8,6) lassen sich 5 Hauptgruppen von Proteinen trennen: Albumine, $\alpha_1$-, $\alpha_2$-, $\beta$-, $\gamma$-Globuline. Die Elektrophorese dient einer ersten Erfassung relativer oder absoluter Veränderungen der Plasmaproteinfraktionen.

Die **radiale Immundiffusion** gestattet die Messung quantitativer Veränderungen der Konzentration einzelner Blutplasmaproteine. Mit Hilfe der **Immunelektrophorese** lassen sich qualitative Veränderungen weiter differenzieren.

Eine Übersicht über die Pathobiochemie der Blutplasmaproteine und die Definition der verschiedenen Formen gibt die Tabelle.

Ein durch Elektrophorese erkanntes pathologisch verändertes Blutplasmaprotein-Verteilungsmuster wird als **Dysproteinämie** bezeichnet, wenn gleichzeitig der Gesamtproteingehalt des Blutes im Normbereich (60–80 g/l) liegt. Das Symptom einer Dysproteinämie beschränkt sich jedoch auf die Feststellung einer Verschiebung im Serumprotein-Verteilungsmuster und sagt nichts darüber aus, ob eine primäre oder sekundäre Störung des Proteinstoffwechsels zugrunde liegt.

**Proteine des menschlichen Blutserums (Blutplasmas)**

Ordnung nach elektrophoretischer Mobilität bei pH 8,6. Konzentrationsangaben in g/l Serum bzw. Plasma. Lipoproteine siehe Kapitel Lipide, Immunoglobuline siehe Kapitel Immunchemie.
MG = Molekulargewicht × $10^3$. Vermehrung, Verminderung

| Proteine | MG | g/l | KH | Biologische Funktion | Pathobiochemie |
|---|---|---|---|---|---|
| Präalbumin | 61 | 0,25 | | Bindung von Thyroxin u. Retinol | ↑ bei schweren Leberleiden |
| Albumin | 69 | 44,0 | | Osmotische Funktion; Eiweißreserve, Transport-Funktion | ↓ bei Leberzirrhose, Nephrose u. a. (Analbuminämie) |
| Saures $\alpha_1$-Glykoprotein | 44,1 | 0,90 | 38 | | ↑ bei chronischen Entzündungen, pcP, malig. Neoplasien |
| $\alpha_1$-Antitrypsin | 54 | 0,290 | 14 | Trypsin-Inhibitor | ↑ bei entzündlichen Prozessen |
| Prothrombin | 60 | | | Proenzym des Thrombins | ↓ bei Lebererkrankungen, Antikoagulantien-Therapie |
| $\alpha_1$ B-Glykoprotein | 50 | 0,220 | 11 | | |
| Transcortin | 45 | 0,070 | 14 | Bindung und Transport von Cortisol | Syndrom mit geringer Cortisol-Bindungskapazität |
| $\alpha_1$T-Glykoprotein | 60 | 0,080 | 13 | | |
| $\alpha_2$-Antichymotrypsin | 68 | 0,500 | 27 | Chymotrypsin-Inhibitor | |
| Retinol-bindendes Protein | 21 | 0,0045 | | Bindung und Transport von Retinol (Vitamin A) | |
| $\alpha_1$-Fetoprotein | 68 | | | Nur beim Fetus und Neugeborenen nachweisbar | ↑ bei Hepatom |
| Gc-Globulin | 50,8 | 0,400 | 6 | | ↓ bei schwerem Leberschaden |
| Inter-$\alpha$-Trypsininhibitor | | 0,500 | 9 | Trypsin-Inhibitor | |
| Antithrombin III ($\alpha_2$-Antithrombin) | 65 | 0,230 | 15 | Thrombin-Inhibitor | ↑ bei Leberschaden |
| Caeruloplasmin | 160 | 0,350 | 11 | Kupfer-Bindung; Oxidase | ↑ bei Schwangerschaft ↓ bei WILSONscher Krankheit |
| Zn-$\alpha_2$ Glykoprotein | 41 | 0,050 | 15 | | |
| $\alpha_2$-Hs-Glykoprotein | 49 | 0,600 | 13 | | |
| C'l-Inaktivator | 104 | 0,240 | | Inhibitor für C'l Plasminogen, Kallikrein u. a. | ↓ bei angioneurotischem Ödem |
| C ls-Komponente (C'l-Esterase) | 80 | | | Esterase-Untereinheit von C 1 | |

**Fortsetzung: Proteine des menschlichen Blutserums (Blutplasmas)**

| Proteine | MG | g/l | KH | Biologische Funktion | Pathobiochemie |
|---|---|---|---|---|---|
| C 9-Komponente | 79 | | | Erythropoese | |
| Haptoglobin | 100 | 1,70 | 19 | Proteinase-Inhibitor, Peroxidase-Aktivität | ↑ bei nephrotischem Syndrom, Leberleiden, Diabetes mellitus |
| $\alpha_2$-Makroglobulin | 820 | 2,60 | 8 | Protease-Inhibitor, Bindung von Hormonen | ↑ bei Nephrose, Leberschaden, Diabetes mellitus |
| Serum-Cholinesterase | 348 | 0,001 | 24 | (mindestens 5 Phänotypen) | |
| Plasminogen | 143 | 0,120 | 9 | Proenzym des Plasmins | ↓ bei starker Fibrinolyse |
| Hämopexin | 80 | 0,750 | 23 | Hämin-Bindung | ↓ bei hämolytischen Anämien |
| C 2-Komponente | 117 | | | Komplementfaktor | ↓ bei familiärem Mangel an C 2 |
| C 3-Komponente | 185 | 1,10 | 3 | Komplementfaktor | ↓ bei Autoimmunerkrankungen (Glomerulonephritis, Lupus erythematodes u. a.) |
| C 4-Komponente | 230 | 0,300 | | Komplementfaktor | |
| C 5-Komponente | 200 | | 19 | Komplementfaktor | |
| Transferrin | 90 | 2,95 | 5 | Bindung und Transport von Eisen | ↓ bei Nephrose, malignen Neoplasien, ↑ Fe-Mangelanämie |
| Fibrinogen | 341 | 3,00 | 3 | Fibrinvorstufe | ↑ bei Leberschaden, Hyperfibrinolyse, Afibrinogenämie |
| Fibrinstabilisierender Faktor (XIII) | 290 | | 5 | Fibrin-Vernetzung (Transamidase) | ↑ bei gestörter Wundheilung |
| C-reaktives Protein | 135 | | | Phagozytose-Förderung | ↑ bei akut-entzündl. Prozessen |
| $\beta_2$-Glykoprotein | 40 | 0,200 | 19 | | ↓ bei genetischen Defekten |
| C 3-Aktivator ($\beta_2$-Glykoprotein II) | 60 | 0,180 | 6 | Protease, Untereinheit von C 4-Pro-Aktivator | |
| $\beta_2$-Glykoprotein III | 35 | 0,100 | 10 | | |
| C 8-Komponente | 153 | | | Komplementfaktor | |
| Lysozym (Muramidase) | 15 | | | Bakteriolyse | ↑ bei Monozyten-Leukämie |

Der diagnostische Wert einer Dysproteinämie ist wegen der mangelnden Spezifität begrenzt.

Eine Dysproteinämie läßt sich bei zahlreichen Erkrankungen – vor allem bei akuten und chronisch entzündlichen, nekrotisierenden bzw. malignen Prozessen – beobachten, doch nur bei bestimmten Erkrankungen (z. B. Nephrose, Gammopathien, Leberzirrhose) treten charakteristische, diagnostisch verwertbare Veränderungen der Serumproteine auf. Sie sind häufig durch eine Abnahme des Serumalbumingehalts und einen Anstieg individueller Globulinfraktionen gekennzeichnet. Die Abb. gibt einige typische Elektrophoresediagramme (weitere Pherogramme S. 243).

Typische Elektrophorese-Diagramme

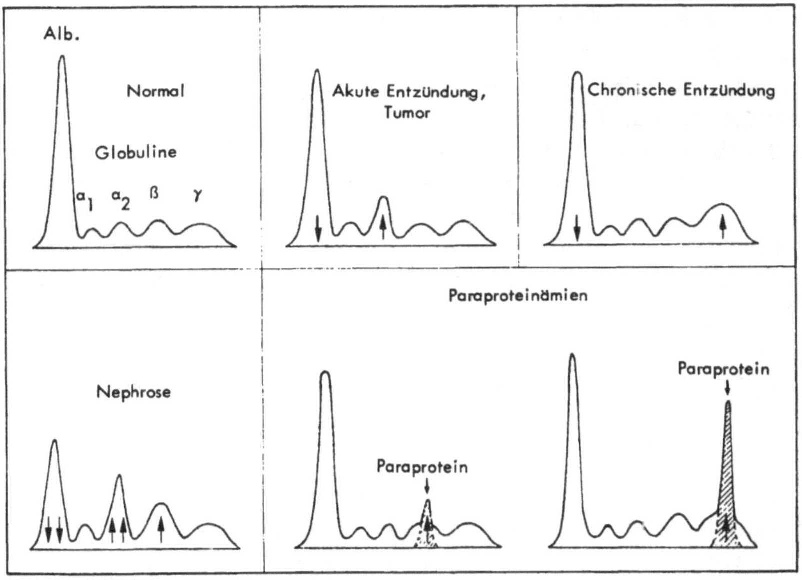


Der Albuminverlust kommt bei aseptischen Nekrosen (z. B. Herzinfarkt, nach Operationen), ferner bei akuten Infekten und malignen Tumoren durch Abwanderung des Albumins ins Entzündungsgebiet bzw. in die Tumorinfiltrate zustande. Bei Erkrankungen von Hohlorganen (Magen-Darmtrakt, Bronchien) kann es zu einem zusätzlichen Albuminverlust durch Einstrom in die Hohlräume kommen. Durch einen unbekannten Mechanismus werden die $\alpha_1$- und $\alpha_2$-Globuline und das Fibrinogen kompensatorisch vermehrt. Diese einfach inverse Regulierung des Albumin/Globulin-Verhaltens hält den Plasmaproteinspiegel meistens auch dann im Normbereich, wenn infolge einer Begleitanämie das Plasmavolumen zur Aufrechterhaltung des Gesamtblutvolumens ausgeweitet werden muß.

In der Spätphase einer akuten Entzündung, bei chronischen Entzündungen und oft auch bei malignen Tumoren werden Proteinverteilungsmuster beobachtet, die durch eine mäßige Albuminverminderung mit α-Globulinvermehrung und einer Zunahme der γ-Globuline charakterisiert sind. Über die differentialdiagnostischen Möglichkeiten, die sich aus einer Analyse der einzelnen Immunglobulinklassen (IgG, IgM, IgA) ergeben, wird im Kapitel Immunchemie (S. 405) berichtet.

**Hyperproteinämien und Hypoproteinämien.** Quantitative Veränderungen der Blutplasmaproteine werden als Hyperproteinämie (Zunahme) bzw. Hypoproteinämie (Abnahme) bezeichnet und können ihre Ursache entweder in einer Zu- oder Abnahme des Proteingehalts haben oder aber durch Änderungen des Wassergehalts im Gefäßsystem (Hydration bzw. Dehydration, S. 119) vorgetäuscht sein.

Eine echte Vermehrung aller Serumproteine gibt es nicht. Eine pathologische **Hyperproteinämie** beruht stets auf der selektiven Zunahme eines (oder weniger) Plasmaproteins(e) und hat damit Merkmale einer **Dysproteinämie** bzw. **Paraproteinämie** (s. o.). Eine relative Vermehrung der Plasmaproteine kann nach Wasserverlust (Durst, Erbrechen, Diarrhoe) eintreten.

Eine **Hypoproteinämie** liegt bei absoluter oder relativer Verminderung der Plasmaproteine vor, betrifft aber selten alle Proteinfraktionen gleichmäßig. Als Ursachen kommen in Betracht:

- mangelhafte Proteinzufuhr: Hunger, Fehlernährung (S. 50), Malabsorption,
- mangelhafte Proteinbiosynthese: Lebererkrankungen, kataboler Proteinstoffwechsel bei Infekten, Fieber oder Corticoidtherapie,
- Proteinverluste: Proteinurie (s. Kap. Niere, S. 300), Blutungen, Verbrennungen (s. o.), Punktion eiweißreicher Flüssigkeiten (Ascites, Pleuraerguß).

## 5. Störungen des Aminosäurestoffwechsels

Die Kenntnis des Stoffwechsels der Aminosäuren, insbesondere ihrer Abbauwege, ist die Voraussetzung für das Verständnis zahlreicher erblicher Stoffwechselstörungen. Diese sind nicht nur von theoretischem Interesse. Die Diagnose einer erblichen Störung des Aminosäurestoffwechsels muß vielmehr schon in den ersten Lebenswochen erfolgen, da nur durch frühzeitiges Einleiten einer adäquaten Therapie (Diät) die sonst unvermeidlichen schweren und irreversiblen Schäden – die häufig zum Schwachsinn führen – vermieden werden können. Zwei Typen von Störungen lassen sich unterscheiden: **Aminosäureabbaudefekte** (s. u.) und **Aminosäuretransportdefekte** (S. 67).

**Aminosäureabbaudefekte.** Der Organismus ist nicht in der Lage, ein am Abbau einer Aminosäure beteiligtes Enzym in genügender Menge zu bilden. Dies führt zu vollständiger oder partieller Blockierung des Abbauweges, zur Akkumulation desjenigen Zwischenprodukts, das aufgrund des Enzymdefekts nicht weiter umgesetzt werden kann, und zu dessen Ausscheidung im Harn. Die Diagnose wird durch den Nachweis der erhöhten Konzentration in Blut und Harn gestellt.

Erbliche Störungen des Aminosäureabbaus

| Aminosäuren | Defektes Enzym | Akkumulierter Metabolit | Folgeerscheinungen |
|---|---|---|---|
| Phe, Tyr | | | |
| Phenylketonurie | Phenylalanin-4-Hydroxylase | Phenylalanin, Phenyl-pyruvat u. a. | Schwachsinn, Krämpfe, Ekzeme, Pigmentmangel |
| Tyrosinose (Tyrosinämie) | p-Hydroxyphenylbrenztrauben-säureoxidase | Tyrosin | Leberschaden, im Kindesalter tödlich, Leberzirrhose, tubulärer Nierenschaden, Vitamin-D-resistente Rachitis |
| Alkaptonurie | Homogentisinsäureoxidase | Homogentisinsäure | Ochronose, Arthritis mit Ablagerungen schwarz-brauner Pigmente in Knorpel und Bindegewebe |
| Albinismus | Tyrosinase | | Melaninmangel, weiße Haut, weißes Haar, Photophobie |
| Gly | | | |
| Glycinose | Serinhydroxymethyltransferase | Glycin | Schwachsinn, Krämpfe, spast. Paraplegie |
| Hyperglycinämie | Glycinoxidase | Glycin | Schwachsinn, Krämpfe, spast. Paraplegie |
| Hyperoxalurie (Oxalose 1) | Glyoxalattransferase | Oxalat | Calcium-Oxalatsteine, Nephrocalcinose, geistige und körperliche Retardierung |
| Oxalose 2 | 2-Hydroxy-3-oxoadipat-Carboxylase | Oxalat | Calcium-Oxalatsteine, Nephrocalcinose, geistige und körperliche Retardierung |
| Hypersarkosinämie | Sarkosinoxidase | Sarkosin | Schwachsinn |
| Val, Leu, Ile | | | |
| Ahornsirupkrankheit | Decarboxylase | α-Ketosäurederivate von Valin, Leucin, Isoleucin | Progrediente neurologische Ausfallserscheinungen, im Säuglingsalter tödlich, z. T. intermittierende Form |
| Isovalinacidose | Desaminase | Isovaleriansäure | Metabolische Acidose |
| Hypervalinämie | Valintransaminase | Valin | Geistige und körperliche Retardierung |
| Cys, Met | | | |
| Cystathioninurie | Cystathioninlyase | Cystathionin | Neurologische und psychiatrische Symptome |
| Homocystinurie | Cystathioninsynthetase | Homocystin | Geistige Retardierung, Ectopia lentis, Skelettanomalien |
| His | | | |
| Histidinämie | Histidin-Ammoniaklyase | Histidin, Imidazolpyruvat, Imidazollactat | Sprachstörungen, z. T. geistige Retardierung |
| Formimino-transferasemangel | Glycinformiminotransferase | Formiminoglutaminsäure | Schwachsinn, Krämpfe, Minderwuchs |
| Trp | | | |
| Tryptophanurie | Tryptophan-2,3-Dioxygenase | Tryptophan | Schwachsinn, Zwergwuchs, Photosensibilität, neurologische Störungen |
| Pro, Hyp | | | |
| Hyperprolinämie I | Pyrrolincarboxylatreduktase | Prolin | Keine |
| Hyperprolinämie II | Pyrrolincarboxylatdehydrogenase | Pyrrolincarbonsäure | Leichter Schwachsinn, Krämpfe |
| Hydroxyprolinämie | Hydroxypyrrolincarboxylat-Reduktase | Hydroxyprolin | Schwachsinn |

Bei einigen Aminosäureabbaustörungen scheint die herabgesetzte Enzymaktivität durch mangelnde Affinität des Coenzyms zum Apoenzym (z. B. bei der Homocystinurie, s. u.) oder durch eine Hemmung der Umwandlung der Vitamine in die Coenzymform (z. B. gehemmte Reaktion Cobalamin → Desoxyadenosylcobalamin bei der Methylmalonacidurie) bedingt zu sein. Beispiele sind der Tabelle (S. 12) zu entnehmen.

Alle diese Defekte werden autosomal rezessiv vererbt und sind mit einer Verminderung der Lebensfähigkeit verbunden. Ihre Häufigkeit variiert von etwa $1:10^4$ bis $1:10^7$. In der Tabelle und den folgenden Schemata sind Beispiele zusammengestellt.

**Störungen des Phenylalaninstoffwechsels.** Störungen des Tyrosinstoffwechsels. *Phenylketonurie* (Oligophrenia phenylpyruvica, Föllingsche Erkrankung). Wegen ihrer weiten Verbreitung kommt dieser autosomal rezessiv vererbten Störung des Phenylalaninstoffwechsels besondere Bedeutung zu. Die Erkrankungsfrequenz beträgt in allen Bevölkerungsgruppen der Erde etwa 1:10000, die Zahl der Heterozygoten, d. h. der nicht erkrankten Defektträger, wird mit 1:50 angenommen. Der zugrundeliegende Enzymdefekt betrifft die Phenylalanin-Hydroxylase, die bei den Erkrankten vollständig fehlt und so eine Umwandlung des Phenylalanins in Tyrosin im Intermediärstoffwechsel unmöglich macht. Als Folge akkumuliert das Phenylalanin im Blutplasma (1,2–3,6 mmol/l, 20–60 mg/100 ml gegenüber Normalwerten von 0,06–0,24 mmol/l, 1–4 mg/100 ml) und beträchtliche Mengen des Phenylalanins und seiner atypischen Stoffwechselprodukte werden im Urin ausgeschieden. Unter den desaminierten Stoffwechselprodukten, die in nachfolgender Tabelle zusammengestellt sind, nimmt die Phenylbrenztraubensäure den größten Anteil ein. Die auch physiologischerweise gebildete Phenylessigsäure wird zum größten Teil in der Leber mit Glutamin zu einem Konjugationsprodukt, dem Phenylacetylglutamin, umgewandelt.

**Ausscheidung von Phenylalanin und seiner Stoffwechselprodukte bei Phenylketonurie**

| Stoffwechselprodukt | Ausscheidung im Urin (g/24 h) normal | Phenylketonurie |
|---|---|---|
| Phenylalanin | 0,03 | 0,3–1,0 |
| Phenylbrenztraubensäure | – | 0,3–2,0 |
| Phenylmilchsäure | – | 0,3–0,5 |
| Phenylessigsäure | – | vermehrt |
| Phenylacetylglutamin | 0,2–0,3 | 2,0–2,5 |

Die Phenylketonurie führt zu verzögerter geistiger Entwicklung und zum Schwachsinn. Myelinisierungsdefekte und deutliche Verminderung des Cerebrosidgehaltes lassen sich nachweisen. Bei der Entstehung dieser Symptome spielen nicht nur die erhöhte Konzentration des Phenylalanins und der Phenylbrenztraubensäure im Blut und die daraus resultierende Kompetition für Transport und Umsatz anderer Aminosäuren, sondern möglicherweise weitere Faktoren eine Rolle. Dazu gehört die Beobachtung, daß bei Phenylketonurie im Blut ein erniedrigter Serotoninspiegel und im Urin eine verminderte 5-Hydroxyindolessigsäure-Ausscheidung vorliegen, vermutlich, weil die 5-Hydroxytryptophan-Decarboxylase, welche 5-Hydroxytryptophan in Serotonin überführt, durch die Phenylalaninmetaboliten gehemmt wird. Nach Beschränkung des Phenylalanins in der Diät steigt der Serotoninspiegel im Plasma signifikant an. Weiterhin wurde gefunden, daß Phenylalanin und Tryptophan in der Leber durch das gleiche Enzym hydroxyliert werden und daß bei erhöhtem Phenylalaninspiegel Phenylalanin einen Inhibitor der Tryptophanhydroxylierung darstellt, das dafür selbst (allerdings zum o-Hydroxyphenylalanin) hydroxyliert wird.

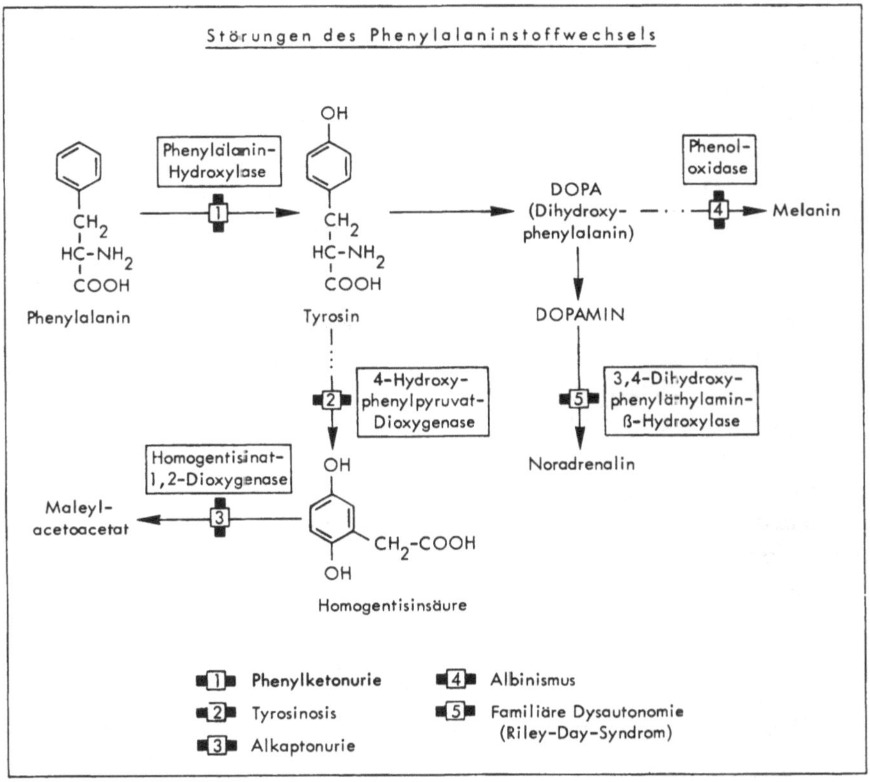


Da Entwicklungsstörungen und Schwachsinn ausbleiben, wenn eine rigorose Beschränkung des Phenylalanins in der Nahrung (bis zum 10. Lebensjahr bzw. bis zum Abschluß der cerebralen Entwicklung) durchgeführt wird, ist die Frühdiagnose der Phenylketonurie entscheidend. Beim Neugeborenen kommt es zu einem Anstieg der Phenylalaninkonzentration im Blut, allerdings erst nach Nahrungsaufnahme (Proteinbelastung), so daß die (als kostenfreie Reihenuntersuchung durchgeführte) mikrobiologische quantitative Bestimmung des Phenylalaningehalts im Blut (Guthrie-Test) erst vom 4.–6. Lebenstag an sichere Hinweise auf das Vorliegen einer Erkrankung gibt.

*Alkaptonurie.* Ist der Abbau des Tyrosins wegen Fehlens der Homogentisinsäure-Dioxygenase auf der Stufe der Homogentisinsäure blockiert, so kann diese nicht weiter zum Maleylacetoacetat abgebaut werden, sondern wird im Urin ausgeschieden. An der Luft wandelt sie sich spontan in ein dunkelgefärbtes Oxidationsprodukt (Alkapton) um, das auch im Organismus selbst gebildet und vorzugsweise im Knorpelgewebe abgelagert wird, das dadurch eine dunkle Farbe erhält (Ochronosis). Homogentisinsäure reduziert Silber- und Kupfersalzlösungen, gibt also positive Reduktionsproben.

Da die Homogentisinsäure-Dioxygenase ein Vitamin C-abhängiges Enzym ist, wird die Alkaptonurie auch bei Skorbut beobachtet, verschwindet jedoch im Gegensatz zu der genetischen Form nach Ascorbinsäuregaben wieder.

*Albinismus.* Beim Albinismus, einer angeborenen Stoffwechselstörung, bleibt die Melaninbiosynthese wegen Fehlens der Phenoloxydase in den Melanozyten aus. Dieser Stoffwechseldefekt kann generalisiert oder lokalisiert auftreten.

*Tyrosinosis.* Die seltene Tyrosinosis ist durch eine Ausscheidung von p-Hydroxyphenylpyruvat charakterisiert, das auf Grund eines Enzymdefektes nicht in Homogentisinsäure umgewandelt werden kann.

**Störungen des Leucin-, Isoleucin- und Valinstoffwechsels.** Die *Ketoacidurie* (Ahornsirupkrankheit) ist eine vererbbare Stoffwechselstörung (Häufigkeit $1 : 4-6 \times 10^4$) der verzweigtkettigen Aminosäuren **Leucin, Isoleucin** und **Valin.** Nach der Desaminierung bleibt der Abbau – aufgrund eines Decarboxylasedefektes – auf der Stufe der α-Ketosäuren bzw. α-Hydroxysäuren stehen, die im Harn ausgeschieden werden. Durch den Abbaublock kommt es ferner zu einer etwa 10fachen Erhöhung des Plasmaspiegels von Leucin, Isoleucin und Valin, die ebenfalls ausgeschieden werden, und deren Zersetzungsprodukte dem Harn einen eigentümlichen charakteristischen Malzgeruch (Ahornsirup) verleihen. Die Krankheit ist von schweren, vor allen Dingen das Zentralnervensystem betreffenden Entwicklungsstörungen (pathologisches Encephalogramm, klonische Krämpfe, Atemnot, Cyanosis) begleitet, die im Kindesalter zum Tode führen, wenn nicht eine diätetische Beschränkung der Zufuhr von Leucin, Isoleucin und Valin erfolgt.

Von der Ahornsirup-Krankheit sind Varianten bekannt, bei denen eine 5–10 proz. Restaktivität der Decarboxylase vorhanden ist und akute Stoffwechselentgleisungen, die von komatösen Zuständen begleitet sein können, nur bei übermäßiger Proteinzufuhr oder erhöhtem Proteinumsatz (fieberhafte Infekte, Gravidität) eintreten.

*Hypervalinämie* und *Isovalerianacidämie* sind seltenere Störungen des Valin- bzw. Leucinabbaus (Schema).

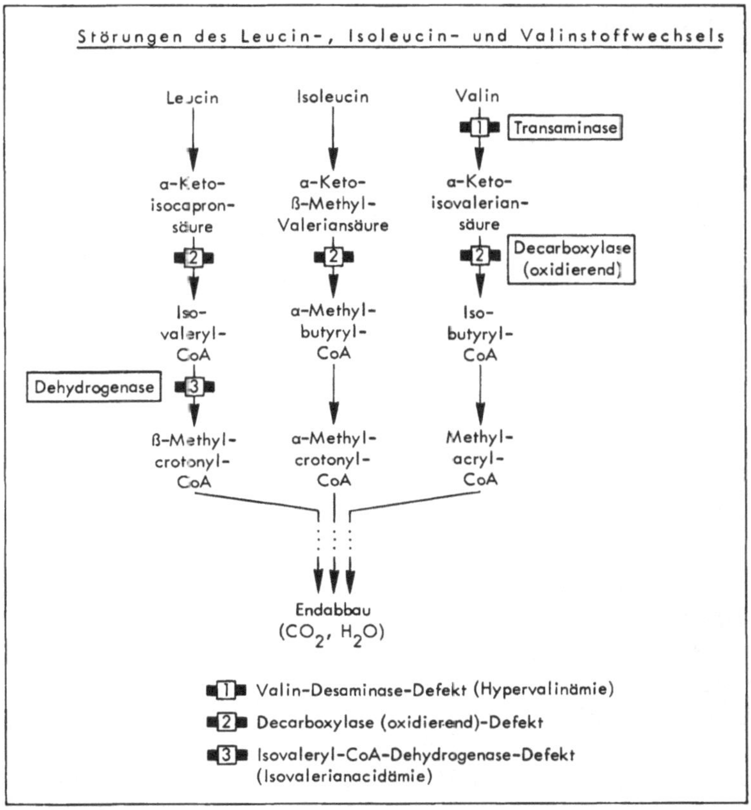


**Störungen des Cysteinstoffwechsels.** *Homocystinurie.* Fehlen oder verminderte Aktivität der Cystathionin-Synthetase hat zur Folge, daß das aus dem Methionin stammende und für die Cysteinbiosynthese bereitgestellte Homocystein nicht oder in nicht ausreichender Menge umgesetzt werden kann, in erhöhter Konzentration im Blutplasma erscheint und als Homocystin mit dem Urin ausgeschieden wird (0,37 mmol/d, 0,1 g/24 h).

Diese rezessiv vererbbare Erkrankung ist durch verzögerte geistige Entwicklung, beidseitige Linsenektopie (Synthesestörung des Zonulafaserproteins?) und dünne Haare gekennzeichnet. Exogenes Cystein, das therapeutisch zur Depression der endogenen Cysteinbiosynthese gegeben wird (bei gleichzeitig methioninarmer Diät!), wird glatt metabolisiert. Die Cystathionin-Synthetaseaktivität ist auch bei den Defektgenträgern herabgesetzt (40% der Normalaktivität), die nicht manifest erkrankt sind.

Bei einem Teil der Homocystinuriefälle lassen sich Besserung bzw. Heilung durch hohe Pyridoxin (Vitamin $B_6$)-Gaben (1–2 g/24 h) erzielen, so daß als Ursache eine herabgesetzte Affinität des Pyridoxalphosphats zur Cystathionin-Synthetase angenommen wurde (Tabelle, S. 12).

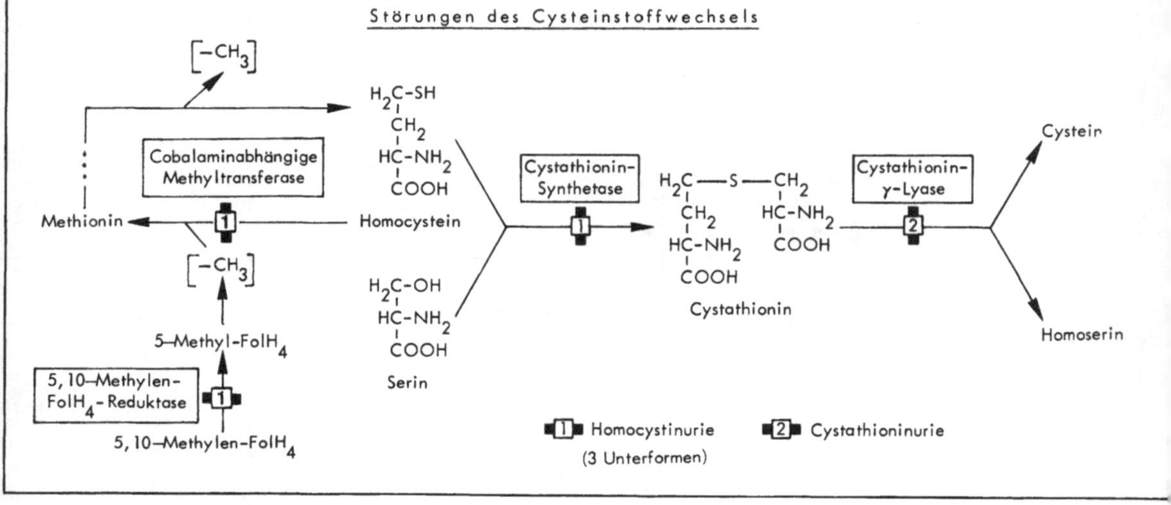


Ein erhöhter Homocysteinspiegel kann (in seltenen Fällen) jedoch auch durch eine defekte Remethylierung des Homocysteins zum Methionin bedingt sein. Als Ursache wurden zu geringe oder nicht nachweisbare Aktivitäten der cobalaminabhängigen Methyltransferase oder der 5,10-Methylentetrahydrofolsäure-Reduktase festgestellt.
Von der Cystathioninurie (Schema, Tabelle) sind nur wenige Fälle bekannt.

**Störungen des Glycinabbaus.** Für den Abbau des Glycins existieren alternative Stoffwechselwege: Desaminierung durch die Glycin-Oxidase führt zur Glyoxylsäure, die entweder in einer Kondensationsreaktion mit α-Ketoglutarat zu 2-Hydroxy-3-ketoadipinsäure reagiert oder in Glykolsäure umgewandelt wird. Ein Defekt der beteiligten Enzyme und Blockierung dieser Abbauwege führt zur exzessiven Steigerung der Oxalatsynthese, die physiologischerweise für den Glycinabbau nur geringe Bedeutung besitzt. Die resultierenden Erkrankungen sind die primäre *Hyperoxalurie* (Oxalosis Typ 1) und die Oxalosis Typ 2 (Schema). In einer pyridoxalphosphatabhängigen Transaminasereaktion kann Glyoxylsäure mit Glutamat eine Rückreaktion zu Glycin und α-Ketoglutarat eingehen (Kap. Niere, S. 304).

Bei diesen Stoffwechselstörungen werden unabhängig von der Zufuhr mit Nahrungsoxalat große Mengen von Oxalsäure mit dem Harn ausgeschieden. Die Folge ist eine Ablagerung von Calciumoxalat im Nierenparenchym und in den ableitenden Harnwegen (Steinbildung). Infolge der Konkrementbildung kommt es meist noch im Kindesalter zum Tod durch Nierenversagen oder Bluthochdruck (s. Kap. Niere, S. 303).

Ist dagegen der direkte Abbau des Glycins durch Enzymdefekte blockiert, resultiert eine Glycinämie mit Hypooxalurie bzw. Glycinosis (Schema und Tabelle,

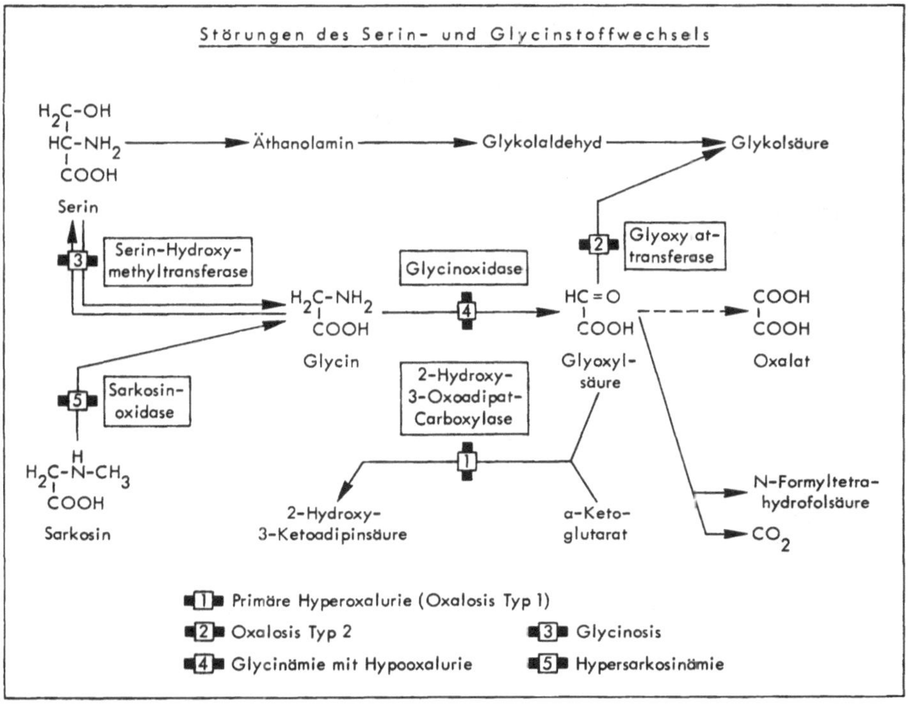


S. 59), die bei schwerer Entwicklungsstörung des Zentralnervensystems zum Tod in den ersten Lebensjahren führen.

**Enzymdefekte des Harnstoffzyklus.** Bei einigen Erbkrankheiten liegen Enzymdefekte des Harnstoffzyklus vor. In den meisten Fällen ist die katalytische Funktion der betreffenden Enzyme nicht vollständig, sondern nur partiell gestört, jedoch weist die Michaelis-Konstante der vermutlich durch Mutation veränderten Enzyme (Enzymvarianten, S. 10) 10–20fach höhere Werte auf. Dies bedeutet eine verminderte Affinität der entsprechenden Substrate zum Enzym und die Notwendigkeit höherer Substratkonzentrationen für einen normalen Umsatz. Daraus erklärt sich auch, warum die Harnstoffbildung und Ausscheidung bei allen diesen Störungen normal ist, jedoch ein Teil der Zwischenprodukte des Harnstoffzyklus und in allen Fällen auch Ammoniak sich im Blut anreichern. Die Erhöhung des Ammoniakspiegels, die charakteristischerweise nach exzessiver exogener Proteinzufuhr eintritt („Proteinintoleranz"), kann bis zur Ammoniakvergiftung führen (5,9 mmol/l, 10 mg/100 ml). Regelmäßiges klinisches Kennzeichen dieser rezessiv vererbbaren Enzymdefekte ist Schwachsinn. Sie werden mit proteinarmer Diät behandelt.

**Aminosäuretransportdefekte.** Die Resorption der L-Aminosäuren aus dem Darm und ihre Rückresorption durch das Tubulussystem der Niere (nach Ultra-

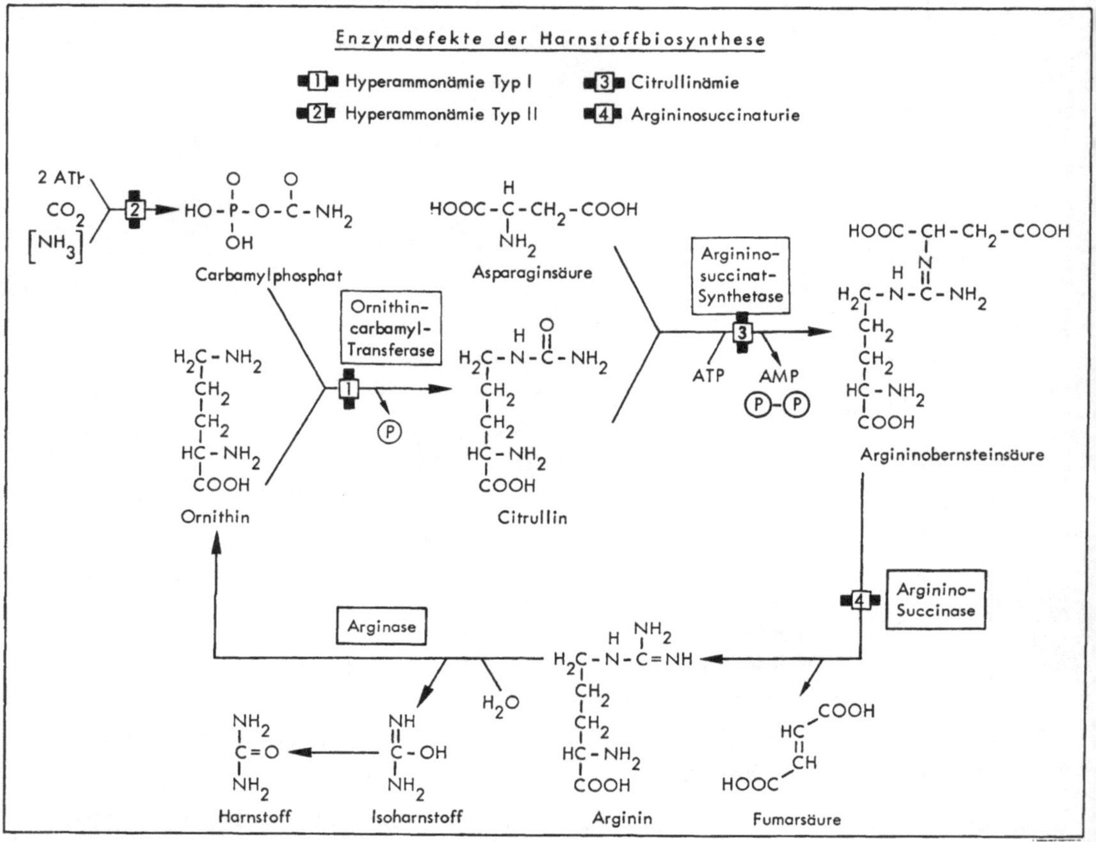


filtration) erfolgt über Aminosäuretransportsysteme, die sich nach ihrer Spezifität für verschiedene Aminosäuregruppen klassifizieren lassen (Tab.).

Bei genetisch bedingten Ausfallerscheinungen des Aminosäuretransportsystems, die auf Niere und Darm beschränkt sein können, häufig aber beide Organe betreffen, treten meist schwere Krankheitserscheinungen auf, die durch Aminosäuremangelerscheinungen, Retardierung des Wachstums und der geistigen Entwicklung, ferner durch Ausscheidung größerer Mengen von Aminosäuren im Harn (Aminoacidurie) bzw. das Auftreten bakterieller Abbauprodukte der betreffenden Aminosäuren durch die Mikroorganismen des Darms gekennzeichnet sind.

**Transportsystem für Oligopeptide.** Im Intestinaltrakt existiert neben den Aminosäuretransportsystemen auch ein carriervermitteltes Transportsystem für Tri- und Dipeptide, das eine Sättigungskinetik aufweist und durch Tetra- (bzw. Oligo-)peptide, nicht jedoch durch Aminosäuren, kompetitiv gehemmt wird. Die Bedeutung des Peptidtransportsystems zeigt sich in der etwa normalen Resorption von Peptiden bei Patienten mit Hartnupscher Erkrankung oder Cystinurie. Auch beim Malabsorptionssyndrom (z. B. Zöliakie, S. 285) scheint die Peptidresorption weniger beeinträchtigt zu sein als die der Aminosäuren.

Aminosäuretransportdefekte

| Aminosäure-Transportsystem | Transportdefekte: Name | Betroffene Organe | Symptome |
|---|---|---|---|
| Neutrale Aminosäuren | | | |
| I Ala, Ser, Tyr, Phe, (Trp), Asn, Gln, Leu, Val, Ile | Hartnup-Syndrom | Niere, Darm | Geistige Unterentwicklung, cerebellare Ataxie, Nicotinsäuremangel (Pellagra) als Folge unzureichender Tryptophanversorgung, Ausscheidung bakterieller Abbauprodukte des Tryptophans in Harn und Faeces |
| II Met (Leu, Val, Ile) | Methionin-malabsorption | Darm, (Niere) | Geistige Retardierung, Neigung zu Konvulsionen, Ausscheidung eines bakteriellen Abbauproduktes des Methionins mit charakteristischem "Maische"-geruch (α-Hydroxybuttersäure) im Harn, weiße Haare |
| III Trp | Tryptophan-malabsorption | Darm | Lebensunfähigkeit des Neugeborenen, Nephrocalcinose, bakterieller Abbau des Tryptophans zu einem blaugefärbten Indikanderivat und dessen Ausscheidung im Harn ("blue diaper disease") |
| Basische Aminosäuren | | | |
| I Lys, Arg, Ornithin | Dibasicamino-acidurie | Niere | Verzögertes Wachstum, Cystinsteine in den Nieren und ableitenden Harnwegen (geringe Löslichkeit des Cystins), Ausscheidung der bakteriellen Abbauprodukte von Lysin und Ornithin (Putrescin und Cadaverin) |
| II Cystin | Cystinurie | Niere | |
| III Lys, Arg, Ornithin, Cystin | Cystin-Lysinurie | Niere, Darm | |
| Iminosäuren | | | |
| Gly, Pro, Hyp, (Sarkosin, Betain) | Iminoglycinurie | Niere | Nur partieller Defekt des Transportsystems, außer Aminoacidurie keine Krankheitssymptome |
| Saure Aminosäuren | | | |
| Glu, Asp | Nicht bekannt | | |

# IV. Kohlenhydrate

## 1. Stoffwechsel der Kohlenhydrate

**Funktion der Kohlenhydrate.** Kohlenhydrate sind essentielle Bausteine aller Zellen und Gewebe und bilden einen wesentlichen Bestandteil ($\approx$ 60–90%) der menschlichen Nahrung.

Im Stoffwechsel der Kohlenhydrate des Menschen nimmt die Glucose eine Schlüsselposition ein. Sie ist nicht nur ein leicht angreifbares und bevorzugtes Substrat des Stoffwechsels, dessen Abbau gewöhnlich einen wesentlichen Teil der nutzbaren Energie liefert, sondern sie erfüllt weitere wichtige Funktionen: Die Abbau- und Umwandlungsprodukte der Glucose können für die Synthese weiterer Kohlenhydrate, Kohlenhydrat-Eiweißverbindungen (Glykoproteine), Kohlenhydrat-Lipidverbindungen (Glykolipide) herangezogen, aber auch in nicht kohlenhydrathaltige Verbindungen umgewandelt werden. Der nicht zur Energiegewinnung verbrauchte Anteil der Glucose kann in geringem Umfange als Reservepolysaccharid (Glykogen), nach Umwandlung in Lipide jedoch in größerem Ausmaß gespeichert werden.

Bei kohlenhydratfreier Ernährung wird Glucose zur Aufrechterhaltung der Versorgung glucoseabhängiger Organe aus Aminosäuren gebildet (Gluconeogenese).

**Stoffwechsel der Glucose.** Nach Aufnahme in die lebende Zelle wird die Glucose – von wenigen Ausnahmen abgesehen – in Glucose-6-phosphat überführt. Das Glucose-6-phosphat ist eine der Schlüsselsubstanzen im Stoffwechsel der Glucose. Hier teilen sich die Stoffwechselwege; vom Glucose-6-phosphat aus ist ein Abbau und Umbau der Glucose in der vielfältigsten Form möglich, wie die folgende schematische Übersicht zeigt.

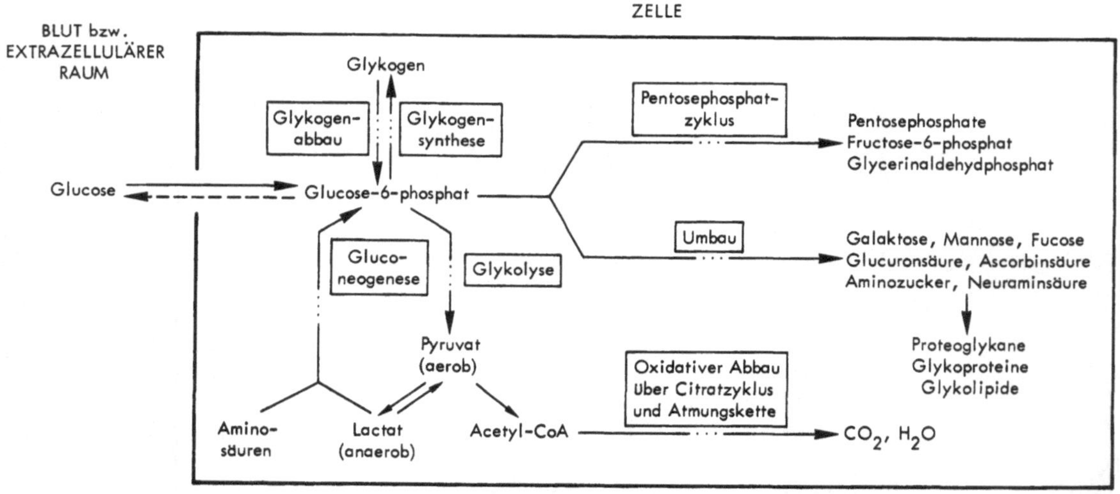

## 2. Abbau- und Resorptionsstörungen

Ein großer Teil der Kohlenhydrate der Nahrung wird in Form von Stärke (Glykogen) aufgenommen, doch tragen – je nach Alter und Ernährungsgewohnheit – auch Saccharose (Rohrzucker), Lactose (Milchzucker), Fructose (Fruchtzucker) und Glucose (Traubenzucker) zur Kohlenhydratversorgung bei.

Die Kohlenhydrate der Nahrung unterliegen – sofern sie nicht als Monosaccharide zugeführt werden – vor ihrer Aufnahme in den Organismus einem enzymatischen Abbau im Intestinaltrakt. Beim Abbau von Stärke entstehen unter der Wirkung der α-Amylase und Oligo-1,6-α-Glucosidase zunächst Maltose und Isomaltose (sowie geringe Mengen Glucose). Maltose und Isomaltose und andere mit der Nahrung aufgenommene Disaccharide (Lactose, Saccharose) werden durch Glykosidasen (Disaccharidasen) gespalten, die fest mit dem Bürstensaum der Mucosazellen des Dünndarms verankert sind, so daß enzymatische Spaltung und die Resorption der entstehenden Monosaccharide gleichzeitig erfolgen.

**Relative Aktivität (%)**
**der Disaccharidasen des Darmepithels**

| Enzym | % |
|---|---|
| Maltase (5 multiple Formen) | 100 |
| Saccharase | 30 |
| Isomaltase | 30 |
| β-Galaktosidase (Lactase) | 20 |
| Cellobiase | 2 |

Die Resorption von Monosacchariden erfolgt über spezifische, z. T. energieabhängige Transportsysteme. Sie vollzieht sich in unterschiedlicher Geschwindigkeit, die sich durch folgende Verhältniszahlen ausdrücken läßt:

Galaktose 110, Glucose 100, Fructose 43, Mannose 19, Xylose 15, Arabinose 9.

Abbau bzw. Umbau der Nahrungsglucose erfolgt nach Überführung in Glucose-6-phosphat. Für Galaktose und Fructose existieren spezielle Stoffwechselwege.

Eine Übersicht über die Störungen des Kohlenhydratstoffwechsels, die ihre Ursache in fehlendem bzw. unvollständigem intestinalem oder zellulärem enzymatischem Abbau oder ausbleibender Resorption infolge eines Transportdefekts haben, gibt das Stoffwechselschema mit folgender Klassifizierung

- Maldigestion (Enzymdefekt)
- Malabsorption (Transportdefekt)
- Zelluläre Abbaustörungen

**Enzymdefekte** sind für Lactase, Saccharase und Isomaltase beschrieben. Die Disaccharide werden nicht zu den Monosacchariden abgebaut und folglich auch

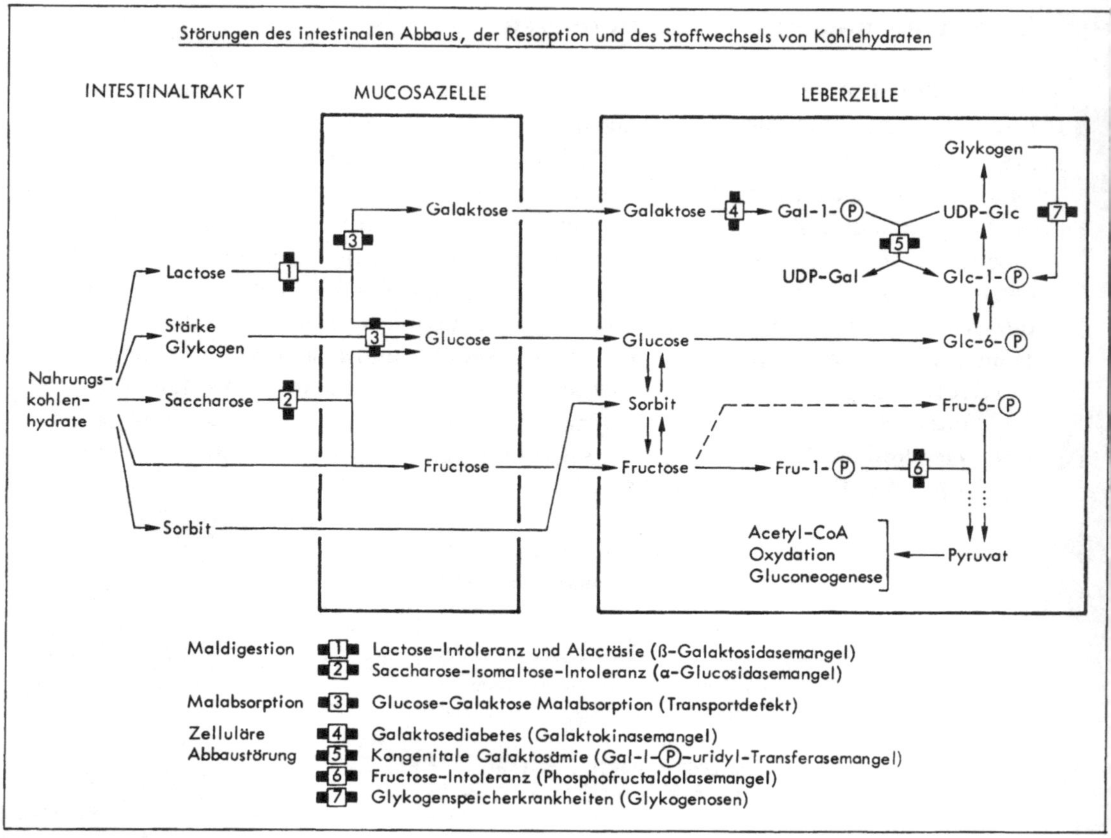


nur in geringem Umfang resorbiert. Diese Störungen werden daher auch fälschlicherweise als „Malabsorption“ bezeichnet. Die Diagnose wird gesichert durch Blutzuckerbestimmung nach oraler Belastung mit den entsprechenden Substraten (Disacchariden). Bei Enzymdefekten bleibt ein physiologischerweise nach Disaccharidbelastung beobachteter Blutzuckeranstieg aus, tritt dagegen bei Verabreichung der Spaltprodukte (Monosaccharide) ein.

**Lactoseintoleranz (Lactose-Malabsorption).** Ein Mangel an β-Galaktosidase („Lactase“) wird als Lactoseintoleranz bezeichnet. Sie ist die häufigste Form des Disaccharidasemangels und kann angeboren sein (kompletter Galaktosidasemangel) oder nach der Stillzeit (erworbene Form) auftreten. Bei der Lactoseintoleranz wird die Nahrungslactose (βGal(1−4)Glc) nicht hydrolysiert, sondern z. T. resorbiert (Lactosämie) und mit dem Harn ausgeschieden (Lactosurie). Zum größten Teil bleibt die Lactose jedoch unresorbiert (Lactose-Malabsorption) und wird durch die intestinalen Bakterien vergärt. Die Folge sind Diarrhoen (Abb. S. 289). Gleichzeitig scheint jedoch eine Rückresorptionsstörung für Aminosäuren im Nierentubulussystem vorzuliegen, die zur Aminoacidurie führt. Die diagnostische Klärung erfolgt durch den Lactosetoleranztest (Kap. Gastrointestinaltrakt, S. 284).

Die angeborene Lactoseintoleranz ist vor allem für ostasiatische Volksstämme (z. B. Thailand) charakteristisch, bei denen Milch (40 g Lactose/l) als Abführmittel verwendet wird.

**Saccharose-Isomaltose-Intoleranz** (Saccharose-Maltose-Malabsorption). Bei der Saccharose-Isomaltose-Intoleranz fehlen die multiplen Maltaseformen 3, 4 und 5 (die Saccharase- bzw. Isomaltaseaktivität haben), so daß Saccharose und Isomaltose bzw. α-1,6-Oligosaccharide nicht hydrolysiert und verwertet werden. Kennzeichnend ist das Auftreten einer Diarrhoe nach Saccharoseeinnahme. Bei Stärkezufuhr sind die Erscheinungen nur gering ausgeprägt oder fehlen, da die Zahl der α-1,6-glykosidischen Bindung im Stärkemolekül (die beim Abbau Isomaltose geben) begrenzt ist. Da bei fehlendem Abbau zu den Monosacchariden auch keine Resorption stattfindet, wird dieser Enzymdefekt auch als Saccharose-Isomaltose-Malabsorption bezeichnet. Die Krankheitssymptome lassen sich durch Einhalten einer saccharosefreien Diät verhindern.

**Glucose-Galaktose-Malabsorption.** Ein kombinierter Defekt der für Glucose und Galaktose spezifischen aktiven Transportprozesse hat eine Störung in der Aufnahme von Glucose und Galaktose durch die Mucosazellen zur Folge, führt jedoch nicht zu vollständiger Hemmung der Glucose- und Galaktosepassage, da ein passiver Transport (Diffusion) noch möglich ist. Die Glucose-Galaktose-Malabsorption ist meist mit entsprechenden Störungen der tubulären Rückresorption in der Niere (renaler Diabetes) gekoppelt.

Die nicht resorbierten Monosaccharide werden durch intestinale Mikroorganismen utilisiert, so daß bei Verabreichung von Glucose und Galaktose (oder glucosehaltigen Polysacchariden) Diarrhoen auftreten. Bei oraler Belastung mit Glucose steigt der Blutzuckerspiegel nicht oder nur verzögert an. Die diätetische Behandlung (Stärke-, Glykogen-, Glucose- bzw. Lactose-freie Nahrung) ist wegen der ubiquitären Verbreitung glucosehaltiger Kohlenhydrate erschwert.

## 3. Zelluläre Stoffwechseldefekte

**Galaktoseintoleranz.** Als Galaktoseintoleranz bezeichnet man erbliche Stoffwechselstörungen, bei denen aufgrund eines Enzymdefekts eine Galaktoseverwertung nicht möglich ist. Die zwei bisher bekannten Defekte betreffen die Galaktose-1-phosphat-Uridyltransferase (kongenitale Galaktosämie) und die Galaktokinase (Galaktosediabetes).

**Kongenitale Galaktosämie.** Die kongenitale Galaktosämie ist eine angeborene Stoffwechselstörung, die sich (unbehandelt) in Dystrophie, Ikterus, Hepato-Splenomegalie mit Entwicklung einer Zirrhose (Kap. Leber, S. 265), Katarakt (Linsentrübung) und Intelligenzstörungen äußert. Ursache dieser kongenitalen

Erkrankung ist das Fehlen der Galaktose-1-phosphat-uridyl-Transferase, welche die Reaktion Gal-1-Ⓟ + UDP-Glc → UDP-Gal + Glc-1-Ⓟ katalysiert. Dies bedingt, daß exogene Galaktose nicht verwertet werden kann. Freie Galaktose, Galaktose-1-phosphat und z. T. auch Dulcit (Galaktit) reichern sich in Blut, Erythrozyten und Gewebe an und sind Ursache der Stoffwechselstörung und Organveränderungen. Die osmotische Schädigung durch Dulcit, das nicht verstoffwechselt wird, aber die Zellen auch nicht wieder verlassen kann, spielt dabei eine wichtige Rolle. Die endogene Galaktosesynthese (UDP-Glc → UDP-Gal) ist nicht gestört. Bei galaktosefreier Ernährung ist die körperliche und geistige Entwicklung normal. Der Enzymmangel läßt sich durch Bestimmung der Gal-1-Ⓟ-Uridyl-Transferaseaktivität in Erythrozyten diagnostizieren.

Ein alternativer Stoffwechselweg für die Bildung von UDP-Galaktose besteht in der Reaktion UTP + Galaktose-1-phosphat → UDP-Galaktose + Pyrophosphat. Diese Reaktion wird durch die Uridin-diphosphatgalaktose-Pyrophosphorylase katalysiert, die in der foetalen und kindlichen Leber nur in sehr geringer Aktivität vorhanden ist, mit steigendem Lebensalter jedoch an Aktivität zunimmt, so daß die von Galaktosämie betroffenen Kinder später die Fähigkeit zum Umsatz von Nahrungsgalaktose gewinnen.

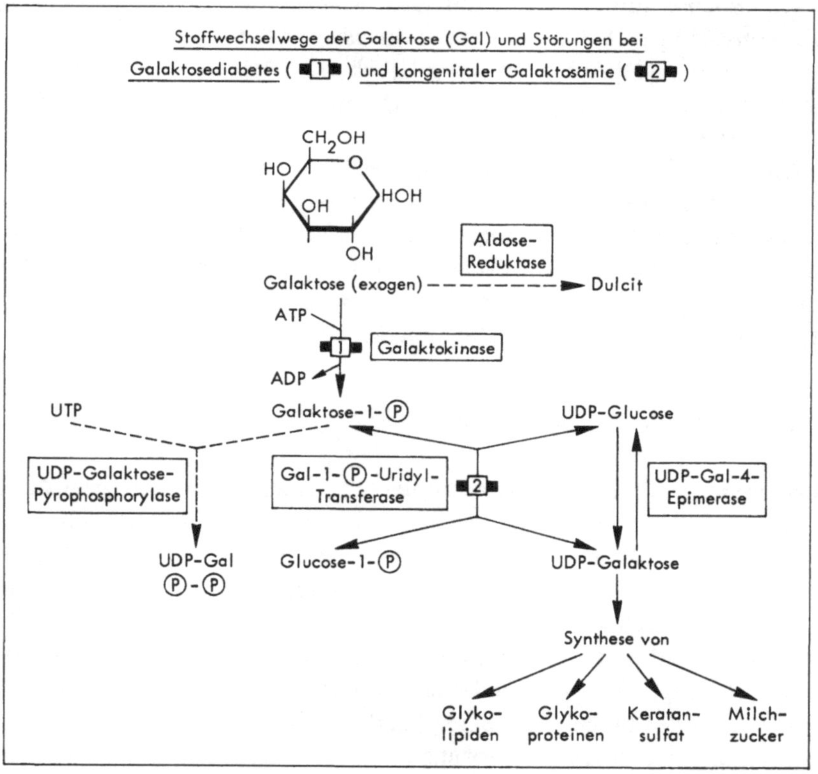

Bei der „Duarte-Variante“ liegt lediglich eine Aktivitätsminderung des Enzyms – vermutlich auf der Basis einer veränderten Aminosäuresequenz – vor. Bei Homozygoten beträgt die Enzymaktivität 50%, bei Heterozygoten 70% der Norm.

**Galaktosediabetes.** Beim Galaktosediabetes liegt ein Mangel an Galaktokinase vor, so daß sich Nahrungsgalaktose im Blut anstaut und Symptome der kongenitalen Galaktosämie auftreten. Ein kleiner Teil der Galaktose kann zu Galaktonsäure oxidiert und schließlich zu D-Xylulose-5-phosphat abgebaut werden. Auch eine Reduktion der C-1-Aldehydgruppe der Galaktose kann in begrenztem Umfange erfolgen, so daß Dulcit entsteht. Dieser atypische Metabolit scheint die (oder eine der) Ursache(n) der Linsentrübung zu sein und – über eine kompetitive Hemmung des Inositstoffwechsels im Gehirn (Inositphosphatsynthese!) – an der Entwicklung des Intelligenzdefekts mitbeteiligt zu sein.

**Fructoseintoleranz.** Bei der angeborenen (autosomal rezessiv vererbbaren) Fructoseintoleranz ist eine Verwertung von Nahrungsfructose wegen des Fehlens der Leber-Phosphofructaldolase gestört, so daß sich bei Zufuhr von Nahrungsfructose Fructose und Fructose-1-phosphat in der Leber anreichern. Da das Fructose-1-phosphat die Leber-Phosphorylase, die Fructose-Diphosphataldolase und die Fructose-1,6-diphosphat-Phosphatase hemmt, kommt es zu einer Störung des Glykogenabbaus, der Glykolyse und der Gluconeogenese sowie zu einer durch Fructosebelastung auslösbaren charakteristischen Senkung des Blutzuckerspiegels, die bis zum hypoglykämischen Schock führen kann. Bei Kleinkindern sinkt der Blutzuckerspiegel auf Werte unter 0,55 mmol/l (10 mg/100 ml), bei Erwachsenen ist die Hypoglykämie (z. B. nach obsthaltigen Mahlzeiten) weniger stark ausgeprägt. Unbehandelt (ohne Saccharose-, Sorbit- und Fructose-freie Ernährung) führt die Erkrankung zu Dystrophie, Hirn- und Leberschäden.

**Essentielle Fructosurie**. Bei einem genetischen Defekt der Leberfructokinase ist eine Verwertung von Nahrungsfructose (in Saccharose bzw. Früchten enthalten) nur begrenzt möglich, so daß die resorbierte Fructose zu 10–40% mit dem Harn ausgeschieden wird. Im Gegensatz zur Fructoseintoleranz verursacht die essentielle („benigne“) Fructosurie keine Stoffwechselschäden und bedarf auch keiner Therapie.

**Glykogenspeicherkrankheiten.** Unter dieser Bezeichnung werden verschiedene vererbbare Krankheiten zusammengefaßt, die durch eine abnorm hohe Speicherung von Glykogen in der Leber, Muskulatur, in den Nierentubuluszellen u. a. Organen charakterisiert sind. Die bisher bekannten, in der nachstehenden Abbildung aufgeführten Typen haben ihre Ursache im Fehlen eines Enzyms des Glykogenstoffwechsels.

Die Diagnose der Glykogenspeicherkrankheiten wird durch histologischen Nachweis der exzessiven Glykogenspeicherung und durch den histochemischen Nachweis des Enzymdefektes im Biopsiematerial (Leber, Muskulatur oder Leuko-

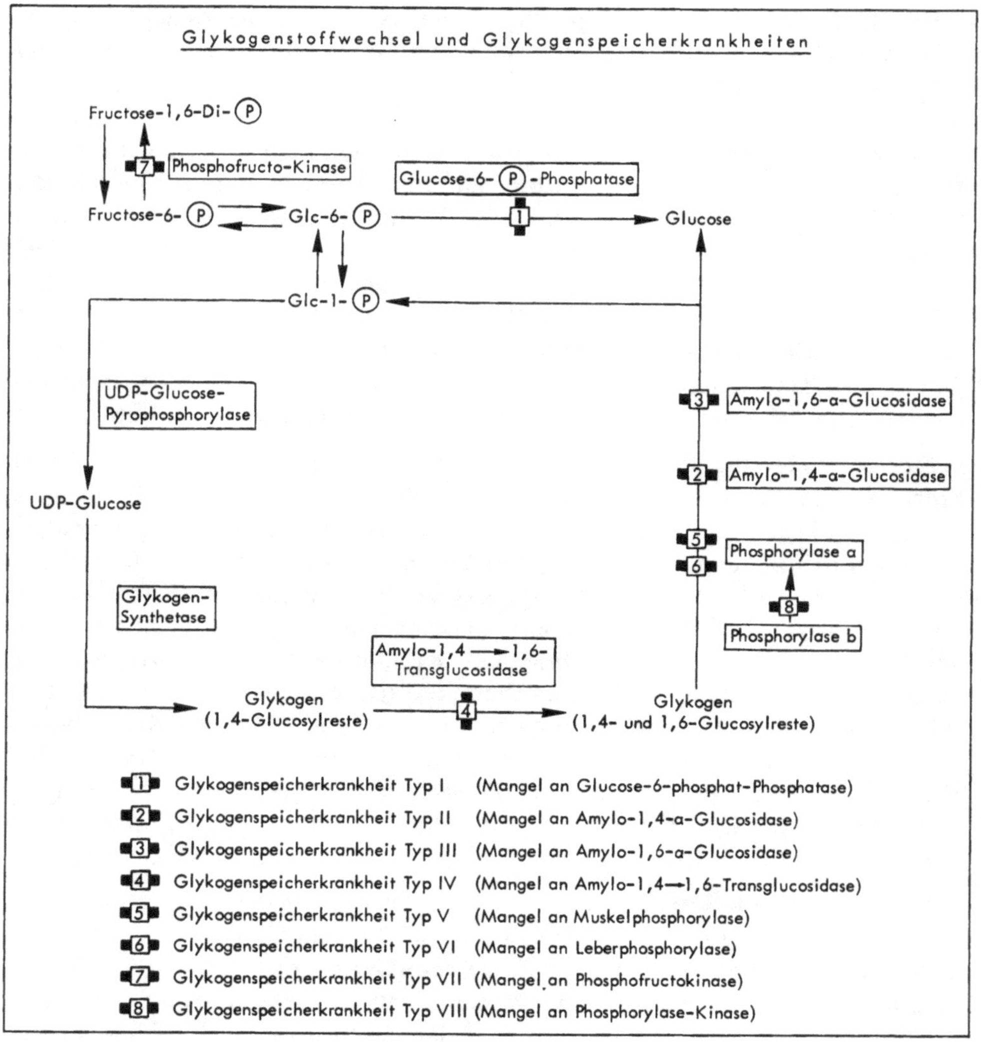


zyten bei Typ II und IV) geführt. Eine diagnostische Differenzierung ist auch durch den Adrenalin- bzw. Glukagon-Belastungstest möglich. Er basiert auf der Tatsache, daß intravenöse Adrenalininjektion über eine Aktivierung der Leber- und Muskel-Phosphorylase zur Hyperglykämie und Lactatämie führt. Der adrenalininduzierte Anstieg des Blutzuckers und des Lactats bleibt aus, wenn der Abbau von Leber- **und** Muskelglykogen gestört ist. Bei den muskulären Formen, bei denen lediglich die periphere Glykogenmobilisierung nicht möglich ist, wird nur der Anstieg des Blutlactats vermißt.

Die Glykogenspeicherkrankheiten führen zur Vergrößerung und Funktionsstörung der betroffenen Organe und Gewebe (intestinale Hämorrhagie, Leber-

Symptome und Diagnostik bei Glykogenspeicherkrankheiten

| Typ | Vererbungs-modus | Betroffene Organe | Symptome | Glukagon- bzw. Adrenalintest *) | Fastenhypo-glykämie |
|---|---|---|---|---|---|
| Typ I (v. Gierke) | rezessiv | Leber, Niere, Dünndarm | Hepatomegalie, Hyperlipämie, Ketoacidose, Lactatacidose | + | + |
| Typ II (Pompe) | rezessiv | Skelettmuskulatur, Leber, ZNS, Leukozyten | Kardiomegalie, Muskelschwäche | – | – |
| Typ III (Cori) | rezessiv | Skelettmuskulatur, Leber, Leukozyten | (Hepatomegalie) | (+) | (+) |
| Typ IV (Andersen) | ? | Skelettmuskulatur, Leber | Hepatomegalie, progrediente Leberzirrhose | (+) | – |
| Typ V (McArdle) | X-gebunden (?) | Skelettmuskulatur | Muskelkrämpfe bei Belastung | – | – |
| Typ VI (Hers) | ? | Leber, Leukozyten | (Hepatomegalie), mäßige Hyperlipämie, mäßige Keto- u. Lactatacidose | (+) | – |

*) Ein positiver Test bedeutet Ausbleiben der Glukagon- bzw. Adrenalin-induzierten Hyperglykämie

zirrhose, Herzversagen, Nierenschäden, Schwäche der Atemmuskulatur). Je nach Organbefall und Schwere der Symptome haben die Glykogenspeicherkrankheiten eine relativ günstige Prognose (Typ I, III, V, VI) oder führen zum Tod (Typ II, IV) in den ersten Lebensjahren.

**Chronische kongenitale Lactatacidose**. Eine reduzierte Verwertung des (vorzugsweise aus dem Muskelstoffwechsel stammenden) Lactats durch die Leber

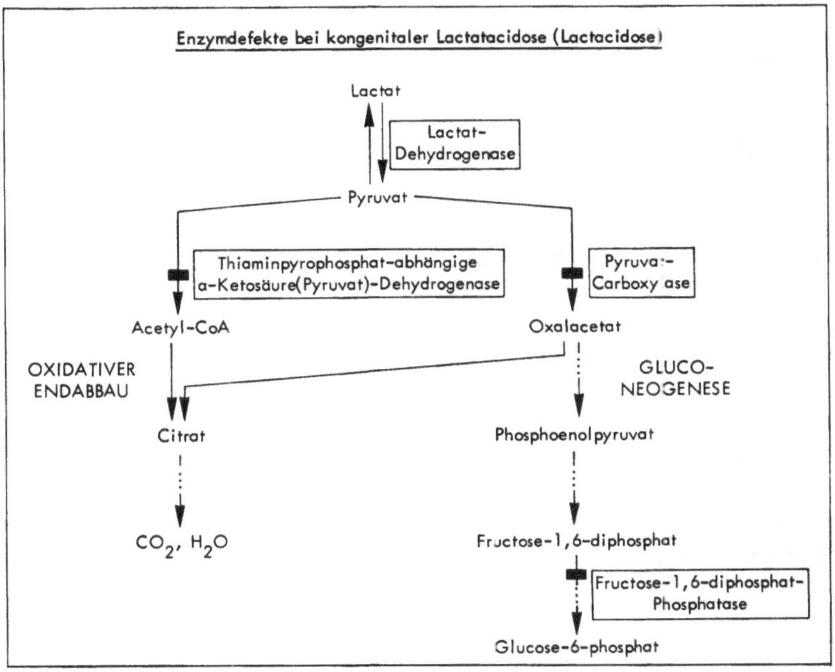

(Corizyklus) führt zum Anstieg der Blutlactatkonzentration (Lactatacidose, die allerdings – wegen des konstanten Lactat/Pyruvat-Quotienten im Blut (10–20) – stets von einer entsprechenden Erhöhung der Blutpyruvatkonzentration begleitet ist.

Die kongenitale Lactatacidose ist kein einheitliches Krankheitsbild, sondern kann verschiedene Ursachen haben:

- Eine Aktivitätseinschränkung der Thiaminpyrophosphat-abhängigen Pyruvat-Dehydrogenase (α-Ketosäure-Dehydrogenase) limitiert den Abbau von Pyruvat zu Acetyl-CoA und erklärt, warum eine symptomatische α-Ketoglutaratacidose auch nach Zufuhr von Citrat oder Glutaminsäure eintritt, deren weiterer Abbau nach Umwandlung zu α-Ketoglutarat blockiert ist, und warum durch Thiamin (Vitamin $B_1$)-Behandlung Besserung erzielt wird.
- Bei Pyruvat-Carboxylase- oder Fructose-1,6-Diphosphatase-Mangel ist die Gluconeogenese gestört, so daß dieser Stoffwechselweg für die Verwertung von Pyruvat bzw. Lactat ausfällt.
- Auch bei Störungen des Stoffwechsels der Propionsäure, die zu Oxalacetat abgebaut wird, kann es zu schweren Lactatacidosen kommen. Die klinischen Symptome betreffen bevorzugt das Zentralnervensystem (Krämpfe, geistige Unterentwicklung, Myelinnekrose). Die schweren Fälle führen zum Tod im frühen Lebensalter.

**Mucopolysaccharidosen** und **Mucolipidosen** s. Kap. Bindegewebe (S. 339, 342).

## 4. Blutzucker

Die Konzentration an freier Glucose im Blut ist eine während des ganzen Lebens konstante individuelle Größe, die – unabhängig vom Alter und Geschlecht – nach 12stdg. Fasten 3,33–5,55 mmol/l (60–100 mg/100 ml) beträgt (lediglich das Neugeborene macht mit 1,66 mmol/l (30 mg/100 ml) eine Ausnahme). Nach einer kohlenhydratreichen Mahlzeit steigt der Blutzucker auf 6,66–7,22 mmol/l (120–130 mg/100 ml), um nach 1 bis $1^1/_2$ h wieder auf den Nüchternwert abzusinken. Die Glucosekonzentration unterliegt einem feineingestellten Regelmechanismus. Er besteht im Prinzip darin, daß die Leber überschüssige Nahrungsglucose aus dem Blut entfernt und als Glykogen speichert und umgekehrt bei Bedarf Glucose zur Konstanterhaltung des Blutzuckers zur Verfügung stellt.

Bilanzversuche haben ergeben, daß der Mensch etwa 300 mg Glucose/kg Körpergewicht/h verbraucht. Diese Glucose wird von der Leber geliefert und kann aus Nahrungskohlenhydraten oder dem Leberglykogen stammen, aber auch durch Gluconeogenese gebildet werden.

Ein Übertritt der Blutglucose in den Harn (Glucosurie) findet statt, wenn der venöse Blutzucker Werte von 8,33–8,88 mmol/l (150–160 mg/100 ml) (Nierenschwelle) übersteigt.

**Hormonelle Regulation des Blutzuckers.** An der Regulation des Blutzuckers sind zahlreiche Hormone beteiligt. Ihre antagonistische bzw. synergistische Wirkung macht das Schema deutlich:

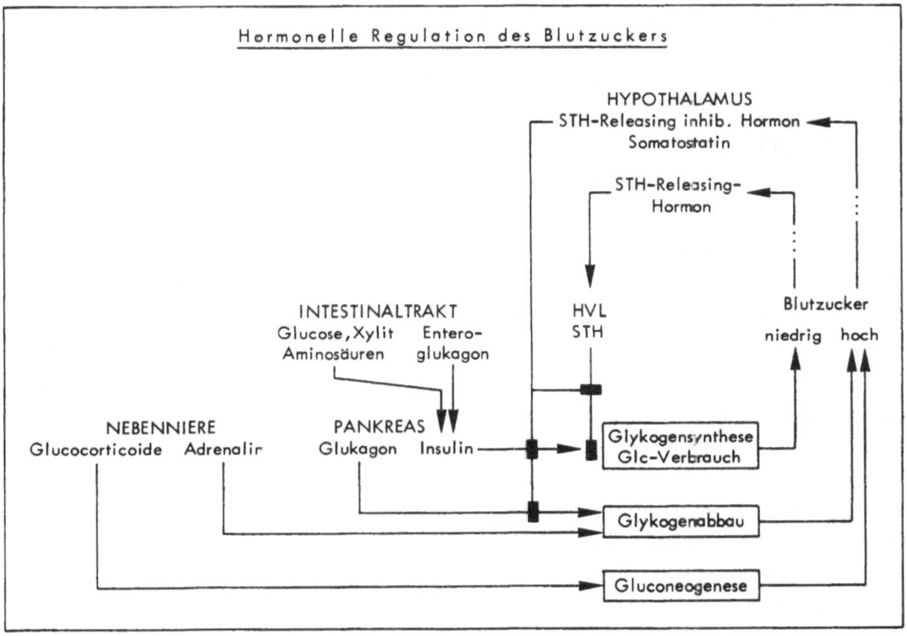


STH, STH-Releasing-Hormon, Glukagon, die Catecholamine und die Glucocorticoide wirken blutzuckererhöhend (diabetogen), Insulin und Somatostatin (S. 75) senken den Blutzucker (antidiabetogene Wirkung). Im Kapitel Endokrinologie ist der Wirkungsmechanismus von STH (und der übergeordneten hypothalamischen Hormone des STH (S. 174), der Catecholamine (S. 153) und der Glucocorticoide (S. 156) beschrieben.

Insulin bewirkt eine Senkung des normalen oder erhöhten Blutglucosespiegels, die bei genügend hoher Insulinproduktion und Ausschüttung (bzw. bei Zufuhr hoher Insulindosen) bis zum völligen Verschwinden der Glucose aus dem Blut gehen kann. Dabei kommt es zum **hypoglykämischen Schock.**

Ungenügende Bildung und Sekretion oder Wirkung von Insulin führt dagegen zum Anstieg des Blutzuckers (Hyperglykämie), der bei vollständigem Insulinmangel ein Vielfaches der Normwerte erreicht und mit der Ausscheidung von freier Glucose im Harn verbunden ist. Hyperglykämie und Glucosurie sind charakteristische Symptome des Diabetes mellitus.

Die Stoffwechselstörungen bei Insulinmangel sind jedoch nicht auf den Kohlenhydratstoffwechsel beschränkt, sondern betreffen auch den Stoffwechsel der Lipide und haben unmittelbare nachteilige Konsequenzen für den Wasser-, Elektrolyt- und Säure-Basenhaushalt.

**Stoffwechselwirkungen des Insulins.** *Wirkung des Insulins auf die Zellpermeabilität.* In insulinabhängigen Organen (Muskel, Fettgewebe) wird die Aufnahme von Monosacchariden und Aminosäuren durch Insulin erhöht. Dieser innerhalb weniger Minuten eintretende und mit einer Erhöhung der intrazellulären Zyklo-AMP-Konzentration verbundene Effekt weist keine hohe Spezifität auf und erstreckt sich unter den Monosacchariden nicht nur auf Glucose, sondern auch auf Galaktose und D-Xylose (nicht dagegen auf Fructose).

*Wirkung des Insulins auf den Kohlenhydratstoffwechsel.* Unter der Wirkung des Insulins kommt es zu einer Induktion von Schlüsselenzymen der Glykolyse und der Glykogensynthese. Dieser erst nach einigen Stunden einsetzende Effekt zeigt sich in einer erhöhten Aktivität der Glucokinase, der Phosphofructokinase und Pyruvatkinase sowie in einer Aktivitätssteigerung der Glykogensynthetase (UDPG-Glykogen-Glucosyltransferase). Als Folge der Enzymaktivitätserhöhung kommt es unter der Wirkung von Insulin zu einem verstärkten Abbau von Glucose-6-phosphat über Glykolyse, Pentose-Phosphatzyklus und Tricarbonsäurezyklus sowie zu einem Anstieg des Glykogengehalts in Leber und Muskulatur.

*Wirkung des Insulins auf den Lipidstoffwechsel.* Unter der Wirkung des Insulins kommt es zu einer vermehrten Bildung von Fettsäuren bzw. Lipiden. Dieser Effekt kommt dadurch zustande, daß einmal durch den Pentosephosphatzyklus vermehrt $NADPH_2$ bereitgestellt wird, und zum anderen verschiedene Enzyme der Lipidbiosynthese in ihrer Aktivität erhöht werden. Dies gilt für die Acetyl-CoA-Carboxylase (das Schlüsselenzym der Fettsäuresynthese) und das Acyl-CoA-übertragende Enzym (Triglyceridsynthese). Die Förderung der Fettsäuresynthese aus Glucose bzw. Pyruvat wird durch die gleichzeitige Aktivitätssteigerung der Pyruvatdehydrogenase begünstigt. Die lipidanabole Wirkung des Insulins wird weiterhin durch eine unspezifisch erhöhte Aufnahme freier Fettsäuren aus dem Blut in die Gewebe sowie durch eine Hemmung der Fettgewebslipase verstärkt.

*Wirkung des Insulins auf den Proteinstoffwechsel.* Neben einer vermehrten Aufnahme von Aminosäuren in die Zelle läßt sich unter Wirkung des Insulins eine direkte Wirkung auf die Proteinbiosynthese nachweisen. Sie zeigt sich in einer vermehrten RNA-Synthese und einem erhöhten Einbau von Aminosäuren in Zellproteine. Stimulierung der Aminosäureaufnahme in die Zelle und Förderung der Proteinbiosynthese sind unabhängige Vorgänge. Der erhöhte Einstrom der Aminosäuren in die Zelle läßt sich auch dann nachweisen, wenn die Proteinbiosynthese im Experiment durch Zugabe von Inhibitoren der Proteinbiosynthese (z. B. Puromycin) blockiert wird.

**Regulation der Insulinsekretion und Insulinwirkung.** Menschliches Insulin besteht aus zwei Peptidketten (A-Kette = 21 Aminosäuren, B-Kette = 30 Aminosäuren), die über zwei Disulfidbrücken miteinander verknüpft sind. Die A-Kette

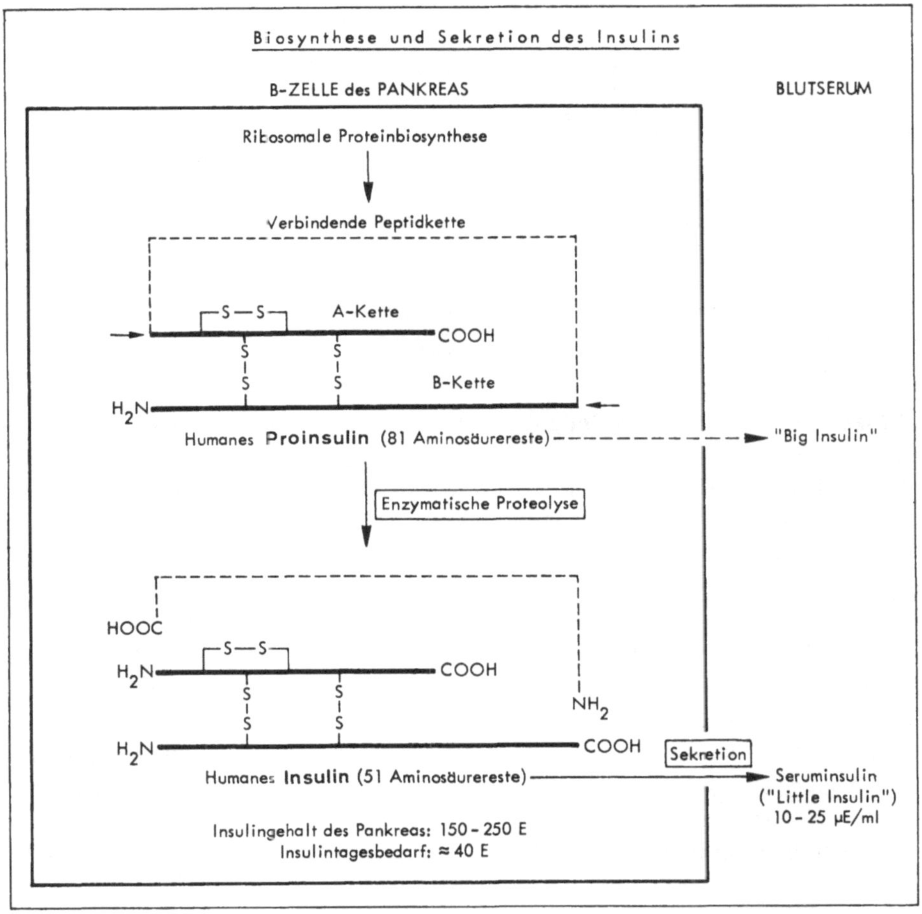


enthält außerdem eine Disulfidbrücke zwischen zwei Cysteinresten in Position 6 und 11. Bei der Biosynthese des Insulins in den β-Zellen des Pankreas wird zunächst eine einzige (hormonunwirksame), aus 81 Aminosäuren bestehende Polypeptidkette hergestellt (Proinsulin), die durch enzymatische Proteolyse in das Insulinmolekül überführt wird (Abb.). In den β-Zellen ist das Insulin in, von einer feinen Membran umgebenen, Granula nachweisbar, aus denen es durch einen entsprechenden Sekretionsreiz freigesetzt und in den Extrazellulärraum sezerniert wird. Die Sekretion des Insulins aus den β-Zellen unterliegt einer Kontrolle durch Hormone, physiologische und pharmakologische Wirkstoffe, die einen stimulierenden oder hemmenden Einfluß ausüben können. Die Wirkung des Insulins an den Erfolgsorganen kann weiterhin durch die Gegenwart insulinantagonistisch wirkender Hormone oder kontrainsulärer Wirkstoffe beeinflußt werden (E = Insulineinheiten, 1 E = ~ 45 µg kristallisiertes Insulin). Die nachstehende Tabelle gibt eine Übersicht über die Regulation der Insulinsekretion.

Regulation der Insulinsekretion und Insulinwirkung

| | Stimulierung der Insulinsekretion | Hemmung der Insulinsekretion | Kontrainsuläre Wirkstoffe |
|---|---|---|---|
| Hormone | Enteroglukagon<br>Gastrin, VIP<br>Pankreozymin | Adrenalin<br>Noradrenalin<br>Somatostatin | Glukagon, STH<br>STH-Releasing-Hormon<br>Glucocorticoide |
| Physiologische Wirkstoffe | Glucose<br>Aminosäuren (Leu, Arg)<br>Xylit | | Freie Fettsäuren<br>Insulinbindende Blutplasmaproteine<br>Insulin-Antikörper |
| Pharmaka | Sulfonylharnstoffe<br>α-Rezeptorenblocker<br>Theophyllin | β-Rezeptorenblocker<br>Heptulosen, Diazoxid<br>2-Desoxyglucose | |

**Glukagon.** Das in den α-Zellen des Pankreas gebildete Glukagon (Polypeptid aus 29 Aminosäuren) weist keine direkte pathogenetische Beziehung zum Diabetes mellitus auf. Glukagon-produzierende Tumoren wurden selten beschrieben; doch ist das Glukagon wegen seiner Glykogen-mobilisierenden, Gluconeogenese-fördernden und dadurch Blutzucker-erhöhenden Wirkung an der physiologischen Regulation des Blutzuckers beteiligt. Die Insulin-antagonistische Wirkung des Glukagons kommt ferner in der Aktivierung der Fettgewebslipase (Erhöhung der Konzentration der freien Fettsäuren im Blut) und seiner proteinkatabolen Wirkung (Zunahme der Ausscheidung von Kreatinin, Harnstoff und Harnsäure) im Blut zum Ausdruck.

**Enteroglukagon.** Im Duodenum ist ein Enteroglukagon (Darmwandglukagon) nachweisbar, das gleiche chemische, immunologische und biologische Eigenschaften wie das Pankreasglukagon besitzt. Bei enteraler Glucosezufuhr wird es freigesetzt und bewirkt in den Inselzellen des Pankreas eine Ausschüttung von Insulin.

## 5. Diabetes mellitus

Der Diabetes mellitus (Zuckerkrankheit) ist eine chronische Stoffwechselerkrankung, die auf einem relativen oder absoluten Mangel an Insulin beruht. Die bei einem vollständigen Fehlen von Insulin eintretenden akuten Stoffwechselstörungen sind lebensbedrohlich. Die Prognose wird durch Spätsyndrome und Komplikationen bestimmt. Der Diabetes mellitus erfordert eine diätetische (kohlenhydratarme Nahrung) und gegebenenfalls medikamentöse (Insulin, orale Antidiabetika) Behandlung.

**Epidemiologie.** Die Anlage für einen Diabetes mellitus ist erblich, es liegt jedoch kein einfach rezessiver Erbgang, sondern ein von zahlreichen Manifestationsfaktoren abhängiger, unregelmäßig dominanter Erbgang vor. Die Morbiditätsziffer des (nicht meldepflichtigen) manifesten Diabetes mellitus liegt für die zivilisierten

Länder bei etwa 3%, die Zahl der Anlageträger wird auf 10–25% geschätzt. Es ist jedoch nicht möglich, Träger einer Erbanlage festzustellen.

**Pathobiochemie des Insulinmangels.** Ursachen für einen Diabetes mellitus können sein:

1. Mangelnde oder fehlende Insulinproduktion bzw. -sekretion (absoluter Insulinmangeldiabetes),
2. reduzierte Ansprechbarkeit der Erfolgsorgane auf Insulin (relativer Insulinmangeldiabetes),
3. Überproduktion von Insulinantagonisten (z. B. STH, Glukagon),
4. Verkürzung der Halbwertszeit des Insulins (40 Min.) durch rascheren Abbau mit Hilfe der in Leber, Niere und Muskel vorhandenen Glutathion-Insulintranshydrogenase,
5. Auftreten von Insulinantikörpern.

Die unter 4. und 5. genannten Ursachen sind selten. Obgleich nach mehrwöchiger Insulinzufuhr häufig Insulinantikörper auftreten, ist dieser Befund ohne praktische Bedeutung für die Insulinwirkung. Eine durch Insulinantikörper oder andere Faktoren bedingte „Insulinresistenz“ (Bedarf > 200 E/24 h) ist extrem selten. Die Häufigkeit allergischer Reaktionen, die von lokalen Reaktionen an der Injektionsstelle über generalisierte Ödeme bis zum allergischen Schock reichen können, ist unterschiedlich. Flüchtige allergische Hautreaktionen an der Injektionsstelle (vom Sofort- oder verzögerten Typ) werden jedoch häufig beobachtet.

Die Symptome des Diabetes mellitus sind durch einen unvollständigen oder fehlenden Ablauf aller jener Stoffwechselprozesse gekennzeichnet, die physiologischerweise durch Insulin unterhalten oder gefördert werden. Das nachfolgende Schema gibt eine Übersicht.

Hyperglykämie, Glucosurie und begleitende Hyperosmolarität des Blutes sind Folgen einer Unfähigkeit der Zellen zur Aufnahme von Glucose, einer verminderten Glucoseverwertung und gesteigerten Glucoseneubildung (Gluconeogenese). Für die Gluconeogenese wird vermehrt Oxalacetat benötigt, das folglich nicht für den Citratzyklus zur Verfügung steht.

Die Hemmung der insulinabhängigen Enzyme der Fettsäuresynthese und verminderte Bereitstellung von $NADPH_2$ im Pentosephosphatzyklus aufgrund eines verminderten Glucosedurchsatzes führen zu einer Drosselung der Fettsäuresynthese. Da jedoch die Lipolyse im Fettgewebe wegen des Insulinmangels verstärkt ist, und gleichzeitig der Fettsäureabbau in unverändertem oder verstärktem Maße weiterläuft, dabei das gebildete Acetyl-CoA wegen des Oxalacetatmangels jedoch nicht im Citratzyklus in ausreichendem Maße verwertet werden kann, kommt es zu einem Rückstau der Zwischenprodukte des Fettsäureabbaus und zu einem Ausweichen auf die Bildung von β-Hydroxybuttersäure und Acetessigsäure, aus der durch Decarboxylierung Aceton entsteht. Diese als **Ketonkörper** bezeichneten Stoffwechselprodukte werden an das Blut abgegeben und mit dem Urin aus-

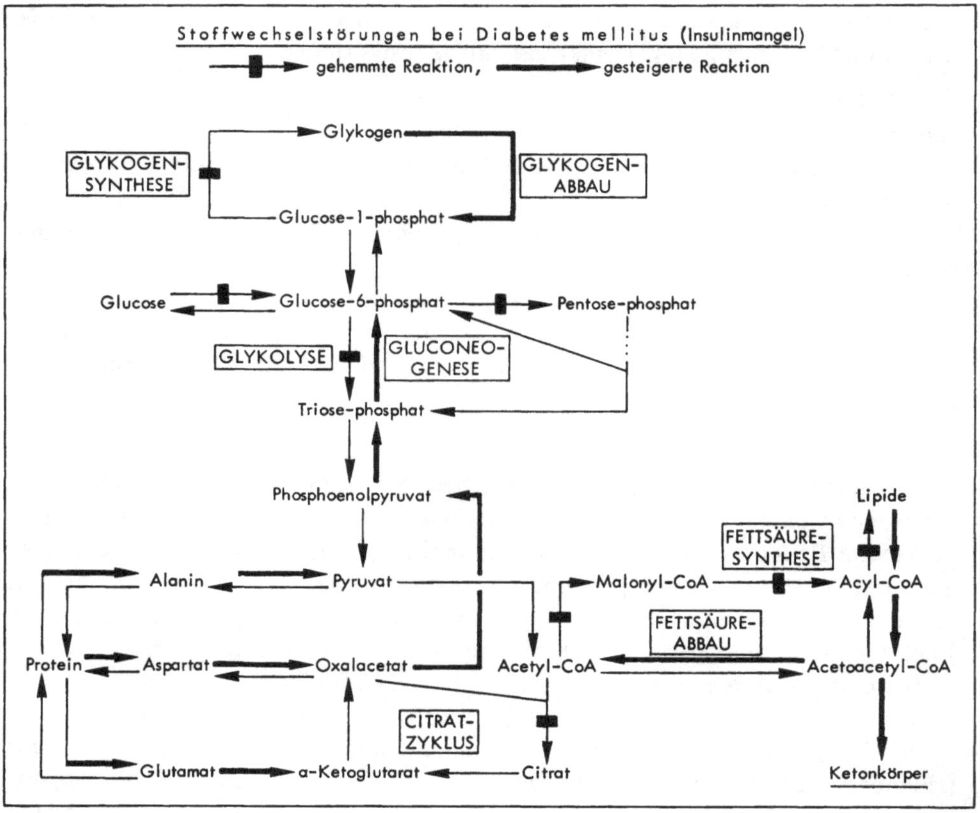


geschieden. Als organische Säuren beanspruchen sie die Alkalireserve und können zur metabolischen Acidose und zum diabetischen Coma führen.

Die Wirkung eines Insulinmangels auf den Eiweißstoffwechsel ist durch einen gesteigerten Proteinabbau (Proteinumsatz) gekennzeichnet, dessen Ursache eine verstärkte Gluconeogenese in der Leber ist, mit deren Hilfe die Zelle das für die Aufrechterhaltung des Stoffwechsels benötigte Glucose-6-phosphat bereitstellt. Bei ausreichender Insulinversorgung sind die Enzyme der Gluconeogenese reprimiert.

Die bei Diabetes mellitus gesteigerte Lipolyse und die meist vermehrte Aufnahme von Lipiden mit der Nahrung führen zu einer gesteigerten Triglyceridsynthese in der Leber mit **sekundärer Hyperlipoproteinämie** (Kap. Lipide, S. 107) mit Vermehrung der VLDL (Typ IV oder V) und zu einem Anstieg der freien Fettsäuren im Blut.

**Coma diabeticum.** Die durch einen schweren (absoluten oder relativen) Insulinmangel ausgelöste komplexe Regulationsstörung des Kohlenhydrat- und Lipidstoffwechsels führt unbehandelt zum Coma diabeticum. Es lassen sich verschiedene Formen unterscheiden:

- **Ketoacidotisches Coma.** Die durch Ketonkörpersynthese bedingte Ketonämie hat eine metabolische Acidose (Ketoacidose) zur Folge, da pro Mol Acetessigsäure bzw. β-Hydroxybuttersäure ein Mol $H^+$ im Blut freigesetzt wird und ein korrespondierender Verlust von Kationen ($Na^+$, $K^+$) im Urin eintritt, der die durch die Hyperglykämie ingang gesetzte osmotische Diurese (Polyurie!) verstärkt und eine Dehydration begünstigt. Der Wasserverlust kann im Zustand einer schweren Exsikkose schließlich 10% des Körpergewichts (etwa 6 l) betragen. Die Therapie besteht daher – neben der erforderlichen Insulinzufuhr (0,1 E/kg) – in einem Ausgleich des Flüssigkeits- und Elektrolytdefizits durch intravenöse Zufuhr hypotoner Kochsalzlösung, in Kaliumsubstitution (wegen des bestehenden Phosphatverlusts als gepufferte Phophatlösung) und Korrektur des Blut-pH-Wertes (z. B. 88 mmol Natriumbicarbonat in 0,45 proz. Kochsalzlösung bei einem Blut-pH-Wert von 7,2).
- Eine Sonderform des diabetischen Comas ist das **hyperosmolare-hyperglykämische,** nicht mit einer Ketose einhergehende **Coma,** das durch Hyperosmolarität (> 350 mmol osmotisch wirksame Teilchen/kg Wasser, normal 90–310) bei normalen Blutketonkörperwerten, Hyperglykämie von mindestens 33,3 mmol/l (600 mg/100 ml) und Bewußtseinstrübung oder Bewußtlosigkeit charakterisiert ist. Bei dieser Comaform beträgt das Flüssigkeitsdefizit 15–20% des Körpergewichts und ist durch rasche Infusion hypotoner (0,45 proz.) NaCl-Lösung auszugleichen. Pathogenetisch kann diese Comaform durch eine in manchen Fällen offenbar vorhandene unterschiedliche Insulinempfindlichkeit des Kohlenhydrat- und Lipidstoffwechsels erklärt werden.
- Das **lactacidotische Coma** ist eine sekundäre Stoffwechselstörung, die sich auf dem Boden diabetischer Spätsymptome entwickelt. Hauptursachen sind Hypoxie des Herzmuskels (Atheromatose der Coronarien) und Leberschädigung, in deren Folge das vorwiegend bei Muskelarbeit anfallende Lactat nicht utilisiert wird. Auch Biguanidbehandlung (S. 92) kann Ursache einer Lactatacidose sein, die an einem Anstieg der Lactatkonzentration von > 7 mmol/l und einem Lactat/Pyruvat-Quotienten von > 10:1 erkannt wird. Der Blutglucosespiegel kann dabei erniedrigt, normal oder erhöht sein.

**Formen des Diabetes mellitus.** Die Weltgesundheitsorganisation (WHO) hat Empfehlungen zur Nomenklatur und Klassifizierung des Diabetes mellitus ausgesprochen (Tabelle). Die Unterscheidung der verschiedenen Diabetes mellitus-Typen und ihre Früherfassung ist von Bedeutung, da höheres Lebensalter, Gewichtszunahme und Streßsituationen Risikofaktoren darstellen, die für den Übergang eines suspekten oder subklinischen Diabetes mellitus in einen manifesten Diabetes mellitus verantwortlich sein können.

Die Subklassifizierung eines manifesten Diabetes mellitus erfolgt z. T. nach dem Lebensalter, in dem die Erkrankung auftritt (jugendlicher, Erwachsenen-, Alters-Diabetes), z. T. nach der Entstehungsursache (Pankreas-, hypophysärer-, Steroid-

Nomenklatur und Definition des Diabetes mellitus nach den Empfehlungen der WHO

| Bezeichnung | Nüchternblutzucker mmol/l (mg/100ml) | Glucose-Belastungstest | Harnglucose |
|---|---|---|---|
| Suspekter Diabetes mellitus | < 5,6 (< 100) | Normal, jedoch bei besonderer Belastung (Gravidität, Fettsucht, Infekt, Trauma) pathologisch | ∅ |
| Subklinischer oder latenter Diabetes mellitus | < 5,6 (< 100) | Pathologisch | ∅ |
| Verdacht auf manifesten Diabetes mellitus | > 7,3 (> 130) nach kohlenhydratreicher Mahlzeit | Pathologisch | ∅ (+) |
| Manifester Diabetes mellitus | > 10,1 (> 180) nach kohlenhydratreicher Mahlzeit | Pathologisch | + |

Diabetes), z.T. nach dem Ergebnis quantitativer Seruminsulinbestimmungen (relativer oder absoluter Insulinmangel-Diabetes).

Beim **jugendlichen Diabetes** mellitus handelt es sich immer um einen echten Insulinmangel-Diabetes mellitus (ungenügende Produktion von Insulin), während beim **Erwachsenen-Diabetes** – häufig infolge Adipositas – eine reduzierte Ansprechbarkeit der β-Zellen des Pankreas auf adäquate Sekretionsreize und ein vermindertes Ansprechen der Erfolgsorgane auf Insulin beobachtet werden. Bei diesem Diabetes mellitus-Typ sind die Seruminsulinwerte nicht selten erhöht (relativer Insulinmangel). Nach Gewichtsreduktion kann vollständige Normalisierung der Stoffwechselsituation eintreten.

STH setzt die Wirksamkeit des Insulins an der Zelle des Erfolgsorgans herab (S. 174). Dies erklärt die häufige Manifestation eines jugendlichen Diabetes mellitus während der Pubertät und die höhere Diabetesfrequenz bei Patienten mit Akromegalie (Hypophysenvorderlappenadenom, S. 176). Die Sekretion des STH ist bei relativem Insulinmangel-Diabetes erhöht **(„hypophysärer Diabetes“).**

Die Insulin/STH-Relation wird durch das Somatostatin (STH-Releasing Inhibiting Hormon) verändert. Da Somatostatin nicht nur die STH-Ausschüttung hemmt, sondern auch einen direkt inhibierenden Einfluß auf die Sekretion des Insulinantagonisten (und diabetogen wirkenden) Glukagons ausübt, vermag Somatostatin die Insulineffizienz zu verbessern. Allerdings wird unter Somatostatin auch die Insulinsekretion gedrosselt.

Die durch Somatostatin bewirkte Senkung des erhöhten Blutglucosespiegels kommt nicht ausschließlich über eine Hemmung der Glukagonsekretion, sondern auch über eine verzögerte Kohlenhydratresorption aus dem Intestinaltrakt zustande, die auf eine Somatostatin-bedingte Reduktion der Splanchnicusdurchblutung zurückgeht.

Bei Überfunktion der Nebennierenrinde mit vermehrter Produktion von Glucocorticoiden oder langdauernder Glucocorticoidtherapie treten Störungen des

Kohlenhydratstoffwechsels auf, die u. a. durch Erhöhung des Blutzuckers gekennzeichnet sind (**„Steroid-Diabetes“**). Die Erhöhung des Blutzuckerspiegels ist z. T. Folge einer peripheren Utilisationsstörung der Glucose, z. T. Ausdruck einer gesteigerten Gluconeogenese, die durch Enzyminduktion (erhöhte Aktivität der Pyruvat-Carboxylase, der Phosphoenolpyruvat-Carboxykinase, der Fructose-1,6-diphosphat-Phosphatase) ausgelöst wird, und damit im Ergebnis dem Fortfall der Repressorwirkung des Insulins auf die Enzyme der Gluconeogenese vergleichbar ist. Auch die Bildung von Ketonkörpern wird durch die Glucocorticoide infolge gesteigerter Lipolyse gefördert. An der Glucosurie ist ferner eine herabgesetzte Nierenschwelle für Glucose beteiligt.

## 6. Diabetische Spätkomplikationen

Weniger als 1% der an Diabetes mellitus Erkrankten stirbt an der primären Stoffwechselstörung (Insulinmangel) und den dadurch bedingten Folgesymptomen. Bestimmend für den Krankheitsverlauf sind die vaskulären Komplikationen. Sie

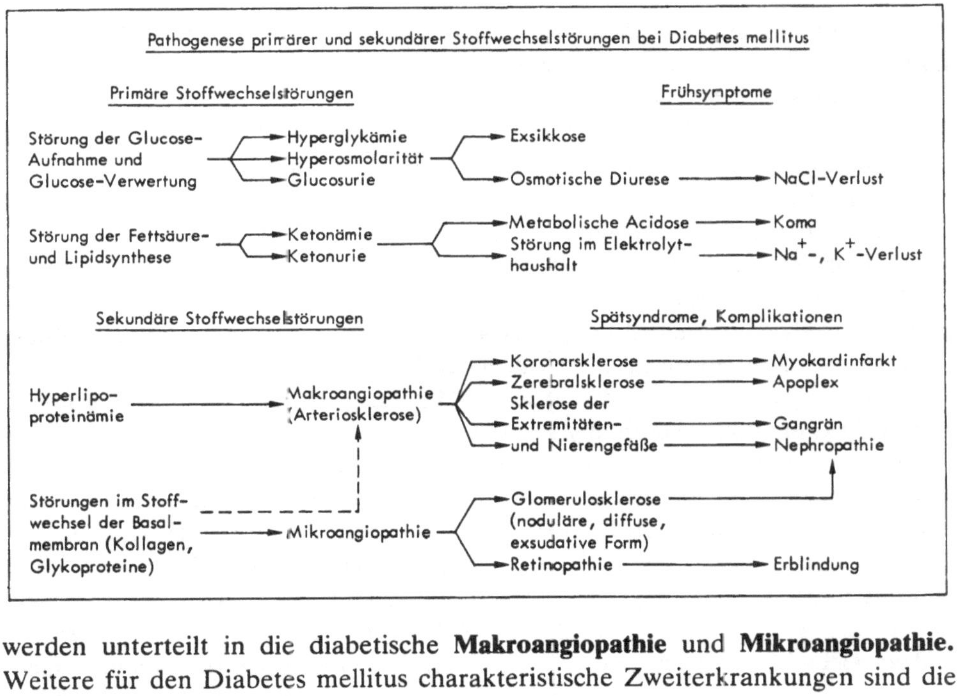


werden unterteilt in die diabetische **Makroangiopathie** und **Mikroangiopathie.** Weitere für den Diabetes mellitus charakteristische Zweiterkrankungen sind die **diabetische Katarakt** und die diabetische **Neuropathie.**

**Makroangiopathie.** Die Makroangiopathie entspricht dem morphologischen und klinischen Krankheitsbild der Arteriosklerose (Atherosklerose, S. 350), die im manifesten Stadium durch eine Akkumulation von Lipiden in der Gefäßwand gekennzeichnet ist und die durch die beim Diabetes mellitus bestehende sekundäre Hyperlipoproteinämie begünstigt wird. Es ist noch nicht geklärt, ob durch Insulinmangel bedingte Veränderungen im Stoffwechsel der Arterienwand die Makroangiopathie mitverursachen.

Die bei unbehandeltem Diabetes mellitus auftretende **sekundäre Hyperlipoproteinämie** ist durch zwei Faktoren bedingt: Einerseits ist die Aktivität der Fettgewebs-Lipoproteinlipase, die hauptsächlich an der Elimination der Plasmalipoproteine beteiligt ist, sowohl im Nüchternzustand als auch nach Nahrungsaufnahme bei Patienten mit Diabetes mellitus im Vergleich zu Stoffwechselgesunden erniedrigt. Diese Abnormalität beruht vermutlich auf einem Insulinmangel, da es zu einer Normalisierung der Aktivität und zur Normalisierung des Lipoproteinspiegels bei Behandlung mit Insulin oder Sulfonylharnstoff kommt. Andererseits besteht beim Diabetes mellitus als Folge des Energiemangels eine exzessive Fettsäuremobilisation, so daß die Leber ständig unter einem erhöhten Fettsäureangebot steht, das die Triglyceridsynthese und Abgabe von VLDL-Partikeln an das Blut begünstigt.

**Mikroangiopathie.** Die diabetische Mikroangiopathie ist durch diabetesspezifische Veränderungen an der Basalmembran der Kapillaren gekennzeichnet und läßt sich praktisch an allen Gefäßprovinzen nachweisen. Sie führt zu typischen Krankheitsbildern (Retinopathie, Nephropathie, Glomerulosklerose, diabetische Gangrän und wahrscheinlich auch Neuropathie). Die Mikroangiopathie ist streng mit der Diabetesdauer korreliert. Die Störungen des Basalmembranstoffwechsels der Niere sind näher untersucht.

Die glomeruläre Basalmembran der Niere enthält ein spezialisiertes Kollagen (Kollagen Typ IV), das sich vor allem durch seinen höheren Hydroxylysin- und Kohlenhydratgehalt von den übrigen Kollagentypen unterscheidet. Seine Synthese (Schema) verläuft jedoch nach dem gleichen Prinzip.

Ein wichtiger Aspekt der diabetischen **Mikroangiopathie** ist die Beobachtung, daß in der chemischen Zusammensetzung der glomerulären Basalmembran Unterschiede zwischen Stoffwechselgesunden und Patienten mit Diabetes mellitus bestehen. Die von Patienten mit Diabetes mellitus isolierten Basalmembranen weisen einen deutlich höheren Gehalt an Hydroxylysin und an Hydroxylysin-gebundenen Disacchariden (Glc-Gal-Reste) auf. Dies deutet darauf hin, daß beim Diabetes mellitus eine gesteigerte Hydroxylierung von Lysinresten der Basalmembranpolypeptide stattfindet, wodurch die Zahl der Akzeptorstellen für den Transfer von Galaktose und Glucose erhöht wird. Dieser Befund wird ergänzt durch den Nachweis, daß die Aktivität der kollagenspezifischen Glucosyltransferase in der Niere alloxandiabetischer Ratten deutlich gegenüber Kontrolltieren erhöht ist. Der Aktivitätsanstieg dieses Enzyms ist um so größer, je länger der Diabetes mellitus andauert und kann nur in frühen Stadien, nicht jedoch nach einer Diabetesdauer von 12 Wochen durch Insulinbehandlung normalisiert werden. Es besteht die

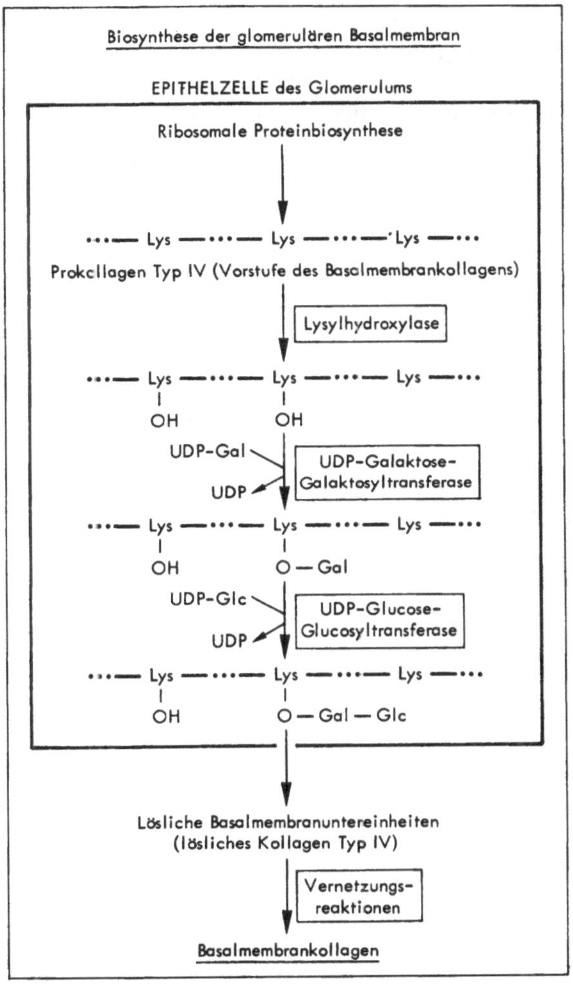


Möglichkeit, daß die Glucosekonzentration des Blutes bei der Regulation der Aktivität der Glucosyltransferase und anderer Enzyme der Basalmembranbiosynthese eine Rolle spielt.

**Diabetische Katarakt** (Cataracta diabetica) **und diabetische Neuropathie.** Eine chronische Erhöhung der Glucosekonzentration im Blut und Gewebe hat schädliche Konsequenzen für Augenlinse und periphere Nerven. Die Gründe hierfür liegen in der Tatsache, daß diese Gewebe

- für Glucose frei permeabel sind und
- Glucose über den Sorbitstoffwechselweg zu Sorbit und Fructose umsetzen. Sorbit und Fructose können jedoch weder rasch abgebaut werden noch in den Extrazellulärraum oder die Zirkulation zurückdiffundieren.

Bei der Entwicklung einer **diabetischen Katarakt** häufen sich in den Epithelzellen der Augenlinse aufgrund des erhöhten extrazellulären Glucoseangebots Sorbit und Fructose als Produkte des Sorbitstoffwechselweges an. Der damit verbundene Anstieg des osmotischen Drucks führt zunächst zu vermehrtem Einstrom von Wasser und bewirkt eine hydropische Schwellung der Zellen. Dieser Prozeß ist begleitet von Elektrolytverschiebungen, die durch erhöhten Einstrom von $Na^+$ und vermehrten Ausstrom von $K^+$ charakterisiert sind. Dies führt sekundär zum Ausfall aktiver Transportprozesse, so daß u. a. Aminosäuren nicht mit in die Zelle aufgenommen werden können bzw. aus der Zelle in den Extrazellulärraum abdiffundieren. Beim Fortschreiten der Störung kommt es zum Verlust an Aminosäuren und anderen Zellinhaltsstoffen (z. B. Glutathion), zu Energiemangel (Absinken der stationären ATP-Konzentration) und schließlich unter völligem Zusammenbruch der Osmoregulation zur Quellung und Trübung der Linsenfasern (Abb.).

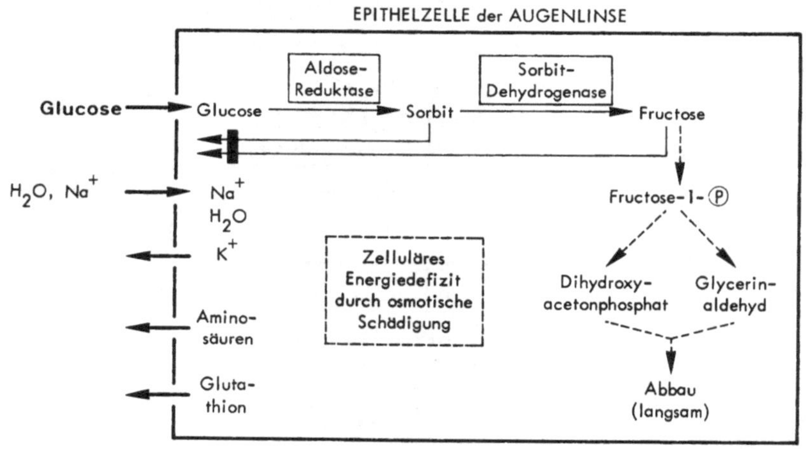


Für die Pathogenese der **diabetischen Neuropathie** ist die Feststellung von Bedeutung, daß die Aldose-Reduktase in den peripheren Nerven vorwiegend in den Schwann'schen Zellen, die Sorbit-Dehydrogenase hauptsächlich in den Achsenzylindern lokalisiert ist, in denen sich demzufolge Sorbit und Fructose um ein Vielfaches gegenüber der Norm anreichern und damit eine primäre osmotische Schädigung setzen, die für die morphologischen Läsionen und die experimentell nachgewiesene Herabsetzung der Nervenleitungsgeschwindigkeit verantwortlich ist.

Therapeutische Aspekte bietet die (tierexperimentell erprobte) Anwendung von Aldose-Reduktase-Inhibitoren (z. B. 3,3-Tetramethylenglutarsäure oder 1,3-Dioxo-1H-benz(DE)-isochinolin-2(3H)-essigsäure.

# 7. Diagnose des Diabetes mellitus

Eine eindeutige Diagnose diabetischer Vor- bzw. Frühstadien („Prädiabetes“) ist problematisch, da die Übergänge von einer normalen Stoffwechsellage über einen latenten in einen manifesten Diabetes mellitus fließend sind.

Die Erkennung einer diabetischen Stoffwechsellage erfolgt durch

- die Bestimmung des Nüchternblutzuckers,
- den einzeitigen oralen Glucosetoleranztest (Glucosebelastungstest) und
- die Harnglucosebestimmung.

Zur Bestimmung der endogenen Insulinsekretionsleistung wird

- der intravenöse Tolbutamidtest herangezogen.

Die direkte quantitative Analyse des Seruminsulins (Normbereich 10–25 μE/ml) mit Hilfe des Radioimmunassays (Kap. Endokrinologie, S. 143) spielt in der Diabetesforschung eine wichtige Rolle.

**Glucosetoleranztest.** Der einzeitige orale Glucosetoleranztest ist das wichtigste Verfahren bei der Diagnose von Störungen des Kohlenhydratstoffwechsels. Die Bedeutung dieser Methode liegt darin, daß durch enterale Resorption von Glucose auf physiologischem Wege eine Störung der Blutzuckerhomöostase erzeugt wird,

Glucosekonzentration im kapillaren Blut von Stoffwechselgesunden nach oraler Glucosebelastung

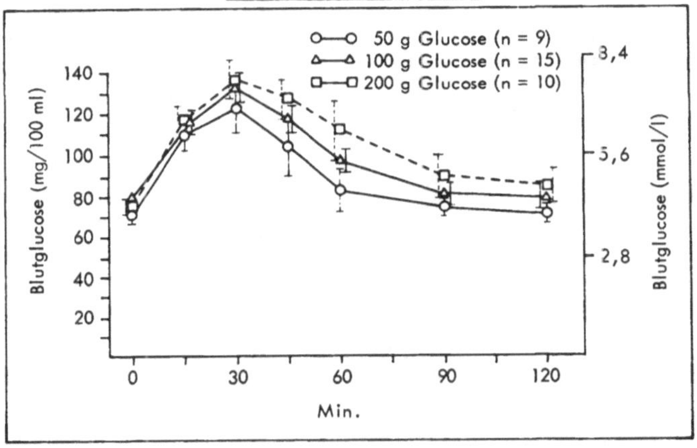


die es erlaubt, klinisch noch nicht in Erscheinung tretende Vorstadien des Diabetes mellitus frühzeitig zu erkennen. Die oral verabreichte Glucosedosis sollte 100 g betragen, da geringere Mengen keine sicheren Rückschlüsse auf das Vorliegen einer latent diabetischen Stoffwechselsituation gestatten (Abb.).

Während die für den Nüchternblutzucker gemessenen Werte der „wahren Glucose“ im Normalbereich 2,78–5,55 mmol/l (50–100 mg/100 ml), im Grenzbereich 5,55–7,22 mmol/l (100–130 mg/100 ml) und im pathologischen Bereich mehr als 7,22 mmol/l (130 mg/100 ml) betragen, weist die Glucosekonzentration im kapillaren Blut vor Glucosebelastung (0 Min.) bzw. 60 und 120 Min. nach oraler Glucosebelastung mit 100 g bei normaler und diabetischer Glucosetoleranz sowie im Grenzbereich folgende Werte auf:

Glucosekonzentration im kapillaren Blut vor Glucosebelastung (0 Min.) bzw. 60 und 120 Min. nach oraler Glucosebelastung von 50 g bei normaler und diabetischer Glucosetoleranz sowie im Grenzbereich (Angaben in mmol/l)

| Zeit | Normal | Grenzbereich | Diabetisch |
|---|---|---|---|
| 0 Min. | < 5,55 | 5,55–7,22 | > 7,22 |
| 60 Min. | < 8,88 | 8,88–12,21 | > 12,21 |
| 120 Min. | < 6,66 | 6,66–8,33 | > 8,33 |

Verschiedene Medikamente verschlechtern die Glucosetoleranz und können einen Glucosebelastungstest im Sinne falsch positiver Ergebnisse beeinflussen. Dazu gehören u. a. Thiazide, Methyl-DOPA, Glucocorticoide, Kontrazeptiva, Barbiturate, Salizylate, Phenylbutazon, Tetrazyklin.

Intravenöser Tolbutamidtest (1 g Tolbutamid i. v.)

Tolbutamid stimuliert die Insulinsekretion aus dem Pankreas. Bei Diabetes mellitus ist die resultierende Senkung des Blutzuckers geringer als bei Stoffwechselgesunden.

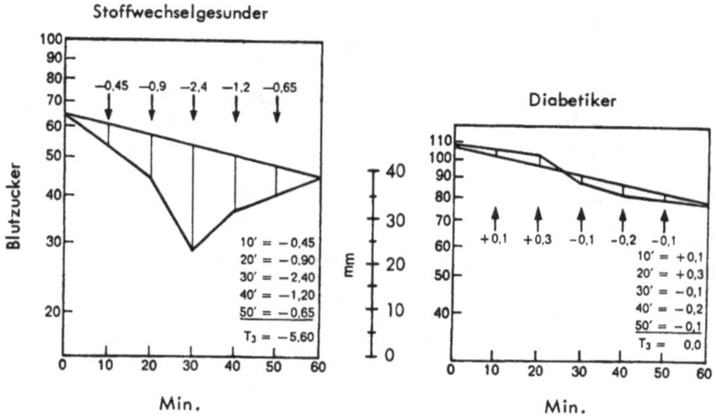


Nüchternblutzucker (0 Min.) und 60-Minuten-Wert des Blutzuckers werden durch eine Hilfslinie verbunden. Die Summe der positiven (+) und negativen (-) Abweichungen von der Hilfslinie ergibt den $T_3$-Wert.

Normal: $T_3$ = -1,8 und höher negativ, pathologisch: $T_3$ = -1,5 und höher positiv.

Mit Hilfe der quadratischen Diskriminanzanalyse wurden Netztafeln mit Kurven für die Beurteilung des oralen Glucosetoleranztests nach Belastung mit 100 g Glucose bzw. 100 g Oligosacchariden entwickelt. Anhand der Diagramme ist die Klassifikation der Kohlenhydratstoffwechsellage (nicht diabetisch, suspekt und diabetisch) möglich.

**Tolbutamidtest.** Eine weitere diagnostische Möglichkeit besteht in der Durchführung des intravenösen Tolbutamidtests, mit dessen Hilfe die Fähigkeit zur endogenen Insulinproduktion geprüft wird. Tolbutamid stimuliert die Insulinsekretion und führt bei Stoffwechselgesunden nach intravenöser Injektion von 1 g Tolbutamid zu einer signifikanten Blutzuckersenkung, die z. B. mit dem $T_3$-Verfahren ausgewertet wird (Abb.).

**Glucose-Cortison-Toleranztest.** Der Glucose-Cortison-Toleranztest basiert auf der Vorstellung, daß wegen der gluconeogenetischen (kontrainsulären) Wirkung eine Vorbehandlung des Probanden mit Glucocorticoiden (je 50 mg Cortisonacetat 8, 5 und 2 h vor dem Test) das Niveau der nachfolgend aufgenommenen Glucosebelastungskurve angehoben und eine Glucosetoleranzstörung besser erkennbar würde. Die bessere Aussagekraft dieses Tests hat sich bislang jedoch nicht bestätigt.

## 8. Orale Antidiabetika

Die Notwendigkeit einer Behandlung des Diabetes durch ständige parenterale Injektion von Insulin hat zu einer intensiven Suche nach Medikamenten geführt, die auch bei oraler Gabe eine blutzuckersenkende Wirkung besitzen.

Die **Sulfonylharnstoffe** sind eine Verbindungsklasse, die antidiabetische Wirkung dadurch besitzt, daß sie die Bildung und Ausschüttung des Insulins in den β-Zellen anregt und ein an Plasmaproteine gebundenes inaktives Insulin aus der Bindung freisetzt. Sie sind also nur dann wirksam, wenn endogenes Insulin gebildet wird. Diagnostische Bedeutung haben die Sulfonylharnstoffe durch den Tolbutamidtest (S. 90) erlangt.

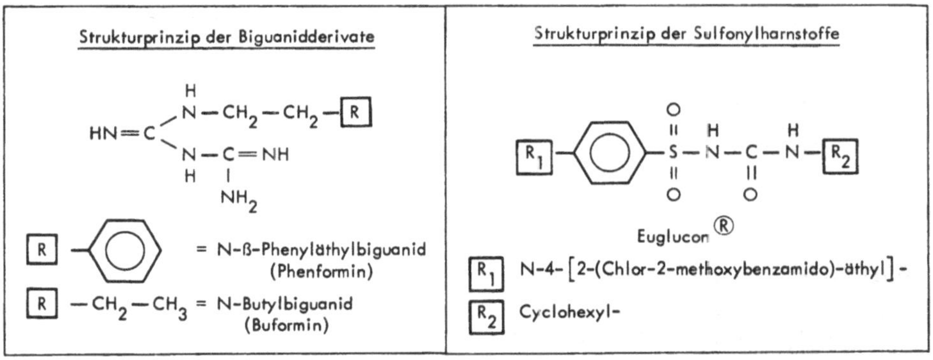

Die **Biguanide** entfalten ihre Wirkung auch im insulinfreien Organismus, indem sie die Glucoseaufnahme in die Zelle steigern und die Gluconeogenese hemmen. Gleichzeitig vermindern sie aber auch die Sauerstoffaufnahme und führen so zu einer Steigerung der Glykolyse mit verstärkter Lactatbildung. Das Auftreten von Nebenwirkungen (Schwindel, Erbrechen, intestinale Störungen, Lactacidose) schränkt ihren Gebrauch ein. Auch eine cancerogene Wirkung der Biguanide kann nach tierexperimentellen Befunden nicht ausgeschlossen werden.

## 9. Hypoglykämien

Eine Störung der Koordination bzw. Regulation zwischen Glucoseabgabe durch die Leber (Glykogenreservoir oder Gluconeogenese) und Glucoseaufnahme durch die verbrauchenden Organe hat eine Hypoglykämie zur Folge.

Nach dem Zeitpunkt des Auftretens unterscheidet man die **Nüchternhypoglykämie,** die im Nüchternzustand oder während körperlicher Arbeit auftritt, und die **reaktive Hypoglykämie** nach Aufnahme kohlenhydrathaltiger Nährstoffe. Die Tabelle macht Angaben zur Pathogenese der Hypoglykämien bei Insulinüberproduktion bzw. infolge extrainsulärer Faktoren. Weitere Einzelheiten s. S. 73, 75, Hormone (S. 166, 177) Tumorhypoglykämie (S. 361).

Pathogenese der Hypoglykämien

| Hypoglykämietyp | Hypoglykämie infolge | |
|---|---|---|
| | Insulinüberproduktion | extrainsulärer Wirkungen |
| Nüchtern- bzw. Arbeitshypoglykämie | 1. Inselzelladenom bzw. Inselzellcarcinom<br>2. Funktioneller Hyperinsulinismus bei Neugeborenen diabetischer Mütter | 1. Störungen von Glykogenabbau und Gluconeogenese (Glykogenspeicherkrankheiten, Fructose-1,6-diphosphat-Phosphatasemangel)<br>2. Endokrine Störungen (STH-, Glucocorticoid-, ACTH-Mangel)<br>3. Tumorhypoglykämie |
| Reaktive Hypoglykämie (nach KH-reichen Mahlzeiten) | 1. Vegetative Dystonie (überschießende Insulinsekretion)<br>2. Verzögerte endogene Insulinsekretion bei Diabetes mellitus<br>3. Leucin-induzierte Hypoglykämie | 1. Enzymdefekte mit sekundärer Glykogenabbaustörung (Fructoseintoleranz, Galaktosämie, Galaktosediabetes) |

Eine Hypoglykämie kann sich akut entwickeln und führt dann zu einer reaktiven Adrenalinausschüttung, die an der charakteristischen Symptomatik (Zittern, Schwitzen, Herzklopfen, Nausea) erkennbar ist.

Bei langsam auftretenden Hypoglykämien fehlen Adrenalinwarnsymptome, ihre Gefahr liegt im Auftreten plötzlicher schwerer Störungen des Zentralnervensystems (Hypoglykämischer Schock).

## 10. Nichtdiabetische Glucosurien und Melliturien

Die **renale** (autosomal dominant vererbbare) **Glucosurie** ist eine angeborene Stoffwechselstörung, die durch eine mangelhafte Glucoserückresorption im proximalen Tubulus gekennzeichnet ist. Da sie ohne Symptome einhergeht, wird sie häufig nur als Zufallsbefund bei Urinuntersuchungen entdeckt. Die Tatsache, daß die im Urin ausgeschiedenen Glucosemengen zwischen wenigen Gramm bis zu 50 g/24 h variieren können, weist auf die Existenz verschiedener Formen hin. Der Blutzucker liegt bei dieser Stoffwechselanomalie im Normbereich.

Eine renale Glucosurie kann kombiniert mit einer Phosphatrückresorptionsstörung auftreten (renaler Phosphatdiabetes) und auch mit einer Rückresorptionsstörung für Aminosäuren kombiniert sein (de Toni-Debré – Fanconi-Syndrom). Bei diesen Stoffwechselstörungen ist nur die tubuläre Glucoserückresorption, nicht jedoch die Aufnahme der Glucose in die Mucosazelle des Darms gestört.

Eine nichtdiabetische Glucosurie entsteht nach Zufuhr des **Phlorrhizins,** eines Glykosids aus den Wurzeln von Apfel-, Pflaumen- oder Kirschbäumen. Es vergiftet das für die Rückresorption der Glucose im Nierentubulus verantwortliche Transportsystem und führt auch ohne Erhöhung des Blutzuckers zur Glucosurie („Phlorrhizindiabetes").

Eine Ausscheidung von Nichtglucose-Zuckern mit dem Urin wird als **Melliturie** bezeichnet. Sie kann auf angeborenen Stoffwechselstörungen beruhen. Dies ist bei der essentiellen Fructosurie, einer Abbaustörung der Fructose, bei der die Fructokinase fehlt, und bei der hereditären Fructoseintoleranz (S. 73) der Fall. Der blockierte Abbau der Fructose führt zu einer Rückstauung von freier Fructose im Blut und zur Ausscheidung im Urin, da die Fructoserückresorptionskapazität der Niere ohnehin sehr viel niedriger liegt als für Galactose.

Bei der **essentiellen Galaktosämie** und beim **Galaktosediabetes** (S. 73) erscheint die aufgrund der Abbaustörung akkumulierte Galaktose im Blut und wird über die Niere ausgeschieden (mehrere Gramm/24 h).

Lactose wird bei der **Lactoseintoleranz** (S. 70), jedoch auch physiologischerweise in den letzten Monaten der Gravidität und während der Lactation (0,5 – 1,0 g/24 h) mit dem Harn ausgeschieden.

Bei der **familiären essentiellen Pentosurie** besteht ein Enzymdefekt der L-Xylulose-Reduktase, der zu einem Block der Reaktion L-Xylulose → Xylit führt. Bei dieser ohne Symptome einhergehenden harmlosen Stoffwechselanomalie werden 1 – 5 g L-Xylulose/24 h ausgeschieden.

# V. Lipide

## 1. Stoffklasse der Lipide

**Funktion.** Lipide sind Bestandteile jeder lebenden Zelle und integrierende Strukturelemente der Membran tierischer Zellen und ihrer subzellulären Partikel. Sie sind aufs engste mit dem Stofftransport in die Zelle und innerhalb der Zelle verknüpft. Durch ihren apolaren Charakter und ihre Unlöslichkeit in Wasser verwirklichen die Lipide das Prinzip der Substrukturierung der Zelle durch Trennung lipophiler und hydrophiler Bezirke und tragen so zur topochemischen Selektivität der Stoffwechselprozesse in der Zelle bei. In Membranen können apolare Bezirke von Proteinmolekülen mit Lipiden zu funktionellen Einheiten assoziieren.

Im Blut bilden Komplexe aus Protein und Lipiden – Lipoproteine – spezifische Transportsysteme für Lipide.

Der hohe Gehalt an Lipiden im Zentralnervensystem und im Nervengewebe weist auf besondere Funktionen hin.

Wegen ihrer Unlöslichkeit in Wasser, der dadurch bedingten osmotischen Indifferenz und der Fähigkeit zur Speicherung sehr großer Quantitäten sind die Lipide als Speicherstoffe prädestiniert und dienen als Energiereserve.

Auch Hormone, Vitamine und andere Wirkstoffe gehören der Stoffklasse der Lipide an.

**Klassifizierung.** Die Stoffklasse der Lipide läßt sich in folgende Untergruppen klassifizieren:

- **Neutralfette** sind Fettsäureester des Glycerins (Triglyceride).
- **Glycerinphosphatide** ähneln in ihrer Struktur den Neutralfetten, enthalten jedoch anstelle einer Fettsäure einen Phosphorsäurerest und einen meist stickstoffhaltigen Substituenten.
- **Sphingolipide** besitzen statt des dreiwertigen Alkohols Glycerin den zweiwertigen Aminoalkohol Sphingosin. Neben einer Fettsäure können sie einen Phosphorsäurerest und eine stickstoffhaltige Base oder ein Mono- bzw. Oligosaccharid als Bestandteil enthalten.
- **Steroide** sind Derivate des Cyclopentanoperhydrophenanthrens, eines alizyklischen gesättigten Kohlenwasserstoffs.
- **Carotinoide** sind Polymere des Isoprens.

**Stoffwechsel.** Die Synthese der Lipide bzw. ihrer Bausteine erfolgt unter Verwendung der mit der Nahrung aufgenommenen Lipidbestandteile, kann sich aber auch – mit Ausnahme der essentiellen Fettsäuren (Linolsäure, Linolensäure) – als de novo Synthese vollziehen, wobei Acetyl-CoA und Malonyl-CoA eine Schlüsselposition einnehmen. Da der Acetyl-CoA-Pool aus dem Abbau von Fettsäuren, Glucose und ketoplastischen Aminosäuren gespeist wird, ist eine Synthese von Fettsäuren bzw. Lipiden auch aus Kohlenhydraten und Proteinen möglich.

Die Lipide des menschlichen Orgnanismus unterliegen einem ständigen lebhaften Umsatz, an dem die Lipide aller Organe – auch die Depotlipide – teilnehmen. Unter Heranziehung tierexperimenteller Ergebnisse lassen sich für die Halbwertszeit der Fettsäuren folgende Größenordnungen angeben: Leber 4–6 Tage, Fettgewebe 15–20 Tage, Gehirn 20–30 Tage.

Der Lipidtransport innerhalb der einzelnen Organe erfolgt über die Lipoproteine und die freien (albumingebundenen) Fettsäuren des Blutes. Die Dynamik des Lipidstoffwechsels faßt das nachfolgende Schema zusammen:

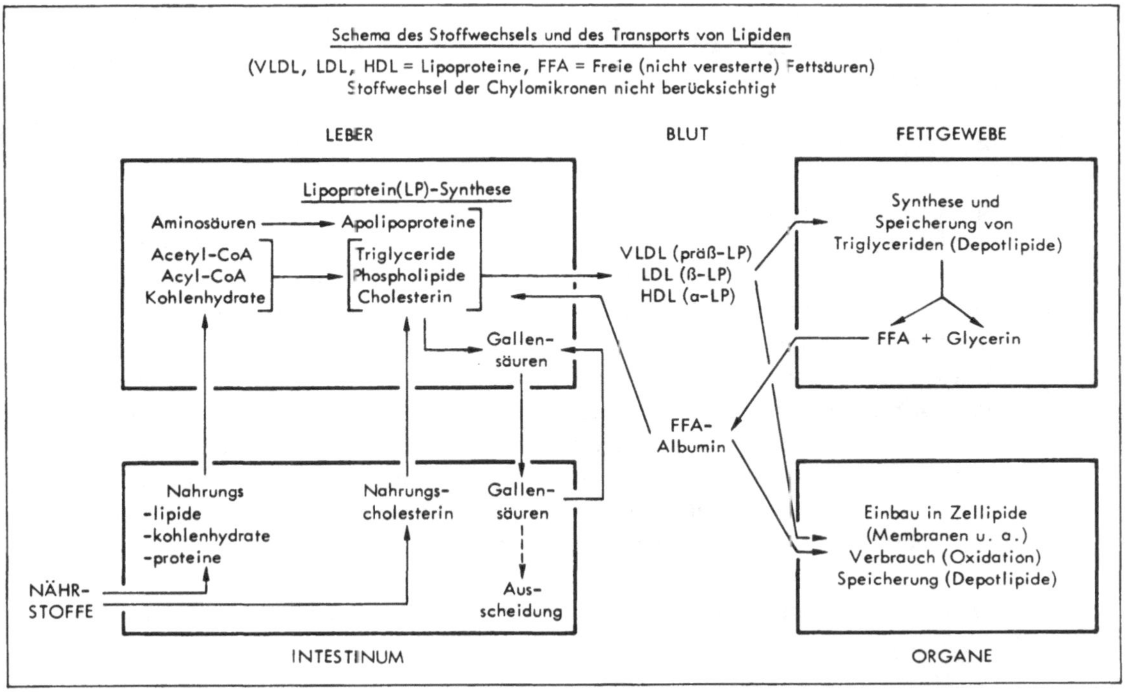

Schema des Stoffwechsels und des Transports von Lipiden
(VLDL, LDL, HDL = Lipoproteine, FFA = Freie (nicht veresterte) Fettsäuren)
Stoffwechsel der Chylomikronen nicht berücksichtigt

## 2. Lipidresorption und Resorptionsstörungen

Die mit der Nahrung aufgenommenen tierischen oder pflanzlichen Lipide werden vorwiegend im Dünndarm unter der Wirkung lipidspaltender Enzyme des Pankreassekretes (Triglyceridlipase, Phospholipase $A_1$, $A_2$, B, Cholesterinesterhydrolase, S. 286) und des Dünndarmsekrets (Phospholipase C) vollständig oder weitgehend in ihre Strukturbestandteile zerlegt. Eine Ausnahme machen die Triglyceride kurzkettiger Fettsäuren (z. B. Trioctanoin), die auch ohne vorherige

Hydrolyse – und ohne Mitwirkung von Gallensäuren – rasch durch die Mucosazelle aufgenommen und dort durch mikrosomale Enzyme hydrolysiert werden können.

**Resorption.** Die lipidlöslichen Bestandteile der Lipide (Fettsäuren, Cholesterin, Carotinoide) werden nach Komplexbildung mit konjugierten Gallensäuren in wasserlöslicher Form (Choleinsäuren) resorbiert. Mit den Lipiden werden auch die lipidlöslichen Vitamine aufgenommen. In den Mucosazellen finden eine Resynthese der Lipide und die Bildung der Chylomikronen statt, die über das Lymphgefäßsystem abtransportiert werden.

Kurzkettige Fettsäuren (bis zu 10 C-Atomen) können nach der Resorption in freier (nicht veresterter) Form direkt über die Vena portae die Leber erreichen. Mit dem Stuhl werden physiologischerweise 1–2 g Lipide bzw. Fettsäuren/24 h ausgeschieden.

**Resorptionsstörungen.** Eine Störung des intestinalen Lipidstoffwechsels kann bei Fehlen oder mangelnder Aktivität der lipidspaltenden Enzyme oder bei Störungen der Resorption eintreten (Schema).

Die **Gallensäuren** bilden durch Emulgierung der Nahrungslipide, Aktivierung der Pankreaslipase und Überführung der apolaren Lipidbausteine in wasserlösliche Verbindungen die Voraussetzung für den enzymatischen Abbau und die Resorption der Lipide.

Ein Gallengangsverschluß oder eine mit dem Funktionsverlust der konjugierten Gallensäuren verbundene Abspaltung ihrer Glycin- oder Taurinreste durch pathologische Darmflora führen daher zu gestörter intestinaler Fettverdauung.

Chronische Pankreopathie führt zur Verminderung der Sekretmenge und zu herabgesetzter Lipaseaktivität des Dünndarmsekrets. Bei akuter Pankreatitits (S. 287) sind Lipase- (und α-Amylase-)aktivität des Blutplasmas erhöht.

**Malabsorption.** Die Malabsorption der Lipide ist durch einen (aus ungeklärten Gründen) gestörten Transport der Lipide in die Muscosazelle bedingt, kann ihre Ursache aber auch in akuten oder chronisch entzündlichen Veränderungen der Darmschleimhaut haben. Die mit der Nahrung zugeführten Lipide werden teils unverändert, teils nach enzymatischem (oder bakteriellem) Abbau als Fettsäuren bzw. als Calciumsalze der Fettsäureanionen mit dem Stuhl vermehrt ausgeschieden (6–8 g/24 h) und verursachen das Symptomenbild der **Steatorrhoe.** Die Lipidausscheidung kann weiterhin durch endogene (vorzugsweise mit dem Gallensekret ausgeschiedene) Lipide gesteigert werden.

Die Malabsorption von Lipiden führt sekundär zu Hypovitaminosen der fettlöslichen Vitamine mit entsprechenden Symptomen (erhöhte Blutungsneigung bei Vitamin K-Mangel, Nachtblindheit bei Vitamin A-Mangel, gestörte Calciumresorption bei Vitamin D-Mangel). An der Störung des Calciumstoffwechsels ist

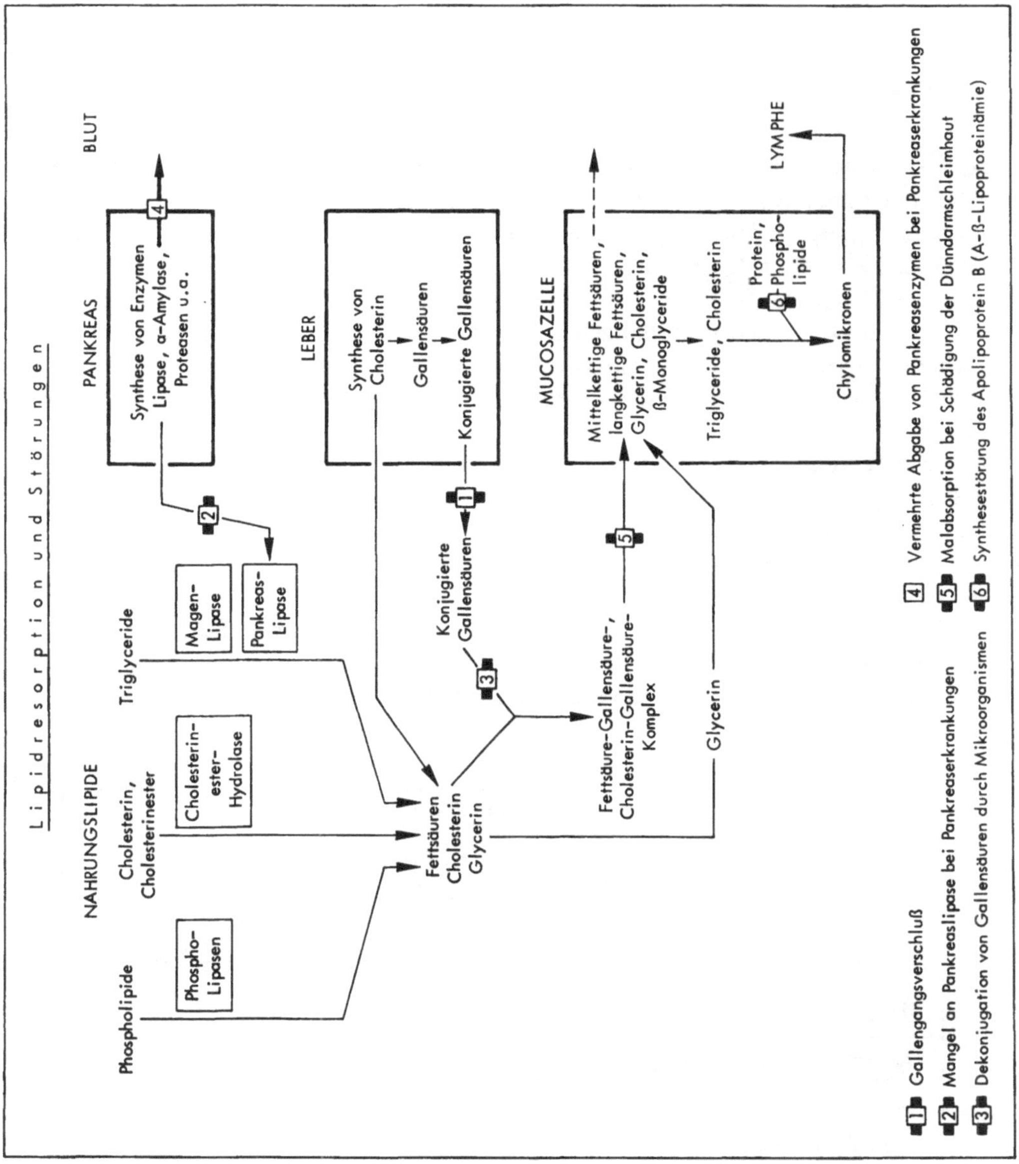
Lipidresorption und Störungen
NAHRUNGSLIPIDE
Phospholipide
Cholesterin, Cholesterinester
Triglyceride
Phospho-Lipasen
Cholesterin-ester-Hydrolase
Magen-Lipase
Pankreas-Lipase
PANKREAS
Synthese von Enzymen Lipase, α-Amylase, Proteasen u.a.
BLUT
LEBER
Synthese von Cholesterin
Gallensäuren
Konjugierte Gallensäuren
Konjugierte Gallensäuren
Fettsäuren Cholesterin Glycerin
Fettsäure-Gallensäure-, Cholesterin-Gallensäure-Komplex
Glycerin
MUCOSAZELLE
Mittelkettige Fettsäuren, langkettige Fettsäuren, Glycerin, Cholesterin, ß-Monoglyceride
Triglyceride, Cholesterin
Protein, Phospholipide
Chylomikronen
LYMPHE
1 Gallengangsverschluß
2 Mangel an Pankreaslipase bei Pankreaserkrankungen
3 Dekonjugation von Gallensäuren durch Mikroorganismen
4 Vermehrte Abgabe von Pankreasenzymen bei Pankreaserkrankungen
5 Malabsorption bei Schädigung der Dünndarmschleimhaut
6 Synthesestörung des Apolipoprotein B (A-ß-Lipoproteinämie)

zusätzlich die Bildung der unlöslichen Calciumsalze der Fettsäuren („Kalkseifen“) beteiligt. Sie bilden sich bei Ausbleiben einer Resorption der Fettsäuren und verhindern so auch eine Resorption des Calciums.

## 3. Lipoproteine

**Lipoproteine des Blutplasmas.** Blut von stoffwechselgesunden nüchternen Menschen enthält 5–8 g Lipide/l (500–800 mg Lipide/100 ml) Serum. Sie setzen sich aus Triglyceriden 0,8–2,0 mmol (0,7–1,8 g), Gesamtcholesterin 4–6 mmol (1,6–2,3 g), Phospholipiden 2–3 mmol (1,6–2,3 g) und freien Fettsäuren 0,35–1,25 mmol (0,10–0,35 g)/l zusammen. Die Normbereiche unterliegen alterns- und geschlechtsabhängigen Veränderungen. Es besteht eine alternsabhängige Tendenz zur Zunahme des Serumcholesterin- und Serumtriglyceridgehalts, die Blutlipidkonzentrationen der Männer liegen durchschnittlich höher als diejenigen der Frauen.

Im Blut sind die Lipide jedoch nicht in freier Form vorhanden, sondern werden als **Lipoproteine** transportiert. Lipoproteine sind wasserlösliche Protein-Lipid-Komplexe, in denen die Lipide von einer Proteinhülle umgeben sind. Es werden 4 Lipoproteintypen unterschieden:

- Chylomikronen,
- Lipoproteine sehr geringer Dichte (VLDL, prä-β-Lipoproteine),
- Lipoproteine geringer Dichte (LDL, β-Lipoproteine) und
- Lipoproteine hoher Dichte (HDL, α-Lipoproteine).

| Lipoproteine im Blutplasma | | | | |
|---|---|---|---|---|
| **Lipoprotein (L)** (Ultrazentrifuge) | **Chylomikronen (VLDL)** | **VLDL** (Very low density) | **LDL** (Low density) | **HDL** (High density) |
| Dichte (g/ml) | 0,90 - 0,94 | 0,94 - 1,006 | 1,006 - 1,063 | 1,063 - 1,210 |
| Konzentration (mg/100 ml Plasma) ♂ | 15 | 130 | 440 | |
| ♀ | 5 | 60 | 390 | |
| Elektrophorese-Fraktion | keine Wanderung | Prä-β | β | α |
| Haupt-Apolipoproteintyp | A, B, C | A, B, C | B | A, C |
| Chem. Zusammensetzung | | | | |
| Apolipoprotein | 1 | 10 | 20 | 50 |
| Triglyceride | 85 - 90 | 50 | 10 | 1 - 5 |
| Cholesterin | 6 | 19 | 45 | 18 |
| Phospholipide | 4 | 18 | 23 | 30 |

Sie sind durch Molekülgröße, Lipidzusammensetzung, Proteinanteil sowie ihr Verhalten in der Ultrazentrifuge (unterschiedliche Dichte) und ihre Wanderung im elektrischen Feld (Lipoproteinelektrophorese) charakterisiert.

Chylomikronen sind physiologischerweise nur nach lipidreichen Mahlzeiten vorhanden, die übrigen Lipoproteine sind auch im Nüchternblut nachweisbar. Ihre Zusammensetzung zeigt die nachstehende Tabelle.

Die Proteinkomponenten der Lipoproteine (Apolipoproteine) lassen sich in verschiedene Typen klassifizieren, die in charakteristischer Weise am Aufbau der individuellen Lipoproteine beteiligt sind und sich durch ihre Umsatzgeschwindigkeit unterscheiden (Tabelle).

Eigenschaften und Funktion von Apolipoproteinen

| Bezeichnung | Molekulargewicht $\times 10^{-3}$ | Funktion |
|---|---|---|
| $Apo\text{-}A_{I}$ | 28,3 | Trägerprotein |
| $Apo\text{-}A_{II}$ | 17,6 | Trägerprotein |
| $Apo\text{-}A_{III}$ (Apo-D) | 19,0 | Trägerprotein |
| Apo-B | 250 | Trägerprotein |
| $Apo\text{-}C_{I}$ | 6,6 | LCAT-Aktivator |
| $Apo\text{-}C_{II}$ | 12,6 | LP-Lipase-Aktivator |
| $Apo\text{-}C_{III}$ | 9,1 | LP-Lipase-Inhibitor |
| Apo-E | 33,0 | |

Mit Hilfe der immunologischen Differenzierung läßt sich zeigen, daß alle Apolipoproteine in jedem Lipoprotein nachweisbar, jedoch in den einzelnen Lipoproteinklassen in unterschiedlicher Menge vertreten sind. Von den Apolipoproteinen zeichnen sich einige durch hohe Affinität zu Lipiden aus. Ihre Funktion scheint hauptsächlich die eines Trägerproteins zu sein. Andere aktivieren oder hemmen humorale Enzyme des Lipoproteinstoffwechsels.

**Stoffwechsel der Lipoproteine.** Bildungsort der Lipoproteine ist die Leber, die vorzugsweise ein Lipoprotein sehr geringer Dichte (VLDL) synthetisiert und an das zirkulierende Blut abgibt. Unter Einwirkung einer an der Membran von Fettgewebe, Organzellen und Endothelzellen lokalisierten, z. T. jedoch auch in freier Form im Blut vorhandenen **Lipoprotein-Lipase** und einer aus der Leber stammenden **Triglycerid-Lipase** entstehen aus der VLDL-Fraktion Lipoproteine geringer Dichte (LDL) und hoher Dichte (HDL). Als passageres Zwischenprodukt tritt dabei ein Lipoprotein mit einer zwischen VLDL und LDL liegenden Dichte auf (Intermediate Density Lipoprotein, IDL). **Heparin** führt zu einer Freisetzung der membrangebundenen Lipoproteinlipase und zu Steigerung ihrer Aktivität im Blutplasma.

Die Lipoproteinfraktion mit der geringsten Dichte und dem größten Lipidanteil sind die Chylomikronen. Sie kommen im Nüchternplasma des Stoffwechselgesunden nicht vor, sondern werden als primäre Lipidtransportpartikel in der Mucosazelle der Darmschleimhaut aus den Nahrungslipiden synthetisiert. Von dort aus gelangen sie auf dem Lymphweg (Ductus thoracicus) in das venöse Blut, wo sie als Substrat der Lipoproteinlipase – unter vorzugsweiser Verkleinerung ihres Triglyceridanteils – rasch abgebaut werden (Halbwertszeit s. Tabelle). Dabei entstehen Lipoproteinpartikel, die bezüglich ihrer Dichte und Lipidzusammensetzung den Lipoproteinen der VLDL- und LDL-Klasse ähnlich sind.

**Umsatz und Halbwertszeit von Lipoproteinen und freien Fettsäuren**

| | Umsatz (g/24 h) | Halbwertszeit im Serum (Min.) |
|---|---|---|
| Chylomikronen | 70–150 | 2–25 |
| Triglyceride der VLDL | 25–70 | 100–500 |
| Freie (nicht veresterte) Fettsäuren | 150 | 1–3 |

Die Lipoproteine aller Klassen können von den Organen aufgenommen und utilisiert, jedoch auch nach nur teilweiser Verstoffwechselung wieder an den Extrazellulärraum bzw. das Blut zurückgegeben werden. Dies gilt vor allem für Apolipoproteinkomponenten der HDL (CI, II, III, AI, II), die nach Wiedererscheinen im Blut von den Mucosazellen des Darms aufgenommen und für die Bildung der Apolipoproteinkomponente der Chylomikronen verwendet werden.

Die primär in den Chylomikronen vorhandenen Triglyceride lassen sich überwiegend im Fettgewebe (40%), im Skelettmuskel (30%) und in der Leber (20%) nachweisen. Bei bestehender Lactation wird ein beträchtlicher Anteil auch im Milchfett wiedergefunden. Der Rest verteilt sich auf Lunge, Milz, Niere und Herzmuskel.

## 4. Struktur und Funktion der HDL

Im Stoffwechsel der Lipoproteine nehmen die Lipoproteine hoher Dichte (HDL, α-Lipoproteine) eine zentrale Position ein. Sie hängt damit zusammen, daß

- die Apolipoproteinkomponenten AI und AII der HDL eine ausgeprägte Fähigkeit zur Bindung von Lipiden – insbesondere von Phospholipiden und Cholesterin – besitzen,
- die HDL im Mittelpunkt des Cholesterinumsatzes stehen,

- die Apolipoproteinkomponente AI in der Leber auch intrazelluläre Aufgaben des Lipidtransports übernimmt und
- den HDL eine Arteriosklerose-protektive Wirkung zugeschrieben wird.

**Struktur.** HDL-Partikel sind sphärische Micellen von ungefähr 12 nm ∅. Ihre Oberfläche besteht aus dem Apolipoproteinanteil, der zu 75% Helixstruktur mit vorwiegend polaren Gruppen aufweist. Die Ausbildung der Helixstruktur wird durch Phospholipide begünstigt, die mit ihrem Phosphatidyl-Cholinanteil in Wechselwirkung mit dem polaren Helixanteil des Apolipoproteins treten. Die ersten 3–5 C-Atome der Acylreste (Fettsäurereste) der Phospholipidmoleküle sind dagegen in die apolaren (lipophilen) Bereiche des Apolipoproteins eingebettet. Auch die Cholesterinestermoleküle korrespondieren mit den apolaren Apolipoproteinbezirken. Lipide und Protein werden durch hydrophobe Kräfte zusammengehalten. Einen Ausschnitt aus dem Protein-Phospholipid-Oberflächenmosaik der HDL gibt die Abbildung in stark schematisierter Form wieder.

Schematische Darstellung eines HDL-Partikels (Ausschnitt)

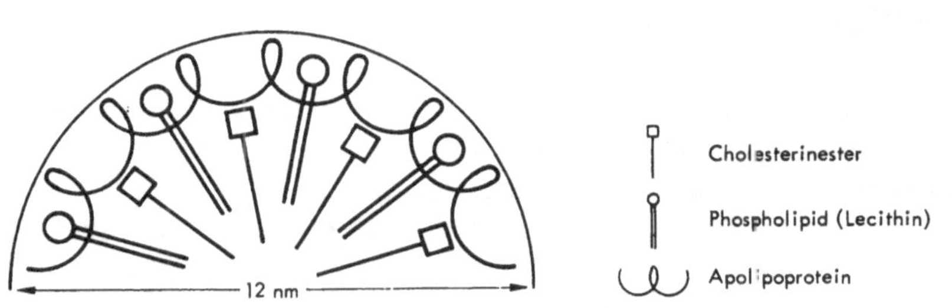


**HDL und LCAT.** Die HDL-Partikel bilden mit der Lecithin-Cholesterin-Acyl-Transferase (LCAT) einen Komplex. Die LCAT überträgt C-2-Fettsäuren des Lecithins auf die C-3-Hydroxylgruppe des freien Cholesterins, das durch diesen Acyltransfer zum Cholesterinester umgewandelt wird. Während der Quotient von freiem zu verestertem Cholesterin für alle Lipoproteinfraktionen des Serums etwa 1 : 2 beträgt, liegt das Verhältnis von freiem zu verestertem Cholesterin in der HDL-Fraktion bei etwa 1 : 6.

Die HDL (α-Lipoproteine) vermitteln den Transport (Austausch) von freiem Cholesterin zwischen Gewebe und Organen. Dabei können sie freies Cholesterin vorübergehend von Lipoproteinen geringerer Dichte (VLDL, LDL) übernehmen und damit deren Lipidmuster beeinflussen. Da nur freies Cholesterin ausgetauscht wird, kann die HDL-gebundene Lecithin-Cholesterin-Acyl-Transferase (LCAT) den Austausch durch Veresterung von freiem Cholesterin kontrollieren.

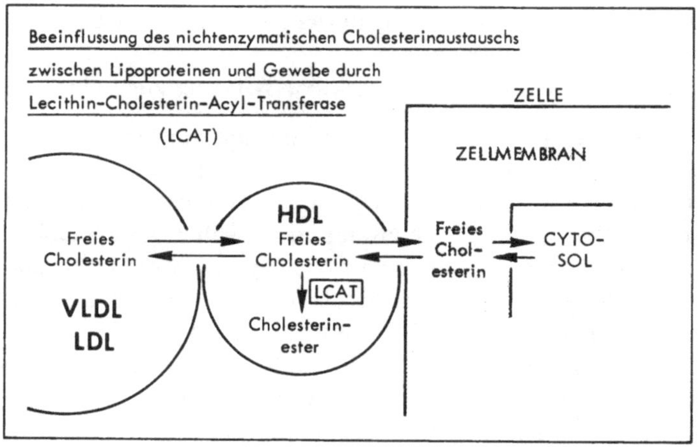


Bei angeborenem Defekt der LCAT, die auch in der Darmschleimhaut und in der Leber vorkommt, nimmt der Cholesterinestergehalt der Serumlipoproteine drastisch ab, betroffen ist auch die Membranstruktur der Erythrozyten, die z T. scheibenartige Zellformen („target cells") annehmen.

**HDL und biliäre Exkretion von Lipiden.** Mit der Gallenflüssigkeit gelangen pro Tag 2,0–2,6 mmol (800–1000 mg) Cholesterin in den Intestinaltrakt und werden nach Reduktion zu Koprosterin mit den Faeces ausgeschieden. Für die Ausscheidung mit der Galle vorgesehenes Cholesterin (und Phospholipide) werden in der Leber zunächst vom Apolipoprotein AI gebunden („zusammengefegt"), wobei sich hepatozytäre HDL-Partikel formen. Vor der Ausscheidung mit der Gallenflüssigkeit trennen sich jedoch Apolipoprotein- und Lipidkomponente. Während das Apolipoprotein AI für die weitere Bindung von Cholesterin und Phospholipiden wiederverwendet wird, wird der Lipidanteil – vermutlich als Lipoprotein X – an die biliäre Membran transportiert und als Cholesterin-Lecithin-Micelle an die Gallenflüssigkeit abgegeben. Ob dieses hepato-biliäre System der Cholesterin-Lipid-Exkretion bei der Arteriosklerose eine pathogenetische Rolle spielt, und die HDL-Partikel Arteriosklerose-protektiv wirken, ist noch offen. Auffallend ist jedoch, daß hohe HDL-Serumspiegel regelmäßig bei besonders langlebigen Familien ohne cardiovasculäre Erkrankungen gefunden wurden.

**Die Leber im Lipoproteinstoffwechsel.** Die von der Leber synthetisierten und an die Zirkulation abgegebenen Lipoproteine sehr hoher Dichte (VLDL) unterliegen einem enzymatischen Abbau im Blutplasma zu Lipoproteinen der Klasse LDL. Die LDL-Partikel üben wiederum eine wirksame Rückkopplungshemmung

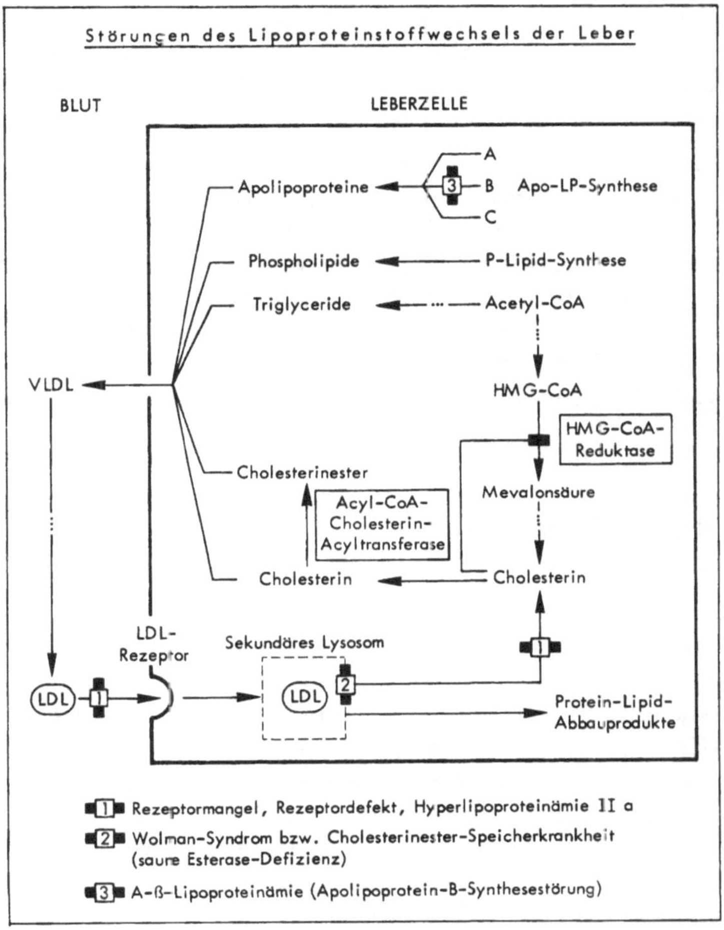


auf die VLDL-Synthese der Leber aus, wobei folgende Teilschritte durchlaufen werden:

Die im Plasma entstehenden LDL werden mit hoher Affinität an spezifische Plasmamembranrezeptoren der Leberzelle gebunden. Anschließend erfolgt die Aufnahme des rezeptorgebundenen Partikels durch Endozytose. Nach Bildung eines Endozytosebläschens, das mit einem Lysosom fusioniert, beginnt der intralysosomale Abbau der Lipid- und Proteinkomponente der LDL. Die dabei freigesetzten Fettsäuren und das Cholesterin werden für die Lipidsynthese der Zelle verfügbar. Darüber hinaus entfaltet das in der Zelle freigesetzte Cholesterin folgende regulative Effekte:

- Es supprimiert die HMG-CoA-Reduktase und bewirkt damit eine Reduktion der Cholesterinsynthese,

- es aktiviert die Acyl-CoA-Cholesterin-Acyl-Transferase und begünstigt damit seine Esterifizierung und Speicherung als Cholesterinester und
- es entfaltet eine Feedback-Hemmung auf die Synthese der LDL-Rezeptoren selbst und limitiert dadurch die zelluläre Akkumulation von Cholesterin.

Störungen der Lipoproteinbiosynthese der Leber und der negativen Feedback-Kontrolle durch LDL-Partikel können ihre Ursache in einem zur Hyperlipoproteinämie führenden hereditären Rezeptormangel (Hyperlipoproteinämie Typ IIa, s. u.), in unzureichender Aktivität von Leberzellenzymen oder aber in einer gestörten Synthese der Apolipoproteine haben (Schema).

Bei der Cholesterinester-Speicherkrankheit (CESD) und dem Wolman-Syndrom besteht eine Defizienz der lysosomalen Esterase, die Cholesterinester und Triglyceride als Substrate umsetzt.

## 5. Hyperlipoproteinämien (HLP)

Jede Erhöhung der Blutlipide (Serumlipide) wird mit Rücksicht auf die Tatsache, daß die Blutlipide in Form von Lipoproteinen transportiert werden, als **Hyperlipoproteinämie** bezeichnet. Die Zunahme der Serumlipidkonzentration (Hyperlipidämie) kann in einer Erhöhung des Serumcholesterins (Hypercholesterinämie) und/oder der Serumtriglyceride (Hypertriglyceridämie) bestehen. Als diagnostisches Kriterium für eine Hyperlipoproteinämie gilt sowohl die absolut erhöhte Konzentration des Cholesterins bzw. der Triglyceride des Serums als auch die der Lipoproteinklassen. Ein charakteristisches Merkmal der Hyperlipoproteinämie ist weiterhin eine Verschiebung des relativen Anteils der LDL- bzw. VLDL-Fraktion (β-LP bzw. prä-β-LP) an den Gesamtlipoproteinen.

Als **primäre Hyperlipoproteinämie** werden alle Krankheitsformen mit genetischer Ursache oder exogen unbekanntem Auslösemechanismus zusammengefaßt. Besteht dagegen ein Causalzusammenhang mit einer Grundkrankheit, liegt eine **sekundäre Hyperlipoproteinämie** vor.

Hyperlipoproteinämien sind häufig (bei etwa 10% der erwachsenen Bevölkerung) anzutreffen. Die pathogenetische Bedeutung der Hyperlipoproteinämien liegt darin, daß eine ständige oder über längere Zeit anhaltende Erhöhung der Blutserumlipoproteine oder eine Verschiebung des Lipoproteinverteilungsmusters ein erhebliches **Arterioskleroserisiko** bedeuten kann. Die Lipoproteine dringen in die arteriellen Gefäßwände ein, akkumulieren dort und führen zu arteriosklerotischer Verengung und schließlich – oft in Verbindung mit einer Thrombusbildung – zum Verschluß des Gefäßlumens (Kap. Bindegewebe, S. 352). In der Mortalitätsstatistik nehmen die Arteriosklerose und ihre Folgeerkrankungen mit über 50% den ersten Platz ein.

**Primäre Hyperlipoproteinämien.** Die primären Hyperlipoproteinämien lassen sich in 5 Typen (nach Fredrickson I–V) klassifizieren (s. Tabelle). Die genetisch bedingten HLP zeigen rezessiven (Typ I, III), dominanten (Typ IIa) oder unklaren (Typ IIb), IV, V) Erbgang. Die Hyperlipoproteinämien vom Typ II und IV sind besonders häufig (> 80% der primären Hyperlipoproteinämien).

Klassifikation der primären Hyperlipoproteinämien (nach Fredrickson)

TG = Triglyceride, Chol = Gesamtcholester n, Chyl = Chylomikronen, N = Normbereich, PHLA = Postheparinlipoproteinlipaseaktivität)

| | Genetik | Lipid-analyse | | Chol./TG Quot. | PHLA | Lipoprotein-elektro-phorese | | Klinik | Arterio-sklerose-risiko |
|---|---|---|---|---|---|---|---|---|---|
| I | autosomal-rezessiv | TG<br>Chol. | ↑↑<br>↑ | < 0,2 | ↓ | Prä-ß-LP<br>ß-LP<br>Chyol. | ↓<br>↓<br>+ | Eruptive Xanthome, Hepatosplenomegalie, Lipämia retinalis, abdominelle Koliken | gering |
| IIa | autosomal-dominant | TG<br>Chol. | N (↑)<br>↑ (↑↑) | > 1,5 | N | Prä-ß-LP<br>ß-LP<br>Chyl. | N (↑)<br>↑ (↑↑)<br>Ø | Tendinöse Xanthome, tuberöse Xanthome, Korneal-ring | sehr hoch |
| IIb | unbekannt | TG<br>Chol. | ↑<br>↑ | unter-schied-lich | N | Prä-ß-LP<br>ß-LP<br>Chyl. | ↑<br>↑↑<br>Ø | | sehr hoch |
| III | rezessiv | TG<br>Chol. | ↑↑<br>↑↑ | ca. 1 | N | Breite LP-Bande<br>Chyl. | <br>Ø | Tubero-eruptive Xanthome, tendinöse u. planare Xanthome, path. Glucosetoleranz | sehr hoch |
| IV | unbekannt | TG<br>Chol. | ↑↑<br>N (↑) | < 1 | N | Prä-ß-LP<br>ß-LP<br>Chyl. | ↑↑<br>N<br>Ø | Pathologische Glucosetoleranz, Xanthome, Hepatosplenomegalie, Fettsucht | hoch |
| V | unbekannt | TG<br>Chol. | ↑↑<br>↑ | > 0,15 –<br>< 0,6 | N<br>oder ↑ | Prä-ß-LP<br>ß-LP<br>Chyl. | ↑<br>N (↓)<br>+ | Xanthome, Hepatosplenomegalie, Lipämia retinalis, abdominelle Koliken, Fettsucht | gering |

Bei der **Hyperlipoproteinämie I** (selten) liegt regelmäßig, bei der **Hyperlipoproteinämie V** (5–8% der HLP) in einigen Fällen eine Störung des Abbaus der Chylomikronen aufgrund eines Mangels an heparininduzierbarer Lipoproteinlipase (früher „Klärfaktor“) vor. Da die Chylomikronen mehr als 80% Triglyceride enthalten, bleibt die nach einer lipidreichen Mahlzeit auftretende physiologische Chylomikronämie bestehen und ist Ursache für die pathologische Ablagerung von Lipiden in Leber, Milz und Xanthomen der Haut.

Die **Hyperlipoproteinämie IIa** (Häufigkeit 20% der HLP) ist als Defekt der Rückkopplungskontrolle der Cholesterinbiosynthese in der Leber aufgeklärt worden (s. o.). Die intrazelluläre Cholesterinbiosynthese der Leber wird physiologischerweise durch Anlagerung von LDL an spezifische membrangebundene LDL-Rezeptoren, durch Aufnahme der LDL-Partikel in die Leber und Freisetzung des Cholesterins reguliert, das durch Rückkopplungshemmung die mikrosomale HMG-CoA-Reduktase inhibiert. Je höher die LDL-Konzentration im

Serum, desto stärker wird die Cholesterinsynthese in den Leberzellen gedrosselt. Bei heterozygoten Patienten mit Hypercholesterinämie ist die Zahl der LDL-Rezeptoren um die Hälfte niedriger als bei Normalzellen. Die selektive Vermehrung der LDL wird durch die Utilisations- und Abbauhemmung der LDL erklärt, die Folge des Membranrezeptormangels an den verbrauchenden Organen ist. Die klinische Diagnose wird durch den Nachweis der Erkrankung eines Elternteils gesichert.

Bei der **Hyperlipoproteinämie III** (Häufigkeit 2–9% der HLP) liegt ein Defekt im Abbau der VLDL vor, der physiologischerweise unter sukzessiver Einwirkung der Lipoprotein-Lipase und der aus der Leber stammenden Triglycerid-Lipase erfolgt.

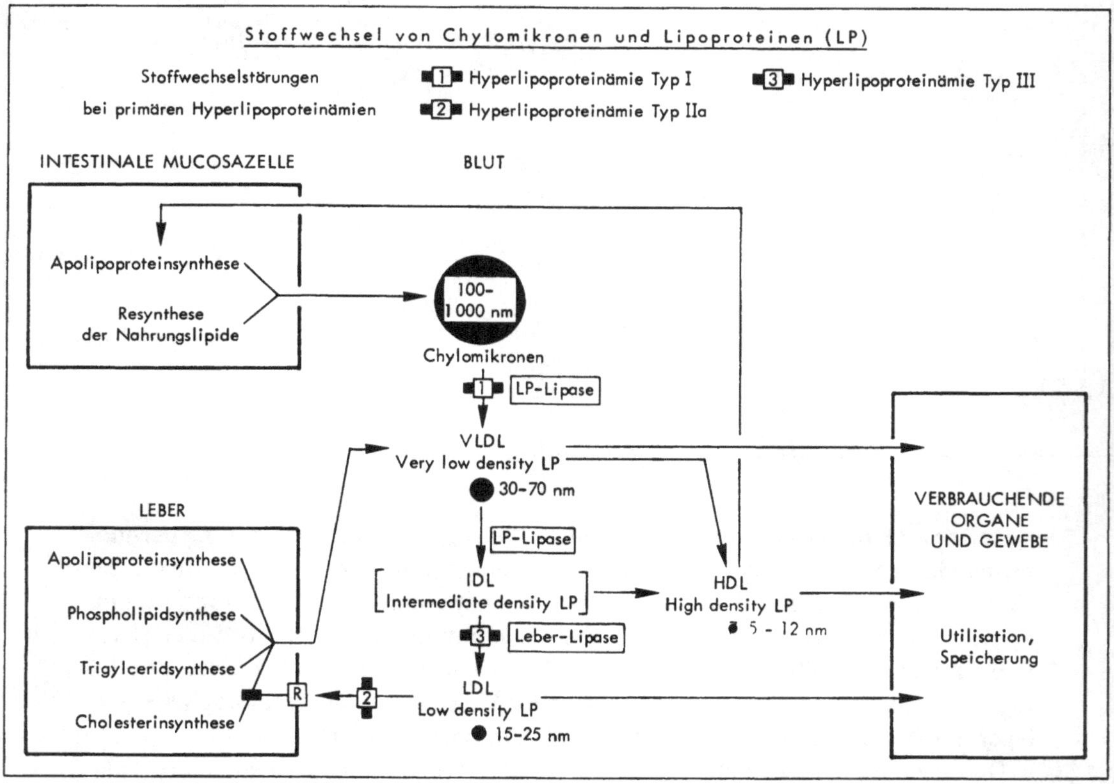


Bei mangelnder Aktivität der Lebertriglycerid-Lipase ist der vollständige Abbau blockiert, es akkumuliert ein partielles Abbauprodukt der VLDL – das Intermediate Density Lipoprotein (IDL) – dessen Dichte und elektrophoretische Wanderungsgeschwindigkeit zwischen derjenigen der VLDL- und LDL-Fraktion liegt und nach Anfärbung als „breite β-Lipoproteinbande" („Broad-β-disease") erscheint.

Die Pathogenese der **Hyperlipoproteinämie IV** (etwa 30% der HLP) ist noch unklar. Von Bedeutung ist jedoch die häufig beobachtete herabgesetzte Glucosetoleranz (bzw. Kohlenhydratinduzierbarkeit), die in der Leber aufgrund des erhöhten Angebotes von Glucose zu einer vermehrten Umwandlung der Kohlenhydrate in Triglyceride führen könnte. Eine positive VLDL-Bilanz kann jedoch auch durch verlangsamte Aufnahme von Lipoproteinen in die verbrauchenden Organe verursacht werden.

**Sekundäre Hyperlipoproteinämien.** Die sekundären Formen der Hyperlipoproteinämien sind im Gegensatz zu den primären Hyperlipoproteinämien Folge einer bestimmten Grundkrankheit, die nicht selbst eine Störung des Lipidstoffwechsels darstellt. Sie haben ihre Ursache in diätetischen Faktoren, Stoffwechsel-

| | Veränderungen der Blutplasmalipoproteine | | | Häufiger HLP-Typ |
|---|---|---|---|---|
| | Chylomikronen | ß-LP | prä-ß-LP | |
| 1. Diätetische Faktoren | | | | |
| Alkoholismus | ↑ | | ↑ | IV (V, I) |
| Lipidreiche Ernährung | | ↑ | | II |
| Hyperkalorische kohlenhydratreiche Ernährung | | | ↑ | IV |
| 2. Stoffwechseldefekte | | | | |
| Diabetes mellitus | ↑ | | ↑ | IV (V, I) |
| Hyperurikämie | | | ↑ | IV (IIb, V) |
| Glykogenspeicherkrankheiten | | | ↑ | IV |
| HVL-Insuffizienz | | | ↑ | IV |
| Hypothyreose | ↑ | ↑ | ↑ | IIa (IV, I) |
| 3. Organerkrankungen | | | | |
| Hepatitis | | ↑ | | |
| Cholestase | | | | LP-X |
| Nephrotisches Syndrom | | ↑ | ↑ | IV, II |
| Urämie | | | ↑ | IV |
| Pankreatitis | ↑ | | ↑ | IV, V |
| 4. Arzneimittel | | | | |
| Ovulationshemmer | | | ↑ | IV |
| Corticosteroide | | ↑ | | II |
| 5. Gravidität | | ↑ | ↑ | IV, II |

störungen oder Organerkrankungen (Tabelle). Primäre und sekundäre Hyperlipoproteinämien bieten die gleichen Erscheinungsmuster und sind durch blutchemische oder physikochemische (Ultrazentrifuge) Methoden nicht voneinander zu trennen. Die sekundären Hyperlipoproteinämien werden durch erfolgreiche Behandlung des Grundleidens geheilt.

Angaben über die Genese sekundärer Hyperlipoproteinämien: Alkoholismus (S. 255), Diabetes mellitus (S. 82), Hypothyreose (S. 150), Hepatitis (S. 259), Cholestase (S. 268), Nephrotisches Syndrom (S. 299).

**Abnorme Lipoproteine.** Im Serum von Patienten mit Cholestase tritt ein atypisches **Lipoprotein X** auf, das – bei einer der LDL-Fraktion entsprechenden Dichte – 6% Protein, 66% Phospholipide, 22% freies Cholesterin, 3% Cholesterinester und 3% Triglyceride enthält. Beim Lipoprotein X handelt es sich vermutlich um die physiologischerweise mit der Gallenflüssigkeit ausgeschiedenen Lipoproteinpartikel. Ihre Bestimmung wird für die Differentialdiagnose des Gallengangsverschlusses herangezogen. Der bei Cholestase beobachtete Anstieg des Cholesterins im Serum ist z. T. durch die fehlende Inhibitorwirkung der Gallensäuren auf die Cholesterinsynthese der Darmmucosa bedingt.

Der LP-X-Nachweis erlaubt jedoch keine differentialdiagnostischen Rückschlüsse bezüglich des Vorliegens einer intra- oder extrahepatischen Cholestase (S. 268).

Bei **Hyperthyreose** wird im Plasma ein Lipoprotein gefunden, das sich elektrophoretisch zwar wie die β-LP-Fraktion verhält, aufgrund seiner Dichte (> 1,063 g/ml), seines geringen Cholesteringehalts (25%) und des hohen Proteinanteils (43%) jedoch der α-LP (HDL)-Fraktion zuzurechnen ist und daher als „β-HDL“ bezeichnet wurde.

Bei Patienten mit angeborenem **LCAT-Defekt** besitzen die HDL-Partikel einen größeren ∅, veränderte elektrophoretische Beweglichkeit und physikochemische Beziehung zum LP-X. In ihrem Lipidanteil fehlen die Cholesterinester (S. 101).

Bei der **Hyperlipoproteinämie III** tritt ein LP auf, das bei Fraktionierung nach seiner Dichte im Übergangsfeld zwischen LDL und VLDL liegt. Dem entspricht der Befund, daß es sich um ein partielles Abbauprodukt der VLDL – das IDL (S. 99) – handelt, das aufgrund eines Defekts der Triglyceridlipase akkumuliert.

**Diagnostik der Hyperlipoproteinämien.** Eine Differentialdiagnose (Typisierung) der Hyperlipoproteinämien ist notwendig

- wegen der Abschätzung des Arteriosklerose-Risikos (großes Risiko bei den Typen II, III und IV)
- wegen der sich ergebenden therapeutischen Konsequenzen. Die verschiedenen Hyperlipoproteinämietypen erfordern eine unterschiedliche diätetische bzw. medikamentöse Therapie.

Die Diagnostik umfaßt die Bestimmung folgender Parameter:
- Triglyceride,
- Gesamtcholesterin (Cholesterin/Triglycerid-Quotient),
- Lipidelektrophorese (Bestimmung des Lipoproteinverteilungsmusters).

Weitere diagnostische Klärung erfolgt gegebenenfalls durch Bestimmung der Glucosetoleranz (kohlenhydratinduzierbare Hyperlipoproteinämien?) und der Post-Heparin-Lipase-Aktivität (PHLA) des Plasmas (Lipoprotein-Lipase-Defekt?). Eine Bestimmung der Gesamtlipide und der Phospholipide des Serums ist entbehrlich, da auch bei nicht erhöhten Gesamtlipiden eine Verschiebung des β-/prä-β-Lipoproteinverhältnisses, und damit ein erhebliches Arterioskleroserisiko bestehen kann.

Ein häufiges – auch diagnostisch verwertbares – Begleitsymptom einer Hyperlipoproteinämie ist die Ausbildung von **Xanthomen,** die pathognomonisch bei der HLP II an Achilles-, Patellar- und Fingerstrecksehnen, bei HLP III in Handflächen und an Fußsohlen auftreten. Xanthome enthalten bis zu 50% Gesamtlipide (bezogen auf das Gewebstrockengewicht). Die chemische Zusammensetzung der planen, tendinösen und tuberösen Xanthome ist durch Vorherrschen des Cholesterins (bis 70%) gekennzeichnet und zeigt keine Beziehung zum Hyperlipoproteinämietyp. Die eruptiven Xanthome (HLP-Typ III) fallen jedoch – vor allem in der Phase ihrer Entstehung – durch ihren hohen Gehalt an Triglyceriden (bis 50%) und freien Fettsäuren (bis 15%) auf.

**Therapie der Hyperlipoproteinämien.** Jede Hyperlipoproteinämie ist behandlungsbedürftig. Das Prinzip der Therapie richtet sich nach dem Hyperlipoproteinämietyp und verfolgt das Ziel einer diätetischen bzw. medikamentösen Senkung des Lipoproteinspiegels. Folgende diätetische Maßnahmen stehen zur Verfügung:
- Kalorienarme Diät,
- kohlenhydratarme Diät,
- Ersatz der Nahrungslipide durch Lipide mit mittelkettigen Fettsäuren oder durch Lipide mit mehrfach ungesättigten Fettsäuren.

Die Wirkungsmechanismen Lipoproteinspiegel-senkender Medikamente sind unterschiedlich:
- **Clofibrate** hemmen die Fettsäure- und Cholesterinbiosynthese der Leber sowie die Abgabe von Lipoproteinen aus der Leber in das Blut, fördern dagegen die Lipoproteinaufnahme durch periphere (verbrauchende) Organe und erhöhen die Wirksamkeit endogener Hormone (Schilddrüsenhormone) durch kompetitive Verdrängung aus ihrer Bindung an Plasmaproteine.
- **Nikotinsäure** bewirkt eine Hemmung der hormonsensitiven Lipase des Fettgewebes und Verminderung der Freisetzung von Fettsäuren mit sekundär verringerter Lipoproteinbiosynthese der Leber.

Therapie der Hyperlipoproteinämien

| Typ | Diät | Medikament+) |
|---|---|---|
| Typ I | 1. < 30 g Fett/Tag<br>2. Mittelkettige Triglyceride (MCT) | |
| Typ II | 1. < 300 mg Cholesterin/Tag<br>2. Mehrfach ungesättigte Fettsäuren | 1. Cholestyramin<br>2. Nicotinsäure<br>3. ß-Sitosterin |
| Typ III | 1. Gewichtsabnahme ⟶ "Idealgewicht"<br>2. Joule-Anteil der Nahrung: 40% Fett, 20% Eiweiß 40% Kohlenhydrate<br>3. < 300 mg Cholesterin/Tag | 1. Clofibrat<br>2. Nicotinsäure |
| Typ IV | 1. Gewichtsabnahme ⟶ "Idealgewicht"<br>2. Mehrfach ungesättigte Fettsäuren<br>3. Kohlenhydratarme Ernährung | 1. Clofibrat<br>2. Nicotinsäure |
| Typ V | 1. Gewichtsabnahme ⟶ "Idealgewicht"<br>2. Kohlenhydratarme Ernährung<br>3. Eiweißreiche Ernährung<br>4. < 70 g Fett/Tag | 1. Nicotinsäure<br>2. Clofibrat |

+) Tagesdosen: Cholestyramin 16-32 g, Nikotinsäure 3-6 g, ß-Sitosterin 24 g, Clofibrat 2 g
Kombinationspräparate zeigen z.T. potenzierte Effekte

- **Cholestyramin** ist ein Ionenaustauscher, der – oral verabfolgt – spezifisch Gallensäuren im Intestinaltrakt bindet, dadurch ihre Rückresorption (enterohepatischer Kreislauf!) verhindert, und die Leber zu vermehrter Produktion von Gallensäuren aus Cholesterin anregt mit der Folge einer verminderten Bildung von Lipoproteinen durch die Leber.
- **β-Sitosterol** verhindert die Resorption von Nahrungscholesterin und die Rückresorption des mit der Gallenflüssigkeit ausgeschiedenen endogenen Cholesterins.

## 6. Hypolipoproteinämien

Sind Leber- oder Darmmucosazellen aufgrund eines genetischen Defekts nicht in der Lage, die für die Bildung der Lipoproteine bzw. Chylomikronen notwendigen Apolipoproteine zu synthetisieren, so ist eine Abgabe von Chylomikronen oder Lipoproteinen an das Lymph- bzw. Blutgefäßsystem nicht möglich. In solchen Fällen findet man fehlende oder extrem niedrige Blutlipoproteinspiegel und eine entsprechende Akkumulation der für die Lipoproteinsynthese bestimmten, aber nicht verwertbaren Lipide in Darm, Leber (und auch anderen Organen).

Bei der **An-α-Lipoproteinämie** (Tangier-Krankheit) liegt ein hereditärer Defekt mit autosomal rezessivem Erbgang für die Bildung der Apolipoproteinkomponente der HDL (α-Lipoproteine) vor. Die HDL-Konzentration im Blut beträgt daher nur $^1/_{10}$ des Normbereichs (etwa 30 mg/100 ml), der Cholesterinspiegel ist herabgesetzt, obgleich β- und prä-β-Lipoproteine keine Veränderungen ihrer Konzentration zeigen. In Leber, Milz, retikuloendothelialem System, Cornea und in auffälliger Weise auch in den (stark vergrößerten und orange-rot gefärbten) Tonsillen lagern sich Cholesterinester ab. Dies ist als Hinweis auf die Funktion der HDL bei der Aufrechterhaltung des Gleichgewichts zwischen Gewebs- und Blutcholesterin (s. o.) zu betrachten.

Die **A-β-Lipoproteinämie** (Bassen-Kornzweig-Syndrom) ist durch Fehlen von β-Lipoproteinen (und Chylomikronen) gekennzeichnet und häufig mit gestörter Lipidresorption und Steatorrhoe vergesellschaftet. Ursache ist das Unvermögen zur Synthese von Apolipoprotein B, so daß die Bildung von Chylomikronen im Intestinum, der VLDL in der Leber und der daraus entstehenden LDL vermindert ist. Leber- und Mucosazellen zeigen ausgeprägte Lipideinlagerungen, die nach fettreichen Mahlzeiten sonst typische Chylomikronämie bleibt aus. Die Störung im Lipidstoffwechsel führt sekundär zu neurologischen Ausfallserscheinungen (Retinitis pigmentosa) und Akanthozytose (Stechapfelform der Erythrozyten). In einigen Fällen wurde lediglich eine auf 10–50% des Normbereichs herabgesetzte Konzentration der β-Lipoproteine (Hypo-β-Lipoproteinämie) gefunden.

## 7. Lipidspeicherkrankheiten

Innerhalb der Lipidunterklassen der Sphingoglykolipide umfassen die **Ganglioside** ein komplexes Gemisch strukturell verschiedener Glykolipide, von denen die Hauptvertreter jedoch alle die Basisstruktur des Gangliosids $G_{M1}$ aufweisen (Abbildung).

Enzymatischer Abbau der Kohlenhydratkomponente des Gangliosids $G_{M1}$

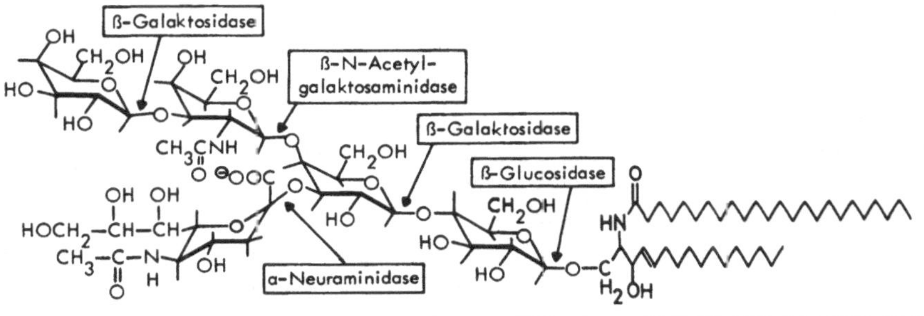

Ihr Abbau erfolgt durch eine schrittweise enzymatische Abspaltung der Monosaccharidreste durch spezifische Glykosidasen vom nichtreduzierenden Ende her.

Unter dem Begriff der Lipidspeicherkrankheiten (Lipidosen) wird eine Reihe von **Störungen des Sphingoglykolipidstoffwechsels** zusammengefaßt, bei denen sich aufgrund eines Defekts der am Abbau beteiligten Enzyme große Mengen des partiell abgebauten Glykolipids in einem oder mehreren Organen ansammeln. Die Lipidanreicherung ist also **nicht** durch vermehrte Synthese bedingt. Die Lipidosen lassen sich durch chemische Analyse des akkumulierten Lipids und

Abbaustörung und lysosomale Speicherung von Sphingoglykolipiden bzw. Sphingolipiden infolge spezifischer Enzymdefekte

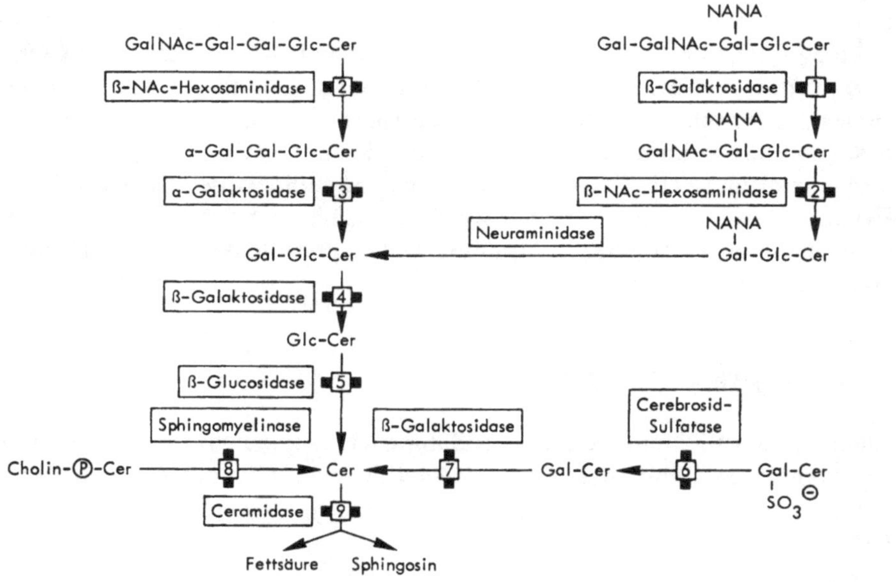


| | | Häufig befallene Organe |
|---|---|---|
| 1 | Generalisierte Gangliosidose (mehrere Untertypen) | Leber, Milz, RES |
| 2 | Tay-Sachs'sche Erkrankung, Sandhoff'sche Erkrankung | Hirn, Leber, Milz |
| 3 | Fabry'sche Erkrankung (Angiokeratoma corporis diffusum) | Blutgefäße, Herzmuskel, ZNS, Niere |
| 4 | Laktosyl-Ceramidose | Gehirn, Leber |
| 5 | Gaucher'sche Erkrankung | Leber, Milz, Knochenmark, Lymphknoten |
| 6 | Scholz'sche Erkrankung (metachromatische Leukodystrophie) | ZNS, Harn- und Gallenblase, Niere |
| 7 | Krabbe'sche Erkrankung (Leukodystrophie) | Nervengewebe |
| 8 | Niemann-Pick'sche Erkrankung | Hirn, Leber, Niere |
| 9 | Farber'sche Erkrankung | Haut, Gelenke, ZNS |

durch Nachweis des Enzymdefekts (Schema) voneinander abgrenzen. Es sind genetisch determinierte (z. T. rezessiv, z. T. dominant vererbbare) Stoffwechselanomalien, die gewöhnlich in der frühen Kindheit, gelegentlich auch erst später auftreten und häufig zum Tode führen, der meist infolge Gehirndegeneration (Gaucher-, Tay-Sachs-, Niemann-Pick-, Scholzsche Erkrankung) innerhalb der ersten Lebensjahre eintritt. Bei den klinischen Symptomen stehen Demenz, Verlust des Augenlichts (Amaurose) und neurologische Ausfallserscheinungen im Vordergrund.

Bei den generalisierten **Gangliosidosen** lassen sich verschiedene Formen (angeboren, frühkindlich, spätkindlich-juvenil, adult, generalisiert) differenzieren, die sich jedoch weniger durch ihre Symptomatik als durch den zeitlichen Verlauf unterscheiden. Sie weisen autosomal-rezessiven Erbgang auf. Die unter den Symptomen häufige Erblindung hat ihre Ursache in einer Degeneration des Nervus opticus und der Retina, die im Augenhintergrund an einem charakteristischen kirschroten Fleck – der ganglienfreien Fovea centralis – erkennbar ist. Die Speicherung des akkumulierten Gangliosids führt in allen Fällen zu einer mehr oder weniger ausgeprägten Volumenvergrößerung der Ganglienzellen (bei den frühkindlichen Formen 6–10fach) mit der Folge einer Makroencephalie und späteren Decerebration. Bei der generalisierten (neuro-visceralen) Form sind Speicherzellen (Schaumzellen) auch im Knochenmark, in der vergrößerten Leber und Milz u. a. Organen nachweisbar.

## 8. Störungen des Phytansäureabbaus

Phytansäure ist Bestandteil des Milchfetts und außerdem ein Zwischenprodukt des Phytolstoffwechsels. Phytansäure ist physiologischerweise in einer Konzentration von < 1 mg/l (< 1 µg/ml) im Serum vorhanden. Als Nahrungsbestandteil wird Phytansäure mit Milch und Milchfettprodukten, Phytol hauptsächlich mit dem Chlorophyll aufgenommen, in dem es mit dem Propionsäurerest am Pyrrolring IV des Chlorophylls verestert ist. Nach Abspaltung aus dem Chlorophyll wird Phytol in die gesättigte Phytansäure (3,7,11,15-Tetramethylhexadecansäure) umgewandelt und oxidativ weiter abgebaut.

Bei der **Heredopathia atactica polyneuritiformis** (Refsum-Syndrom) ist der Abbau der Phytansäure durch α-Oxidation zur 2,6,10,14-Tetramethylpentadecansäure gestört, so daß sich Phytansäure in Blutserum und zahlreichen Organen anreichert, und schließlich 20% der Serumfettsäuren und 50% der Leberfettsäuren aus Phytansäure bestehen können. Diese Stoffwechselstörung ist von schweren neurologischen Ausfallserscheinungen (Nervenatrophie, Ataxie) begleitet.

Schema des Abbaus von Phytol und Hemmung der Phytansäureoxidation (■) bei Heredopathia atactica polyneuritiformis (Refsum-Erkrankung)

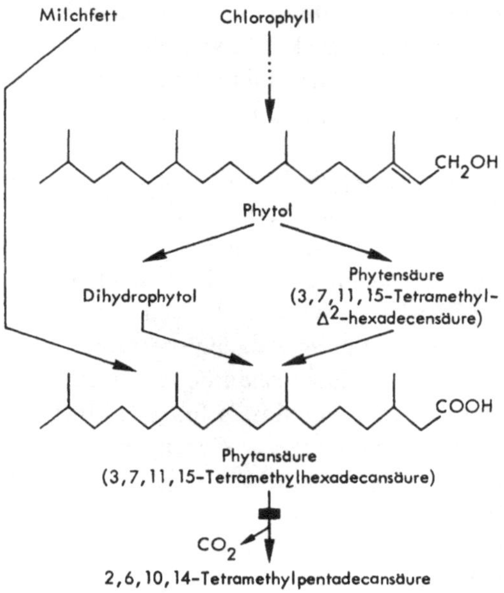


# 9. Fettsucht (Adipositas) und hormonelle Regulation des Lipidstoffwechsels

Als Adipositas bezeichnet man ein durch Zunahme des Fettgewebes bedingtes Überschreiten des Sollgewichts um mehr als 20%. Voraussetzung für die Entstehung ist, daß die aufgenommene Nahrungsmenge größer ist als es dem kalorischen Bedarf entspricht. Ein Nahrungsüberschuß von etwa 42 Joule (10 cal), der bei der Verstoffwechselung von Glucose oder Fettsäuren anfallen würde, führt zur Ablagerung von 1 g Depotfett.

Die Zunahme des Körpergewichts bei Adipositas beruht auf einer vermehrten Einlagerung von Triglyceriden in die Zellen des Fettgewebes, die dabei an Volumen zunehmen, sich beim Erwachsenen jedoch nicht mehr vermehren. Die analytische Bilanz des Übergewichts weist daher eine selektive Erhöhung des Lipidgehalts auf, während der Absolutgehalt an Wasser, organischer und anorganischer Substanz des Körpergewichts unverändert bleibt (Abbildung).

Obgleich die Ablagerung und Mobilisierung der Triglyceriddepots des Fettgewebes einer direkten hormonellen Kontrolle unterliegen (Abbildung), sind endokrine Dysregulationen als Ursache einer Adipositas selten (< 5%). Vielmehr

Verteilung von Lipiden, Wasser und (anorg. und organ.)
Trockensubstanz bei Normalgewicht (N) und Fettsucht (F)

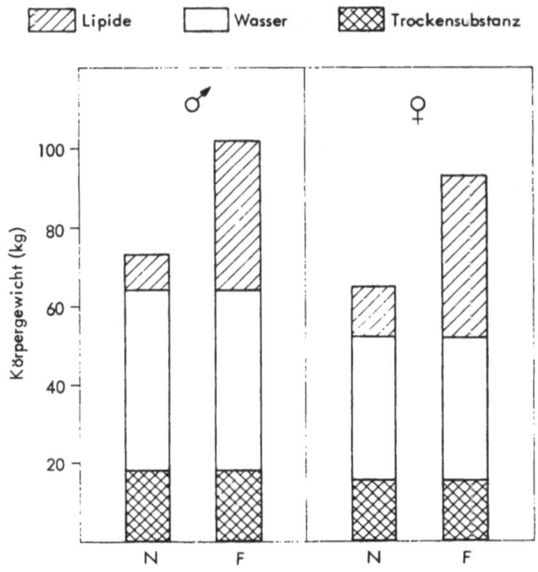


Regulation von Lipogenese und Lipolyse im Fettgewebe

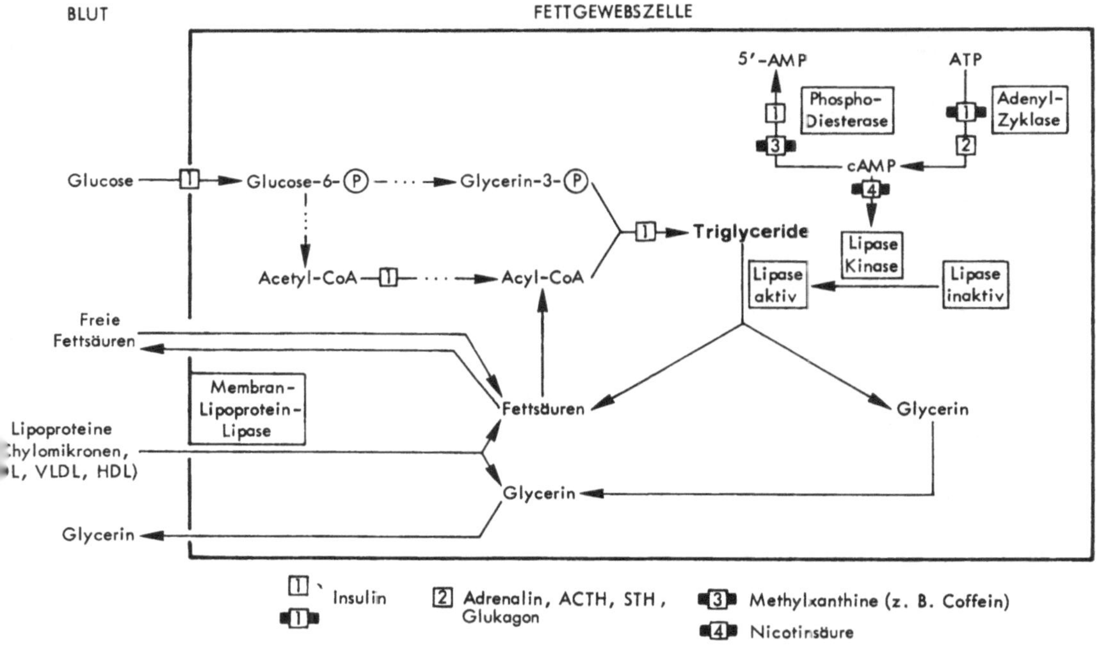

scheinen primäre oder sekundäre Fehlsteuerungen der Appetit- und Hungerregulierung sowie genetische Faktoren von Bedeutung zu sein. Sind beide Eltern adipös, ist bei 80% der Kinder mit Übergewicht zu rechnen. Auch psychische Einflüsse (Nahrungsaufnahme als Ersatz für Zuneigung und Sicherheit) können die Entwicklung einer Fettsucht begünstigen.

Eine hormonelle Fehlsteuerung des Lipidstoffwechsels kann jedoch Ursache für eine vermehrte Freisetzung von freien Fettsäuren aus dem Fettgewebe und Anstieg ihrer Konzentration im Blut – **Hyperlipidacidämie** – sein. Sie wird bei Insulinmangel (Mobilisation der Depotlipide infolge Wegfalls der Insulinhemmung auf die Zyklo-AMP-Synthese), bei Hyperthyreose (erhöhte Empfindlichkeit gegenüber Catecholaminen) und bei Phäochromozytom (vermehrte Produktion und Ausschüttung von Noradrenalin bzw. Adrenalin) beobachtet.

# VI. Wasser- und Elektrolythaushalt

## 1. Physiologische Chemie

Wasser- und Elektrolythaushalt bilden eine funktionelle Einheit, da das Körperwasser eine Lösung mit konstantem Elektrolytgehalt darstellt, und Konzentrationsänderungen der Elektrolyte stets zu Veränderungen des Wassergehalts führen und umgekehrt. Bei Störungen des Wasser- und Elektrolythaushalts ist diese enge funktionelle Verknüpfung stets zu berücksichtigen.

Für die Physiologie und Pathophysiologie des Wasser- und Elektrolythaushalts des Menschen ist vor allen Dingen die Tatsache von Bedeutung, daß sich das Körperwasser auf drei verschiedene, aber funktionell in enger Beziehung stehende Kompartimente verteilt:

- Vasaler Raum,
- interstitieller (extrazellulärer) und
- zellulärer Raum.

Der zelluläre Raum weicht bezüglich seines Elektrolytgehalts von den übrigen Flüssigkeitsräumen (vasaler Raum, interstitieller Raum) im Organismus entscheidend ab. Dies gilt besonders für die $Na^+/K^+$-Relation und für die Anionen, die im Plasma und interstitiellen Raum vorwiegend durch $Cl^-$, in der Zelle dagegen zu mehr als 80% durch Proteinatanionen und Phosphat gestellt werden. Auch für Calcium (extrazellulär), Magnesium (intrazellulär) besteht ein charakteristischer Verteilungskoeffizient. Trotz der Unterschiede im Elektrolytverteilungsmuster zwischen Zelle, extrazellulärem Raum und Plasma ist die Summe der Kationen und

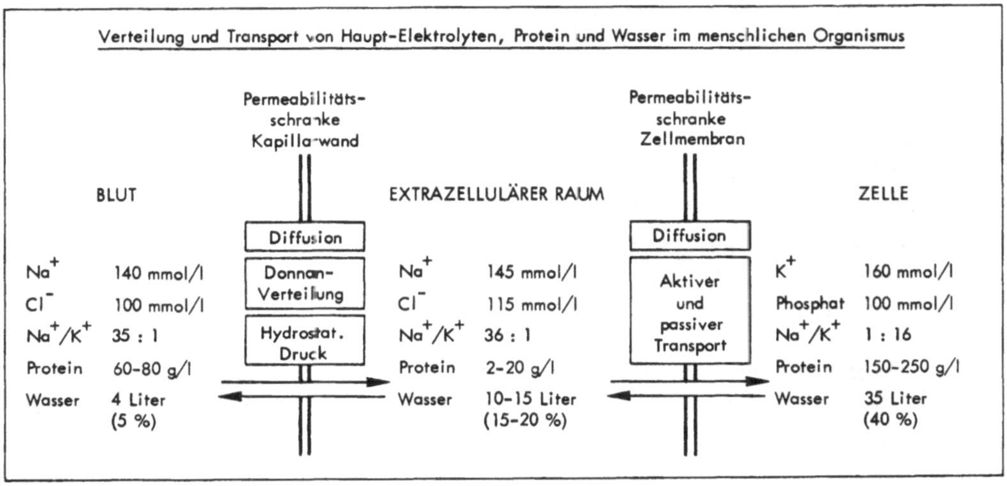

Anionen und die sich daraus ergebende Osmolarität in allen drei Kompartimenten etwa gleich.

Zwischen vasalem und interstitiellem Raum einerseits und interstitiellem und zellulärem Raum andererseits findet ein ständiger Wasser- und Elektrolytaustausch statt. Trotzdem werden Wasser- und Elektrolytgehalt in jedem dieser Räume in engen Grenzen konstant gehalten. Die bewegenden Kräfte des Wassertransports sind:

- der osmotische Druck,
- der kolloidosmotische Druck und
- der hydrostatische Druck.

Die Ursachen der ungleichen Elektrolytverteilung in Zellen und im extrazellulären Raum sind

- der hohe Proteingehalt der Zellen und der dadurch auftretende Gibbs-Donnan-Effekt,
- die Zellmembran als biologische Schranke, die der lebenden Zelle die Fähigkeit verleiht, Elektrolyte durch passiven oder aktiven Transport in die Zelle aufzunehmen, aus der Zelle auszuschleusen oder von der Passage durch die Zellmembran auszuschließen.

## 2. Regulation

Das zentrale Organ bei der Regulation des Wasser- und Elektrolythaushalts ist die Niere, die für die Konstanz des Wasser- und Elektrolytbestands im Organismus sorgt, und in ihrer Tätigkeit einer Kontrolle durch den hydrostatischen und osmotischen Druck des Blutplasmas sowie durch Volumenänderung des Blutes unterliegt. Änderungen werden durch Osmorezeptoren der Carotis interna bzw. der Leber und durch Volumenrezeptoren des linken Vorhofs, der Lungenvenen, der großen Venen bzw. der Niere registriert. Die Rezeptoren lösen wiederum endokrine Regulationsmechanismen aus:

Die **Mineralocorticoide** regulieren die Verteilung von Natrium und Kalium im zellulären und extrazellulären Raum und zwar begünstigen sie den Austritt von $K^+$ aus der Zelle und den Eintritt von $Na^+$ in die Zelle. Sie wirken also der Natriumpumpe entgegen. In der Niere liegt der Angriffspunkt der Mineralocorticoide am proximalen und distalen Tubulus (Kap. Niere, S. 293, Kap. Innere Sekretion, S. 160).

Der Wasserbestand des Organismus wird über eine fakultative Rückresorption des Wassers im distalen Tubulus der Niere und in den Sammelröhrchen reguliert und dort durch das **Adiuretin** kontrolliert (Kap. Niere, S. 293, Kap. Innere Sekretion, S. 177).

# 3. Wasser- und Natriumhaushalt

Die meisten Störungen des Wasser-, Säure-Basen- oder Elektrolythaushalts sind multipel und stehen in Beziehung zueinander. Störungen des Elektrolytspiegels gehen meist mit einem Wechsel im Hydrationszustand einher.

Störungen des Wasserhaushalts können sich in einem Wassermangel (Dehydration, Dehydratation, Dehydrierung) oder in einem Wasserüberschuß (Hydration, Hyperhydration, Überhydrierung) äußern und können mit oder ohne Änderungen der extrazellulären Elektrolytkonzentration einhergehen (isoton, hyperton, hypoton). Da der osmotische Druck des Serums bzw. des Extrazellulärraums in der Hauptsache durch die Konzentration an $Na^+$ und $Cl^-$ sowie Blutplasmaproteine, Glucose und Harnstoff bestimmt wird, sind die hyper- bzw. hypotonen Dehydrations- bzw. Hyperhydrationszustände meist von charakteristischen Änderungen der Serumnatriumkonzentration begleitet (Tabelle der Normalwerte und S. 122).

Störungen des Wasser- u. Natriumhaushaltes

| DEHYDRATION | | Serum: Protein | Serum: $Na^+$ | Blut: Hb-Gehalt | Blut: Häma-tokrit | Erythrozyten: Hb-Gehalt | Erythrozyten: Volumen |
|---|---|---|---|---|---|---|---|
| isoton | Flüssigkeitsmangel | ↑ | N | ↑ | ↑ | N | N |
| | Blutmangel | ↑ | N | N (↓) | N (↓) | N | N |
| | Plasmamangel | N | N | ↑ | ↑ | N | N |
| hyperton | Wassermangel | ↑ | (↑) | ↑ | (↑) | ↑ | ↓ |
| hypoton | $Na^+$-Mangel | ↑ | ↓ | ↑ | ↑ ↑ | ↓ | ↑ |

| HYPERHYDRATION | | Serum: Protein | Serum: $Na^+$ | Blut: Hb-Gehalt | Blut: Häma-tokrit | Erythrozyten: Hb-Gehalt | Erythrozyten: Volumen |
|---|---|---|---|---|---|---|---|
| isoton | Flüssigkeitsüberschuss | ↓ | N | ↓ | ↓ | N | N |
| hyperton | $Na^+$-Überschuss | ↓ | ↑ | ↓ | ↓ ↓ | ↑ | ↓ |
| hypoton | Wasserüberschuss | ↓ | (↓) | ↓ | (↓) | ↓ | ↑ |

Zur Diagnostik von Störungen des Wasser- und Natriumhaushalts können neben klinischen Symptomen der Natrium- und Proteingehalt im Plasma, sowie Erythrozytenzahl und Hämoglobingehalt herangezogen werden. Sie ergeben für die Natriumkonzentration bei allen **nicht**isotonen Hyperhydrations- bzw. Dehydrationszuständen entsprechende Abweichungen. Bei Abnahme des intrazellulären bzw. intravasalen Volumens kommt es zu einem Anstieg, bei Zunahme dagegen zu

Störungen des Wasserhaushaltes

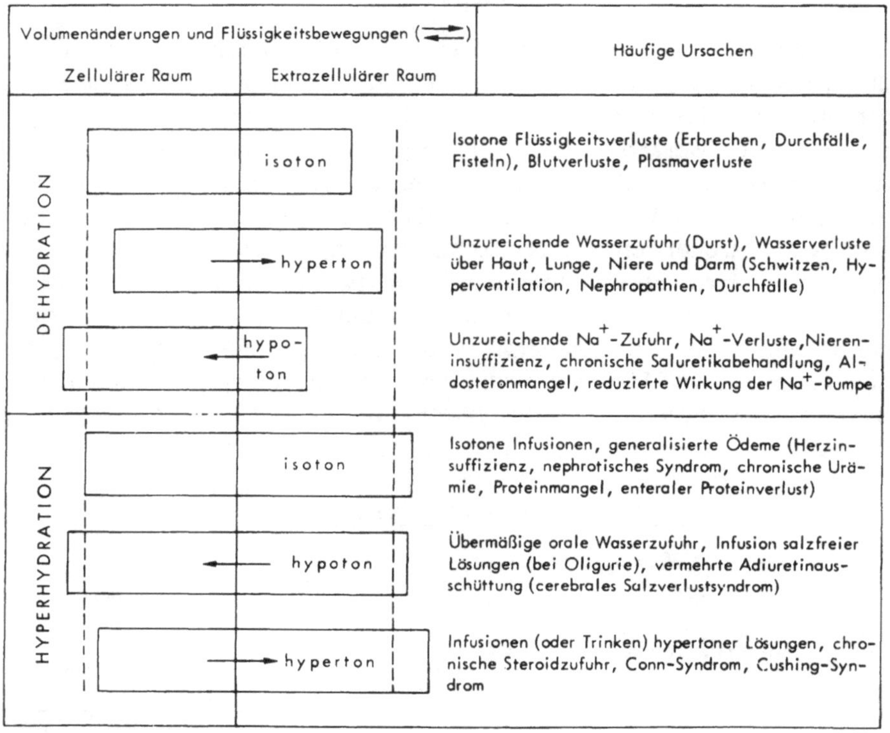


einem Abfall von Proteingehalt, Erythrozytenzahl und Hämoglobingehalt. Diese Parameter sind Kriterien für Veränderungen im Volumen des Extrazellulärraums.

Aufschluß über Veränderungen des zellulären Volumens kann die Bestimmung des mittleren Erythrozytenvolumens und der mittleren Hämoglobinkonzentration des Erythrozyten geben, wobei Abnahme der extrazellulären Osmolarität (hypotone Dehydration und Hydration) von einer Zunahme der intrazellulären Flüssigkeit und des mittleren Erythrozytenvolumens, ein Anstieg der extrazellulären Osmolarität (hypertone Dehydration und Hyperhydration) dagegen von einer Abnahme der intrazellulären Flüssigkeit und des mittleren Erythrozytenvolumens begleitet ist. Die mittlere Hämoglobinkonzentration zeigt folglich ein gegensinniges Verhalten (Schema).

**Dehydration.**

- *Isotone Dehydration.* Ein ausgewogener Verlust an Körperwasser und Natrium mit der Folge einer Abnahme des extrazellulären Volumens bezeichnet man als isotone Dehydration. Bei Verlust an Verdauungssäften kommt es – wegen der vom Serum abweichenden Elektrolytzusammensetzung (Tabelle S. 272) häufig gleichzeitig zu Störungen des Elektrolyt-Säure-Basen-Haushalts (metabolische Alkalose und Hypokaliämie bei Verlust an saurem Magensaft, metabolische Acidose bei Verlust bicarbonatreicher Darmsekrete). Große Blut- und Plasmaverluste führen zu Blutdruckabfall und Tachykardie bis zum hypovolämischen Schock.

- *Hypertone Dehydration* (Hypernatriämie). Ein Anstieg der $Na^+$-Konzentration im Serum über den Normbereich wird als Hypernatriämie bezeichnet. Eine Hypernatriämie zeigt immer einen Mangel an Körperwasser im Verhältnis zum Natrium an und kann durch ein Absinken des Wassergehalts (**hypertone Dehydration**) oder durch eine relative Erhöhung der $Na^+$-Konzentration (**hypertone Hyperhydration**) bedingt sein.
- *Hypotone Dehydration* (Hyponatriämie). Ein Absinken der Serumnatriumkonzentration unter den Normbereich wird als Hyponatriämie bezeichnet und ist ein Zeichen für die Verdünnung der Körperflüssigkeit infolge eines relativen Wasserüberschusses im Vergleich zu den gelösten Stoffen ($Na^+$). Ist dabei gleichzeitig der $Na^+$-Bestand vermindert, liegt eine **hypotone Dehydration** vor (Verdünnungs-Hyponatriämie), während bei der **hypotonen Hyperhydration** der $Na^+$-Bestand des Körpers innerhalb des Normbereichs bleibt.
  Das klinische Bild der Hyponatriämie wird durch die Symptome des extrazellulären Volumenmangels bestimmt. Bei ödematösen Zuständen (dekompensierte Herzinsuffizienz, Zirrhose, nephrotisches Syndrom) geht die Hyponatriämie in gewissem Umfang mit dem Schweregrad der Ödeme parallel.

**Hyperhydration.** Ursachen der verschiedenen Hyperhydrationszustände und die damit einhergehenden Veränderungen der diagnostisch wichtigen Parameter sind in der Tabelle (S. 119) und Abb. (S. 120) dargestellt.

- Eine isotone Hyperhydration tritt ein, wenn Wasser und Elektrolyte, insbesondere $Na^+$ retiniert werden und dabei das intrazelluläre Wasservolumen nicht verändert wird.
- Eine *hypotone* bzw. *hypertone Hyperhydration* sind Folge einer gestörten Bilanz zwischen der Zufuhr hypotoner bzw. hypertoner Lösungen und der renalen Ausscheidung von Elektrolyten bzw. Wasser.

## 4. Natrium- und Chloridhaushalt

**Hypernatriämie und Hyponatriämie.** Im Serum und interzellulären (extrazellulären) Raum ist $Na^+$ das vorherrschende Kation und bestimmend für den osmotischen Druck. $Na^+$ kann in seiner osmotischen Aufgabe nicht durch andere Kationen ($K^+$, $Mg^{2+}$, $Ca^{2+}$) ersetzt werden, da diese in höheren Konzentrationen zu lebensbedrohlichen Störungen der Zellfunktion führen. Konzentrationsverschiebungen des $Na^+$ haben immer korrespondierende Wasserbewegungen im Sinne einer Hyperhydration oder Dehydration zur Folge. Die schematische Dar-

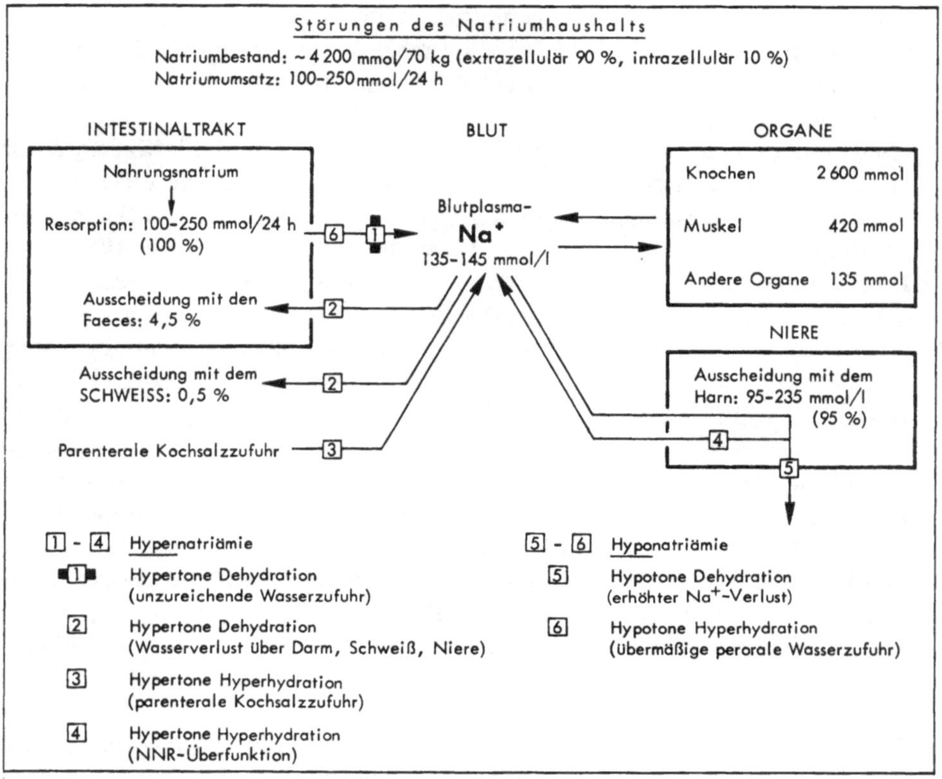


stellung zeigt, daß eine Hypernatriämie stets von hypertonen, eine Hyponatriämie von hypotonen Störungen des Wasserhaushalts begleitet ist (s. o.).

**Chloridhaushalt.** Die hauptsächliche Bedeutung des $Cl^-$ liegt in seiner Funktion als Gegenion des $Na^+$ zur Aufrechterhaltung der Isotonie des Plasmas und der extrazellulären Flüssigkeit. Dies kommt auch darin zum Ausdruck, daß die $Cl^-$-Konzentration im Serum passiven Veränderungen der $Na^+$-Konzentration folgt und somit indirekt auch einer Regulation durch das Aldosteron unterliegt. Zustände von Hyper- und Hyponatriämie gehen meist auch mit einer Hyper- bzw. Hypochlorämie einher. $Cl^-$ kann ohne wesentliche Störung der Zellfunktion durch andere Anionen ersetzt werden: Bikarbonat, Phosphat, organische Säuren.

Da sich im Blut die Anionen $Cl^-$ und $HCO_3^-$ gegensinnig verändern, um die Elektroneutralität zwischen Anionen und Kationen aufrechtzuerhalten, hat ein selektiver Verlust von $Cl^-$ (z. B. Verlust von Magensaft durch Absaugen oder exzessives Erbrechen) eine hypochlorämische Alkalose zur Folge („Magentetanie") und umgekehrt eine Abnahme der $HCO_3^-$-Konzentration des Blutes einen Anstieg der $Cl^-$-Konzentration (hyperchlorämische Acidose, Lightwood-Albright-Syndrom) zur Folge.

## 5. Kaliumhaushalt

Die Kaliumaufnahme schwankt normalerweise zwischen 40 und 150 mmol/24 h (1–4 g) und hängt weitgehend vom Gehalt der Nahrung an Fleisch und Vegetabilien ab. Bei normaler Ernährung werden praktisch immer mehr als 40 mmol/24 h aufgenommen. Die $K^+$-Ausscheidung mit dem Stuhl schwankt zwischen 5 und 20 mmol/24 h, der $K^+$-Gehalt des Urins wird weitgehend durch die $K^+$-Aufnahme bestimmt. 98% des $K^+$ befinden sich intrazellulär, ein extrazellulärer $K^+$-Mangel ist meist die Begleiterscheinung eines intrazellulären $K^+$-Defizits (ausgenommen bei Alkalose). Wegen seiner hohen spezifischen Wirkung auf die Zellfunktion wird die $K^+$-Konzentration unter physiologischen Bedingungen in engen Grenzen gehalten (Schema).

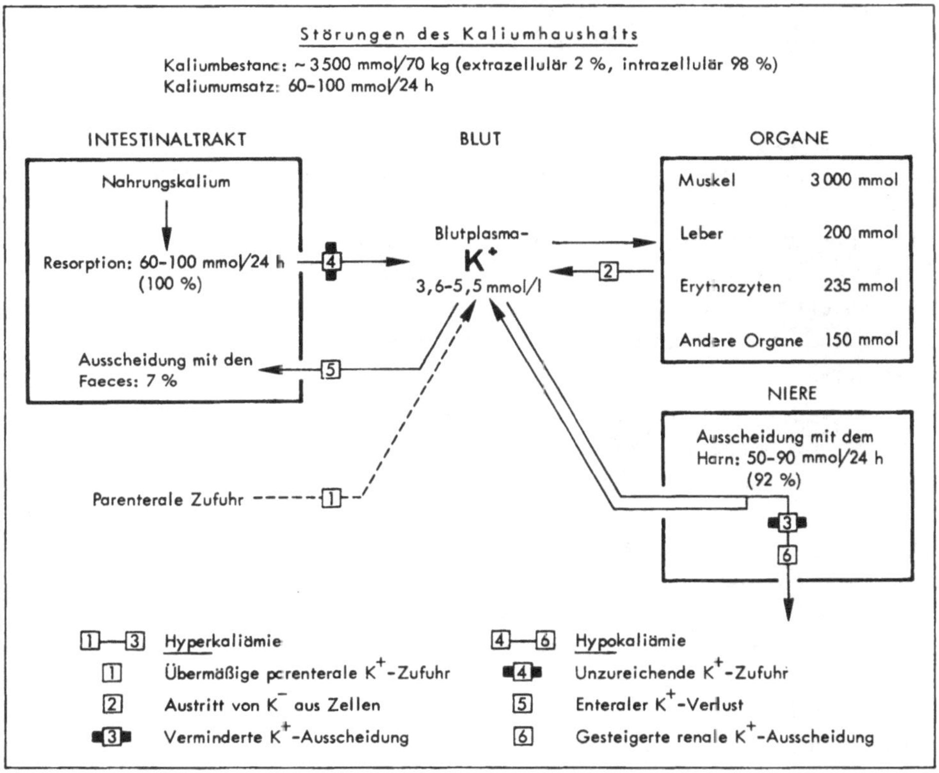


**Hyperkaliämie.** Eine Hyperkaliämie (Kaliumüberschuß) liegt vor, wenn der $K^+$-Gehalt des Plasmas > 5,5 mmol/l beträgt, jedoch besteht keine strenge Korrelation zwischen Serumkaliumkonzentration und klinischer Symptomatologie, die sich in einer Lähmung der Skelettmuskulatur und einer Wirkung auf das Herz äußert

(Veränderungen im EKG: hohe, spitze, schmalbasige T-Zacken, Verbreiterung des QRS-Komplexes, Rhythmusstörungen, Extrasystolie). Durch verminderte Reizbildung im Vorhof und verzögerte Reizausbreitung in den Kammern kann es zum plötzlichen Herztod (Kammerflimmern oder Kammerstillstand) kommen.

Als Ursache einer Hyperkaliämie kommen in Betracht:

- Intravenöse (therapeutische) Zufuhr (z. B. bei Transfusion von Blutkonserven, da die Erythrozyten bei Lagerung zelluläres $K^+$ freisetzen, oder bei Infusion von von Penicillin-Kalium),
- renale Ausscheidungsstörungen (bei akuter Niereninsuffizienz mit Oligurie oder Anurie oder bei chronischem Nierenversagen in der terminalen Krankheitsphase),
- tubulärer Defekt mit verminderter $K^+$-Exkretion (Arnold-Heley-Syndrom),
- Morbus Addison, Hypoaldosteronismus, bei Verabreichung von Spironolactonen (S. 295) oder anderen kaliumsparenden Diuretika,
- Nekrose größerer Zellverbände, Hämolyse (Crash-Syndrom), Leberdystrophie, akute Pankreatitis.

**Hypokaliämie.** Kaliummangelsymptome treten bei Absinken des Serum-$K^+$-Spiegels unter 3,5 mmol/l ein. Bei der Hypokaliämie besteht die Tendenz zur Vorhofstachykardie und Extrasystolie, im EKG ST-Senkung und T-Abflachung.

Lähmungen der peripheren Muskulatur sind sowohl bei Hyper- als auch bei Hypokaliämie möglich. Da durch die Zellmembran $K^+$ gegen $H^+$ ausgetauscht wird, besteht bei jeder Acidose die Tendenz zu einer Hyperkaliämie mit gesteigerter Kaliumdiurese. Umgekehrt kann sich aus jeder Alkalose eine Hyperkaliämie entwickeln.

Ein Kaliummangelsyndrom kann zustande kommen:

- durch unzureichende Zufuhr (einseitige Kost, Anorexia mentalis),
- mangelnde Resorption (Erkrankungen des oberen Gastrointestinaltrakts),
- gesteigerte Ausscheidung über die Nieren (Kaliumverlust bei chronischer Pyelonephritis, chronischer Glomerulonephritis, Tubulopathie),
- vermehrte Ausscheidung über den Magen-Darmkanal (enterale Kaliumverluste durch Erbrechen und/oder Diarrhoe infolge Pylorusstenose, Gastroenteritis, Colitis ulcerosa, Abführmittelabusus, Dünndarm-, Gallen-, Pankreas-, Dickdarmfisteln. Die Verluste entstehen dadurch, daß die $K^+$-Konzentration der Sekrete des Magen- und Darmtrakts z. T. beträchtlich über derjenigen des Blutplasmas liegt (Tab. S. 272),
- Verteilungshypokaliämie (hypokaliämische periodische oder familiäre paroxysmale Lähmung durch Verschiebung der $K^+$-Ionen aus dem extra- in den intrazellulären Raum).

Hyper- und Hypokaliämie haben unmittelbare Folgen für den Wasserhaushalt und damit indirekt für das Herz-Kreislaufsystem. Salzverlust führt zu einer Abnahme des Plasmavolumens, des Herzzeitvolumens sowie der Nierendurchblutung mit den möglichen Folgen einer akuten Niereninsuffizienz (Anstieg des Serumharnstoffs, metabolische Acidose).

## 6. Magnesiumhaushalt

Der Gesamtbestand des menschlichen Körpers an Magnesium beträgt 30 g, der Tagesbedarf liegt zwischen 0,2 und 0,3 g. 50–70% des Gesamtmagnesiums sind in den Mineralien des Knochens festgelegt, doch enthalten alle Organe $Mg^{2+}$ in einer Konzentration von etwa 15 mmol/kg Gewebe bei vorwiegend intrazellulärer Lokalisation. Die $Mg^{2+}$-Konzentration des Blutes beträgt 0,6–1,0 mmol/l Serum bzw. 2,5–2,7 mmol/l Erythrozyten.

Die Funktion des $Mg^{2+}$ als Enzymaktivator läßt sich durch zahlreiche Beispiele belegen. Sie hängt mit der Neigung des $Mg^{2+}$ zur Komplexbildung mit Polyphosphaten zusammen und drückt sich auch in einer Beteiligung des $Mg^{2+}$ an allen ATP-abhängigen Reaktionen und der Pyrophosphatasereaktion aus. Eine Übersicht über die Störungen des $Mg^{2+}$-Stoffwechsels gibt das Schema.

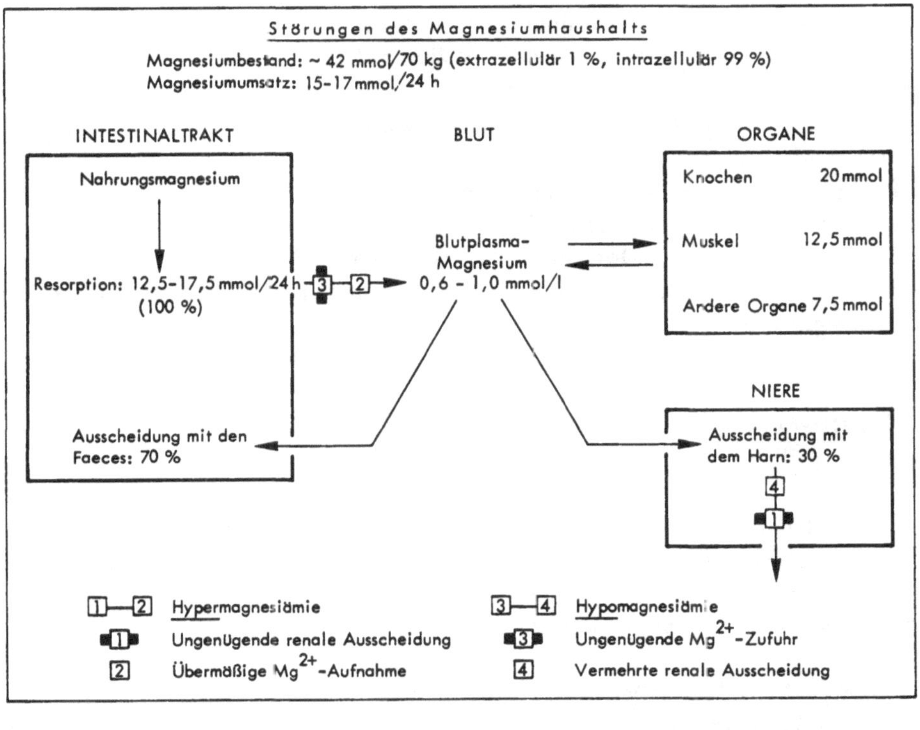


**Hypermagnesiämie.** Eine symptomatische Hypermagnesiämie kann auf der Applikation magnesiumhaltiger Medikamente, Niereninsuffizienz oder übermäßiger parenteraler Zufuhr beruhen. Sie ist gekennzeichnet durch Hypotonie, Stupor, Areflexie, bis zur Narkose gehende Lähmungen, Störungen der Atmung und Reizleitungsstörung des Herzens.

Eine exzessive Magnesiumzufuhr (magnesiumhaltige Infusionslösungen, Verabreichung magnesiumhaltiger Antacida, Magnesiumsulfat zur Abtreibung eines Bandwurms) kann zur Hypermagnesiämie bzw. Magnesiumintoxikation führen.

Eine renal bedingte Hypermagnesiämie als Folge einer Ausscheidungsstörung kann sich im Stadium der terminalen Niereninsuffizienz (oligurisch-anurische Phase) einstellen.

In hohen Dosen hat Magnesium curareähnliche Wirkung (Erbrechen, Lethargie, Muskelschwäche, Atemlähmung, diastolischer Herzstillstand), Zustände von Hypermagnesiämie gehen häufig mit Hyperkaliämie einher.

**Hypomagnesiämie.** Eine Hypomagnesiämie beruht auf unzureichender Zufuhr, verminderter Resorption oder verringerter renaler Rückresorption von Magnesium. Eine gastrointestinale Hypomagnesiämie tritt bei langfristigem Erbrechen, Resorptionsstörung (Malabsorption, Alkoholismus), chronischer Durchfallerkrankung und bei akuter Pankreatitis auf, bei der es zur Bildung unlöslicher und schlecht resorbierbarer Magnesium-Fettsäuresalze kommt.

Eine renal bedingte Hypomagnesiämie läßt sich bei chronischen Nierenerkrankungen in der polyurischen Phase, ferner bei Steigerung der renalen Magnesiumexkretion unter dem Einfluß von Schilddrüsenhormon, Parathormon und Aldosteron beobachten.

Die Symptome der Hypomagnesiämie bestehen in Verwirrtheit, Delirium, choreiformen und athetotischen Bewegungen, Krämpfen, erhöhter muskulärer Reizbarkeit und Tetanie. Doch kann eine Hypomagnesiämie auch asymptomatisch verlaufen. Diese Diskrepanz zeigt an, daß die Plasma-$Mg^{2+}$-Konzentration kein zuverlässiger Parameter für ein Magnesiumdefizit des Körpers zu sein braucht.

## 7. Säure-Basen-Haushalt

Im biologischen Milieu wird die Wasserstoffionenkonzentration durch die Menge und das Verhältnis der vorhandenen Säureanionen und Basenkationen bestimmt. Infolge der ausgeglichenen Anionen/Kationen-Bilanz wird die Wasserstoffionenkonzentration in Serum, inter(extra)zellulärem Raum und in den Zellen durch die Dissoziation des Wassers bestimmt.

**Puffersysteme.** Der Normbereich des pH-Wertes für Blutplasma und Extrazellulärflüssigkeit beträgt 7,4. Die pH-Konstanz ist ein wichtiges Kennzeichen biologischer Systeme, ist Voraussetzung für ihre Funktion und wird trotz Entstehung saurer und basischer Valenzen im Stoffwechsel aufrechterhalten. Die Mechanismen zur Regelung der Wasserstoffionenkonzentration beruhen auf der Wirkung von Puffersystemen, die in Plasma, extrazellulärer Flüssigkeit und Zelle wirksam werden.

Als Puffersysteme in Plasma und extrazellulärer Flüssigkeit sind vor allem das Hydrogencarbonat, das Proteinat und Phosphat, in den Zellen des Blutes dagegen vorwiegend das Hämoglobin wirksam. Ihren quantitativen Anteil an der Gesamtpufferwirkung des Blutes zeigt die nachstehende Tabelle.

Puffersysteme des Blutes

| Puffersystem | Pufferbasen | mmol/l | proz. Anteil |
|---|---|---|---|
| Bicarbonat | $[HCO_3^{\ominus}]/[H_2CO_3]$ | 31,0 | 64,5 |
| Hämoglobin | $[Hb]/[HbO_2]$ | 13,5 | 29,0 |
| Proteinat | $[\text{Proteinat}^{\ominus}]/[\text{Proteinat}^{\ominus}+H^{\oplus}]$ | 3,0 | 6,0 |
| Phosphat | $[HPO_3^{\ominus}]/[H_2PO_3^{2\ominus}]$ | 0,5 | 0,5 |
| | Summe | 48,0 | 100,0 |

Charakteristisch für alle Puffersysteme ist, daß eine schwache Säure und ihre konjugierte Base nebeneinander in Lösung vorliegen. Puffer sind also Lösungen aus einer schwachen (wenig dissoziierten) Säure und ihren (vollständig dissoziierten) Salzen. Die Summe der Basen mit Pufferwirkung bezeichnet man als Pufferbasen. Ihr Wert im Vollblut beträgt 48 mmol/l.

**Parameter zur Beurteilung des Säure-Basen-Haushalts.** Bei Störungen des Säure-Basen-Gleichgewichts ändert sich das Konzentrationsverhältnis der schwachen Säuren und ihrer Salze in den Puffersystemen des Blutes. Für die Beurteilung des Vorliegens und des Ausmaßes einer Störung im Säure-Basen-Haushalt spielt jedoch lediglich die Bestimmung des Hydrogencarbonat/Kohlensäure-Systems eine Rolle, da dieses Puffersystem

- als einziges eine flüchtige Komponente ($CO_2$) enthält, die durch die Lungen ausgeatmet werden kann und sich
- die Störung des Säure-Basen-Haushalts durch eine meßtechnisch gut zu erfassende Verschiebung im Konzentrationsverhältnis Hydrogencarbonat/Kohlensäure ($HCO_3^-/CO_2$) zu erkennen gibt, während für die übrigen Puffersysteme das Verhältnis schwache Säure/konjugierte Base praktisch nicht zu bestimmen ist.

Direkte Aussagen über die Lage des Säure-Basen-Haushalts ergeben sich somit eindeutig durch Bestimmung folgender 4 Größen:

- pH-Wert des Blutes (normal 7,36–7,44),
- Kohlensäurepartialdruck ($pCO_2$) des Blutes (normal 4,66–5,98 kPa, 35–45 mm Hg),

- $HCO_3^-$-Konzentration des Blutes (normal 22–26 mmol/l),
- Basenabweichung (Basenexzeß) (normal −2 bis +2 mmol/l).

Bei der Bestimmung des Standard-$HCO_3^-$ (früher „Alkalireserve“ genannt) wird lediglich diejenige Konzentration des Gesamt-$CO_2$ gemessen, die in der Blutprobe unter experimentellen Bedingungen bei 37° C, Sauerstoffsättigung und einem $CO_2$-Partialdruck von genau 5,32 kPa (40 Torr) als Hydrogencarbonat gebunden ist.

Der Basenexzeß umfaßt die bei einer Titration auf ein definiertes pH bei definiertem $pCO_2$ und 38° C nachweisbaren Basen und wird ausgedrückt als Abweichung von einem Standardbicarbonatwert von 23,5 mmol/l.

**Acidose und Alkalose.** Einen Abfall des Blut-pH-Wertes unter den Normbereich bezeichnet man als **Acidose,** einen Anstieg über den Normbereich als Alkalose. Infolge der Flüchtigkeit des $HCO_3^-/CO_2$-Puffersystems sind Acidose bzw. Alkalose durch ein Defizit bzw. einen Überschuß an $HCO_3^-$ im Blut gekennzeichnet.

Acidose und Alkalose können als Folge einseitiger Zufuhr bzw. Bildung oder einseitigen Verlustes von Säure- oder Basenäquivalenz auftreten. Die bei Störung des $CO_2$-Austausches ($CO_2$-Verlust bzw. $CO_2$-Retention) auftretenden Abweichungen werden als respiratorische Alkalose bzw. Acidose bezeichnet. Die vermehrte Bildung oder die Zufuhr nicht flüchtiger Säuren im Stoffwechsel und ihre verminderte Ausscheidung führen zu metabolischer Acidose, übermäßige Verluste an Säuren oder Zufuhr von Alkalien dagegen zu metabolischer Alkalose. Ein Überblick über die klinisch-chemischen Befunde und häufigen Ursachen bei Acidose und Alkalose gibt die Tabelle.

**Metabolische Acidose** (Primäres Absinken der $HCO_3^-$-Konzentration). Der pH-Wert ist erniedrigt, der $pCO_2$ zunächst normal bis erhöht, später absinkend. Eine Acidose kann asymptomatisch bleiben oder uncharakteristische Zeichen (Schwäche, Kopfschmerzen, Bauchschmerzen, Übelkeit, Erbrechen) aufweisen. Bei schwerer Acidose mit einem pH des Plasmas unter 7,2 besteht häufig eine Hyperventilation (Kompensation durch vermehrte $CO_2$-Elimination). Bei schweren Formen der Acidose kann ein Kreislaufschock vorliegen, der bis zum Coma fortschreiten kann.

Als Ausdruck einer renalen Regulation wird der Urin stark sauer (pH 4,6–5,2), sofern nicht eine Nierenfunktionsstörung Ursache der Acidose ist. Bei Acidose mit Ketonämie läßt sich eine Ketonurie (Acetonurie) nachweisen. Das gleichzeitige Auftreten von Glucose im Harn sichert den diabetischen Ursprung der Acidose.

Eine schwere Acidose behandelt man am besten mit einer 50–150 mmol/l enthaltenden Natriumhydrogencarbonat-Lösung i. v. (in 5% wäßriger Glucoselösung). Die zuzuführende Alkalimenge läßt sich berechnen, indem man das

Charakteristische Befunde und mögliche Ursachen bei Störungen des Säure-Basenhaushalts

| Zustand | Charakteristische Befunde | | | | Mögliche Ursachen von Störungen |
|---|---|---|---|---|---|
| | pH | $pCO_2$ | Stand. bicarb. | Basen-überschuß | |
| Normbereich | 7,40 | 40 | 24,0 | ± 0 | |
| Metabolische Acidose | | | | | a) Vermehrte Produktion oder vermehrte Zufuhr von (organischen) Säuren (z. B. ß-Hydroxybuttersäure, Acetessigsäure, Milchsäure), b) Verminderte renale Wasserstoffionenexkretion (chronische Niereninsuffizienz), c) Verlust bicarbonatreicher Sekrete des Gastrointestinaltraktes (rezidivierende Diarrhoe, Laxantienabusus) |
| nicht kompensiert | 7,28 | 38 | 17,7 | - 8 | |
| teilweise kompensiert | 7,32 | 33 | 17,7 | - 8 | |
| vollständig kompensiert | 7,36 | 28 | 17,7 | - 8 | |
| Metabolische Alkalose | | | | | a) Wasserstoffionenverlust (Erbrechen von saurem Magensaft), Kaliumverlust (Saluretika, Conn-Syndrom) mit kompensatorischem Einstrom von Wasserstoffionen in die kaliumverarmten Zellen), b) Übermäßige (therapeutische!) Bicarbonatzufuhr bei metabolischer Acidose |
| nicht kompensiert | 7,56 | 38 | 33,8 | + 10 | |
| teilweise kompensiert | 7,49 | 48 | 33,8 | + 10 | |
| vollständig kompensiert | 7,42 | 58 | 33,8 | + 10 | |
| Respiratorische Acidose | | | | | a) Alveoläre Hypoventilation (Somnolenz, Koma, Kreislaufschock), b) Chronische Form der Ateminsuffizienz (z. B. chronische Bronchitis, Lungenemphysem, Asthma bronchiale), neuromuskuläre Erkrankungen, c) Dämpfung des Atemzentrums durch Medikamente (Morphin, Barbiturate, Phenothiazine) |
| nicht kompensiert | 7,28 | 65 | 24,4 | ± 0 | |
| teilweise kompensiert | 7,34 | 65 | 28,7 | + 5 | |
| vollständig kompensiert | 7,40 | 65 | 33,8 | + 10 | |
| Respiratorische Alkalose | | | | | a) Alveoläre Hyperventilation (gesteigerte Kohlendioxidabgabe), Fieber, Thyreotoxikose, b) Linksinsuffizienz, dekompensierte Leberzirrhose, nephrotisches Syndrom, Salicylatintoxikation, c) Verdickung der Lungenkapillaren mit Herabsetzung der Sauerstoffdiffusion |
| nicht kompensiert | 7,58 | 20 | 24,4 | ± 0 | |
| teilweise kompensiert | 7,49 | 20 | 20,3 | - 5 | |
| vollständig kompensiert | 7,40 | 20 | 16,7 | - 10 | |

Defizit des Plasmahydrogencarbonats in mmol/l mit 25% des Gesamtkörpergewichts multipliziert.

**Respiratorische Acidose** (Primärer Anstieg des $CO_2$). Der pH-Wert fällt ab, der $pCO_2$ ist erhöht. Typisches Zeichen einer $CO_2$-Retention ist Benommenheit, die in Stupor und Coma mündet. Die Therapie richtet sich nach der Grundkrankheit (Beseitigung von Obstruktion im Respirationstrakt, Tracheotomie, Bronchodilatantien, Expectorantien, antiinfektiöse Mittel).

**Metabolische Alkalose** (Primärer Anstieg des $HCO_3^-$). Das pH und $HCO_3^-$ sind erhöht. Bei der metabolischen Alkalose gibt es keine spezifischen Symptome. Sie manifestiert sich häufig in Reizbarkeit, neuromuskulärer Übererregung und in schweren Fällen in normocalcämischer Tetanie. Eine Therapie, die auf das begleitende Defizit an $Na^+$, $K^+$, $Cl^-$ und Wasser ausgerichtet ist, wird mit Hilfe oraler oder intravenös gegebener NaCl- und KCl-Lösung durchgeführt. Extreme Alkalose erfordert Ammoniumchloridgaben (bis zu dreimal 1–3 g Ammoniumchlorid/24 h oral).

**Respiratorische Alkalose** (Primäres Absinken des $pCO_2$). Der pH-Wert im Blut ist erhöht, der $pCO_2$ erniedrigt. Charakteristisches Symptom ist die Hyperventilation, in deren Folge eine Tetanie auftreten kann.

## 8. Eisen

**Eisenbestand.** Das Neugeborene enthält 200–300 mg Gesamtkörpereisen. Unter allmählicher Zunahme während des Wachstums erreicht der Eisenbestand beim Erwachsenen einen Wert von 3–5 g. Einen Überblick über Verteilung und Umsatz des Funktions- und Speichereisens gibt die Tabelle (1 mg Eisen = 17,9 μmol).

Verteilung und Umsatz des Eisens

(Durchschnittswerte)

| | Gesamtmenge (mg) | (%) | Umsatz (mg/24 h) |
|---|---|---|---|
| Hämoglobin | 3000 | 65 | 25 |
| Transferrin | 3 | 0,06 | 35 |
| Knochenmark | 125 | 2,7 | 35 |
| Ferritin und Hämosiderin in Leber und Milz | 800 | 17,2 | 1 |
| Myoglobin | 400 | 8,6 | 3 |
| Organe (Cytochrome, Enzyme, nicht identifiziert) | 300 | 6,4 | |
| Intestinaltrakt | 2 | 0,04 | 1 |
| Total | 4630 | 100 | |

**Eisenresorption.** Die pro Tag aufgenommene Eisenmenge von 1 mg stellt etwa 10% des in der Nahrung enthaltenen Eisens dar. Zweiwertiges Eisen wird besser resorbiert als dreiwertiges Eisen. Für die Resorption, die vorwiegend im Duodenum und oberen Jejunum über ein aktives Transportsystem erfolgt, muß $Fe^{3+}$ zu $Fe^{2+}$ reduziert werden. Reduktion und Resorption werden begünstigt durch thiolhaltige Verbindungen (Cystein, cysteinhaltige Proteine) und Ascorbat, während unlösliche Eisensalze bildende Anionen (Phytat, Phosphat) die Aufnahme verhindern. Das Mucosatransportsystem zeigt hohe, jedoch keine absolute Spezifität für Eisen. Mangan, Cobalt, Nickel, Chrom und Zink können über das gleiche Transportsystem aufgenommen werden und die Eisenresorption kompetitiv hemmen. Die Funktionsfähigkeit des intestinalen Eisentransports ist von einem intakten Stoffwechsel der Mucosazelle abhängig. Inhibitoren der Proteinbiosynthese (Zyklohex-imid, Aktinomycin D) unterbinden die Eisenresorption, Syntheseinduktoren wie z. B. Phenobarbital, aber auch endogene Faktoren wie Anämie, Hypoxie und Gravidität vermögen sie zu steigern.

Nach der Aufnahme in die Mucosazelle kann das zweiwertige Eisen durch energieabhängigen Transport direkt an das Blut abgegeben werden. Nach Oxidation durch die im Serum vorhandene Ferroxidase I, die mit dem Caeruloplasmin identisch ist, wird das $Fe^{3+}$ von dem eisenbindenden Trägerprotein des Blutplasmas, dem **Transferrin,** übernommen.

Eisen, das nicht unmittelbar ins Plasma übertritt, wird in der Zelle an **Apoferritin** gebunden, das bis zu 25% seines Gewichts an Eisen aufnehmen kann, und in diesem Zustand als **Ferritin** bezeichnet. Im Ferritin liegt dreiwertiges Eisen als Einschlußverbindung z. T. als Phosphat bzw. Hydroxyd, z. T. an Sulfhydrylgruppen des Apoferritins gebunden vor.

**Eisentransport im Blutserum.** Die Transferrinkonzentration beim Erwachsenen beträgt 2,4–2,8 g/l (0,24–0,28 g/100 ml) Plasma. Die Gesamtmenge von 7–15 g Transferrin ist beim Menschen zu etwa gleichen Teilen auf Plasma und Extrazellulärraum verteilt.

Ein Transferrinmolekül (Mol.-Gew. $8{,}3-9 \times 10^4$) besitzt zwei Bindungsstellen für Eisen, die mit A und B bezeichnet werden. Das an A gebundene Eisen wird vorwiegend an die Retikulozyten bzw. an Hämoglobin synthetisierende Erythrozytenvorstufen abgegeben, die Bindungsstelle B überträgt ihr Transporteisen hauptsächlich an Speicherzellen des retikuloendothelialen Systems. Der Eisentransferrinkomplex besitzt eine rosarote Farbe.

Die Eisenkonzentration im Plasma bzw. Serum beträgt bei Männern 8,95–32,2 μmol/l (50–180 μg), bei Frauen 12,5–26,9 μmol/l (70–150 μg/100 ml). Das gesamte zirkulierende Eisen ist an Transferrin gebunden, doch wird hierfür etwa nur $^1/_3$ des Plasmatransferrins benötigt, $^2/_3$ stehen als Transportreserve zur Verfügung und werden als **latente Eisenbindungskapazität** bezeichnet. Die Summe von Plasmaeisen und nichteisengesättigtem Transferrin wird als **totale Eisenbin-**

**dungskapazität** bezeichnet (normal 50,1–71,6 μmol/l, 280–400 μg Fe/100 ml Plasma).

Die Pathobiochemie des Eisenstoffwechsels faßt das nachfolgende Schema zusammen.

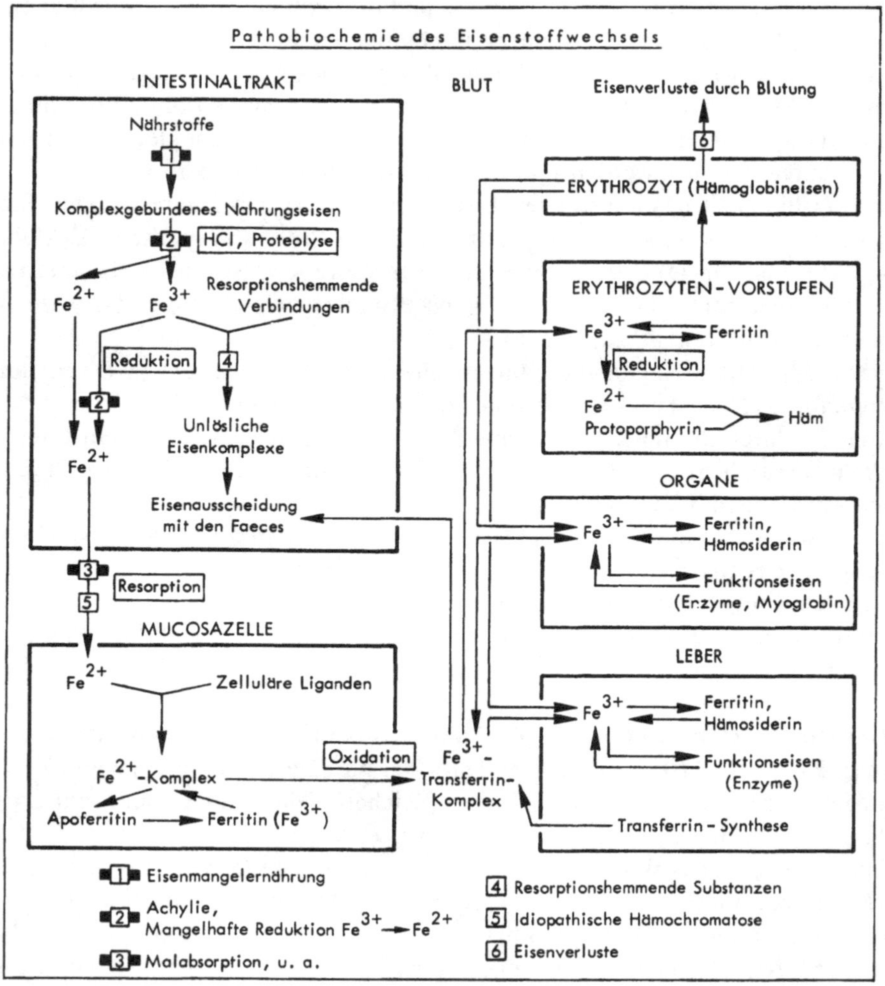


**Eisenmangel.** Eisenresorption und Eisenausscheidung bilden eine ausgeglichene Bilanz (0,5–1 mg Eisen/24 h). Die Eisenausscheidung erfolgt durch den Darm (500 μg/24 h), mit dem Urin (100 μg/24 h) und mit dem Schweiß (100 μg/24 h). Da der Eisenstoffwechsel durch hohe Ökonomie gekennzeichnet ist – von dem beim Abbau freiwerdenden Hämoglobineisen werden 95% (24 mg/24 h) erneut für einen eisenabhängigen Syntheseprozeß verwendet – tritt Eisenmangel nur sehr langsam ein. Bei negativer Eisenbilanz greift der Organismus zunächst auf seine

Ferritin- und Hämosiderindepots (s. u.) zurück, wobei ein Abbau der Eisenspeicher die Eisenresorption aus dem Darm stimuliert. Bei anhaltend negativer Eisenbilanz tritt ein Eisenmangel ein (Kap. Blut, S. 227), der folgende Ursachen haben kann:

- Zu geringes Eisenangebot mit der Nahrung wird bei Vegetariern, bei extremen Kaffee- und Teetrinkern (eisenbindende Gerbsäure) beobachtet.
- Mangelhafte Resorption (Malabsorptions-Syndrom, Sprue, blinde Schlinge, Anacidität).
- Blutverluste. Vor allem chronische Blutverluste (peptische Ulcera, Varizen, Colitis ulcerosa, Hypermenorrhoe, Morbus Osler-Weber-Rendu) begünstigen einen Eisenmangel (1 ml Blut enthält 0,5 mg Eisen).
- Erhöhter Bedarf liegt während der Gravidität vor, bei der eine tägliche Eisenzufuhr von 0,8–1,0 g empfohlen wird.
- Bakterielle Infektionen beantwortet der Organismus mit einer Reduktion der Abgabe von Eisen aus den Speicherzellen in das Serum. Die resultierende infektionsbedingte **Hypoferrämie** (Hyposiderämie) bewirkt einen Rückgang der Hämsynthese und limitiert damit die Erythrozytenbildung, die Ursache der **Anämie bei chronischen Infektionen** ist. Die infektionsbedingte Hypoferrämie bedarf keiner Eisensubstitution. Sie bliebe sogar effektlos, da in diesen Fällen Eisen in ausreichender Menge in den Speichern vorhanden ist, jedoch nicht mobilisiert wird. Vielmehr wird die infektionsbedingte Hypoferrämie als Abwehrreaktion angesehen. Dies steht in Übereinstimmung mit der Beobachtung, daß ein Serum um so stärker bakteriostatisch wirkt, je geringer das darin enthaltene Transferrin mit Eisen gesättigt ist.

**Hämosiderose und Hämochromatose.** Das nicht unmittelbar als Funktionseisen benötigte Eisen wird als **Ferritin** bzw. **Hämosiderin** abgelagert. Diese Speicherform des Organeisens findet man vorwiegend im Leberparenchym und im retikuloendothelialen System. Von dem Gesamtspeichereisen (etwa 0,7 g) enthält die Leber 0,2–0,5 g. Im Gegensatz zum Ferritin ist das Hämosiderin eine unlösliche, noch nicht näher untersuchte Eisenproteinverbindung, deren Eisengehalt etwa 35% beträgt.

Ein Eisenüberangebot mit der Nahrung bzw. mit Getränken oder durch Transfusionen bzw. eine vermehrte Eisenresorption führen zu Eisenspeicherung. Liegt lediglich eine vemehrte Eisenspeicherung ohne funktionelle Störung vor, so bezeichnet man diesen Zustand als **Hämosiderose.** Eine massive zelluläre Einlagerung von Eisen, vor allem in Leber, Pankreas, Herz und endokrinen Organen, verbunden mit einem Anstieg des Gesamteisenbestands und Funktionseinbuße der betroffenen Organe, kennzeichnet das Symptomenbild der **Hämochromatose,** bei der pathogenetisch zwei verschiedene Formen unterschieden werden:

- Bei der **primären idiopathischen Hämochromatose** führt eine ständig erhöhte Resorption (bis zu 2–4 mg/24 h) zu einer allmählichen zellulären Akkumulation von Eisen, so daß der Gesamteisenbestand schließlich 75 g, d. h. das etwa 15fache der Norm betragen kann. Die primäre Störung kann in einem Defekt des Resorptionsvorgangs oder in erhöhter Eisenaffinität der Organe mit sekundär erhöhter intestinaler Resorption liegen. Das Eisen wird als Hämosiderin abgelagert. Als Folge der pathologischen Speicherung treten Gewebsschäden auf, die vor allem die Leber (Zirrhose), das Pankreas (70% der Patienten weisen einen Diabetes mellitus auf), weitere endokrine Organe und Herzmuskel (Herzinsuffizienz, Arrhythmien bei 57% der Patienten) betreffen. In der Haut bildet sich eine charakteristische Bronzepigmentierung aus, die nicht nur durch eingelagertes Eisen, sondern auch durch übermäßige Melaninsynthese (Melanodermie) bedingt ist. Neben der Leberbiopsie geben diagnostische Hinweise das erhöhte Plasmaeisen (> 35,8 μmol/l, > 200 μg/100 ml) und die gleichzeitig verminderte oder völlig fehlende latente Eisenbindungskapazität.

Die primäre idiopathische Hämochromatose ist ein erbliches Leiden, das überwiegend Männer zwischen dem 40. und 60. Lebensjahr befällt. Die Langzeitbehandlung (Monate bis Jahre) erfordert wöchentliche Aderlässe von etwa 500 ml, bei denen je 250 mg Fe entfernt werden. Die damit errreichbare Entleerung der Eisendepots erhöht die Lebenserwartung.

Neben der primären idiopathischen wurde eine **idiopathische perinatale Form** beschrieben, die einen absoluten Letalfaktor darstellt.

- Die **sekundäre Hämochromatose** entsteht durch ein permanent erhöhtes Eisenangebot mit Nahrungsmitteln, die in Eisengefäßen zubereitet werden, ferner durch eisenhaltiges Trinkwasser oder alkoholische Getränke (insbesondere Wein, der bis zu 50 mg Eisen/l enthalten kann), die auch eine Leberzirrhose begünstigen. Auch gehäufte Bluttransfusionen können Ursache einer Eisenüberladung („iatrogene Hämochromatose") sein.

**Atransferrinämie.** Vom Transferrin (Siderophilin) sind zahlreiche Plasmaproteinvarianten bekannt (S. 48). Bei der Hypotransferrinämie bzw. Atransferrinämie wird das resorbierte Eisen unspezifisch an Plasmaproteine gebunden und wandert in das Gewebe ab. Folgen sind Hämosiderineinlagerungen, die der Hämochromatose entsprechen, sowie eine eisenrefraktäre sideropenische Anämie, da das Plasmaeisen nicht in ausreichender Menge an die hämatopoetischen Erfolgsorgane gelangt.

## 9. Kupfer

Der Gesamtbestand des Kupfers beim Menschen beträgt 0,1–0,15 g, der tägliche Bedarf 1-2 mg Kupfer, die im oberen Dünndarm resorbiert werden. Die Serumkupferkonzentration beträgt 12,0–20,4 μmol/l (80–130 μg/100 ml). Hiervon sind 96% an das mit der $\alpha_2$-Globulinfraktion des Serums wandernde Caeruloplasmin festgebunden, während 4% locker an das Serumalbumin assoziiert sind. Das Caeruloplasmin ist ein Protein mit einem Mol.-Gew. von 151000 und bindet 8 $Cu^{2+}$/mol (entsprechend einem Kupfergehalt von 0,34%). Das Kupfercaeruloplasmin hat eine blaue Farbe, es besitzt die enzymatische Aktivität einer Phenoloxidase (Ferroxidase I, S. 131), die zu seiner quantitativen Bestimmung ausgenutzt wird.

Kupfer ist Bestandteil zahlreicher Enzyme (Cytochrom a, Tyrosinase, Ascorbinsäureoxidase, Uricase, Lysyloxidase, S. 333) und der Superoxid-Dismutase der Erythrozyten, die das bei der Oxidation des Hämoglobins zu Methämoglobin entstehende Superoxidradikal zu $O_2 + H_2O_2$ umsetzt (S. 230).

**Wilsonsche Erkrankung** (Hepatocerebrale Degeneration, Hepatolentikuläre Degeneration). Der M. Wilson ist durch exzessive Kupferspeicherung in der Leber gekennzeichnet, die später nach Überschreitung des Speichermaximums zu einer Beteiligung anderer Organsysteme führt. Die Stoffwechselerkrankung wird autosomal-rezessiv vererbt und kommt ausschließlich bei homozygoten Krankheitsträgern vor. Die Frequenz beträgt $1-2 \cdot 10^5$. Der Defekt bei M. Wilson besteht in dem fehlenden oder verminderten Einbau des Kupfers in das Caeruloplasmin, dessen Synthese in der Leber vermindert und dessen Kupferbindungsfähigkeit herabgesetzt ist. Als Folge ist der Kupferserumspiegel erniedrigt, der nicht an das Caeruloplasmin gebundene Anteil des Kupfers im Serum und die Kupferausscheidung sind dagegen vermehrt (> 157 µmol/l, > 1000 µg/24 h).

Die bei der Wilsonschen Erkrankung positive Kupferbilanz führt zur Akkumulation des Kupfers in der Leber, in deren Folge sich eine Zirrhose entwickelt. Charakteristisch sind weiter Kupferablagerungen in der Descemetschen Membran am Cornealrand (Kayser-Fleischersche-Ring), eine Kupferablagerung im Zentralnervensystem (Corpus striatum, Putamen, Globus pallidus, Cerebellum) sowie in Nieren und (in geringem Maße) im Myocard. Die Kupfereinlagerung in den Basalganglien ist mit degenerativen Veränderungen und entsprechender extrapyramidaler Symptomatologie verbunden.

Biochemie des Kupferstoffwechsels und Störungen bei Morbus Wilson

| | Normal | M. Wilson | |
|---|---|---|---|
| Intestinale $Cu^{2+}$-Resorption (µg/24 h) | 300 - 600 | N | (300 - 600) |
| Plasmakupfer (µg/100 ml) | 70 - 150 | ↓ | ( 10 - 110) |
| Caeruloplasmin (mg/100 ml) | 30 | ↓ | ( < 20) |
| Kupfergehalt der Leber (µg/g T.G.) | < 50 | ↑ | (250 - 2000) |
| Kupferausscheidung mit Urin (µg/24 h) | < 50 | ↑ | (100 - 4000) |
| Kupferausscheidung mit Faeces über Galle (µg/24 h) | 285 - 550 | ↓ | |

Eine Synopsis biochemischer Befunde beim M. Wilson ist der Tabelle zu entnehmen (1 mg Kupfer = 15,7 μmol).

Eine **Therapie** mit Caeruloplasmin bessert das Leiden nicht. Durch die Gabe von D-Penicillamin (1–2 g/24 h) kann ein Teil des Organkupfers wieder über die Nieren zur Ausscheidung gebracht werden. Das D-Penicillamin hat nicht nur die Fähigkeit, mit Schwermetallen lösliche Chelate zu bilden, sondern wirkt auch der Kollagensynthese durch Hemmung der Vernetzungsreaktion (S. 336) und damit der Zirrhosetendenz der Leber entgegen, entfaltet jedoch Nebenwirkungen (gastrointestinale Unverträglichkeit, Thrombopenie, Leukopenie und Hautsymptome), die seine Anwendung einschränken.

# B. Stoffwechselregulation

I. Hormone

II. Vitamine und Coenzyme

# I. Hormone

## 1. Mechanismus der Hormonwirkung

Hormone sind Regulationsstoffe (Wirkstoffe), die vom Organismus selbst – oft in anatomisch abgegrenzten, sogenannten endokrinen Organen – produziert werden, auf dem Blutwege ein oder mehrere Erfolgsorgane erreichen und deren Stoffwechsel in charakteristischer Weise beeinflussen. Für die Wirkung eines Hormons sind nur sehr geringe Konzentrationen (meist weniger als $10^{-8}$ M) notwendig, die je nach Molekulargewicht < 1 µg bis einige mg betragen.

**Klassifizierung.** Die nachfolgende Zusammenstellung gibt eine Einteilung der Hormone nach ihrem Bildungsort. Für die Darstellung ihrer Wirkung ist von Bedeutung, daß die Releasinghormone (Hypothalamus), die glandotropen (Hypophysenvorderlappen) und glandulären Hormone (endokrine Organe) in zahlreichen Fällen eine Funktionseinheit bilden und ihre Wirkung über Regelkreise gesteuert wird.

**Klassifizierung von Hormonen**

| | |
|---|---|
| Releasing Hormone: (Freisetzende Faktoren) | Produktion im Hypothalamus<br>Bildungsort und Wirkungsort voneinander entfernt<br>Wirkung auf Hypophysenvorderlappen (HVL) |
| Glandotrope Hormone: | Produktion in Hypophysenvorderlappen bzw. Plazenta<br>Bildungsort und Wirkungsort voneinander entfernt<br>Wirkung auf endokrine Organe<br>Beispiele: ACTH, TSH, FSH, LH, HCG |
| Glanduläre Hormone: | Produktion in endokrinen Organen (Hypophysenvorderlappen, Nebenniere, Schilddrüse, Nebenschilddrüse, Pankreas, Testes, Ovar, Plazenta, Zirbeldrüse)<br>Bildungsort und Wirkungsort voneinander entfernt<br>Wirkung auf Erfolgsorgane |
| Gewebshormone: | Produktion nicht auf bestimmte Organe beschränkt<br>Bildungsort und Wirkungsort in der Nähe oder entfernt<br>Beispiele: Gastrointestinale Hormone (Sekretin, Gastrin, Enterogastron, Pankreozymin) in Magen- und Darmschleimhaut, Acetylcholin im Nervengewebe, Serotonin in Darmschleimhaut, Nervengewebe, Milz, Lunge u. a., Histamin in Leber, Lunge, Haut u. a., Prostaglandine in zahlreichen Organen |

Eine Klassifizierung der Hormone nach ihrer chemischen Struktur würde zu einer Unterteilung in

- Steroidhormone (Glucocorticoide, Mineralocorticoide, Androgene, Gestagene, Östrogene)

- von Aminosäuren abgeleitete Hormone (Katecholamine, Schilddrüsenhormone, Serotonin, Histamin, γ-Aminobuttersäure, Melatonin)
- von Fettsäuren abgeleitete Hormone (Prostaglandine) und
- Peptid- oder Proteohormone (alle übrigen Hormone)

führen. Beziehungen zwischen chemischer Struktur und Stoffwechselwirkung lassen sich durch diese Einteilung jedoch nicht herstellen.

**Wirkungsweise.** Der eigentliche Wirkungsort eines Hormons ist die Zelle des Erfolgsorgans, dessen Stoffwechsel durch das Hormon in charakteristischer Weise beeinflußt wird. Nach ihrem Wirkungsmechanismus und den zeitlichen Unterschieden ihres Wirkungseintritts lassen sich zwei Mechanismen der Hormonwirkung unterscheiden (Schema).

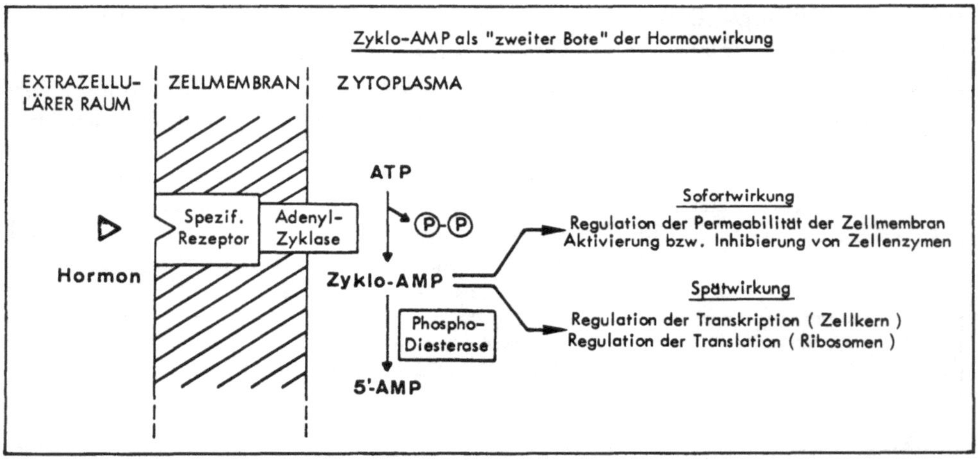


1. *Aktivierung oder Hemmung von Enzymen durch Zyklo-AMP.* Zahlreiche Hormone wirken fast augenblicklich (innerhalb 30–60 sec), indem sie mit einem an den Membranen der Zellen des Erfolgsorgans lokalisierten spezifischen Rezeptor reagieren und dadurch eine Aktivierung der ebenfalls membrangebundenen Adenyl-Zyklase auslösen. Unter der Wirkung der Adenyl-Zyklase kommt es zu einem Anstieg der intrazellulären Konzentration von Zyklo-AMP (3′, 5′-AMP), das als allosterischer Aktivator auf Enzyme wirkt, die wiederum nachgeordnete Enzyme durch (ATP-abhängige) Phosphorylierung in ihrer Aktivität steigern oder hemmen (Kinasen). Über einen noch nicht geklärten Mechanismus vermag Zyklo-AMP weiterhin zu einer unmittelbaren Steigerung der Zellpermeabilität zu führen.

Eine ähnliche Wirkung wie das Zyklo-AMP besitzt das **Zyklo-GMP,** das in der Guanyl-Zyklase-Reaktion unter Einwirkung von Hormonen aus GTP entsteht und durch Aktivierung von Protein-Kinasen ebenfalls an Regulationen im Zellstoffwechsel beteiligt ist.

Die Organspezifität der über Zyklo-AMP bzw. Zyklo-GMP wirksamen Hormone kommt dadurch zustande, daß lediglich das Erfolgsorgan den hormonspezifischen Rezeptor besitzt. Da die Hormonspezifität bei diesem Mechanismus am Zellrezeptor endet, und die dadurch ausgelösten Sekundärreaktionen für alle Hormone nach dem Prinzip der Zyklo-AMP-Wirkung ablaufen, hat man das Zyklo-AMP auch als „Zweiten Boten der Hormonwirkung“ (second messenger) bezeichnet. Der Abbau des Zyklo-AMP zu 5'-AMP erfolgt durch eine Phosphodiesterase. Die intrazelluläre Zyklo-AMP-Konzentration ist die Resultante der durch die Adenylzyklase katalysierten Biosynthese des Zyklo-AMP und dessen Abbau durch die Phosphodiesterase. Das Verhältnis der Aktivität dieser beiden Enzyme, das wiederum einer hormonellen Regulation unterliegt, entscheidet über Wirkungsintensität und Wirkungsdauer des Zyklo-AMP (Tabelle).

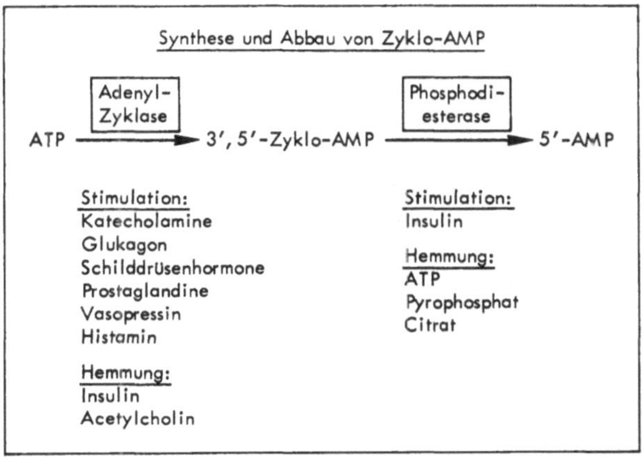


Mit der Aktivierung der Adenyl-Zyklase, die durch Bindung eines Hormons an einen zellspezifischen Rezeptor erfolgt, kann eine erhöhte Aufnahme von Calcium in die Zelle verbunden sein. Dieser Effekt wird dadurch intensiviert, daß Zyklo-AMP die Entleerung zellulärer Calciumdepots begünstigt. Der Anstieg der intrazellulären Calciumkonzentration bewirkt einerseits eine Regulation calciumabhängiger Reaktionen des Stoffwechsels, andererseits aber auch eine Hemmung der Adenyl-Zyklase.

2. *Induktion oder Repression von Enzymen.* Unter der Wirkung vieler Hormone läßt sich auch eine Steigerung oder Hemmung der Protein-(Enzym-)Synthese nachweisen. Dieses Regelprinzip kann sekundär als Folge einer erhöhten intrazellulären Zyklo-AMP-Konzentration eintreten (a), aber auch – über einen ganz anderen Wirkungsmechanismus – durch Steroidhormone ausgelöst werden (b).

a) Die Synthese hormonspezifischer Proteine kann dadurch eingeleitet werden, daß Zyklo-AMP eine Histon-Kinase aktiviert, die ihrerseits ein DNA-gebundenes (lysinreiches) Histon phosphoryliert. Dabei wird ein Phosphorsäurerest innerhalb des Histonmoleküls esterartig an einen Serinrest gebunden. Durch die Phosphorylierung wird die Wechselwirkung zwischen DNA und Histon so verändert, daß der entsprechende DNA-Abschnitt für eine Transkription des Codes freigegeben (dereprimiert) und eine RNA- und Proteinbiosynthese ausgelöst wird. Zyklo-AMP kann jedoch auch eine Protein-Kinase aktivieren, die ein ribosomales Protein phosphoryliert, und somit die Proteinbiosynthese in der Phase der Translation beeinflussen. Das synthetisierte Protein (z. B. Enzymprotein) ist die zellspezifische Antwort auf die Wirkung des Hormons.

b) Wirkungsweise der Steroidhormone. Steroidhormone erreichen ihre Erfolgsorgane auf dem Blutweg und werden dabei durch ein spezifisches steroidbindendes Protein der Bluteiweißkörper transportiert. Am Erfolgsorgan wird das Steroidhormon von einem **zytoplasmatischen Rezeptorprotein** übernommen, das mit dem Steroidhormon unter Konformationsänderung reagiert. Der „aktivierte" Steroidhormonrezeptor-Komplex gelangt durch das Zytoplasma in den Zellkern, wo er sich an ein Chromatinprotein mit spezifischen Akzeptoreigenschaften anlagert, das dabei von der DNA abgelöst wird. Die Ablösung des Chromatinproteins kann als Genaktivierung (mit der Folge einer RNA- und Proteinbiosynthese) interpretiert werden. Der aus Steroidhormon, zytoplasmatischem Rezeptor und Chromatinprotein bestehende Dreierkomplex gelangt anschließend ins Zytoplasma, das Hormon verläßt – vermutlich nach chemischer Veränderung – die Zelle, der zytoplasmatische Rezeptor steht zur Wiederverwendung zur Verfügung.

Zytoplasmatische Rezeptoren für verschiedene Steroidhormone können in den Erfolgsorganen nebeneinander – möglicherweise sogar in derselben Zelle – vorkommen. Dies erklärt die Organspezifität, aber auch die antagonistische und synergistische Wirkung von Steroidhormonen.

Die z. T. bessere Wirksamkeit synthetischer Steroidhormone beruht auf einer erfolgreichen Konkurrenz der synthetischen Steroide um die Bindung an den zytoplasmatischen Rezeptor.

**Regulation der Hormonwirkung.** Im Interesse einer Konstanz des Stoffwechsels ist die Wirkung der Hormone bezüglich Intensität und Dauer einer präzisen Kontrolle unterworfen. Eine solche Kontrolle wird erreicht durch Regulation der Bildung, Ausschüttung und des Abbaus der Hormone.

Für einige Hormone übernimmt das Nervensystem durch noch unbekannte Mechanismen die Kontrolle ihrer Bildung und Ausschüttung. Für andere Hormone und die sie produzierenden endokrinen Organe existieren übergeordnete Hormone. Abhängige und übergeordnete Hormone bilden Regelkreise, mit deren Hilfe ihre Bildung und Ausschüttung gesteuert werden. Auch Stoffwechselprodukte, die unter dem Einfluß der Hormone entstehen, können rückwirkend die Aktivität der Hormondrüse beeinflussen (Schema).

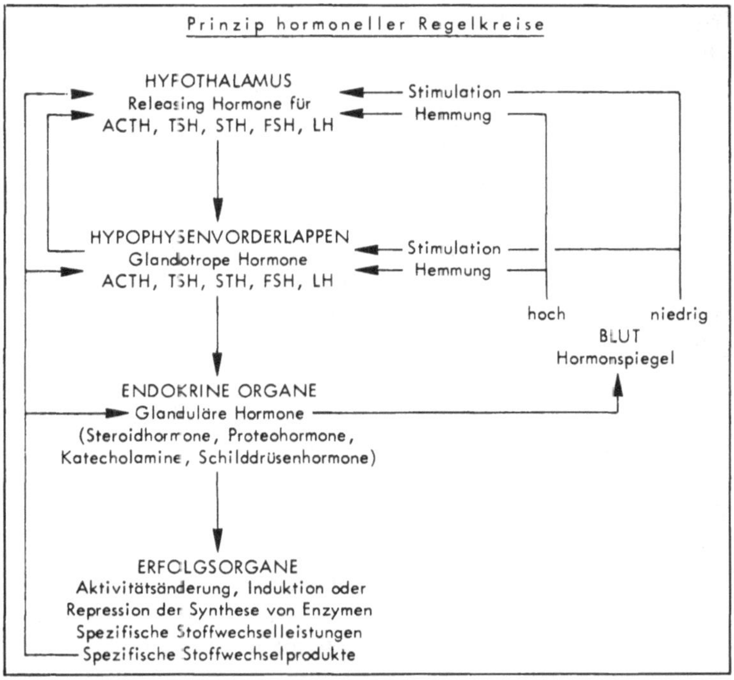


## 2. Klinisch-chemische Diagnostik in der Endokrinologie

Als Regulatoren des Intermediärstoffwechsels, des Wasser- oder Elektrolythaushalts, des Wachstums, der sexuellen Entwicklung und der Sexualfunktion sind die Hormone lebenswichtige endogene Wirkstoffe, deren völliges Fehlen in vielen Fällen zum Tode führt. Ebenso verursacht die Überproduktion an Hormonen krankhafte Erscheinungen.

Für die Diagnose einer Unterfunktion oder Überfunktion von Hormondrüsen stehen verschiedene Methoden zur Verfügung:

- Die direkte quantitative Bestimmung des Hormons im Blutplasma mit Hilfe des Radioimmunassay bzw. der kompetitiven Proteinbindungsanalyse (s. u.).
- Die Bestimmung anorganischer oder organischer Inhaltsbestandteile des Blutplasmas, deren Konzentration sich infolge einer gestörten Hormonproduktion ändert (z. B. $Na^+$, $K^+$, $Cl^-$, $Ca^{2+}$, Phosphat, Glucose).
- Nachweis und Bestimmung eines charakteristischen Hormonabbau- bzw. -ausscheidungsprodukts (z. B. 17-Hydroxycorticosteroide, 17-Ketosteroide (S. 168), Vanillinmandelsäure (S. 155), 5-Hydroxyindolessigsäure (S. 181)).

**Radioimmunassay.** Der Radioimmunassay gehört zu den empfindlichsten, spezifischsten und genauesten Analyseverfahren, die in der klinischen Chemie verfügbar sind. Die Spezifität des Radioimmunassay ist durch die dieser Bestimmungsmethode zugrundeliegende Antigen-Antikörper-Reaktion gegeben, die Empfindlichkeit drückt sich darin aus, daß Antigenmengen in einer Größenordnung von $10^{-12}$ bis $10^{-15}$ g noch nachweisbar sind, die Präzision ergibt sich aus der Genauigkeit der Messung von Radioaktivitäten.

Der Radioimmunassay basiert auf dem Phänomen, daß radioaktiv markiertes und nicht markiertes Antigen, die sich immunologisch nicht voneinander unterscheiden, um die Bindung an den für sie spezifischen Antikörper konkurrieren. Da die Reaktion reversibel ist und dem Massenwirkungsgesetz gehorcht, stellt sich in Lösung ein für die Reaktionspartner charakteristisches Gleichgewicht zwischen freiem (markiertem bzw. nicht markiertem) Antigen und freiem Antikörper einerseits, sowie dem Antigen-Antikörper-Komplex andererseits ein. Da beim Radioimmunassay immer mit einer limitierten Menge von Antikörpern gearbeitet wird, liegt neben dem Antigen-Antikörper-Komplex stets noch freies (radioaktiv markiertes bzw. nicht markiertes) Antigen vor, das von dem Antigen-Antikörper-Komplex abgetrennt wird, und dessen Radioaktivität ein Maß für die Konzentration des gesuchten, nicht markierten Antigens darstellt. Durch Eichkurven läßt sich für jedes Testsystem die Menge des in einer Probe enthaltenen Antigens ermitteln.

Neben der endokrinologischen Diagnostik gibt es zahlreiche Anwendungsgebiete des Radioimmunassay. Er läßt sich nicht nur auf klassische Antigene (Proteine, Peptide), sondern auch auf andere Stoffgruppen (Steroide, Arzneimittel u. a.) anwenden. Eine Übersicht ergibt die Tabelle.

Anwendungsmöglichkeiten des Radioimmunassay
zur quantitativen Bestimmung von Antigenen (Haptenen)

| |
|---|
| 1. Proteine, Peptide<br><br>Hormone: LH, FSH, TSH, Prolactin, STH, ACTH, Vasopressin, Ocytocin, MSH, Parathormon, Calcitonin, Insulin, Glukagon, Enteroglukagon, Gastrin, Sekretin, HCG, Erythropoetin, Angiotensin I u. II, Renin, Bradykinin<br><br>Plasmaproteine: Albumin, IgG, IgA, IgM, IgE, Lipoproteine, Thyroxinbindendes Globulin, Retinolbindendes Protein, Transferrin u.a.<br><br>Enzyme: Trypsin, α-Chymotrypsin, Pepsinogen, Fructose-1,6-Diphosphatase u.a.<br><br>Mikrobiologische und Tumor-Antigene: α-Fetoprotein Carcinoembryonales Antigen, Australiaantigen, onkogenes RNA-Virusprotein, Schistosoma-Mansoni-Antigen |
| 2. Haptene:<br><br>Steroide: Östrogene, Gestagene, Testosteron, Glucocorticoide, Aldosteron u.a.<br><br>Schilddrüsenhormone: $T_3$, $T_4$<br><br>Verschiedene: Digoxin, Morphin, Folsäure, Zyklo-AMP, Zyklo-GMP |

Das Prinzip des Radioimmunassay ist im nachfolgenden Schema am Beispiel einer quantitativen Hormonbestimmung dargestellt.

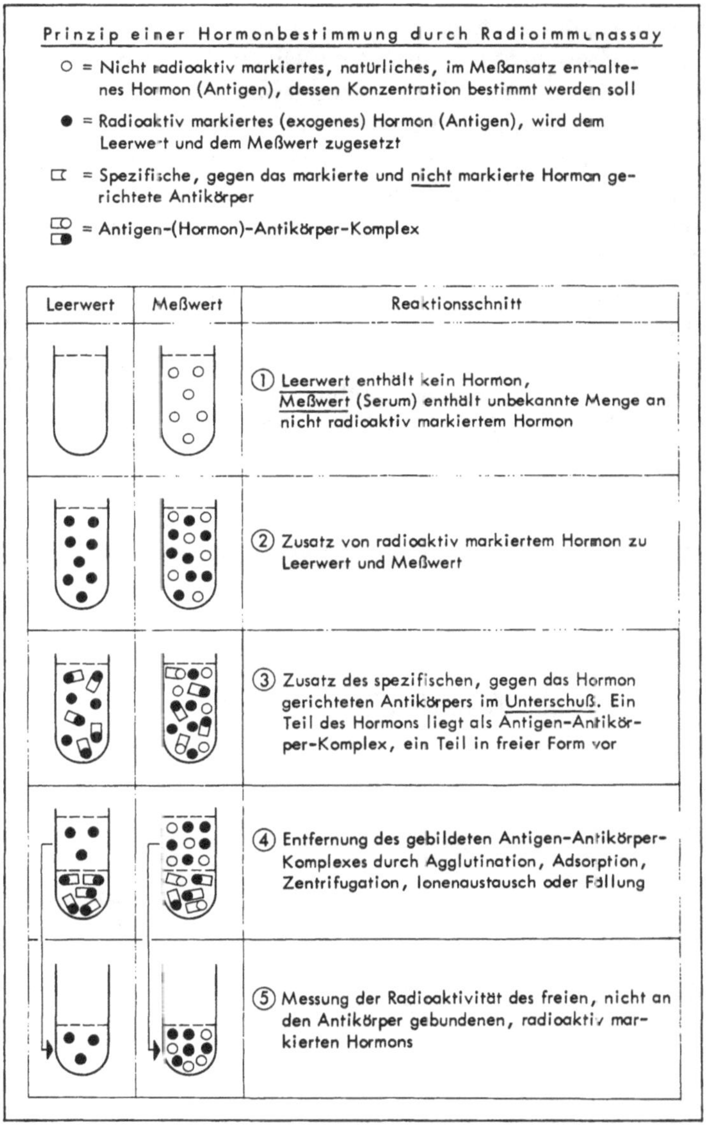


**Enzymimmunassay.** Kap. Enzyme (S. 18).

**Kompetitive Proteinbindungsanalyse.** Eine Reihe von Hormonen ist im Plasma an spezifische Proteine gebunden. Die Bindungskapazität liegt meist in der Größenordnung der physiologischen Hormonkonzentration im Blut. Beispiele sind das Thyroxin-bindende Globulin (TBG, S. 147), das Cortisol- und Progesteron-bindende Globulin (Transcortin, S. 157) und das Testosteron- und Östradiol-bindende Globulin (Sexualhormon-bindendes Globulin, S. 171). Die spezifische Affinität der Proteine läßt sich für eine quantitative Bestimmung des betreffenden Hormons im Serum ausnutzen. Hierzu setzt man das zu bestimmende Hormon, das physiologischerweise im Blutplasma zu 95% in proteingebundener Form vorliegt, durch Alkoholfällung aus seiner Proteinbindung frei. Das freigesetzte Hormon inkubiert man mit einer (im Handel befindlichen) Lösung, die das radioaktiv markierte Hormon an das spezifische Transportprotein gebunden enthält. Dabei wird ein Teil des radioaktiv markierten Hormons durch das nichtmarkierte freie Hormon aus der Proteinbindung verdrängt. Man bestimmt das Verteilungsgleichgewicht von freiem und gebundenem Hormon, indem man das proteingebundene Hormon entfernt. Die Menge des durch Radioaktivitätsmessung ermittelten freien Hormons ist um so größer, je mehr (nichtmarkiertes) Hormon das zu prüfende Serum ursprünglich enthielt. Einer unter gleichen Bedingungen aufgestellten Eichkurve wird die gesuchte Serumkonzentration des Hormons entnommen (Schema).

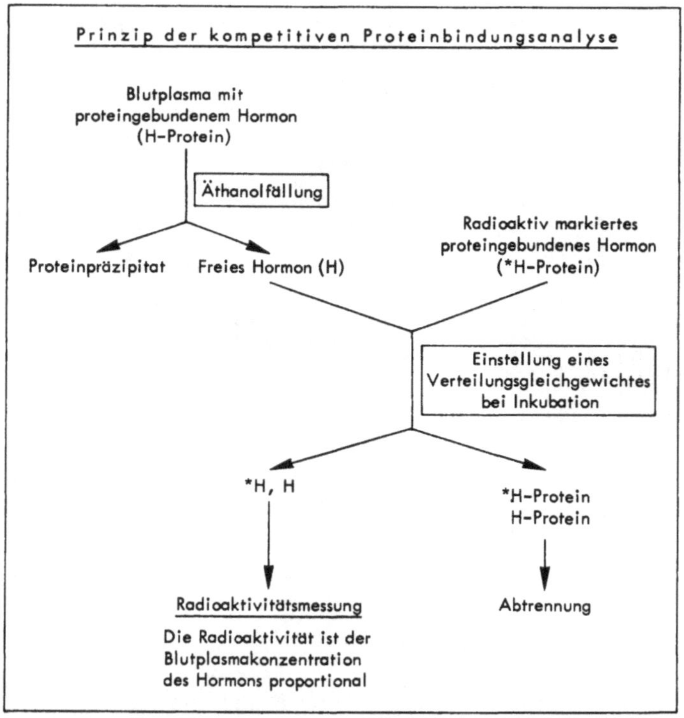

## 3. Schilddrüsenhormone und übergeordnete Hormone

Die in der Schilddrüse gebildeten jodhaltigen Hormone Tetrajodthyronin (Thyroxin, $T_4$) und Trijodthyronin ($T_3$) sind für regelrechtes Körperwachstum und normalen Stoffumsatz erforderlich. Die Produktion der Schilddrüsenhormone unterliegt einer Kontrolle durch das im Hypophysenvorderlappen gebildete **Thyreoidea-stimulierende Hormon** (TSH, Thyreotropin). Bildung und Ausschüttung des TSH werden durch das im Hypothalamus synthetisierte Thyreotropin-Releasing Hormon (TRH) – ein Tripeptid der Struktur Pyroglutamylhistidylprolinamid – stimuliert bzw. durch das Thyreotropin-Releasing-Inhibiting-Hormon, das mit Somatostatin (S. 175) identisch ist, gehemmt. Hypothalamus, Hypophysenvorderlappen und Schilddrüse sind über einen Regelkreis miteinander verbunden, der für eine Homöostase des Bluthormonspiegels sorgt.

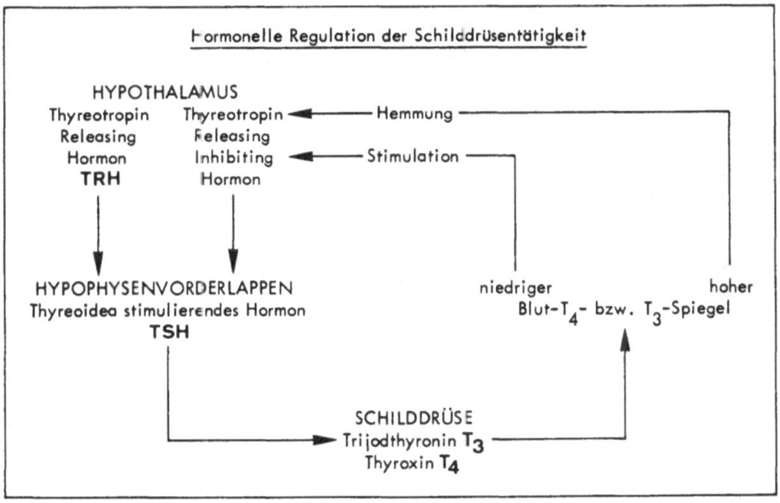


**Biosynthese der Schilddrüsenhormone.** Bei der Biosynthese der Schilddrüsenhormone wird von der Schilddrüsenzelle Jodid aus dem Blut aufgenommen. Nach Oxidation zum $J_2$ folgt eine Jodierung von Tyrosinresten des Thyreoglobulins, von denen je zwei in einer Konjugationsreaktion in Jodthyronylreste umgewandelt werden. Unter Einwirkung einer Protease werden aus dem Thyreoglobulin $T_3$ und $T_4$ freigesetzt und an das Blut abgegeben. Die Biosynthese ist nachfolgend schematisch dargestellt.

Der Transport von $T_3$ und $T_4$ im Blutplasma erfolgt in Bindung an ein spezifisches, thyroxinbindendes α-Globulin bzw. an Präalbumin und Albumin (Tab.). Eine Wirkung auf die Erfolgsorgane entfalten jedoch nur freies $T_4$ bzw. $T_3$. Das Verhältnis von freiem zu proteingebundenem $T_4$ im Serum ist $< 1 : 1000$.

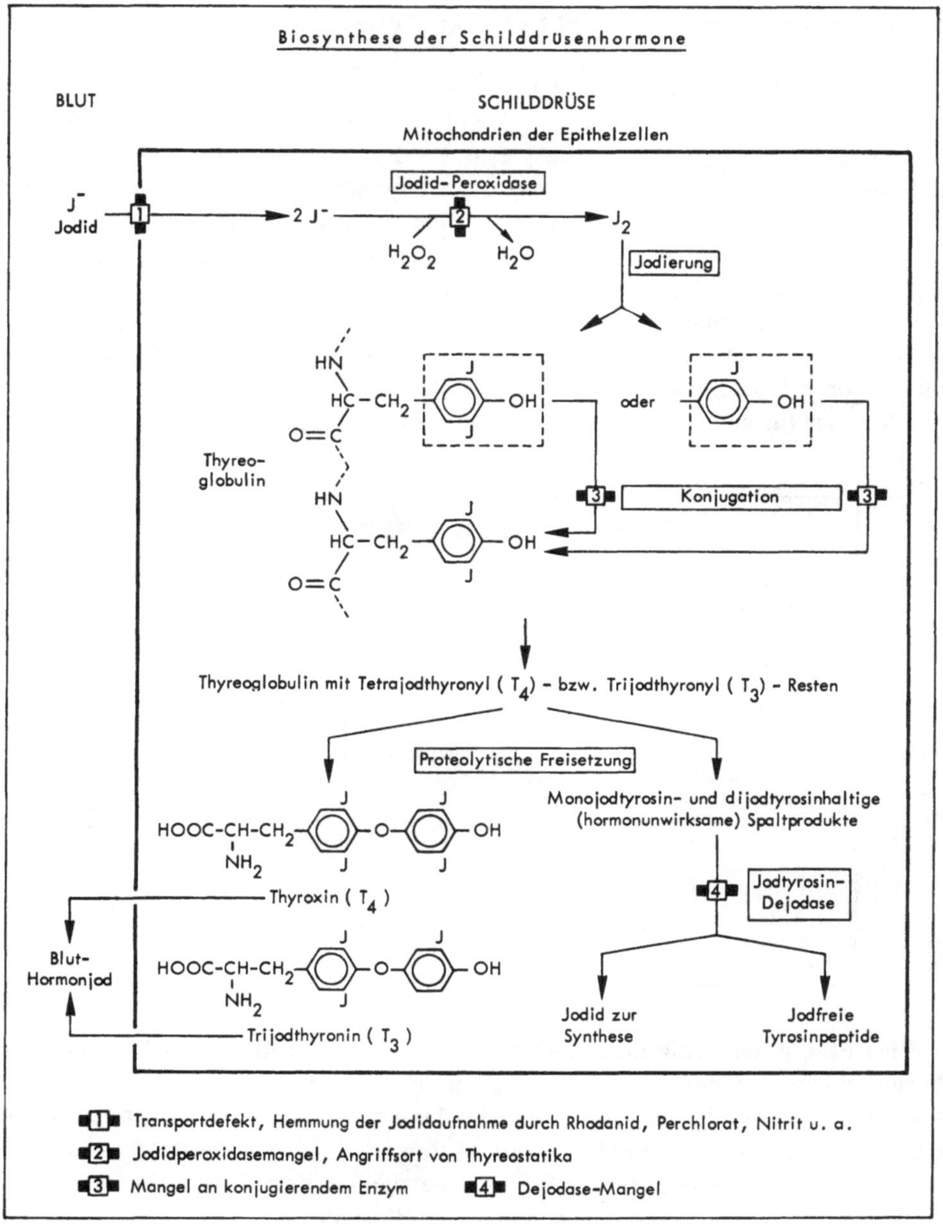


Die Stoffwechselwirkungen von $T_4$ und $T_3$ sind im Prinzip gleich. Sie unterscheiden sich jedoch bezüglich Transport im Serum, Wirkungsintensität, Wirkungseintritt und Wirkungsdauer. An den Erfolgsorganen kann $T_4$ durch spezifische Dejodasen in $T_3$ umgewandelt werden.

| | Thyroxin ($T_4$) | Trijodthyronin ($T_3$) |
|---|---|---|
| Transport im Plasma | 70 % Bindung an Thyroxin-bindendes α-Globulin<br>20 % Bindung an Präalbumin<br>10 % lockere Bindung an Albumin | Lockere Bindung an Thyroxin-bindendes α-Globulin |
| Extrathyreoidaler Pool | 0,64 μmol (500 μg) | 0,15 μmol (100 μg) |
| Relative Wirkung | 100 | 500 - 1000 |
| Halbwertszeit (Wirkungsdauer) | 7 - 10 Tage | 2,4 Tage |
| Umsatz/24 h | 0,11 μmol (80 μg) | 0,075 μmol (50 μg) |
| Eindringen in Zellen | langsam, schwer | rasch, leicht |

**Stoffwechselwirkungen.** $T_3$ und $T_4$ beeinflussen Wachstum und Teilung von Zellen und Geweben. Ihr Fehlen führt zu Wachstumsstillstand und Nichtauftreten der epiphysären Ossifikationszentren. Beim erwachsenen Menschen wird der Grundumsatz durch Thyroxin erhöht (bei Thyroxinmangel entsprechend herabgesetzt).

Auf Protein-, Kohlenhydrat- und Lipidstoffwechsel wirken Schilddrüsenhormone dosisabhängig. Während physiologische Dosen zu einer anabolen Stoffwechsellage mit positiver Stickstoffbilanz führen, schlägt dieser Effekt bei hohen Dosen in eine katabole Wirkung mit negativer Stickstoffbilanz und erhöhter Kreatininausscheidung um. Die wachstumsfördernde Wirkung der Schilddrüsenhormone (Pubertätsstruma) bzw. ein Wachsstumsstillstand (nach Thyreoektomie) werden dadurch verständlich. Hohe Dosen an Schilddrüsenhormonen haben eine herabgesetzte Glucosetoleranz zur Folge, deren Ursache in einer vermehrten Resorption, einem rascheren Glykogenabbau, Zunahme der Glucose-6-Phosphataseaktivität und erhöhter Adrenalinempfindlichkeit liegen. Unter einem Überangebot von Schilddrüsenhormonen wird ferner eine Einschmelzung der Lipiddepots beobachtet. Da jedoch gleichzeitig ein rascherer Abbau der freigesetzten Fettsäuren sowie eine vermehrte Umwandlung von Cholesterin in Gallensäuren eintritt, sind Blutlipid- und Blutcholesterinspiegel trotzdem erniedrigt. Dieser Effekt (nicht jedoch die übrigen Hormonwirkungen) kommt auch dem stereoisomeren **D-Thyroxin** zu.

TSH wird in den basophilen Zellen des Hypophysenvorderlappens gebildet. Es ist ein Glykoprotein mit einem Mol.-Gew. von 30 000 und einem Kohlenhydratanteil von 8%. Die menschliche Hypophyse enthält etwa 25 mg TSH, eine Einheit sind 13,5 mg. Unter der Wirkung von TSH kommt es zu einer Stimulierung der Schilddrüsentätigkeit, die an einer Gewichtserhöhung der Schilddrüse (Hyperplasie) bzw. an einer histologischen Zunahme der Zellhöhe des Follikelepithels erkennbar ist. Gleichzeitig sind Jodaufnahme, Thyreoglobulinsynthese, Bildung der Schilddrüsenhormone, ihre enzymatische Freisetzung (Aktivierung von Proteasen) und ihre Ausschüttung ins Blut beschleunigt.

**Euthyreote Struma.** Eine Volumenvermehrung der Schilddrüse bei normaler Synthese von Schilddrüsenhormonen wird als euthyreote Struma (Kropf) bezeichnet. Die Volumenvermehrung ist das Ergebnis einer vermehrten TSH-Sekretion und tritt als Kompensationsmechanismus bei folgenden exogenen (1) bzw. vererbbaren endogenen (2–5) Störungen ein (Schema, S. 148).

1. Ein durch verminderte Jodzufuhr mit der Nahrung bedingter Jodmangel wird durch eine Volumenzunahme der Schilddrüse ausgeglichen, die insgesamt zwar gleich viel Jod enthalten kann wie eine normale Schilddrüse, jedoch eine geringere Jod-Konzentration aufweist.
2. Fehlende oder herabgesetzte Fähigkeit zur Akkumulation von Jodid aus dem Blut.
3. Fehlende oder herabgesetzte Aktivität der Jodid-Peroxidase mit Ausbleiben der Jodierung von Tyrosinresten.
4. Defekt der Konjugase, die Monojod- bzw. Dijodtyrosinreste in einer enzymatischen Reaktion in Trijod- bzw. Tetrajodthyroninreste überführt.
5. Zu geringe Aktivität oder fehlende Aktivität der Dejodasen.

Bei der Hormonsynthese entstehen hormonunwirksame Verbindungen (3′,5′,3-Trijodthyronin und 3′,3-Dijodthyronin) sowie jodierte Tyrosinreste, deren Jod durch spezifische Dejodasen enzymatisch aus der organischen Bindung freigesetzt und von der Schilddrüse für erneute Synthese nutzbar gemacht wird. Bei einem Mangel an Dejodasen gelangen die hormonunwirksamen jodhaltigen Syntheseprodukte ins Blut. Sie werden ausgeschieden und können schließlich zu einem sekundären Jodmangel führen.

Bei allen diesen Störungen kann durch vermehrte TSH-Sekretion des Hypophysenvorderlappens eine ausreichende Hormonproduktion der Schilddrüse und eine euthyreote Stoffwechsellage aufrechterhalten werden.

**Hypothyreose.** Bei ungenügender $T_4$- und $T_3$-Synthese entwickeln sich Symptome einer Schilddrüsenunterfunktion, die bei Jugendlichen zu Wachstumsstörungen (Zwergwuchs), verzögerter oder ausbleibender geistiger Entwicklung (Schwachsinn) sowie zu Grundumsatzerniedrigung, erniedrigter Körpertemperatur und Kropfbildung führt. Es sind Symptome eines verminderten Katabolismus. Sie äußern sich beim Erwachsenen in einer Verdickung und Schwellung der Haut (Myxödem), Brüchigkeit der Nägel, verminderter Leistungs- und Konzentrationsfähigkeit, gesteigertem Schlafbedürfnis und sekundärer Hyperlipoproteinämie (verminderte Utilisation von Lipoproteinen). Die Schwellung der Haut ist durch eine Vermehrung des Hyaluronatgehalts im subcutanen Bindegewebe bedingt, die durch verlangsamten Abbau zustande kommt. Gleichzeitig ist die Synthese von Dermatansulfat gebremst. Die Ursachen einer Hypothyreose können liegen:

- in einem zu geringen Volumen der Schilddrüse (Atrophie) unbekannter Ursache bzw. nach Strumektomie oder Zerstörung des Schilddrüsengewebes (chronische Strumitis),

- in fehlender TSH-Stimulation der Schilddrüse infolge von Hypophysentumoren (sekundäre hypophysäre Hypothyreose),
- in Synthesestörungen infolge angeborener enzymatischer Defekte oder
- in schwerem Jodmangel.

Auch nach Hypophysektomie kommt es zur Involution der Schilddrüse, verminderten Jodaufnahme und Hormonsynthese, sowie zur Hemmung der Hormonfreisetzung und Abnahme des Hormonjods im Blut.

**Hyperthyreose.** Die Hyperthyreose ist durch eine Überproduktion von $T_3$ und $T_4$ gekennzeichnet. Die klinischen Symptome der Schilddrüsenüberfunktion sind gesteigerter Grundumsatz, Tachycardie, Tremor, Schlaflosigkeit, Nervosität, gegebenenfalls auch Vergrößerung der Schilddrüse und Exophthalmus (einseitiges oder beidseitiges Hervortreten des Augenbulbus aus der Orbita, das in schwerer Form zum Doppelsehen sowie unvollständigem Lidschluß führen kann). Der stetige Gewichtsverlust (Abmagerung) ist eine Folge der Erhöhung des Grundumsatzes. Die häufig beobachteten subfebrilen Temperaturen bzw. die der Wärmeableitung dienende Schweißsekretion haben ihre Ursache darin, daß infolge Entkopplung der Atmungskette der ATP-Gewinn gering, die Wärmeentwicklung dagegen größer ist.
Pathogenetisch können der Hyperthyreose verschiedene Mechanismen zugrunde liegen:

1. Bei **Morbus Basedow** wird die Schilddrüse ständig durch eine als „Long Acting Thyreoid Stimulator" (LATS) bezeichnete Substanz stimuliert, welche die gleiche Wirkung auf das Wachstum des Schilddrüsengewebes ausübt wie das TSH. LATS ist ein Antikörper vom Typ IgG, der gegen Zellinhaltsbestandteile des Schilddrüsengewebes gerichtet ist. Unter der Stimulation von LATS kann daher exogenes TSH die Jodaufnahme der Schilddrüse und die Hormonsynthese nicht weiter erhöhen.

Durch den Nachweis von Antikörpern, die gegen Zellen, Kernmembranen, Mikrosomen, Kernchromatin und Thyreoglobulin gerichtet sind, hat der Morbus Basedow den Charakter einer Autoimmunkrankheit erhalten. Die Reaktion der Zellbestandteile mit den (komplementfixierenden) Antikörpern führt zu einer lymphozytären Infiltration (Strumitis lymphomatosa Hashimoto) oder bindegewebiger Umwandlung (Strumitis fibrosa Riedel). Im Verlauf der Krankheit kommt es zu zunehmender Zerstörung des Schilddrüsengewebes und Ersatz durch Bindegewebe, so daß die anfänglich erhöhte Jodaufnahme später erniedrigt ist.

2. Umschriebene Bezirke des Schilddrüsengewebes können (mit oder ohne gleichzeitige Vergrößerung der Schilddrüse) sich der Regulation durch TRH und TSH entziehen und als autonome **heiße Knoten** zu einer Überproduktion führen oder als **toxische Knoten** (toxisches Adenom) den Organismus mit $T_3$ und $T_4$ überschwemmen. TRH- und TSH-Sekretion sind dabei durch den hohen Bluthormonspiegel unterdrückt. Die Knoten können solitär oder multipel auftreten und lassen

sich, da die Jodspeicherung fast ausschließlich auf das toxische Adenom beschränkt ist, und der Rest des Schilddrüsengewebes wegen der fehlenden Stimulation durch TSH keine bzw. verminderte Jodaufnahme zeigt, durch hohe therapeutische Dosen von $^{131}J$ behandeln.

Adenome können jedoch auch funktionsloses Schilddrüsengewebe enthalten, das nicht zur $T_3$- und $T_4$-Produktion beiträgt („Kalter Knoten").

**Schilddrüsenfunktionsdiagnostik.** Die klinische Diagnose von Schilddrüsenerkrankungen kann durch radiologische, radioimmunologische und klinisch-chemische Untersuchungsverfahren gesichert werden. Die Messung der Jodidaufnahme durch die Schilddrüse erfolgt mit Hilfe der Radiojodszintigraphie (Zweiphasentest), bei der nach einer Testdosis von $^{131}$Jodid die Radioaktivität über der Schilddrüse 2, 24 und 48 h nach der $^{131}$Jodidgabe szintigraphisch bestimmt wird. Der Radiojodtest läßt sich auch zur Prüfung des Regelkreises Hypothalamus-Hypophyse-Schilddrüse anwenden, wenn 8 Tage lang vor Testbeginn täglich 0,15 µmol (100 µg) $T_3$ ($T_3$-Suppressionstest) bzw. 3 Tage lang vor Testbeginn täglich 3,3 I. E. TSH (TSH-Stimulationstest) gegeben werden.

Für die in vitro Diagnostik stehen folgende Methoden zur Verfügung:

- Bestimmung von **$T_3$** und **TSH** im Serum durch Radioimmunassay.
- **$T_4$-Test.** Der $T_4$-Test (Bestimmung des Gesamtthyroxins im Serum) entspricht der kompetitiven Proteinbindungsanalyse. Dazu wird das im Serum fast vollständig an Trägerproteine gebundene Thyroxin zunächst durch Alkohol extrahiert. Wird dieser alkoholische Extrakt einer Lösung von $[^{125}J]T_4$, das an thyroxinbindendes Globulin gebunden ist, zugesetzt, so wird ein der $T_4$-Menge des Extrakts proportionaler Anteil $[^{125}J]T_4$ aus der Bindung verdrängt, dessen Aktivität direkt der $T_4$-Konzentration im Patientenserum entspricht, wenn das Testsystem vorher mit bekannten $T_4$-Konzentrationen geeicht wurde.
- **$T_3$-Test.** Beim $T_3$-Test wird dem Blut $[^{131}J]T_3$ zugefügt, von dem ein Teil das noch freie thyroxinbindende α-Globulin besetzt. Der nach Erschöpfung der Bindungskapazität verbleibende Überschuß an nichtproteingebundenem $[^{131}J]T_3$ wird nach Abtrennung bestimmt. Die Methode gibt Auskunft über die relative Verteilung von freiem und gebundenem Schilddrüsenhormon.

Die Kombination des $T_4$- und $T_3$-Tests (effektiver Thyroxinquotient) erlaubt Aussagen über eine Vermehrung oder Verminderung des thyroxinbindenden Globulins.

**Exophthalmusproduzierende Substanz.** Der bei Hyperthyreose beobachtete Exophthalmus ist durch Vermehrung des intrabulbären Bindegewebes und Zunahme seines Wassergehaltes bedingt und führt zu dem charakteristischen Austreten der Augäpfel aus der Augenhöhle. Dieser Effekt wird durch die ebenfalls im Hypophysenvorderlappen gebildete exophthalmusproduzierende Substanz (EPS) ausgelöst. Sie ist chemisch mit dem TSH verwandt, kann jedoch bei dessen Reinigung abgetrennt werden. Bei einer durch hormonbildende Adenome induzierten Hyperthyreose (heiße Knoten) kommt es wegen der gleichzeitig hemmenden Wirkung des vermehrten Schilddrüsenhormons auf Hypothalamus und Hypophyse **nicht** zu einem Exophthalmus.

## 4. Hormonelle Regulation des Calcium-Phosphat-Stoffwechsels

Die in der Nebenschilddrüse (und in den C-Zellen der Schilddrüse und im Thymus) gebildeten Hormone **Parathormon** (Polypeptid aus 84 Aminosäuren) und **Calcitonin** (Polypeptid aus 32 Aminosäuren), sowie die durch Biosynthese in der Leber und Niere aus Calciferol entstehende Wirkform des Vitamin D – das **1,25-Dihydroxycalciferol** („D-Hormon") – sind an der Regulation des Calcium- und Phosphatstoffwechsels beteiligt und für die Homöostase des Serum-Calcium- und -Phosphatspiegels verantwortlich. Ihre physiologischen und pathologischen Wirkungen sind im Kap. Skelettsystem (S. 309) beschrieben.

## 5. Katecholamine

Die Katecholamine sind Syntheseprodukte des Nebennierenmarks und des Nervensystems (Ganglienzellen des sympathischen Nervensystems und des Hirnstammgebietes), ihre Synthesevorstufen werden jedoch auch in nichthormonbildenden Organen gefunden.

**Stoffwechsel.** Katecholamine leiten sich biogenetisch vom Tyrosin ab, das nach Hydroxylierung zum 3,4-Dihydroxyphenylalanin (DOPA) und Decarboxylierung in das biogene Amin 3,4-Dihydroxyphenyläthylamin (Hydroxytyramin, DOP-Amin) umgewandelt wird. Durch spezifische β-Hydroxylierung erfolgt die Bildung von **Noradrenalin,** das durch Methylierung der primären Aminogruppe weiter in **Adrenalin** (engl. Epinephrin) überführt wird. Das Nebennierenmark des Menschen enthält etwa 0,59 µmol (0,1 mg) Noradrenalin und 2,18–2,73 µmol (0,4–0,5 mg) Adrenalin.

Der Hauptabbauweg des Adrenalins und Noradrenalins führt über die O-Methylderivate (Katechin-O-methyl-Transferase) und anschließende oxidative Desaminierung durch eine Monaminoxidase zur 3-Methoxy-4-hydroxymandelsäure (Vanillinmandelsäure). Der Abbau ist jedoch nicht quantitativ. Auch Adrenalin und Noradrenalin selbst sowie die Zwischenprodukte der Vanillinmandelsäuresynthese werden mit dem Harn ausgeschieden (Reaktionsschema).

**Katecholaminwirkungen:**

- Als *Neurohormon* ist Noradrenalin Überträgersubstanz des adrenergischen Nervensystems, wird dort in einer biologisch unwirksamen Depotform ge-

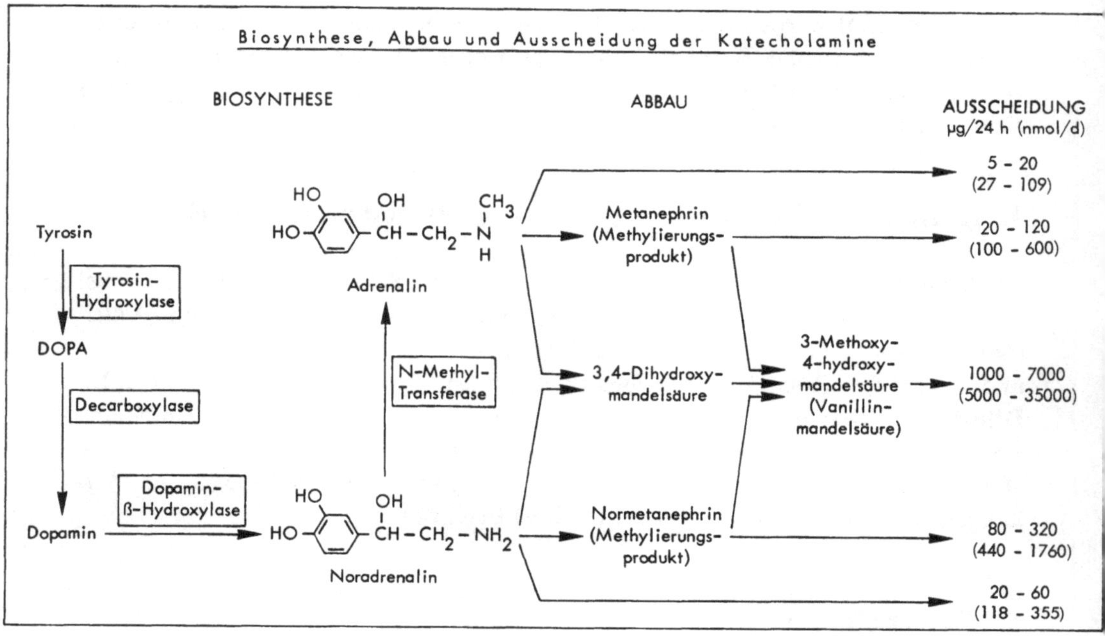


speichert und bei Erregung freigesetzt. Es vermittelt die chemische Erregungsübertragung auf das nächste Neuron bzw. das Erfolgsorgan (z. B. glatte Muskulatur).

- An der *vegetativen Regulation* sind Adrenalin und Noradrenalin durch Beeinflussung der Herztätigkeit (Frequenz und Schlagvolumen), des Kreislaufs (Vasokonstriktion bzw. Vasodilatation), der glatten Muskulatur der Bronchien und des Intestinaltrakts beteiligt.
- Die *Stoffwechselwirkungen* des Adrenalins sind durch Aktivierung von Phosphorylase in Leber und Muskulatur und Aktivierung der Fettgewebslipase im Fettgewebe gekennzeichnet. Die aktivierte Phosphorylase verstärkt die Glykogenolyse sowie die Glykolyse und fördert somit die Abgabe von freier Glucose (Leber) bzw. Lactat (Muskulatur) an das Blut. Unter der Wirkung von Adrenalin, nicht jedoch von Noradrenalin, werden aus dem Fettgewebe freie Fettsäuren und Glycerin an das Blut abgegeben. Gleichzeitig werden Glucose und Fettsäuren vorzugsweise von der Leber in verstärktem Ausmaß zu $CO_2$ und $H_2O$ oxidiert, wodurch sich der erhöhte Sauerstoffverbrauch unter Adrenalin erklärt. Erfolgt die Freisetzung von Fettsäuren mit höherer Geschwindigkeit als deren Oxidation bzw. Resynthese zu Lipiden, kann es zur Bildung von Ketonkörpern im Blut und zur metabolischen Acidose kommen (Abb.).

**Katecholaminüberproduktion.** Bei hormonell aktiven Tumoren des chromaffinen Gewebes der Nebennieren oder des sympathischen Nervensystems, die wegen

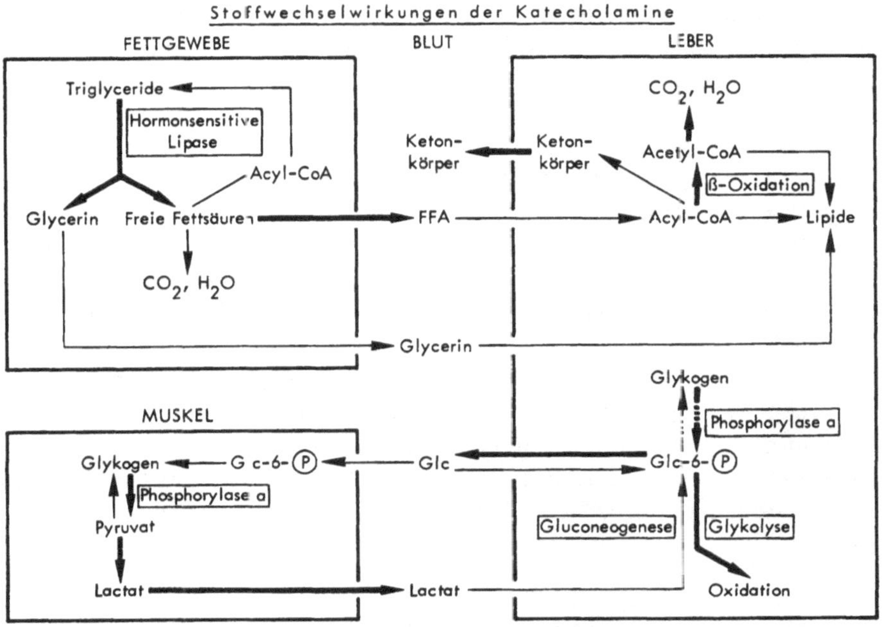


ihrer grauen Farbe als **Phäochromozytome** bezeichnet werden, aber auch in Verbindung mit anderen Krankheiten (Neurofibromatose, medulläre Schilddrüsencarcinome, von Hippel-Lindausche Angiomatose) kann die Produktion und Ausschüttung von Katecholaminen erhöht sein. Sie führt zu Stoffwechselentgleisungen und schweren Störungen der Herztätigkeit und der Kreislauffunktion. Infolge der Erhöhung der Phosphorylaseaktivität der Leber kann es zur Erhöhung des Blutzuckers und Glucosurie (diabetische Stoffwechsellage) kommen. Anstieg der Konzentration der freien Fettsäuren (Aktivierung der Fettgewebs-Lipase) und des Lactats (Aktivierung der Muskel-Phosphorylase) sind weitere Symptome. Die Überschüttung des Organismus mit Katecholaminen äußert sich vor allem in einem intermittierenden (50%) oder permanenten (50%) Hochdruck, der später durch Coronarinsuffizienz und Lungenödem kompliziert wird.

Die Diagnose eines Phäochromozytoms wird u. a. durch Nachweis der vermehrten Ausscheidung von 3-Methoxy-4-hydroxymandelsäure (Vanillinmandelsäure) im Urin gestellt. Die Normalausscheidung (1–7 mg/24 h) ist meistens auf Werte über 100 µmol/d (20 mg/24 h) erhöht. Neben dem Endprodukt des Katecholaminabbaus werden auch Adrenalin und Noradrenalin selbst sowie Metanephrin (3-Methyladrenalin) und Normetanephrin (3-Methylnoradrenalin) in erhöhter Menge mit dem Urin ausgeschieden. Ein Überwiegen der Adrenalinausscheidung weist auf eine Lokalisation des Tumors im Nebennierenmark, Überwiegen der Noradrenalinausscheidung auf extraadrenale Tumorlokalisation hin.

**Katecholaminmangelzustände.** Fehlen des Nebennierenmarkgewebes oder dessen experimentelle Entfernung beim Versuchstier bleiben ohne Folgen, da das sympathische Nervensystem das Nebennierenmark bezüglich der Synthese von Katecholaminen vollständig zu ersetzen vermag.

Zu einem Katecholaminmangel kann es jedoch bei schwerem und protrahiert verlaufendem Schock, bei Säuglingen postpartal (und in Begleitung einer Hypoglykämie), ferner bei angeborener Entwicklungsstörung des vegetativen Nervensystems (familiäre Dysautonomie) kommen. Die Ausscheidung von Vanillinmandelsäure im Urin ist auch bei der Phenylketonurie (Synthesestörung des Tyrosins) und beim Melanom (Verbrauch des Tyrosins durch Pigmentbildung) vermindert.

Bei Ratten führt eine auf umschriebene Hypothalamusbezirke begrenzte Synthesestörung von Noradrenalin, deren Ursache ein genetischer Defekt der DOPAmin-β-Hydroxylase ist, zu einem Hypertonus. Diese Beobachtung gibt einen Hinweis auf die mögliche Existenz von „Hypertoniekernen" im Hypothalamus und deren pathogenetische Bedeutung für die essentielle Hypertonie des Menschen.

## 6. Hypothalamus-Hypophysen-Nebennierenrinden-System

Die Nebennierenrinde ist ein lebenswichtiges Organ, dessen Entfernung immer den Tod des betreffenden Organismus zur Folge hat.

**Biosynthese und Chemie.** Die Nebennierenrinde bildet Hormone mit Wirkung auf den Kohlenhydrathaushalt (Glucocorticosteroide), auf den Kalium-Natrium-Haushalt (Mineralocorticosteroide) und Hormone mit androgener Wirkung. Sie sind ausnahmslos Steroidhormone und lassen sich biogenetisch alle vom Progesteron ($\Delta^4$-Pregnen-3,20-dion) ableiten. Das Progesteron kann entweder aus Cholesterin oder durch Direktsynthese aus Acetyl-CoA entstehen.

Das Prinzip der Entstehung der Steroidhormone der Nebennierenrinde aus Progesteron besteht in einer spezifischen Hydroxylierung des Sterangerüstes des Progesterons an den Positionen 11, 17, 18 und 21 (Syntheseschema). Die beteiligten Steroidhydroxylasen weisen hohe Spezifität auf. Unter den Gluco-

| | Hormonproduktion µmol/d (mg/24 h) | Blutplasmaspiegel nmol/l (µg/100 ml) gesamt *) | frei |
|---|---|---|---|
| Cortisol | 28 - 55 (10 - 20) | 138 - 690 (5 - 25) | 28 (1) |
| Corticosteron | 9 ( 3,0 ) | 30 ( 1,0 ) | 3 (0,1) |
| Aldosteron | 0,83 ( 0,3 ) | 0,083 - 0,14 (0,003- 0,005 ) | 0,083 (0,003) |

*) Proteingebundenes und freies Steroidhormon

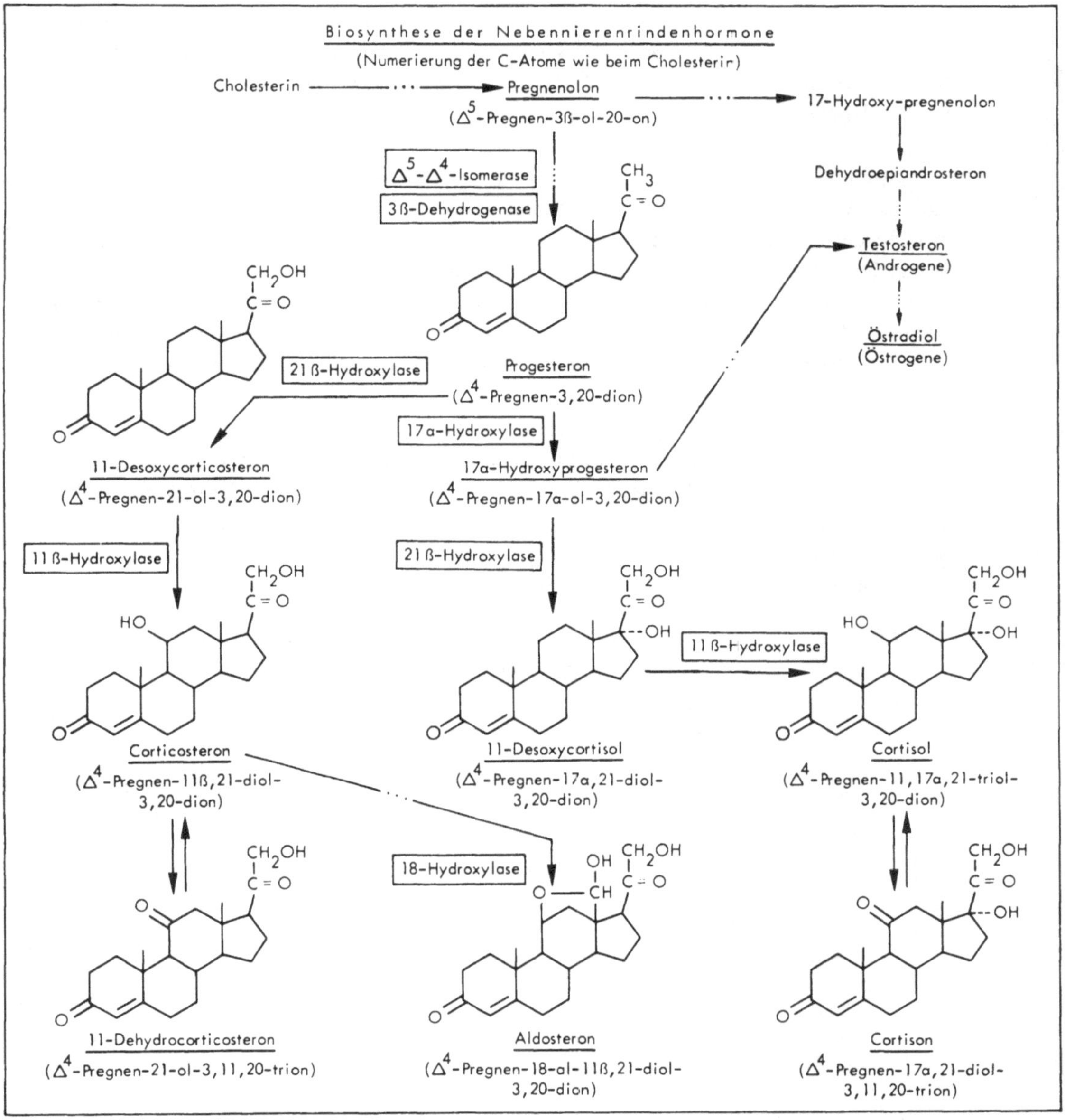


corticoiden sind **Cortisol** und **Corticosteron,** unter den Mineralocorticoiden das **Aldosteron** die wichtigsten physiologischen Vertreter. Cortisol und Corticosteron sind im Blut zu 90–95% an ein spezifisches steroidbindendes $\alpha_2$-Globulin gebunden, Aldosteron wird dagegen frei bzw. locker an Serumalbumin gebunden transportiert. Tagesproduktion und Blutspiegel gibt die Tabelle wieder.

Auch Cortison und 11-Dehydrocorticosteron haben Glucocorticoidwirkung, während Desoxycorticosteron und Desoxycortisol den Mineralstoffwechsel beeinflussen. Bei allen Hormonen sind jedoch immer beide Wirkungen nebeneinander nachweisbar.

**Regulation.** Bildung und Ausschüttung der Glucocorticoide werden über einen Regelkreis kontrolliert, an dem der Blutglucocorticoidspiegel, das im Hypothalamus gebildete Corticotropin-Releasing-Hormon und das ACTH des Hypophysenvorderlappens beteiligt sind. Die Selbstregulation durch Rückkopplung arbeitet nach dem Prinzip, daß hohe Glucocorticoiddosen eine hemmende Wirkung auf Zwischenhirn bzw. Hypophysenvorderlappen ausüben und umgekehrt. Kälte und Streß können durch direkte Wirkung auf Hypothalamus zusätzlich wirksam werden.

Aldosteronbildung und -ausschüttung werden durch das aldosteronstimulierende Hormon ASH überwacht. Das ASH ist identisch mit dem Angiotensin II, das eine direkte stimulierende Wirkung auf die aldosteronproduzierenden Zellen der Nebennierenrinde besitzt und selbst durch enzymatische Reaktion aus dem Angiotensin I entsteht, das wiederum unter der Wirkung des aus der Niere stammenden Renins aus einem $\alpha_2$-Globulin (Angiotensinogen) freigesetzt wird.

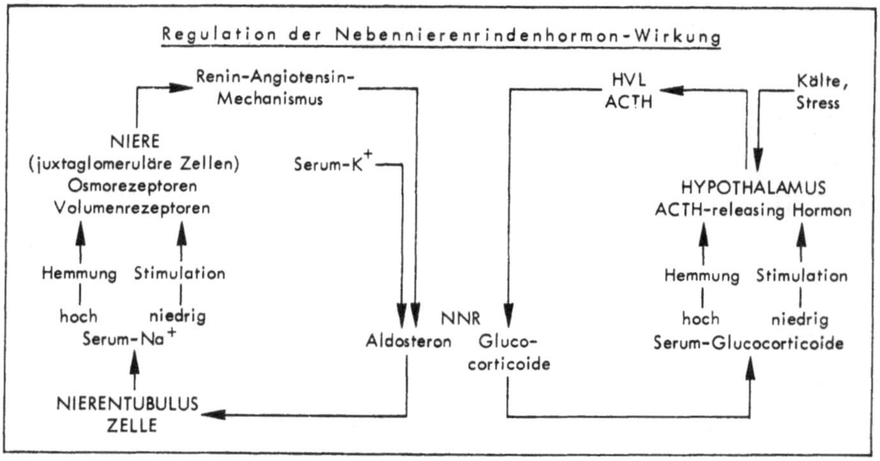


**Glucocorticoide.** Neben definierten Wirkungen der Glucocorticoide auf Kohlenhydrat- und Lipidstoffwechsel beeinflussen die Glucocorticoide in ihrem biochemischen Wirkungsmechanismus noch nicht erklärte Vorgänge und z. T. vitale Regulationsprozesse.

1. *Förderung der Gluconeogenese.* Unter dem Einfluß von Glucocorticoiden kommt es zur Neubildung von Kohlenhydraten aus Proteinen. Direkt meßbare Stoffwechselveränderungen sind die Erhöhung der Konzentration der Glucose, der

Aminosäuren, der freien Fettsäuren und des Harnstoffs im Blut, eine erhöhte Stickstoffausscheidung und negative Stickstoffbilanz. Die Glucosetoleranz ist herabgesetzt, der Glykogengehalt der Leber steigt an.

Die Glucocorticoide entfalten eine unterschiedliche Wirkung auf die peripheren Organe und die Leber. In den peripheren Organen, insbesondere in der Muskulatur und im Knochengewebe hemmen sie die Biosynthese, fördern jedoch den Abbau der Proteine (antianaboler Effekt). Die Abnahme des Proteingehaltes kann sich im Knochen infolge des Verlustes an Kollagen in einer Entmineralisierung (Osteoporose) bemerkbar machen. In der Leber selbst kommt es durch Enzyminduktion (erkennbar an der Synthese von mRNA) zu vermehrter Synthese und Aktivitätserhöhung aminosäureabbauender Enzyme. Das Kohlenstoffskelett der Aminosäuren wird dann für die Gluconeogenese (Bildung von Glucose-6-phosphat) verwendet, der nicht benötigte α-Aminostickstoff wird zu Harnstoff und erklärt die erhöhte Harnstoffkonzentration im Blut und die negative Stickstoffbilanz. Das auf dem Wege der Gluconeogenese gebildete Glucose-6-phosphat wird z. T. zur Glykogensynthese verwendet, die durch eine Aktivitätserhöhung der Glykogensynthetase gefördert wird, z. T. aber auch infolge einer Erhöhung der Aktivität der Glucose-6-Phosphatase als freie Glucose ans Blut abgegeben.

Die Abgabe der Glucose ins Blut wird durch Hemmung der oxidativen Decarboxylierung des Pyruvats zu Acetyl-CoA und damit des oxidativen Endabbaus der Glucose begünstigt. Da gleichzeitig die Glucoseutilisation in den peripheren Organen gehemmt ist, kommt es zu einem Anstieg des Blutzuckerspiegels. Dieses Phänomen wird auch als „Steroiddiabetes“ bezeichnet.

2. *Die Wirkung auf den Lipidstoffwechsel* äußert sich in einer Mobilisation der Lipiddepots mit einem Anstieg der freien Fettsäuren im Blut. Die unter der Glucocorticoidwirkung gehemmten Oxidationsvorgänge bringen die Gefahr einer Ketonkörperbildung und Erniedrigung der Alkalireserve (Acidose) mit sich.

3. *Weitere Stoffwechselwirkungen der Glucocorticoide.* Die Glucocorticoide – bzw. die bis zu hundertfach wirksameren synthetischen Derivate – bewirken in therapeutischen Dosen eine generelle Hemmung der Proteinbiosynthese. Da hierbei alle zellulären Abwehrreaktionen u. a. auch die Fibrinbildung und die Leukozyteneinwanderung in Entzündungsgebiete verlangsamt oder aufgehoben sind, besitzt das Cortison einen entzündungshemmenden Effekt, der bei überschießenden Abwehrreaktionen (allergische Reaktionen) und bei chronischen Entzündungsvorgängen (Rheuma, Arthritis, Kollagenkrankheiten) ausgenutzt werden kann. Eine besonders ausgeprägte Wirkung auf mesenchymale Organe unterstützt diesen Effekt.

Die Wirkungen auf das hämopoetische System und auf das Lymphsystem sind durch starke Hemmung des lymphatischen Gewebes mit der Folge einer Lymphopenie im peripheren Blut, durch Unterdrückung der Bildung von basophilen und eosinophilen Granulozyten, jedoch eine Förderung der Entstehung von neutrophilen Granulozyten und Thrombozyten im Knochenmark gekennzeichnet.

Da auch Antikörper Produkte der Proteinbiosynthese sind, vermögen die Glucocorticoide die Antikörperbildung zu unterdrücken (immunsuppressive Wirkung). Unerwünschte Antigen-Antikörper-Reaktionen im Organismus können damit verhindert oder ihre Folgen (anaphylaktischer Schock) gemildert werden. Auch bei der Nachbehandlung nach Organtransplantation spielen die Glucocorticoide eine hervorragende Rolle, da sie die Bildung von Antikörpern gegen das transplantierte Organ im Empfängerorganismus teilweise supprimieren.

Weitere Wirkungen der Glucocorticoide bestehen in einer Abdichtung der Gefäße durch Vasokonstriktion. Im Magen fördern Glucocorticoide die Salzsäure- und Pepsinproduktion.

Alle genannten Wirkungen tragen dazu bei, die Funktionen des Organismus zu garantieren und unter den verschiedensten Bedingungen aufrecht zu erhalten. Aus dem Wirkungsspektrum der Glucocorticoide ergeben sich die Indikationen für eine therapeutische Anwendung sowie die Symptomatik der Nebenwirkungen (Tabelle).

Physiologische Wirkung, Überfunktion und therapeutische Anwendung von Glucocorticoiden

| Physiologische Wirkung | Überfunktion bzw. Nebenwirkung bei therapeutischer Anwendung | Therapeutische Indikationen (Beispiele) |
|---|---|---|
| Proteinstoffwechsel: Hemmung der Proteinbiosynthese, Stimulation des Abbaus, katabole Stoffwechsellage | Adynamie, Muskelschwund, Osteoporose | Unterdrückung von Immunreaktionen, Hemmung der Antikörpersynthese, akut-allergische Reaktionen |
| Kohlenhydratstoffwechsel: Gluconeogenese, Neubildung von Glucose aus Aminosäuren | Hyperglykämie ("Steroid-Diabetes"), herabgesetzte Glucosetoleranz, Ketoacidose | |
| Lipidstoffwechsel: Mobilisierung von Lipiddepots, Redeposition mit atypischer Lokalisation | Lipidverteilungsstörungen (Vollmondgesicht, Büffelnacken, Stammfettsucht), Hyperlipoproteinämie | |
| Hämopoetisches System: Regulative Funktionen | Polyglobulie, Leukozytose, Thrombozytose, Lymphopenie | Neoplasien des lymphoretikulären Systems |
| Mesenchymale Gewebe: Stoffwechselregulation | Hemmung des Synthesestoffwechsels von Mesenchymzellen (Chondroblasten, Fibroblasten), verzögerte Wundheilung, Atrophie der Haut, Kapillarfragilität | Antiphlogistische Wirkung, rheumatische Erkrankungen, Kollagenkrankheiten, Leberzirrhose, Keloide, Hautkrankheiten |
| Anpassung vitaler Regulationsmechanismen an Streßsituationen: | | Akute lebensbedrohliche Zustände (Trauma, Schock, Herzkreislaufversagen, Status asthmaticus u. a.) |

**Mineralocorticoide.** Das Fehlen der 11-Hydroxylgruppe im Steroidmolekül verstärkt dessen Wirkung auf den Mineralstoffwechsel. Die Synthesezwischenprodukte 11-Desoxycorticosteron und 11-Desoxycortisol zeigen Mineralocorticoidwirkung. Das wirksamste Mineralocorticoid, das Aldosteron, besitzt zwar eine

11-Hydroxylgruppe, sie ist jedoch durch Halbacetalbildung mit der benachbarten Aldehydgruppe am C-Atom 18 maskiert (Formel S. 157). Aldosteron ist im Mineralstoffwechsel 1000mal wirksamer als Cortisol.

Die Mineralocorticoide regulieren die Verteilung von $Na^+$ und $K^+$ im zellulären und extrazellulären Raum, und zwar begünstigen sie den Austritt von Kalium aus der Zelle und den Eintritt von Natrium in die Zelle. Sie wirken also der Natriumpumpe entgegen.

Der Einfluß der Mineralocorticoide auf den Elektrolythaushalt zeigt sich besonders deutlich in der Niere. Ihr Angriffspunkt ist der proximale und distale Nierentubulus. Ihre Wirkung besteht in einer verstärkten Rückresorption von Natriumionen und einer Sekretion von Kaliumionen (bzw. $H^+$ oder $NH_4^+$). Da die Elektrolytverschiebung entsprechende Wasserbewegungen zur Folge hat, kann sich das Flüssigkeitsvolumen der Körperkompartimente unter der Mineralocorticoidwirkung erheblich verändern. Die Natriumchloridretention kann zur Bildung eines **„Kochsalzödems“** führen, eine verminderte Natriumchloridausscheidung läßt sich im Schweiß, Speichel und in den Intestinalflüssigkeiten nachweisen. Infolge der vermehrten Ausscheidung von Kalium ist der Blutkaliumspiegel herabgesetzt (Hypokaliämie).

Auf einer Natriumchloridretention beruhende Ödeme lassen sich durch natürlicherweise nicht vorkommende **synthetische Aldosteronantagonisten** behandeln. Sie verdrängen aufgrund ihrer analogen chemischen Struktur das Aldosteron von seinem Wirkungsort am Nierentubulus und verhindern damit eine übermäßige Rückresorption von Natriumchlorid, das vermehrt ausgeschieden wird (Kap. Niere, S. 295).

Synthetischer Aldosteronantagonist

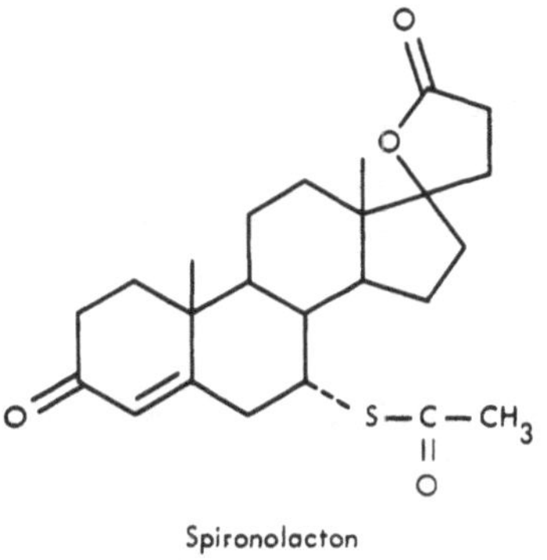


Spironolacton

**Überproduktion von Nebennierenrindenhormonen.** Gutartige oder bösartige Tumoren der Nebennierenrinde, aber auch eine übermäßige Produktion des der Nebennierenrinde übergeordneten adrenocorticotropen Hormons (ACTH) rufen

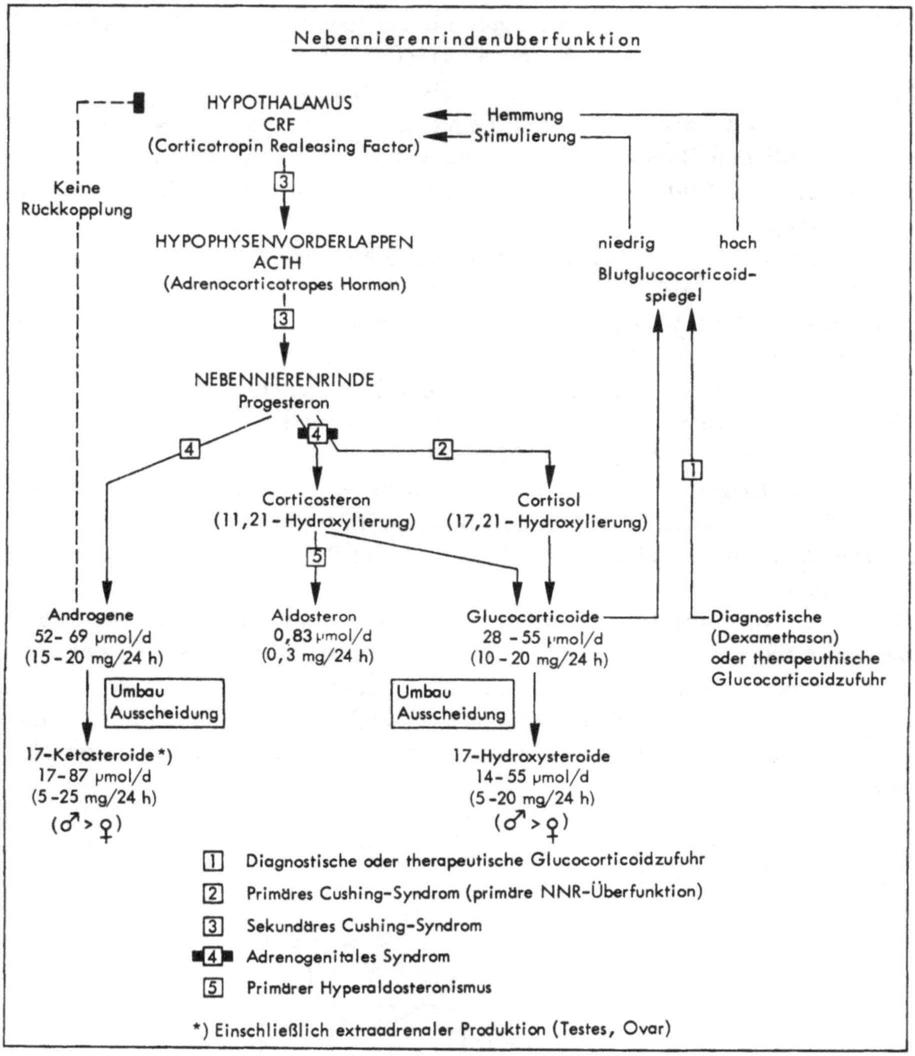


charakteristische Symptome hervor. Die Überproduktion kann die Glucocorticoide, die Mineralocorticoide oder die Androgene betreffen (Schema).

1. *Cushing-Syndrom.* Beim Cushing-Syndrom steht eine vermehrte Produktion und Wirkung der Glucocorticoide im Vordergrund (Hypercortisolismus). Beim primären (adrenalen) Cushing-Syndrom sind (meist einseitige) gutartige hormonbildende Adenome oder bösartige Tumoren der Nebennierenrinde die Ursache. Die Hormonproduktion durch das Adenom- oder Tumorgewebe unterliegt **nicht** mehr der Kontrolle durch ACTH und zeigt keinen circadianen Rhythmus (Tagesprofil).

Dem proteinkatabolen Effekt der Glucocorticoide entsprechen Muskelschwund, Osteoporose, atrophische Haut und schlechte Wundheilung. Die überstürzte Gluconeogenese führt zu einer (schlecht auf Insulin ansprechenden) Hyperglykämie („Steroiddiabetes"). Die Wirkung auf den Lipidstoffwechsel äußert sich in einer Mobilisation von physiologischen Lipiddepots und Redeposition an atypischer Lokalisation (Vollmondgesicht, Büffelnacken, Stammfettsucht). Die Veränderungen am hämopoetischen System zeigen sich u. a. in Leukozytose und Lymphopenie (Tab. S. 160).

Durch die hohe Blutglucocorticoidkonzentration ist die ACTH-Produktion bei primärem Cushing-Syndrom maximal gebremst. Dies führt – mit Ausnahme des ACTH-unabhängigen Nebennierenadenomgewebes – zu Atrophie des gesamten restlichen Nebennierenrindengewebes. Der ACTH-Spiegel des Blutplasmas (normal ~ 11 pmol/l, 50 pg/ml) ist beim primären Cushing-Syndrom auf weniger als 1,1 pmol/l (5 pg/ml) erniedrigt.

2. *Sekundäres Cushing-Syndrom.* ACTH-produzierende Adenome oder Tumoren der Hypophyse, Überfunktionszustände des hypothalamischen und hypophysären Systems (mit Erhöhung des Corticotropin-Releasing-Hormons und des ACTH im Serum) sowie schließlich auch ACTH-bildende ektopische Tumoren (z. B. Bronchus-, Thymus-, Pankreas-, Prostata-, Mamma-, Schilddrüsen-, Nieren-Carcinome) führen alle zu einer ACTH-induzierten bilateralen Nebennierenrindenhyperplasie mit vermehrter Produktion von Glucocorticoiden, Aldosteron und Androgenen.

Da die anabole Wirkung der vermehrt produzierten Androgene die katabole Wirkung der Glucocorticoide teilweise abschwächt, sind Muskelschwund, Osteoporose, aber auch Steroiddiabetes und Stammfettsucht weniger ausgeprägt. Dafür können die Symptome einer verstärkten Androgenwirkung (Virilismus, Hirsutismus, Menstruationsstörungen, Polyzythämie) im Vordergrund stehen. Im Gegensatz zum primären Cushing-Syndrom ist der ACTH-Spiegel des Blutplasmas erhöht (≫ 11 pmol/l, 50 pg/ml).

Wegen der vielfachen Indikation für den Einsatz von Glucocorticoiden als Pharmaka ist auch das exogen (iatrogen) ausgelöste sekundäre Cushing-Syndrom häufig, unterscheidet sich in der klinischen Symptomatik jedoch nicht vom endogenen Cushing-Syndrom.

3. *Adrenogenitales Syndrom.* Bei einer über das physiologische Maß hinausgehenden Mehrproduktion von Androgenen in der Nebennierenrinde entsteht das Bild des adrenogenitalen Syndroms. Es ist durch erhöhte Serumkonzentration von Androgenen (Androstendion, Testosteron, Normbereich s. S. 171), vermehrte Ausscheidung von 17-Ketosteroiden im Urin und Virilisierung des Genitales und des Gesamtkörperbaus gekennzeichnet. Man unterscheidet angeborene und erworbene Formen.

Dem **angeborenen adrenogenitalen Syndrom** liegt ein Enzymdefekt zugrunde, der häufig die an der Synthese der Glucocorticoide beteiligten Enzyme 3β-Dehydrogenase, 21β-Hydroxylase bzw. 11β-Hydroxylase betrifft (Schema). Als Folge kommt es nicht nur stets zu einer verminderten Produktion von Cortisol und Aldosteron, sondern auch – begünstigt durch die Akkumulation von nichtumgesetzten Synthesezwischenprodukten – zu einem Ausweichen auf eine vermehrte Synthese von Androgenen. Der Aldosteronmangel kann jedoch beim Defekt der 11β-Hydroxylase durch Anhäufung des mineralocorticoidwirksamen 11-Desoxycorticosterons kompensiert werden (nicht salzverlierender Typ).

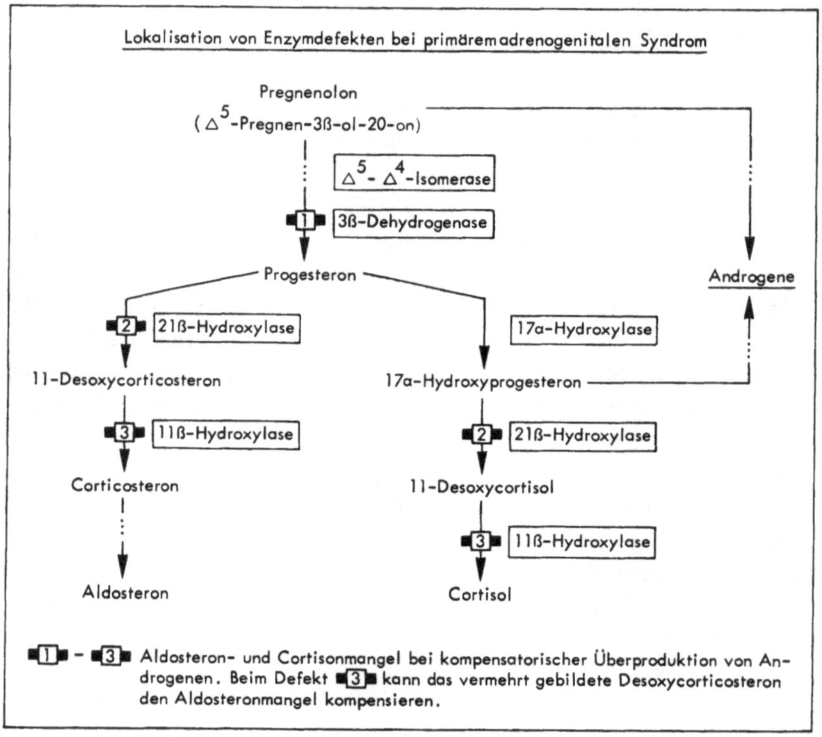


Bei Knaben kommt es zu vorzeitiger Ausbildung der sekundären Geschlechtsmerkmale, als Folge der erhöhten Androgenproduktion aber auch zu Wachstumsstillstand und – wegen der starken Rückkopplungshemmung auf das Hypothalamus-Hypophysen-System – zu gehemmter Gonadotropinbildung mit sekundärem Hypogonadismus, der Azoospermie und Sterilität (S. 174) bedingt. Wegen des Kontrastes zur Entwicklung der sekundären Geschlechtsmerkmale wird diese Erscheinungsform als „dissoziierter Virilismus“ bezeichnet.

Beim Mädchen führt der Hypogonadismus zu primärer Amenorrhoe und fehlender Brustentwicklung, der erhöhte Androgenspiegel jedoch zur Vermännlichung des äußeren Genitales (Pseudohermaphroditismus).

Das **erworbene adrenogenitale Syndrom** ist meist Folge eines androgenbildenden Nebennierenrindencarcinoms. Ein Defekt in der Produktion der Glucocorticoide und des Aldosterons liegt dabei nicht vor.

4. *Hyperaldosteronismus.* Eine erhöhte Produktion und Ausschüttung von Aldosteron kann ihre Ursache in der Nebenniere selbst (primärer Aldosteronismus) haben oder durch extrarenale Ursachen bedingt sein (sekundärer Hyperaldosteronismus).

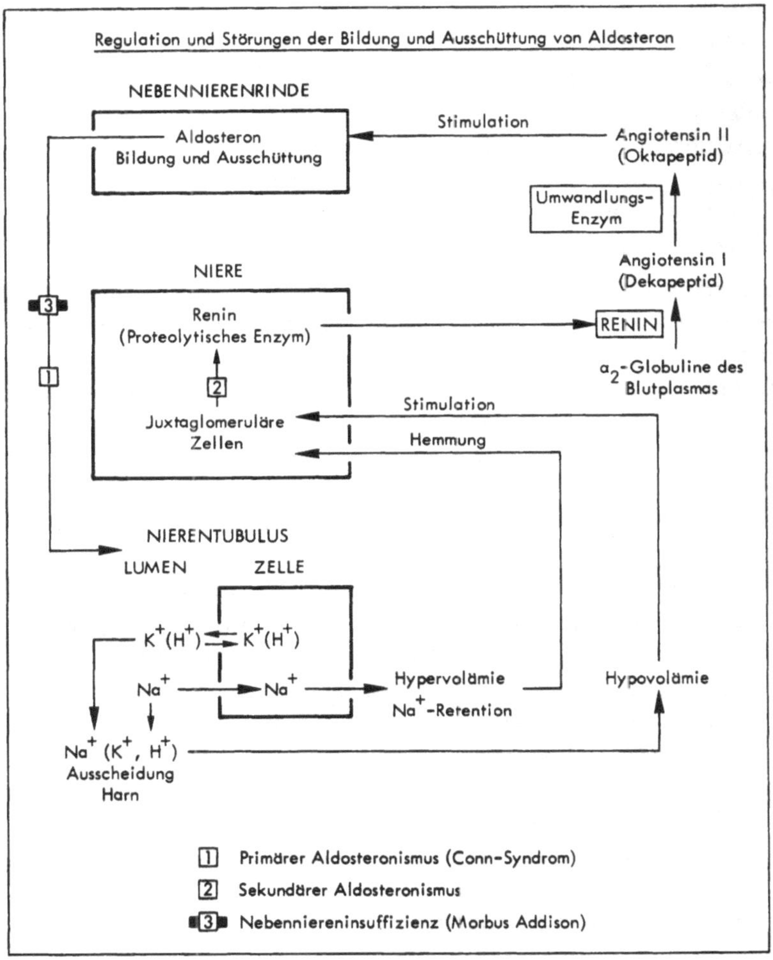


Beim **primären Hyperaldosteronismus** (Conn-Syndrom) liegt ein Tumor oder eine Hyperplasie der Nebennierenrinde mit vermehrter Bildung und Sekretion von Aldosteron vor. Dies hat zur Folge: 1. eine Kaliumverarmung durch erhöhte $K^+$-Ausscheidung (Hypokaliämie), welche die Muskelschwäche und EKG-Veränderungen erklärt, 2. eine Hypernatriämie, die als Ursache der Begleithypertonie angesehen wird und 3. eine Alkalose wegen der vermehrten Ausscheidung von Protonen.

Wegen einer sich sekundär meist entwickelnden Nierenschädigung (Albuminurie, mangelnde Harnkonzentrierung) bleibt eine Ödembildung durch Kochsalzretention paradoxerweise aus. Bei primärem Hyperaldosteronismus findet man eine erhöhte Ausscheidung von Aldosteron im Urin > 83 μmol/d (30 mg/24 h), Normbereich: 30 ± 14 μmol/d (11 ± 5 mg/24 h), die sich weder durch 40 mg Lasix® stimulieren noch durch Natriumchloridbelastung (> 200 mmol/d über eine Woche) supprimieren läßt.

**Sekundärer Hyperaldosteronismus.** Dem sekundären Hyperaldosteronismus können alle Krankheitsbilder mit Ödembildung, Leberzirrhose, Nephrose, Herzinsuffizienz, ferner Hypertonieformen oder eine vermehrte Reninbildung in der Niere (Tumor, Bartter-Syndrom) zugrunde liegen. Im Gegensatz zum primären Hyperaldosteronismus, bei dem das Plasma-Renin stark erniedrigt ist, ist die Plasma-Renin-Aktivität beim sekundären Hyperaldosteronismus erhöht.

**Nebennierenrindeninsuffizienz** (Addison-Syndrom). Bei Ausfall von etwa 90% der Nebennierenrinde kommt es zu Mangelerscheinungen im Sinne einer Nebenniereninsuffizienz. Sie ist vorwiegend durch den Mangel an Mineralocorticoiden (Aldosteron) und weniger durch das Defizit an Glucocorticoiden charakterisiert. Als Ursache für die primäre Nebennierenrindeninsuffizienz kommen ein tuberkulöser Befall der Nebennieren (Verkalkungen auf der Röntgenübersichtsaufnahme des Abdomens), häufiger jedoch eine autoimmunologisch bedingte Zerstörung der Nebennierenrinde („primäre idiopathische Nebennierenrindenatrophie") in Frage.

Die Nebennierenrindeninsuffizienz ist durch Natriumverlust, Kaliumretention (herabgesetzer $Na^+$-, erhöhter $K^+$-Blutspiegel), Exsikkose, Muskelschwäche, Kachexie, niedrigen Blutdruck, Absinken der Körpertemperatur und des Blutzuckerspiegels sowie eine charakteristische Braunpigmentierung der Haut (besonders an den dem Licht ausgesetzten Teilen) und der Schleimhaut gekennzeichnet. Die meisten Symptome lassen sich durch Fehlen des Aldosterons erklären. So ist die Exsikkose und Bluteindickung eine Folge der erhöhten Kochsalzausscheidung, während die pathologische Kaliumanreicherung in der Muskulatur direkte Ursache der Adynamie und der EKG-Veränderungen ist. Der fehlende Austausch von $H^+$ gegen $Na^+$ im Nierentubulus bedingt eine Abnahme des $NaHCO_3$ im Plasma und metabolische Acidose.

**Nebennierenrindenfunktionsdiagnostik.** Die quantitative Bestimmung der Nebennierenrindenhormone und der korrespondierenden glandotropen Hormone im Blutplasma sowie deren Konzentrationsveränderungen nach Anwendung von Stimulations- oder Funktionstesten erlauben einen Einblick in die Steroidproduktion der Nebennierenrinde und ihre Regulation. Zur Erfassung der Glucocorticoidproduktion und ihrer Regulation werden folgende Verfahren angewandt:

1. *Quantitative Bestimmung des Plasmacortisols* (Radioimmunassay). Zu beachten ist dabei der Tagesrhythmus der Cortisolkonzentration im Blutplasma, der um 06.00 h ein Maximum erreicht und bis etwa 24.00 h abfällt (circadiane Rhythmik).

2. *Dexamethasontest.* Dexamethason ist ein synthetisches Glucocorticoid (100mal wirksamer als Cortison), das die hypophysäre ACTH-Ausschüttung und damit die Nebennierenrindenfunktion stark einschränkt. Beim Cushing-Syndrom ist der 08.00 h gemessene Cortisol-Basalwert (normal: 0,27 ± 0,11 µmol/l, 10 ± 4 µg/100 ml Blut) erhöht (0,41–2,7 µmol/l, 15–100 µg/100 ml) und bleibt auch nach Gabe von 3 mg Dexamethason unverändert hoch, während beim Stoffwechselgesunden eine deutliche Suppression eintritt (Schema). Die 24 h-Ausscheidung an freiem Cortisol im Urin (normal: 0,082 ± 0,041 µmol/d, 30 ± 15 µg/24 h) ist gesteigert (mehr als 2,7 µmol/d, 100 µg/24 h).

Synthetisches Glucocorticoid

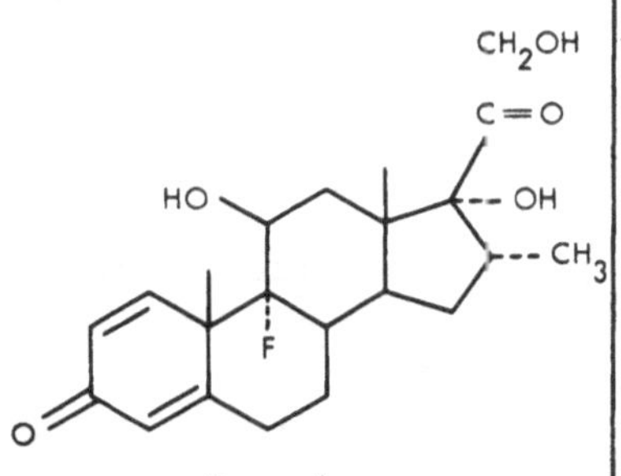


Dexamethason
(9α-Fluor-16α-methylprednisolon)

Circadiane Rhythmik (Tagesprofil) des Plasmacortisolspiegels und dessen Suppression durch Dexamethason beim Stoffwechselgesunden (—) und bei Cushing-Syndrom (···)

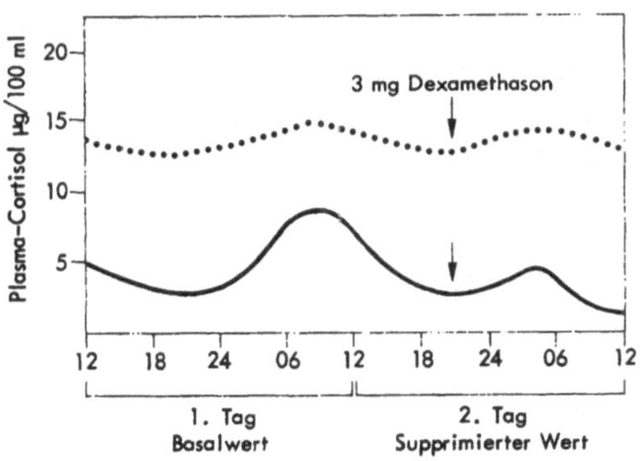


3. *Die Bestimmung der ACTH-Konzentration* im Plasma (normal: 11,0 pmol/l, 50 pg/ml) gestattet eine Differenzierung von primärem Cushing-Syndrom mit stark erniedrigten ACTH-Werten (< 1,1 pmol/l, < 5 pg/ml) und dem sekundären Cushing-Syndrom (> 11,0 pmol/l, > 50 pg/ml).

4. *Die quantitative Bestimmung der 17-Hydroxycorticosteroide* ist eine weniger aufwendige, aber auch weniger aussagekräftige Methode zur Ermittlung des Nebennierenrindenfunktionszustandes und als Suchtest geeignet. Die normale Ausscheidung an 17α-Hydroxycorticosteroiden (vorwiegend Cortisolausscheidungsprodukte) beträgt beim Mann 27,6 ± 11 µmol/d (10 ± 4 mg/24 h), bei der Frau 19,3 ± 8,2 µmol/d (7 ± 3 mg/24 h).

5. *Metopirontest.* Zur Prüfung der hypophysären ACTH-Reserve dient der Metopirontest. Metopiron ist ein Pharmakon, das die 11β-Hydroxylase der Nebennierenrinde und damit vorzugsweise die Cortisolbiosynthese hemmt. Durch das Absinken des Cortisolplasmaspiegels nach Metopirongabe (70 mg/kg Körpergewicht in 6 Portionen über 24 h) wird über einen Rückkopplungseffekt auf Hypothalamus und Hypophyse die ACTH-Sekretion stimuliert. Die Folge ist eine Mehrproduktion der 11-Desoxycorticosteroide und ein 2- bis 4facher Anstieg ihrer Ausscheidung im 24 h Urin über den Ausgangswert. Bleibt dieser Anstieg aus, war die ACTH-Sekretion der Hypophyse unzureichend (oder es liegt eine Nebennierenrindeninsuffizienz vor).

6. Der *ACTH-Stimulationstest* dient der Erfassung einer primären oder sekundären Nebennierenrindeninsuffizienz. Ist der Basalwert des Plasmacortisols auf weniger als 0,052 μmol/l (2 μg/100 ml) Blut herabgesetzt, liegt eine Nebennierenrindeninsuffizienz vor, die sich dadurch bestätigen läßt, daß auch nach Injektion von 20 E. ACTH (= 13 μg) der Plasmacortisolspiegel nicht ansteigt und auch die herabgesetzte Ausscheidung von 17-α-Hydroxycorticosteroiden (bei Nebennierenrindeninsuffizienz weniger als 8,2 μmol/d, 3 mg/24 h) nicht gesteigert wird. Bei normaler Nebennierenrindenfunktion müßten sich der Plasmacortisolspiegel 60 Min. nach der ACTH-Applikation auf 0,75 ± 0,14 μmol/l (27 ± 5 μg/100 ml) Blut und die Ausscheidung von 17-Hydroxycorticosteroiden auf 82,4 μmol/d (30 mg/24 h) erhöhen.

7. Die *klinisch-chemische Diagnostik von Störungen der Mineralocorticosteroidproduktion* erfolgt (neben der Bestimmung der Elektrolyte) mit Hilfe der Aldosteron- und Reninbestimmung im Plasma. Die Aldosteronkonzentration des Plasmas beträgt (morgens nach 03.00 h im Liegen) 140–280 pmol/l (50–100 pg/ml), steigt jedoch nach 2–3 h Umhergehen um das 2- bis 6fache an. Bei diesem Stimulationstest erfährt auch die Plasmareninaktivität (gemessen als Angiotensin I, normal: 0,2–2,0 ng Angiotensin I/ml/h) einen entsprechenden Anstieg. Beim primären Aldosteronismus ist schon der Basalwert des Aldosterons erhöht (> 280 pmol/l, 100 pg/ml). Bei Stimulation steigen jedoch weder das Aldosteron noch (die primär stark erniedrigte) Reninaktivität im Plasma an.

Beim sekundären Aldosteronismus liegt dagegen eine gesteigerte Renin-Angiotensin-Produktion vor, die das differentialdiagnostische Kriterium gegenüber dem primären Aldosteronismus liefert. Die Überproduktion von Aldosteron bei primärem und sekundärem Aldosteronismus geht auch mit einer gesteigerten Ausscheidung von Aldosteron (> 83 nmol/d, 30 μg/24 h) mit dem Urin einher (Normbereich 30 ± 14 nmol/d, 11 ± 5 μg/24 h).

8. *17-Ketosteroide.* Die von der Nebennierenrinde gebildeten Androgene werden im Harn zum großen Teil als **17-Ketosteroide** ausgeschieden. Als 17-Ketosteroide faßt man alle jene Hormone und ihre Abbauprodukte zusammen, die am C-Atom 17 eine Ketogruppe tragen. Da dies praktisch nur für Androsteron, Ätiocholanon, Androstendion, Dehydroepiandrosteron und deren 11-

Hydroxy- bzw. 11-Ketoderivate zutrifft, ist die Bestimmung der 17-Ketosteroidausscheidung ein Maß für die Bildung von Androgenen. Ihre Bildung erfolgt beim Mann nicht nur in den Nebennierenrinden (60%), sondern auch in den Testes (Leydigsche Zwischenzellen, 40%). Infolgedessen ist die Ausscheidung von 17-Ketosteroiden bei der Frau mit 17–52 µmol/d (5–15 mg/24 h) niedriger als beim Mann (35–69 µmol/d, 10–20 mg/24 h). Beim adrenogenitalen Syndrom und bei Tumoren der *Leydigschen* Zellen (S. 174) ist die 17-Ketosteroidausscheidung erhöht (> 104 µmol/d, 30 mg/24 h).

## 7. Hypothalamus-Hypophysen-Testosteron-System

Ausbildung und Funktion der Fortpflanzungsorgane und die Entwicklung der sekundären Geschlechtsmerkmale stehen beim Menschen unter Kontrolle der

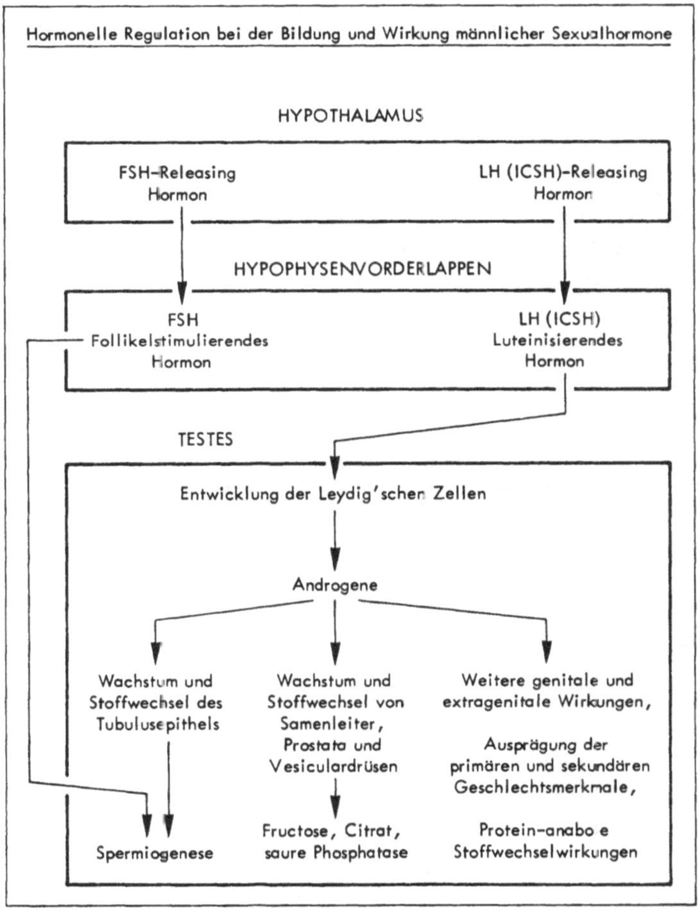

Sexualhormone. Neben ihrer geschlechtsspezifischen Wirkung lassen die Sexualhormone auch Wirkung auf den Allgemeinstoffwechsel und auf das psychische Verhalten erkennen.

Die männlichen Sexualhormone werden in den Gonaden (Testes) und in der Nebennierenrinde (bei der Frau im Ovar und in der Nebennierenrinde und während der Gravidität auch in der Plazenta) gebildet. Ihre Synthese ist jedoch abhängig von der stimulierenden Wirkung der nicht geschlechtsspezifischen gona-

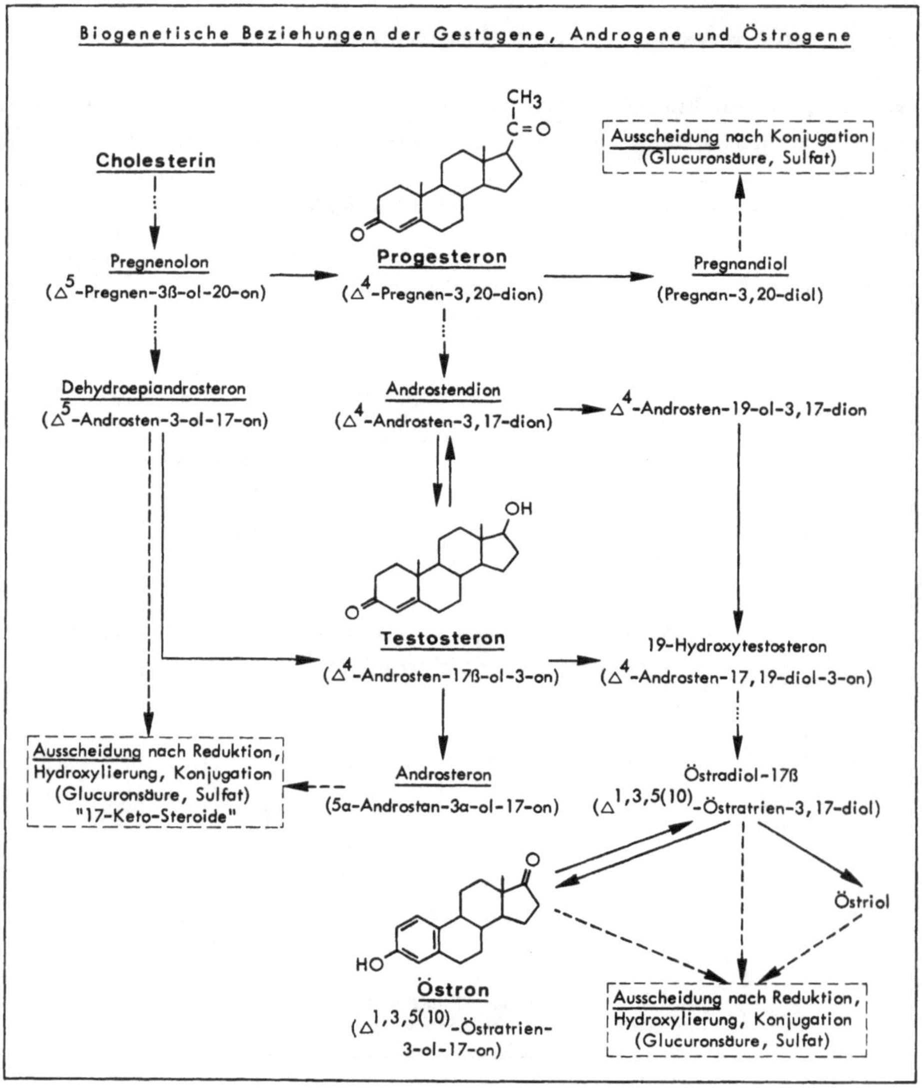

dotropen Hormone des Hypophysenvorderlappens (FSH) (Mol.-Gew. $41 \times 10^3$) und LH (ICSH, Mol.-Gew. $26 \times 10^3$). Bildung und Ausschüttung der gonadotropen Hormone des HVL stehen wiederum unter der Kontrolle der hypothalamischen Hormone (FSH-Releasing-Hormon und LH-Releasing-Hormon), die beide Decapeptide bekannter Aminosäuresequenz sind (Schema).

Die Androgene entfalten einerseits geschlechtsspezifische (genitale und extragenitale) Wirkungen, andererseits beeinflussen sie rückwirkend die Sekretion der hypothalamischen bzw. hypophysären Hormone, sind also Glieder eines Regelkreises, der über einen Rückkopplungsmechanismus die Androgenproduktion reguliert.

**Biosynthese der Androgene.** Die enge biogenetische Beziehung zwischen männlichen und weiblichen Sexualhormonen, die z. T. über gemeinsame Reaktionswege gebildet werden, erklärt, warum in den Testes sowohl männliche wie weibliche Keimdrüsenhormone gebildet werden können (Reaktionsschema). Unter den männlichen Keimdrüsenhormonen besitzt das Testosteron die stärkste androgene Wirkung.

Testosteron wird beim Mann in einer Menge von 14–31 μmol/d (4–9 mg/24 h) gebildet, die Plasmakonzentration beträgt 21 nmol/l (6 μg/l), davon sind $^2/_3$ an ein sexualhormonbindendes Globulin (SHBG) gebunden. Das sexualhormonbindende Globulin ist ein Syntheseprodukt der Leber und bindet Dihydrotestosteron (DHT) > Testosteron > Östradiol mit abnehmender Affinität. Die bei Leberzirrhose beobachtete Femininisierung (Gynäkomastie) erklärt sich z. T. durch die ausbleibende Umwandlung der Östrogene in die unwirksamen Konjugationsprodukte, z. T. durch die stimulierende Wirkung der Östrogene auf die Synthese des sexualhormonbindenden Globulins, das relativ mehr Testosteron als Östrogen bindet.

Die mit dem Alter abnehmende Androgenwirkung kommt nicht nur durch nachlassende Testosteronproduktion, sondern durch Verschiebung der Relation

**Blutspiegel der Sexualhormone beim erwachsenen Mann**

| Hormon | nmol (ng)/l Blutplasma |
|---|---|
| Testosteron* | 21,0 (6000) |
| 5α-Dihydrotestosteron | 1,9 (550) |
| Östradiol | 0,11 (30) |
| Östron | 0,21 (60) |
| Androstendion | 3,1 (900) |
| Androstendiol | 5,5 (1600) |
| 17α-Hydroxyprogesteron | 2,85 (950) |

* Urinausscheidung 87–312 nmol/d (25–90 μg/24 h)

von freiem zu gebundenem Testosteron zugunsten des gebundenen Testosterons zustande.

Die zelluläre Wirkform des Testosterons ist das Dihydrotestosteron (DHT). Es entsteht in der Zelle des Erfolgsorgans (z. B. Prostata) nach Aufnahme des freien Testosterons in die Zelle unter der Wirkung der 5α-Testosteron-Reduktase, wobei $NADH_2$ als Wasserstoffdonator fungiert. Das entstehende 5α-Dihydrotestosteron verbindet sich mit einem spezifischen Rezeptor zu einem Steroid-Rezeptor-Komplex, der seine Wirkung im Zellkern durch Bindung an ein Chromatinprotein mit spezifischen Akzeptoreigenschaften entfaltet. Nach Ablösung des Chromatinproteins von der DNA kommt es zur Genaktivierung mit der Folge einer Synthese von RNA und (Enzym-)Protein. Darüberhinaus spielt der Rezeptormechanismus wahrscheinlich auch eine Rolle für die Wirkung der Androgene auf das Zwischenhirn (Ausprägung des männlichen Sexualverhaltens).

**Antiandrogene Substanzen.** Cyproteron und 17-Methyl-B-nor-Testosteron verhindern durch kompetitive Hemmung die Komplexbildung zwischen Dihydrotestosteron und dem spezifischen zellulären Rezeptor (Schema).

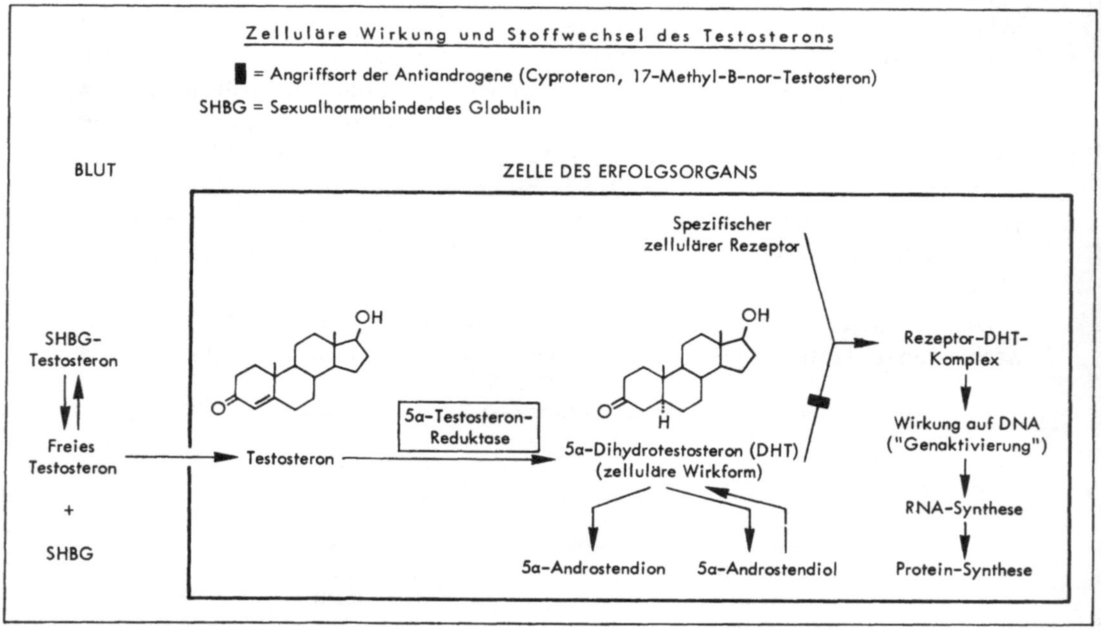


**Androgenwirkungen.** Die genitalen Wirkungen der Androgene sind durch Anregung des Wachstums der männlichen Fortpflanzungsorgane (Samenleiter, Prostata, Vesiculardrüsen und Penis) gekennzeichnet. Wachstum und Entwicklung der Testes und die Spermiogenese sind jedoch noch von der Mitwirkung des

FSH abhängig. Ein Maß für die Produktion von Androgenen nach abgeschlossener Entwicklung sind die der Samenflüssigkeit beigemengten, nur unter der Wirkung von Androgenen nachweisbaren Syntheseprodukte von Prostata (Citronensäure ~20,8 mmol/l, 400 mg/100 ml) und Samenblasen (Fructose ~ 11,2 mmol/l, 200 mg/100 ml, saure Phosphatase 900–7000 mU/ml).

Auch die Ausbildung der sekundären Geschlechtsmerkmale (Bartwuchs, Entwicklung der typischen virilen Behaarung, Wachstum des Kehlkopfes) ist androgenabhängig. Die extragenitalen Wirkungen der Androgene führen zu einer anabolen Stoffwechsellage des Organismus vorzugsweise im Bereich des Proteinstoffwechsels. Die proteinanabole Wirkung läßt sich durch eine Stickstoffretention nachweisen, die speziell zu einer Zunahme der Muskelmasse bei gleichzeitiger Abnahme des Lipid- und Wassergehaltes führt.

Durch chemische Synthese lassen sich Präparate sowohl mit prolongierten Androgeneffekten (Depotwirkung) als auch mit vorzugsweise anaboler Wirkung („Anabolika") gewinnen.

Die Wirkung der Androgene auf das Knochengewebe ist dosisabhängig. Kleine Androgendosen, die bis zur Pubertät gebildet werden, bewirken Proliferation des Epiphysensäulenknorpels mit Zunahme der Proteoglykane und der Kollagenbiosynthese (präpubertärer Wachstumsschub). Höhere Konzentrationen fördern die Calciumaufnahme und Mineralisation, führen jedoch auch zu einem Schluß der Epiphysenfugen. Bei Ausbleiben der Androgenproduktion durch die Testes (Hypogonadismus, s. u.) führen die von der Nebennierenrinde gebildeten kleinen Androgendosen zu **eunuchoidem Hochwuchs.**

**Primärer Hypogonadismus.** Bei primärer (erworbener oder angeborener) Schädigung der Leydigschen Zellen bleibt eine Testosteronproduktion in den Testes aus.

Da die Androgenproduktion der Nebennierenrinde jedoch nicht betroffen ist, resultiert insgesamt lediglich eine Reduktion der Testosteronsynthese auf 30–60% des Normbereiches des erwachsenen Mannes. In der Samenflüssigkeit fehlen Spermien, Fructose und Citrat. Fructosewerte unter 6,72 mmol/l (120 mg/100 ml) lassen auf eine verminderte Funktion der Leydigschen Zellen schließen. Die Ausscheidung an 17-Ketosteroiden ist entsprechend herabgesetzt. Für den primären Hypogonadismus ist charakteristisch, daß sich die Testosteronausscheidung im Urin nicht durch LH bzw. durch das wirkungsanaloge HCG stimulieren läßt, während beim normalen erwachsenen Mann eine Stimulation der Testosteronausscheidung um 60–400% eintritt. Infolge fehlender Testosteronbildung bleibt auch die Rückkopplungshemmung auf Hypothalamus und Hypophyse aus, so daß es zu Stimulierung und adaptiver Erhöhung der hypophysären LH- und FSH-Produktion kommt.

Ursachen des primären Hypogonadismus sind:

- angeborene Dysfunktion der Leydigschen Zellen, doppelter Kryptorchismus.

- Erworbene Schädigung durch Trauma (Hodentorsion), Orchitis oder Hydrocele und
- Kastration.

Beim **Klinefelter-Syndrom** (2% der männlichen Bevölkerung), das durch Chromosomenaberration mit Existenz eines überzähligen X-Chromosoms (XXY) und Hodenatrophie gekennzeichnet ist, ist die Testosteronproduktion – vermutlich durch einen Enzymdefekt – zwar herabgesetzt, jedoch noch innerhalb des Normbereichs. Die Tubuli sind sklerotisch bzw. atrophisch, es besteht Aspermie.

**Sekundärer Hypogonadismus.** Beim sekundären Hypogonadismus liegt eine Funktionsbeeinträchtigung des Hypothalamus oder der Hypophyse vor, deren Ursachen unbekannt (idiopathischer Eunuchoidismus) oder das Funktionsgewebe verdrängende Tumoren (Hypothalamustumor, eosinophiles Adenom des Hypophysenvorderlappens) sind. Wegen der ausbleibenden Stimulierung der Gonaden und der daher fehlenden oder herabgesetzten Testosteronsynthese stellt sich eine sekundäre Hodenatrophie ein, so daß sowohl FSH- und LH-Spiegel als auch die Testosteronkonzentration im Plasma herabgesetzt sind. Eine Stimulation der Androgenproduktion durch LH bzw. HCG ist jedoch möglich.

**Inkretorische Überfunktion.** Autonome hormonbildende Tumoren des Hodens, bei denen es sich in 98% der Fälle um germinative Tumoren (Seminome, Teratome, Chorionepitheliome) handelt, führen zu einer quantitativ und qualitativ veränderten Hormonsynthese. Sie zeigt sich in einer Steigerung der Aktivität der 17-Hydroxyprogesteron-Desmolase (S. 157), vermehrter Synthese von Dihydroandrosteron und relativer Verminderung der Reaktion Androstendion → Testosteron mit entsprechender Erhöhung der Androstendionkonzentration im Plasma. Gleichzeitig kann die Biosynthese der Östrogene gesteigert oder normal sein.

Hodentumoren führen meist zur Virilisierung, jedoch sind auch feminisierende Hodentumoren beschrieben. Die hormonbildenden Chorionepitheliome produzieren exzessive Mengen HCG (Human-Chorion-Gonadotropin).

## 8. Hypothalamus-STH-Somatomedin-System

Das in den eosinophilen Zellen des Hypophysenvorderlappens gebildete Wachstumshormon (STH, Somatotropes Hormon) des Menschen ist ein artspezifisches Proteohormon. Heterologe STH-Präparate (z. B. vom Rind oder Schwein) sind beim Menschen unwirksam. Das menschliche Wachstumshormon (Polypeptidkette mit 188 Aminosäuren) ist dagegen nicht nur am Menschen selbst, sondern auch an allen anderen bisher geprüften Species wirksam.

Eine Besonderheit des Wachstumshormons liegt darin, daß seine Wachstumswirkung und ein Teil seiner Stoffwechselwirkungen nicht durch das STH selbst, sondern über das **Somatomedin** erfolgen. Somatomedin ist ein Polypeptid (Mol.-

Gew. etwa 4000), das unter der spezifischen Wirkung des Wachstumshormons in Leber und Niere gebildet wird und von dort die Erfolgsorgane erreicht.

**STH-Releasing-Hormon und Somatostatin.** Bildung und Ausschüttung des STH werden durch 2 vom Hypothalamus gebildete Wirkstoffe kontrolliert. Das STH-Releasing-Hormon (Growth-Hormon-Releasing-Faktor, GRF) stimuliert die Synthese und die Abgabe des STH im Hypophysenvorderlappen, während ein die Freisetzung von STH hemmendes Hormon – ein Tetradecapeptid bekannter Struktur – einen gegenteiligen Effekt ausübt und deshalb als **Somatostatin** bezeichnet wird. Neben seiner hemmenden Wirkung auf die Ausschüttung des Wachstumshormons hat Somatostatin auch einen direkten inhibierenden Einfluß auf die Sekretion von Glukagon und Insulin (S. 77) sowie auf die Freisetzung von TSH (S. 144) und Prolactin. Bei der Kontrolle des Blutzuckers bilden STH-Releasing-Hormon, Somatostatin, STH, Glukagon und Insulin die Glieder eines Regelkreises, in dem der Blutzuckerspiegel eine Rückkopplungskontrolle auf die Ausschüttung des STH-Releasing Hormons bzw. Somatostatins ausübt (Schema).

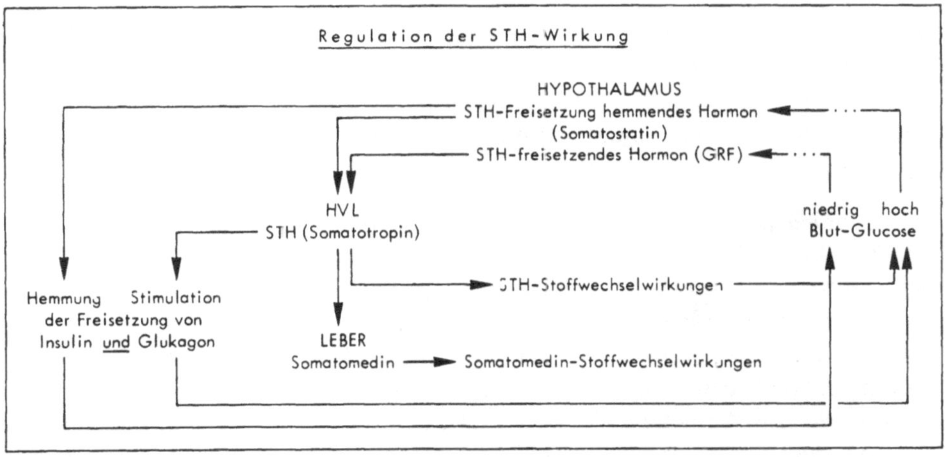


**STH-Wirkung.** STH hat proteinanabole Wirkung, die sich durch beschleunigte Aminosäureinkorporation in die Zelle und direkte Wirkung auf die **Proteinsyntheserate,** erhöhte Retention von Stickstoff und positive Stickstoffbilanz zu erkennen gibt.

Im **Fettstoffwechsel** entfaltet STH eine Hemmung der Lipidsynthese über eine herabgesetzte Synthese der Fettsäuren und eine Hemmung des Einbaus von Fettsäuren in Lipide. Unterstützt wird dieser Effekt durch eine lipolytische Wirkung des STH (Abbau der Lipiddepots), so daß es zum Anstieg der freien Fettsäuren im Blut kommt, bei deren Oxidation Energie für die Proteinbiosynthese geliefert wird.

Auf den **Kohlenhydratstoffwechsel** wirkt STH Insulin-antagonistisch. Durch Hemmung der Glucoseutilisation (vorzugsweise durch Hemmung der Glucoseaufnahme in die Zellen) wird der Wirkungsgrad des Insulins verschlechtert, so daß unter STH der Blutzuckerspiegel ansteigt und mehr Insulin benötigt wird, um Glucose in die verbrauchenden Zellen der peripheren Organe einzuschleusen.

Dieser Effekt wird unterstützt durch eine fördernde Wirkung des STH auf die Ausschüttung von Glukagon. In Perioden hoher STH-Produktion (Pubertät) kann es durch ständige Anregung und schließliche Erschöpfung der Inselzellen zum Diabetes mellitus kommen (Manifestation eines jugendlichen Diabetes mellitus, S. 84).

Der unter STH erhöhte Wassergehalt der Gewebe (Turgor der Haut) geht z. T. auf eine Zunahme der Retention von $K^+$, $Na^+$ und Chlorid (renotroper Effekt), z. T. auf eine stimulierte Synthese wasserbindender Proteoglykane der Haut zurück. Auch die Erythropoese (Erhöhung der Zahl der Retikulozyten im strömenden Blut) und die Lactopoese (Stimulierung der Milchproduktion) werden durch STH positiv beeinflußt.

**Somatomedinwirkungen.** Die eigentlichen Wachstumsimpulse des STH gehen vom Somatomedin aus, das durch Stimulierung der DNA-Synthese (Zellteilung!) das Längenwachstum (Skelettsystem), aber auch das Wachstum der inneren Organe (Leber, Niere u. a.) und der Haut anregt. Im Skelettsystem wird unter Somatomedin in der Epiphysenfuge die Bildung des Säulenknorpels und die Aufnahme von Sulfat (Biosynthese sulfatierter Proteoglykane) und Calcium gefördert. In der Leber stimuliert Somatomedin die Gluconeogenese, die den Anstieg des Glykogengehalts erklärt.

**Pathobiochemie.** *Akromegalie* und *hypophysärer Riesenwuchs.* Eine unphysiologisch hohe Bildung und Ausschüttung von Wachstumshormonen, wie sie bei Hyperplasie der eosinophilen Zellen des Hypophysenvorderlappens oder Hypophysenadenomen beobachtet wird, führt im jugendlichen Alter zu (hypophysärem) proportioniertem Riesenwuchs. Nach Abschluß des Wachstums beschränkt sich die Wirkung des STH bzw. Somatomedins auf die Akren, d. h. auf Hände, Füße, Unterkiefer sowie die Weichteile des Gesichts (Vergröberung der Gesichtszüge), ein Symptomenbild, das als **Akromegalie** bezeichnet wird. Neben dem exzessiven Wachstum des Skeletts, das durch enchondrales (Rippenwachstum, Bandscheibenverkalkung) und periostales appositionelles Knochenwachstum (Hyperostosen, S. 320) gekennzeichnet ist, besteht gleichzeitig eine Tendenz zu gesteigertem Knochenumbau bzw. negativer Calciumbilanz, die bei Hyperphosphatämie, Phosphaturie zur Osteoporose führt. Die Wachstumswirkung auf die inneren Organe (Visceromegalie) äußert sich in einer Zunahme des Herzgewichts (in ausgeprägten Fällen $> 1000$ g), des Leber- und Nierengewichts und Zunahme der Hautdicke.

Die vermehrte STH-Produktion und Ausschüttung bewirkt eine Störung des Kohlenhydratstoffwechsels mit herabgesetzter Glucosetoleranz oder instabilem Diabetes mellitus. Die Diagnose der Akromegalie wird durch Nachweis eines erhöhten STH-Blutspiegels gesichert, der durch orale Glucosebelastungen nicht supprimiert werden kann.

*Hypophysärer Minderwuchs* (Zwergwuchs, Nanosomie). Mangel an Wachstumshormonen führt zu proportioniertem Zwergwuchs, der als Folge eines isolierten STH-Mangels oder im Rahmen einer Hypophysenvorderlappeninsuffizienz auftreten kann. Eine Behandlung der hypophysären Zwerge ist nur mit artgleichem Hormon sinnvoll und hat nur Aussicht auf Erfolg, so lange die Epiphysenfugen noch nicht verknöchert sind.

Die Diagnose des hypophysären Minderwuchses wird durch STH-Plasmaspiegel-Bestimmungen und das Ausbleiben eines STH-Anstiegs im Serum beim Insulintoleranztest oder Arginin-Provokationstest gestellt.

Ein Zwergwuchs kann jedoch auch dadurch bedingt sein, daß ein biologisch inaktives STH (Proteinmutante, Proteinvariante) produziert wird, welches die peripheren STH-Rezeptoren blockiert, so daß auch exogenes STH zu keinem Anstieg des Somatomedinspiegels führt (Laron-Zwerge). Beim Kleinwuchs der Pygmäen handelt es sich dagegen um einen Rezeptormangel bzw. um eine Unfähigkeit der Rezeptoren der Erfolgsorgane zur Bindung des STH, so daß sowohl das in normaler Menge produzierte endogene STH als auch exogenes Wachstumshormon unwirksam bleiben.

## 9. Hormone des Hypophysenhinterlappens (HHL)

Aus dem Hypophysenhinterlappen von Säugetieren lassen sich zwei Wirkstoffe – das **Antidiuretische Hormon** (ADH, Adiuretin) und das **Ocytocin** – isolieren. Sie entfalten Wirkungen auf Blutdruck, Diurese und die glatte Muskulatur des Uterus. Die eigentliche Bildungsstätte dieser Hormone sind jedoch nicht die Zellen des Hypophysenhinterlappens, sondern neurosekretorische Neurone des **Nucleus supraopticus** und **paraventricularis** im Hypothalamus. Die Wirkstoffe werden nach ihrer Bildung durch den Tractus supraopticus hypophyseus in den Hypophysenhinterlappen geleitet, der als Speicherorgan dient.

**Chemie.** ADH (Mol.-Gew. 1084) und Ocytocin (Mol.-Gew. 1007) sind Nonapeptide, die durch die Existenz einer Disulfidbrücke zwischen den Cysteinresten in Position 1 und 6 den Charakter zyklischer Peptide erhalten. Beide Wirkstoffe unterscheiden sich lediglich durch die Aminosäuren in Position 3 (Phe bzw. Ile) und 8 (Arg bzw. Leu).

Während klinische Manifestationen einer Ocytocinmehrsekretion oder eines Ocytocinmangels nicht bekannt sind, ruft ein ADH-Mangel ein schweres und typisches Krankheitsbild – den Diabetes insipidus (s. u.) – hervor.

**Biologische Wirkungen des ADH.** Neben cardiovaskulären Wirkungen hat das ADH entscheidenden Einfluß auf die Rückresorption des Wassers in den

Nierenkanälchen, und zwar werden unter dem Einfluß des Adiuretin die nach isoosmotischer Rückresorption verbleibenden 20 l Primärharn im distalen Tubulusabschnitt und den Sammelröhrchen bis auf ein Volumen von 1,5–2 l rückresorbiert. Angaben über den Wirkungsmechanismus finden sich im Kap. Niere (S. 293). ADH hat noch in einer Dosis von 0,1 µg eine deutlich antidiuretische Wirkung.

**Regulation der ADH-Wirkung.** Bildung und Ausschüttung des ADH werden durch das Volumen des Blutplasmas und dessen osmotischen Druck reguliert. Anstieg des osmotischen Drucks und Erniedrigung des Blutvolumens bewirken eine Stimulierung des Hypothalamus und vermehrte Hormonausschüttung, worauf das Erfolgsorgan mit verminderter Diurese reagiert. Absinken des osmotischen Drucks und erhöhtes Blutvolumen lösen einen gegensätzlichen Effekt aus.

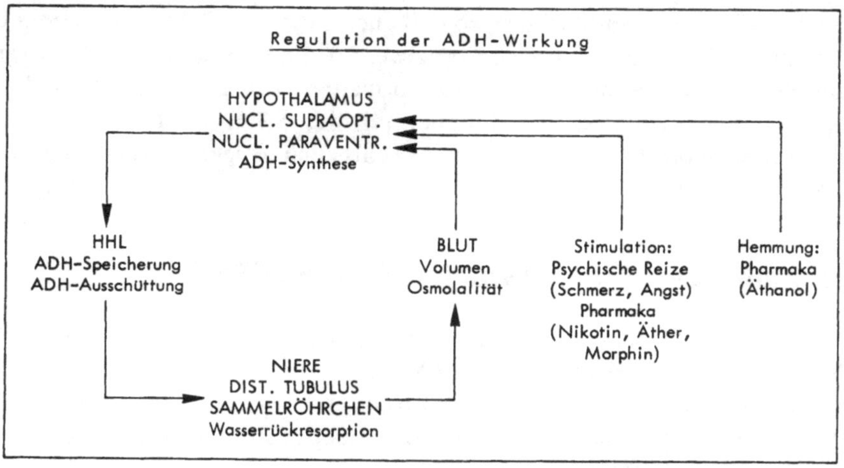


**Pathobiochemie.** ADH-Mangel führt zum Krankheitsbild des **Diabetes insipidus** (Hypophysärer Diabetes), dessen Ursachen in

- ungenügender ADH-Bildung in den Hypothalamuszentren (z. B. nach Trauma, neurochirurgischen Eingriffen oder bei Tumoren) oder
- einem tubulären Defekt in den Nieren selbst, z. B. bei interstitieller Nephritis oder vererbbarem – (X-chromosomal-rezessiven) – Rezeptormangel im Erfolgsorgan (renaler Diabetes insipidus) liegen können.

Typische Symptome des Diabetes insipidus sind die Ausscheidung großer Mengen eines hypotonen Harns (bis 20 l/Tag) mit geringem spezifischem Gewicht (Polyurie) und ein infolge des großen Flüssigkeitsverlustes andauernder Durst (Polydipsie).

Für die Behandlung des Diabetes insipidus ist von Bedeutung, daß einige Medikamente (Chlorpropamid, Clofibrate) die ADH-Wirkung potenzieren oder aber die noch verbliebene ADH-Sekretion stimulieren können (Carbamazepin).

# 10. Gewebshormone und biogene Amine

**Kininsystem.** Die Kinine sind niedermolekulare, pharmakologisch hochaktive Oligopeptide mit Wirkung auf die glatte Muskulatur der Gefäße des Intestinaltraktes, der Bronchien und des Uterus.

*Chemie und Stoffwechsel.* Die Kinine werden aus der $\alpha_2$-Globulinfraktion des Blutplasmas (Kininogen) durch Einwirkung des Enzyms Kallikrein freigesetzt. Kallikrein ist im Pankreas, in den Speicheldrüsen, in der Darmwand, Niere und anderen Organen, aber auch im Blutplasma selbst in einer inaktiven Vorstufe (Präkallikrein, Kallikreinogen) vorhanden und wird in Gegenwart des Blutgerinnungsfaktors XII (Hagemann-Faktor) in seine aktive Form umgewandelt. Außer Kallikrein selbst können auch Trypsin, Plasmin, Pepsin, Schlangengifte und bakterielle Enzyme Kinine freisetzen.

Die in ihrer Struktur aufgeklärten Kinine besitzen ein Nonapeptid als gemeinsame Grundstruktur (Bradykinin), von dem sich Kallidin und Methylkallidin durch Substitution eines Lysyl- bzw. Methyllysylrestes am N-terminalen Ende ableiten.

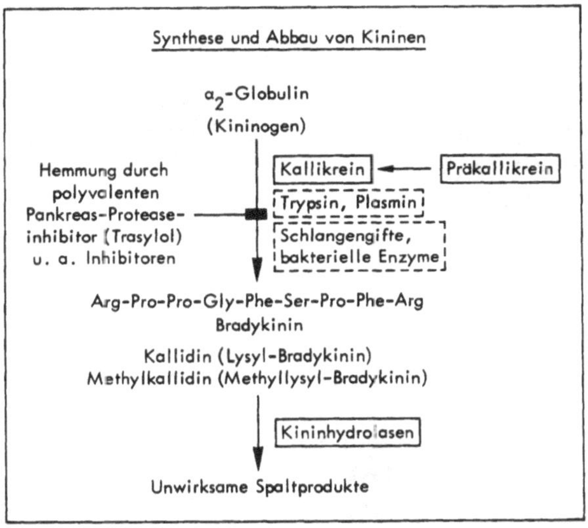


*Biologische Wirkungen.* Plasmakinine besitzen eine kontrahierende Wirkung auf Uterus-, Darm- und Bronchialmuskulatur, eine dilatierende Wirkung dagegen auf die arteriellen Widerstandsgefäße, so daß es zur Blutdrucksenkung kommt. Außerdem erhöhen sie die Gefäßwandpermeabilität und fördern die Leukozytenmigration (Wundheilung, S. 392).

*Abbau.* Im Blut wird Kallidin (Normalwert 2 µg/ml) durch eine Aminopeptidase rasch zu Bradykinin und dieses durch Kininhydrolasen weiter zu inaktiven Bruchstücken abgebaut. Die Halbwertszeit des Bradykinins im Blutplasma beträgt nur 30 sec.

*Pathobiochemie.* Das **hereditäre angioneurotische Ödem,** bei dem die Kininkonzentration im Blutplasma stark erhöht ist, beruht auf einem Mangel an dem C 1-Inaktivator, einem Plasmaprotein aus der Klasse der $\alpha_2$-Globuline (s. Kap. Plasmaproteine, S. 55), das die C 1-Komponente des Komplementsystems (S. 412) inaktiviert.

Die bei der **akuten Pankreatitis** beobachteten Gefäßveränderungen (s. Kap. Magen und Darm, S. 287) wie Vasodilatation und Hämorrhagien lassen sich teilweise auf die Wirkung der Kinine zurückführen, die bei der Autodigestion des Pankreas durch aktiviertes Kallikreinogen bzw. Trypsin massiv freigesetzt werden und die Schmerz- und Schocksymptomatik erklären.

Auch bei (bakteriellen und abakteriellen) **Entzündungen** (S. 289) sind die Kinine für erhöhte Gefäßpermeabilität, Hämorrhagien, Ödeme und Leukozytenimmigration mitverantwortlich.

**Serotonin.** Das Serotonin (5-Hydroxytryptamin) – das biogene Amin des 5-Hydroxytryptophans – wird in relativ hoher Konzentration im Zentralnervensystem (Hypothalamus), in der Milz, Lunge und in den argentaffinen („hellen") Zellen des Darmtraktes gefunden. Im Blut (Normalwert 0,28–1,70 μmol/l, 0,05–0,3 μg/ml) ist Serotonin nur in Thrombozyten und Mastzellen vorhanden, wird hier jedoch nicht gebildet, sondern nur in einer inaktiven (gebundenen) Form vorwiegend in den Mitochondrien gespeichert.

*Biosynthese.* Serotonin ist ein Derivat des Tryptophans, das durch eine Hydroxylase zunächst in 5-Hydroxytryptophan und dann durch eine Pyridoxalphosphat-abhängige Decarboxylase in das biogene Amin umgewandelt wird.

Der Abbau von Serotonin erfolgt durch eine Monoaminoxydase und Aldehydoxydase, unter deren Wirkung das hauptsächliche Endprodukt des Serotoninstoffwechsels, die 5-Hydroxyindolessigsäure, entsteht, die physiologischerweise mit dem Urin ausgeschieden wird (10–52 μmol/d, 2–10 mg/24 h).

*Biologische Wirkungen.* Serotonin vermag dosisabhängig vasokonstriktorisch oder dilatatorisch auf die glatte Muskulatur der Gefäße zu wirken und regulierend in den Tonus der Bronchialmuskulatur und die Peristaltik des Darmes einzugreifen. Im Zentralnervensystem übt Serotonin eine Transmitterfunktion aus und scheint einerseits eine psychisch stimulierende Wirkung bei Erhöhung der Konzentration, andererseits auch eine sedierende Wirkung zu besitzen.

*Pathobiochemie.* Beim **malignen Carcinoid** (Tumor der hellen Zellen des Darmtraktes) ist die Serotoninsynthese aufgrund einer erhöhten Decarboxylase- und erniedrigten Monoaminoxidaseaktivität stark erhöht, so daß der Serotoninpool bei Patienten mit malignem Carcinoid mehrere Gramm beträgt und die Ausscheidung der 5-Hydroxyindolessigsäure mit dem Urin bis auf 2,84 mmol/d (0,5 g/24 h) ansteigt. Lebermetastasen des Carcinoids enthalten im Gegensatz zu normalem

Biosynthese und Abbau des Serotonins

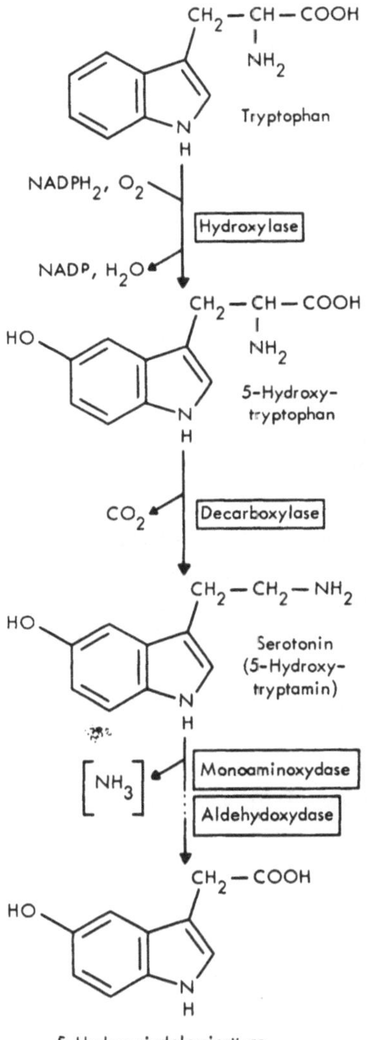


Lebergewebe hohe Aktivitäten an Kallikrein, so daß neben dem erhöhten Blutserotoninspiegel auch erhöhte Kininkonzentrationen im Blut nachweisbar sind. Die Patienten leiden unter passageren Blutdruckkrisen mit Blutandrang zum Kopf (flushing), chronischer Diarrhoe und z. T. auch an Bronchospasmen.

Beim Carcinoid liegt nicht nur eine absolut vermehrte Produktion von Serotonin, sondern auch eine Verschiebung in der Relation der Abbauwege vor. Während normalerweise 1% des Tryptophans zu Serotonin umgewandelt wird, beträgt der Anteil beim Carcinoid 60% mit der Folge, daß die Nikotinsäurebildung stark reduziert ist und Pellagra-ähnliche Symptome auftreten können. Da Tryptophan damit nicht in ausreichender Menge für die Proteinbiosynthese zur Verfügung steht, ist eine Hypoproteinämie die Folge.

**Histamin.** Histamin ist in allen menschlichen Organen in einer Konzentration von etwa 0,09 μmol/g (0,01 mg/g) Frischgewebe enthalten. Die höchste Konzentration findet man in Lunge, Haut und Gastrointestinaltrakt. Histamin wird in den Mastzellen, an Heparin gebunden, gespeichert.

*Chemie und Stoffwechsel.* Histamin ist das biogene Amin des L-Histidins, aus dem es unter Wirkung einer unspezifischen L-Aminosäure-Decarboxylase bzw. einer in den meisten Geweben vorhandenen spezifischen Histidin-Decarboxylase gebildet wird. Der Abbau des Histidins erfolgt durch eine Diaminoxydase und Aldehydoxydase und führt zur inaktiven Imidazolylessigsäure.

*Biologische Wirkungen.* Histamin bewirkt eine Kontraktion der glatten Muskulatur des Respirations-, Intestinaltraktes und des Uterus. Auf die glatte Muskulatur der Gefäße hat Histamin dagegen eine relaxierende Wirkung, so daß es zur Blutdrucksenkung kommt. Außerdem wird die Permeabilität der Gefäße im Kapillargebiet gesteigert, wodurch sich Rötung und Quaddelbildung (Ödem) nach lokaler Histaminapplikation erklären. Histamin führt zu starker Sekretionssteigerung von Salzsäure durch die Magenschleimhaut.

*Pathobiochemie.* Das in den Zellen in biologisch inaktiver Speicherform vorliegende Histamin kann durch verschiedene Mechanismen freigesetzt werden. Dies tritt z. B. bei Verletzung des Gewebes ein. Auch als Folge einer allergischen Antigen-Antikörperreaktion vom Soforttyp (S. 409) kommt es zu einer raschen Entleerung der Histamindepots. Dabei werden die Gewebsmastzellen degranuliert bzw. zytolysiert. Pro Mastzelle werden ~ 0,09 pmol ($10^{-5}$ μg) Histamin freigesetzt. Das durch allergische Reaktionen bedingte Asthma (Kontraktion der Bronchialmuskulatur), Heuschnupfen (Permeabilitätserhöhung der Gefäße der Nasenschleimhaut) und der allergische Schock sind typische Symptome einer lokalen bzw. generalisierten Entleerung von Histamindepots.

Die zur Behandlung allergischer Erscheinungen (Heuschnupfen, Heuasthma) eingesetzten Antihistaminika verdrängen das Histamin von seinen Gewebsrezeptoren.

Biosynthese und Abbau des Histamins

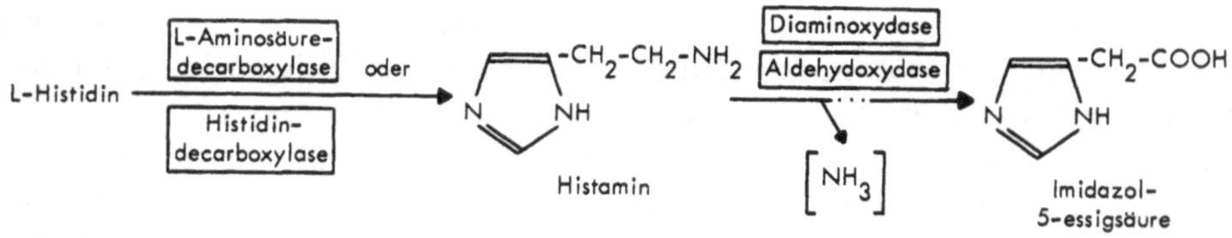

**Prostaglandine.** Prostaglandine sind Gewebshormone, die in allen Organen und Geweben des menschlichen Körpers nachweisbar sind und dort auch synthetisiert werden. Vorstufen der Synthese sind langkettige ungesättigte Fettsäuren (z. B. Arachidonsäure und Bishomo-γ-Linolensäure), aus denen sich mehr als 10 in ihrer Struktur geringfügig variierende Prostaglandintypen ableiten (Syntheseschema).

Biosynthese der Prostaglandine (PG)

Die nicht abgebildete $\Delta^{5,8,11,14,17}$-Eikosapentaensäure entsteht aus Linolensäure und ist Vorstufe der $PGE_3$ und $PGF_{3\alpha}$.
Die Prostaglandine der E- und F-Reihe sind die primären PG, von denen sich die PG der A- und B-Reihe ableiten.

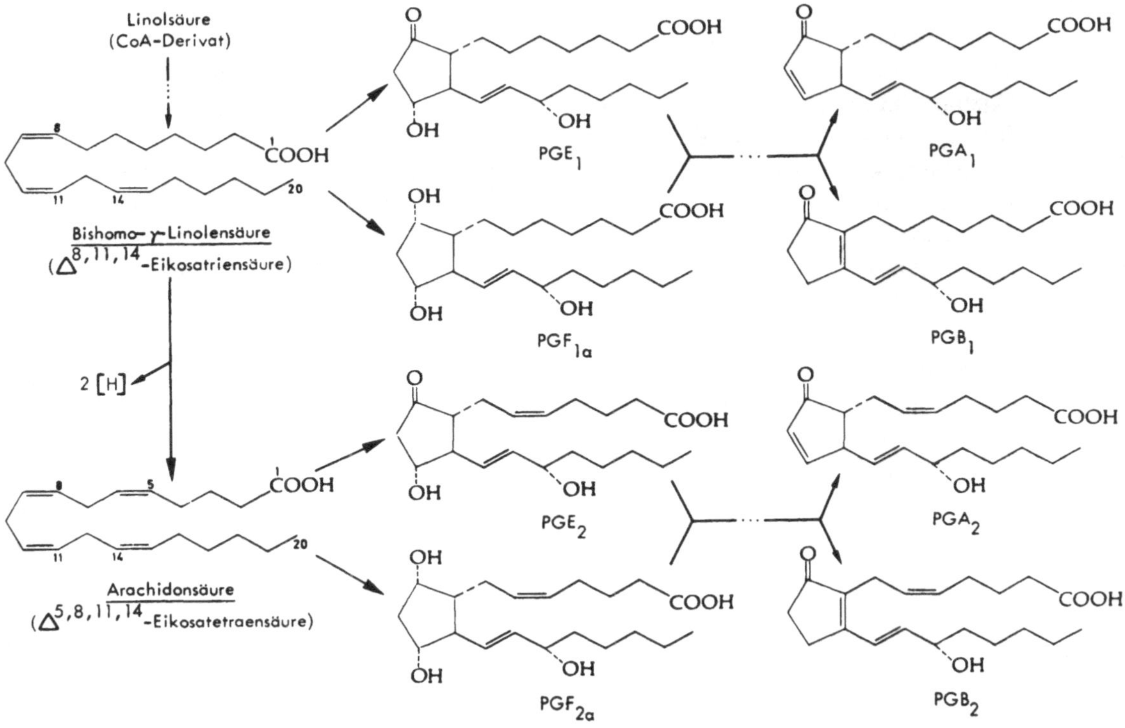


*Biologische Wirkungen.* Die biologische Wirkung der Prostaglandine liegt in ihrer weiten Verbreitung, ihrer hohen Wirksamkeit und der auffälligen Breite und Verschiedenheit ihrer Stoffwechselwirkungen. Sie sind dadurch charakterisiert, daß

- die intrazelluläre Prostaglandinsynthese durch eine Reizung oder Schädigung der Zellmembran ausgelöst werden kann, wobei in der ersten Phase Phospho-lipasen aus Membranlipiden Prostaglandin-Synthesevorstufen (mehrfach ungesättigte Fettsäuren) freisetzen,

- verschiedene Hormone wie z. B. Bradykinin, Acetylcholin und Histamin die Synthese und Freisetzung von Prostaglandinen steigern,
- Prostaglandine sowohl das Adenylzyklasesystem als auch das Guanylzyklasesystem beeinflussen, so daß eine Steigerung, gegebenenfalls aber auch eine Reduktion, der intrazellulären Zyklo-AMP- und Zyklo-GMP-Konzentration resultiert,
- Prostaglandine auch auf endokrine Organe einwirken und zur Wirkungsintensivierung bzw. gesteigerten Ausschüttung von glandulären Hormonen führen können. So verursachen Prostaglandine z. B. eine gesteigerte Ausschüttung von Katecholaminen.

Die vielfältigen Stoffwechseleffekte der Prostaglandine eröffnen zahlreiche therapeutische Anwendungsmöglichkeiten. Sie liegen in der Behandlung von Asthma (krampflösende Wirkung von Prostaglandin $E_1$ auf die Bronchialmuskulatur), von Magengeschwüren (Zurückdrängung der Magensekretion) und von Kreislauferkrankungen (Dilatation der Gefäße und blutdrucksenkende Wirkung der Prostaglandine vom E-Typ) sowie Erhöhung der Natrium- und Kaliumausscheidung durch Wirkung der Prostaglandine $E_2$ und $A_1$ auf die Niere. Da Prostaglandine eine kontrahierende Wirkung auf die glatte Muskulatur des Uterus ausüben und Wehen auslösen, sowie die Geburt einleiten können, sind sie (bei direkter Einbringung in das Cavum uteri) auch wirksame Abortiva. Auch Medikamente können ihre Wirkung über eine Beeinflussung des Prostaglandinstoffwechsels ausüben. So beruht z. B. die Wirkung von Acetylsalizylsäure auf einer Hemmung der Prostaglandinbiosynthese.

Der Abbau der Prostaglandine erfolgt rasch durch Oxidation am C-Atom 15 und durch die für Fettsäuren typische β-Oxidation.

# II. Vitamine und Coenzyme

## 1. Definition und Klassifizierung

**Definition.** Vitamine sind Wirkstoffe, die für Wachstum, Erhaltung und Fortpflanzung der Menschen und der höheren Tiere unentbehrlich sind, jedoch im Organismus nicht selbst synthetisiert werden können, sondern mit der Nahrung zugeführt werden müssen. Sie werden vom Organismus für die Synthese von Coenzymen benötigt oder sind als solche für den geordneten Ablauf von Stoffwechselvorgängen unentbehrlich. Der Tagesbedarf an einzelnen Vitaminen liegt beim Menschen im Bereich von 0,001–50 mg. Schlechtere Ausnutzung (Resorptionstörungen) oder gesteigerter Verbrauch (Wachstum, Gravidität) können den Bedarf erhöhen. Eigensynthese durch Darmbakterien oder Speicherung (nur bei fettlöslichen Vitaminen) können den Bedarf ständig oder zeitweise herabsetzen.

Ein Fehlen der Vitamine in der Nahrung oder eine längere Unterschreitung des Tagesbedarfs führt über einen latenten Mangel, der sich lediglich durch unspezifische Symptome zu erkennen gibt **(Hypovitaminose),** schließlich zu charakteristischen Mangelerscheinungen, die in schweren Formen **(Avitaminose)** zum Tod des Organismus führen. Mit der Nahrung zugeführte Vitaminüberschüsse werden ausgeschieden, können jedoch (selten) auch schädliche Auswirkungen **(Hypervitaminose)** haben.

Coenzymform und Funktion von Vitaminen

| | | Vitamin | Coenzymform | Funktion |
|---|---|---|---|---|
| Wasserlöslich | $B_1$ | Thiamin | Thiaminpyrophosphat | Aldehydtransfer |
| | $B_2$ | Riboflavin | FAD, FMN | Wasserstofftransfer |
| | (NA) | Nicotinamid | NAD, NADP | Wasserstofftransfer |
| | (PTS) | Pantothensäure | Coenzym A | Acetyl-, Acyltransfer |
| | (Bio) | Biotin | Polypeptidgebundenes Biotin | Kohlendioxidtransfer |
| | Fol | Folsäure | Tetrahydrofolsäure | Ein-Kohlenstofftransfer |
| | $B_{12}$ | Cobalamin | 5'-Desoxyadenosylcobalamin | Gruppentransfer, Isomerisierung |
| | $B_6$ | Pyridoxin | Pyridoxalphosphat | Transaminierung, Decarboxylierung u. a. |
| | | α-Liponsäure | Polypeptidgebundene α-Liponsäure | Aldehydoxidation |
| | C | Ascorbinsäure | Ascorbinsäure | Wasserstofftransfer |
| Lipidlöslich | A | Retinol | ? | |
| | D | Calciferol | 1,25-Dihydroxycalciferol* | Induktion (Proteinsynthese) |
| | E | Tocopherol | ? | |
| | K | Phyllochinon | Phyllochinon | Carboxyltransfer |

*Steroidhormonähnliche Wirkung

Für Medizin und Ernährungsphysiologie sind Fragen der Erkennung und Behandlung von Vitaminmangelerscheinungen, des Nachweises von latenten Vitaminmangelzuständen und des Vorkommens der Vitamine in Nahrungsmitteln von praktischer Bedeutung.

**Klassifizierung.** Unter den Vitaminen werden im allgemeinen die Gruppen der **fettlöslichen** und **wasserlöslichen Vitamine** unterschieden. Vorkommen, Verteilung und das Speichervermögen dieser beiden Hauptklassen im tierischen Organismus sind zwar verschieden, doch hat diese Einteilung keine Beziehung zu ihrer physiologischen Funktion.

Die Bedeutung der **Vitamine** für den Intermediärstoffwechsel liegt darin, daß sie als **Coenzyme** oder als **prosthetische Gruppen** von Enzymen an Wasserstoff- bzw. Gruppenübertragungsreaktionen beteiligt sind. Die Beziehungen der Vitamine zu ihrer Coenzymfunktion sind in der Tabelle zusammengestellt. Einige

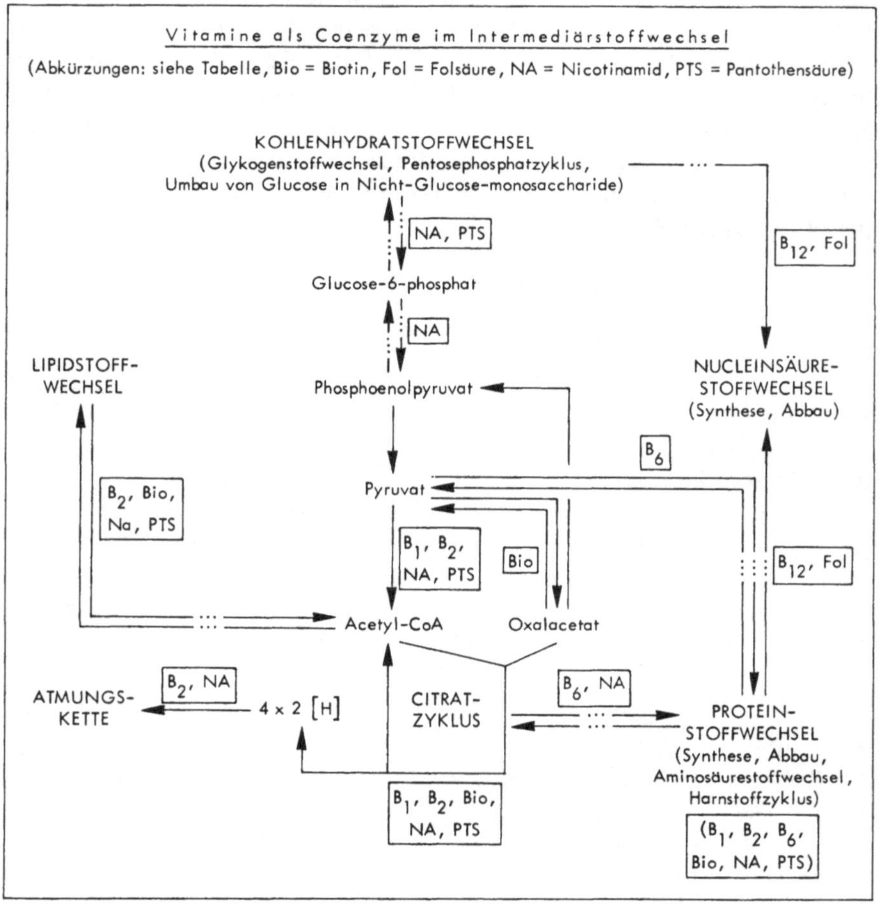

Vitamine sind zwar essentielle Cofaktoren des Stoffwechsels, doch ist der Mechanismus ihrer Beteiligung an enzymatischen Reaktionen noch unbekannt.

Die ubiquitäre Beteiligung und synergistische Wirkung zahlreicher Vitamine als Coenzyme der Hauptketten des Intermediärstoffwechsels macht es verständlich, warum beim selektiven Mangel eines einzelnen Vitamins mehrere Stoffwechselwege betroffen sein können und bei Mangelzuständen verschiedener Vitamine häufig die gleichen, wenig charakteristischen Allgemeinsymptome wie Wachstumsstillstand, Gewichtsverlust und Störung in der Trophik von Geweben mit raschem Umsatz (Haut, Schleimhäute, Myocard, Leber, Nervengewebe) beobachtet werden. Die schematische Darstellung zeigt die cooperative Wirkung wasserlöslicher Vitamine an Reaktionsketten des Intermediärstoffwechsels.

## 2. Thiamin

Synonyma: Vitamin $B_1$, Aneurin, Beri-Beri-Schutzstoff. Eine internationale Einheit (I. E.) = 0,003 mg Thiaminhydrochlorid.

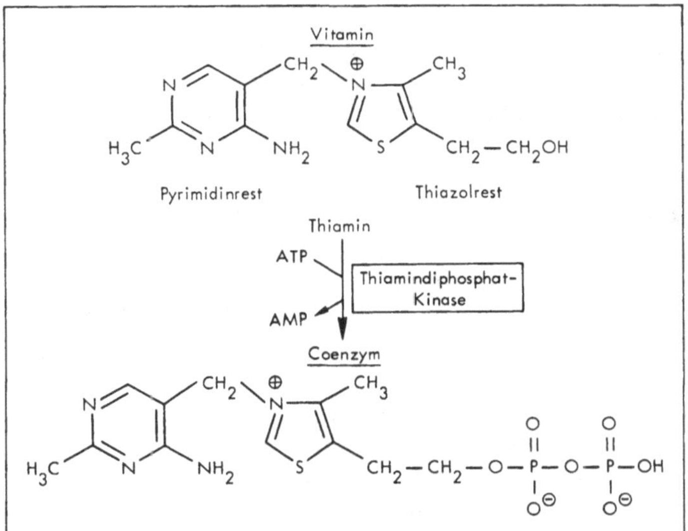


**Biosynthese und Vorkommen.** Thiamin wird von Pflanzen und Mikroorganismen synthetisiert und ist dort in freier Form vorhanden.

**Stoffwechsel und Funktion.** Thiamin wird im Darm rasch resorbiert (der Blut-Plasmaspiegel an freiem Thiamin beträgt 30 nmol/l, 1 µg/100 ml) und vorwiegend in der Leber in das Thiaminpyrophosphat (Coenzym) überführt. Beim Abbau wird das Thiaminpyrophosphat in der Niere dephosphoryliert und z. T. als freies

Vitamin, z. T. nach Abbau in Form konjugierter Sulfatester ausgeschieden. In manchen tierischen Organismen (z. B. Karpfen) und Pflanzen (Adlerfarn) kommt eine Thiaminase vor, welche den Pyrimidinrest auf ein zyklisches Amin überträgt; der Genuß roher Fische kann daher zu Thiaminmangel führen.

Thiaminpyrophosphat ist Coenzym für die Decarboxylierung von α-Ketosäuren (Pyruvat, α-Ketoglutarsäure) und die Transketolasereaktion (Pentosephosphatzyklus).

**Bedarf und Mangelerscheinungen.** Der Tagesbedarf an Thiamin hängt vom Alter, von der Stoffwechsellage, vom Ausmaß der bakteriellen Eigensynthese der Darmflora und der Anwesenheit vitaminabbauender Enzyme in der Nahrung ab. Er beträgt für den erwachsenen Menschen 3–6 μmol (1–2 mg) und wird durch pflanzliche und tierische Nahrungsmittel gedeckt (besonders reichlich in Hefe und Vollkornprodukten). Protein- und kohlenhydratreiche Nahrung erhöht, lipidreiche Nahrung senkt den Thiaminbedarf.

Bei Thiaminmangel führt ein Block der Transketolasereaktion (Pentosephosphatzyklus) in den Erythrozyten zur Akkumulation von Pentosephosphaten auf das Dreifache der Norm. Der biochemische Nachweis kann durch Bestimmung der Transketolaseaktivität in Erythrozyten geführt werden. Auch die Erhöhung des Pyruvat- und Lactatspiegels im Blut als Folge der herabgesetzten Pyruvatdecarboxylierung, die (sekundäre) Acidose und die verminderte Thiaminausscheidung im Urin (normal 150 nmol/d, 50 μg/24 h) geben diagnostische Hinweise.

Thiamin ist für alle jene Organe von besonderer Bedeutung, die Pyruvat und Lactat als Energiequelle verwenden (Herzmuskel) bzw. einen hohen Kohlenhydratumsatz oder einen hohen Bedarf an Acetylgruppen (Acetylcholinsynthese) haben (Nervenzellen). Daraus lassen sich die klinischen Ausfallserscheinungen beim Thiaminmangel des Menschen, die sich in Polyneuropathien (Hypovitaminose) äußern bzw. als **Beri-Beri** (Avitaminose) zusammengefaßt werden, ableiten:

- Neurologische Störungen (Neuritis, Areflexie, Paresen). Sie beruhen auf einer degenerativen Veränderung der zentralen und peripheren Nerven.
- Störungen der Herzmuskeltätigkeit. Sie führen zur Herzinsuffizienz und Tachykardie mit histologisch nachweisbarem Ödem des Herzmuskels.
- Die „nasse Form“ der Beri-Beri äußert sich in Ödemen an Rumpf, unteren Extremitäten und Ergüssen in serösen Höhlen.

**Therapie.** Bei Erkrankung des Nervensystems, insbesondere bei nachgewiesenem Thiaminmangel und bei chronischem Alkoholismus, bei dem (vermutlich als Folge einer verminderten Resorption) Thiaminmangel auftritt (Alkoholpolyneuritis), sind tägliche orale Gaben von 60–90 μmol (20–30 mg) Thiamin wirksam. Herzerkrankungen sind meist von einem Abfall der Thiaminkonzentration im Herzmuskel begleitet.

# 3. Riboflavin

Synonyma: Vitamin $B_2$, Lactoflavin.

**Biosynthese und Vorkommen.** Riboflavin wird in Pflanzen und Mikroorganismen gebildet und ist vor allem in Blattgemüsen, in Hefe, aber auch in allen Organen der Warmblüter und Fische und in der Milch (Name!) vorhanden.

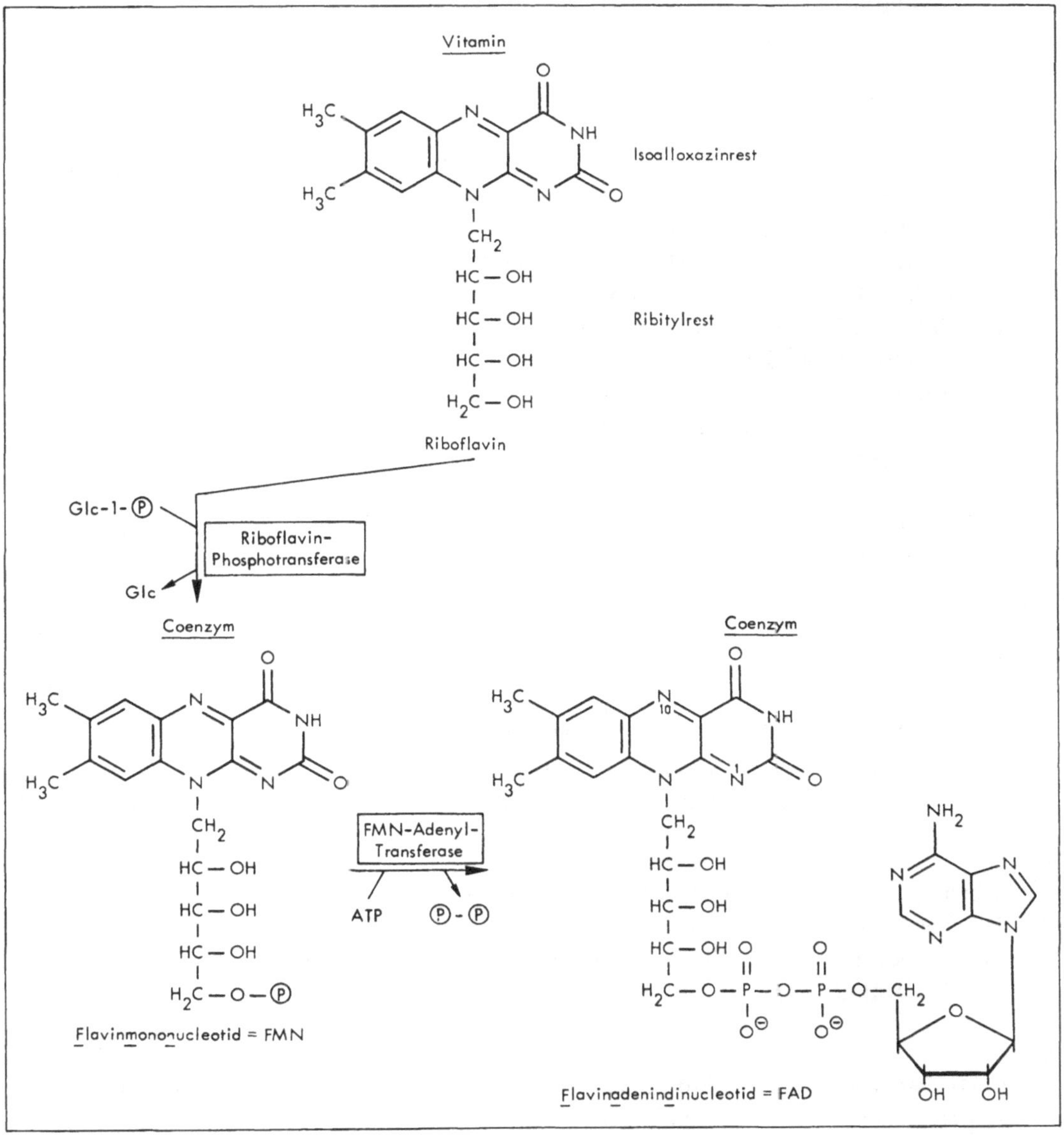

**Stoffwechsel und Funktion.** Nahrungsriboflavin wird in der Darmwand phosphoryliert und in dieser Form resorbiert. Der Blut-Plasmaspiegel beim Menschen beträgt 54–108 nmol/l (2–4 µg Riboflavin/100 ml). In der Milch wird Riboflavin z. T. in freier Form ausgeschieden.

Riboflavin ist als Flavin-mono-nucleotid (FMN) bzw. als Flavin-Adenin-dinucleotid (FAD) prosthetische Gruppe zahlreicher Enzyme (Flavoproteine), die an Oxidoreduktionsvorgängen beteiligt und in allen Organen nachweisbar sind. Der hohe Riboflavingehalt in der Netzhaut läßt eine noch nicht geklärte Beteiligung am Sehvorgang vermuten.

**Bedarf und Mangelerscheinungen.** Der Tagesbedarf des Menschen beträgt 2,7–4,5 µmol (1–2 mg), er ist während der Gravidität erhöht. Riboflavinmangel manifestiert sich vorwiegend in Geweben ektodermalen Ursprungs. In schweren Fällen kommt es an den Augen zur Vaskularisation und Entzündung der Cornea und zur Linsentrübung, an den Schleimhäuten von Mund und Verdauungstrakt zu Entzündungen (Glossitis, Mundwinkelrhagaden), an der Haut zur Schuppung, Rhagadenbildung und Entzündung (vor allem in den Gelenkbeuge- und Nasolabialfalten). Während der Schwangerschaft kann Riboflavinmangel beim Fetus Skelettanomalien hervorrufen.

Die Diagnose eines Riboflavinmangels ist schwierig, da einerseits die Ausfallsymptome bei der Hypovitaminose wenig charakteristisch sind, andererseits meist eine Kombination mit einem Mangel an anderen Vitaminen besteht. Hinweise gibt die Riboflavinausscheidung nach einer Testdosis von 8,1 µmol (3 mg) Riboflavin. Normalpersonen scheiden mindestens 20% dieser Dosis innerhalb 24 h mit dem Urin aus.

## 4. Nicotinamid

Synonyma: Niacinamid, Pellagraschutzfaktor, Vitamin PP.

Nicotinamid ist das Amid der Nicotinsäure. Nicotinsäureamid und Nicotinsäure, die beide vitaminwirksam sind, werden unter dem Trivialnamen „Niacin" zusammengefaßt.

**Biosynthese und Vorkommen.** Säugetiere und die Mehrzahl der Bakterien und Pflanzen können Nicotinsäure aus Tryptophan synthetisieren. Einige Mikroorganismen bilden Nicotinsäure auch aus anderen Aminosäuren (Glutaminsäure, Prolin, Ornithin und Glycin). Nicotinamid ist in allen pflanzlichen und tierischen Nahrungsmitteln vorhanden (0,8–8,0 mmol/kg, 10–100 mg/100 g Frischgewicht).

**Stoffwechsel und Funktion.** Nicotinsäure und Nicotinamid erscheinen nach der Resorption aus dem Intestinaltrakt im Blutplasma (75 µg/100 ml) und können in

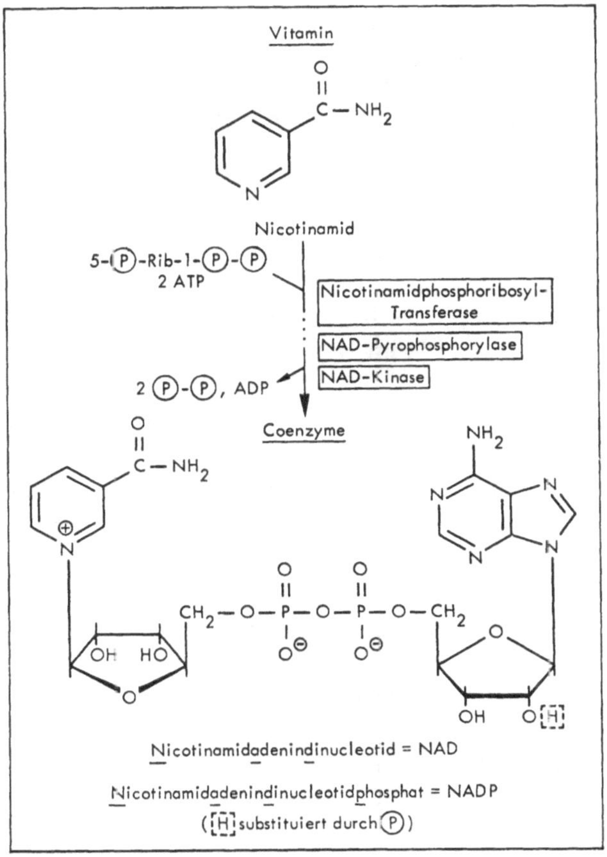


allen Organen und Geweben für die Synthese des NAD bzw. NADP verwendet werden.

NAD und NADP sind Coenzyme einer großen Zahl von Oxidoreduktasen (Dehydrogenasen), von denen jede im allgemeinen eine bevorzugte, meist sogar absolute Spezifität für NAD oder NADP aufweist.

Nicotinsäure und Nicotinamid werden bei normaler Ernährung in einer Menge von 4,0 bzw. 16 µmol/d (0,5 bzw. 2,0 mg/Tag) im Urin ausgeschieden, wobei jedoch der Hauptanteil als Methylderivat ($N^1$-Methylnicotinamid) und ein kleinerer Teil als dessen Oxidationsprodukt vorliegen.

Nicotinsäure, nicht aber Nicotinamid, bewirkt in unphysiologisch hohen („pharmakologischen") Dosen (0,8–2,4 mmol, 100–300 mg) eine starke Vasodilatation besonders an den Kapillaren und Gefäßen der oberen Körperhälfte. Die Wirkung ist jedoch nur vorübergehend. Der senkende Einfluß hoher Nicotinsäuredosen auf den Lipoproteinspiegel des Blutes geht auf die Hemmung der hormonsensitiven Fettgewebslipase zurück.

**Bedarf und Mangelerscheinungen.** Der tägliche Nicotinamidbedarf des Menschen liegt zwischen 120 und 200 μmol (15 und 25 mg). Ein großer Teil der Symptome der menschlichen **Pellagra** ist durch Nicotinamidmangel bedingt, obwohl das klinische Gesamtbild meistens durch multiplen Vitamin-B-Mangel überlagert wird. Die Kardinalsymptome sind:

- Symmetrische, an Gesicht, Hals und Extremitäten auftretende braune Hautpigmentierung (daher der Name „pelle agra" = braune Haut), der ein dunkelrotes Erythem vorangeht, und die durch intensive Sonnenbestrahlung ausgelöst wird.
- Chronische Entzündung der Schleimhäute des Verdauungstraktes (Stomatitis, Glossitis, Gastritis, Enteritis mit Diarrhoe) und mögliche Entwicklung einer Fettleber.
- Störungen des zentralen Nervensystems (Delirien, Halluzinationen, Verwirrungszustände mit Degeneration der Hinter- und Seitenstränge).
- Allgemeinerscheinungen sind Wachstumsstillstand (bei Jugendlichen), Gewichtsverlust, Anämie und Exsikkose (als Folge der Diarrhoe).

Der Nachweis des Nicotinamidmangels ist infolge des charakteristischen klinischen Erscheinungsbildes und der prompten und dramatischen Besserung nach Nicotinamidgaben leicht zu führen. Als Laboratoriumstest wird die Bestimmung der Ausscheidung von $N^1$-Methylnicotinamid (normal 22–220 μmol/d, 3–30 mg/24 h), u. U. auch nach Verabfolgung einer Testdosis von Nicotinamid verwendet. Beim Nicotinamidmangel werden subnormale Mengen ausgeschieden.

**Therapie.** Bei Pellagra, nach Röntgenbestrahlung, bei Dermatosen werden 0,4–4,0 mmol/d (50–500 mg/Tag) Nicotinamid gegeben. Höhere Dosen von Nicotinsäure (4–8 mmol, 0,5–1 g) werden bei Durchblutungsstörung der Extremitäten und Herzkranzarterien sowie bei Hyperlipoproteinämien (S. 109) verwendet.

## 5. Pantothensäure

Synonyma: Antigrauehaarefaktor der Ratte, Kükenantidermatitisfaktor.

**Biosynthese und Vorkommen.** Pantothensäure wird von Pflanzen und Mikroorganismen synthetisiert und ist weit verbreitet (Name!). In pflanzlichen und tierischen Geweben (45–1350 μmol/kg, 1–30 mg/100 g Trockengewicht) ist sie Bestandteil des Coenzym A (Schema). Der Weiselzellen-Futtersaft (Gelee royal) ist sehr reich an Pantothensäure.

**Stoffwechsel und Funktion.**

Die Funktion des CoA besteht in der Übertragung von Acetyl- und Acylgruppen.

Die Pantothensäurekonzentration im Blutplasma beträgt etwa 900 nmol/l (20 μg/100 ml), Abbauprodukte der Pantothensäure sind nicht bekannt. Bei nor-

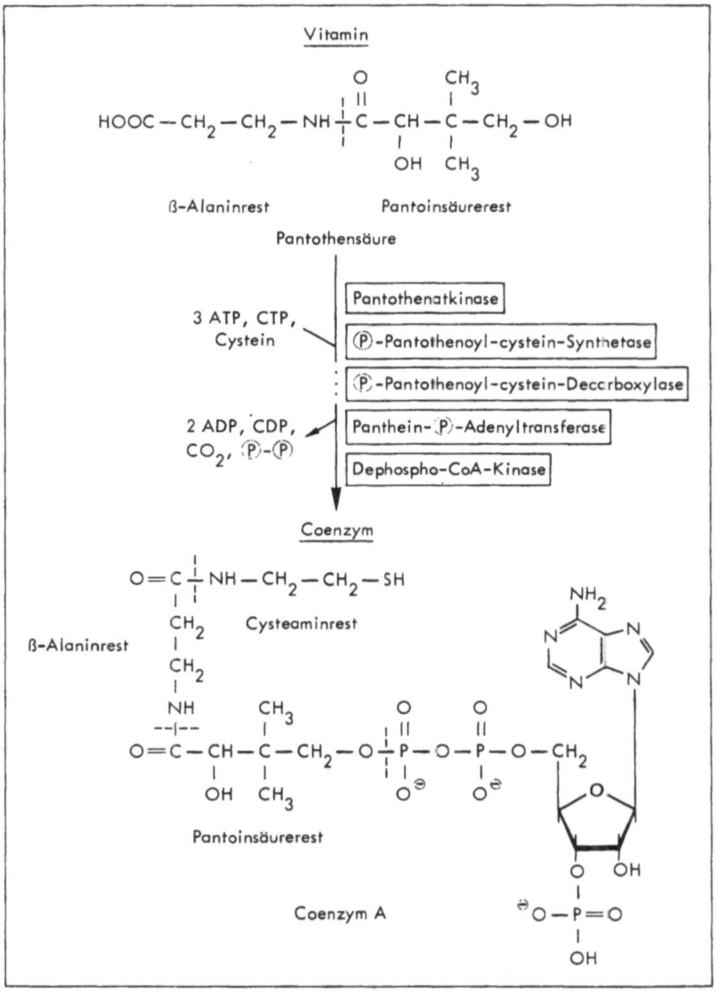


maler Kost werden etwa 9–22,5 µmol/d (2–5 mg täglich) mit dem Urin ausgeschieden.

**Bedarf und Mangelerscheinungen.** Der tägliche Bedarf des Menschen ist wegen des verbreiteten Pantothensäurevorkommens schwer zu ermitteln, außerdem kann durch die intestinale Darmflora gebildete Pantothensäure zur Deckung des Bedarfs beitragen. Der Tagesbedarf liegt bei etwa 45 µmol (10 mg).

Ausgeprägte Mangelerscheinungen sind beim Menschen noch nicht beobachtet worden. Beim Versuchstier werden bei experimentellem Pantothensäuremangel neben Wachstumsstillstand Dermatitis und Depigmentierung des Haar- bzw. Federkleides (Graufärbung der Haare bei Ratten, Hunden und Affen, bei Küken Federdepigmentation) beobachtet. Am Nervensystem kommt es zur

Degeneration der Myelinscheiden peripherer Nerven mit Paralyse, Konvulsionen und Koma. Entzündungen der Haut und Schleimhäute einschließlich des Intestinaltraktes (Gastritis, Enteritis) und Ausbildung einer Fettleber bei Hunden und Ratten sind weitere Symptome.

## 6. Biotin

Synonym: Vitamin H.

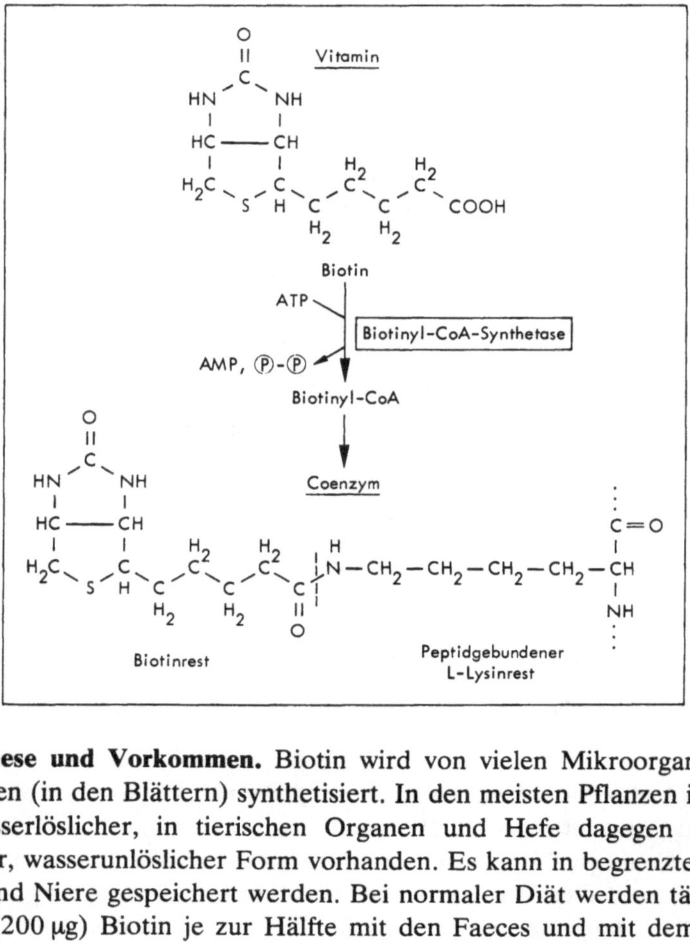


**Biosynthese und Vorkommen.** Biotin wird von vielen Mikroorganismen und von Pflanzen (in den Blättern) synthetisiert. In den meisten Pflanzen ist Biotin in freier, wasserlöslicher, in tierischen Organen und Hefe dagegen in proteingebundener, wasserunlöslicher Form vorhanden. Es kann in begrenztem Ausmaß in Leber und Niere gespeichert werden. Bei normaler Diät werden täglich bis zu 800 nmol (200 µg) Biotin je zur Hälfte mit den Faeces und mit dem Urin ausgeschieden.

**Stoffwechsel und Funktion.** Biotin ist in proteingebundener Form die prosthetische Gruppe von Enzymen, die an der $CO_2$-Fixierung bzw. an Transcarboxylierungsreaktionen beteiligt sind.

**Bedarf und Mangelerscheinungen.** Infolge des weitverbreiteten Vorkommens und einer reichlichen Biotinversorgung durch die Intestinalflora hat ein Biotinmangel kaum praktische Bedeutung. Im Tierversuch läßt sich ein Biotinmangel leicht durch Fütterung von rohem Hühnereiweiß erzeugen. Hühnereiweiß enthält das „Avidin“ (ein basisches Glykoprotein, I. P. = 10), das stöchiometrische Komplexe mit Biotin bildet und dadurch dessen Resorption verhindert. Der Biotin-Avidin-Komplex wird durch proteolytische Enzyme **nicht** angegriffen. Beim Menschen wurden nach einer extremen Diät, die zu 30% aus rohem Hühnereiweiß bestand, Biotinmangelsymptome beobachtet, die nach 5–7 Wochen als Dermatitis, Schwellungen von Haut und Schleimhäuten, Abgeschlagenheit, Somnolenz, Übelkeit und Muskelschmerzen in Erscheinung traten. Die generelle Stoffwechselstörung zeigte sich auch in einer Anämie und Hypercholesterinämie.

**Therapie.** Bei der Erythrodermia desquamativa (Leinersche Erkrankung), bei der Erythem der gesamten Haut, Schuppung, Exsudation und Infiltration bestehen, sind Behandlungserfolge mit Biotin beschrieben.

## 7. Folsäure

Synonym: Pteroylglutaminsäure.

**Biosynthese und Vorkommen.** Die Bezeichnung Folsäure wird auf alle Verbindungen angewandt, welche als chemische Bestandteile einen Pteridinring, eine p-Aminobenzoesäure und einen oder mehrere Glutaminsäurereste enthalten. Bei der Folsäuresynthese, zu der die meisten Mikroorganismen fähig sind, reagieren zunächst ATP, CoA und p-Aminobenzoesäure mit Glutaminsäure zu p-Aminobenzoylglutaminsäure. Diese verbindet sich dann mit dem Pteridinring (der sich vermutlich von Guanosin ableitet) zur Pteroylmonoglutaminsäure (= Folsäure).

In Gegenwart von Sulfonamiden, die Analoge der p-Aminobenzoesäure sind, kommt die Folsäuresynthese der Mikroorganismen zum Erliegen, da die Sulfonamide den Einbau der p-Aminobenzoesäure kompetitiv hemmen. Dies erklärt einerseits die bakteriostatische Wirkung der Sulfonamide, andererseits die Tatsache, daß bei langdauernder oraler Zufuhr von Sulfonamiden Folatmangelzustände beim Menschen auftreten können. Die Schädigung der Darmbakterien, die einen großen Teil der vom Menschen benötigten Folsäure bereitstellen, ist die Ursache.

Der größte Anteil der Folsäure wird mit der Nahrung in Form der Pteroylpolyglutaminsäure (5–7 Glutamatmoleküle) aufgenommen. Beim Kontakt mit dem Mucosaepithel des Dünndarms wird die Pteroylpolyglutaminsäure enzymatisch zu Pteroylmonoglutaminsäure hydrolysiert. Anschließend erfolgt eine carrier-vermittelte Resorption (vorzugsweise im Jejunum), nach der die Folsäure (Pteroyl-

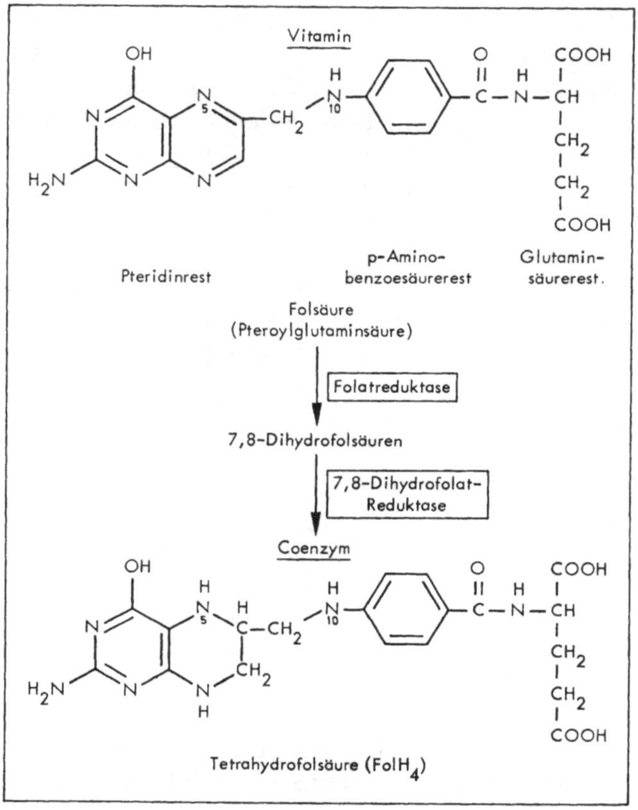


monoglutaminsäure) reduziert, methyliert und als 5-Methyltetrahydrofolsäure an das Blut abgegeben wird.

Bei der Komplexität dieses Prozesses ist es nicht erstaunlich, daß eine Folsäuremalabsorption häufig bei Erkrankungen des Jejunums (z. B. Zöliakie) auftritt. Eine verminderte Aufnahme auch bei entzündlichen Dickdarmerkrankungen ist ein Hinweis auf funktionelle Beziehungen zwischen Dickdarm und Jejunum.

**Stoffwechsel und Funktion.** Die biologisch wirksame Form ist nicht die Pteroylglutaminsäure selbst, sondern die 5,6,7,8-Tetrahydropteroylglutaminsäure **(Tetrahydrofolsäure).** Sie entsteht aus der biologisch inaktiven Pteroylpolyglutaminsäure in zwei Reduktionsstufen über die 7,8-Dihydropteroylmonoglutaminsäure (Schema).

Die Tetrahydrofolsäure (= „Coenzym F") ist Coenzym bei der enzymatischen Aktivierung der Einkohlenstoffeinheiten, bei ihrer oxidativen bzw. reduktiven Umwandlung ineinander und ihrer Übertragung auf verschiedene Akzeptoren.

Bei normaler Ernährung scheiden Erwachsene täglich 4,5–54 nmol (2–24 µg) mit dem Urin und bis zu 1130 nmol (500 µg) mit den Faeces aus. Die insgesamt

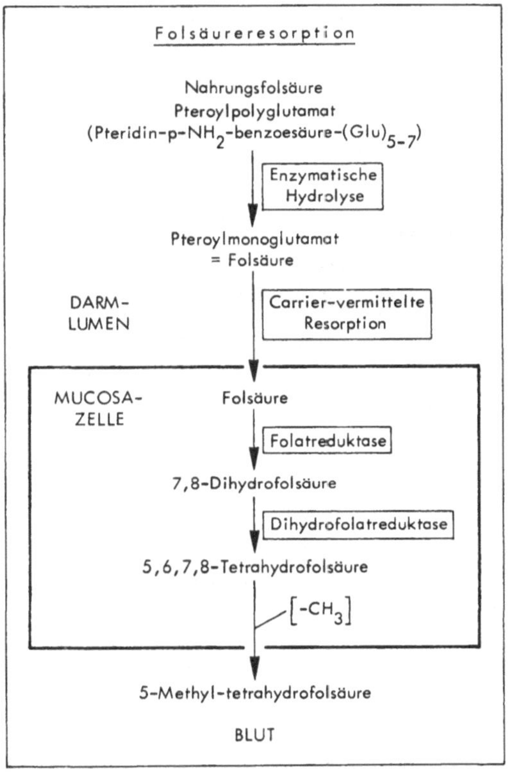


ausgeschiedene Folsäuremenge ist etwa dreimal größer als die unmittelbar mit der Nahrung zugeführte.

**Bedarf und Mangelerscheinungen.** Bei durchschnittlicher Ernährung werden täglich 340–450 nmol (150–200 μg) Folsäure aufgenommen, doch liegt der Bedarf vermutlich höher, da ein unbekannter Anteil der durch die Darmbakterien gebildeten Folsäure hinzukommt und auch bei Patienten mit Folsäuremangelzuständen (Kap. Blut S. 220) eine tägliche Dosis von 115–225 nmol (50–100 μg) für eine Beseitigung der hämatologischen Ausfallserscheinungen (s. u.) notwendig ist.

Die Teilnahme der Tetrahydrofolsäure-abhängigen Enzyme an der Synthese von Purinkörpern und Thymin erklärt ihre fundamentale Rolle für Wachstum und Teilung von Zellen. Wegen ihrer hohen Mitoserate sind die zellulären Elemente des Blutes von einem Folsäuremangel besonders frühzeitig betroffen. Ein experimenteller Folsäuremangel führt beim Menschen zu morphologischen Veränderungen der Reifungsformen der Erythrozyten im Knochenmark. Anstelle der Normoblasten treten Megaloblasten auf (Megaloblastenanämie S. 220). Auch Leukopoese und Thrombozytenbildung sind gestört (Leukopenie, Thrombopenie).

Zur Erkennung von Folsäuremangelzuständen läßt sich die Tatsache ausnutzen, daß bei Histidinabbau die $FolH_4$-abhängige Reaktion Formiminoglutaminsäure → Glutaminsäure gestört ist. Bei Folsäuremangel erfolgt nach Histidinbelastung eine stark vermehrte Ausscheidung von Formiminoglutaminsäure, deren Menge chemisch bestimmt wird und ein Maß für den Folsäuremangel darstellt.

**Therapie.** Eine Heilung vermag die Folsäure bei den Megaloblastenanämien zu bewirken, bei denen der Folsäurespiegel im Serum gering (> 11,3 nmol/l, > 5 μg/l), der Cobalaminspiegel dagegen normal ist.

**Folsäureantagonisten.** Ersetzt man die 4-Hydroxygruppe der Folsäure durch eine Aminogruppe, erhält man den Folsäureantagonisten Aminopterin (4-Aminofolsäure). Ein Antagonist ist auch das Amethopterin (4-Amino-10-methylfolsäure). Beide Verbindungen hemmen die Dihydrofolsäure-Reduktase, also die Bildung der coenzymaktiven Form der Folsäure. In Zellkulturen blockiert Aminopterin die Synthese von Nucleinsäuren durch Inhibierung der bei der Synthese des Purinringes ablaufenden Transformylierungsreaktionen (S. 26). Derart gehemmte Zellen bleiben während der Mitose auf der Stufe zwischen Metaphase und Anaphase stehen.

Aminopterin wird bei der Behandlung der Leukämie hauptsächlich im Kindesalter eingesetzt. Da Aminopterin jedoch die Bildung von Dihydrofolsäure-Reduktase zu induzieren scheint, entwickeln die Leukämiezellen nach einiger Zeit Resistenz, so daß steigende therapeutische Dosen des Folsäureantagonisten notwendig sind.

## 8. Cobalamin

Synonyma: Vitamin $B_{12}$, Antiperniziosafaktor, Extrinsicfaktor.

Das Cobalamin ist ein Corrinderivat. Im Cobalamin besitzt der Corrinring ein sehr fest gebundenes dreiwertiges Cobalt als Zentralatom, das vier Bindungen zum Corrinring und zwei weitere für das 5,6-Dimethylbenzimidazol und eine anorganische Gruppe (s. Formel) bzw. einen 5'-Desoxyadenosylrest (Coenzym) besitzt.

Das **Aquocobalamin** wird aufgrund seiner Speicherungsfähigkeit in der Leber als die physiologische Depotform des Vitamins angesehen. Das **Cyanocobalamin** stellt ein in der Natur überhaupt nicht vorhandenes Kunstprodukt dar – bei der Reindarstellung des Vitamin $B_{12}$ aus Streptomyces-Kulturen oder aus Leber wird Cyanid zugesetzt – und auch die anderen Vitamin $B_{12}$-Formen sind wahrscheinlich Artefakte. Sie sind aber trotzdem therapeutisch voll wirksam, da sie im Organismus in die biologisch aktive Coenzymform (s. u.) überführt werden können.

**Biosynthese und Vorkommen.** Die Biosynthese von Verbindungen mit Vitamin $B_{12}$-Aktivität kann von Bakterien, nicht jedoch von höheren Pflanzen oder Tieren

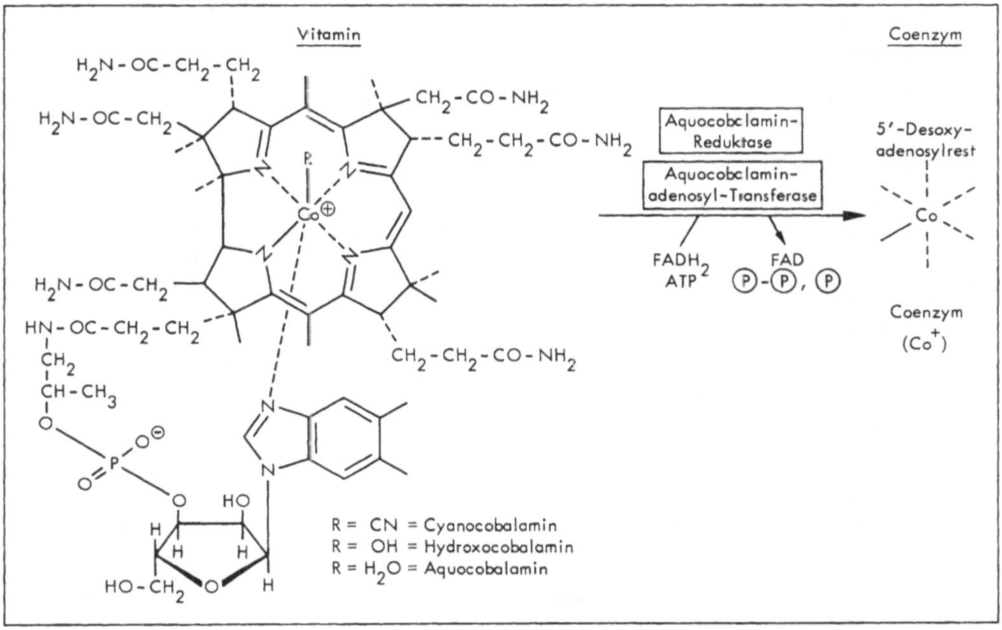


durchgeführt werden. Nicht nur Tiere, auch viele Mikroorganismen sind von diesem Vitamin abhängig.

In Bakterien und tierischen Geweben liegt Vitamin $B_{12}$ hauptsächlich in der Coenzymform (s. u.) vor. Beim Menschen kann vom Gesamtbestand des Vitamin $B_{12}$ (1,5–3,7 μmol, 2–5 mg) ein mg in der Leber gespeichert werden. Überschüsse werden mit dem Harn ausgeschieden. Der Blutserumspiegel liegt zwischen 0,08 und 0,3 nmol/l (0,01 und 0,04 μg/100 ml) und kann mikrobiologisch (unter Verwendung Vitamin $B_{12}$-abhängiger Mikroorganismen) bestimmt werden.

**Stoffwechsel und Funktion.** Die Resorption von Vitamin $B_{12}$ aus dem Intestinaltrakt ist an die Anwesenheit des **„Intrinsicfaktors"** gebunden. Der Intrinsicfaktor ist ein physiologischer Bestandteil des Magensaftes und als sialinsäurehaltiges Glykoprotein identifiziert worden. Seine Fähigkeit zur Bindung des Vitamin $B_{12}$ und seine Resistenz gegen Pepsin und Trypsin sind die Voraussetzung für die Bildung eines Vitamin $B_{12}$-Intrinsicfaktor-Komplexes, der im Ileum resorbiert wird.

Die meisten Vitamin $B_{12}$-abhängigen enzymatischen Reaktionen sind bisher an Mikroorganismen untersucht worden. Der cobalaminabhängige Methylgruppentransfer auf Homocystein führt in der Leber zur Bildung von Methionin. Diese Reaktion hat weniger Bedeutung für die Methioninbiosynthese, sondern dient der Einschleusung von C-1-Kohlenstoffeinheiten in den Stoffwechsel, wobei Homocystein als Akzeptor dient (S. 64). Diese Reaktion ist ein typisches Beispiel für den Wirkungssynergismus von Folsäure und Cobalamin und die Erklärung dafür, warum Folsäure **vorübergehend** bei Cobalaminmangel wirksam ist.

**Bedarf und Mangelerscheinungen.** Aus Versuchen mit $^{57}Co$- bzw. $^{60}Co$-markiertem Vitamin $B_{12}$ wurde der Tagesbedarf des Menschen mit 1,85 nmol (2,5 µg) ermittelt. Ein Vitamin $B_{12}$-Mangel kann nach teilweiser oder vollständiger operativer Entfernung des Magens (Ausfall des Intrinsicfaktors) oder schweren intestinalen Resorptionsstörungen (Erythrozyten, S. 220, Malabsorption, Maldigestion, S. 281) eintreten. Auch die Besiedlung des Intestinaltraktes mit dem Fischbandwurm (*Bothriocephalus latus*), der ungewöhnlich große Mengen von Vitamin $B_{12}$ aufnimmt, kann zu einem Vitaminmangel des Wirtsorganismus führen. Aufgrund der Körperreserven können jedoch auch bei völlig fehlender Vitamin $B_{12}$-Aufnahme mehrere Jahre bis zum Auftreten klinischer Mangelerscheinungen vergehen.

Bei Vitamin $B_{12}$-Mangel entwickelt sich eine **Megaloblastenanämie (perniziöse Anämie)** (S. 220). Sie manifestiert sich am erythropoetischen System, dem Nervensystem und der Mund- und Rachenschleimhaut. Die bevorzugte Auswirkung auf diese Organsysteme läßt sich jedoch nicht vollständig erklären, da Vitamin $B_{12}$ in allen Geweben an lebensnotwendigen enzymatischen Reaktionen beteiligt ist. Die Störung der Mitose und Differenzierung der Knochenmarkstammzellen führt zur Bildung von Megaloblasen und verminderter Erythrozytenzahl (S. 220). Im Nervensystem kommt es zur irreversiblen Degeneration der Hinter- und Seitenstränge des Rückenmarks, die zu peripheren Empfindungsstörungen, gesteigerten Reflexen, später zu Ataxie und Paralyse führt. Der unbehandelte Vitamin $B_{12}$-Mangel führt zum Tode. Bei der perniziösen Anämie werden als Ausdruck einer gestörten Vitamin $B_{12}$-Resorption größere Mengen an Vitamin $B_{12}$ mit den Faeces ausgeschieden als bei gesunden Individuen. Dies macht deutlich, daß der Schaden nicht in einer unzureichenden Versorgung mit Vitamin $B_{12}$ liegt, sondern in der fehlenden Fähigkeit zu dessen Resorption.

Die Diagnose eines Cobalaminmangels liefert der $B_{12}$-Resorptionstest (Kap. Gastrointestinaltrakt, S. 283). Weitere biochemische Hinweise für einen Vitamin $B_{12}$-Mangel sind die Herabsetzung des Vitamin $B_{12}$-Spiegels im Blut ($<$ 0,03 nmol/l, $<$ 0,004 µg/100 ml) und der Ausscheidung mit dem Urin ($^1/_{10}$ bis $^1/_{20}$ der Norm), die Ausscheidung von Methylmalonat im Urin (als Folge des unvollständigen Propionsäureabbaus) und die um das 10- bis 100fach erhöhte Aktivität der Serum-Lactat-Dehydrogenase, die aus den Megaloblasten stammt.

**Therapie.** Da ein Vitamin $B_{12}$-Mangel immer auf unzureichender Resorption, d. h. auf Fehlen des Intrinsicfaktors beruht, muß das Vitamin $B_{12}$ therapeutisch parenteral verabfolgt werden. Schon Dosen von 0,75 nmol (1 µg) täglich bewirken vollständige Remission der Vitamin $B_{12}$-Mangelsymptome. Das Aquocobalamin ist aufgrund seiner elektropositiven Ladung bei pH 7,4 als therapeutische Depotform geeignet, da es am Injektionsort an Proteine gebunden wird und nicht in freier Form über den Harn verlorengeht. Bei einem täglichen Verbrauch von 1,85 nmol (2,5 μg) kann eine einzige Injektion von 0,75 μmol (1 mg) Aquocobalamin den Bedarf für über 100 Tage decken.

## 9. Pyridoxin

Synonyma: Vitamin $B_6$, Adermin, Rattenpellagraschutzstoff.

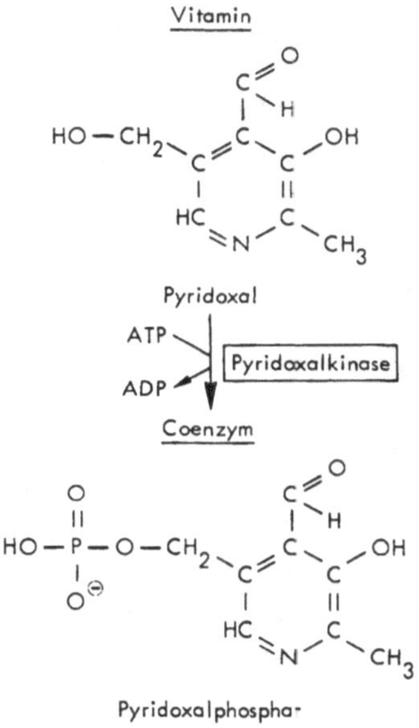


**Biosynthese und Vorkommen.** Vitamin $B_6$ wird von vielen Mikroorganismen und wahrscheinlich auch von Pflanzen über noch unbekannte Stoffwechselwege gebildet. In der Natur kommt Vitamin $B_6$ als Pyridoxin (= Pyridoxol), Pyridoxal und Pyridoxamin vor. Alle drei Formen besitzen – da im Stoffwechsel ineinander überführbar – Vitaminaktivität.

**Stoffwechsel und Funktion.** Im menschlichen Organismus wird Pyridoxin in einer ATP-abhängigen Phosphorylierungsreaktion in das Coenzym, das Pyridoxalphosphat, überführt. Pyridoxalphosphat ist Coenzym bei Gruppenübertragungsreaktionen (Decarboxylierung und Transaminierung von Aminosäuren, $H_2O$- und $H_2S$-Abspaltung aus Aminosäuren, Spaltung von Aminosäuren).

3,0–4,2 μmol (0,5–0,7 mg) Pyridoxal bzw. Pyridoxamin werden täglich mit dem Urin ausgeschieden. Das Hauptausscheidungsprodukt (~ 18 μmol/d, 3 mg/Tag) ist die biologisch inaktive 4-Pyridoxalsäure.

**Bedarf und Mangelerscheinungen.** Der Tagesbedarf des Menschen wird auf 12 µmol (2 mg) geschätzt. Die mikrobielle Synthese im Intestinaltrakt trägt zu einem unbekannten Anteil zur Versorgung bei. Aufgrund seiner engen Beziehung zum Aminosäurestoffwechsel ist der Pyridoxinbedarf bei proteinreicher Nahrung erhöht.

Obwohl eine normale Ernährung ausreichende Pyridoxinversorgung sichert, sind Mangelerscheinungen bei Kindern und während der Schwangerschaft beobachtet worden.

Auch eine Therapie mit dem Tuberkulostatikum Isonikotinsäurehydrazid kann wegen dessen Fähigkeit zur Bindung von Pyridoxal-Ⓟ zu Mangelerscheinungen führen.

Die Mangelerscheinungen betreffen den Stoffwechsel des zentralen Nervensystems (im Tierexperiment Entmyelinisierung der peripheren Nerven und Axondegeneration) und äußern sich bei Kindern in epileptiformen Krämpfen und Übererregbarkeit. Als Ursache werden die verringerte Aktivität der Glutamat-Decarboxylase und die herabgesetzte Konzentration der γ-Aminobuttersäure im Gehirn vermutet. Beim Erwachsenen beherrschen Dermatosen, Anämie, Muskeldystrophie, Neuritis und in der Schwangerschaft Übelkeit und Erbrechen das Bild des Vitamin $B_6$-Mangels. Die Anämie erklärt sich aus einer Hemmung der Pyridoxalphosphat-abhängigen δ-Amino-Lävulinsäure-Synthetase, die als Schrittmacherenzym der Hämsynthese die Bereitstellung des Protoporphyrins limitiert, das nicht das für die Hämsynthese bereitgestellte Eisen abnimmt. Es resultiert eine **sideroachrestische Anämie** (Kap. Erythrozyten, S. 227).

Zur Feststellung eines Pyridoxinmangels nutzt man die Tatsache aus, daß der Abbau des 3-Hydroxykynurenins zu 3-Hydroxyanthranilsäure (Tryptophanstoffwechsel) eine Pyridoxalphosphat-abhängige Reaktion ist, bei deren Blockierung 3-Hydroxykynurenin in einer Ausweichreaktion in Xanthurensäure überführt wird. Im Pyridoxinmangel ist nach oraler Belastung mit 0,05 mol (10 g) D, L-Tryptophan die Xanthurensäureausscheidung stark erhöht.

## 10. α-Liponsäure

Synonym: Thioctsäure.

**Vorkommen.** Liponsäure ist in allen lebenden Strukturen vorhanden und schon in extrem geringen Mengen wirksam. Daß höhere Organismen von ihrer Zufuhr mit der Nahrung abhängig sind, ist nicht erwiesen. Versuche, bei Tieren einen Liponsäuremangel zu erzeugen, sind bisher fehlgeschlagen. Liponsäure ist Bestandteil von Decarboxylase-Enzym-Komplexen (z. B. Reaktion Pyruvat → Acetyl-CoA, α-Ketoglutarsäure → Succinyl-CoA).

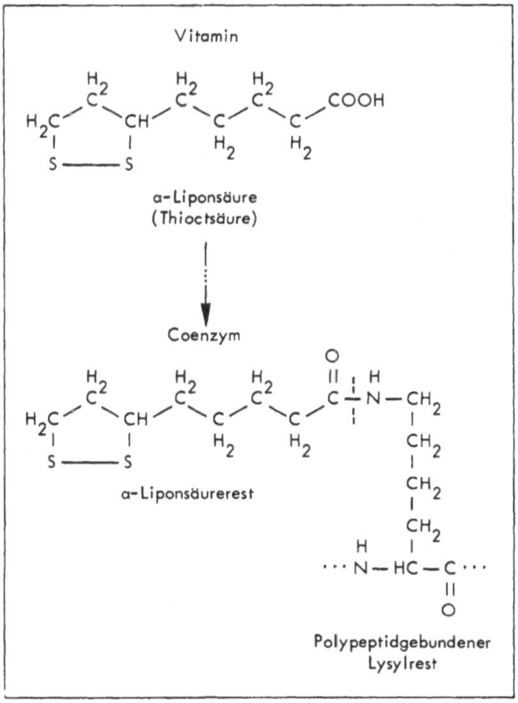


## 11. Phyllochinon

Synonyma: antihämorrhagisches Vitamin, Vitamin K.

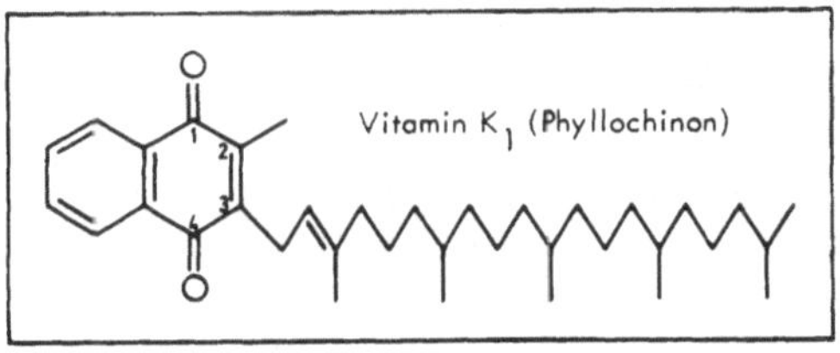


Unter den K-Vitaminen sind bisher zwei natürliche und zahlreiche synthetische Verbindungen bekannt, deren Wirksamkeit auf den allen gemeinsamen Grundkörper **2-Methyl-1,4-naphthochinon** zurückgeht. Das natürliche Vitamin $K_1$ (Phyllochinon) besitzt in 3-Position eine Phytylseitenkette, das Vitamin $K_2$ (Farnochinon) eine Farnesylseitenkette. Die natürlichen K-Vitamine gehören zu den fettlöslichen, d. h. wasserunlöslichen Vitaminen.

**Biosynthese und Vorkommen.** Die Biosynthese der natürlichen K-Vitamine ist ausschließlich Pflanzen und Bakterien vorbehalten. Während in den Pflanzen sowohl Vitamin $K_1$ als auch Vitamin $K_2$ (hauptsächlich in grünen Blättern) gefunden werden, bilden Bakterien (nicht jedoch Pilze) Vitamin $K_2$. Da auch das synthetische 2-Methyl-1,4-naphthochinon, das als Vitamin $K_3$ bezeichnet wird, therapeutische Wirksamkeit aufweist, ist zu folgern, daß im Organismus eine Komplettierung des Grundkörpers durch den Phytylrest möglich ist.

**Stoffwechsel und Funktion.** Vitamin K erscheint nach der Resorption (vorzugsweise im Jejunum) wegen seiner Fettlöslichkeit zusammen mit den Lipiden zunächst im Lymphgefäßsystem, ist aber auch in konstanter Menge im Blut vorhanden.

Vitamin K ist notwendig für die Bildung der Blutgerinnungsfaktoren Prothrombin (II), Prokonvertin (VII), Plasmathromboplastinkomponente (IX) und Stuartfaktor (X). Die am besten untersuchte Funktion betrifft die Mitwirkung bei der Synthese des Prothrombins. Nach der Biosynthese des Prothrombins in der Leber werden die ersten 10 N-terminalen Glutaminsäurereste unter der Wirkung einer spezifischen phyllochinonabhängigen Carboxylase in γ-Carboxylglutaminsäurereste überführt. Die am γ-C-Atom eingeführten Carboxylgruppen entstammen $HCO_3^-$. Für die ebenfalls Vitamin K-abhängige Synthese der Blutgerinnungsfaktoren VII, IX und X ist ein analoger Carboxylierungsmechanismus von Glutaminsäureresten nachgewiesen (Faktor X) bzw. wahrscheinlich (Faktor VII und IX). Der Besitz der γ-Carboxylglutaminsäurereste verleiht dem Prothrombin (und den übrigen Blutgerinnungsfaktoren) die Fähigkeit, sich zusammen mit $Ca^{2+}$ an Membranphospholipide zu binden. Bei der Aktivierung zu Thrombin wird vom Prothrombin u. a. das die γ-Carboxylglutaminsäurereste tragende N-terminale Peptid abgespalten. Der damit verbundene Verlust der Membranbindungsfähigkeit führt zur Freisetzung des aktiven (proteolytisch wirksamen) Thrombins.

Vitamin K wird außerordentlich rasch metabolisiert, so daß Mangelerscheinungen schon nach 24–48 h auftreten, zumal auch die Fähigkeit zur Speicherung dieses Vitamins äußerst gering ist. Die Abbauprodukte des Vitamin K, das unverändert weder im Urin noch mit der Galle ausgeschieden wird, sind unbekannt.

**Bedarf und Mangelerscheinungen.** Wegen der umfangreichen Synthese durch die Darmflora spielt die Versorgung mit Vitamin K durch die Nahrung eine nur untergeordnete Rolle, wird jedoch notwendig, wenn das Wachstum der Darmbakterien durch therapeutische Maßnahmen (Antibiotika) gehemmt wird. Beim Neugeborenen können jedoch – solange noch keine Besiedlung des Darmtrakts erfolgt ist – Mangelsymptome auftreten, die sich in Blutungsneigung (Hämorrhagien) äußern und ihre Ursache in der Synthese eines nicht carboxylierten und daher nicht funktionsfähigen Prothrombins haben („physiologische Hypoprothrombinämie“ des Neugeborenen). Ein Vitamin K-Mangel tritt auch bei Störungen der Gallensekretion auf, da die Gallensäuren für die Resorption des Vitamin K unerläßlich sind (Kap. Lipide, S. 96).

Vitamin K-Antagonisten (z. B. Dicumarol) werden zur Therapie verwendet, wenn eine Herabsetzung der Gerinnungsfähigkeit des Blutes (z. B. bei Gefahr einer Coronarthrombose) angestrebt wird. Aufgrund seines Wirkungsantagonismus hemmt Dicumarol die Vitamin-K-abhängige Carboxylierung der Glutaminsäurereste des Prothrombins und der Faktoren VII, IX und X. Die Wirkung des Dicumarols kann – wenn notwendig – durch hohe Vitamin K-Gaben aufgehoben werden. Da Cumarinderivate auch die Anknüpfung der isoprenoiden Seitenketten an das 2-Methyl-1,4-naphthochinon hemmen, ist nur das komplette Vitamin ($K_1$ bzw. $K_2$) wirksam.

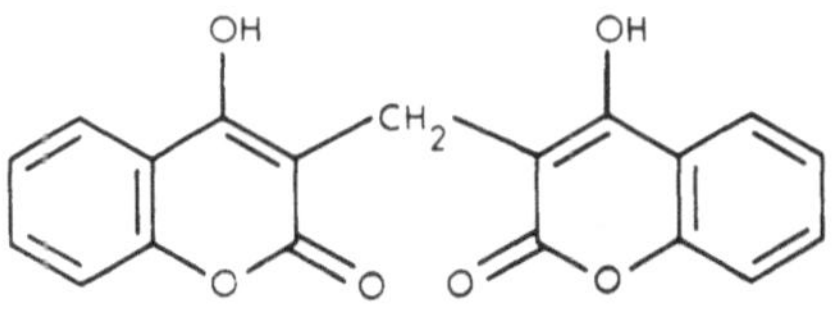


Dicumarol
(3,3'-Methylendioxycumarin)

**Therapie und Toxizität.** Blutungen oder Blutungsgefahr bei schwerer Hypoprothrombinämie (bedingt durch Überdosierung von Cumarinpräparaten oder bei Vitamin K-Hypovitaminosen) sind Indikationen für die Behandlung mit Vitamin K. Die Zunahme der Gerinnungsfaktoren läßt sich durch Normalisierung der Prothrombinzeit (S. 380) verfolgen. Ein Prothrombinmangel, der als Folge eines Leberparenchymschadens (Leberzirrhose, Carcinommetastasen) auftritt, kann jedoch durch Vitamin K nicht beeinflußt werden.

## 12. Retinol

Synonyma: Vitamin A, Axerophthol.

Eine internationale Einheit entspricht 0,3 µg Vitamin A-Alkohol oder 0,6 µg reinem β-Carotin.

Vitamin A entsteht aus Carotin, und zwar sind alle Carotine (und Carotinoide), die einen β-Iononring aufweisen, Vorstufen des Vitamin A und werden daher als **Provitamine** bezeichnet. Das symmetrisch gebaute, 2-terminale β-Iononringe enthaltende β-Carotin liefert bei symmetrischer oxidativer Spaltung zwei Moleküle Vitamin A; aus α-Carotin und γ-Carotin kann dagegen jeweils nur ein Vitamin A-Molekül entstehen. Weitere biologische Vorstufen sind Myxoxanthin, Kryptoxanthin u. a. Das bei Fischen nachgewiesene Vitamin $A_2$, das nur 40% der Wirksamkeit von Vitamin $A_1$ besitzt, unterscheidet sich von diesem durch das Vorhandensein einer zusätzlichen Doppelbindung zwischen den C-Atomen 3 und 4 des β-Iononringes (s. Formel).

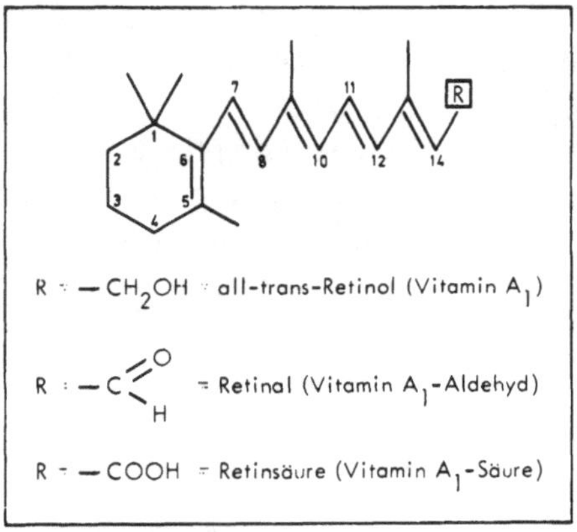


**Biosynthese und Vorkommen.** Die provitaminwirksamen Carotinoide werden ausschließlich von Pflanzen synthetisiert, der Vitamin A-Alkohol findet sich dagegen ausschließlich bei Menschen und Tieren, die zu einer Umwandlung der Carotinoide in Vitamin A befähigt sind.

Vitamin A ist bei Menschen und Tieren in hoher Konzentration in der Leber enthalten. Die höchsten Vitamin A-Konzentrationen werden in den Leberölen von Seefischen gefunden (1,5% im Heilbutt- und 4,5% im Thunfischleberöl). Sie enthalten in ihrer Leber Vitamin $A_1$, Süßwasserfische dagegen Vitamin $A_2$. Wichtige tierische Vitamin A-Quellen sind ferner Kolostrum, Milch, Butter und Eigelb.

**Stoffwechsel und Funktion.** Vitamin A bzw. die Carotine werden in Gegenwart von Gallensäuren, mit denen sie wasserlösliche Komplexverbindungen bilden, resorbiert. Nach der Resorption werden die Carotine schon in den Mucosazellen

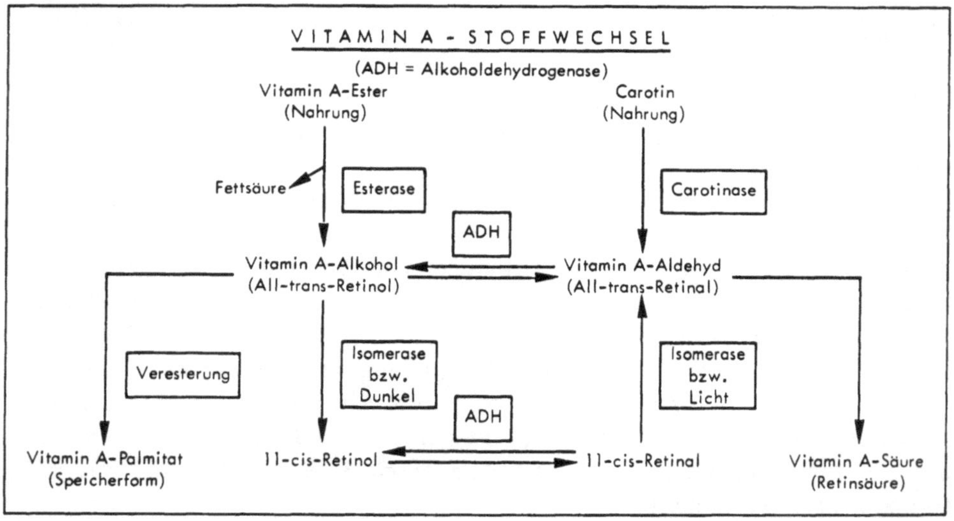

der Darmschleimhaut zum Teil durch eine dort befindliche Carotinase in Vitamin A umgewandelt. Die Fähigkeit zur oxidativen enzymatischen Spaltung der Provitamine scheinen jedoch auch andere Organe zu besitzen. Beim Menschen ist die Leber der hauptsächliche Ort dieser Umwandlung.

Produkt der Carotinasewirkung, welche zu einer Spaltung der Isoprenkette zwischen C-15 und C-15′ führt, ist nicht der Vitamin A-Alkohol, sondern der Vitamin A-Aldehyd, der wegen seiner Mitwirkung beim Sehvorgang (s. u.) als all-trans-Retinal bezeichnet wird. Das all-trans-Retinal kann entweder reduziert und als Fettsäureester gespeichert oder zu Vitamin A-Säure oxidiert oder zum 11-cis-Retinal isomerisiert werden. 95–99% des Vitamin A-Bestandes werden in der Leber gespeichert und sichern den Bedarf für mehrere Monate. Vitamin A ist jedoch in allen Organen nachweisbar. Im Serum beträgt die Konzentration des Vitamin A 0,7–1,75 μmol/l (20–50 μg/100 ml), der Carotinoide 1,9–5,6 μmol/l (100–300 μg/100 ml). Ihr Transport erfolgt hauptsächlich in der β-Lipoproteinfraktion. Der Abbauweg des Vitamin A ist unbekannt.

Vitamin A ist ein Schutzstoff für das gesamte Ektoderm. Die normale Struktur der epithelialen Gewebe (Haut, Cornea des Auges, Schleimhäute des Respirations-, Digestions- und Urogenitaltraktes) ist Vitamin A-abhängig. Vitamin A ist ferner ein Wachstumsfaktor und greift in die Regulation der Osteoblasten- und -klastenaktivität ein.

Die spezifische Rolle des Vitamin A beim **Sehvorgang** – inbesondere beim Dämmerungs- und Nachtsehen – hängt von dem Gehalt der Stäbchenzellen an dem lichtempfindlichen Pigment Rhodopsin (Sehpurpur) ab. Rhodopsin ist aus einer Proteinkomponente, dem Opsin, und dem 11-cis-Retinal zusammengesetzt (Abb.).

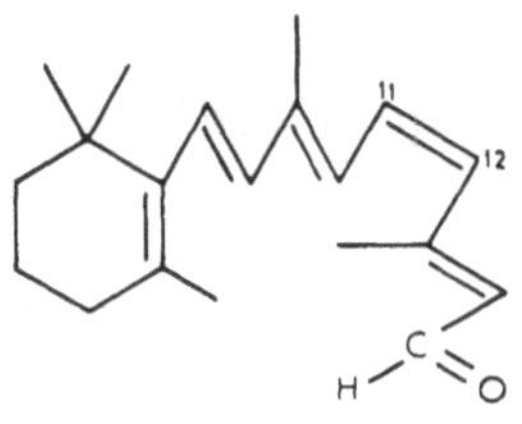


11-cis-Retinal
(Sehpigment)

**Bedarf und Mangelerscheinungen.** Der tägliche Vitamin A-Bedarf beträgt für den erwachsenen Menschen 5,2μmol (5000 I. E.), Schwangerschaft, Lactation und gesteigerter Stoffwechsel erhöhen den Bedarf (6,3–8,4 μmol/d, 6000–8000 I. E./Tag). Die Ursachen eines Vitamin A-Mangels können nicht nur in unzureichender Versorgung mit der Nahrung, sondern auch in einer Beeinträchtigung der Lipidresorption (Kap. Lipide, S. 96), in der Unfähigkeit zur Bildung von Vitamin A aus Carotin oder dessen Speicherung liegen (z. B. bei Leberzirrhose). Die ersten

Symptome des Vitamin A-Mangels beim Menschen betreffen Störungen des Nacht- und Dämmerungssehens (Nachtblindheit), während die Abnahme des Vitamin A-Blutspiegels später erfolgt. Der Ausfall der Epithelschutzfunktion äußert sich in Xerosis und Keratinisierung der Cornea des Auges **(Xerophthalmie)** sowie der Haut und der Schleimhäute (Hyperkeratosis). Bei Jugendlichen werden Störungen des Wachstums und der Knochenbildung, in der Schwangerschaft Mißbildungen des Foeten beobachtet.

**Therapie und Toxizität.** Bei der therapeutischen Anwendung von Vitamin A (bei Xerophthalmie 5,2 μmol (5000 I. E.)/kg Körpergewicht über 5 Tage) ist die Möglichkeit einer Überdosierung zu berücksichtigen. Sie führt bei Kindern und Jugendlichen zu Haut- und Schleimhautaffektionen, Haarausfall, Gelenkschmerzen, Periostverdickung der Extremitätenknochen, gelegentlich zur Hemmung des Knochenwachstums und frühzeitigem Epiphysenschluß. Akute Intoxikationserscheinungen (schwere Kopfschmerzen, Erbrechen, Benommenheit) wurden nach Verzehr von Eisbärleber (21 μmol, 20 000 I. E. Vitamin A/g Frischgewicht) beobachtet.

Vitamin A-Säure (Retinsäure) besitzt keratolytische Wirkung auf die Haut durch Anregung der Mitosetätigkeit des Follikelepithels der Talgdrüsen und wird als Schälmittel bei Akne vulgaris verwandt.

## 13. Calciferol

Synonyma: D-Hormon, Vitamin D, antirachitisches Vitamin.

Eine internationale Einheit (I. E.) = 0,065 nmol (0,025 μg) Vitamin $D_3$.

**Biosynthese und Vorkommen.** Die beiden wichtigsten Vertreter der D-Vitamine, das Vitamin $D_3$ und Vitamin $D_2$, entstehen aus Cholesterin (bei Tieren) bzw. Ergosterin (bei Pflanzen), die beide den Charakter von Provitaminen besitzen und im menschlichen Organismus in verschiedene Wirkformen des Vitamin D – **Calciferol, 25-Hydroxycalciferol** und **1,25-Dihydroxycalciferol** – umgewandelt werden. Der Begriff Vitamin D bzw. Calciferol umfaßt alle vitaminwirksamen Verbindungen. Wegen der Möglichkeit einer nur vom UV-Licht abhängigen Totalsynthese des 1,25-Dihydroxycalciferols und seines steroidhormonähnlichen Wirkungsmechanismus wird das Vitamin D auch als „D-Hormon" bezeichnet.

Besonders Vitamin D-reich sind Fischlebertrane (Thunfisch 455–3200 nmol (7000–50 000 I. E.)/g), in denen das Vitamin D z. T. verestert ist. Säugetierleber enthält dagegen nur geringe Mengen Vitamin D. Da Cholesterin von Mensch und Säugetieren synthetisiert werden kann, liegt einem Vitaminmangel niemals eine unzureichende Versorgung mit dem Provitamin, sondern eine Störung der Umwandlung des Provitamins in das Vitamin zugrunde.

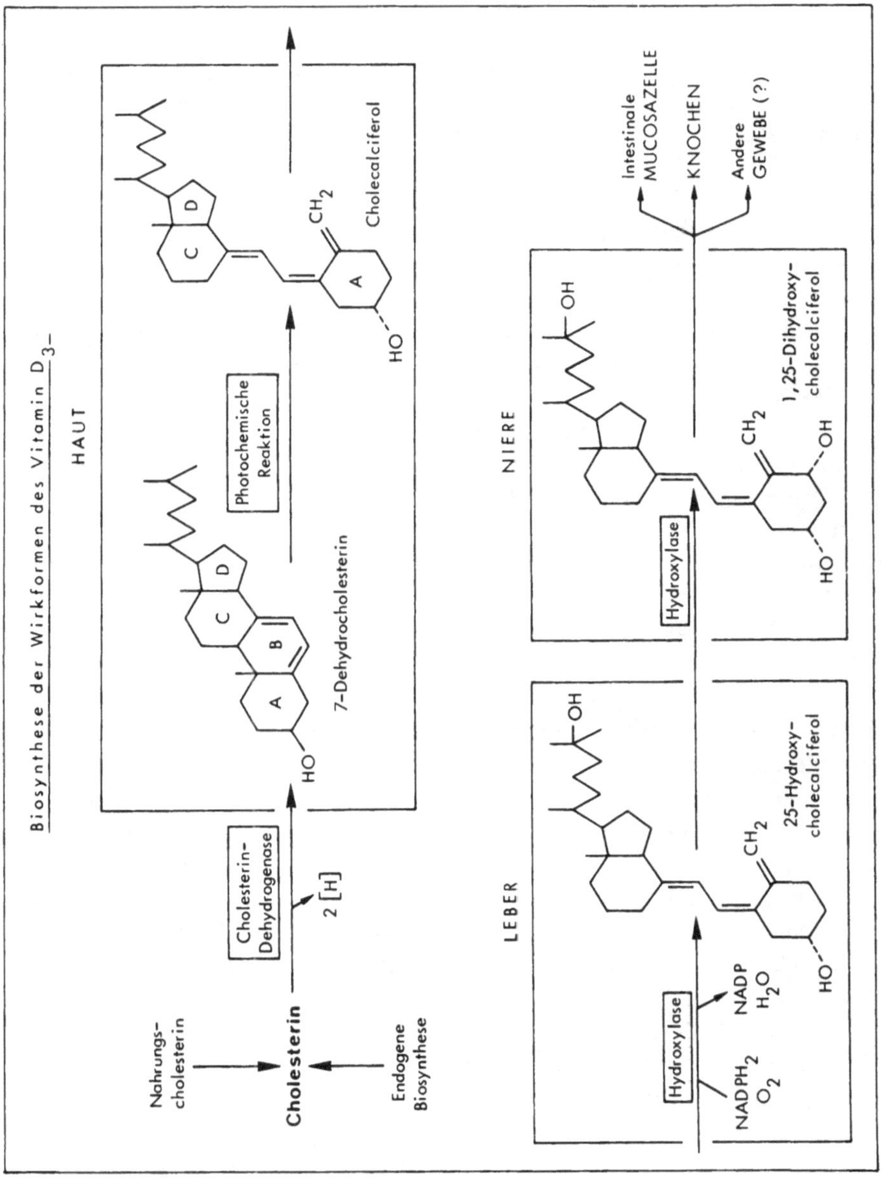
Biosynthese der Wirkformen des Vitamin $D_3$-
HAUT
Nahrungs-cholesterin
Cholesterin
Endogene Biosynthese
Cholesterin-Dehydrogenase
2 [H]
HO
A
B
C
D
7-Dehydrocholesterin
Photochemische Reaktion
$CH_2$
Cholecalciferol
LEBER
Hydroxylase
$NADPH_2$
$O_2$
NADP
$H_2O$
OH
25-Hydroxy-cholecalciferol
NIERE
Hydroxylase
1,25-Dihydroxy-cholecalciferol
Intestinale MUCOSAZELLE
KNOCHEN
Andere GEWEBE (?)

**Stoffwechsel und Funktion.** Vitamin $D_3$ entsteht aus Cholesterin durch Dehydrierung zum 7-Dehydrocholesterin, das unter UV-Strahlung in der Haut in Cholecalciferol übergeht. Das in der Haut gebildete Cholecalciferol gelangt in die Leber und wird dort unter Mitwirkung eines $NADH_2$- und $O_2$-abhängigen mitochondrialen Enzyms in das 25-Hydroxycholecalciferol umgewandelt, schließlich in die Niere transportiert, in der in einer weiteren Hydroxylierungsreaktion die eigentliche Wirkform, das 1,25-Dihydroxycholecalciferol, entsteht. Von hier aus erfolgt die Versorgung der Vitamin-D-abhängigen Organe (intestinale Mucosa, Knochen u. a. Gewebe). Zwar sind auch die Vorstufen vitaminwirksam, doch entfaltet 25-Hydroxycholecalciferol nur die Hälfte und Cholecalciferol nur $^1/_5$ der Wirkung des 1,25-Dihydroxycholecalciferols.

Das mit pflanzlicher Nahrung aufgenommene Ergosterin wird im menschlichen Organismus in einer dem Cholesterin analogen Reaktionsfolge in das entsprechende 1,25-Dihydroxyergocalciferol (Vitamin $D_2$) umgewandelt.

Mit der Nahrung aufgenommenes Vitamin $D_2$ bzw. Vitamin $D_3$ wird rasch resorbiert, wegen der Fettlöslichkeit jedoch in Abhängigkeit von einer intakten Lipidresorption. Im Blut wird Calciferol (0,05–0,10 µmol/l, 80–150 I. E./100 ml) unter Bindung an Albumin und $\alpha_2$-Globuline transportiert. Die Speicherungsfähigkeit für Calciferol ist begrenzt. Sie beträgt in der Leber 15% einer einmaligen Dosis von 600 000 I. E. Trotzdem hält die therapeutische Wirkung für mehrere Wochen oder Monate an. Der Abbau erfolgt zu unbekannten Metaboliten.

Vitamin D ist nur für Wirbeltiere essentiell. Stoffwechselwirkungen und Mangelerscheinungen sind im Kap. Skelettsystem (S. 317) beschrieben.

**Therapie und Toxizität.** Eine Rachitisprophylaxe ist durch Sonnen- bzw. Quarzlampenbestrahlung oder tägliche Verabfolgung von 26 nmol (400 I. E.) Vitamin D möglich. Bei ausgeprägter Rachitis und Osteomalazie sind Tagesdosen von 3000 I. E. Vitamin D nötig. Sehr hohe Einzeldosen (Stoßtherapie) haben den Nachteil, daß das Ausmaß der Resorption ungewiß bleibt. Über mehrere Monate verabreicht (65–195 nmol/d, 1000–3000 I. E./Tag) wirkt Vitamin D toxisch. Eine Mobilisierung des Skelettcalciums, Erhöhung des Calcium- und Phosphatspiegels im Serum mit entsprechend vermehrter Ausscheidung im Harn sind nachweisbar. Das mobilisierte Calcium wird z. T. in der Niere und in den Blutgefäßen wieder abgelagert. Klinische Symptome sind Kopf- und Gelenkschmerzen, Muskelschwäche, Störungen im Magen- und Darmtrakt. Der Tod kann durch Hemmung der Nierenfunktion eintreten.

# 14. Tocopherol

Synonyma: Vitamin E, Antisterilitätsvitamin der Ratte.

Vitamin E ist die Gruppenbezeichnung für mindestens sieben Vitamine, die sich chemisch alle vom Tocol ableiten und je nach Substitution des Tocolgrundgerüstes durch Methylgruppen als α-, β-, γ-, δ-, ε- usw. Tocopherol bezeichnet werden. α-Tocopherol besitzt 3 Methylgruppen (5, 7, 8) am aromatischen Ring, β-Tocopherol 2 Methylgruppen (7, 8). Die Tocopherole sind gelbliche Öle.

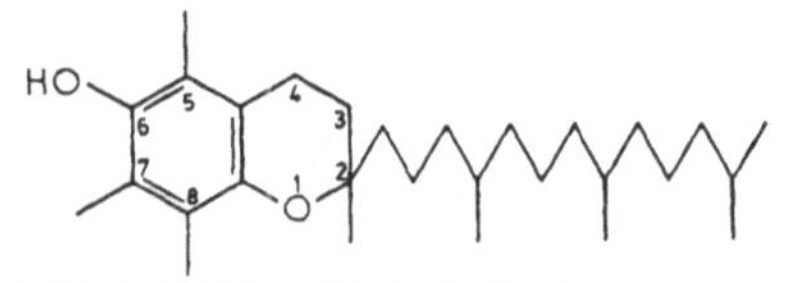


Vitamin E (α-Tocopherol)
(5,7,8-Trimethyltocol)

**Biosynthese und Vorkommen.** α-Tocopherol wird in Pflanzen gebildet. Besonders reichlich sind die Tocopherole in keimenden Getreidekörnern (Weizenkeimen 4,6–7,0 μmol/kg (200–300 μg/100 g)) enthalten.

**Stoffwechsel und Funktion.** Als fettlösliche Vitamine werden die Tocopherole mit der Nahrung zusammen mit den Lipiden aufgenommen. Der Blutserumspiegel beträgt 0,023 mmol/l (1 mg/100 ml), die tägliche Resorptionsrate 23–46 μmol (10 bis 20 mg), der Gesamtbestand des menschlichen Körpers mehrere Gramm Tocopherol. Bei normaler Ernährung findet keine Ausscheidung von Tocopherol in Urin odes Faeces statt. Nach Aufnahme sehr großer Mengen wird als Stoffwechselprodukt das Tocopheronsäureglucuronid mit dem Harn ausgeschieden.

Aufgrund seiner chemischen Eigenschaften kann Tocopherol als Redoxsystem wirken. Seine Funktion im Organismus hängt vermutlich mit dieser Eigenschaft zusammen. Vitamin A, Carotin, ungesättigte Fettsäuren (Linolsäure, Linolensäuren) und Thiolgruppen werden durch Tocopherol vor Oxidation geschützt. Für die Tocopherole werden ferner Beziehungen zu den Ubichinonen und eine Beteiligung am Elektronentransport und der ATP-Bildung in der Atmungskette vermutet. Ungeklärt ist die Beteiligung des Vitamin E an der Cholesterin- und Nucleinsäuresynthese sowie an der Erythropoese.

**Bedarf und Mangelerscheinungen.** Der Vitamin E-Bedarf liegt beim Säugling bei 1,16 μmol (0,5 mg)/kg Körpergewicht, beim Erwachsenen zwischen 0,23 und 0,46 μmol (0,1 und 0,2 mg)/kg Körpergewicht, ist jedoch von der mit der Nahrung aufgenommenen Menge an Polyenfettsäuren abhängig.

Der Tocopherolmangel (meist als Folge einer gestörten Lipidresorption) führt beim Versuchstier (Ratte, Kaninchen) zur Störung der Fortpflanzungsfähigkeit

(Konzeptions- oder Resorptionssterilität bzw. Abort, Degeneration des Ovariums, Atrophie des Hodenkeimepithels und Sistieren der Spermiogenese) und des Muskelstoffwechsels. An der glatten und quergestreiften Muskulatur einschließlich des Herzmuskels kommt es zu Dystrophie, Nekrosen und Verkalkungen, die von einer erhöhten Kreatinausscheidung begleitet sind. In den Muskelzellen erscheint ferner ein braunes Pigment, das Ceroid, das als Autoxidationsprodukt ungesättigter Fettsäuren angesehen wird. Im kollagenen Bindegewebe treten unter Vitamin E-Mangel Veränderungen der kollagenen Fasern (herabgesetzte Reißfestigkeit) und Quellung der Grundsubstanz, an den Blutgefäßen erhöhte Durchlässigkeit auf.

Beim Menschen sind Tocopherolmangelerscheinungen nur wenig ausgeprägt. Ein niedriger Tocopherol-Serumspiegel findet sich häufig bei Frühgeborenen in Verbindung mit vermehrter Kreatinurie und Ceroideinlagerung in die glatte Muskulatur des Intestinaltraktes. Ein Zusammenhang der progressiven Muskeldystrophie des Menschen mit einem Vitamin E-Mangel ist jedoch nicht erwiesen.

**Therapie.** Klare Indikationen für eine therapeutische Anwendung beim Menschen liegen nicht vor. Sie ist aber risikolos, da Vitamin E auch in hohen Dosen (230 µmol/d, 100 mg/Tag) nicht toxisch ist.

## 15. Ascorbinsäure

Synonyma: Vitamin C, antiskorbutisches Vitamin.

Ascorbinsäure ist das En-diol-lacton der L-Gulonsäure. Ihr Säurecharakter resultiert nicht aus der Carboxylgruppe (C-Atom 1), die in Lactonform vorliegt, sondern aus der Dissoziation des enolischen Wasserstoffs am C-Atom 3.

**Biosynthese und Vorkommen.** Ascorbinsäure wird von höheren Pflanzen und Tieren aus D-Glucose synthetisiert. Die Primaten (Menschen, Menschenaffen), das Meerschweinchen sowie einige Vogelarten sind jedoch nicht zur Synthese von Ascorbinsäure fähig, da ihnen das Enzym L-Gulonolacton-Oxidase (Reaktion: L-Gulonolacton → Ascorbinsäure) fehlt.

Im menschlichen Organismus enthalten die Nebenniere (23–28 mmol/kg, 400–500 mg/100 g), Leber (0,28–0,84 mmol/kg, 5–15 mg/100 g) und die Milch (0,1–0,4 mmol/l, 2–7 mg/100 ml) die höchsten Ascorbinsäurekonzentrationen. Die wichtigsten Ascorbinsäurequellen im Pflanzenreich sind alle grünen Gemüse und Früchte bzw. Tomaten, Paprika und Citrusfrüchte. Infolge der Oxidationsempfindlichkeit der Ascorbinsäure entstehen Verluste durch Kochen und Lagerung, in der Milch auch durch Pasteurisierung.

**Stoffwechsel und Funktion.** Die Resorption der Ascorbinsäure im Intestinaltrakt verläuft ähnlich wie bei anderen Monosacchariden. Die Passage der Zellmembran erfolgt wahrscheinlich in Form der lipidlöslichen Dehydroascorbinsäure, die in der Zelle wieder zu Ascorbinsäure reduziert wird. Der Blutplasmaspiegel (57 µmol/l, 1,0 mg/100 ml) steigt nach Aufnahme größerer Ascorbinsäuremengen an und kann dann die Nierenschwelle (85 µmol/l, 1,5 mg/100 ml) erreichen.

**Ascorbinsäure** und **Dehydroascorbinsäure** bilden ein **Redoxsystem** (s. Formel), in dem die **Monodehydroascorbinsäure** (Ein-Elektronenübergang!) als reaktionsfähige Zwischenstufe auftritt. Bei den meisten Reaktionen im Intermediärstoffwechsel, bei denen die Ascorbinsäure oder die Dehydroascorbinsäure beteiligt sind, spielt dieses Redoxsystem eine Rolle. Im Gewebe liegt der größte Teil in der reduzierten Form (Ascorbinsäure) vor.

Die ascorbinsäureabhängigen Hydroxylierungsreaktionen lassen sich nach dem dargestellten Reaktionsschema formulieren (R-H = Prolin, Dopamin bzw. Steroid), doch läuft der molekulare Feinmechanismus z. B. bei der Steroidhydroxylierung wesentlich komplizierter ab. Einige ascorbinsäureabhängige Enzyme benötigen außerdem Kupfer oder Eisen. Die Monodehydroascorbinsäure kann durch eine mikrosomale $NADH_2$-abhängige Monodehydroascorbinsäure-Reduk-

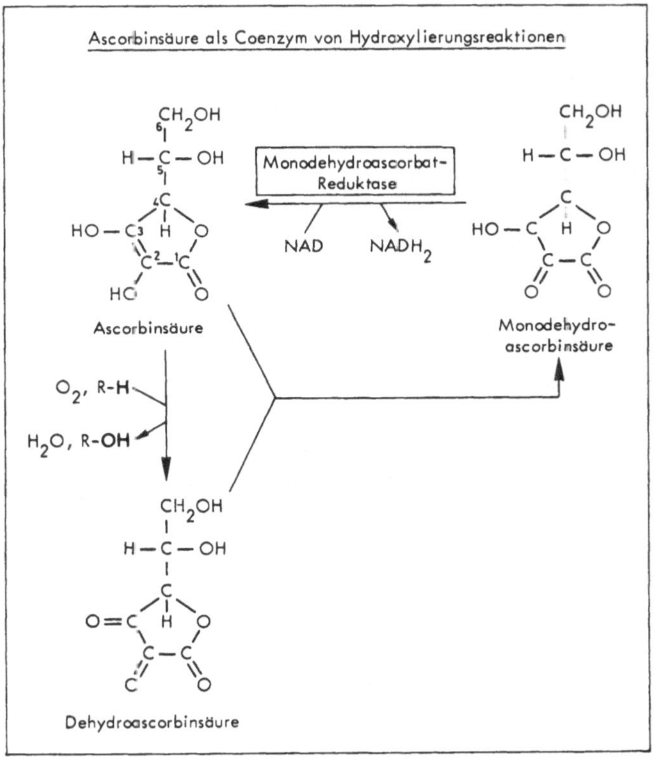

tase zu Ascorbinsäure rückgebildet werden. Bei der enzymatischen Reduktion von Folsäure zu Tetrahydrofolsäure (S. 197) ist Ascorbinsäure Wasserstoffdonator.

Ascorbinsäure übt auch eine Schutzwirkung auf Thiamin, Riboflavin, Pantothensäure, Biotin, Folsäure, Vitamin E und Vitamin A aus; andererseits schützen reduzierende Agentien wie Glutathion, Cystein und SH-Proteine die Ascorbinsäure vor Oxidation.

Der Abbau der Ascorbinsäure verläuft über Dehydroascorbinsäure, die entweder durch die $O_2$-abhängige Ascorbat-Dioxygenase zu Oxalsäure und Threoninsäure oxidiert oder zu L-Xylonsäure und L-Lyxonsäure decarboxyliert wird.

**Bedarf und Mangelerscheinungen.** Die für den Menschen empfohlene tägliche Ascorbinsäuremenge beträgt für Säuglinge 170 μmol (30 mg), für Erwachsene 400 μmol (70 mg). Während der Schwangerschaft und Lactation, bei körperlicher und psychischer Belastung (Stress), sowie im Fieber (vermehrter Abbau des Vitamins) ist der Bedarf erhöht. Wegen der Abhängigkeit der Tetrahydrofolsäuresynthese von Ascorbinsäure (S. 198) kann Ascorbinsäuremangel zu einem sekundären Tetrahydrofolsäuremangel führen.

Vitamin C-Mangel führt zum **Skorbut** bzw. zur Möller-Barlowschen Erkrankung der Kinder (Kap. Hämostase, S. 384). Die Symptome bestehen in Blutungsneigung unter die Haut (Kapillarfragilität), in das Zahnfleisch, die Muskulatur, das Fettgewebe und die inneren Organe. Störungen des Kollagenstoffwechsels äußern sich in Veränderungen im Knochenaufbau und -wachstum, subperiostalen Blutungen, Lockerwerden und Ausfallen der Zähne, in rauher und rissiger Haut. Die Symptome erscheinen erst nach einer längeren Periode Ascorbinsäure-freier Ernährung (4–5 Monate) und führen unbehandelt zum Tode. Der Skorbut war früher eine gefürchtete Krankheit der Seefahrer.

Klinisch wichtig ist die Erkennung eines **latenten Ascorbinsäuremangels,** dessen Erscheinungen sehr viel weniger charakteristisch (Frühjahrsmüdigkeit, erhöhte Infektanfälligkeit) sind. Seine Diagnose wird aus der Erniedrigung des Plasma-Ascorbinsäurespiegels (< 17μmol/l, 0,3 mg/100 ml) oder durch Bestimmung der Ascorbinsäureausscheidung im Urin nach einer Testdosis gestellt.

**Therapie und Toxizität.** Bei Ascorbinsäuremangel, aber auch wegen des erhöhten Bedarfs bei Infektionen und nach schweren chirurgischen Eingriffen, wird Erwachsenen täglich bis zu 5,7 mmol (1,0 g) verabfolgt, es wurden jedoch auch Dosen bis zu 57 mmol/d (10 g/24 h) empfohlen. Die reduzierenden Eigenschaften der Ascorbinsäure lassen sich ferner zur Behandlung der Methämoglobinämie (Kap. Erythrozyten, S. 231) ausnutzen.

Bei langfristiger Therapie mit hohen Ascorbinsäuredosen kann die als Abbauprodukt gebildete Oxalsäure zur Konkrementbildung (Oxalatsteine) in den ableitenden Harnwegen führen.

# C. Zellen, Gewebe und Organe

I. Erythrozyten

II. Granulozyten und Monozyten

III. Leber

IV. Gastrointestinaltrakt

V. Niere und Urin

VI. Skelettsystem

VII. Herz- und Skelettmuskel

VIII. Bindegewebe

IX. Malignes Wachstum

# I. Erythrozyten

## 1. Basisdaten des Erythrozytenstoffwechsels

Die Gesamtzahl der Erythrozyten beträgt beim Erwachsenen, bei einer durchschnittlichen Blutmenge von 5 l und einer Erythrozytenzahl von $5 \cdot 10^6/mm^3$, $2{,}5 \cdot 10^{13}$, die Rate der täglichen Neubildung durch Erythropoese bzw. die Rate des täglichen Abbaus $2-3 \cdot 10^{11}$ Erythrozyten. Die für eine Differentialdiagnose der Anämien (s. u.) wichtigen Daten zeigt die Tabelle:

Basisdaten des Erythrozytenstoffwechsels

| | Parameter | Dimension | Normbereich ♂ | Normbereich ♀ |
|---|---|---|---|---|
| Ery | Zahl der Erythrozyten | $10^6$ | 4,6 - 6,2 | 4,2 - 5,4 |
| Ret | Zahl der Retikulozyten | ‰ | 8 - 10 | 8 - 10 |
| Hb | Hämoglobingehalt | g % | 14 - 18 | 12 - 16 |
| HK | Hämatokrit | Vol. % | 42 - 52 | 37 - 47 |
| MCV | Mittleres korpuskuläres Volumen | $10^{-9}$ µl (fl) | 80 - 94 | 80 - 98 |
| $Hb_E$(MCH) | Mittlerer Hb-Gehalt der Einzelerythrozyten | pg ($10^{-12}$ g)<br>fmol (Hb/4) | 27 - 31<br>1,68 - 1,92 | 27 - 31<br>1,68 - 1,92 |
| MCHC | Mittlere korpuskuläre Hb-Konzentration | g%<br>mmol/l (Hb/4) | 32 - 36<br>19,24 - 22,34 | |

Die Erythrozyten entstammen einem teilungs- und reifungsfähigen Speicher des Knochenmarks (beim Embryo bis zum 5. Monat auch der Milz und der Leber), der alle kernhaltigen Vorstufen der Erythrozyten (Proerythroblasten, Makroblasten, polychromatische und oxyphile Normoblasten) enthält. Bei der Erythropoese durchlaufen die Erythrozytenvorstufen nach ihrer Bildung durch Mitose aus den Stammzellen verschiedene Reifungsstadien, wobei die Mitose durch DNA-, RNA- und Proteinbiosynthese, die Reifung durch Synthese des Hämoglobins und der für die Aufrechterhaltung des Erythrozytenstoffwechsels notwendigen Enzyme gekennzeichnet ist.

Entsprechend den Stoffwechselanforderungen enthalten die Erythrozytenvorstufen in den frühen Stadien der Reifung Kerne, Ribosomen (DNA-, RNA-, Proteinbiosynthese) und Mitochondrien (Energiestoffwechsel), während mit zunehmender Reifung nach aktiver Ausstoßung des Kerns die subzellulären Elemente und damit auch die Fähigkeit zur Proteinbiosynthese und zum Oxidationsstoffwechsel verlorengehen. Es wird jedoch ein Reststoffwechsel (Glykolyse, Pentosephosphatzyklus, Peptidsynthese) aufrechterhalten, der der Erhaltung der Struktur und Funktion des Erythrozyten dient.

Die nachfolgende Tabelle zeigt die Stoffwechselleistungen des Erythrozyten in den verschiedenen Reifungsstadien:

Stoffwechselwege des Erythrozyten (Normozyten) und seiner Vorstufen

| | Erythroblast | Retikulozyt | Normozyt |
|---|---|---|---|
| 1. Synthese von | | | |
| DNA | + | 0 | 0 |
| RNA | + | + | 0 |
| Nucleotiden | + | + | + |
| 2. Synthese von | | | |
| Proteinen | + | + | 0 |
| Peptiden (z. B. Glutathion) | + | + | + |
| Häm | + | + | 0 |
| Lipiden | + | + | 0 |
| 3. Glykolyse und Redoxprozesse | | | |
| Glykolyse | + | + | + |
| Pentosephosphatzyklus | + | + | + |
| Tricarbonsäurezyklus | + | + | 0 |
| Cytochrome (Atmungskette) | + | + | 0 |
| 4. Spezifischer Stoffwechsel | | | |
| Phosphoglyceratzyklus | + | + | + |

## 2. Störungen des Erythrozytenumsatzes

Zahlreiche angeborene oder erworbene Stoffwechseldefekte können Bildung und Lebensdauer der Erythrozyten beeinträchtigen. Die nachfolgende Abbildung gibt eine schematische Übersicht über die pathogenetischen Möglichkeiten.

- Störungen der Stammzellproliferation bzw. DNA-Synthese führen zu aplastischer bzw. megalozytärer (megaloblastärer) Anämie.
- Bei einer Störung der Synthese des Hämoglobins können entweder die Bildung der Globinketten (α-, β-Ketten) (Hämoglobinopathien) oder die Hämkomponente (Porphyrie) oder die Bereitstellung des für die Hämoglobinsynthese notwendigen Eisens (Eisenmangelanämie) betroffen sein.
- Auch die mangelhafte Synthese von Erythrozytenenzymen (Enzymopathien) oder noch nicht näher charakterisierte Strukturdefekte (Sphärozytose, Elliptozytose) bedingen eine Störung des Erythrozytenumsatzes.

Allen Störungen gemeinsam ist die Herabsetzung der Lebensdauer des Erythrozyten, die zur **Anämie** (Blutarmut) führt, wenn nicht der durch Verkürzung der Lebensdauer bedingte vermehrte Abbau von Erythrozyten durch entsprechende Steigerung der Neubildung kompensiert wird.

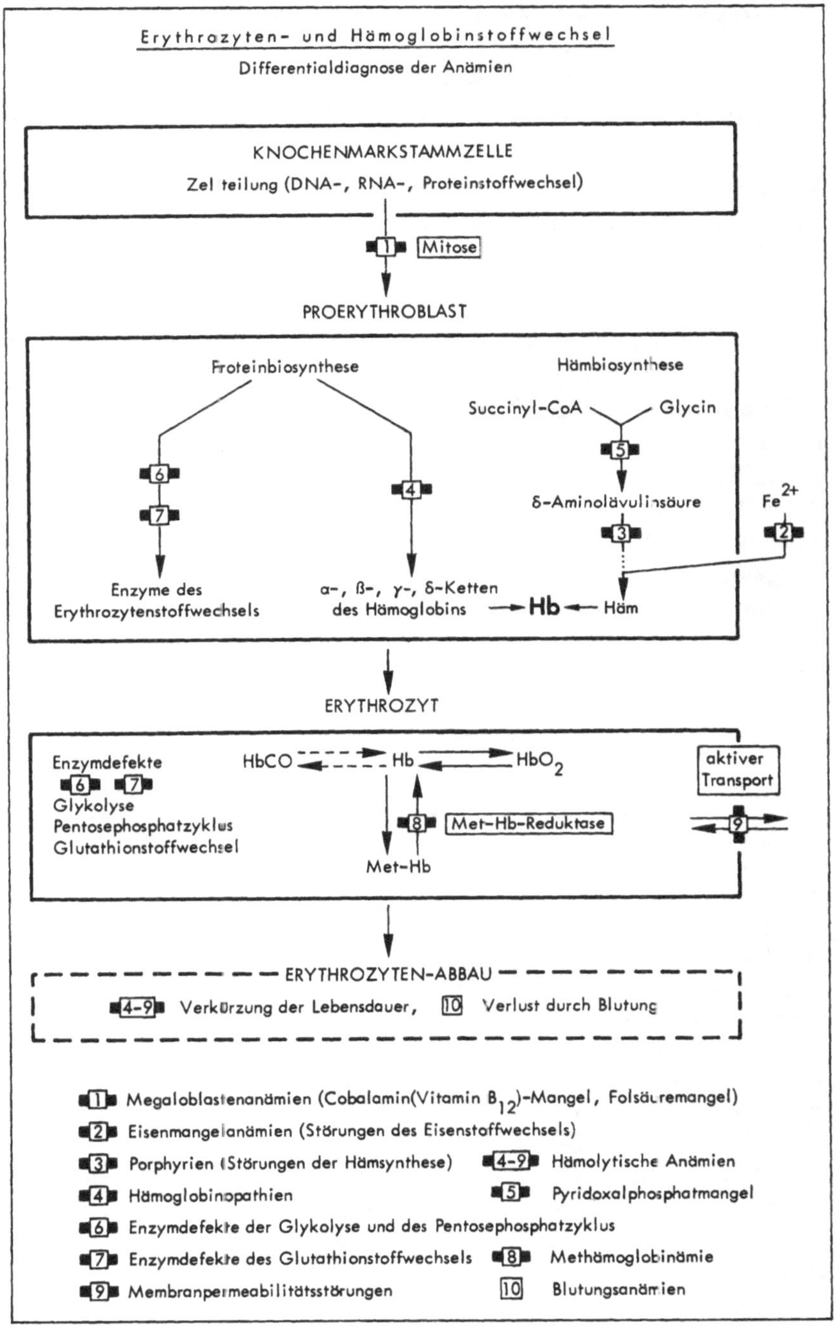
Erythrozyten- und Hämoglobinstoffwechsel
Differentialdiagnose der Anämien
KNOCHENMARKSTAMMZELLE
Zel teilung (DNA-, RNA-, Proteinstoffwechsel)
1 Mitose
PROERYTHROBLAST
Proteinbiosynthese
Hämbiosynthese
Succinyl-CoA
Glycin
5
6
7
4
δ-Aminolävulinsäure
Fe2+
3
2
Enzyme des Erythrozytenstoffwechsels
α-, β-, γ-, δ-Ketten des Hämoglobins
Hb
Häm
ERYTHROZYT
Enzymdefekte
6 7
Glykolyse
Pentosephosphatzyklus
Glutathionstoffwechsel
HbCO
Hb
HbO2
8 Met-Hb-Reduktase
Met-Hb
aktiver Transport
9
ERYTHROZYTEN-ABBAU
4-9 Verkürzung der Lebensdauer, 10 Verlust durch Blutung
1 Megaloblastenanämien (Cobalamin(Vitamin B12)-Mangel, Folsäuremangel)
2 Eisenmangelanämien (Störungen des Eisenstoffwechsels)
3 Porphyrien (Störungen der Hämsynthese)
4-9 Hämolytische Anämien
4 Hämoglobinopathien
5 Pyridoxalphosphatmangel
6 Enzymdefekte der Glykolyse und des Pentosephosphatzyklus
7 Enzymdefekte des Glutathionstoffwechsels
8 Methämoglobinämie
9 Membranpermeabilitätsstörungen
10 Blutungsanämien

## 3. Störungen der Stammzellproliferation und der DNA-Synthese

Die Bildung der Erythrozytenvorstufen setzt eine Zellteilung, d. h. die Synthese von DNA, RNA, Protein und die Bereitstellung der dafür notwendigen Regulationsstoffe (Hormone, Vitamine) voraus.

**Aplastische Anämie.** Ein Defekt der Stammzellproliferation wird als aplastische Anämie bezeichnet. Sie kann angeboren sein oder ihre Ursache in exogenen Faktoren (Behandlung mit ionisierenden Strahlen, Zytostatika, Benzolvergiftung) haben.

**Cobalamin- und Folsäuremangel (Megaloblastenanämie).** Hochgradiger Mangel an Cobalamin (Vitamin $B_{12}$) und Folsäure führt zu herabgesetzter DNA-Synthese, da die Coenzymform der Vitamine Cobalamin ($B_{12}$) und der Folsäure (Tetrahydrofolsäure) an der Purin- und Pyrimidinsynthese beteiligt ist. Sie manifestiert sich in verzögerter Teilung und Ausreifung der Zellen des Knochenmarks und Bildung von Megaloblasten. Ursache der **Megaloblastenanämien,** bei denen die Zahl der Normozyten gegenüber der Zahl der Megaloblasten stark herabgesetzt ist, der einzelne Megaloblast jedoch eine größere Hämoglobinmenge enthält, können Störung der Vitaminresorption (Erkrankungen des Magen-Darm-Kanals), der Utilisation (Parasiten, Störungen der Mikroflora) oder vermehrter Verbrauch (z. B. Gravidität oder hämolytische Anämie) sein (Tabelle).

**Häufige Ursachen megaloblastärer Anämien**

| Folsäuremangel | Cobalamin-(Vit. $B_{12}$-)Mangel |
|---|---|
| 1. Resorptionsstörung infolge pathologisch veränderter Darmschleimhaut<br>2. Gesteigerter Verbrauch (Gravidität, Hämoblastosen)<br>3. Medikamente (Folsäureantagonisten Phenylbutazon u. a.)<br>4. Vermehrte Ausscheidung (Urämie, Langzeithämodialyse) | 1. Intrinsic-Faktor-Mangel (Achlorhydrie, Magenresektion)<br>2. Resorptionsstörungen infolge Erkrankung der Magen- und Darmschleimhaut (Tumoren, Entzündungen u. a.)<br>3. Gestörte Utilisation (z. B. Darmparasiten, pathologische Darmflora)<br>4. Vermehrter Bedarf (Gravidität) |

Die Beteiligung der Folsäure (Tetrahydrofolsäure) am Purin- und Pyrimidinstoffwechsel ist auf S. 26, die des Cobalamins auf S. 199 dargestellt. Ein isolierter Vitamin $B_{12}$-Mangel führt zu einer Unterform der Megaloblastenanämie, der perniziösen Anämie (Kap. Vitamine, S. 200).

Zur Klärung der Ursachen eines Vitamin $B_{12}$-Mangels dient der Schillingtest (Kap. Gastrointestinaltrakt, S. 283). Man sättigt den Organismus zunächst durch parenterale Injektion von 100 µg (740 nmol) Vitamin $B_{12}$ und gibt anschließend eine orale Testdosis von 0,1 mCi $^{57}$Cobalt-Vitamin $B_{12}$. Bei normalen Resorptionsverhältnissen werden im Urin innerhalb 24 h 5–35% der Radioaktivität wieder ausgeschieden. Bei verminderter Ausscheidung liegt eine Resorptionsstörung vor, die sich bei Intrinsicfaktormangel durch Intrinsicfaktorzugabe, nicht dagegen bei anderen Ursachen (erhöhter Verbrauch, pathologische Schleimhautveränderungen) normalisiert.

## 4. Hämolyse, Hyperhämolyse und hämolytische Anämien

Bei einer mittleren Lebensdauer der Erythrozyten von 120 Tagen wird täglich $^1/_{120}$ der gesamten Erythrozytenmenge abgebaut. Das Signal für den Abbau geht von Veränderungen der Erythrozytenoberfläche aus, die im Laufe ihres Lebens einen

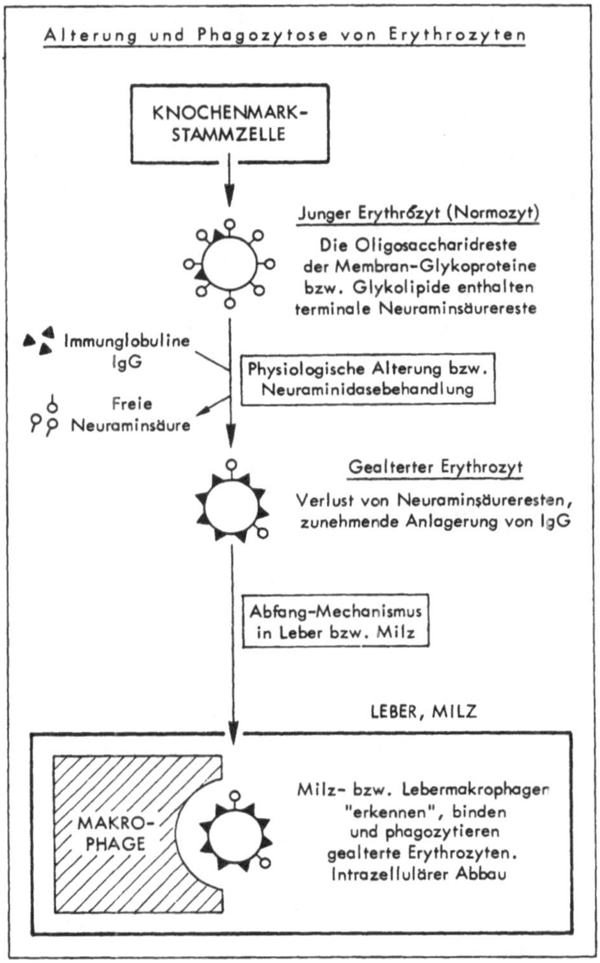

Teil der Sialinsäure verliert. Diese Veränderung der Oligosaccharidstruktur von Zellmembranglykoproteinen bzw. -gangliosiden wird von der Milz bzw. von den anderen erythrozytenabbauenden Organen erkannt und der Erythrozyt nach Aufnahme durch Makrophagen abgebaut (Schema). Eine gleiche Menge an Erythrozyten wird durch tägliche Neusynthese gebildet, was einer Leistung des Knochenmarks von $2{,}5 \cdot 10^6$ Erythrozyten/sec entspricht.

Besteht ein krankhaft beschleunigter Abbau von Erythrozyten, so liegt eine **hämolytische Erkrankung** vor. Da das Knochenmark in der Lage ist, seine Leistung maximal bis auf das Zehnfache zu erhöhen, können bis zu $25 \cdot 10^6$ Erythrozyten/sec neu gebildet werden. Folglich kann auch ein bis zum Zehnfachen der Norm gesteigerter Abbau von Erythrozyten noch vom Knochenmark kompensiert werden. Man wird daher selbst bei mehrfacher Steigerung des Erythrozytenabbaus gegenüber der Norm häufig noch keine Anämie feststellen können, trotzdem handelt es sich um einen krankhaften Zustand, der als **Hyperhämolyse** bezeichnet wird.

Wird durch gesteigerte Leistung des Knochenmarks der Bedarf an Erythrozyten nicht mehr gedeckt, entwickelt sich eine **hämolytische Anämie** (hämolytische Erkrankung). Für hämolytische Erkrankungen gibt es zwei Ursachen:

1. Bei den **korpuskulären hämolytischen Erkrankungen** (korpuskuläre Anämie) liegt die Ursache im Erythrozyten selbst und ergibt sich aus einer pathologisch veränderten Struktur der Erythrozytenmembran oder seiner Inhaltsbestandteile (z. B. des Hämoglobins, eines Enzyms oder eines anderen Strukturbestandteils).

2. Die **extrakorpuskulären hämolytischen Erkrankungen** entstehen durch von außen her schädigende Einflüsse (z. B. Antikörper, physikalische Noxen, chemische Noxen, Schlangengifte u. a. Faktoren).

## 5. Korpuskuläre Anämien

Genetisch determinierte Veränderungen der Struktur des Hämoglobins (Hämoglobinopathien) oder der Erythrozytenmembran, Störungen der Hb-Synthese (z. B. Eisen- oder Vitaminmangel) sowie Defekte von Enzymen des Erythrozytenstoffwechsels (Enzymopathien) sind mögliche Ursachen einer korpuskulären Anämie.

**Hämoglobinopathien.** Hämoglobin ist ein aus einem Protein-(Globin-) und einem Porphyrinanteil zusammengesetztes Chromoprotein. Die Synthese des Proteinanteils wird beim Menschen durch fünf verschiedene Genpaare kontrolliert, die wiederum für die Bildung von fünf verschiedenen Polypeptidketten vom Typ $\alpha$, $\beta$, $\gamma$, $\delta$ und $\varepsilon$ verantwortlich sind. Die $\alpha$-Kette besteht aus 141, die $\beta$-, $\gamma$- und $\delta$-Kette aus je 146 Aminosäuren. Die $\varepsilon$-Kette ist nur während des Embryonallebens nachweisbar. Das Hämoglobinmolekül besteht aus zwei Polypeptidkettenpaaren (an denen der $\alpha$-Typ immer beteiligt ist). Jede Polypeptidkette besitzt als prosthetische Gruppe ein Hämmolekül.

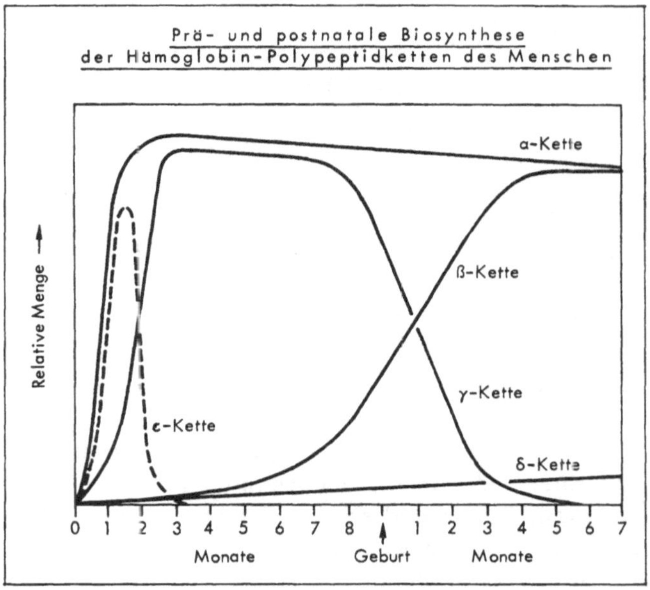


Die Bildung der einzelnen Kettentypen ist in ihrer relativen Menge und zeitlichen Reihenfolge vom Alter des Embryos bzw. Neugeborenen abhängig (Abb.).

Die Proteinkomponente eines Hämoglobinmoleküls ist beim erwachsenen Menschen zu etwa 98% aus zwei α- und zwei β-Ketten ($HbA_1$) und zum geringen Teil aus zwei α- und zwei δ-Ketten ($HbA_2$) aufgebaut. Beim Foetus im 3. Monat besteht das Hämoglobin vorzugsweise aus zwei α- und zwei γ-Ketten (HbF).

**Hämoglobinopathien** sind Störungen der Synthese der Proteinkomponente des Hämoglobins (α-, β-, γ- und δ-Ketten). Es werden zwei Gruppen von Hämoglobinopathien unterschieden:

*Thalassämien.* Bei den **Thalassämien** (benannt nach ihrer Verbreitung im Mittelmeerraum) ist die Synthese eines Kettentyps vermindert (heterozygote Form) oder aufgehoben (homozygote Form), wobei die α-, β- oder (selten) die δ-Kette betroffen sein können.

Bei der α-Ketten-Thalassämie ist die Synthese der α-Ketten und folglich die Bildung des $HbA_1$, $HbA_2$ und HbF eingeschränkt. Beim Embryo treten daher die γ-Ketten zu Tetrameren ($Hb\gamma_4$ = HbBarts), nach der Geburt vorzugsweise β-Ketten zu entsprechenden Tetrameren ($Hb\beta_4$ = HbH) zusammen. $Hb\gamma_4$ und $Hb\beta_4$ zeigen keinen Bohreffekt. Die pathologische Hämoglobine enthaltenden Erythrozyten neigen zu Aggregation, weisen verkürzte Lebensdauer auf und führen zu hämolytischen Anämien.

Die **β-Ketten-Thalassämie** manifestiert sich nach der Geburt, wenn die γ-Ketten in zunehmendem Maße durch β-Ketten ersetzt werden, und ist – da auch der Erwachsene noch γ- und δ-Ketten synthetisiert – durch die kompensatorische

Bildung von HbF ($\alpha_2$, $\gamma_2$ 85–95%) und $HbA_2$ ($\alpha_2$, $\delta_2$ 5–15%) gekennzeichnet. Die homozygote Form **(Thalassämia major)** führt bei Verkürzung der Erythrozytenlebensdauer, indirekter Bilirubinämie, erhöhtem Serumeisen, partieller Blockierung der Hämsynthese mit Knochenmarkshyperplasie und ausgeprägter Hämolyse zum Tod innerhalb des ersten Lebensjahrzehnts, während die **Thalassämia minor** (heterozygote Form) weniger ausgeprägte Symptome und oft keine klinischen Erscheinungen aufweist.

*Hb-Lepore.* In die Thalassämiegruppe gehört auch das strukturell abnorme **Hb-Lepore,** das durch Genfusion der Loci für γ- und δ-Ketten (ungleiches crossing over der benachbarten β- und γ-Gene) entstanden ist. Die für Hämoglobin *Lepore* typischen Globinketten sind länger als die normalen β- bzw. δ-Ketten und entsprechen in ihrer Aminosäuresequenz einer Fusion der β- und δ-Kette.

**Hämoglobinvarianten.** Die **Hämoglobinopathien im engeren Sinne** entstehen durch Austausch einer (oder mehrerer) Aminosäure(n) der α- bzw. β-Ketten infolge Punktmutation. Bisher sind etwa 150 solcher **Hämoglobinvarianten** bekannt. Sie werden mit lateinischen Großbuchstaben bzw. nach dem Orts- oder Patientennamen der Erstbeschreibung bezeichnet. Die Tabelle gibt Beispiele:

Beispiele für die veränderte Primärstruktur der α- bzw. ß-Kette bei Hämoglobinopathien

| Bezeichnung | Veränderte Globinkette | Ausgetauschte Aminosäure |
|---|---|---|
| Hb G Philadelphia | $\alpha^{68}$ | Asn → Lys |
| Hb I | $\alpha^{16}$ | Lys → Glu |
| Hb M Boston | $\alpha^{58}$ | His → Tyr |
| Hb Memphis | $\alpha^{23}$ | Glu → Gln |
| Hb M Iwate | $\alpha^{87}$ | His → Tyr |
| Hb Norfolk | $\alpha^{57}$ | Gly → Asp |
| Hb C | $\beta^{6}$ | Glu → Lys |
| Hb E Accra | $\beta^{79}$ | Asp → Asn |
| Hb H Hammersmith | $\beta^{42}$ | Phe → Ger |
| Hb Köln | $\beta^{98}$ | V.al → Meth |
| Hb M Saskatoon | $\beta^{42}$ | His → Tyr |
| Hb S | $\beta^{6}$ | Glu → Val |
| Hb Zürich | $\beta^{63}$ | His → Arg |

Die Folgen des Aminosäureaustausches innerhalb der Globinkette hängen von der Position der ausgetauschten Aminosäure ab. Eine Substitution an der Moleküloberfläche hat meist keine, Substitution in der Nähe des Häms meist erhebliche Konsequenzen für die Struktur und die Funktion des Hämoglobins (Schema).

**Aminosäuresubstitution in Hämoglobin M-Typen**

Bei Austausch des Histidins fehlt das einsame Elektronenpaar des Imidazolstickstoffs zur Stabilisierung des Eisens. Die Einführung von Aminosäureresten mit polaren Seitenketten (Tyr, Glu) begünstigt die Oxidation des Hb zu MetHb.

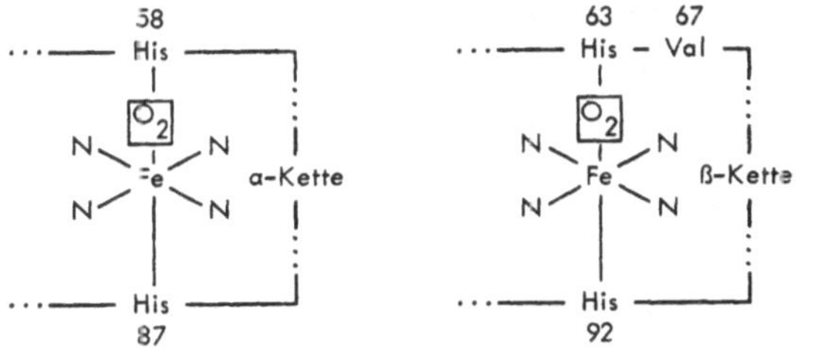


Hb M Boston His 58 → Tyr
Iwate His 87 → Tyr

Hb M Saskatoon His 63 → Tyr
Milwaukee Val 67 → Glu

Bei der *Sichelzellanämie*, die wegen ihrer weiten Verbreitung bei der Bevölkerung in Afrika (z. B. Ghana), Mittel- und Südamerika und wegen der Schwere der Symptome große praktische Bedeutung besitzt, liegt ein Austausch der 6. Aminosäure der β-Kette (normalerweise Glutaminsäure) gegen ein Valin vor.

**Sichelzell-Hämoglobin**

HbS $= \alpha_2\beta_2 6$ Val (77,5–87,5%)
$HbA_2 = \alpha_2\delta_2$ (2,5%)
HbF $= \alpha_2\gamma_2$ (10,0–20,0%).

Bei der Sichelzellanämie ist die $O_2$-Bindungsfähigkeit nicht beeinträchtigt, jedoch die Löslichkeit des sauerstoff-freien HbS auf $^1/_{50}$ der Löslichkeit des $HbSO_2$ herabgesetzt. Die Erythrozyten zeigen daher nur nach Abgabe ihres Sauerstoffs infolge der intrazellulären Ausfällung des HbS eine typische sichelförmige Struktur. Dies hängt mit der bei $O_2$-Abgabe erfolgenden Konformationsänderung des Hämoglobins zusammen, bei der zwei hydrophobe Bezirke an die Moleküloberfläche treten und – im Fall des HbS – mit dem hydrophoben Valinrest der HbS-β-Kette reagieren können. Das HbS gewinnt auf diese Weise die Fähigkeit, mit weiteren HbS-Molekülen zu reagieren und zu aggregieren. Die HbS-Aggregation führt zur Schrumpfung und typischen Sichelung der Erythrozyten.

Die Sichelzellanämie führt bei heterozygoten Merkmalträgern zur Bildung von 20–40% HbS, bei homozygoten beträgt die HbS-Konzentration dagegen 80–100%. Hierdurch kommt es in den Kapillaren durch lokale Stase, Acidose und $O_2$-Mangel unter intravasaler Sichelung und Aggregation der Erythrozyten zu Organinfarkten, die je nach Lokalisation tödlich verlaufen. Die Erythrozyten werden in der Milz beschleunigt abgebaut, so daß – bei ungenügender Kompensation des Knochenmarks – eine hämolytische Anämie resultiert.

Die **Therapie der Sichelzellanämie** zielt darauf ab, das Hämoglobinmolekül chemisch so zu verändern, daß die hydrophoben Wechselwirkungen zwischen den einzelnen Molekülen aufgehoben werden. Dies ist nach Reaktion des HbS mit Cyanat möglich (Abb.). Die Reaktion entspricht der physiologischen Anlagerung von $CO_2$ an die terminale Aminogruppe der β-Kette des Hämoglobins und der Bildung einer Carbaminogruppe (physiologischer Pufferefekt). Das Cyanatanion reagiert mit HbS analog unter Bildung eines Carbaminsäurederivats. Die Reaktion ist jedoch – im Gegensatz zur Kohlensäurebindung – irreversibel. Das Cyanat bleibt bis zum Lebensende des Erythrozyten an das Hämoglobin gebunden und entfaltet einen therapeutischen Effekt durch Erhöhung der Löslichkeit des $O_2$-freien HbS, Anstieg des Bluthämoglobins auf normale Werte innerhalb von 6 Wochen unter Verlängerung der Lebenszeit der Erythrozyten auf Normalwerte bei gleichzeitiger Reduktion der Retikulozyten und des (bei Sichelzellanämie erhöhten) Bilirubins im Serum. Das Cyanat ist auch bei oraler Applikation (10–25 mg/kg Körpergewicht) wirksam.

Therapie der Sichelzellanämie mit Cyanat

**A** = Reversible Reaktion des Hb mit $CO_2$.

**B** = Analoge aber irreversible Reaktion des HbS mit Cyanat, die zur Erhöhung der Affinität des HbS für $O_2$ führt.

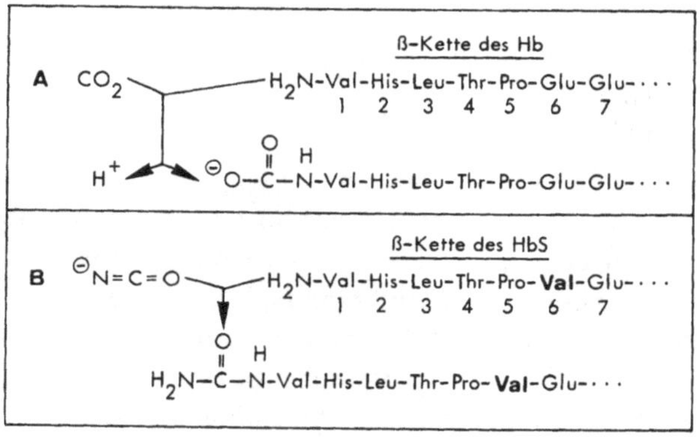


**Eisenmangel.** Zu niedriges Eisenangebot mit der Nahrung, Eisenresorptionsstörungen, Eisenverluste durch akute oder chronische Blutungen und erhöhter Eisenbedarf (Wachstum, Tumoren, Infekte, Schwangerschaft) sind häufig Ursachen einer Eisenmangelanämie (hypochrome Anämie). Der Eisenstoffwechsel und seine Störungen sind im Kap. Mineralstoffwechsel (S. 130) beschrieben. Häufige Ursachen eines Eisenmangels sind:

1. Eisenarme Nahrung,
2. gestörte Eisenresorption

- mangelhafte Reduktion $Fe^{3+} \rightarrow Fe^{2+}$ bei unzureichender Versorgung mit reduzierenden und resorptionsfördernden Substanzen wie z. B. Cystein, Ascorbinsäure, Glutathion,
- resorptionshemmende Substanzen wie Phytat, Phosphat u. a.,
- Schleimhautveränderungen (Malabsorption, Diarrhoe)

3. Eisenverluste

- physiologische Verluste durch Menstruation, Lactation und Geburt,
- pathologische Eisenverluste durch akute oder chronische Blutungen

4. Erhöhter Bedarf (Wachstum, Schwangerschaft)
5. Pathologische Eisenspeicherung (Hämosiderose, Atransferrinämie, S. 48)
6. Blockierte Eisenmobilisation (Infekte, Tumoren, S. 133).

**Sideroachrestische Anämien.** Eine Störung der Eisenverwertung durch die hämoglobinsynthetisierenden Erythrozytenvorstufen wird als sideroachrestische Anämie bezeichnet. Sie tritt auf, wenn infolge eines Defekts der Hämsynthese der Einbau von Eisen in das Protoporphyrin 9 vermindert ist. Da in diesem Fall nur die Hämsynthese, nicht jedoch der Eisenstoffwechsel betroffen ist, findet man im hyperplastischen Knochenmark Erythroblasten, in denen sich das für die Hämsynthese bereitgestellte, aber nicht verwertbare Eisen ablagert (sog. Sideroblasten bzw. Siderozyten). Da diese Form der Eisendeposition nutzlos ist, bezeichnet man dieses Krankheitsbild als sideroachrestische Anämie (griechisch: ἄχρηστος = unbrauchbar).

Bei der **hereditären sideroachrestischen Anämie** ist der Gehalt an Uro- und Koproporphyrinogen III erhöht, an Protoporphyrin 9 dagegen vermindert, wahrscheinlich als Folge eines Defekts der Uroporphyrinogen-Decarboxylase (und der Koproporphyrinogen-Oxidase?).

Da die Synthese von δ-Aminolävulinsäure pyridoxalphosphatabhängig verläuft, ist die Hämsynthese auch bei **Pyridoxalphosphat-**(Vitamin $B_6$-)**mangel** vermindert (mikrozytäre hypochrome Anämie). Die Folge ist eine Eisenverwertungsstörung und das Auftreten von Sideroblasten bzw. Siderozyten im Knochenmark.

**Enzymopathien.** Die im Erythrozyten (Normozyten) verlaufenden Stoffwechselprozesse und die dabei beteiligten Enzyme dienen der Bereitstellung von Energie (ATP-Bildung durch Glykolyse) oder Reduktionsäquivalenten ($NADPH_2$-Bildung im Pentosephosphatzyklus) bzw. der Synthese des für den Erythrozyten lebenswichtigen Glutathions (Tabelle, S. 218).

Die Glutathionkonzentration des Erythrozyten beträgt 2 mmol/l. In der reduzierten SH-Form dient das Glutathion der Stabilisierung SH-Gruppen-haltiger Enzyme und funktionell wichtiger Membranproteine und bewirkt damit die notwendige Verlängerung der biologischen Halbwertszeit der Enzym- bzw. Membranproteine, die wegen der Unfähigkeit der Erythrozyten zur Proteinbiosynthese der

Lebensdauer des Erythrozyten angepaßt werden muß. Glutathion wird durch eine Glutathion-Reduktase der Erythrozyten aus der oxidierten Form ständig in die reduzierte Form rückverwandelt.

Enzymdefekte sind für zahlreiche Glykolyseenzyme, Enzyme des Pentosephosphatzyklus und den Glutathionstoffwechsel bekannt (Abb.).

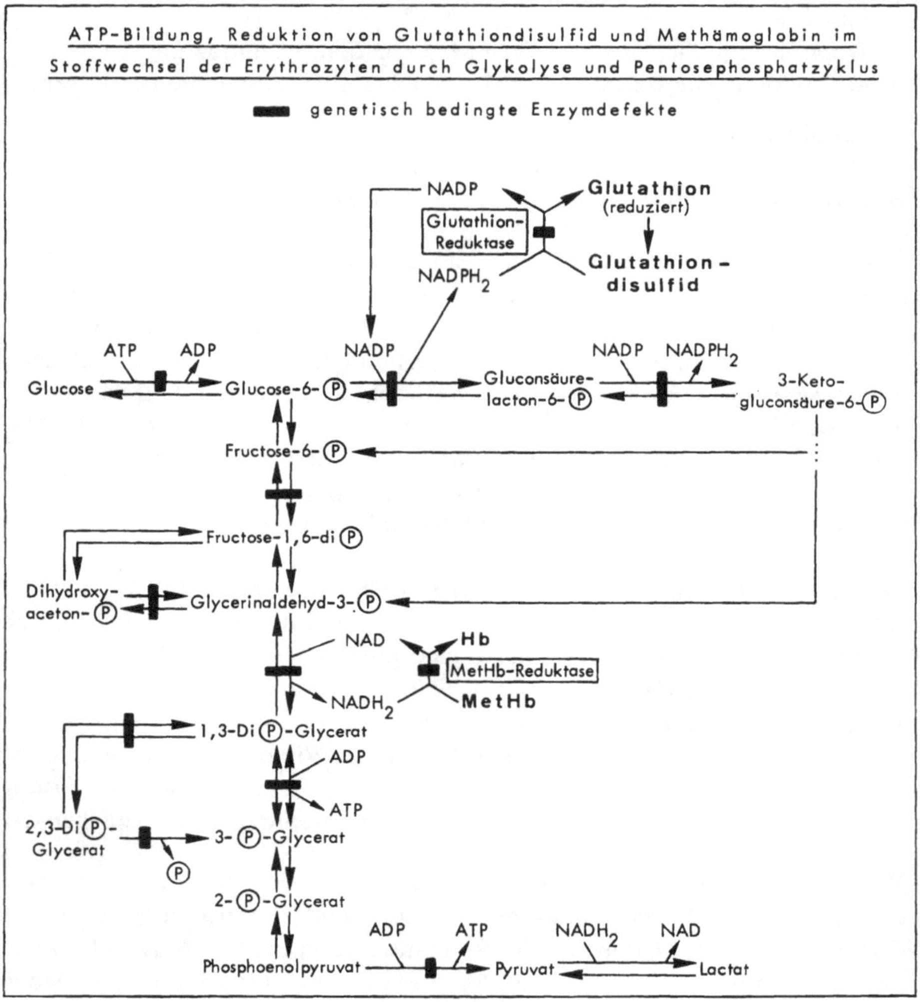


Unter den Enzymopathien ist der Glucose-6-phosphat-Dehydrogenasemangel besonders häufig (> $10^8$ Genträger). Von den beiden durch elektrophoretische Wanderungsgeschwindigkeit unterscheidbaren Hauptformen A und B sind mehr als 100 Enzymvarianten (Isoenzyme, S. 7) bekannt, die sich durch ihre Enzymaktivität unterscheiden. Korrespondierende Abweichungen finden sich in ihrer

Michaelis-Konstanten (für Glucose-6-phosphat und NADP), im pH-Optimum und in der Temperaturstabilität.

Eine durch eine Enzymopathie bedingte Hämolyse, die allerdings oft erst nach zusätzlicher exogener Stoffwechselbelastung des Erythrozyten wie z. B. nach Einwirkung von Medikamenten und bestimmten Leguminosenarten (z. B. Saubonen = *vicia fava*) eintritt, ist immer durch einen Mangel an reduziertem Glutathion und Nucleotiden (ATP, ADP, AMP) gekennzeichnet. Die enge Kopplung zwischen Glykolyse, Pentosephosphatzyklus und Glutathionstoffwechsel macht die gemeinsame Symptomatik verständlich.

Ein Mangel an reduziertem Glutathion kann auch durch eine Störung der Glutathionsynthese bedingt sein, die der Erythrozyt selbst durchführt (Abb.).

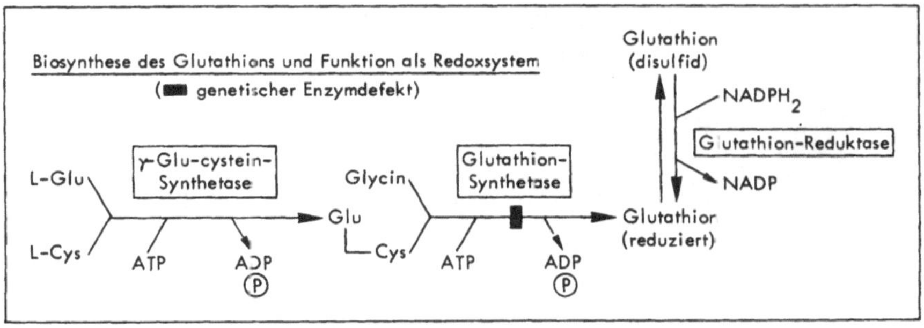


Eine Hämolyse, der stets eine vermehrte MetHb-Bildung vorausgeht, tritt in den Erythrozyten morphologisch als **Innenkörperbildung** (denaturiertes MetHb) in Erscheinung. Sie kann als akutes Ereignis zu Hämoglobinurie, vermehrter Gallenfarbstoffbildung und Ausscheidung (Stuhl, Urin), Hyperkaliämie, Leber- und Milzvergrößerung und Haptoglobinverbrauch und zu kompensatorisch gesteigerter Erythropoese im Knochenmark (Anstieg der Retikulozyten) führen.

**Membrandefekte.** Störungen im Stoffwechsel der Erythrozytenmembran liegen bei der Sphärozytose, hereditären Elliptozytose und der paroxysmalen nächtlichen Hämoglobinurie vor.

Die bei der **Sphärozytose** (familiärer hämolytischer Ikterus) – als Folge eines Verlustes oder Defekts an Membranlipiden – verstärkte Permeabilität des Sphärozyten für Natrium und Kalium führt zu einem erhöhten Wasser- und Natriumgehalt, so daß der osmotische Druck der Blutzellen sich erhöht (Kugelzellbildung) und die osmotische Resistenz reduziert ist. Die Lebensdauer der Erythrozyten kann bis auf 10 Tage herabgesetzt sein.

Die Formänderung der Erythrozyten bei **Elliptozytose** ist von einem herabgesetzten ATP- und 2,3-Diphosphoglyceratgehalt begleitet.

Bei der **nächtlichen Hämoglobinurie** werden herabgesetzte Acetylcholinesteraseaktivität der Erythrozyten und elektronenoptisch nachweisbare „Löcher" in der Zellmembran beobachtet.

**Methämoglobinämie.** Hämoglobin unterliegt im Erythrozyten in Gegenwart von Sauerstoff einer ständigen Spontanoxidation zum Methämoglobin. Dabei geht das Hämoglobineisen von der 2-wertigen in die 3-wertige Oxidationsstufe über und verliert seine Fähigkeit zur reversiblen $O_2$-Bindung. Da diese Reaktion auch in vivo abläuft, findet man im Blut einen ständigen Anteil von 0,5–2,0% Methämoglobin (am Gesamthämoglobin), eine $NADH_2$-abhängige Hämoglobin-Reduktase sorgt jedoch für eine Rückverwandlung in das Hämoglobin.

Bei der Autoxidation des Hämoglobins zum Methämoglobin entsteht ferner ein Superoxidradikal, das durch die Superoxid-Dismutase der Erythrozyten umgesetzt wird.

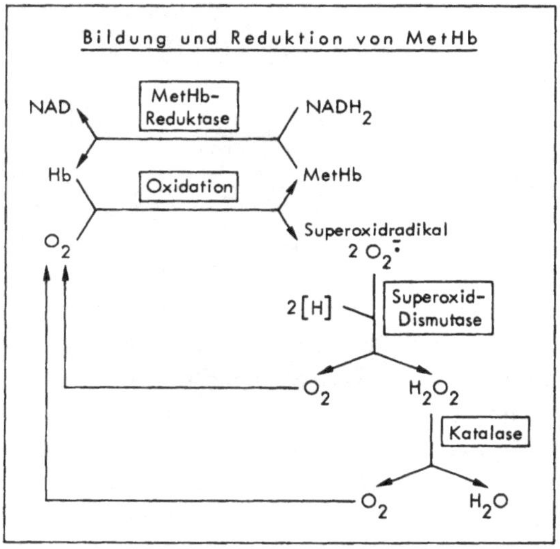


Eine angeborene erhöhte Methämoglobinkonzentration ist kennzeichnend für die **familiäre Methämoglobinämie.** Der molekularbiologische Defekt dieser Erkrankung kann in einem Aminosäureaustausch der β-Ketten des Hämoglobin A liegen (Hämoglobinopathie), der verschiedene in der Nähe des Häms gelegene Aminosäurereste (β 63, 67 oder 76) der Polypeptidkette betreffen kann und daher die Autoxidation des Hämoglobins zu Methämoglobin in Gegenwart von Sauerstoff begünstigt (s. Abb. S. 225). Eine andere mögliche Ursache ist ein genetisch bedingtes Fehlen oder eine zu **geringe Aktivität** der **Methämoglobin-Reduktase.**

Auch bei Vergiftungen mit Oxidationsmitteln (nitrithaltiges Pökelsalz, das in Arzneimitteln enthaltene Phenacetin, Nitrobenzol, Chlorate u. a.) werden hohe Methämoglobinkonzentrationen im Blut gefunden. Die Therapie akuter Methämoglobinvergiftungen besteht in der intravenösen Injektion hoher Dosen von Reduktionsmitteln (Ascorbinsäure, Methylenblau, Natriumthiosulfat u. a.). Methämoglobin hat in saurer Lösung eine typische Absorptionsbande bei 637 nm.

## 6. Blutungsanämien und extrakorpuskuläre Anämien

Anämien durch Blutverluste können akut und chronisch auftreten. Nach einer akuten Blutung tritt eine kompensatorische Reduktion des Blutvolumens, jedoch keine Änderung der Hämoglobin- bzw. Hämatokritwerte ein. Chronische Blutungen können zu Eisenmangel führen.

Extrakorpuskuläre Anämien sind autoimmunhämolytische Anämien. Sie werden durch Autoantikörper (Kap. Immunchemie, S. 400) ausgelöst, die sich gegen antigene Strukturen der Erythrozytenoberfläche richten. Sie können **symptomatisch,** meist im Verlauf einer lymphatischen Systemerkrankung, akut passager (z. B. bei Virusinfektionen) und als **idiopathisch-chronische Form** auftreten. Je nach Art der zugrundeliegenden Autoantikörper unterscheidet man durch Wärmeautoantikörper bedingte (etwa 70%), durch Kälteagglutinine hervorgerufene (etwa 25%) und durch Donath-Landsteiner-Hämolysine verursachte (etwa 5%) Formen. Die Therapie der Wärmeautoantikörperanämien mit Glucocorticoiden, immunsuppressiv wirksamen Zytostatika und ggf. durch Splenektomie bringt in 75% der Fälle komplette oder teilweise Remissionen.

Eine differentialdiagnostische Aussage über die Form einer immunhämolytischen Anämie ist mit Hilfe des Coombstests möglich. Der Coombstest (Antiglobulintest) ist eine serologische Untersuchungsmethode mit deren Hilfe spezifische Antikörper durch Agglutination nachgewiesen werden. Auf der Oberfläche von Erythrozyten, die von Patienten mit immunhämolytischen Anämien stammen, sind in charakteristischer Weise Immunglobuline und/oder Komplementkomponenten vorhanden. Mit serologischen Methoden kann man die verschiedenen Formen der immunhämolytischen Anämien unterscheiden.

## 7. Differentialdiagnose von Anämien

Die Klassifikation der Anämien wird häufig nach der Ätiologie der Erkrankung (z. B. Eisenmangel), nach der Morphologie der Erythrozyten (z. B. Megaloblasten, Sphärozyten) oder nach dem Hämoglobingehalt der Einzelerythrozyten $Hb_E$ (normochrome, hyperchrome, hypochrome Anämien) vorgenommen. Die nachfolgende Tabelle (Abkürzungen s. S. 217) gibt Beispiele für Veränderungen hämatologischer Daten für die in den Abschnitten 4.–6. beschriebenen Anämieformen. Die Abweichungen vom Normbereich erlauben – in Verbindung mit weiteren klinisch-chemischen Untersuchungsergebnissen – häufig eine klare diagnostische Zuordnung zu einem bestimmten Anämietyp.

Veränderung hämatologischer Daten bei verschiedenen Anämieformen

| Ursache der Anämie | Ery | Hb | $Hb_E$ | MCV | MCHC | Retik. |
|---|---|---|---|---|---|---|
| 1. Bildungs- und Reifungsstörungen | | | | | | |
| Aplastische Anämie | ↓ | ↓ | N | N | N | ↓↓ |
| Cobalamin- bzw. Folsäuremangel | ↓↓ | ↓ | ↑ | ↑ | N | ↓ |
| 2. Korpuskuläre Anämien | | | | | | |
| Thalassämia minor | ↓ | ↓ | ↓ | ↓ | N | N-↑ |
| Eisenmangel | ↓ | ↓ | ↓↓ | ↓ | (↓) | ↓ |
| Glucose-6-phosphat-DH-Mangel | ↓ | ↓ | N | N | N | ↑ |
| Sphärozytose | ↓ | ↓ | N | N | N | ↑↑ |
| 3. Blutungsanämien | | | | | | |
| Akut | N | N | N | N | N | N |
| Chronisch | ↓ | ↓ | ↓↓ | ↓ | (↓) | N-↑ |

# 8. Porphyrien

Störungen der Porphyrinbiosynthese werden nach dem Ort des Defekts als **erythropoetische** (Knochenmark), **erythrohepatische** (Knochenmark und Leber) bzw. **hepatische** (Leber) Porphyrien klassifiziert. Sie sind durch vermehrte Ausscheidung von atypischen Porphyrinen bzw. Synthesevorstufen des Häms im Urin und Stuhl charakterisiert. Die Tabelle gibt eine Übersicht; die Veränderung der Aktivität der an der Porphyrinsynthese beteiligten Enzyme ist aus dem nachstehenden Schema ersichtlich.

Ausscheidung von Porphyrinen bzw. Synthesevorstufen bei verschiedenen Porphyrien

| Porphyrie-Typ | Urin | | | | Faeces | |
|---|---|---|---|---|---|---|
| | δ-$NH_2$-Lävulinsäure | Porphobilinogen | Uro- porphyrine | Kopro- porphyrine | Kopro- porphyrine | Uro- porphyrine |
| 1. Erythropo etische Porphyrie (kongenital) | – | – | ↑↑ | ↑ | ↑ | ↑ |
| 2. Erythrohepatische Porphyrie | – *) | – *) | – | ↑↑ | ↑↑ | ↑ |
| 3. Hepatische Porphyrien | | | | | | |
| akut intermittierend | ↑↑ | ↑↑ | ↑ | ↑ | – | – |
| Porphyria variegata | ↑ | ↑ | ↑ | ↑ | ↑↑ | ↑↑ |
| Porphyria cutanea tarda | – | – | ↑↑ | ↑ | ↑ | – |

*) im akuten Schub nachweisbar

**Erythropoetische Porphyrie.** Bei der **kongenitalen erythropoetischen Uroporphyrie** fehlt die Uroporphyrinogen-Cosynthetase, und es wird anstelle des Uroporphyrinogen III das Uroporphyrinogen I gebildet, das für die Hämsynthese nicht verwertet werden kann. Das Uroporphyrinogen I unterscheidet sich vom Uroporphyrinogen III nur durch eine Vertauschung der Substituenten in Position 7 und 8 des Uroporphyrinogenringes. Uroporphyrinogen I ist ein 1,3,5,7-Tetraessigsäure-2,4,6,8-tetrapropionsäureporphyrinogen. Es wird selbst und nach Umwandlung zu Uroporphyrin I und Koproporphyrin I in großen Mengen (bis 720 µmol/d, 0,6 g/24 h) mit dem Harn ausgeschieden. Das Fehlen der Uroporphyrinogen-Cosynthetase vermag das Symptomenbild dieser Erkrankung allerdings nicht vollständig zu erklären, da die Patienten auch zu einer regelrechten Hämsynthese befähigt sind, die wegen der bestehenden Hämolyse oft sogar kompensatorisch gesteigert ist.

Uroporphyrin I und Koproporphyrin I werden in allen Organen und auch in der Haut abgelagert, wo sie aufgrund ihrer starken Absorption von Licht der Wellenlänge 405 und 2600 nm (Infrarot) „lichtsensibilisierend" wirken. Die be-

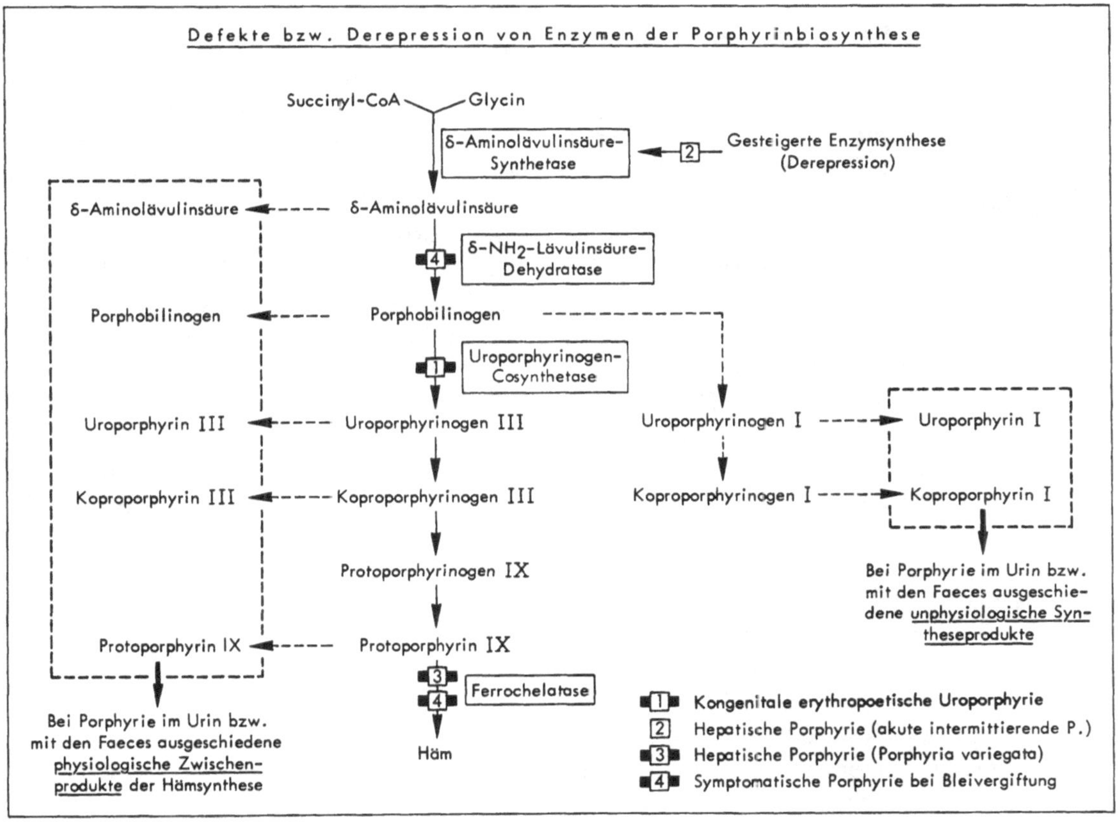

troffenen Gewebe werden überempfindlich gegen Belichtung jeder Art („Photodermatose"), es kommt zu schweren Nekrosen der Haut, des Ohr- und des Nasenknorpels.

Bei der **erythropoetischen Protoporphyrie,** die autosomal dominant vererbt wird, ist die Umwandlung des Protoporphyrins in Häm, d. h. der Einbau des zweiwertigen Eisens in den Porphyrinring, blockiert, doch scheint es sich nicht um eine Hemmung der Ferrochelatase zu handeln. Protoporphyrin reichert sich in Erythrozyten und Blutplasma an und wird in großen Mengen mit dem Stuhl (der bei Bestrahlung UV-Fluoreszenz zeigt) ausgeschieden. Ein Rückstau und eine Ausscheidung physiologischer Synthesevorstufen (δ-Aminolävulinsäure oder Porphobilinogen) findet nicht statt. Das kongenitale Leiden ist von einer leichten Photodermatose begleitet.

**Erythrohepatische Protoporphyrie.** Eine massive Ausscheidung von Koproporphyrin III und Protoporphyrin mit den Faeces (über die Galle!) kennzeichnet diese kongenitale Porphyrinsynthesestörung der Leber **und** des Knochenmarks, die mit einer leichten Photodermatose einhergeht.

**Hepatische Porphyrien.** In der Leber des erwachsenen Menschen findet eine Synthese von Eisenporphyrinenzymen statt, zu denen neben den Enzymen der Atmungskette (Cytochrome) Peroxidasen, Katalasen, Oxygenasen und Oxidasen gehören. Eine Bildung von Häm bleibt jedoch unter physiologischen Bedingungen aus, die δ-Aminolävulinsäure-Synthetase ist z. T. reprimiert. Bei der *akuten intermittierenden Porphyrie* wird jedoch aufgrund einer Regulationsstörung, deren Ursache in der Bildung eines fehlerhaften Repressors oder in einer Störung im Repressor-Operator-Mechanismus liegen könnte, in der Leber δ-Aminolävulinsäure in großer Menge gebildet. Sie wird z. T. in γ-, δ-Dioxovaleriansäure und durch Decarboxylierung in Succinat umgewandelt. Ein großer Teil der vermehrt gebildeten δ-Aminolävulinsäure und des daraus entstehenden Porphobilinogens und Uroporphobilinogen III wird im Urin ausgeschieden, der beim Stehenlassen eine weinrote Farbe annimmt. Die gestörte Regulation der Aktivität der δ-Aminolävulinsäure-Synthetase zeigt sich darin, daß bei Patienten mit akuter intermittierender Porphyrie die Aktivität der δ-Aminolävulinsäure-Synthetase in der Leber auf das Zehnfache gesteigert und keiner allosterischen Regulation durch das Endprodukt (Häm) zugänglich ist. Bei dieser Form der Porphyrie besteht jedoch keine Photosensibilität.

Eine ähnliche Pathogenese liegt den *symptomatischen cutanen hepatischen Porphyrien* zugrunde. Sie werden durch Stoffwechselgifte wie Barbiturate, Alkohol oder das Fungizid Hexachlorbenzol ausgelöst, die eine Synthesesteigerung der δ-Aminolävulinsäure-Synthetase bewirken. Da die δ-Aminolävulinsäure-Synthetase Schrittmacherenzym der Porphyrinbiosynthese ist, kommt es zu einer physiologischen Mehrsynthese, in deren Folge sich Vorstufen oder Zwischenprodukte der

Porphyrinbiosynthese anstauen und mit dem Urin (als Zinkkomplexe!) ausgeschieden werden. Diese symptomatische Form der Porphyrie läßt sich im Tierexperiment durch Gabe von Allyl-Isopropylacetamid reproduzieren, unter dessen Wirkung die Aktivität der Leber-δ-Aminolävulinsäure-Synthetase auf das Fünfzigfache ansteigt.

Bei der vorzugsweise in der weißen Bevölkerung Südafrikas verbreiteten *Porphyria variegata* besteht aufgrund eines Defekts der Ferrochelatase eine vermehrte Ausscheidung von Uroporphyrin und Koproporphyrin mit dem Urin und mit dem Stuhl. Das Leiden tritt anfallsweise auf und kann durch Medikamente oder übermäßigen Alkoholgenuß ausgelöst bzw. erschwert werden. Gleichzeitig besteht eine Photodermatose und gesteigerte Empfindlichkeit gegen mechanische Traumen.

Bei der *Porphyria cutanea tarda* werden – oft durch chronischen Alkoholgenuß ausgelöst und von einer Eisenablagerung in Knochenmark und Leber begleitet, aber wahrscheinlich auf der Basis einer genetischen Prädisposition – Uroporphyrin und Koproporphyrin im Harn ausgeschieden.

# II. Granulozyten und Monozyten

## 1. Differenzierung und Bildung

Das rote Knochenmark enthält neben ruhenden Zellen einen Pool teilungsaktiver Stammzellen, die sich nach Einwirkung eines adäquaten Reizes in Richtung Erythropoese, Myelopoese und Thrombozytopoese differenzieren. Der Stammpool leitet sich wiederum aus den sog. „kleinen Knochenmarkslymphozyten“ ab, eine Gruppe strahlensensibler und durch physiologische und unphysiologische Reize transformierbarer Zellen. Die Knochenmarksstammzelle unterliegt einem physiologischen Differenzierungs- und Reifungsprozeß, der aus dem nachfolgenden Schema ersichtlich ist. Wegen ihrer Herkunft aus gemeinsamen Vorstufen werden Thrombozyten, Erythrozyten und Granulozyten als myeloisches System und der Prozeß ihrer Bildung als Myelopoese bezeichnet.

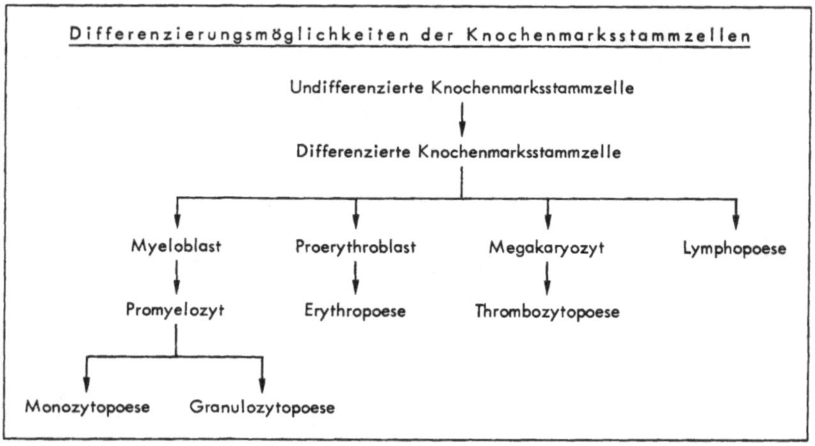


Die Lymphozyten, von denen ein Teil im Knochenmark gebildet wird, werden im Kap. Immunchemie (S. 401), die Thrombozyten im Kap. Hämostase (S. 381) abgehandelt.

## 2. Granulozyten

Die Zahl der weißen Blutzellen beträgt beim gesunden Menschen 6000–8000/µl (6–8 G/l) Blut, unter denen die Granulozyten beim Erwachsenen etwa 70% ausmachen. Die Granulopoese liefert beim erwachsenen Menschen $12{,}6 \cdot 10^{11}$ Zellen/24 h, ihre Halbwertszeit im Blut beträgt 6–7 h.

Die reifen polymorphkernigen Leukozyten (Granulozyten) sind stoffwechselaktive Zellen, die neben ihrem durch Glykolyse und Atmungskette gedeckten Energiestoffwechsel einen hohen Gehalt an Ascorbinsäure und Glutathion sowie eine hohe Aktivität hydrolytischer Enzyme aufweisen, die vermutlich mit ihrer Fähigkeit zur Phagozytose und zur Lysis von Bakterienzellmembranen im Zusammenhang steht.

Die Granulozyten sind glykogenreiche Zellen. Die zelluläre Glykogenkonzentration hängt von der Glucosezufuhr ab, begrenzendes Enzym der Glykogensynthese und Glykolyse ist wegen ihrer geringen Aktivität die Hexokinase. Bei phagozytotischer Aktivität werden Glykogenabbau, Steigerung der Atmung, vor allem jedoch der Glykolyserate auf das 3fache und des Substratdurchsatzes im Pentosephosphatzyklus auf das 5fache, beobachtet. Die Phagozytose ist jedoch nicht atmungsabhängig und kann auch unter anaeroben Bedingungen unter Energieversorgung durch die Glykolyse auftreten.

Die phagozytotischen Formen der Granulozyten enthalten eine hohe Aktivität lysosomengebundener hydrolytischer Enzyme mit einem pH-Optimum zwischen pH 4 und 5 (Nucleasen, Proteasen, Glykosidasen, Lipasen, Phosphatasen), jedoch auch im Neutralbereich wirksame Proteasen. Für die Lysis von Mikroorganismen benutzen die Granulozyten ferner das **Lysozym,** welches das Zellwandmurein gramnegativer bzw. grampositiver Bakterien als Substrat spaltet, ferner eine **Myeloperoxidase,** die von dem in den Granulozyten gebildeten $H_2O_2$ Wasserstoff auf geeignete Substrate überträgt, und das **Lactoferrin,** ein eisenbindendes Protein, das Bakterienwachstum verhindert.

## 3. Phagozytose

Eine auffallende Eigenschaft polymorphkerniger Granulozyten und Monozyten ist ihre Fähigkeit, nicht gelöste Partikel mit einem Durchmesser von > 10 nm durch Phagozytose aufzunehmen. Zwar sind auch die Wandzellen der Sinus in Lymphknoten, Milz und Leber Zellen mit hoher Phagozytoseaktivität, die amöboide Beweglichkeit, die den Granulozyten und Monozyten durch den Besitz zytoplasmatischer kontraktiler Proteine verliehen wird, gestattet ihnen jedoch, das Blutgefäßsystem zu verlassen und in das angrenzende Bindegewebe zu immigrieren. Wegen ihres Größenunterschiedes werden die Granulozyten als **Mikrophagen,** die Monozyten, die sich nicht nur aus Blutzellen, sondern auch aus Gewebshistiozyten differenzieren können, als **Makrophagen** bezeichnet.

Der Prozeß der Phagozytose, unter dem allgemein die Aufnahme von Mikroorganismen, abgestorbenen Zellen oder körperfremden Partikeln verstanden wird, gliedert sich in verschiedene Phasen:

Während der chemotaktischen **ersten Phase** führt der Phagozyt eine gerichtete Bewegung auf das zu phagozytierende Objekt (z. B. in einem Entzündungsherd befindliche Bakterien) aus. Hierfür ist die Mitwirkung humoraler Faktoren erforderlich. Dies können z. B. von den Bakterien freigesetzte Stoffwechselprodukte sein, die auf Phagozyten einen chemotaktischen Reiz ausüben. Der wichtigste Mechanismus läuft jedoch über die Aktivierung des Serumkomplementsystems ab Kap. Immunchemie, S. 410). Die Aktivierung des Serumkomplements kann auf verschiedene Weise erfolgen. Sind Antikörper gegen Mikroorganismen vorhanden, und haben diese mit der Oberfläche eines Bakteriums reagiert, so aktiviert der gebildete Antigen-Antikörper-Komplex die Komplementfaktoren C1, C4 und C2. Der dabei gebildete Antigen-Antikörper-C1-4-2-Komplex greift nun C3 und C5 an, um – neben anderen Fragmenten – C3a und C3b zu gewinnen. In weiterer Folge reichert sich ein Komplex der Komplementproteine C5, 6, 7 an, der auf Phagozyten einen chemotaktischen Reiz ausübt. Fehlt ein spezifischer, gegen Bakterien gerichteter Antikörper, so kann das Komplementsystem Antikörper-unabhängig aktiviert werden (Kap. Immunchemie, S. 412).

In der **zweiten Phase** erfolgt die Erkennung des zu phagozytierenden Objekts, wobei der Phagozyt seine Fähigkeit zur spezifischen Unterscheidung von Oberflächen ausnutzt. Ist das Objekt (z. B. ein Bakterium) mit Antikörpern vom Typ IgG oder mit dem C3-Fragment des Komplementsystems besetzt, so wird die Phagozytose gefördert. Das C3-Fragment muß jedoch fest (über hydrophobe Bindungen) mit dem zu phagozytierenden Objekt verbunden sein.

Die **dritte Phase** stellt die Ingestion (Inkorporation) des zunächst an die Zelloberfläche des Phagozyten gebundenen und dann von der Zellmembran eingehüllten Partikels (Phagosoms) in die Zelle dar und ist mit einer Steigerung der Glykolyse, des Glykogenabbaus, der oxidativen Prozesse und der Bildung und des Verbrauchs von ATP verbunden. Stoffwechselgifte (Colchicin, Cytochalasin B) können die Aufnahme verhindern. Die weiterhin von der Anwesenheit von $Ca^{2+}$ und $Mg^{2+}$ abhängige Phagozytose ist mit einem erhöhten Turnover der Phosphatidsäure und inosithaltiger Phospholipide verbunden. Die bei der Phagozytose gesteigerte Phosphatidsynthese hängt vermutlich mit der Notwendigkeit einer Neubildung der Zellmembran zusammen, die über den Prozeß der Phagozytose kontinuierlich „verbraucht" wird. In der Zelle verschmilzt das Phagosom mit Lysosomen, wobei Mikrofilamente und Mikrotubuli beteiligt sind, und unterliegt einem enzymatischen Abbau durch lysosomale Enzyme bzw. der chemischen Veränderung durch Peroxide, deren Produktion rasch nach der Phagozytose einsetzt.

Der Prozeß der Peroxidation phagozytierter Substrate wird eingeleitet durch die Bildung eines Superoxidanions ($O_2^-$), das unter Wirkung einer Oxidase aus Sauerstoff entsteht. Das Superoxidanion wird spontan oder enzymatisch zu $H_2O_2$ reduziert und kann mit einem zweiten $H_2O_2$-Molekül unter Bildung hochaktiver Hydroxylradikale ($OH^{\cdot}$) reagieren. Diese Sauerstoffverbindungen verursachen Radikalreaktionen, welche die Membranlipide von Bakterien angreifen und für den weiteren enzymatischen Abbau vorbereiten.

Das in dem sekundären Lysosom bzw. Phagosom entstehende $H_2O_2$ ist in der Lage, die Lysosomenmembran zu permeieren und in das Zytosol des Granulozyten zu gelangen. Der Granulozyt schützt sich gegen das $H_2O_2$ durch eine in den Peroxisomen lokalisierte Katalase und durch das Glutathion, das SH-haltige Granulozytenenzyme vor der Inaktivierung bewahrt. Das oxidierte Glutathion kann enzymatisch regeneriert werden (Glutathion-Reduktase).

Die Konzentration des entstehenden $H_2O_2$ liegt in einer Größenordnung, die bakterizide Wirkung erwarten läßt. Dies ist von Bedeutung bei der Phagozytose von Bakterien, die durch die lysosomalen Enzyme der Makrophagen bzw. Mikrophagen nicht angegriffen werden (z. B. Mykobakterien) und sich daher intrazellulär vermehren können.

## 4. Leukozytose

Eine Vermehrung der Zellen des leukopoetischen Systems auf Werte von mehr als 10000/µl (10 G/l) Blut wird als **Leukozytose** bezeichnet. Häufig liegt der Leukozytose eine reaktive Mehrsynthese des Knochenmarks als Folge bakterieller (allgemeiner oder lokaler) Infekte zugrunde, sie tritt aber auch bei Intoxikation, Urämie, Gichtanfall, unter der Einwirkung von Chemikalien und Medikamenten, nach Blutverlust, bei rasch wachsenden Tumoren (Metastasenzerfall) und bei Überproduktion von Glucocorticoiden der Nebennierenrinde (Cushing-Syndrom) auf. Eine physiologische Leukozytose wird bei Neugeborenen und Gravidität beobachtet. Bei besonders starker Zellvermehrung erscheinen auch unreife, sonst nur im Knochenmark vorhandene Vorformen (Paraleukoblasten) in der Zirkulation: sog. **„Linksverschiebung"**.

## 5. Akute und chronische Leukämie

Eine generalisierte neoplastische Erkrankung des blutbildenden Organs, die von einer extremen Vermehrung unreifer weißer Blutzellen begleitet ist, stellt die Leukämie dar. Eine Leukämie kann das myeloische oder lymphatische System betreffen und akut oder chronisch auftreten. Die unreifen Zellen zeigen autonomes Wachstum und verdrängen das normale Knochenmark.

Bezüglich Enzymausstattung und Stoffwechsel bestehen zwischen normalen myeloischen und leukämischen Zellen nur quantitative Unterschiede. So ist bei der akuten, nicht jedoch bei der chronischen Form der Leukämie z. B. die Aktivität der Hexokinase und der Glycerinaldehyd-3-phosphat-Dehydrogenase stark erniedrigt. Eine verlangsamte DNA-, RNA- und Proteinbiosynthese zeigt sich in dem verlängerten Zellzyklus (50–60 h), der bei normalen myeloischen Zellen bis 24 h beträgt. Die Leukämiezellen haben nicht nur charakteristische Funktionen der

Granulozyten (z. B. die Fähigkeit der Phagozytose), sondern auch ihre Teilungsfähigkeit verloren, weisen aber eine deutlich längere Halbwertszeit im Blut auf.

Zur Abgrenzung der verschiedenen Leukämieformen und des Reifungsgrades der dabei auftretenden Zellen dient der Nachweis des Glykogens (PAS-Färbung) und der Peroxidase- bzw. Esteraseaktivitäten (Tabelle).

Histochemische Differenzierung der Blutzellen

| Zelltyp | PAS (Glykogen) | Peroxidase | α-Naphthyl-acetatesterase | Naphthol-AS-D-Chloracetat-esterase |
|---|---|---|---|---|
| Stammzellen | ⊖ | ⊖ | ⊖ | ⊖ |
| Myeloblasten | (+) | ⊖ + | ⊖ | ⊖ + |
| Promyelozyten | (+) | + + | ⊖ | + + |
| Myelozyten | + | + + | ⊖ | + + |
| Metamyelozyten Granulozyten | (+) | + | ⊖ | + + |
| Lymphoblasten | + | ⊖ | ⊖ | ⊖ |
| Lymphozyten | + + | ⊖ | ⊖ (+) | ⊖ |
| Monozyten | (+) | (+) | + + | ⊖ (+) |
| (Pro-) Erythroblasten | + | + | ⊖ + | ⊖ |

⊖ negativ, (+) schwach positiv, + positiv, + + stark positiv

Esterasesubstrat zur Differenzierung weißer Blutzellen

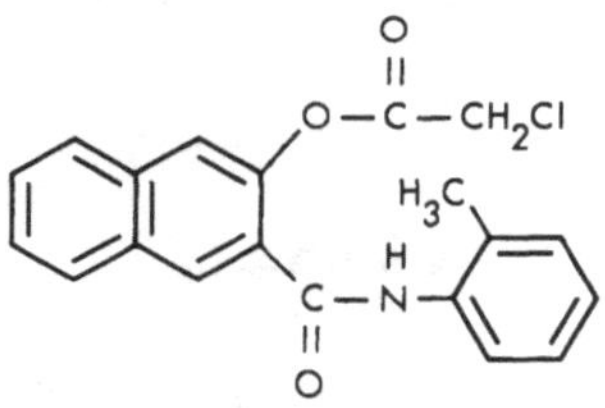


Naphthol-AS-D-chloracetat

## 6. Granulozytopenie und Agranulozytose

Eine zahlenmäßige Verminderung der Granulozyten im Blut (Granulozytopenie) oder ihr völliges Verschwinden (Agranulozytose) kann durch

- vermehrte Zerstörung oder aber
- verminderte Bildung

bedingt sein.

Eine massive **Zerstörung** von Granulozyten kann sich auf dem Boden einer Allergie (S. 409) oder von Autoimmunvorgängen entwickeln. Besteht eine Überempfindlichkeit gegenüber einem Medikament (z. B. Phenothiazine, Tuberkulostatika, Chloramphenicol), so haben diese die Funktion eines Haptens, das sich an Membranproteine der Granulozyten binden kann. Die gegen das Hapten gerichteten Antikörper schädigen bei Reaktion mit dem membrangebundenen Hapten auch den Granulozyten und können Zytolyse auslösen (sog. Haptenisierung, S. 400).

Homologe gegen Granulozyten gerichtete Autoantikörper können sich im Laufe einer Kollagenose (S. 400) bilden.

Eine **verminderte Bildung** von Granulozyten tritt bei direkter Schädigung des Knochenmarks durch Zytostatika (S. 369), Antibiotika (Sulfonamide) oder energiereiche Strahlung, aber auch bei Verdrängung des granulopoetischen Knochenmarks durch Hämoblastosen oder Metastasen maligner Neoplasien ein.

Die **Panmyelopathie** (Panzytopenie) ist Folge einer multifaktoriellen Störung der gesamten hämopoetischen Zellteilungs- und Syntheseprozesse im Knochenmark, die nicht nur die Granulozyten, sondern auch Thrombozyten und Erythrozyten betrifft. Die verursachenden Faktoren entsprechen denen der Agranulozytose.

# III. Leber

## 1. Die Leber im Intermediärstoffwechsel

Die Leber ist das zentrale Kontrollorgan des Intermediärstoffwechsels. Über den Pfortaderkreislauf (V. portae) nimmt die Leber den überwiegenden Teil der aus dem Verdauungstrakt resorbierten Stoffe auf, gibt sie – sofern nicht ein vollständiger Abbau erfolgt – nach Speicherung bzw. Umbau wieder an den Kreislauf ab und verwandelt dadurch die diskontinuierliche Resorption der Nährstoffe in eine kontinuierliche Versorgung des Gesamtorganismus mit Syntheseprodukten (Aminosäuren, Proteine, Kohlenhydrate, Lipide).

Die Leistungen der Leber im Stoffwechsel lassen sich wie folgt zusammenfassen:

- **Aminosäure-, Stickstoff- und Proteinstoffwechsel.** Synthese, Umbau und Abbau von Aminosäuren, Synthese von Harnstoff, Harnsäure, Kreatin, teilweise Synthese der Blutplasmaproteine und der Gerinnungsfaktoren.
  Spezifische, die Proteinbiosynthese und den Abbau von Aminosäuren betreffende Störungen sowie Enzymdefekte des Harnstoffzyklus sind in dem Kapitel Proteine und Aminosäuren (S. 66) beschrieben. Die Veränderungen im Serumproteinverteilungsmuster, die bei akutem oder chronischem Schädigungsstoffwechsel der Leber entstehen, sind nachfolgend abgehandelt.
- **Lipidstoffwechsel.** Synthese und Abbau von Fettsäuren, Synthese von Triglyceriden, Phospholipiden, Cholesterin und Lipoproteinen, Ketonkörperbildung.

Die Beteiligung der Leber an der Pathogenese der Hyperlipoproteinämien ist im Kapitel Lipide (S. 104) beschrieben. Bei Gallengangsverschluß kommt es zur Synthese eines atypischen Lipoproteins (S. 108) Fettleber (S. 264).

- **Kohlenhydratstoffwechsel.** Speicherung und Mobilisierung von Glykogen, Neubildung, Umbau und Metabolisierung von Glucose, Galaktose, Fructose, Glucuronsäure und anderen Monosacchariden.
  Störungen im Stoffwechsel der Galaktose (Galaktosämie), Glykogenosen und die Fructoseintoleranz sind im Kapitel Kohlenhydrate (S. 71) aufgeführt.

Zu den spezifischen Stoffwechselleistungen der Leber gehört die Bildung der Gallenflüssigkeit. Bildung und Ausscheidung von Gallensäuren und Gallenfarbstoffen s. u.

- **Biotransformation (Konjugations- und Detoxikationsreaktionen).** Für den Gesamtorganismus schädliche oder nicht mehr verwertbare Substanzen bzw. Fremdstoffe werden von der Leber chemisch verändert, entgiftet und dabei gegebenenfalls in wasserlösliche Form überführt und so für die Ausscheidung über die Nieren bzw. Gallenflüssigkeit vorbereitet.

## 2. Leberfunktionsdiagnostik

Eine Schädigung der Leber durch Infektionen, durch Fremdstoffe, Gifte bzw. Behinderung der Ausscheidung der Gallenflüssigkeit führt zur Reduktion oder zum Ausfall leberspezifischer Stoffwechselleistungen. Die Leberfunktionsdiagnostik dient

- der Beurteilung des Schweregrades und der Aktivität einer Erkrankung oder Schädigung der Leber sowie
- der Differentialdiagnose akuter und chronischer Lebererkrankungen.

Zur Erfassung der Leberfunktionen werden verschiedene Parameter herangezogen, die Aussagen über Teilfunktionen gestatten und deren Ausfall für bestimmte Krankheitsbilder charakteristisch ist. Folgende Störungen werden bei der Leberfunktionsdiagnostik erfaßt:

**Permeabilitätsstörungen.** Bei Membranschädigung der Leberzellen treten zytoplasmatische Enzyme (GOT, GPT, LDH-Isoenzym 5, Sorbit-Dehydrogenase, Phosphofructaldolase), bei Leberzellnekrose darüberhinaus auch strukturgebundene Enzyme, z. B. mitochondriale Enzyme (GLDH, GPT, Ornithincarbamyl-Transferase) in das Blutplasma über. Auch lysosomale Enzyme (z. B. β-N-Acetylhexosaminidase) sind bei schwerer Leberschädigung in erhöhter Aktivität im Blutplasma nachweisbar.

Im Abschnitt „Akuter und chronischer Schädigungsstoffwechsel der Leber" (S. 257) werden Beispiele für Veränderungen der Aktivitäten von Leberenzymen gegeben.

**Synthesestörungen.** Als Parameter für Syntheseleistungen dienen die von der Leber synthetisierten und an die Zirkulation abgegebenen Blutplasmaproteine, Gerinnungsfaktoren und die Sekretionsenzyme.

**Elektropherogramme bei verschiedenen Lebererkrankungen**

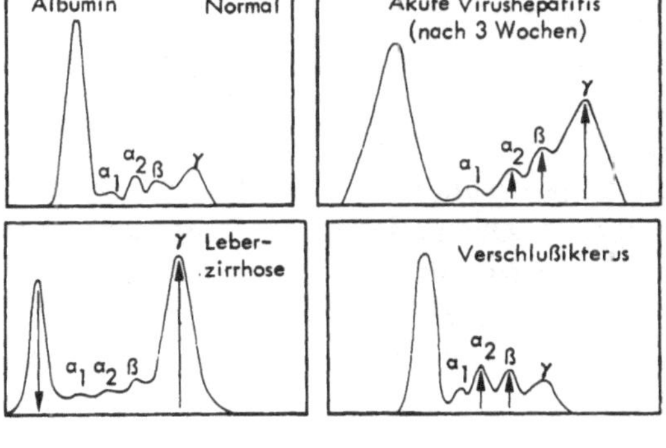

Die Untersuchung der Proteine des Blutserums erfaßt die durch Elektrophorese trennbaren und quantifizierbaren Serumproteingruppen Albumin, $\alpha_1$-, $\alpha_2$-, $\beta$- und $\gamma$-Globuline (Kap. Proteine u. Aminosäuren, S. 57), ferner die Gerinnungsfaktoren und Lipoproteine sowie weitere leberspezifische Proteine. Die Plasmakonzentration des Albumins, des Prothrombins und der Gerinnungsfaktoren VII und X steht in direkter Beziehung zur Schwere einer Leberschädigung. Auch die Syntheserate anderer spezifischer Proteine (Haptoglobin, Transferrin, Hämopexin und Caeruloplasmin) sinkt bei schwerer Leberschädigung ab, doch besitzen Veränderungen dieser Proteine für die Leberdiagnostik nur begrenzten Wert, da ihre Plasmakonzentration auch von anderen Faktoren beeinflußt wird.

**Sekretionsenzyme** werden von der Leberzelle synthetisiert und ins Plasma abgegeben. Ihre Aktivität ist im Plasma höher als im Lebergewebe. Beispiele sind die enzymatisch aktiven Gerinnungsfaktoren, die Pseudocholinesterase und das Caeruloplasmin (Phenoloxidase). Das Absinken ihrer Aktivität im Plasma läßt auf einen schweren Leberzellschaden schließen.

Eine verminderte Synthese des Albumins ist wegen seiner Halbwertszeit von etwa 14 Tagen (Syntheserate 30–45 µmol/d, 2–3 g/24 h) erst spät nachweisbar. Zudem ist eine Abnahme des Albumins nicht beweisend für eine Synthesestörung oder eingeschränkte Leberfunktion, da eine Verminderung auch durch erhöhtes Plasmavolumen bedingt sein oder durch extravaskulären Albuminverlust (Ascites bei Zirrhose) eintreten kann. Frühzeitig nachweisbar ist dagegen eine verminderte Bildung der Blutgerinnungsfaktoren, die mit Ausnahme des Faktor VIII alle in der Leber gebildet werden und bei einer Halbwertszeit von 5–80 h einen besonders empfindlichen Indikator für eine intakte Leberfunktion darstellen. Da eine hämorrhagische Diathese bei Leberschäden jedoch nicht nur auf einem Mangel an Gerinnungsfaktoren, sondern auch auf einer unzureichenden Versorgung mit Phyllochinon (Vitamin K) beruhen kann, ist eine Resorptionsstörung des Vitamin K (fehlende Lipidresorption bei Gallengangsverschluß) auszuschließen und eine Normalisierung des Gerinnungsstatus u. U. durch parenterale Vitamin K-Gabe zu erreichen.

**Konjugations- und Ausscheidungsstörungen.** Indikatoren für Konjugations- und Exkretionsleistungen sind der **Bilirubinstoffwechsel** (s. u.), die Ausscheidung von **Prüfstoffen** und das Verhalten von **Exkretionsenzymen.**

Die Ausscheidungsfähigkeit der Leber für Farbstoffe (Sulfobromophthalein, Indocyaningrün, Bengalrosa) wird im Ausscheidungstest geprüft. Beim Bromsulfaleintest werden 5 mg (6 µmol) des Farbstoffs Bromsulfalein/kg Körpergewicht intravenös injiziert. Der Farbstoff wird von der Leber nach Konjugation an Glutathion (S. 252) rasch aus dem Plasma entfernt und über die Galle ausgeschieden. Bei intakter Leberfunktion dürfen nach 45 Min. nicht mehr als 5% des Bromsulfaleins im Serum vorhanden sein, wobei ein Serumfarbstoffspiegel von 120 µmol zugrunde gelegt wird.

Prüfstoffe der Leberfunktion

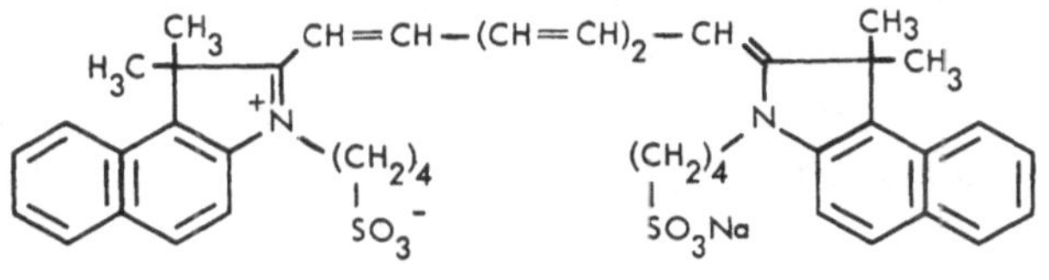

Indocyaningrün

Hepatische Aufnahme, biliäre Elimination, ohne Konjugation

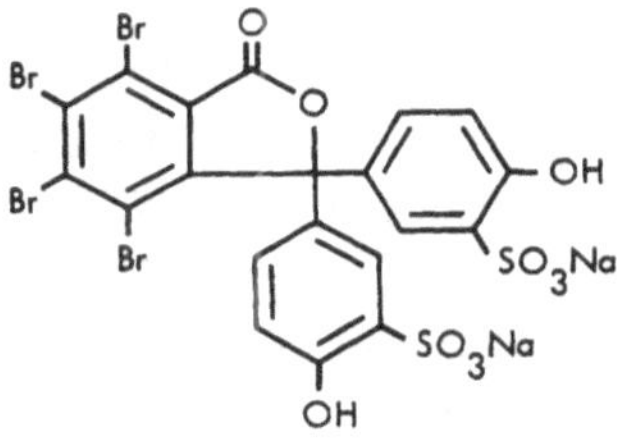

Sulfobromophthalein

(Bromsulfalein, Bromthalein)

Hepatische Aufnahme, Konjugation, biliäre Elimination

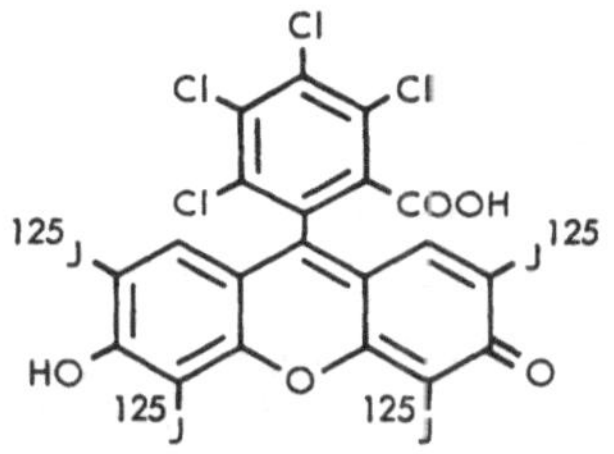

$^{125}$J-Bengalrosa

Hepatische Aufnahme, biliäre und (renale) Elimination

Analoge Ausscheidungstests werden mit Indocyaningrün und $^{125}$J-Bengalrosa, die von der Leber ohne Konjugation eliminiert werden, durchgeführt (Abbildung).

**Exkretionsenzyme** werden in der Leber gebildet (Leucinamino-Peptidase, Leberisoenzym der alkalischen Phosphatase, 5′-Nucleotidase, γ-Glutamyltranspeptidase) und über die Galle ausgeschieden. Der Anstieg ihrer Aktivität im Serum deutet auf verminderte Ausscheidungsfunktion oder Gallengangsverschluß hin.

**Speicherfunktions- und Verwertungsstörungen.** Die Fähigkeit der Leber zur Umwandlung von Galaktose in UDP-Glucose nutzt der **Galaktosetoleranztest** aus. Bei oraler Belastung mit 0,22 mol (40 g) Galaktose steigt bei intakter Leberfunktion der Blutgalaktosespiegel nicht über 1,37 mmol/l (25 mg/100 ml) an.

Das Nahrungscholesterin wird von der Leber mit Fettsäuren verestert und an das Blut abgegeben. Die Reaktion wird durch die Acyl-CoA-Cholesterin-Acyltransferase katalysiert, bei der freies Cholesterin mit Acyl-CoA zu CoA und Cholesterinester reagieren (Kap. Lipide S. 103). Das Ausbleiben dieser Veresterung und ein Absinken der Cholesterinesterkonzentration im Serum („Estersturz“) ist typisch für einen akuten Leberschaden.

Die Leber enthält die Hauptmenge des **Speicher-(Reserve-)Eisens** als Ferritin bzw. Hämosiderin (S. 133). Die herabgesetzte Speicherfähigkeit und eine korrespondierende Erhöhung der Serumeisenkonzentration ist daher für fast alle hepatozellulären Erkrankungen charakteristisch.

**Immunmechanismen.** Bei verschiedenen Formen und in verschiedenen Stadien von Lebererkrankungen treten gegen Kerne, Mitochondrien, Mikrosomen und andere zelluläre oder extrazelluläre Strukturen der Leber gerichtete spezifische Antikörper auf, deren pathogenetische Bedeutung noch unklar, deren differentialdiagnostischer Wert jedoch anerkannt ist (s. u., Kap. Immunchemie, S. 405).

## 3. Bilirubinstoffwechsel

Die diagnostische Bedeutung der Gallenfarbstoffe (Bilirubin) beruht darauf, daß sie nach ihrer Bildung (Abbau von Häm bzw. Porphyrinen im retikuloendothelialen System (RES)) in den Kreislauf gelangen, von der Leber aufgenommen und dort mit Glucuronsäure konjugiert werden. Nach Ausscheidung mit der Galle werden sie aus dem Intestinaltrakt rückresorbiert und nach Transport über den Kreislauf erneut über die Leber ausgeschieden (enterohepatischer Kreislauf). Jeder dieser Prozesse kann spezifisch gestört oder blockiert sein (s. Schema, S. 248).

Im Rahmen des Umsatzes von Hämoglobin und anderen Porphyrinproteinen (Cytochrome, Katalasen, Peroxidasen) wird die Häm- bzw. Porphyrinkomponente in Leber, Knochenmark, Milz oder anderen Organen (RES) nach oxidativer Ringöffnung und anschließender Entfernung des zentralen Eisens und der Proteinkomponente in Bilirubin umgewandelt. Von der täglich gebildeten Bilirubinmenge (~ 510 µmol, 300 mg) stammen 80–90% aus dem Hämoglobin. Extrahepatisch gebildetes Bilirubin gelangt in den Blutkreislauf, wird dort wegen seiner Wasserunlöslichkeit an Serumalbumin gebunden und von der Leber aufgenommen.

Für die Aufnahme von Bilirubin, Bilirubindiglucuronid, Arzneimitteln, Bromsulfalein u. a. Farbstoffen in die Leberzelle ist das **Ligandin*** – ein basisches lösliches Protein – verantwortlich, das in der Leberzelle, aber auch im proximalen Tubulus der Niere, in der Dickdarmmucosa und in den Zellen des Plexus chorioideus vorkommt. Es erfüllt Transportfunktionen in der Leber und anderen Organen.

Innerhalb der Leberzelle wird das Bilirubin durch eine mikrosomale **UDP-Glucuronyl-Transferase** in das Bilirubindiglucuronid überführt (ein geringer Anteil wird an Sulfat bzw. Glycin gebunden). Die Ausscheidung des Bilirubindiglucuronids in die Gallenkanälchen erfolgt ebenfalls durch aktiven Transport. Nach Ausscheidung mit der Galle vollziehen sich am Bilirubin im Darm unter Einwirkung der reduzierenden Bakterienflora weitere Umwandlungsreaktionen. Unter den Bilirubinhydrierungsprodukten ist das Urobilinogen wegen seiner Wasserlöslichkeit

* Ligandin hat die enzymatische Aktivität einer Glutathion-Peroxidase, die Peroxide, nicht jedoch $H_2O_2$ als Substrate umsetzt.

und Nierengängigkeit (Ausscheidung mit dem Harn) von diagnostischem Interesse. Durch die im Intestinaltrakt vorhandene β-Glucuronidase kann die Glucuronsäure aus dem Bilirubindiglucuronid wieder hydrolytisch entfernt werden.

Die diagnostische Bedeutung der Gallenfarbstoffe beruht darauf, daß sie einen enterohepatischen Kreislauf durchmachen (s. o.). Bei herabgesetzter Leberfunktion, bei Störung der Aufnahme, der Konjugation oder der Ausscheidung, bei Verschluß der ableitenden Gallenwege oder bei vermehrtem Abbau von Hämoglobin kann die Konzentration des Gesamtbilirubins (Summe des Albumin-gebundenen und konjugierten Bilirubins) im Blutserum erhöht sein. Eine Ausscheidung von Bilirubin mit dem Harn findet physiologischerweise nicht statt, da das Albumin-gebundene Bilirubin nicht nierengängig und die Konzentration des ausscheidungsfähigen Bilirubindiglucuronids im Blut vernachlässigbar gering ist.

**Differentialdiagnose der Ikterusformen.** Eine Erhöhung des Serumbilirubinspiegels führt, wenn sie mehr als 34,1 μmol/l (2 mg/100 ml) beträgt, zu einer Gelbfärbung der Konjunktiven bzw. bei stärkerer Erhöhung auch zur Gelbfärbung der Haut, die als **Ikterus** (Gelbsucht) bezeichnet wird. Grundlage einer Differentialdiagnose der verschiedenen Ikterusformen sind die Bestimmung des Albumin-gebundenen nicht konjugierten Bilirubins (indirektes Biliburin) und des Bilirubindiglucuronids (direktes Bilirubin) im Serum sowie der Nachweis einer vermehrten Ausscheidung von Bilirubindiglucuronid und Urobilinogen mit dem Harn. Alle Gelbsuchtsformen, die mit ausschließlicher Vermehrung des indirekten Bilirubins einhergehen, weisen kein Bilirubin im Harn auf.

Eine Erhöhung des Bilirubinspiegels im Blut kann verschiedene Ursachen haben, die das Schema zusammenfaßt:

- **Produktionsikterus.** Ein vermehrtes Bilirubinangebot liegt bei allen Formen der **Hämolyse** und der sog. **Shuntbilirubinämie** vor. Der Produktionsikterus ist gekennzeichnet durch eine Vermehrung des indirekten Serumbilirubins bei in der Regel nicht vermehrtem Bilirubindiglucuronid – jedoch vermehrter Urobilinogenausscheidung mit dem Harn – und vermehrter Sterkobilinogenausscheidung im Stuhl.

Bei der **Shuntbilirubinämie** besteht eine vermehrte Synthese von Häm bzw. Porphyrin im Knochenmark, das nicht für die Hämoglobinsynthese verwertet wird und einem direkten Abbau unterliegt. Das auf diese Weise entstehende sog. „frühmarkierte" Bilirubin hat eine wesentlich kürzere Halbwertszeit (10 Tage) als das aus dem Abbau von Erythrozyten (120 Tage) stammende Bilirubin. Bei Krankheiten mit erheblich stimulierter ineffektiver Erythropoese (Thalassämie, perniziöse Anämie, erythropoetische Porphyrie) kann der Anteil dieses frühmarkierten Bilirubins 30–80% des täglich gebildeten Bilirubins ausmachen, das bis auf 2,6 mmol (1,5 g) ansteigt.

**Hämolytische Ikterusformen** können hereditär, erworben oder toxisch sein (s. Kap. Erythrozyten, S. 221).

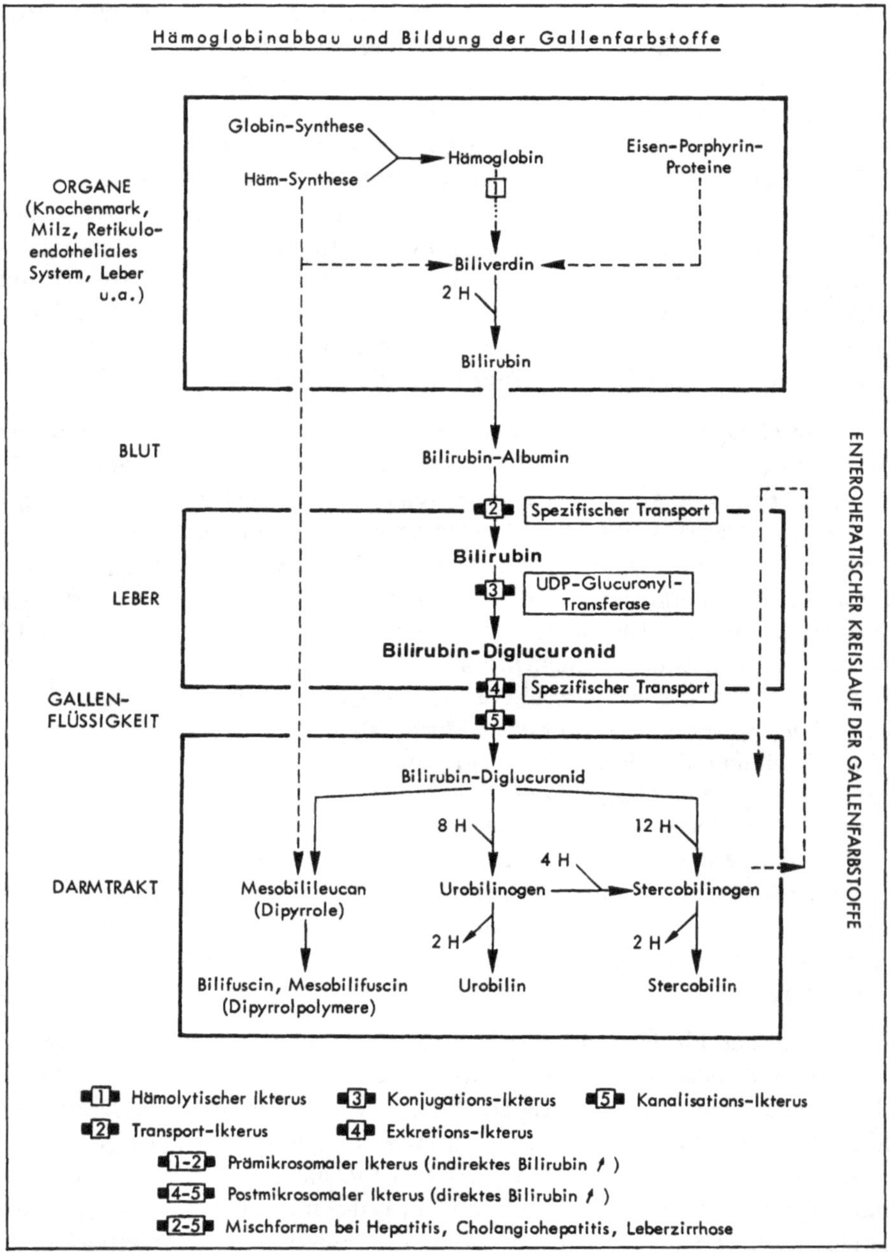


● **Transportikterus.** Die Aufnahme des albumingebundenen Bilirubins aus dem Blutplasma in die Leberzelle vollzieht sich nach einem Absorptionsgleichgewicht zwischen dem spezifisch bilirubinbindenden Serumalbumin und dem spezifischen bilirubinbindenden Ligandin der Leberzelle. Störungen dieses Transportprozesses treten bei manchen Virushepatitiden, bei ikterischen Leberzirrhosen, aber auch nach Anstrengung, Unterkühlung oder Alkoholexzessen auf. Ein angeborenes Fehlen des spezifischen Transportproteins liegt beim Gilbert-Meulengracht-Syndrom vor.

- **Konjugationsikterus.** Der physiologische Neugeborenenikterus ist Folge einer erniedrigten Aktivität der UDP-Glucuronyl-Transferase oder einer Hemmung dieses Enzyms durch Pregnandiolderivate der Muttermilch oder Medikamente (z. B. Novobiocin).

  Das Crigler-Najjar- bzw. Arias-Syndrom ist durch einen autosomal rezessiv vererbbaren totalen oder partiellen Mangel an UDP-Glucuronyl-Transferase gekennzeichnet. Da in der Leber mehrere UDP-Glucuronyl-Transferasen mit unterschiedlicher Substratspezifität, Geschlechts- und Altersabhängigkeit vorliegen, die durch Phenobarbital und andere Medikamente induziert werden können, läßt sich durch eine Phenobarbitalbehandlung das Auftreten eines Neugeborenenikterus bzw. eines erblich bedingten Konjugationsikterus oft weitgehend verhindern.

- **Exkretionsikterus.** Die Ausscheidung des konjugierten Bilirubins erfolgt durch einen aktiven Transportmechanismus, der bei Hepatitis, Leberzirrhose sowie intra- oder extrahepatischer Cholestase gestört sein kann, aber auch als rezidivierender Schwangerschaftsikterus oder nach Gabe verschiedener Arzneimittel (Bromikterus) auftritt. Die seltenen genetischen Formen sind das Dubin-Johnson- und Rotor-Syndrom.

  Die Exkretionsikterusformen sind durch Anstieg des Bilirubindiglucuronids im Serum, das 80% des Gesamtbilirubins ausmacht, sowie durch vermehrte Ausscheidung von Bilirubindiglucuronid im Harn gekennzeichnet. Eine Störung der Bilirubinausscheidung wird auch unter Behandlung mit synthetischen Östrogenen, Kontrazeptiva, anabolen Steroiden und anderen Medikamenten beobachtet.

- **Kanalisationsikterus.** Bei Verschluß des Gallengangssystems kommt es zu einer gestörten Ableitung des Bilirubindiglucuronids in den Dünndarm. Ursache sind Atresie, Cholangitis, mechanischer Verschluß durch Konkremente oder Tumoren.

Da nur nichtkonjugiertes Bilirubin aus dem Instestinaltrakt rückresorbiert wird, gelangt physiologischerweise kein Biliuringlucuronid in den enterohepatischen Kreislauf. Urobilinogen wird allerdings rasch resorbiert und nach Aufnahme in die Leber erneut über die Galle ausgeschieden. Der enterohepatische Kreislauf des Urobilinogens (Ausscheidung mit dem Harn 0–6,8 μmol/d, 0–4 mg/24 h) ist allerdings nur unter pathologischen Bedingungen erheblich. Die Ausscheidung erfolgt durch glomeruläre Filtration und proximale tubuläre Sekretion (bis 51 μmol/d, 30 mg/Tag bei hämolytischem Ikterus).

Wegen ihrer charakteristischen Unterschiede im Anstieg des freien bzw. konjugierten Bilirubins im Blut werden hämolytischer und Transportikterus auch als **Prämikrosomaler Ikterus,** Konjugations-, Exkretions- und Kanalisationsikterus dagegen als **Postmikrosomaler Ikterus** bezeichnet. Mischformen kommen bei Hepatitis, Cholangiohepatitis und Leberzirrhose vor. Eine Ausscheidung von Bilirubin mit dem Harn tritt ausschließlich bei Erhöhung der Konzentration des nierengängigen Bilirubindiglucuronids (postmikrosomaler Ikterus) auf.

## 4. Biotransformation

**Entgiftung, Inaktivierung und Ausscheidung biogener und exogener Stoffe.** Im Stoffwechsel können für den Gesamtorganismus schädliche oder nicht mehr verwertbare Substanzen auftreten. Sie werden von der Leber entgiftet und/oder in wasserlösliche Form überführt und so für die Ausscheidung über die Nieren bzw. die Gallenflüssigkeit vorbereitet. Dazu gehören die bei unvollständiger Verdauung gebildeten Fäulnisprodukte, Verbindungen, für die es im Intermediärstoffwechsel keine Abbaumöglichkeiten gibt, aber auch Arzneimittel und andere nicht metabolisierbare oder giftige Produkte der technischen Umwelt. Auch die Überführung des Bilirubins in eine wasserlösliche Form (s. o.) und die Wirkungsbeendigung von Steroidhormonen erfolgen über spezifische Reaktionen des Leberstoffwechsels.

Nur wasserlösliche Metaboliten können von der Leberzelle ausgeschieden werden. Eine Verbesserung der Wasserlöslichkeit (die gleichzeitig eine Entgiftung oder Inaktivierung sein kann), wird erreicht durch **Konjugationsreaktionen** (Kopplung an Glucuronsäure, Sulfat, Glycin, Glutathion u. a.) oder **chemische Veränderungen** (Oxidation, Hydroxylierung, Reduktion). Sie betreffen Fremdstoffe (Arzneimittel), Gifte ($CN^-$, Nikotin), Hormone (Steroidhormone) und Prüfsubstanzen (Bromsulfalein). Häufig erfolgen zunächst chemische Veränderungen und anschließende Konjugation.

**Konjugationsreaktionen.** Beispiele geben die Reaktionsschemata (Abbildung).

**Bildung von Glucuroniden.** Phenole, Alkohole, aromatische und verzweigte aliphatische Säuren werden häufig als β-Glucuronide mit dem Harn ausgeschieden. Die Konjugation mit der Glucuronsäure erfolgt in der Leber nach der allgemeinen Gleichung

$$\text{UDP-Glucuronsäure} + \text{R—OH} \rightarrow \text{UDP} + \text{R—O—Glucuronid oder}$$

$$\text{UDP-Glucuronsäure} + \text{R'—COOH} \rightarrow \text{UDP} + \text{R'—}\overset{\overset{\displaystyle O}{\|}}{C}\text{—O—Glucuronid}$$

Die Übertragungsreaktion wird durch UDP-Glucuronyl-Transferase katalysiert. Glucuronide bilden z. B. Phenole, Menthol, Benzoesäure und Salizylsäure, aber auch Steroidhormone und das Bilirubin, das in der Leber durch eine spezifische

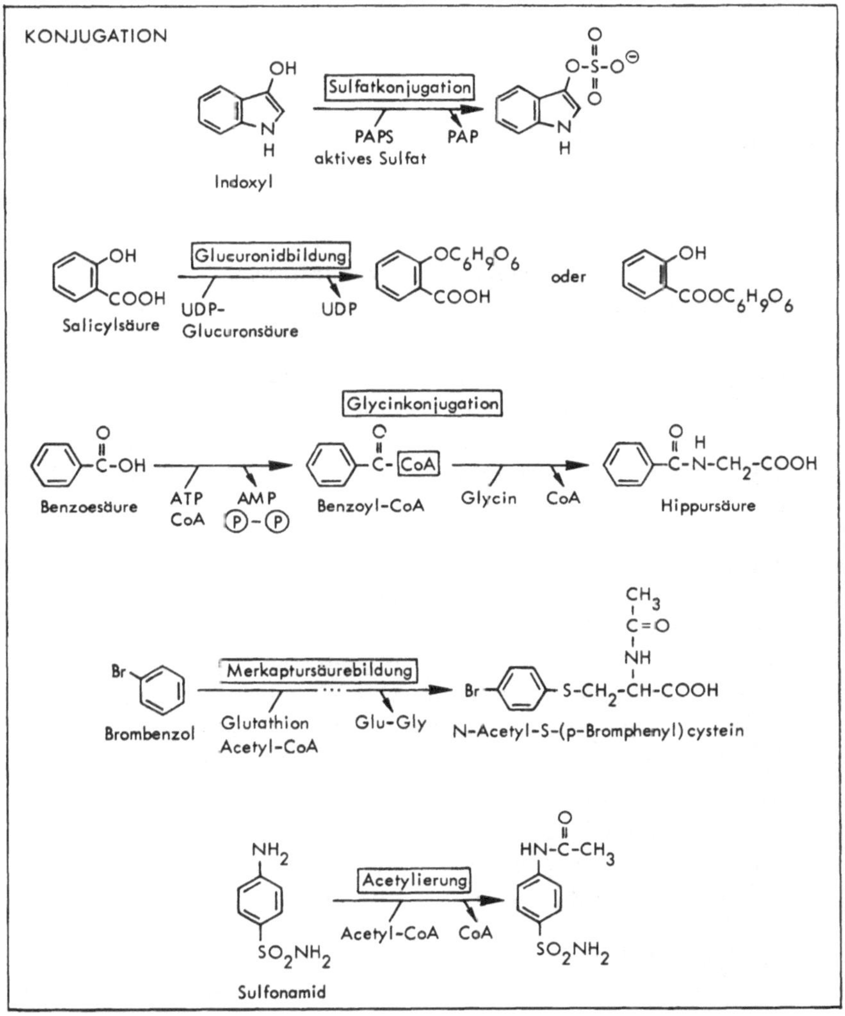


UDP-Glucuronyl-Transferase in das Bilirubindiglucuronid (Reaktion mit den Propionsäureresten des Bilirubins) überführt wird (s. o.).

Da Steroidhormone in der Leber an Glucuronsäure (oder Sulfat) gekoppelt und auf diese Weise wasserlöslich und über die Niere ausgeschieden werden, führt eine Verzögerung der Konjugation aufgrund eines Leberschadens zur Wirkungsverlängerung der Hormone.

**Bildung von Schwefelsäureestern.** Anstelle einer Konjugation mit Glucuronsäure tritt häufig die Bindung an Schwefelsäure. Dies gilt für Phenole, Alkohole, Indoxyl und auch für Steroidhormone, die nach der allgemeinen Gleichung

„aktives Sulfat" (PAPS) + R–OH→3'-Phosphoadenosin-5'-phosphat + R–O–$SO_3^{\ominus}$

unter Mitwirkung einer Sulfotransferase in die Sulfatester überführt werden. Bei der wahlweisen Konjugation mit Sulfat bzw. Glucuronsäure bestehen erhebliche Speciesunterschiede. Sie hängt auch von dem in der Leber verfügbaren Sulfat ab.

**Glycinkonjugation.** Aromatische Säuren (Benzoesäure, Zimtsäure und ähnliche Verbindungen) werden z. T. mit Glycin gepaart. Die Bildung des Glycinkonjugats der Benzoesäure verläuft zunächst analog der Fettsäureaktivierung (Reaktionsschema S. 251). Die Fähigkeit zur Glycinkonjugation erstreckt sich auch auf die Niere und andere Organe. Die Synthese des dafür notwendigen Glycins ist jedoch eine spezifische Leistung der Leber.

**Acetylierungsreaktion.** Aromatische und aliphatische Amine (z. B. p-Aminobenzoesäure, p-Nitranilin, Sulfonamide) werden acetyliert. Bei den Sulfonamiden wird in dieser Reaktion zwar die Toxizität, gleichzeitig aber auch die Löslichkeit herabgesetzt, so daß die Gefahr einer Auskristallisation der acetylierten Sulfonamidderivate in den ableitenden Harnwegen besteht.

**Mercaptursäurebildung.** Einige aromatische (z. B. Anthracen) und halogensubstituierte (z. B. Brombenzol) Verbindungen bilden unter Konjugation mit N-acetyliertem Cystein N-Acetyl-S-arylcysteine, die auch als **Mercaptursäuren** bezeichnet werden. Sie entstehen durch primäre Konjugation mit der freien SH-Gruppe des Tripeptids Glutathion. Danach werden Glutaminsäure- und Glycinrest des Glutathions entfernt, und die α-Aminogruppe des über eine Thioätherbrücke gebundenen Cysteins wird durch Acetyl-CoA acetyliert.

Auch das Bromsulfalein (Sulfobromophthalein) wird durch die Leberzelle an Glutathion gekoppelt und über die Galle ausgeschieden. Der Farbstoff findet für den Bromsulfaleintest zur Diagnose von anikterischen Leberzellschäden (s. o.) und zur Bestimmung der Leberdurchblutung Verwendung.

**Weitere Konjugationsreaktionen.** Nicotinamid wird nach Methylierung (wahrscheinlich unter Mitwirkung von S-Adenosylmethionin als Methylgruppendonator) als N-Methylnicotinamid, Phenylacetat nach Bindung an Glutaminsäure ausgeschieden.

Das wegen seiner Reaktion mit dem Cytochrom $a/a_3$ äußerst giftige $CN^-$-Ion entsteht im Intestinaltrakt aus manchen cyanhaltigen pflanzlichen Nahrungsmitteln (z. B. aus dem Amygdalin der bitteren Mandeln). Nach der Resorption wird das Cyanid jedoch in der Leber sofort in einer enzymatischen Reaktion durch die Rhodanid-Synthetase in das Thiocyanat (Rhodanid) überführt. Kleinere Dosen Cyanid müssen bei oraler Aufnahme nicht toxisch wirken. Die tödliche Dosis für den Menschen beträgt 3,8–7,6 mmol (0,1–0,2 g) $CN^-$.

$$CN^- + S_2O_3^{2-} \xrightarrow{\text{Rhodanid-Synthetase}} SCN^- + SO_3^{2-}$$

Das für die Entgiftungsreaktion notwendige Thiosulfat wird in der Leber gebildet. Die durch die Rhodanid-Synthetase katalysierte Reaktion ist nicht umkehrbar.

**Biotransformation durch chemische Veränderung.** Bei der Entgiftung körperfremder Stoffe durch chemische Veränderung spielen Oxidation, Reduktion und hydrolytische Vorgänge die wichtigste Rolle.

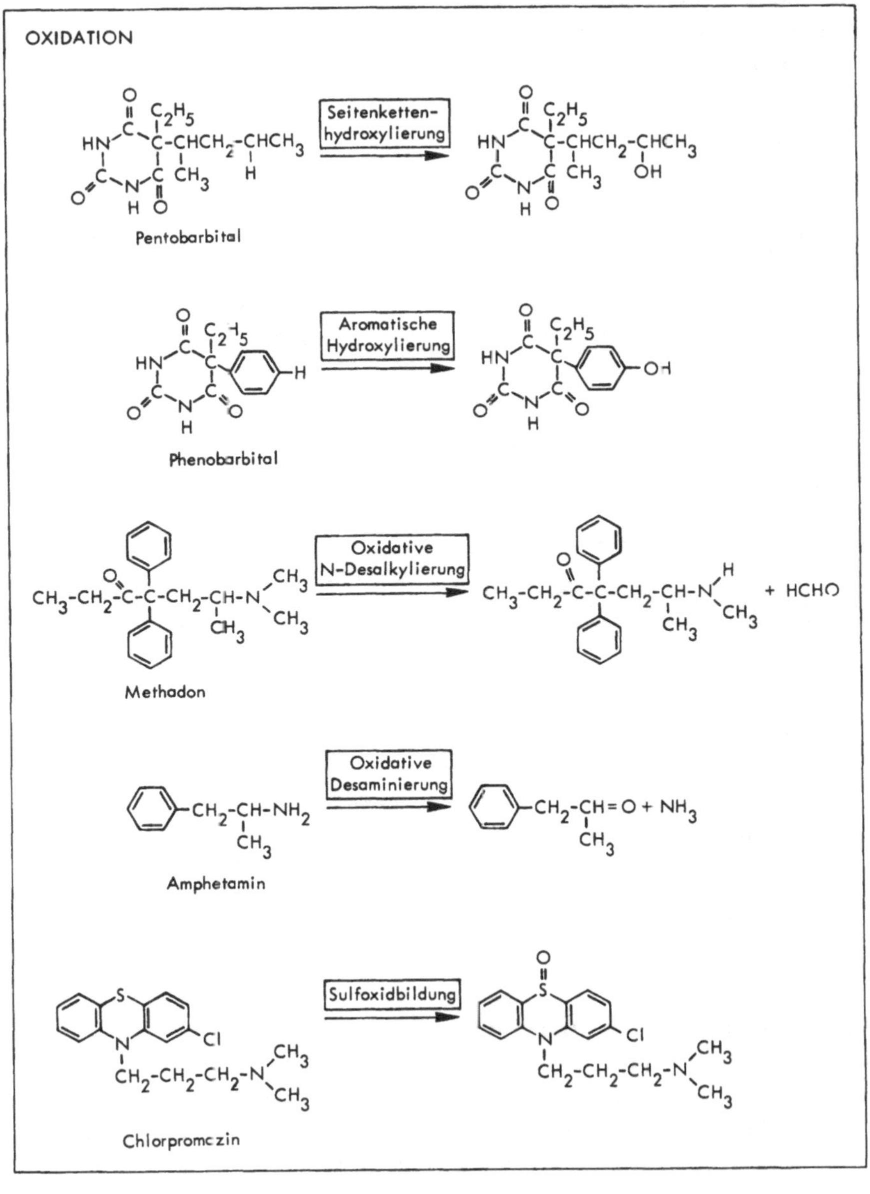

Zahlreiche **oxidative Umwandlungen,** vor allem von Arzneimitteln und Giften, werden durch die mikrosomale NADP-abhängige „mischfunktionelle" Oxydase katalysiert. Der Reaktionsmechanismus entspricht der allgemeinen Gleichung

$$\boxed{R}\ \text{(z. B. Arylverbindung)} + O_2 + NADH_2 \rightarrow \boxed{R}\!-\!OH + H_2O + NAD$$

Verschiedene Typen solcher hydroxylierender bzw. oxidativer Reaktionen sind am Beispiel einiger Pharmaka dargestellt (s. Reaktionschemata).

Beispiele für weitere reduktive und hydrolytische Umwandlungen sind nachfolgend wiedergegeben.

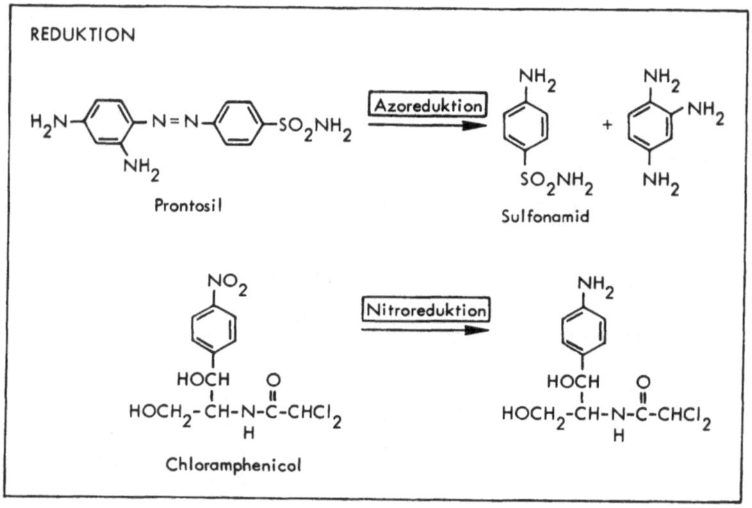


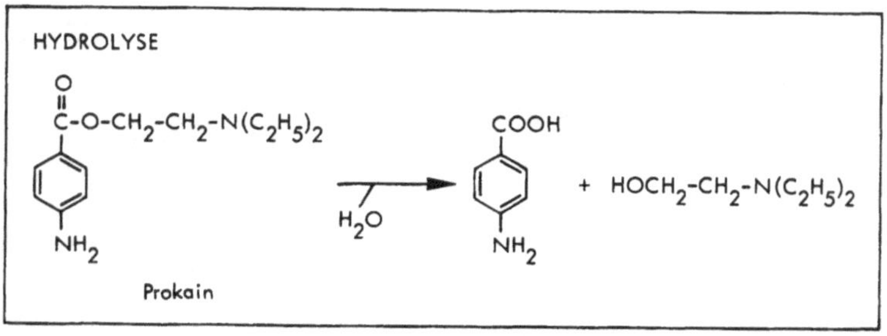


Die hepatische Biotransformation von Pharmaka oder Wirkstoffen führt nicht immer zur Wirkungsbeendigung oder „Entgiftung", sondern kann der Substanz auch neue Wirkungsqualitäten – u. U. sogar höhere Toxizität – verleihen. Dies ist z. B. bei der Metabolisierung von E 605 der Fall, das durch oxidative Veränderung in ein wesentlich giftigeres Agens umgewandelt wird.

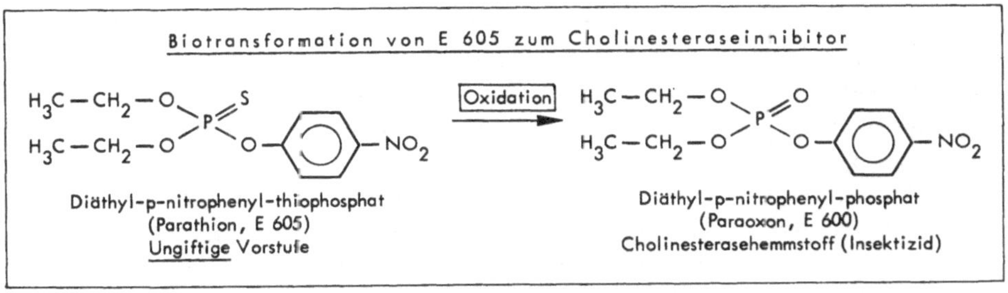


**Äthanol- und Methanol-Stoffwechsel.** Der als Genußmittel zugeführte Äthylalkohol unterliegt einem oxidativen Abbau. Im ersten Reaktionsschritt wird Äthylalkohol zunächst zum Acetaldehyd oxidiert. An dieser Reaktion können entweder die Alkohol-Dehydrogenase (ADH) der Leber (reversible Reaktion) oder das mikrosomale alkoholoxidierende System (**MAOS,** irreversible Reaktion) beteiligt sein. Bei niedrigem Alkoholangebot erfolgt der Abbau vorzugsweise durch die Alkohol-Dehydrogenase, bei hohem Angebot durch das MAOS. Die weitere Oxidation des entstehenden Acetaldehyds zum Acetat kann entweder unter Mitwirkung einer Aldehyd-Dehydrogenase oder einer Aldehyd-Oxidase (Xanthin-Oxidase) erfolgen (Abb.). Der geschwindigkeitsbestimmende Schritt beim Abbau des Äthanols ist die Alkohol-Dehydrogenase bzw. das MAOS, so daß der Blutacetaldehydspiegel ständig sehr klein bleibt. Erst bei chronischem Alkoholkonsum kommt es zu einer adaptiven Aktivitätserhöhung des MAOS, so daß nunmehr auch hohe Acetaldehyd-Blutspiegel beobachtet werden. Die Äthanolabbaukapazität der Leber beträgt beim Menschen 100 mg/kg Körpergewicht/Stunde.

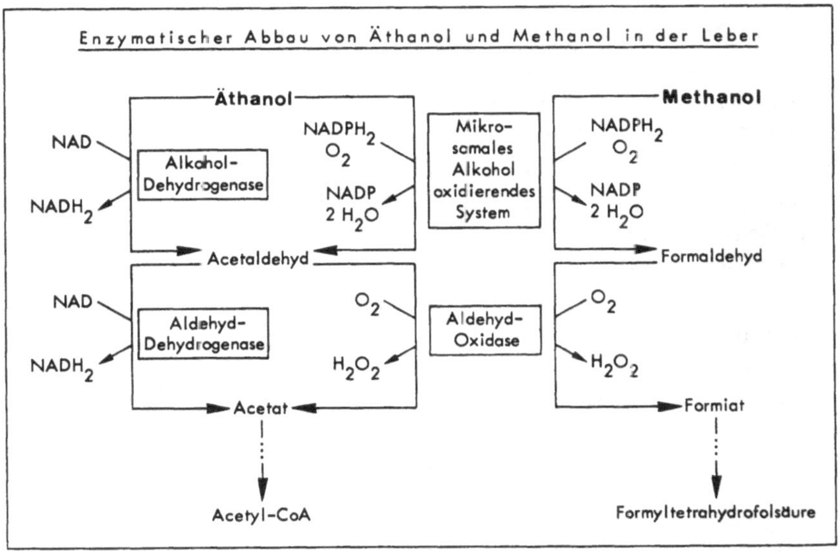

Auch bei alkoholfreier Nahrung ist immer ein geringer Blutalkoholspiegel (bis 1 µg/ml entsprechend 0,02 mmol/l bzw. 0,001‰) vorhanden, da auf einem Stoffwechselnebenweg in der Leber Pyruvat durch einfache Decarboxylierung in Acetaldehyd und durch die ADH in Äthanol überführt werden kann.

Die ständige Metabolisierung großer Äthanolmengen hat nachteilige Wirkungen auf den Stoffwechsel der Leber: Die exzessive Bildung der Äthanolabbauprodukte (Acetat, Acetyl-CoA und $NADH_2$) begünstigt über eine gesteigerte Triglyceridsynthese die Bildung einer Fettleber und die Entstehung einer Hyperlipoproteinämie (S. 264).

Der bei der Alkoholoxidation gebildete Überschuß an $NADH_2$ bzw. $NADPH_2$ bedingt ferner eine verstärkte reduktive Bildung von Lactat aus Pyruvat, das damit der Gluconeogenese entzogen wird. Da die Leber bei chronischem Alkoholkonsum kaum über Glykogenreserven verfügt, gehört die **Hypoglykämie** zu den bekannten Komplikationen der akuten Alkoholvergiftung.

Die exzessive Lactatbildung kann ferner zur **Lactatacidose** führen. Da Lactat außerdem mit der Harnsäure um die Ausscheidung im Nierentubulussystem konkurriert, ist der akute **Gichtanfall** nach Alkoholexzeß ein häufiges Ereignis.

Der aus Äthanol entstehende Acetaldehyd ist für den toxischen Effekt des Alkohols auf die Leber (z. B. für die Mitochondrienschädigung) und für die Entstehung einer **Leberzirrhose** (S. 265) mitverantwortlich. Als reaktive Verbindung bildet der Acetaldehyd ferner mit Aminen u. a. Isochinolinderivate, die ihrerseits psychoaktive Substanzen darstellen und bei der Entstehung der **Alkoholabhängigkeit** eine Rolle spielen.

Das mikrosomale alkoholoxidierende System hat nicht nur für den Äthanolabbau Bedeutung, sondern spielt auch bei der **Oxidation des Methanols** eine wichtige Rolle. Der Methanolstoffwechsel ist vor allen Dingen wegen der Möglichkeit einer Methanolvergiftung von Interesse, obwohl auch aus Nahrungsstoffen (z. B. aus Pektinen) Methanol gebildet werden kann.

Der beim Methanolabbau entstehende Formaldehyd kann weiter zu Formiat oxidiert werden und wird von der Tetrahydrofolsäure unter Bildung von Formyltetrahydrofolsäure übernommen. Die Giftwirkung des Methanols beruht auf dem intermediär entstehenden Formaldehyd (Abb.).

Die Bedeutung des MAOS beim Äthanolabbau bildet auch die Grundlage für eine Behandlung der **Methanolvergiftung:** Die kontinuierliche Aufrechterhaltung eines Blutäthanolspiegels von etwa 1‰ (21,7 mmol/l) beim methanolvergifteten Patienten führt zu einer so erheblichen Inanspruchnahme des MAOS für den Äthanolabbau, daß die Methanoloxidation nur sehr langsam und in einem Umfang erfolgt, daß der entstehende Formaldehyd nicht akkumuliert, sondern quantitativ in den Stoffwechsel der Einkohlenstoffeinheiten eingeschleust und von der Tetrahydrofolsäure aufgenommen wird.

## 5. Leberzellinsuffizienz

Eine Leberzellinsuffizienz stellt ein Versagen der leberspezifischen Stoffwechselleistungen dar, die von einer geringgradigen Funktionsstörung der Leber bis zum Zusammenbruch aller Funktionen – Lebercoma bzw. Coma hepaticum (S. 262) – reichen kann. Die Leberinsuffizienz, deren Ursache immer ein Leberzellschaden ist, ist durch einen Übergang des Funktionsstoffwechsels in einen Schädigungsstoffwechsel gekennzeichnet. Die Schädigung kann akut eintreten und vorzugsweise die Leberparenchymzellen, aber auch die ableitenden Gallenwege (Cholestase) betreffen.

**Akuter und chronischer Schädigungsstoffwechsel.** Primäre Schädigungen der Leberzelle können durch

- Intoxikationen (Alkohol, chlorierte Kohlenwasserstoffe, Knollenblätterpilztoxine (Phalloidin, α-Amanitin) und Phosphor),
- Infektionen (Viren, Spirochäten, Protozoen, Bakterien),
- Fremdstoffe (Arzneimittel s. u.) oder
- Mangel an Sauerstoff, Substraten des Synthesestoffwechsels oder Vitaminen bedingt sein.

Typische Beispiele für einen akuten Leberzellschaden sind die Virushepatitis, die Knollenblätterpilzvergiftung oder die akute Alkoholintoxikation. Ein Übergang in einen chronischen Schädigungsstoffwechsel ist bei Perpetuierung der schädigenden Noxe oder deren längerer Einwirkung in unterschwelliger Konzentration gegeben. Als Folgezustände werden Fettleber oder Leberzirrhose (s. u.) beobachtet. Sowohl bei akutem als auch chronischem Schädigungsstoffwechsel kann vollständige Regeneration erfolgen, doch ist auch ein akuter Zusammenbruch des Leberstoffwechsels (Coma hepaticum) möglich.

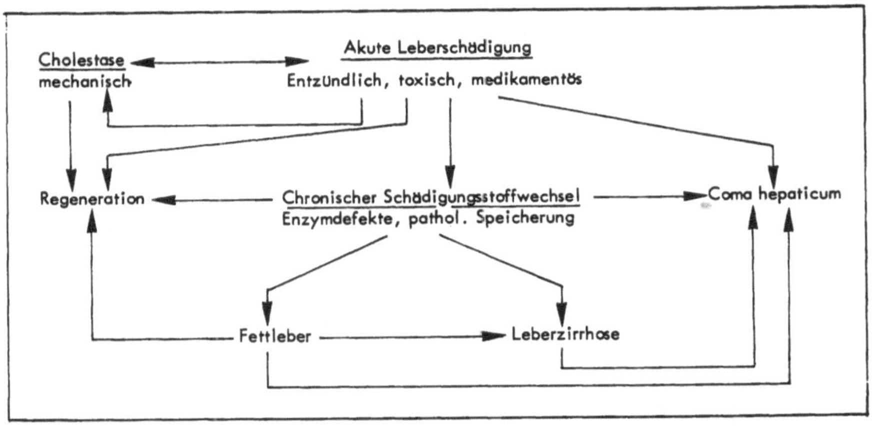


Im Schädigungsstoffwechsel lassen sich Störungen des

- Energiestoffwechsels (Abnahme der ATP-Konzentration, Abfall des NAD/$NADH_2$-Quotienten),

- Kohlenhydratstoffwechsels (Abnahme des Glykogengehalts, Hyper- bzw. Hypoglykämien, Unfähigkeit zur Utilisation von Lactat),
- Lipidstoffwechsels (Reduktion der Lipoproteinsynthese, Unfähigkeit zur Verwertung von Fettsäuren und deren Anstieg im Blut, Unfähigkeit zur Veresterung von Cholesterin),
- Proteinstoffwechsels (Abnahme der Synthese von Proteinen),
- Bilirubinstoffwechsels (S. 248) und der
- Leberzellstruktur (Biopsie)

nachweisen. Für Differentialdiagnostik, Verlaufskontrolle, Therapieerfolg und das mögliche Auftreten von Komplikationen werden die im Abschnitt „Leberfunktionsdiagnostik" genannten Parameter verwendet.

## 6. Differentialdiagnose und Verlaufsformen von Lebererkrankungen

**Enzymologische Differentialdiagnose.** Nach einer internationalen Übereinkunft (Acapulco 1974) werden folgende Formen der Leberentzündung unterschieden:

Toxische Peptide des Knollenblätterschwamms

(Amanita phalloides)

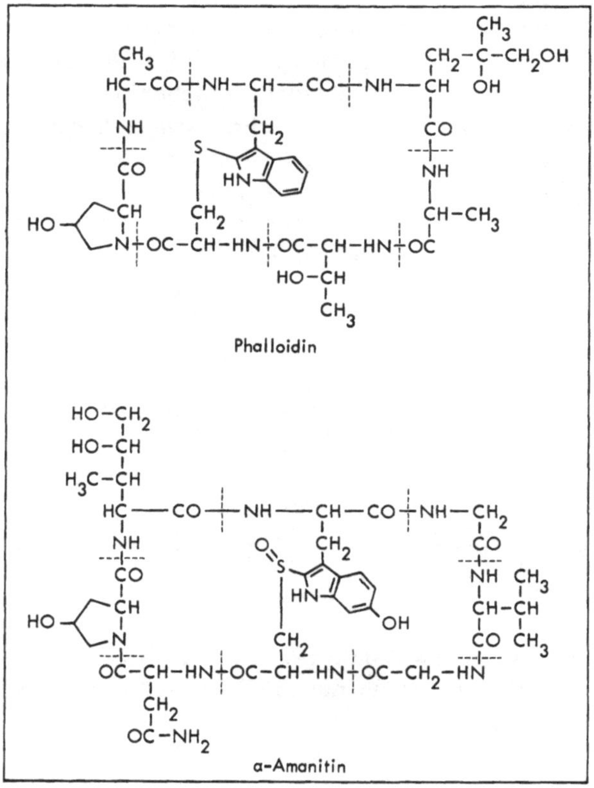

Phalloidin

α-Amanitin

- Virushepatitis (Form A, Form B, Gelbfieber, infektiöse Mononukleose, Rubella, Coxsackie u. a.),
- Alkoholische Hepatitis,
- Drogeninduzierte Hepatitis und die
- Chemische Hepatitis (chlorierte Kohlenwasserstoffe z. B. Tetrachlorkohlenstoffe, Chloroform, Phospor, toxische Peptide des Knollenblätterpilzes (Formel).

Der Verlauf der verschiedenen Hepatitisformen läßt sich u. a. anhand typischer Enzymprofile verfolgen (Abbildung) und gegenüber Hepatitisformen mit intra-

Enzymprofil bei Virushepatitis (A) und akuter Alkohol-Hepatitis (B)

○ GPT, ● GOT, □ Alkalische Phosphatase (AP), ■ γ-GT, △ GIDH, ▲ Cholinesterase (CHE)

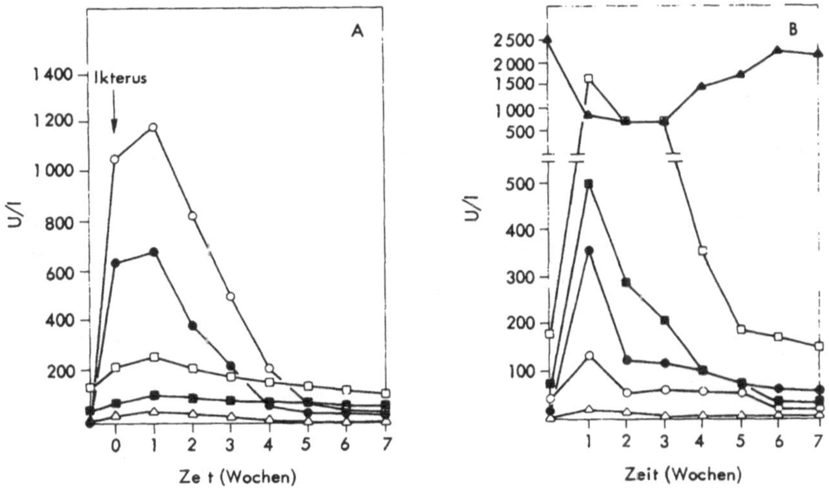


Serum-Enzyme bei Kanalisations-Ikterus

○ GPT, ● GOT, □ Alkalische Phosphatase (AP), ■ γ-GT, △ GIDH

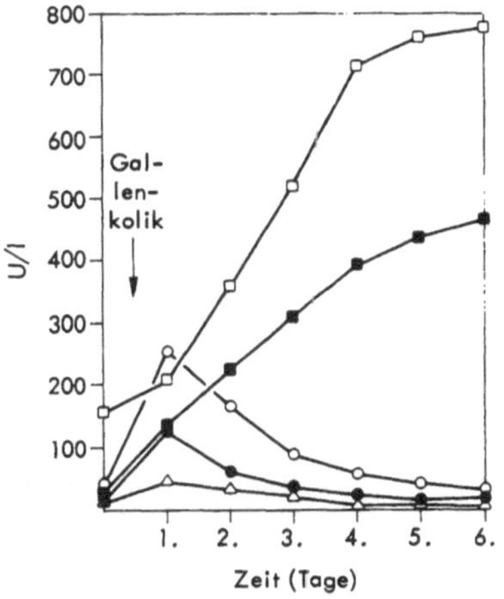

Enzymologische Differentialdiagnose von Lebererkrankungen

| | GOT/GPT | $\frac{GOT + GPT}{GLDH}$ | γ-GT/GOT |
|---|---|---|---|
| 1. Akute Virushepatitis | < 1 | > 50 | < 2 |
| Akut-toxische Alkohol-Hepatitis | > 1 | > 50 | > 2 |
| 2. Chronische Hepatitis | ~ 0,8 | ~ 30 | ~ 6 |
| 3. Verschlußikterus | < 1 | < 20 | > 2 |
| 4. Leberzirrhosen | ~ 2,0 | ~ 40 | ~ 3 |
| 5. Metastasenleber | bis 5,0 | < 15 | > 20 |

hepatischem Verschlußsyndrom (cholestatische Hepatitis, Verschlußikterus) bzw. gegenüber einer Leberzirrhose oder Metastasenleber abgrenzen (Tabelle).

Die angegebenen Enzymrelationen sind weit gefaßt, um die Änderungen im Verlauf der Erkrankungen mit einzuschließen. Die angegebenen Bereiche sind für Standard- und optimierte Methoden zutreffend.

**Chronisch-persistierende und chronisch-aggressive Hepatitis.** Ursache eines chronischen Schädigungsstoffwechsels ist häufig eine vorangegangene nicht zur vollständigen Regeneration gelangte infektiöse Hepatitis, bei deren chronischen Formen man – vor allem aufgrund enzymologischer und immunologischer Parameter – zwischen chronisch-persistierender Hepatitis (mit meist guter Prognose)

Differentialdiagnose chronisch-persistierender und chronisch-aggressiver Hepatitis

| | Hepatitis Chronisch-persistierend | Hepatitis Chronisch-aggressiv |
|---|---|---|
| Epidemiologie | Alle Altersklassen ♂ = ♀ | Höheres Lebensalter ♀ > ♂ |
| Klinische Chemie | | |
| Bilirubin | N | N |
| GOT, GPT | ↑ | ↑↑ |
| GOT/GPT | unter 1 | über 1 |
| γ-GT | ↑ | ↑↑ |
| γ-GT/GOT | unter 1 | um 2 |
| LAP | N | N |
| Immunologie | | |
| γ-Globuline | ↑ | ↑ |
| Immunglobuline | IgM ↑ | IgM ↑, IgG ↑ |
| Therapie | Normalkost bzw. Diät | Zusätzlich: Glucocorticoide Azathioprin D-Penicillamin |

und chronisch aktiver (= chronisch-aggressiver) Hepatitis unterscheidet, aus der sich häufig eine Zirrhose entwickelt. Eine Übersicht über differentialdiagnostische Möglichkeiten gibt die Tabelle.

**Drogeninduzierte Hepatitis.** Unter der Einwirkung einer Reihe von Medikamenten kann es bei einer geringen Anzahl disponierter Personen nach variabler Latenzzeit zu funktionellen und morphologischen Veränderungen der Leber kommen, die mit oder ohne Gelbsucht auftreten und u. U. von einer intrahepatischen Cholestase begleitet sein können. Als Ursache einer solchen Arzneimittelschädigung, die für ein bestimmtes Arzneimittel charakteristisch ist, müssen individuelle Unterschiede in der Enzymausstattung der Leberzelle und ihrer Fähigkeit zur adäquaten Biotransformation angesehen werden. Medikamente, die solche Störungen der Leberfunktion auslösen können, sind z. B.

Phenothiazine (Chlorpromazin),
Steroide (Anabole Steroide, Ovulationshemmer),
Antikoagulantien (Dicumarol),
Antipyretika (Phenylbutazon),
Zytostatika (Folsäureantagonisten),
Antibiotika (Tetrazyklin, Chloramphenicol),
Tuberkulostatika (PAS, INH),
Sedativa (Barbiturate, Librium),
Oxyphenisatin,
α-Methyl-DOPA.

**Galaktosaminhepatitis.** Ein experimentelles Modell, das Einblicke in die Molekularpathologie der Leberzellschädigung gestattet, ist die Galaktosaminhepatitis. Bei Ratten kommt es nach intravenöser Injektion von 1,67−2,78 mmol (0,3−0,5 g) Galaktosamin/kg Körpergewicht zu morphologischen Veränderungen des Leberparenchyms, die für Leberzellentzündungen (Hepatitis) charakteristisch sind. Ursache der Schädigung ist eine Akkumulation von Zwischenprodukten des Galaktosamins, das zunächst analog der Galaktose metabolisiert wird. Die entstehenden Zwischenprodukte Galaktosamin-1-phosphat, UDP-Galaktosamin und UDP-Glucosamin werden jedoch nicht mit hinreichender Geschwindigkeit weiter verstoffwechselt, so daß schließlich der größte Teil der zellulären Uridinnucleotide durch Bindung an Galaktosamin bzw. Glucosamin für den weiteren Stoffwechsel blockiert ist. Dies zeigt sich an einer drastischen Senkung der zellulären UTP-, UDP- und UMP-Konzentration. Die daraus resultierende schwere Schädigung des Leberstoffwechsels veranschaulicht die essentielle Funktion der Uridinnucleotide bei der Synthese von RNA, Glykogen, Glykoproteinen und Gangliosiden im Rahmen des Leberstoffwechsels.

## 7. Lebercoma

Das Coma hepaticum ist eine Bewußtseinsstörung mit psychischen Veränderungen, motorischen Störungen und einem pathologischen Enzephalogramm. Es entsteht unter der Einwirkung neurotoxischer Metabolite, die im Intestinaltrakt durch mikrobiellen Abbau von Nahrungsproteinen gebildet werden und entweder unter Umgehung der Leber (exogenes Coma) oder nach unveränderter Passage der insuffizienten Leber (endogenes Coma) in den Kreislauf gelangen.

**Endogenes Lebercoma.** Das primäre endogene Leberzerfallscoma hat seine Ursache in einer schweren Beeinträchtigung bzw. einem akuten Zusammenbruch der Leberfunktion (z. B. bei fulminanter Virushepatitis, Vergiftung mit Tetrachlorkohlenstoff oder Knollenblätterpilz), dessen unmittelbare Folge eine Störung des Stoffwechsels des Zentralnervensystems durch neurotoxische Substanzen ist. Die nicht utilisierten Nahrungsproteine unterliegen im Colon einem Abbau durch Bakterien, bei dem $NH_3$, Amine und Phenole entstehen, nach Resorption in der

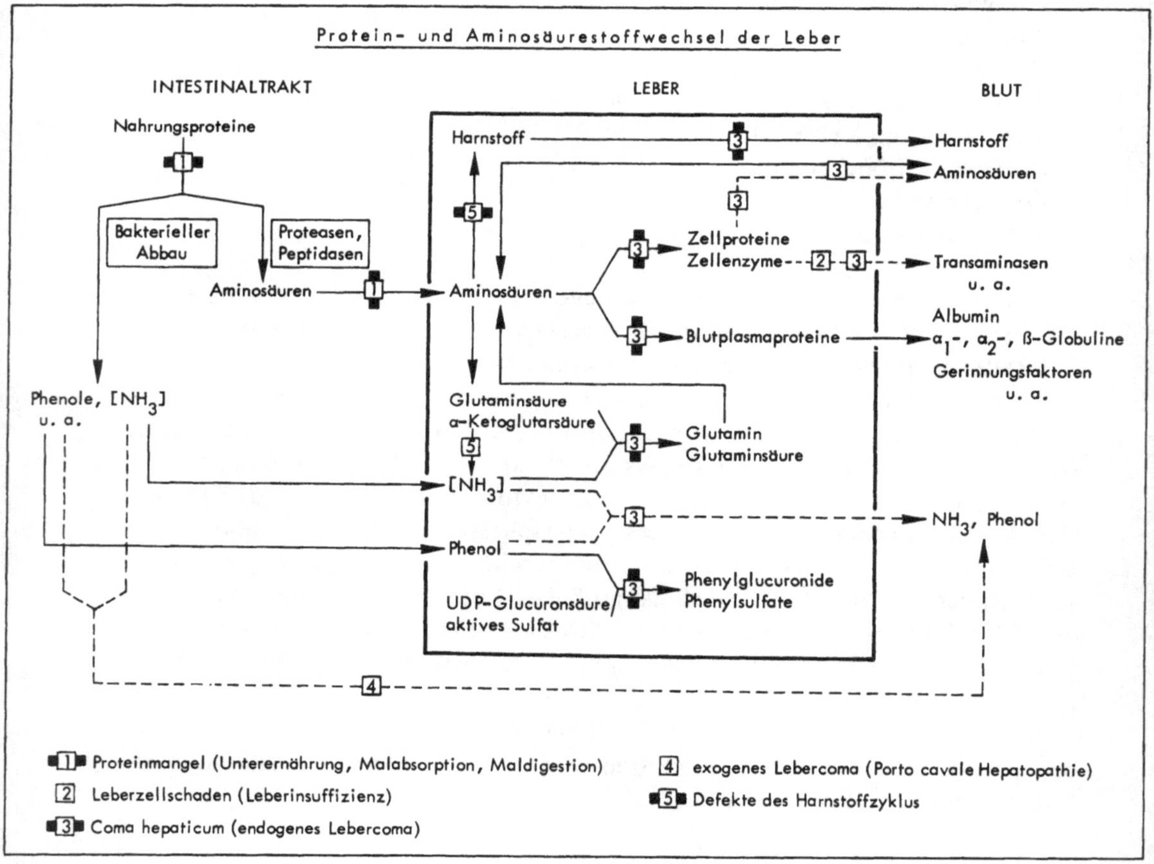

funktionsuntüchtigen Leber jedoch nicht mehr metabolisiert bzw. entgiftet werden und daher in pathologischer Konzentration im großen Kreislauf erscheinen (Schema).

Der Zusammenbruch des Leberstoffwechsels beim endogenen Lebercoma läßt sich durch drastische Veränderungen zahlreicher Parameter belegen. Die Störungen im Energiehaushalt sind durch extremes Absinken des ATP-Spiegels und Abfall des $NAD/NADH_2$-Quotienten als Ausdruck eines gestörten Atmungsstoffwechsels gekennzeichnet. Die Ausfälle im Aminosäure-Proteinstoffwechsel zeigen sich in einer Erhöhung der $NH_3$-, Aminosäure- und Phenolkonzentration sowie in einem Absinken des Harnstoffspiegels im Blut. Die toxische Wirkung des $NH_3$, das in der nichtionisierten Form Zellmembranen und auch die Blut-liquorschranke über die freie Diffusion passieren kann, und der Phenole führen außerdem zur Reizung des Atemzentrums und zu einer respiratorischen Alkalose. Im Liquor cerebrospinalis findet man einen erhöhten Pyruvat- und Glutamingehalt. Ein Absinken des Blutzucker- und Cholesterinesterspiegels im Blut ist charakteristisch für die Einstellung der Syntheseleistungen der Leber.

Die Letalität des endogenen Leberzerfallscomas beträgt 90%. Der therapeutische Versuch einer Kreuzzirkulation des Blutes mit Primaten basiert auf der Erkenntnis des hohen Regenerationsvermögens der Leber und ihrer Fähigkeit, nach Zerstörung (oder teilweiser experimenteller Entfernung) des Lebergewebes mit einer rasch einsetzenden Steigerung der Mitoserate auf das 60–100fache und einer Zunahme der Aktivität der Enzyme des DNA-RNA-Proteinstoffwechsels auf das Mehrfache zu reagieren. Ob durch eine solche passagere Entlastung des Leberstoffwechsels von den Serviceleistungen für den Organismus die Prognose des endogenen Leberzerfallscomas verbessert werden kann, ist ungewiß.

**Exogenes Lebercoma.** Bei Ausbildung eines ausgedehnten Kollateralkreislaufs zwischen V. portae und V. cava (Umgehungskreislauf), der für **Leberzirrhose** charakteristisch ist, gelangen die intestinalen neurotoxischen Proteinmetabolite unter Umgehung der Leber (porto-cavaler Shunt) über den großen Kreislauf ins Gehirn. Nach einer Blutung aus Ösophagusvarizen, die bei Leberzirrhose häufig ist, kann es im Colon zu vermehrter $NH_3$-Bildung aus dem bakteriell abgebauten Blut kommen.

Die Behandlung des exogenen Lebercomas besteht konsequenterweise in einem Stopp der peroralen Eiweißzufuhr, Darmentleerung und Darmsterilisation durch Neomycin (4–8 g/24 h). Eine Verschiebung des pH-Wertes des Darminhalts nach der sauren Seite durch Gabe von Lactulose, die im Colon vergärt wird, verhindert die Entstehung von freiem $NH_3$, das nicht mehr das Colonepithel passiert, sondern als Ammoniumsalz der bei der Gärung entstehenden organischen Säuren ausgeschieden wird.

## 8. Fettleber

Die normale Leber besitzt einen Gehalt von 3–4% an Gesamtlipiden (bezogen auf das Frischgewicht). Eine Akkumulation von Lipiden (meist von Triglyceriden), die bis zu 20% des Frischgewichts betragen kann, wird als **Fettleber** bezeichnet. Die Ausbildung einer Fettleber kann verschiedene Ursachen haben (Abbildung), ist jedoch stets mit einer Störung der Lipoproteinsynthese in der Leber verbunden. Die Fähigkeit der Leber zur Lipoproteinsynthese (VLDL-Synthese s. Kap. Lipide, S. 102) ist von einer Bereitstellung aller am Aufbau der VLDL beteiligten Teilkomponenten (Apolipoproteine, Phospholipide, Cholesterin, Triglyceride) in einem adäquaten Mengenverhältnis abhängig. Partielle Synthesedefekte – wie z. B. ungenügende Synthese der Proteinkomponente oder Phospholipide – wirken sich limitierend auf den Gesamtprozeß aus und führen zur Anreicherung von Triglyceriden, wenn deren Synthese nicht behindert oder überproportional erhöht ist.

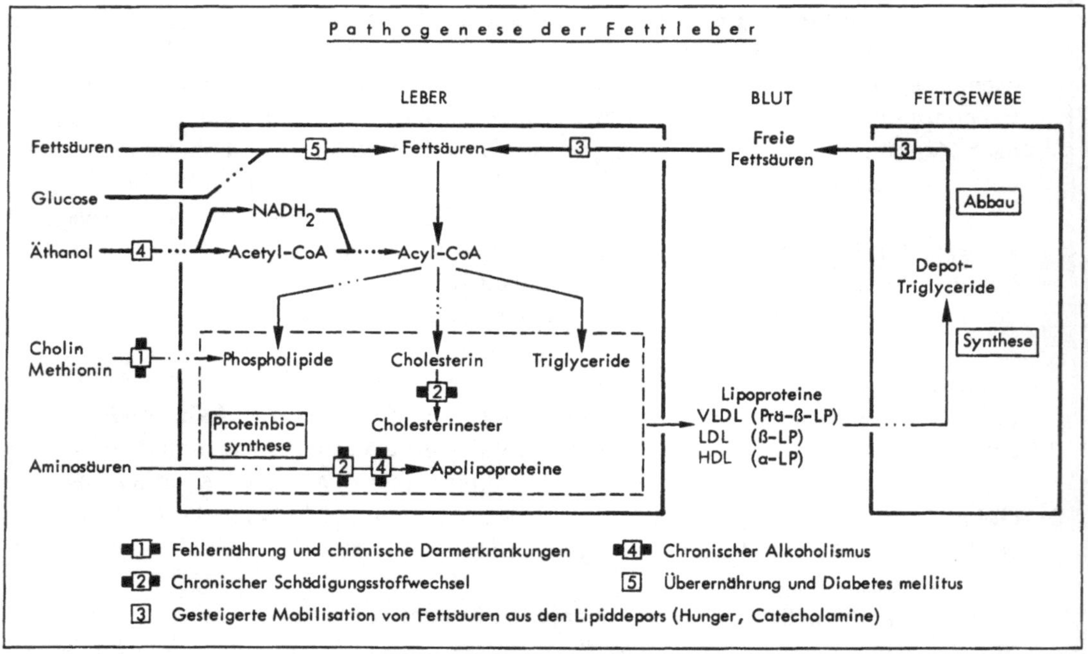


Die im Schema dargestellten Möglichkeiten der Entstehung einer Fettleber lassen sich hieraus ableiten:

- **Fehlernährung oder chronische Darmatrophie** sind häufig mit Mangel an sog. „lipotropen Substanzen" vergesellschaftet. Unter diesem Begriff werden die Methylgruppendonatoren Methionin, Cholin und Betain wegen ihrer Schutz- und Heilwirkung gegenüber diesem Fettlebertyp zusammengefaßt. Sie werden für die Bildung des Phospholipidanteils der Plasmalipoproteine benötigt, die eine ausreichende Cholinbiosynthese und Bereitstellung labiler Methylgruppen in der Leber zur Voraussetzung hat.

- Bei chronischem Schädigungsstoffwechsel ist die Synthese der Proteinkomponente der Lipoproteine (Apolipoproteine A, B, C) stärker beeinträchtigt als die Bildung der Lipidanteile, die sich in der Leber anreichern. Auch eine (experimentell im Tierversuch durchgeführte) generelle Hemmung der Proteinbiosynthese der Leber (z. B. durch Puromycin) führt zur Fettleber. Ein im Verlauf der Leberschädigung entstehender $O_2$-Mangel hat eine vermehrte Synthese von Fettsäuren durch Kettenverlängerung zur Folge, da die Leber die nicht oxidierbaren Acetylgruppen und den Überschuß an Reduktionsäquivalenten ($NADH_2$!) durch verstärkte Fettsäuresynthese beseitigt, wobei der (Malonyl-CoA-unabhängige) ATP-sparende Mechanismus der Kettenverlängerung bevorzugt wird.
- **Alkoholfettleber.** Alkohol fördert die Synthese von Fettsäuren, da er selbst zu Acetyl-CoA abgebaut wird und pro Mol abgebautes Äthanol 2 $NADH_2$ entstehen, die ihrerseits wiederum die Fettsäuresynthese (durch Kettenverlängerung) begünstigen. Da bei der Alkohol-induzierten Fettsäuresynthese nicht im gleichen Maße die Phospholipide und – wegen der toxischen Wirkung des Acetaldehyds auf die Proteinbiosynthese – Apolipoproteine gebildet werden, kann die Leber die vermehrt entstehenden Triglyceride nur zum Teil als Lipoproteine an das Blutplasma abgeben. Es kommt zur intrazellulären Akkumulation von Triglyceriden und zur sekundären Hyperlipoproteinämie.
- Ein **Überangebot an gesättigten Fettsäuren** liegt häufig bei Diabetes mellitus und in der Regel bei kalorischer Überernährung vor. Der Mechanismus der Fettleberbildung entspricht dem bei gesteigerter Mobilisation von Lipiden aus den Depots.

## 9. Leberfibrose und Leberzirrhose

**Leberbindegewebe.** Am Aufbau der Leber ist physiologischerweise Bindegewebe beteiligt, das in der Umgebung der Gefäße und Gallengänge, in den Sinusoiden (perisinusoidalen Fibroblasten) und in der Leberkapsel lokalisiert ist. Es hat den Charakter eines kollagenen Bindegewebes, in dem – wie im Gefäßbindegewebe – die Kollagentypen I und III sowie Heparansulfat, Dermatansulfat und Chondroitinsulfat nachgewiesen wurden. Eine Vermehrung des Bindegewebes, die angeboren oder erworben sein kann, wird bei fehlender oder geringer Tendenz zum Fortschreiten als **Leberfibrose** bezeichnet.

Die **Zirrhose** ist dagegen eine fortschreitende Erkrankung der Leber, die nicht nur durch vorherrschende Bindegewebsvermehrung, sondern auch durch progredienten Untergang (Nekrose) von Leberzellen, Störungen des Läppchenaufbaus und Regeneratknoten gekennzeichnet ist. Bindegewebsvermehrung und Zellregeneratbildung führen zu einer veränderten Gefäßstruktur und Behinderung des normalen Leberdurchflusses, schließlich zur Erhöhung des Pfortaderdrucks und zur Ausbildung eines Kollateralkreislaufs (S. 263) mit der Gefahr eines exogenen Lebercomas.

Es ist eine nicht geklärte Frage, ob die Bindegewebswucherung durch ein autonomes Wachstum bedingt ist oder durch den Untergang von Leberzellgewebe ausgelöst wird. Bei der von den perisinusoidalen Zellen ausgehenden de novo Synthese werden bei Leberzirrhose Kollagen vom Typ I und III (S. 332) und Proteoglykane gebildet, als deren Kohlenhydratkomponenten Heparansulfat, Dermatansulfat und Chondroitinsulfat identifiziert wurden.

**Klassifikation.** Die Klassifikation der Leberzirrhose erfolgt nach ätiologischen Faktoren:

- Durch chronische Einwirkung von Äthylalkohol bedingte Zirrhose (Alkoholzirrhose) 40–50%,
- posthepatitische Zirrhosen 20–35% und
- Zirrhosen unbekannter Ursachen (sog. kryptogenetische Zirrhosen) 25–30%, die bei Jugendlichen (aktiver Zirrhose) und Frauen in der Menopause (idiopathischer Zirrhose) beobachtet werden.

Weitere Formen der Leberzirrhose, die stoffwechselbedingt sein können (bei Hämochromatose S. 133, Glykogenspeicherkrankheiten S. 73, Wilsonscher Erkrankung S. 135, Galaktosämie S. 71 u. a.), als biliäre Zirrhose auf der Grundlage einer chronischen Cholangitis entstehen oder cardiovaskulär bedingt sind, sind seltener und weisen häufig nur geringe Tendenz zum Fortschreiten auf. Sie werden daher auch als **Gewebsfibrose** oder **Präzirrhose** bezeichnet.

**Funktion.** Der Ausfall der Leberfunktion bei Leberzirrhose zeigt sich in verminderter Syntheseleistung (Abnahme der Cholinesteraseaktivität, des Serumalbumins und der Blutgerinnungsfaktoren), verminderten Konjugations- bzw. Entgiftungsfunktionen (vermehrtes Bilirubin im Serum, vermehrtes Ammoniak im Serum) und herabgesetzten biliären Ausscheidungsleistungen (Anstieg der Aktivität der alkalischen Phosphatase im Serum, verminderte Ausscheidung von Bromsulfalein). Die meistens vermehrten Immunglobuline (S. 405) sprechen für eine Beteiligung immunologischer Reaktionen. Der Nachweis von antinukleären Antikörpern und Antikörpern gegen glatte Muskulatur – besonders bei den kryptogenetischen Formen – weist auf einen Zusammenhang mit Autoimmunkrankheiten hin.

# 10. Galle

**Lebergalle und Blasengalle.** Die menschliche Leber sezerniert innerhalb 24 h 500–1000 ml Gallenflüssigkeit, die etwa 1–4% organische und anorganische Bestandteile in gelöster Form enthält. Die Gallenflüssigkeit entstammt z. T. der hepatozytären (Leberparenchymzelle), z. T. der ductulären (Gallengangsepithelien) Produktion. Sie wird in der Gallenblase gesammelt, wo ein Teil des Wassers und der anorganischen Substanzen rückresorbiert wird, so daß die Blasengalle eine höhere Konzentration, vor allem der organischen Substanzen, aufweist. Das Wandepithel der Gallenblase sezerniert außerdem Glykoproteine (sog. „Mucine").

**Zusammensetzung der Leber- und Blasengalle**

| | % Lebergalle | % Blasengalle |
|---|---|---|
| Wasser | 97 | 80–95 |
| Gesamt-Lipide | 0,6 | |
| Lecithin | 0,3 | |
| Cholesterin | 0,2 | bis 5 |
| Fettsäuren | 0,1 | |
| Gallensäuren (konjugiert) | 1,0 | bis 10 |
| Bilirubin (als Diglucuronid) | 0,1 | bis 1,5 |
| Proteine, Glykoproteine | 0,2 | bis 3,0 |
| Anorganische Bestandteile ($K^+$, $Na^+$, $Ca^{2+}$, $Mg^{2+}$ u. a.) | 0,8 | bis 1,0 |
| pH-Wert | 7,0–7,5 | 6,0–7,0 |

**Hormonelle Regulation.** Die Kontraktion der Gallenblase und die Erschlaffung des am Ende des Ductus choledochus befindlichen Sphincters unterliegen einer hormonellen Steuerung durch das Cholecystokinin (S. 279). Auch die Bildung und Sekretion der Gallenflüssigkeit wird durch endokrine Wirkstoffe kontrolliert: Äthinylöstradiol und Insulin erhöhen, Cortisol und Thyroxin reduzieren den Cholesteringehalt der Galle und damit deren Lithogenität (Bereitschaft, Gallensteine zu bilden).

Sekretin, Lecithin und Gastrin (S. 278) stimulieren vorwiegend die ductuläre Galleproduktion und die Sekretion einer bicarbonathaltigen gallensäurefreien Lösung.

**Intra- und extrahepatische Cholestase.** Eine partielle oder komplette Abflußstörung der Gallenflüssigkeit zwischen Leberzelle und Duodenum wird als **Cholestase** bezeichnet. Bei einer Ausscheidungsstörung für Bilirubin von der Leberzelle in die Gallenkapillare liegt eine intrahepatische Cholestase (cholestatische Hepatose) vor. Sie kann u. a. im Rahmen einer akuten Hepatitis oder einer drogeninduzierten Hepatitis (s. o.) auftreten.

Ein extrahepatischer Gallengangsverschluß besteht dagegen bei Entleerungsstörungen der Gallenblase bzw. einer Störung des Bilirubintransports in die großen Gallengänge. Eine gestörte Entleerung der Gallenblase hat ihre häufigste Ursache in einer Obstruktion der ableitenden Gallenwege durch Gallensteine, die entweder in der Gallenblase selbst lokalisiert sind (Cholelithiasis) oder auch in den Ductus choledochus eintreten (Choledocholithiasis). Auch funktionelle Entleerungsstörungen der Gallenblase (Dyskinesien), Stieldrehung der Gallenblase (bei angeborenen Anomalien) oder Tumoren des Ductus choledochus, des Duodenums oder Pankreas können zu einer relativen oder totalen Stauung des Gallenflusses führen.

Die Gallensäuren der rückgestauten Gallenflüssigkeit wirken wandschädigend und können in Verbindung mit der Kompression der Blutgefäße (Versorgungsstörung des Gewebes) zu Zelluntergang (Nekrose, Gangrän), bei chronischer Einwirkung auch zu Zellproliferation (Gewebsneubildung) in Gallenblasenwand oder Ductus choledochus führen. Auf der geschädigten Schleimhaut können sich ferner Mikroorganismen (vor allem E. *coli*, Enterokokken und Salmonellen) ansiedeln und die Cholestase durch akute oder chronische Entzündung komplizieren (akute bzw. chronische Cholecystitis, Cholangitis).

**Diagnostik.** Da Leberzelle und Gallengangsepithel mit der Gallenflüssigkeit auch Enzyme (Exkretionsenzyme, S. 18) ausscheiden, zeigt sich eine akute intra- oder extrahepatische Cholestase nicht nur in einem Anstieg des konjugierten Bilirubins (Kanalisationsikterus, S. 249) und der Gallensäuren (Pruritus) im Blut, sondern auch in einer Aktivitätserhöhung der Enzyme der Gallenflüssigkeit im Serum. Dies gilt für das Leberisoenzym der alkalischen Phosphatase, für die Leucinaminopeptidase, die γ-Glutamyltranspeptidase (γGT) und die 5′-Nucleotidase, die in der klinisch-chemischen Diagnostik als **„Cholestase-anzeigende Enzyme"** zusammengefaßt werden. Bei länger anhaltendem Verschluß kommt es als Folge der Leberzellschädigung zum Absinken der hepatischen Gerinnungsfaktoren, u. U. auch zum Auftreten des Lipoprotein X im Serum (S. 108) mit sekundärer Hyperlipoproteinämie und zur Entwicklung einer biliären Zirrhose (S. 266).

**Dysfunktion bei Cholestase.** Die funktionellen Folgen eines Abflußhindernisses der Gallenflüssigkeit lassen sich aus den speziellen Aufgaben der Gallensäuren ableiten:

- Da Gallensäuren physiologischerweise die Pankreaslipase und Cholesterinesterase besonders bei sauren pH-Werten aktivieren und damit den enzymatischen Aufschluß der Nahrungslipide fördern, kommt es beim Gallengangsverschluß zur Störung des Abbaus von Lipiden und deren Ausscheidung mit dem Stuhl (Steatorrhoe (Stearrhoe), S. 96).
- Gallensäuren bilden mit fettlöslichen Nahrungsbestandteilen (Fettsäuren, Steroide, Monoglyceride, Carotinoide, fettlösliche Vitamine) wasserlösliche

resorbierbare **Choleinsäuren.** Bei Gallengangsverschluß treten Störungen der Resorption wegen der ausbleibenden Bildung wasserlöslicher Lipid-Gallensäuren-Komplexe auf (Malabsorption, S. 283).

- Gallensäuren üben eine physiologische Hemmung auf die intestinale Cholesterinsynthese aus. Bei Gallengangsverschluß steigt der Gallensäurespiegel im Blut an und führt damit zu einer Hemmung der Cholesterin- und damit auch der Gallensäuresynthese in der Leber. Da jedoch die feed-back-Hemmung der Cholesterinsynthese auf die Mucosazellen des Dünndarms entfällt, steigt die intestinale Cholesterinsynthese an, und es kommt zu einem **Anstieg** des Blutcholesterinspiegels.
- Weitere Störungen bei Gallengangsverschluß ergeben sich aus dem Ausbleiben der choleretischen Wirkung der Gallensäuren (Anregung der Gallensekretion ohne Veränderung der Konzentration der Inhaltsbestandteile der Galle), aus der physiologischen Hemmung der Magensekretion, des Appetits und der laxierenden Wirkung im Colon.

Biosynthese und enterohepatischer Kreislauf der Gallensäuren

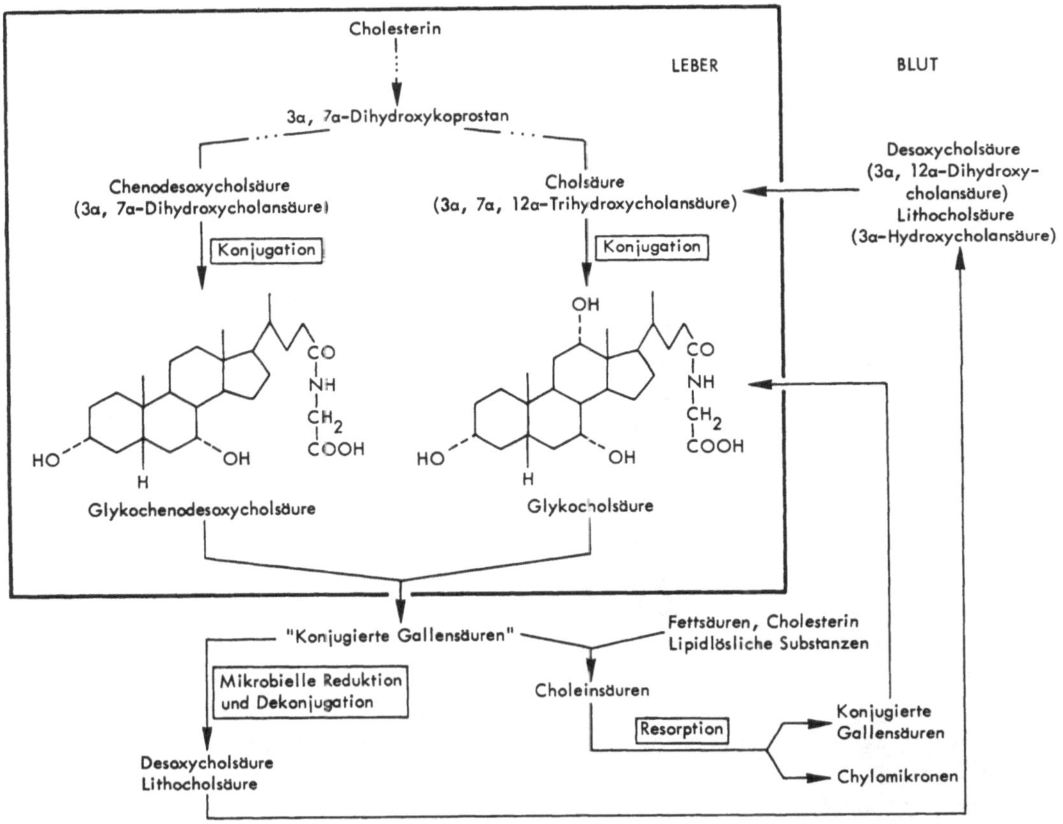

Von dem Gallensäurepool – etwa 4 g – gehen täglich ~ 1–2 mmol (0,4–0,8 g) durch die Faeces verloren und werden in der Leber durch Neusynthese ersetzt. 90% der Gallensäuren, deren Halbwertszeit 24–36 h beträgt, werden über den enterohepatischen Kreislauf 6–8mal/24 h umgesetzt. Die primär in der Leber synthetisierten, mit Glycin bzw. Taurin konjugierten Gallensäuren unterliegen vor ihrer Resorption im Intestinaltrakt (Colon) teilweise einer mikrobiellen Reduktion und Dekonjugation. Die Gallenflüssigkeit enthält daher nur 80% primärer Gallensäuren und ~ 20% Desoxycholsäure (sowie Spuren von Lithocholsäure) (Schema).

**Gallensteine.** Die Bildung von Gallensteinen ist ein häufiges – u. a. von rassischen Eigenheiten, Erbfaktoren, Lebensgewohnheiten, Geschlecht, Schwangerschaft und Alter abhängiges – Ereignis. Zwischen dem 6. und 7. Lebensdezennium werden bei etwa 30% aller Frauen und 10% aller Männer Konkremente in der Gallenblase gefunden.

Ihrer chemischen Zusammensetzung nach enthalten Gallensteine Cholesterin, Bilirubin und Calciumsalze des Phosphats und Carbonats, wobei die einzelnen Komponenten in reiner Form (Cholesterinsteine, Gallenpigmentsteine) oder kombiniert auftreten können. Die Entstehung von Gallensteinen wird durch

- vermehrten Cholesteringehalt (Schwangerschaft, Hyperlipoproteinämie),
- gesteigerte Bilirubinbildung (z. B. bei Sichelzellanämie oder Thalassämie) und
- Verschiebung des pH-Wertes der Galle nach der sauren oder alkalischen Seite

begünstigt.

Die besonders häufige Beteiligung von Cholesterin am Aufbau von Gallensteinen hat folgende Ursache: Das wasserunlösliche Cholesterin wird in der Gallenflüssigkeit physiologischerweise durch Komplexbildung mit Gallensäuren in Lösung gehalten, wobei ein Gewichtsverhältnis von Cholesterin/Gallensäuren von ~ 1 : 20 erforderlich ist. Bei Absinken des Cholesterin/Gallensäure-Quotienten, der auch als **lithogener Index** bezeichnet wird, unter einen Wert von 1 : 13 fällt Cholesterin aus. Der lithogene Index der Gallenflüssigkeit wird mithin im wesentlichen durch das Verhältnis von Cholesterin: Gallensäuren in der Gallenflüssigkeit bestimmt. Er ermöglicht Aussagen über die Fähigkeit der Galle, Steine zu bilden oder aufzulösen.

**Konservative Chemolitholyse.** Da die Grundvoraussetzung für die Entstehung von Cholesterinsteinen, die mit 70% die häufigsten Gallenkonkremente darstellen, eine lithogene (d. h. mit Cholesterin übersättigte) Gallenflüssigkeit ist, läßt sich konsequenterweise durch medikamentöse Zufuhr von Gallensäuren nicht nur die Bildung von Cholesterinsteinen verhindern, sondern auch ihre Wiederauflösung erreichen. Eine solche konservative Chemolitholyse wird – falls eine operative Entfernung der Gallenblase nicht indiziert ist – mit **Chenodesoxycholsäure** durchgeführt, die über 1 bis 2 Jahre in einer Dosis von 1,8–2,5 mmol (0,7–1 g) täglich oral gegeben werden muß, jedoch folgende Voraussetzungen zu erfüllen hat:

- Cholesterinstein(e) von nicht mehr als 2 cm Größe (röntgennegative, d. h. nicht schattengebende Steine),
- intakte Kontraktion der Gallenblase, keine Cholestase.

Durch die orale Applikation von Chenodesoxycholsäure (Chenosäure) wird der Pool der über den enterohepatischen Kreislauf zirkulierenden Gallensäuren vergrößert und dadurch der lithogene Index der Gallenflüssigkeit gesenkt. Die Galle ist mit Cholesterin untersättigt.

Darüber hinaus wirkt die Chenodesoxycholsäure in der Leber als Enzyminhibitor, da sie

- die β-Hydroxy-β-methylglutaryl-CoA-Reduktase hemmt und dadurch – die HMG-CoA-Reduktase ist Schrittmacherenzym der Cholesterinsynthese – die Cholesterinbiosynthese drosselt und
- die Aktivität der Cholesterin-7-α-Hydroxylase herabsetzt. Die Cholesterin-7-α-Hydroxylase reguliert die Synthese der Gallensäuren und ist häufig bei Gallensteinträgern in ihrer Aktivität vermindert. Die therapeutisch verabreichte Chenodesoxycholsäure reduziert zwar die Aktivität der Hydroxylase und damit auch die endogene Gallensäuresynthese, der Verlust an Gallensäuren wird aber durch die exogene Zufuhr von Chenodesoxycholsäure kompensiert.

Calciumsalzhaltige Steine, Erkrankungen der Leber (Hepatitis, Fettleber, Zirrhose), des Magen- und Darmtrakts, Schwangerschaft oder Einschränkung der Nierenfunktion gelten als Kontraindikation einer Chenodesoxycholsäuretherapie. Nebenwirkungen der Chenodesoxycholsäurebehandlung sind Diarrhoen, u. U. zunehmende Häufigkeit von Gallenkoliken, Hautjucken (bedingt durch die Erhöhung des Blutgallensäurespiegels!) und erhöhte Transaminaseaktivitäten im Serum (wegen der toxischen Wirkung der Gallensäuren auf die Leber).

# IV. Gastrointestinaltrakt

Als Verdauung wird ein im Verdauungstrakt ablaufender Prozeß bezeichnet, bei dem die in unlöslicher, nicht resorbierbarer und z. T. polymerer Form aufgenommenen Nahrungsstoffe enzymatisch aufgeschlossen und in lösliche, resorbierbare und niedermolekulare Substrate des Stoffwechsels überführt und anschließend resorbiert werden. Die Resorption der Nährstoffe erfolgt durch spezifische Transportprozesse. An der Verdauung sind Enzyme des Speichels, Magen-, Pankreas- und Duodenalsekrete sowie Inhaltsstoffe der Gallenflüssigkeit beteiligt, die über Sekretionsvorgänge in den Verdauungstrakt abgegeben werden und synergistische bzw. sukzessive Wirkungen entfalten. Bildung und Ausschüttung der Verdauungssekrete unterliegen psychischen, mechanischen, chemischen und endokrinen Einflüssen (Gastrointestinale Hormone, S. 277).

Der Verdauungsvorgang ist von erheblichen Wasser- und Elektrolytbewegungen begleitet. Innerhalb 24 h werden 6–9 l Verdauungssekrete, die eine charakteristische Elektrolytzusammensetzung aufweisen (Tabelle), in den Verdauungstrakt sezerniert, jedoch bis auf ein geringes Volumen zusammen mit den Nährstoffen durch Resorption wieder zurückgewonnen. Bei Störungen der Verdauungsprozesse können nicht nur Mangelerscheinungen infolge unzureichender Versorgung des Organismus mit Nährstoffen, Spurenstoffen und Vitaminen, sondern auch erhebliche Wasser- und Elektrolytverluste eintreten.

**Menge und Elektrolytzusammensetzung von Sekreten des Verdauungstraktes (Durchschnittswerte) im Vergleich zum Blutplasma**

| Sekret | Menge l/24 h | mmol/l $Na^+$ | $K^+$ | $Cl^-$ | $HCO_3^-$ |
|---|---|---|---|---|---|
| Speichel | 0,5–1,5 | 15 | 30 | 25 | 5 |
| Magensaft | 2–3 | 30 | 5 | 150 | |
| Pankreassaft | 0,3–1,5 | 140 | 8 | 120 | 30 |
| Darmsekret (Ileum) | 2–3 | 120 | 15 | 110 | |
| Faeces | 0,1 | 30 | 100 | 15 | |
| Blutplasma | | 145 | 5 | 105 | 25 |

## 1. Magensaftsekretion

Der Magensaft ist eine Mischung von Sekreten, die von den verschiedenen Typen der Magenschleimhautepithelzellen produziert werden:

- Die **Hauptzellen** produzieren das enzyminaktive Pepsinogen, das bei saurem pH im Magenlumen in das aktive Enzym – Pepsin – umgewandelt wird.

- Die **Beleg-** (oder **Parietal-)Zellen** sezernieren Protonen und (aus dem Blut stammende) Chloridionen durch aktiven Transport in das Magenlumen (HCl-Sekretion). Außerdem bilden sie den Intrinsicfaktor (S. 199).
- Die **Nebenzellen** sind schleimproduzierende Zellen mit großer Regenerationsfähigkeit (Deckung von Epitheldefekten). Das visköse und pepsinresistente Glykoproteine enthaltende Sekret schützt die Schleimhaut vor Selbstverdauung.
- Die **G-Zellen** (Antrumschleimhaut) bilden Gastrin (s. Tab. S. 277), das auf dem Blutwege die übrigen Epithelzellen erreicht und stimuliert.

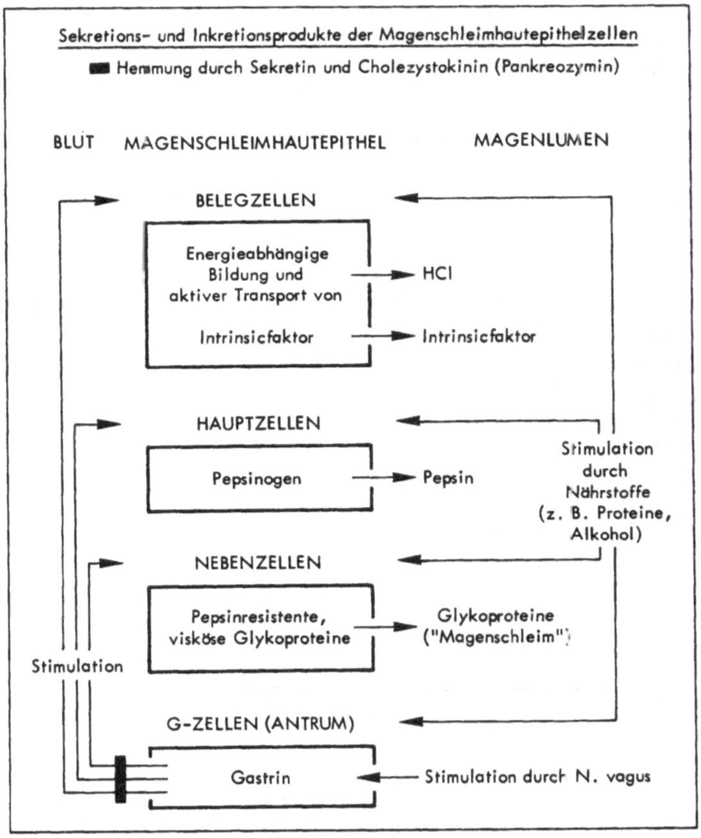


**Regulation.** Die Abgabe von Sekreten aus den Zellen der Magenschleimhaut unterliegt der Kontrolle durch nervale, endokrine und chemische Faktoren und erfolgt in verschiedenen Phasen:

- Die **Vagusphase** (kephale Phase) kann durch Sinnesreize (Geruch, Geschmack) ausgelöst werden und ist durch vermehrte HCl-Produktion und Stimulation der G-Zellen (Gastrinfreisetzung) gekennzeichnet.

- Die **gastrale Phase** wird ausgelöst durch Kontakt der Magenschleimhaut mit Nahrungsbestandteilen (bzw. deren Spaltprodukten), die alle Zellen stimulieren. Die Stimulation der gastrinbildenden Zellen wird jedoch gestoppt, wenn sie mit salzsaurem Magensaft Kontakt erhalten.
- In der **enteralen Phase** wird die Gastrinwirkung durch die Enterohormone Sekretin und Cholezystokinin unterdrückt, die im Duodenum unter dem Reiz des sauren Speisebreis freigesetzt werden und auf dem Blutwege die Zellen der Magenschleimhaut erreichen.

**Magensäuresekretionsanalyse.** Die Menge der sezernierten Magensäure hängt ab von der Zahl der Belegzellen, die in der Lage sind, eine 0,01–0,1 M HCl (0,01–0,1 mol HCl/l) zu bilden, sowie von der Intensität und der Dauer der Stimulation. Mit der Einführung des Pentagastrins, eines synthetischen Pentapeptides, das die physiologisch wirksame C-terminale Aminosäuresequenz des Gastrins enthält (|R|-Trp-Met-Asp-Phe-Amid*), steht ein physiologisches Stimulans der Magensekretion zur Verfügung, das zu kräftigem Anstieg des Magensaftvolumens und maximaler Säuresekretion führt. Ohne Sekretionsreiz (Nüchternzustand) produziert die Magenschleimhaut nur ein schwach-sauer reagierendes **Basalsekret.** Die unter maximaler Stimulation erzielte Magensäuresekretion ist direkt proportional zur Zahl der vorhandenen Parietalzellen (Belegzellen) und gibt Auskunft über die Größe der funktionstüchtigen Parietalzellmasse.

Bei der Analyse der Magensäuresekretion werden die diagnostisch wichtigen, in der Zeiteinheit sezernierten Säuremengen bestimmt (Schema).

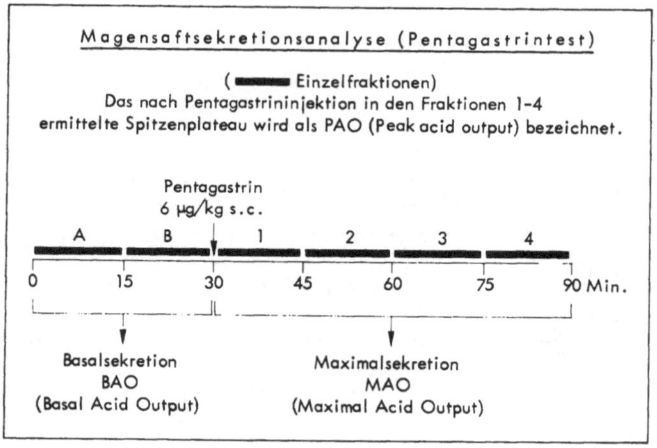


- **Basalsekretion** (BAO, basal acid output) ist die spontane nicht stimulierte Sekretion (2 × 15 Min.), Normalsekretion 2–3 mmol/h (♂), 1–2 mmol/h (♀).

* 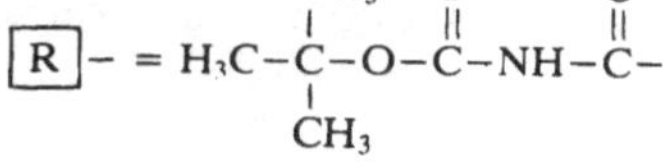

- **Maximal stimulierte Sekretion** (MAO, maximal acid output). Summe der Säurewerte der vier 15-Min.-Fraktionen nach Stimulation. Normbereich: 10–20 mmol/h (♂), bis 15 mmol/h (♀).
- **Gipfelsekretion.** Das während der maximal stimulierten Sekretion ermittelte Spitzenplateau wird als **Peak acid output** (PAO) bezeichnet. Rechnerisch ergibt es sich aus der Summe der beiden aufeinanderfolgenden 15-Min.-Fraktionen mit der größten Säuresekretion nach Stimulation.

Die maximal stimulierte Sekretion kann eine Reihe diagnostischer Hinweise liefern, deren Aussagekraft jedoch wegen der großen Schwankungen der Normalwerte und der individuellen Variation der parietalen Zellmasse begrenzt ist. Die Tabelle gibt eine Übersicht. Die maximale Säuresekretion gibt nur bei gleichzeitiger quantitativer Aspiration eindeutige Daten über die produzierte Gesamtsäuremenge.

Diagnostische Bedeutung der Magensaftsekretionsanalyse nach maximal stimulierter Säuresekretion

| Status | Säuresekretion mmol $H^+$/h | Diagnostische Hinweise |
|---|---|---|
| Normochlorhydrie | 10 - 20 | |
| Achlorhydrie | < 0,25 | Atrophie der Magenschleimhaut (z.B. perniziöse Anämie), bei nachgewiesenem Ulcus → Verdacht auf Carcinom |
| Hypochlorhydrie | 0,25 - 10 | Chronische Gastritis, häufig bei Ulcus ventriculi, Ulcus duodeni unwahrscheinlich |
| Hyperchlorhydrie | > 30 | Reizmagen mit gesteigerter Aktivität, atrophische Gastritis unwahrscheinlich |
| | > 25 | Nach Magenresektion, Ulcus jejuni pepticum wahrscheinlich, Verdacht auf Ulcus duodeni |
| | > 40 | Verdacht auf Ulcus duodeni |
| | > 60 | Verdacht auf Zollinger-Ellison-Syndrom |

Die Magensaftsekretionsanalyse hat **keine** Bedeutung in der Diagnostik des peptischen Geschwürsleidens und in der Carcinomdiagnostik, wenn auch ein Magengeschwür bei Hypochlorhydrie suspekt auf Malignität ist.

**Ulcus pepticum.** Der auf adäquaten Reiz hin produzierte Magensaft muß einerseits zur Entfaltung seiner vollen proteolytischen Aktivität einen stark sauren pH-Wert und hohen Pepsingehalt aufweisen, besitzt aber andererseits aufgrund dieser Eigenschaften eine hohe potentielle Aggressivität gegenüber der Magenschleimhaut selbst, die durch Defensivmechanismen geschützt werden muß. Bei optimaler Funktion bilden defensive und aggressive Faktoren ein physiologisches

Gleichgewicht. Eine Verschiebung dieses Gleichgewichts zugunsten der aggressiven Faktoren führt zum **Ulcus pepticum.**

**Aggressive Faktoren:**
- Vermehrung der Belegzellmassen, erhöhte HCl-Sekretion mit vermehrter Pepsinogenaktivierung,
- Schleimhautschädigung durch Lysolecithin und Gallensäuren (Duodenalreflux) oder durch Medikamente (Salizylate, Phenylbutazon, Indometacin),
- Hemmung der Schleimhautepithelienregeneration und der Glykoproteinbiosynthese (z. B. Glucocorticoidbehandlung),
- gestörte Blutversorgung (Ischämie).

**Defensive Faktoren:**
- Adäquate Glykoproteinsekretion („Schleimhautbarriere"),
- ungestörte Blutversorgung,
- koordinative Wirkung der Enterohormone.

Peptische Ulcera können im unteren Drittel des Ösophagus, im Magen (Ulcus ventriculi), im Bereich des Zwölffingerdarms (Ulcus duodeni) und u. U. auch im Anfangsteil des Jejunums lokalisiert sein. Im mittleren Lebensalter sind peptische Geschwüre bei Männern 3–4mal häufiger als bei Frauen.

Ein **Ulcus duodeni** kommt durch Übersäuerung des Bulbus duodeni zustande, die folgende Ursachen haben kann:
- Hypersekretion von Salzsäure,
- beschleunigte Entfernung des Nahrungspuffers oder
- gestörte Neutralisation der Säure im Duodenum.

Eine Hypersekretion von Salzsäure findet sich bei Hypergastrinämie (Zollinger-Ellison-Syndrom s. u.), Pylorusstenose, Hyperparathyreoidismus und Niereninsuffizienz, kann aber auch durch eine Vagotonie bedingt sein. Auch mangelhafte Ausschüttung von Sekretin aus dem Duodenum kann zur Hypersekretion von Säure beitragen. Unter dieser Bedingung ist zudem die postprandiale Magenentleerung beschleunigt, was zur raschen Verarmung an Nahrungspuffer im Magen und Wiederabfall des pH im Bulbus duodeni führt. Ebenso ist die postprandiale Pankreassekretion vermindert, was wiederum die Übersäuerung des Bulbus duodeni fördert.

## 2. Pathobiochemie der Hormone des Gastrointestinaltrakts

Die Sekretion der für den regelrechten Ablauf des Verdauungsprozesses im Gastrointestinaltrakt notwendigen Enzyme wird z. T. durch die lokal stimulierende Wirkung der Nahrungsbestandteile selbst, z. T. durch das autonome Nervensystem des Intestinaltrakts, z. T. jedoch durch eine Reihe von Hormonen gesteuert, die im Intestinaltrakt gebildet werden. Ihre synergistische Wirkung ermöglicht die Koordination der motorischen und sekretorischen Vorgänge bei der Verdauung.

Bildungsort der gastrointestinalen Hormone sind Zellen neuroektodermalen Ursprungs, die im Laufe der Embryonalentwicklung in den Gastrointestinaltrakt und in das Pankreas eingewandert sind und nicht nur eine Reihe gemeinsamer histologischer und biochemischer Merkmale aufweisen, sondern auch vielfältige funktionelle Ähnlichkeiten besitzen. Bei allen Hormonen handelt es sich um **Polypeptide,** die Bildung und Abgabe der Sekrete von Magen, Pankreas, Galle und Darm und ihre Motilität regulieren. Bilden sich aus den hormonproduzierenden Zellen Tumoren, so haben sie immer endokrine Aktivität und eine Dysfunktion der Sekretion und Motilität im Bereich des Gastrointestinaltrakts zur Folge.

Die chemische Struktur, biologische Wirkung und Pathobiochemie der gastrointestinalen Hormone sind in nachfolgender Tabelle zusammengestellt. Durch die Möglichkeit einer radioimmunologischen Bestimmung der gastrointestinalen Hormone im Serum hat ihre Bedeutung für die Diagnostik und Therapie von Sekretions- und Motilitätsstörungen zugenommen.

Physiologie und Pathobiochemie gastrointestinaler Hormone

| Name | Chemische Struktur | Funktion | Pathobiochemie |
|---|---|---|---|
| Gastrin I | I Heptadekapeptid | Stimuliert HCl-Produktion und -Sekretion im Magenfundus, | Zollinger-Ellison-Syndrom, |
| Gastrin II | II Heptadekapeptid-sulfatester | wirkt histaminähnlich | perniziöse Anämie, atrophische Gastritis |
| Sekretin | Polypeptid aus 27 Aminosäuren | Stimuliert Produktion und Abgabe von Pankreassekret und Galle, hemmt Gastrinproduktion | Zöliakie?, Ulcus duodeni bei Sekretinmangel |
| Vascular-Intestinal-Peptide (VIP) | Polypeptid aus 28 Aminosäuren | Hemmt Magensaft- und HCl-Sekretion, relaxiert glatte Muskulatur von Magen und Dickdarm, reguliert Durchblutung von Magen und Leber | Werner-Morrison-Syndrom (WDHA-Syndrom) |
| Enterogastron (Gastric Inhibitory Polypeptide, GIP) | Polypeptid aus 43 Aminosäuren | Hemmt Magensaft und HCl-Sekretion, fördert Insulinfreisetzung (Inkretin-Funktion) | |
| Motilin | Polypeptid aus 22 Aminosäuren | Stimuliert Pepsinsekretion, hemmt Magenentleerung, steigert Motilität des Dünndarms | |
| Cholezystokinin (Pankreozymin, CCK-PZ) | Polypeptid aus 33 Aminosäuren | Stimuliert Enzymsekretion des Pankreas, erhöht Enzymgehalt des Pankreassekretes, regt Kontraktion der Gallenblase an | Pankreasinsuffizienz, chronische Pankreatitis, Postgastrektomiesyndrom, irritables Colon, Zöliakie |
| Pankreatisches Polypeptid | Polypeptid aus 26 Aminosäuren | Hemmt Magen- und Pankreas-Sekretion, setzt Darmmotilität und Tonus der Gallenblase herab | |

**Gastrin.** Neben den durch ihre Aminosäuresequenz charakterisierten Gastrinen I und II (Tabelle) existieren beim Menschen weitere Zustandsformen des Gastrins mit höherem Molekulargewicht („Big-Gastrin"), bei denen es sich um **Aggregationsformen** von Gastrinvorstufen bzw. um Verbindungen mit hormoninaktiven Peptiden handelt. Auch Gastrine mit geringerem Molekulargewicht („Little-Gastrin", Minigastrine) wurden beschrieben. Die einzelnen Gastrintypen unterscheiden sich durch ihre unterschiedliche Wirkung auf die Säuresekretion und verschieden lange Halbwertszeiten.

Die wichtigste Funktion der Gastrine besteht in der Stimulierung der Beleg- oder Parietalzellen der Magenschleimhaut, wobei über die Freisetzung von Histamin Salzsäure produziert wird. Gastrinfreisetzung und HCl-Sekretion sind über einen Regelkreis miteinander verbunden: Salzsäuremangel führt zu erhöhter Gastrinfreisetzung, während Hyperacidität eine Hemmung der Gastrinsekretion verursacht. Eine Hemmung der Gastrinsekretion findet jedoch auch durch andere gastrointestinale Hormone (Cholezystokinin, Enterogastron) statt. Daneben fördert Gastrin die peristaltische Aktivität des Magens und erhöht die Durchblutung der Magen- und Duodenalmucosa sowie den Tonus und die Motilität des Colons.

Radioimmunologische Gastrinbestimmungen geben Einblick in das Sekretionsverhalten bei verschiedenen Krankheitszuständen. Der Normbereich des Gastrins liegt zwischen 80 und 120 ng/l.

*Zollinger-Ellison-Syndrom.* Extrem erhöhte Gastrinwerte (400–mehrere tausend ng/l Serum) werden beim Zollinger-Ellison-Syndrom gefunden. Es handelt sich um ein Krankheitsbild, das durch therapieresistente, häufig blutende Ulcera des Gastrointestinaltrakts, massive Hypersekretion von Magensaft und eine pathologisch vermehrte Gastrinsekretion gekennzeichnet ist (stark erhöhte Nüchternsekretion, die unter Stimulierung nur wenig ansteigt). Als Folge der extremen HCl-Produktion und des Säureeinstroms in den Dünndarm kommt es zu Diarrhoe und Hypokaliämie.

*Perniziöse Anämie.* Deutlich erhöhte Gastrinkonzentrationen (1000–10000 ng/l) werden auch bei perniziöser Anämie (Cobalaminmangel, S. 200), die mit einer atrophischen Gastritis und Achlorhydrie einhergeht, beobachtet. Die fehlende Salzsäuresekretion ist Ursache der maximalen Gastrinausschüttung (gestörte feedback-Hemmung). Der gleiche pathogenetische Mechanismus ist auch für den hohen Gastrinspiegel bei atrophischer Gastritis verantwortlich. Beim Magencarcinom sind die Gastrinwerte meistens leicht erhöht, jedoch abhängig von der Tumorlokalisation und Säureproduktion.

*Excluded-Antrum-Syndrom.* Gastrinerhöhungen können auch operativ nach Magenresektion auftreten, wenn ein Rest von Antrumschleimhaut an der zuführenden Schlinge belassen wurde. Da der saure, die Gastrinbildung supprimierende Magensaft diesen Antrumrest nicht erreicht, kommt es zu einer massiven HCl-Hypersekretion im Magenstumpf (sog. Excluded-Antrum-Syndrom)

Gastrin-Dauerstimulation der säurebildenden Zellen. Die Resektion des Antrumrestes bewirkt völlige Heilung.

**Sekretin.** Die Funktion des Sekretins besteht in einer Stimulierung des Pankreassekretes und seinem Transport ins Duodenum, außerdem bewirkt es vermehrte Cholerese und Bicarbonatproduktion. Die Neutralisation von saurem Chymus durch das $HCO_3^-$ des Pankreassekretes und der Galle hemmt die weitere Sekretininkretion durch negative Rückkopplung, außerdem hemmt Sekretin die durch Gastrin stimulierte Magensaftsekretion, nicht jedoch die durch Histamin und Insulin induzierte*.

Wegen seiner säurehemmenden Wirkung und Erhöhung der Bicarbonatsekretion in das Duodenum wurden mit Sekretin therapeutische Versuche bei peptischen Ulcera unternommen. Die Notwendigkeit einer parenteralen Gabe und die begrenzte Wirkungsdauer (etwa 2 h) limitieren seine allgemeine Anwendung. Auch die Zöliakie ist häufig von einem hohen Sekretinspiegel im Serum begleitet.

**Enterogastron (Gastric Inhibitory Peptide (GIP) und Vascular Intestinal Peptide (VIP)).** Enterogastron ist eine in der Darmschleimhaut gebildete Überträgersubstanz, die auf die Säuresekretion im Magen, das Pankreas und die Langerhans'-schen Zellen (Insulinfreisetzung!) einwirkt. Z. T. ähnliche Wirkungen entfaltet das VIP, das zur Relaxation der glatten Muskulatur in Magen und Dickdarm führt, gleichzeitig die Dünndarmmotilität stimuliert, und Säure- und Pepsinsekretion im Magen vermindert. Eine wichtige physiologische Bedeutung kommt dem VIP vermutlich als Regulator der Durchblutung von Leber und Magen zu.

Die Bedeutung von GIP und VIP liegt in ihrer pathophysiologischen Rolle beim Werner-Morrison-Syndrom (WDHA-Syndrom), das durch wäßrige Diarrhoe (WD), Hypokaliämie (H) und Achlorhydrie (A) gekennzeichnet ist. Die Durchfälle können bei dieser Erkrankung so schwer sein, daß sie als „Pankreascholera" bezeichnet wird. Ursachen sind Tumoren des Pankreas, die stark vermehrte Mengen von GIP oder VIP produzieren. Die bei diesem Syndrom auftretenden schweren Gefäß- und Muskelnekrosen sowie Kaliumverlust, Verschiebung im Säure-Basen- und Elektrolythaushalt sind lebensbedrohlich.

**Cholezystokinin.** Wegen seiner strukturellen Verwandtschaft zum Gastrin konkurriert das Cholezystokinin mit dem Gastrin um die gleichen Rezeptoren, so daß es zu einer kompetitiven Hemmung der Gastrinwirkung und zu verminderter Säuresekretion im Magen kommt.

Seine Kontraktionswirkung auf die Gallenblase und auf die Produktion eines enzymreichen Sekrets aus dem Pankreas machen es für einen Einsatz in der Diagnostik der exokrinen Pankreasfunktion (S. 287) geeignet.

* Die Insulin-induzierte Hypoglykämie bewirkt eine deutliche über eine Reizung des N. vagus vermittelte Freisetzung von Gastrin, das seinerseits Motilität bzw. Sekretionsleistung von Magen, Darm und Pankreas beeinflußt.

Bei chronischer Pankreatitis und Pankreasinsuffizienz ist der Serumcholezystokininspiegel erhöht. Eine pathogenetische Rolle des Cholezystokinins wird auch bei anderen gastrointestinalen Erkrankungen, z. B. beim Postgastrektomie-Syndrom und beim irritablen Colon und der Zöliakie vermutet. Therapeutisch wurde es ferner zur Bekämpfung des paralytischen Ileus eingesetzt und findet auch bei der Obstipationsbehandlung Verwendung.

## 3. Dünndarmverdauung

Die Funktionen des Dünndarms umfassen

- Aufschluß bzw. Abbau der Nahrungsstoffe in wasserlösliche, niedermolekulare Spaltprodukte,
- Transport des Speisebreis und
- Resorption der gelösten monomeren Bestandteile und der Mineralien.

An der Verdauung ist eine große Anzahl verschiedener Enzyme beteiligt, die aufgrund ihrer Spezifität in sinnvoller Weise zusammenwirken. Die Sekrete des Magens, Pankreas und die Gallenflüssigkeit sorgen durch Einstellung des notwendigen pH-Wertes und durch Beimengung der Salze der Gallensäuren für optimale Voraussetzungen. Der größte Teil der aufgeschlossenen Nahrungsstoffe wird im Duodenum und Jejunum resorbiert. Durch die Ausbildung von

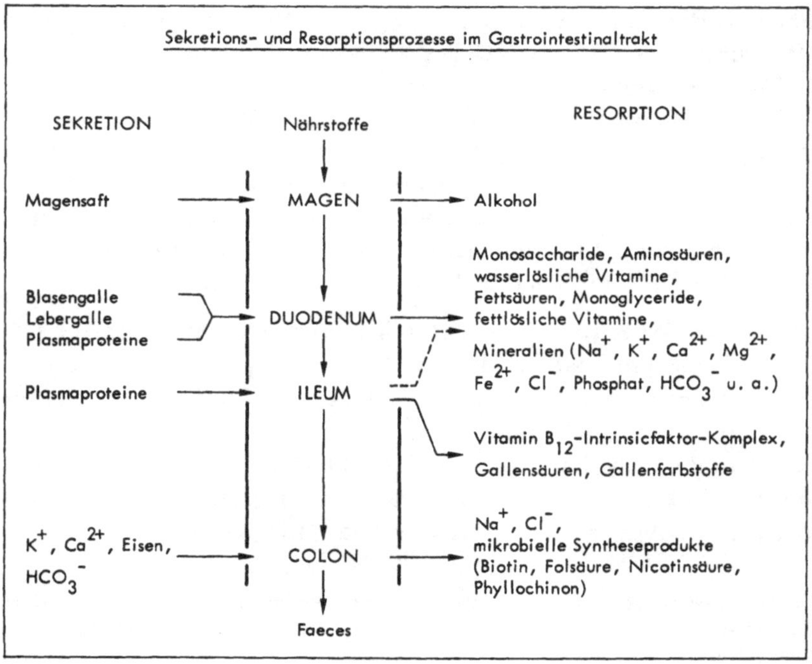

Darmzotten und Mikrovilli der Mucosazellen entsteht eine Resorptionsfläche von etwa 200 $m^2$.

Die Aufnahme der Substrate aus dem Darmlumen in die Mucosazellen erfolgt durch passive Diffusion (Wasser, kurzkettige Fettsäuren, Monoglyceride, Aminosäuren) oder durch aktiven Transport (Monosaccharide, L-Aminosäuren, $Ca^{2+}$, $Na^+$, $K^+$).

Störungen der intestinalen Verdauung können folgende Prozesse betreffen:

- Mangelhafter enzymatischer Aufschluß der Nahrungsbestandteile: **Maldigestion,**
- Intestinale Transportstörung mit der Folge unzureichender oder ausbleibender Resorption: **Malabsorption.**

Maldigestion und Malabsorption sind direkt miteinander verknüpft, da ungenügende Bereitstellung von resorptionsfähigen Abbauprodukten verminderte Resorption nach sich zieht. Die nicht abgebauten oder nicht resorbierbaren Nahrungsbestandteile können durch Mikroorganismen zu toxischen Substanzen umgesetzt werden.

**Maldigestion.** Ein Ausfall der Enzymbildung und -ausstattung in Magen, Pankreas oder in der Dünndarmschleimhaut hat gastrogene, pankreatogene oder intestinale Maldigestion zur Folge. Eine hepatogene Maldigestion liegt dagegen vor, wenn bei Sistieren der Gallensekretion (Gallengangsverschluß, intrahepatische Cholestase) ein Mangel an Gallensäuren eintritt und ungenügende Emulgierung der Lipide und Aktivierung der Lipase sowie ausbleibende Bildung wasserlöslicher Fettsäuren-Gallensäure-Komplexe (bzw. Cholesterin-Gallensäure-Komplexe) zur Folge hat.

Die in der Abbildung schematisch dargestellten pathogenetischen Mechanismen werden nachstehend näher erläutert.

Da eine Maldigestion auch zu einer sekundären Malabsorption führt, dienen Funktionstests zunächst der **gemeinsamen** Diagnose von Maldigestion und Malabsorption. Hierfür sind im Gebrauch:

- Die Bewertung des **Stuhlgewichts,** das beim Erwachsenen 200–300 g/24 h beträgt. Es wird das Durchschnittsgewicht nach dreitägigem Sammeln des Stuhls ermittelt. Reduziert sich eine deutlich erhöhte Stuhlmenge nach hochdosierter Substitution von Pankreasenzympräparaten, so liegt eine Maldigestion vor.
- Zur Bestimmung der **Lipidbilanz** im Stuhl, die zum Nachweis einer Maldigestion und Malabsorption für Fette geeignet ist, gibt man eine Testdosis von 20 µCi $^{14}C$-Tripalmitat in 1,0 g Maiskeimöl/kg Körpergewicht intragastral und bestimmt die $^{14}C$-Aktivität der Serumlipide, den $^{14}CO_2$-Gehalt der Ausatmungsluft und die $^{14}C$-Lipidausscheidung. Bei Malabsorption werden 48–98% der Radioaktivität mit dem Stuhlfett (normal < als 5%) und nicht mehr als 0,5% der Radioaktivität/h als $^{14}CO_2$ über die Lunge ausgeschieden

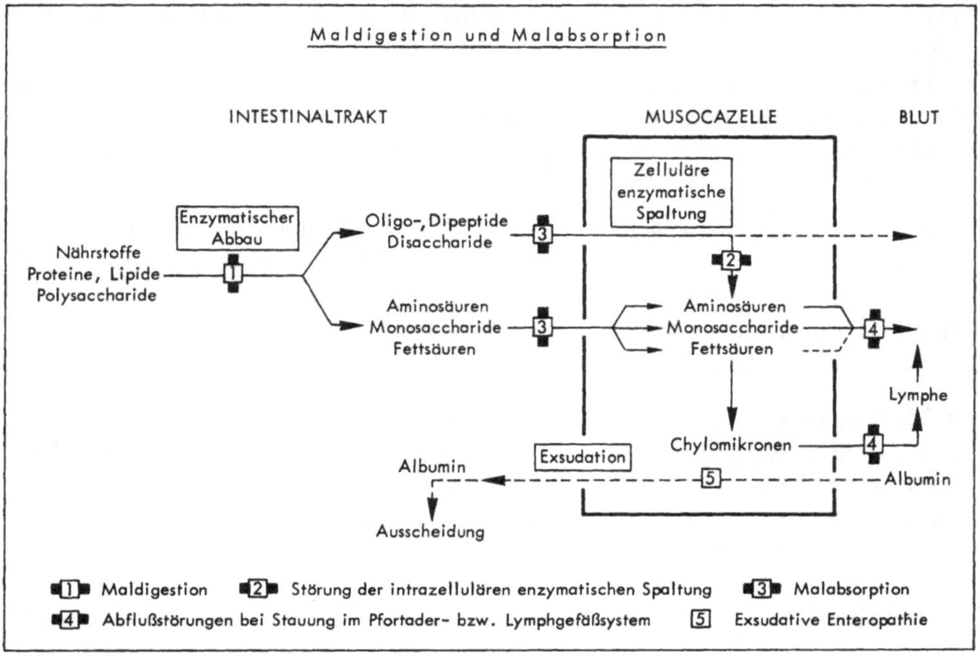


(normal 1,5–2,0% von der 6.–8. h). Beweisend für eine Malabsorption ist nur die Kombination von erniedrigter $^{14}$C-Serumlipidaktivität und erniedrigter $^{14}CO_2$-Abatmung, da die alleinige Bestimmung der $^{14}$C-Serumlipidaktivität auch bei beschleunigter Metabolisierung eine verringerte Resorption vortäuschen könnte.

Die Verwendung von $^{131}$J- bzw. $^{125}$J-markierten Triglyceriden (z. B. $^{131}$J-Triolein) ist wegen der möglichen bakteriellen Dejodierung des Lipids im Darmtrakt weniger beweisend.

*Gastrogene und pankreatogene Maldigestion.* Während der Ausfall des in den Hauptzellen des Magens gebildeten Pepsins (z. B. nach Magenresektion) durch proteolytische Enzyme des Pankreas voll kompensiert wird, haben Pankreaserkrankungen unvollständigen Abbau der Kohlenhydrate, Proteine und Lipide (und die Entleerung voluminöser Stühle) zur Folge. Bei Lipasemangel (Pankreasinsuffizienz, S. 288) entsteht ein Steatorrhoe (Ausscheidung von > 7 g Fett/24 h), wenn die Lipasesekretion < 40% der Norm beträgt.

*Hepatogene Maldigestion.* Wegen der notwendigen Mitwirkung von Gallensäuren bei der Lipidverdauung (Kap. Lipide, S. 96) bedingen cholestatische Lebererkrankungen eine selektive Störung der Lipiddigestion und Resorption, die eine **Steatorrhoe** zur Folge hat.

Die *chologene Diarrhoe* ist dagegen durch mangelnde Rückresorption der Gallensäuren bei Unterbrechung des enterohepatischen Kreislaufs gekennzeichnet. Die durch mikrobielle Einwirkung dekonjugierten Gallensäuren verbleiben im Darmlumen und verursachen durch ihre laxierende Wirkung eine Diarrhoe (S. 289) sowie Natrium- und Wasserverlust (Wasser- und Elektrolythaushalt, S. 120). Die reaktive Gallensäurenmehrproduktion der Leber verstärkt die Symptome.

**Malabsorption.** Spezifische Methoden zur Feststellung der intestinalen Resorption basieren auf der oralen Gabe von Prüfstoffen, deren Aufnahme durch Bestimmung ihrer Konzentration in Blut, Harn bzw. Stuhl verfolgt wird.

- Eine Information über den Umfang der Kohlenhydratresorption im oberen Dünndarm gibt der **D-Xylosebelastungstest.** Dazu werden ~ 170 mmol (25 g) D-Xylose (bei Kindern 100 mmol (15 g))/$m^2$ Körperoberfläche oral verabfolgt, anschließend wird die Xyloseausscheidung über 5 h bestimmt. Bei normaler Resorption werden 20–40% der aufgenommenen D-Xylose mit dem Harn ausgeschieden. Eine Xyloseausscheidung unter 27 mmol (4 g)/5 h (< als 16%) zeigt eine intestinale Resorptionsstörung an.
- Der **Schillingtest** prüft die intestinale Resorption von $^{58}$Co- oder $^{60}$Co-Vitamin $B_{12}$ (Cobalamin), das nach Bindung an den Intrinsicfaktor im Ileum resorbiert wird. Der Test erfordert die parenterale Vorbehandlung mit 0,73 µmol (1 mg) nichtradioaktiv markiertem Vitamin $B_{12}$, um einen latenten Mangel zu beseitigen. Nach 24 h wird die Testdosis von 0,1 µCi $^{60}$Co-Cobalamin oder von 0,4 µCi

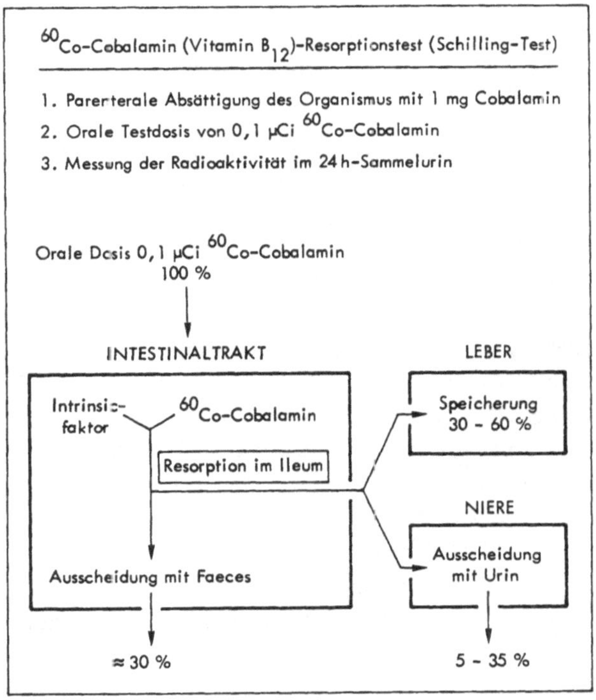

$^{58}$Co-Cobalamin oral gegeben und die Co-Aktivität im Harn gemessen (normal > 7%/24 h). Der Test ist geeignet für alle Formen der Malabsorption und gestattet – da das Vitamin $B_{12}$ ausschließlich im Ileum resorbiert wird – auch Aussagen zur Lokalisation der Resorptionsstörung. Da der Organismus in der Leber über Vitamin $B_{12}$-Vorräte (1,46–2,19 µmol, 2–3 mg) für 2–4 Jahre verfügt, fällt der Test schon lange vor Auftreten einer makrozytären Anämie pathologisch aus (Schema).

Eine differentialdiagnostische Abgrenzung gegenüber der perniziösen Anämie (S. 200) kann durch gleichzeitige orale Applikation des Intrinsicfaktors (50 mg) erfolgen, der bei Vorliegen einer Magenschleimhautatrophie, nicht jedoch bei Malabsorption im Ileum, den Test normalisiert. Bei isolierter Störung der Intrinsicfaktor-Produktion tritt eine weitgehende Normalisierung der Vitamin $B_{12}$-Resorption nach Intrinsicfaktorgabe ein, die bei pathologisch erhöhtem Vitamin $B_{12}$-Verbrauch im Dünndarm oder Resorptionsstörungen verschiedener Ursachen wie z. B. Sprue, Morbus Crohn im Ileum ausbleibt.

- Die methodisch einfache quantitative Bestimmung des Stuhlfettes ist aus zwei Gründen ein zuverlässiger Malabsorptionstest:
  Hohe Empfindlichkeit: Erhöhung des Stuhlfettes um 100% (z. B. von 6 auf 12 g/24 h) entspricht einer Abnahme der Resorption von 94% auf 88%. Der Test erfaßt also bereits geringfügige Resorptionseinschränkungen.
  Hohe Zuverlässigkeit: Fettsäuren werden im Gegensatz zu anderen Nahrungsbestandteilen kaum durch die Mikroorganismen des Darms verstoffwechselt, so daß die mit den Faeces ausgeschiedenen Lipide in guter Näherung dem nichtresorbierten Anteil der Nahrungslipide entsprechen.

Eine selektive Unfähigkeit zur Verwertung von Lactose (Milchzucker, β-Gal(1–4)Glc) besteht bei der **Lactoseintoleranz** (Kap. Kohlenhydrate, S. 70). Der diagnostischen Erfassung dient der

- **Lactosetoleranztest,** bei dem am 1. Tag 0,15 mol (50 g) Lactose und am folgenden Tag 0,14 mol (25 g) eines der entsprechenden Monosaccharide (Glucose oder Galaktose) oral gegeben werden. Beim Stoffwechselgesunden kommt es nach Lactosegabe zu einem Anstieg des Blutglucose- bzw. Galaktosespiegels um etwa 1,6 mmol/l (30 mg/100 ml), der beim β-Galaktosidasemangel („Disaccharidasemangel") ausbleibt. Dagegen treten Flatulenz und Diarrhoe auf. Die Resorption der Monosaccharide ist jedoch auch bei Lactasemangel ungestört. Nach Zufuhr von Glucose bzw. Galaktose erfolgt ein normaler Anstieg des Blutglucose- bzw. -galaktosespiegels gegenüber dem Leerwert, und intestinale Störungen bleiben aus (Abbildung).

Eine Malabsorption kann verschiedene Ursachen haben:

*Primäre (genetische) Defekte* der in der Darmmucosa lokalisierten Enzyme sind Ursache charakteristischer Resorptionsstörungen. Zu ihnen zählen die Saccharose-Isomaltose-Malabsorption, die hereditäre kongenitale Lactose-Malabsorption und

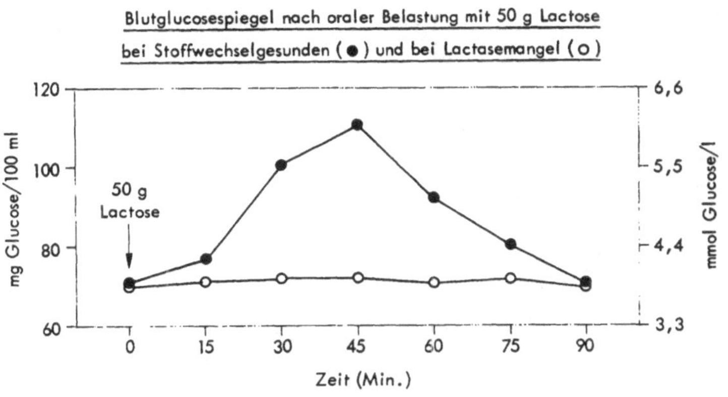


die Glucose-Galaktose-Malabsorption, die im Kapitel Kohlenhydrate (S. 71) beschrieben sind.

*Zöliakie* (Synonyma: Einheimische Sprue, Glutenintoleranz). Ein Sonderfall der Malabsorption ist die **Zöliakie,** eine häufig familiär auftretende Krankheit (in europäischen Ländern 1 : 500 bis 1 : 2000), in deren Verlauf es unter Einwirkung der (lysinarmen und prolinreichen) Kleberproteine aus Weizen-, Roggen-, Hafer- und Gerstenmehl (Gluten, Gliadin) zu einer flachen zottenlosen Dünndarmschleimhaut mit sekundärer Beeinträchtigung der Resorption für zahlreiche Nahrungsbestandteile kommt. Die Pathogenese ist unklar, eine atypische Bindung von Gluten- bzw. Gliadinpeptiden an die Glykolipide oder Glykoproteine der Zellmembranen der Mucosaepithelzellen wird diskutiert. Der Nachweis von Antikörpern gegen Gluten bzw. Gliadin im Serum und im Dünndarmsekret wird als sekundäres Phänomen gewertet.

Die Atrophie der Dünndarmschleimhaut erklärt die generelle Einschränkung der Resorption für $K^+$, $Na^+$, Glucose, Galaktose (wegen der Herabsetzung der Disaccharaseaktivität), Fettsäuren und fettlösliche Vitamine und Eisen. Die ausbleibende Resorption der Fettsäuren führt zu ihrer Ausscheidung als Calciumsalz („Kalkseifen") mit den Faeces (> 10 g/24 h), die eine sekundäre Hypocalcämie (Tetanie) und auf dem Wege der Gegenregulation eine sekundäre Hyperparathyreoidose und Osteoporose auslösen kann.

Eine konsequente Gluten-Gliadin-freie Diät (Verwendung von Mais-, Reis-, Soja- und Kartoffelmehl anstelle von Weizen-, Roggen-, Hafer- und Gerstenmehl) führt zu einer Verbesserung der Resorptionsfähigkeit für die meisten Nahrungsbestandteile und im Laufe von Jahren auch zu einer strukturellen Regeneration der Dünndarmschleimhaut.

Ein *Malabsorptionssyndrom* kann auch bei verschiedenen intestinalen Erkrankungen (morphologische Schädigung der Darmschleimhaut, Obstruktion der intestinalen Lymphbahnen, atypische Besiedlung des Dünndarms mit Mikroorganismen), ferner bei Systemerkrankungen mit Darmbeteiligung (Hypoparathyreoidose, Hypothyreose, Rechtsinsuffizienz, Arteriosklerose) entstehen.

**Exsudative Enteropathie.** Plasmaproteine werden physiologischerweise in den Intestinaltrakt ausgeschieden, die nach enzymatischem Abbau freigesetzten Aminosäuren jedoch reutilisiert.

Ein pathologisch vermehrter Übertritt von Plasmaproteinen wird bei zahlreichen Erkrankungen (des Magens, Darms, Herzens und der Niere) beobachtet. Können die entstehenden Verluste nicht mehr durch Synthesesteigerung kompensiert werden, tritt eine Verminderung der Plasmaproteine, insbesondere des Albumins, der Immunglobuline, des Caeruloplasmins und des Transferrins, ein. Die exsudative Enteropathie gehört zu den wichtigsten Ursachen einer Hypoproteinämie (S. 54). Ödeme, Kachexie und Infekte sind die Folgen. Der Nachweis einer exsudativen Enteropathie erfolgt durch intravenöse Verabreichung von $^{131}$J-Polyvinylpyrrolidon (Mol.-Gew. ca. 70 000) oder $^{51}$Chrom-Albumin, deren faecale Ausscheidung (normal < 1,6% der Testdosis innerhalb 96 h) gesteigert ist.

## 4. Pankreas

Das Pankreas sezerniert 300–1500 ml/24 h einer transparenten wäßrigen Lösung von pH 8,0–8,7, die Enzymproteine und anorganische Substanzen (Tabelle S. 272)

Enzyme des Pankreassekrets (Wirkungsbereich pH 6–9)

| Substrat | Enzyme | Katalysierte Reaktion bzw. Spezifität (↓ = Spaltungsort) |
|---|---|---|
| Proteine | Trypsin | Peptidyl-Arg(Lys) ↓ Peptid |
| | Chymotrypsin A, G | Peptidyl-Tyr(Trp, Phe, Leu) ↓ Peptid |
| | Chymotrypsin C | Peptidyl-Leu(Tyr, Phe, Met, Trp, Gln, Asn) ↓ Peptid |
| | Elastase | Peptidyl-neutrale Aminosäure ↓ Peptid (Hydrolyse von Elastin) |
| | Kollagenase | Spaltung nativen Kollagens innerhalb der helikalen Region |
| | Kallikrein | Peptidyl-Arg(Lys) ↓ Peptid (Kininogen ⟶ Kinin) |
| | Carboxypeptidase A | Peptidyl-Aminosäure ⟶ Peptid + Aminosäure |
| | Carboxypeptidase B | Peptidyl-Lys(Arg ⟶ Peptid + Lys(Arg) |
| Kohlenhydrate | α-Amylase | Amylopektin (Glykogen) ⟶ αGlc(1-4)Glc (Maltose) + αGlc(1-6)Glc (Isomaltose) + Glc |
| | | Amylose ⟶ αGlc(1-4)Glc (Maltose) + Glc |
| Lipide | Lipase | Triglycerid ⟶ Monoacylglycerin (Diacylglycerin) + Fettsäureanion |
| | Phospholipase A | Lecithin (Phosphatide) ⟶ Lysolecithin + Fettsäureanion |
| | Phospholipase B | Lysolecithin (Lysophosphatid) ⟶ Glycerylphosphorylcholin + Fettsäureanion |
| | Sterinesterhydrolase | Sterinfettsäureester ⟶ Sterin + Fettsäureanion |
| Nucleinsäuren | Ribonuclease | Endonucleolytische Spaltung von RNA an 3'-Position von Pyrimidinnucleotiden |
| | Desoxyribonuclease | DNA ⟶ Oligodesoxyribonucleotide |

enthält. Die Enzyme des Pankreassekrets und ihre Wirkungsweise sind in der Tabelle zusammengestellt.

Die Funktionsfähigkeit des Pankreas wird mit Hilfe des Sekretin-Pankreozymin-Tests ermittelt. Hierfür wird Pankreassekret (mit Hilfe der Doppelballonsonde, die das Duodenum nach oben und unten abdichtet) nach folgendem Schema entnommen und analysiert:

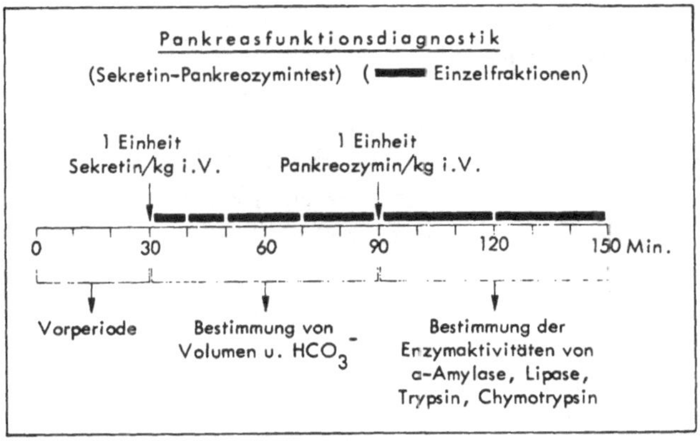


Das Ergebnis ist für die Diagnose einer chronischen Pankreatitis bzw. Pankreasinsuffizienz (s. u.) von Bedeutung.

**Akute Pankreatitis.** Im exokrinen Pankreasgewebe liegen die Pankreasenzyme in inaktiver Form vor. Ihre Aktivierung erfolgt physiologischerweise nach Abgabe des Sekrets in das Lumen des Duodenums. Bei der – klinisch durch schwere Schocksymptome gekennzeichneten – akuten Pankreatitis kommt es zu einer massiven pathologischen Freisetzung proteolytischer und lipolytischer Aktivitäten im Pankreasgewebe selbst mit der Folge einer Autodigestion (Selbstverdauung) des Pankreas. Der Prozeß der Gewebsauflösung kann auch auf das Peritoneum und auf Nachbarorgane (Gallenblase) übergreifen. Sekundär entstehen Hämorrhagien, Zellgewebsnekrosen, Abszesse und Zystenbildung. An der Autodigestion sind nicht nur die für die Sekretion bestimmten Proteasen Trypsin und Chymotrypsin, sondern auch Gewebsproteasen beteiligt, die z. T. durch Trypsin aktiviert werden. Bei der Entstehung der Schocksymptome ist einerseits die durch Kallikreinaktivierung erfolgende Freisetzung der vasoaktiven Kinine, andererseits der durch das intra- und peripankreatische Ödem bedingte Flüssigkeitsverlust (Hypovolämie) beteiligt. α-Amylase und Lipase sind bei der akuten Pankreatitis in erhöhter Aktivität im Blutserum nachweisbar.

Hauptursache für die Entstehung einer akuten Pankreatitis sind Abflußhindernisse (Obstruktion der Pankreasgänge, Papillensteine, Tumoren), Zirkulationsstörungen (Gefäßerkrankungen) und intensive Sekretionsreize (z. B. voluminöse

Mahlzeiten, Alkoholexzesse). Weitere ätiologische Faktoren können prädisponierend oder auslösend wirksam werden.

Der aus Rinderpankreas und Rinderlunge isolierte polyvalente Proteaseinhibitor **Aprotinin** (Trasylol®), der nicht nur Trypsin, Chymotrypsin, Plasmin und lysosomale Proteasen, sondern auch Kallikrein inhibiert, das seinerseits die an der Pathogenese der akuten Pankreatitis beteiligten vasoaktiven Kinine freisetzt, ist in hoher Dosierung ( $> 1 \cdot 10^6$ Kallikrein-Inaktivator-Einheiten/24 h) therapeutisch erfolgreich. Keine Hemmung entfaltet das Aprotinin gegenüber Thrombin, so daß die Bildung von Fibrin aus Fibrinogen nicht beeinflußt wird.

**Chronische Pankreatitis und Pankreasinsuffizienz.** Bei der chronischen Pankreatitis kommt es – oft aus gleicher Ursache wie bei der akuten Pankreatitis – zu protrahiertem Untergang des Pankreasparenchyms mit zunehmender Atrophie und bindegewebigem Ersatz, der sich in einer Pankreasinsuffizienz manifestiert. Als Folge der herabgesetzten Pankreasfunktion findet sich im Pankreassekret

- eine Verminderung des Volumens (Normbereich 1,8–5,0 ml/Min.),
- eine Abnahme der Konzentration von $HCO_3^-$ (Normbereich nach Sekretin 80–130 mmol/l) und
- eine Abnahme der Aktivität der Verdauungsenzyme (Normbereich nach Pankreozymin: Trypsin 14–74 U/Min., Chymotrypsin 34–230 U/Min., Lipase 430–4600 U/Min., α-Amylase 430–2100 U/Min.).

Auch im Stuhl läßt sich bei chronischer Pankreatitis eine signifikante Reduktion der Chymotrypsinaktivität (Normbereich 60–100 U/g Stuhl) nachweisen.

Das pathophysiologische Korrelat des Enzymmangels bei chronischer Pankreasinsuffizienz sind Maldigestion und Malabsorption (S. 281) mit Steatorrhoe, Diarrhoe und u. U. auch Inselzellschädigung (Diabetes mellitus). Bei Schüben der chronischen Pankreatitis mit Sekretionsdruckerhöhung sind α-Amylase und Lipase im Blutserum in erhöhter Aktivität nachweisbar.

## 5. Colon

Die ins Colon gelangenden unlöslichen und nicht resorbierbaren Nahrungsbestandteile (ca. 700 ml/24 h) sind in einer isotonen Lösung von Verdauungssekreten suspendiert, die pro Liter etwa 100 mmol $Na^+$, 30 mmol $K^+$, 80 mmol $Cl^-$ und 8 mmol $Ca^{2+}$ enthält. Während der Passage durch das Colon werden ca. 600 ml Wasser zusammen mit $Na^+$, $K^+$ und $Cl^-$ rückresorbiert, während das $Ca^{2+}$ mit den Faeces ausgeschieden wird.

Die Faeces enthalten etwa 30% Trockensubstanz, die sich zu je 25% auf anorganische Substanzen und Bakterien und zu 50% auf andere organische Bestandteile verteilt. Die vom Menschen täglich mit den Faeces abgegebene Stickstoffmenge beträgt 1,0–1,5 g.

Die Bakterien des Dickdarms, unter denen das Bacterium *E. coli* physiologischerweise überwiegt, können in nennenswertem Umfang zur Versorgung des Menschen mit Phyllochinon (Vitamin K) und vermutlich auch anderen Vitaminen beitragen. Die Produkte des bakteriellen Eiweiß- bzw. Aminosäureabbaus sind biogene Amine, die in höherer Konzentration z. T. blutdruckwirksam, z. T. toxisch sind (Cadaverin, Agmatin, Putrescin, Ammoniak) und aus Aminosäuren durch reduktive Desaminierung gebildete Fettsäuren. Aus den schwefelhaltigen Aminosäuren können Äthylmercaptan, Methylmercaptan und $H_2S$, aus den aromatischen Aminosäuren Indol und Skatol, Histamin und Tyramin entstehen.

**Diarrhoe.** Als Diarrhoe wird ein Anstieg des Wassergehalts im Stuhl auf Werte über 80% bezeichnet. Die Diarrhoe ist verbunden mit einer verminderten Nettowasserbewegung vom Darmlumen in das Gewebe. Da im Darmtrakt Resorptions- und Sekretionsvorgänge nebeneinander laufen, kann eine Diarrhoe sowohl durch **verminderte Resorption** von Elektrolyten und Wasser als auch durch **gesteigerte Sekretion** zustandekommen. Folgende pathogenetische Mechanismen werden unterschieden:

- Die Ansammlung osmotisch wirksamer, nicht resorbierbarer Substanzen führt zur Erhöhung der Osmolarität und zu entsprechender Wasserretention im Darmlumen. Dies gilt für die osmotischen Laxantien (z. B. Magnesiumsulfat), aber auch für nichtresorbierbare Nahrungsbestandteile (Maldigestion, Sprue, Lactoseintoleranz). Auch langkettige, nichtresorbierte Fettsäuren (Steatorrhoe) haben einen selektiv hemmenden Einfluß auf die Wasserresorption.

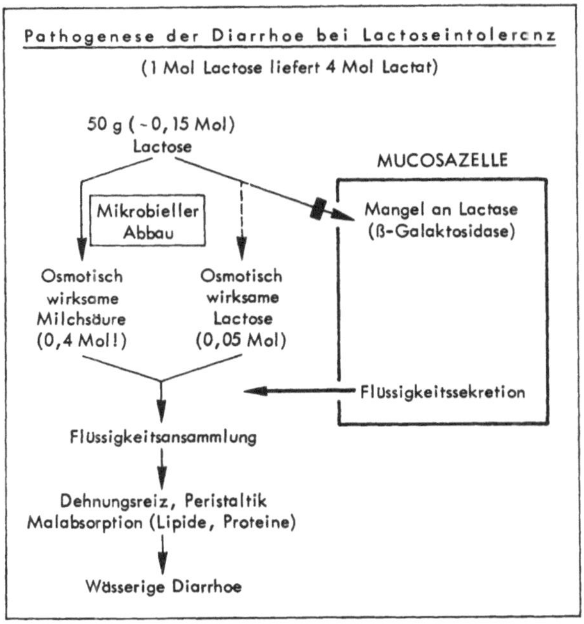

- Eine spezifische Hemmung der $Cl^-$-Absorption liegt bei der kongenitalen Chloridorrhoe vor.
- Aktive Ionensekretion z. B. als Folge einer Überproduktion von VIP (S. 277), Werner-Morrison-Syndrom (S. 279), bei der die Intestinalsekretion von $K^+$, $HCO_3^-$ stimuliert wird. Der sich entwickelnde osmotische Gradient hat eine korrespondierende Wasserbewegung zur Folge. Ein passiver Abstrom von Wasser aus dem Gewebe in das Darmlumen kann auch bei gesteigertem hydrostatischem oder Gewebedruck eintreten.
- Eine abnorme intestinale Motilität tritt bei serotoninbildenden Tumoren (Carcinoid) auf oder kann nerval-funktionell (Angst, Furcht) ausgelöst sein. Auch Gallensäuren (S. 271) und schleimhautreizende Laxantien bedingen einen rascheren Durchlauf der intestinalen Flüssigkeit und verminderte Resorption von Wasser und Elektrolyten.

Je schwerer die Diarrhoe und je größer die dabei ausgeschiedenen Flüssigkeitsmengen, desto höher ist der $Na^+$- und $Cl^-$-Gehalt des Stuhls. Ist der Wasserverlust höher als der Kochsalzverlust, resultiert eine Hypernatriämie (Kap. Wasser- und Elektrolythaushalt, S. 221). Isolierter Kaliumverlust ist bei Laxantienmißbrauch häufig.

Ein Vergleich der ausgeschiedenen Summe von $Na^+$ und $K^+$ und $Cl^-$ mit der Serumbicarbonat-Konzentration erlaubt eine Aussage, ob die Gefahr eines Basen- oder Säureverlustes, d. h. einer Acidose oder Alkalose besteht.

# V. Niere und Urin

## 1. Funktion und Funktionsstörungen

Die Niere ist ein Kontroll- und Ausscheidungsorgan, das an der Homöostase des Blutes und der Körpersäfte entscheidend beteiligt ist und dabei folgende Funktionen erfüllt:

- In der Niere werden die nichtflüchtigen wasserlöslichen niedermolekularen Stoffwechselendprodukte, gegebenenfalls auch nichtmetabolisierbare exogene Substanzen (z. B. Pharmaka) und anorganische Bestandteile über einen Filtrations-Rückresorptionsprozeß ausgeschieden. Die zellulären Bestandteile und Makromoleküle werden dabei zurückgehalten. Die Niere vermag ihre Ausscheidung unter beträchtlicher Konzentrierung vorzunehmen, ist also an der Ökonomie des Wasserhaushalts beteiligt.
- Die Aufrechterhaltung der charakteristischen Elektrolytzusammensetzung und des osmotischen Drucks der Flüssigkeitskompartimente wird durch selektive Ausscheidung bzw. Rückresorption von Ionen reguliert.
- Nach den Erfordernissen des Säure-Basen-Haushalts und der Konstanz des pH-Werts von 7,4 in Blut und Körpersäften können Säure- oder Basenäquivalente ausgeschieden oder retiniert werden.
- In der Niere werden die Hormone Renin und Erythropoetin gebildet.

Die Aufgaben der Niere im Stoffwechsel zeigen sich vor allen Dingen bei Störungen oder Ausfall ihrer Funktion und kommen in typischen Syndromen zum Ausdruck, die zahlreichen Formen von Nierenerkrankungen gemeinsam sind:

- Störungen der **glomerulären Filtration** führen zu **Oligurie** bzw. **Anurie** und in deren Folge zu Retention harnpflichtiger Endprodukte des Stickstoff-Stoffwechsels **(Azotämie)**; ferner wegen des häufig gleichzeitigen Permeabilitätsdefektes zu Proteinurie, Erythrurie und Hämaturie.
- Störungen der **Tubulusfunktion** manifestieren sich in Defekten der Harnkonzentrierung, der Sekretion und Rückresorption von Bestandteilen des Primärharns und in damit verbundenen Störungen des Elektrolyt-, Säure- und Basenhaushalts oder vermehrter Ausscheidung von Glucose, Aminosäuren oder Elektrolyten.

## 2. Harnbildung und Regulation der Nierentätigkeit

**Durchblutung und Filtration.** Durch die etwa 2 Mill. Glomerula beider Nieren fließen beim Menschen in 24 h etwa 1700 l Blut. Die in den Glomerulumkapillaren bestehende Differenz zwischen dem (hydrostatischen) Blutdruck von 70 mm Hg und dem kolloidosmotischen Druck der Plasmaproteine von 30 mm Hg wird für eine Druckfiltration ausgenutzt, bei der die Basalmembran der Glomerulumkapillaren den eigentlichen Filter darstellt, der nur für niedermolekulare Substanzen, nicht jedoch für Moleküle von einem Mol.-Gew. von $> 3 \cdot 10^4 - 5 \cdot 10^4$ durchlässig ist. Durch diese Druckfiltration werden als Primärharn 160–180 l eines eiweißfreien Ultrafiltrats gebildet, das alle niedermolekularen Bestandteile des Plasmas in gleicher Konzentration enthält.

**Isoosmotische Rückresorption und Sekretion im proximalen Tubulussystem.** Im proximalen Tubulus findet eine aktive Rückresorption der Elektrolyte, der Glucose, der Aminosäuren und anderer noch im Stoffwechsel benötigter Verbindungen, z. T. aber auch der harnpflichtigen Substanzen statt. Auf diese Weise werden dem Blut 75–99% der filtrierten Bestandteile wieder zugeführt. Durch die Rückresorption sinkt der osmotische Druck des Primärharns unter den des umgebenden Gewebes. Die Folge ist eine Rückresorption von etwa 150 l Wasser. Da Elektrolyte und Wasser ausschließlich im gleichen Verhältnis rückresorbiert werden, bezeichnet man diesen Vorgang als **isoosmotische** (oder isotonische) **Rückresorption.** Während der Passage durch den proximalen Tubulus werden $^2/_3$ bis $^4/_5$ Osmolarität des Filtrates im Vergleich zum Plasma ändert. Die Zellen des proximalen Tubulus sezernieren auch verschiedene Endprodukte des Stoffwechsels und körperfremde Substanzen in den Harn.

Im absteigenden Teil der Henleschen Schleife nimmt die Osmolarität durch Austritt von Wasser progredient zu. Dies setzt ein osmotisches Druckgefälle voraus, das durch aktive NaCl-Rückresorption im aufsteigenden Schenkel der Henleschen Schleife geschaffen wird. Da gleichzeitig eine Impermeabilität der Tubuluswand für Wasser besteht, sinkt die Osmolarität der Tubulusflüssigkeit.

**Resorption und Sekretion im distalen Tubulus.** Im distalen Tubulus und in den Sammelröhrchen werden $Na^+$ und $Cl^-$ rückresorbiert. Wenn es der Elektrolyt- bzw. Säure-Basenhaushalt erfordert, werden lediglich $Na^+$ und $K^+$ bzw. $H^+$ ausgetauscht. Zur Neutralisation überschüssiger saurer Valenzen kann von der Niere auch $NH_4^+$ (aus Glutamin) bereitgestellt werden. Im distalen Tubulus und im Sammelrohr werden unter normalen Bedingungen etwa 13% des glomerulär filtrierten Wassers zurückgewonnen. Die verbleibende Wassermenge bestimmt die Konzentration des Endharns. Da viele Inhaltsstoffe des Blutplasmas im Harn in einer mehr- bis hundertfach höheren Konzentration gegenüber dem Blutplasma erscheinen und auch der pH-Wert des Endharns (pH 5,7–5,8) von dem des Blutes abweicht, findet im distalen Tubulus eine **Konzentrationsarbeit** statt.

Die Harnkonzentrierung kommt an sich durch passive Rückdiffusion von Wasser aus dem distalen Tubulus und Sammelrohr zustande. Sie wird unterstützt durch eine aktive Rückresorption von Natrium, Chlorid und anderen gelösten Bestandteilen, durch die ein zusätzliches osmotisches Druckgefälle zwischen Tubuluslumen und peritubulärem Gewebe geschaffen wird.

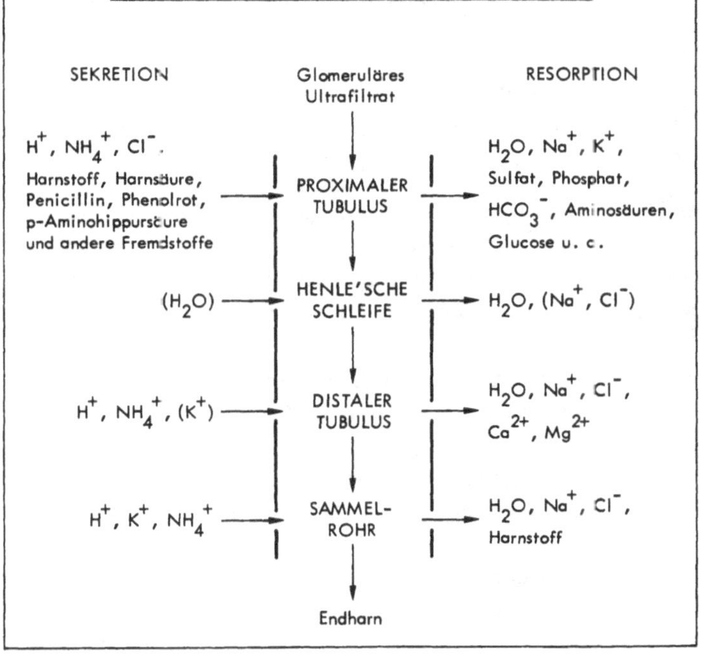

Stofftransport in den tubulären Abschnitten eines Nephrons

Die tubuläre Rückresorption von Glucose, Aminosäuren, Harnsäure und anorganischem Phosphat und die Sekretion von Wasserstoffionen beruhen auf einem „aktiven Transport", d. h. der Transportvorgang erfolgt gegen ein Konzentrationsgefälle, weist Substratspezifität auf, ist energieabhängig und zeigt eine Sättigungskinetik, d. h. die Transportgeschwindigkeit nimmt nicht linear mit Erhöhung der Konzentration der transportierbaren Teilchen zu, sondern erreicht ein Maximum, das auch bei weiterer Steigerung des Angebotes nicht überschritten wird. Die Spezifität der Transportprozesse zeigt sich im Auftreten selektiver Transportdefekte.

## 3. Kontrolle der Nierentätigkeit

Die fakultative Wasserrückresorption der Niere wird durch das **Adiuretin** (Vasopressin, Kap. Hormone, S. 177) beeinflußt, dessen Sekretion durch Osmorezeptoren reguliert wird. Die Adiuretinwirkung greift über den Adenylzyklase-Zyklo-AMP-Mechanismus im distalen Tubulus und in den Sammelröhrchen an und steigert ihre Permeabilität für Wasser.

Die **Mineralocorticoide** fördern die Natriumrückresorption (S. 160) und dadurch die Harnkonzentrierung. Sie wirken im proximalen und distalen Tubulus und vielleicht auch in der Henleschen Schleife. Die Wasserrückresorption wird auch durch **STH** gefördert. **Adrenalin** führt zu einer Verringerung der Harnmenge, der Natrium- und Chloridausscheidung. Die Pressorezeptoren der juxtaglomerulären Zellen der Niere sorgen über den **Renin-Angiotensin-**Mechanismus für eine Erhöhung des Blutdruckes, wenn der Nettofiltrationsdruck im Glomerulum absinkt.

**Diuretika.** Beeinflussung der Nierentätigkeit mit dem Ziel einer vermehrten Diurese – z. B. zur Ausschwemmung von Ödemen – wird vorzugsweise durch Medikamente erreicht, welche die Ausscheidung von $Na^+$ (und $Cl^-$) erhöhen („Saluretika") und damit entsprechende Wasserbewegungen bewirken. Hierzu gehören:

- **Benzothiadiazin-Derivate** (Thiazide), welche die Rückresorption von $Na^+$ und $Cl^-$ vorwiegend im proximalen Tubulus hemmen, wo 65% des NaCl rückresorbiert werden (Abb.).
- **Etacrynsäure** und **Furosemid,** die ebenfalls die $Na^+$- und $Cl^-$-Rückresorption hemmen bzw. deren vermehrte Ausscheidung fördern (die jedoch häufig von einer vermehrten $K^+$-Ausscheidung begleitet ist), sich von den Thiaziden aber durch ihren Angriffspunkt auch im distalen Tubulus (Etacrynsäure) bzw. im aufsteigenden Schenkel der Henleschen Schleife (Furosemid) unterscheiden, und beide über eine Hemmung des ATP-abhängigen aktiven $K^+$-$Na^+$-Transportsystems wirksam werden.

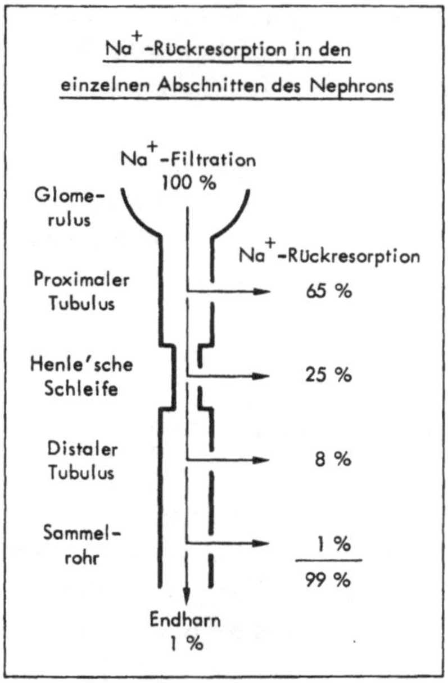

- **Aldosteron-Antagonisten.** Sie sind kompetitive Inhibitoren des Aldosterons, mit dem sie um Rezeptoren an der Tubuluszelle konkurrieren und damit die NaCl-Ausscheidung fördern. Der akute diuretische Effekt ist relativ gering. Ein Vorteil besteht jedoch in der unveränderten oder sogar verminderten $K^+$-Ausscheidung.

**Antikaliuretische Substanzen** erhöhen die Kaliumausscheidung nicht oder setzen sie sogar herab und wirken daher der (bei Anwendung anderer Diuretika) unerwünschten Hypokaliämie entgegen. Sie haben jedoch nur einen geringen natriuretischen Effekt.

**Osmotisch wirksame Substanzen** – wie z. B. Mannit – werden nach ihrer Filtration im Tubulussystem nicht rückresorbiert und nehmen eine entsprechende Menge Lösungswasser mit.

## 4. Akutes Nierenversagen

Das akute Nierenversagen bezeichnet eine plötzliche und kritische Herabsetzung der Ausscheidungsfunktion der Niere, die

- **prärenale** (hypovolämischer Schock, Kreislaufversagen)
- **renale** (akute Glomerulonephritis, Nephropathien, Nephrotoxine wie z. B. Schwermetalle, organische Lösungsmittel) oder
- **postrenale** (beidseitige Ureterobstruktion, Nierenvenenthrombosen)

Ursachen haben kann.

Die beim akuten Nierenversagen eintretenden Veränderungen betreffen primär den Wasser- und Elektrolythaushalt. Initial führen Schock oder toxische Schädigung des Nierenparenchyms zur renalen Ischämie mit Verminderung des Glomerulumfiltrats und Hemmung des tubulären $Na^+$-Transports. Der daraufhin einsetzende Anstieg der $Na^+$-Konzentration in den distalen Tubuli führt über eine Wirkung auf die Macula densa zu einer präglomerulären Vasokonstriktion (Drosselung der Vasa afferentia) und zum Sistieren der glomerulären Filtration in dem betreffenden Nephron. Die Wasserausscheidung geht auf geringe Volumina zurück (Oligurie = weniger als 0,4 l/d, 400 ml/24 h, Anurie = weniger als 0,1 l/d, 100 ml/24 h). Die konsequent sich entwickelnde Hyperkaliämie und die – als **Azotämie** bezeichnete – Stickstoffretention (Kreatinin, Harnstoff, Harnsäure) beherrschen die klinische Symptomatik (EKG-Störungen, Herzversagen, Urämie). Liegt gleichzeitig ein schwerer Nierenparenchymschaden vor, treten infolge erhöhter Durchlässigkeit der Glomeruli auch Proteinurie und Erythrurie (Durchtritt von Erythrozyten) auf.

Bei Oligurie und Anurie dürfen – zur Verhütung einer Hyperhydration (S. 119) – lediglich die renalen und extrarenalen Flüssigkeitsverluste (intestinale

Flüssigkeitsausscheidung, Perspiratio insensibilis) ergänzt werden (etwa 0,3 l/d, 300 ml/24 h).

Nach einer u. U. bis zu 3 Wochen dauernden oligurischen Phase setzt die Diurese mit zunehmenden Urinvolumina ein. Eine Funktionsschwäche der Niere ($Na^+$- und $K^+$-Verlustsyndrom) kann bis zu einer vollen Restitution über mehrere Wochen oder Monate bestehen bleiben.

## 5. Chronische Niereninsuffizienz

Bei zunehmender Zerstörung oder bei vollständigem Funktionsausfall von Nephronen entwickelt sich eine chronische Niereninsuffizienz.

Im ersten Stadium werden exkretorische und regulatorische Funktionen der Niere noch durch Vergrößerung der Glomeruli und Hypertrophie der Tubuli kompensiert. Der Defekt läßt sich nur durch Funktionstests aufdecken. In späteren Stadien sind eine herabgesetzte Konzentrationsfähigkeit (Isosthenurie, Hyposthenurie), Natrium- und Calciumverlust (hyperchlorämische Acidose) und Retention harnpflichtiger stickstoffhaltiger Substanzen (Kreatinin, Harnstoff,

**Pathobiochemie der chronischen Niereninsuffizienz**

| Stoffwechselstörung | | Symptome |
|---|---|---|
| Retention von Produkten des Stickstoff-Stoffwechsels (Harnstoff, Harnsäure, Kreatinin u. a.) | ⟶ | Urämiesyndrom (Komplexe neurologische, gastroenterologische u. a. toxische Symptome) |
| Eingeschränkte Reaktion 25-Hydroxycalciferol ⟶ 1,25-Dihydroxycalciferol | ⟶ | Verminderte intestinale Calciumresorption, sekundärer Hyperparathyreoidismus, Hypocalcämie, renale Osteopathie |
| Störungen der Elektrolytausscheidung | ⟶ | Hypokaliämie, Hyponatriämie, im terminalen Stadium Hyperkaliämie |
| Verminderte renale $H^+$-Exkretion | ⟶ | metabolische Acidose mit teilweiser Kompensation durch Hyperventilation und Senkung des $pCO_2$ |
| Ausfall der Erythropoetinbildung der Niere | ⟶ | Anämie |
| Hyperhydration und Gefäßveränderungen der Niere | ⟶ | Hypertonie, dekompensierte Linksinsuffizienz |
| Komplexe toxische Einflüsse auf den Stoffwechsel durch unbekannte Metabolite („Urämiegifte") | ⟶ | Anämie aufgrund verkürzter Lebenszeit endogener oder transfundierter Erythrozyten, Thrombopenie, Thrombopathie, zentrale und periphere Neuropathie, endokrine Funktionsstörungen (Veränderungen des Insulinstoffwechsels, Hypogonadismus) |

Harnsäure) nachweisbar. Eine nicht kompensierte unbehandelte chronische Niereninsuffizienz endet im Stadium der **Urämie.** Die Urämie bezeichnet das klinische Zustandsbild einer fortgeschrittenen Niereninsuffizienz.

Bei Einschränkung der glomerulären Filtrationsleistung auf 60% der Norm kommt es zum Anstieg des Serumkreatinins, bei Einschränkung auf 30–35% zum Anstieg des Serumharnstoffs und bei Einschränkung unter 20% zum Anstieg der Harnsäure- und Phosphatkonzentration im Serum. Die in % der Norm angegebene Ausscheidungsleistung entspricht der Zahl noch intakter Nephrone, die – nach der „Intact Nephron Hypothese" – entweder normal funktionieren oder vollständig ausfallen.

Die bei chronischem und fortschreitendem Nierenversagen infolge eines unheilbaren Grundleidens sich entwickelnden Symptome der dekompensierten Niereninsuffizienz lassen sich z. T. aus der Einschränkung der Nierenfunktion ableiten, z. T. sind sie als komplexe Auswirkungen des chronischen Nierenversagens auf den Gesamtorganismus zu werten (Tabelle).

**Proteinstoffwechsel bei chronischer Niereninsuffizienz.** Ein Anstieg der harnpflichtigen Metabolite des Proteinstoffwechsels zeigt eine dekompensierte Nierenfunktion bzw. ein Absinken der Anzahl funktionstüchtiger Nephrone an (s. o.). Neben einer Retention von Kreatinin, Harnsäure und Harnstoff kommt es dabei zu einem Anstieg vermutlich toxischer Metabolite des Proteinstoffwechsels (Guanidin, Phenolderivate, Indol, Peptide). Ein für die Niereninsuffizienz spezifisches „Urotoxin" ließ sich jedoch nicht nachweisen.

Durch Einschränkung der täglich zugeführten Nahrungsproteinmenge auf 20–40 g ist es möglich, den Proteinstoffwechsel der eingeschränkten Eliminationsleistung der Niere anzugleichen und damit die erhöhte Konzentration der harnpflichtigen Substanzen wieder zu senken und die retentionsbedingte Intoxikation zu bessern. Das Problem einer bilanzierten Proteindiät besteht darin, daß einerseits – um einen katabolen Proteinstoffwechsel zu vermeiden – eine ausreichende Menge essentieller Aminosäuren (6–7 g/24 h) zugeführt werden, andererseits die Gesamtproteinmenge reduziert bleibt, aber eine ausreichende Kalorienzufuhr erreicht werden muß.

Eine reduzierte Proteinzufuhr (strenge Reduktion: 25–35 g Gesamtprotein/24 h, mäßige Reduktion: 40–55 g Gesamtprotein/24 h) bei chronischer Niereninsuffizienz ist erforderlich, weil bei Harnstoffretention eine verstärkte **Reutilisierung des Harnstoff-Stickstoffs** über einen mikrobiellen intestinalen Abbau des Harnstoffs zu Ammoniak und $CO_2$ mit erhöhter endogener Synthese nicht essentieller Aminosäuren in der Leber einsetzt (Schema), und dadurch die zusätzliche Bildung von Harnstoff begünstigt wird.

Eine reduzierte bzw. auf essentielle Aminosäuren limitierte Diät wird erreicht z. B. durch eine Kartoffel-Ei-Diät, welche bei etwa 30 g Protein/24 h (entsprechend 300 g Kartoffeln und 300 g Hühnervollei) die essentiellen Aminosäuren

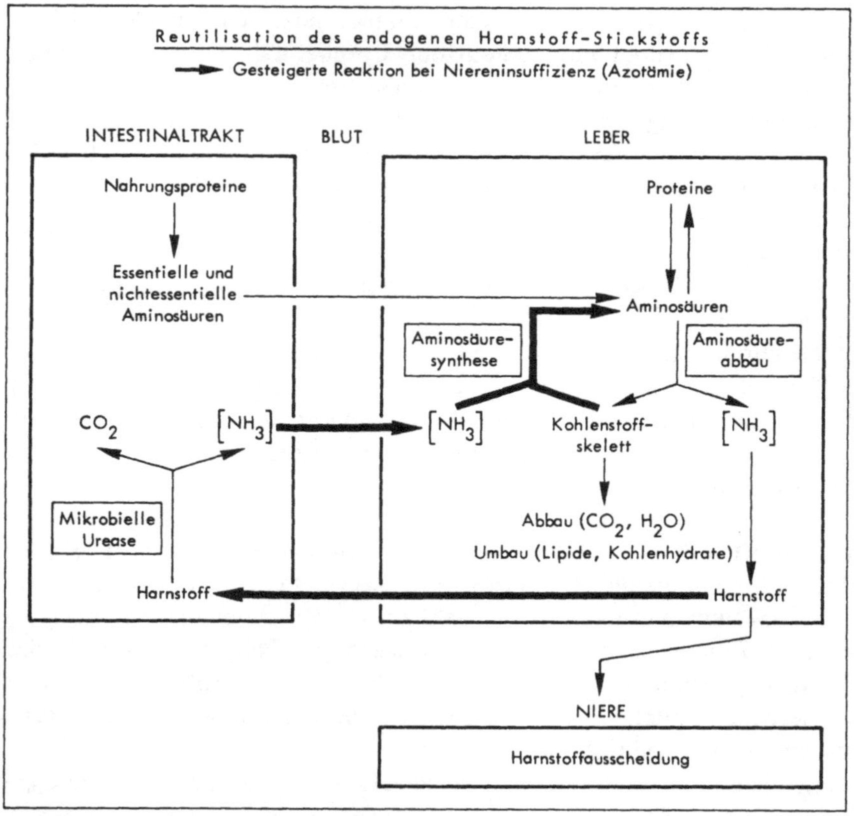


in einer optimalen Proportion enthält. Eine andere Möglichkeit besteht in der Beschränkung der Nahrungsproteine auf 20 g/24 h bei gleichzeitiger Substitution der essentiellen Aminosäuren (15 g/24 h) in Tablettenform, wobei für das Nahrungsprotein kein Verbot für bestimmte Eiweißträger besteht.

## 6. Nephrose und Proteinurie

Strukturelle Läsionen der Glomeruluswand bzw. der glomerulären Basalmembran, die als entscheidende Filtrationsbarriere angesehen wird, haben zwei wesentliche funktionelle Konsequenzen:

1. Verminderung des Glomerulusfiltrats,
2. Erhöhung der Permeabilität für Makromoleküle.

**Pathogenese.** Die Pathogenese des nephrotischen Syndroms wird durch die erhöhte Permeabilität der glomerulären Kapillarwand bestimmt. Der hieraus resultierende Übertritt von Plasmaproteinen in das Glomerulusfiltrat hat eine **Protein-**

**urie** verschiedenen Schweregrades (von < 0,5 – > 4 g Protein/24 h im Urin) zur Folge. Die entstehenden renalen Proteinverluste sind Ursache der Hypoproteinämie, die – je nach Art der Schädigung – entweder bevorzugt Proteine mit einem Mol.-Gew. bis 200 000 betrifft (Tabelle, S. 55) wie z. B. Albumin (Mol.-Gew. 60 000), Transferrin (Mol.-Gew. 90 000), $\alpha_1$-Glykoproteine (Mol.-Gew. 54 000) und dann als **selektive Hypoproteinämie*** bezeichnet wird, oder ohne Selektion zu einem gleichmäßigen Verlust der meisten Plasmaproteine führt (**nichtselektive Hypoproteinämie**). Die aus der Hypoproteinämie bzw. Dysproteinämie sich entwickelnden Folgezustände gibt das nachstehende Schema wieder.

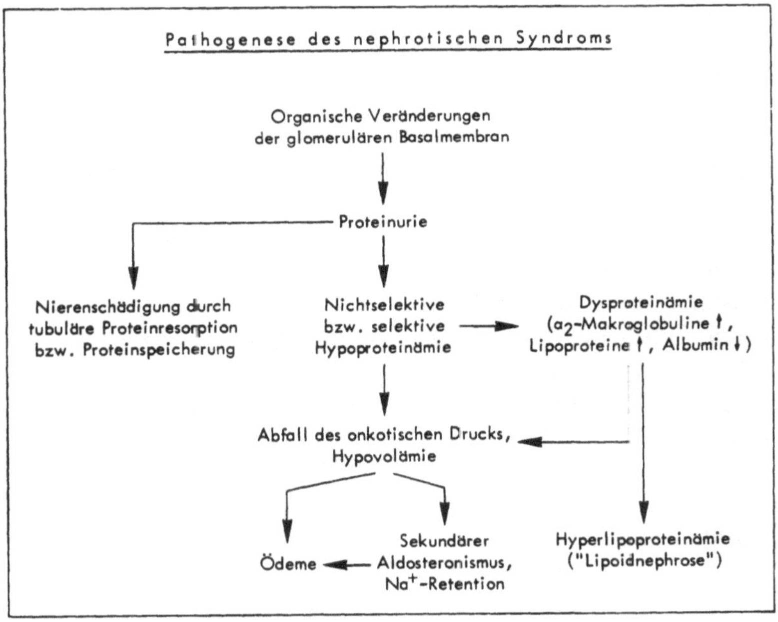


Die **Dysproteinämie** führt – insbesondere, wenn die Serumalbuminkonzentration unter einen Wert von 14 g/l (1,4 g/100 ml) sinkt (Hypoalbuminämie) – zum Abfall des onkotischen Drucks und zur Verminderung des zirkulierenden Plasmavolumens (Hypovolämie). Die direkte Folge sind Wasserretention im Gewebe (Ödem) sowie ein sekundär, aufgrund der verminderten Nierendurchblutung über den Renin-Angiotensin-Mechanismus sich entwickelnder Hyperaldosteronismus mit $Na^+$-Retention.

Proteinverlust bzw. Dysproteinämie scheinen ferner eine Regulationsstörung der Lipoproteinsynthese der Leber auszulösen, da die bei einer Nephrose meist auf-

* Definitionsgemäß gehört die selektive Hypoproteinämie zu den Dysproteinämien (S. 54).

tretende sekundäre Hyperlipoproteinämie (S. 107) nicht ausschließlich durch die Verschiebung des Plasmaproteinverteilungsmusters zugunsten der (die geschädigte Glomeruluswand nicht passierenden) makromolekularen Lipoproteine (Mol.-Gew. $2 \cdot 10^6$ bis $50 \cdot 10^6$) erklärt werden kann, sondern eine kompensatorische Überproduktion von Lipoproteinen (VLDL) und deren ineffiziente Utilisation angenommen wird.

**Proteinurie.** Die physiologische Proteinausscheidung mit dem Harn beträgt 40–80 mg/24 h und betrifft vorwiegend Serumalbumin, Transferrin und Serumproteine mit einem Mol.-Gew. $< 5 \cdot 10^4$. Als Proteinurie wird eine Ausscheidung von > 0,3 g/l Harn (> 30 mg Protein/100 ml Harn) bzw. > 0,5 g/24 h bezeichnet.

Eine **renale** Proteinurie entsteht, wenn die Proteinkonzentration des Primärharns aufgrund eines Nierenschadens so weit ansteigt, daß die tubuläre Rückresorptionskapazität für Proteine nicht mehr aussreicht. Dies ist z. B. beim nephrotischen Syndrom, bei akuter und chronischer Glomerulonephritis, Pyelonephritis u. a. Erkrankungen der Niere oder mit Nierenbeteiligung (Intoxikation, Gicht) der Fall.

Eine funktionelle (extrarenale) Proteinurie kann bei Neugeborenen, bei Schwangerschaft, nach schweren körperlichen Anstrengungen und nach Orthostase mit Hyperlordose, aber auch bei Fieber und schwerem Schock auftreten und kommt durch passagere Durchlässigkeitserhöhung der glomerulären Filtrationsbarriere zustande.

Beim multiplen Myelom (selten bei Leukämie und Lymphosarkom) erscheint im Harn das Bence-Jones-Protein (S. 405).

## 7. Tubulopathien

Eine Reihe erblicher und erworbener Erkrankungen ist durch einen selektiven Defekt tubulärer Transportvorgänge gekennzeichnet. Die Störung kann auf einen Transportprozeß beschränkt sein oder mehrere Transportmechanismen betreffen. Im ersten Fall ist die Rückresorption einer einzigen Substanz (oder einer kleinen Gruppe verwandter Verbindungen) gestört, während im zweiten Falle der Transport verschiedener Stoffe reduziert oder aufgehoben ist.

Die Störungen für den spezifischen tubulären Transport von Aminosäuren sind auf S. 67 beschrieben. Aminosäurerückresorptionsstörungen treten auch in Kombination mit weiteren Tubulusdefekten auf. So ist z. B. eine Kombination mit Rückresorptionsstörung für Glucose und Glycin (Glucoglycinurie), für Aminosäure- und Säure-Basenregulation (Lowe-Syndrom) oder eine Kombination von Rückresorptionsstörungen von Glucose, Aminosäuren und Phosphat (Fanconi-Syndrom) bekannt. Die Tabelle gibt weitere Beispiele für Störungen einzelner Tubulusfunktionen.

Beispiele für angeborene und erworbene Störungen von Tubuluspartialfunktionen (Tubulopathien)

| Gestörte Funktion | Erkrankung (a. Angeboren, b. Erworben) | Symptome |
|---|---|---|
| 1. Rückresorptionsstörungen von<br>Wasser | a. Diabetes insipidus renalis (Adiuretin-Rezeptormangel)<br>b. Chronische Niereninsuffizienz | Polyurie, Polydipsie<br>Salzver ust, Hyponatriämie |
| Aminosäuren | a. Aminoacidurie<br>b. Blei-, Maleatvergiftung | Siehe Kapitel Aminosäuren<br>Siehe Kapitel Aminosäuren |
| Glucose | a. Renaler Glucose-Diabetes<br>b. Chronische Niereninsuffizienz Fanconi-Syndrom | Glucosurie bei normalem oder erniedrigtem Blutzucker |
| Phosphat | a. Familiäre Hyperphosphaturie<br>b. Primärer oder sekundärer Hyperparathyreoidismus | Hypophosphatämie, Osteomalazie<br>Siehe Kapitel Hormone |
| 2. Gestörte Säure-Basenregulation (gestörte $H^+$-Exkretion) | a. Renal-tubuläre Acidose<br>b. Chronische Niereninsuffizienz | Hyperchlorämische Acidose<br>Hyperchlorämische Acidose |

## 8. Nierenfunktionsprüfungen

Die Nierenfunktionsprüfung gibt Einblick in die Gesamtfunktion der Niere, die als Teilfunktionen die Nierendurchblutung, die Filtrationsleistung durch die Glomeruli und die Rückresorption bzw. Sekretion durch die Tubulusepithelien erfaßt. Die Anwendung spezifischer Funktionstests gestattet die selektive Prüfung auf Störungen der

- glomerulären Filtration und Nierendurchblutung bzw. der
- Tubulusfunktion.

**Messung der glomerulären Filtration und der Nierendurchblutung.** Zur Messung der glomerulären Filtration, die mit der Nierendurchblutung direkt korreliert ist, werden Clearanceuntersuchungen durchgeführt. Die **Plasmaclearance** ist ein Maß für die Fähigkeit der Niere, eine Substanz auszuscheiden und wird nach der Formel

$$C = \frac{U \cdot V}{P}$$

bestimmt, wobei U = mg/l bzw. P = mg/l die Konzentration der Clearancesubstanz im Urin bzw. Plasma und V = ml/Min. das Harnzeitvolumen darstellt. Die Plasmaclearance C gibt die maximale Blutmenge an, welche in einer Minute von der Clearancesubstanz gereinigt werden kann.

Das Fructosepolysaccharid **Inulin** wird ausschließlich durch Filtration über das Glomerulussystem ausgeschieden und im Tubulussystem weder rückresorbiert noch sezerniert. Die Inulinclearance ist daher ein Maß für die glomeruläre Filtrationsrate. Die Normalwerte der Inulinclearance betragen 125 ml/Min. (Männer) bzw. 109 ml/Min. (Frauen).

Auch endogenes **Kreatinin** wird bei normalen Blutwerten ausschließlich im Glomerulusapparat filtriert, bei Abnehmen der Filtrationsleistung der Niere jedoch zunehmend auch über die Tubulusepithelien sezerniert. Unter dieser Einschränkung läßt sich Kreatinin zur Bestimmung der Glomerulusfiltratmenge in der Zeiteinheit heranziehen. Die normalen Clearancewerte betragen 95–105 ml/Min.

Die Prüfsubstanz p-Aminohippursäure (PAH) wird bei einmaligem Durchgang des Blutes durch die Niere nahezu vollständig aus dem Plasma eliminiert. Dies erklärt sich aus der Tatsache, daß PAH nicht nur über die Glomeruli filtriert, sondern zusätzlich über das Tubulussystem aktiv sezerniert wird. PAH stellt damit ein Maß für die Nierendurchblutung dar. Der Plasmaclearance-Wert beträgt für Männer 650 bzw. für Frauen 600 ml/Min.

**Tubulusfunktion.** Phenolsulphthalein (Phenolrot) wird nach intravenöser Injektion von 0,017 mmol (6 mg) rasch und vorwiegend tubulär ausgeschieden (bei normaler Tubulusfunktion innerhalb von 15 Min. 36–42% der verabreichten Dosis). Die Phenolrotausscheidung ist daher eine orientierende Methode zur Beurteilung der Tubulusfunktion.

Auch **Osmolarität** bzw. **spezifisches Gewicht** des Harns sind direkte Parameter der Tubulusfunktion, da die Konzentrationsarbeit der Nieren vorzugsweise im distalen Tubulus stattfindet. Das spezifische Gewicht des Harns ist eine Funktion der Zahl der im Harn gelösten Partikel. Es besteht jedoch keine direkte Proportionalität, da die gelösten Partikel das spezifische Gewicht in Abhängigkeit von ihrem Molekulargewicht in verschiedener Weise beeinflussen. Die Messung der Osmolarität gibt daher einen besseren Einblick in die Tubulusfunktion. Dies macht folgende Überlegung deutlich: Das Mol.-Gew. der Glucose (180) ist dreimal höher als das des Harnstoffs (60). Daher weist eine Glucoselösung bestimmter Osmolari-

**Spezifisches Gewicht und Osmolarität bei gestärkter Harnkonzentrierung**

| | Spezif. Gewicht (g/l) | Osmolarität* (mmol/l) |
|---|---|---|
| Normbereich | 1002–1040 | 50–1400 |
| Hyposthenurie | max. bis 1025 | max. bis 850 |
| Isosthenurie | ~ 1010 | ~ 300 |
| Asthenurie | ~ 1001 | ~ 50 |

* mmol osmotisch wirksame Partikel/Liter (entsprechend der älteren Dimension mOsm/kg)

tät ein dreifach höheres spezifisches Gewicht auf als eine isoosmolare Harnstofflösung.

Auf die aufwendige Messung der Osmolarität wird jedoch zugunsten der einfachen Bestimmung des spezifischen Gewichts des Harns meist verzichtet. Bei gestörter tubulärer Harnkonzentrierung treten charakteristische Veränderungen des spezifischen Gewichts bzw. der Osmolarität ein (Tabelle).

## 9. Harnkonkremente

Da der Harn bei Körpertemperatur in bezug auf viele Inhaltsbestandteile gesättigt ist, kann es bei Stoffwechselstörungen mit Konzentrationsveränderungen oder bei entzündlichen Vorgängen in den ableitenden Harnwegen zur Bildung von Harnsedimenten und zu Harnsteinen kommen. Epithelien, Fibrinflocken oder Bakterien wirken als Kristallisationskeime.

Eine Analyse von Harnsteinen ist notwendig, da ihr Ergebnis häufig einen Rückschluß auf die Pathogenese zuläßt und stets eine sinnvolle Rezidivprophylaxe (Metaphylaxe) ermöglicht.

Etwa die Hälfte aller Harnkonkremente besteht aus Calciumoxalat, $^1/_3$ aus Calciumphosphat ($Ca_3(PO_4)_2$), Magnesiumammoniumphosphat ($MgNH_4PO_4$), Calciumcarbonat ($CaCO_3$) oder einer Mischung dieser Verbindungen. Der Rest sind Urate (Kalium- oder Ammoniumsalz) bzw. freie Harnsäure und seltenere Konkremente.

Die Ursachen für die Entstehung von Harnsteinen sind

- Stenose und/oder Infekt der ableitenden Harnwege,
- Stoffwechselstörungen (Hyperoxalurie, Hyperparathyreoidose, Hypercalciurie, Hyperuricämie und Hyperuricosurie),
- oder bleiben unbekannt.

Die Kristallisation bzw. Ausfällung von Salzen aus gesättigten oder übersättigten Lösungen wird physiologischerweise durch Hemmstoffe verhindert. Zu diesen mit dem Harn ausgeschiedenen Hemmstoffen gehören Pyrophosphat (0,82–1,22 mmol/d, 80–120 mg/24 h als Phosphor), Glykoproteine (200–300 mg/24 h) und saure Glykosaminoglykane 20–40 mg/24 h). Die Uringlykoproteine sind heterogen und enthalten auch Glykopeptide.

Andererseits kann die erhöhte Konzentration eines noch löslichen Salzes einen „Aussalzeffekt" auf ein anderes, schwerer lösliches Salz ausüben. So kann z. B. eine Hyperuricämie die Bildung von unlöslichem Calciumoxalat begünstigen.

**Calciumoxalatsteine.** Eine vermehrte Ausscheidung von Oxalat geht nahezu immer auf einen gestörten Oxalatstoffwechsel zurück. Eine übermäßige Zufuhr von Oxalat mit der Nahrung (z. B. Rhabarber, Tomaten, Schokolade) führt wegen der schlechten Resorbierbarkeit des Oxalats bzw. wegen der Bildung von Calciumoxalat im Intestinaltrakt nicht zur Oxalurie bzw. zu Oxalatsteinen.

Im Stoffwechsel kann Oxalsäure jedoch über verschiedene Reaktionswege entweder aus Ascorbinsäure oder aus Glycin und seinen Vorstufen bzw. aus Glyoxylsäure gebildet werden und sich anreichern, wenn eine der physiologisch bevorzugten Weiterreaktionen der Glyoxylsäure im Stoffwechsel vermindert oder blockiert ist (Schema).

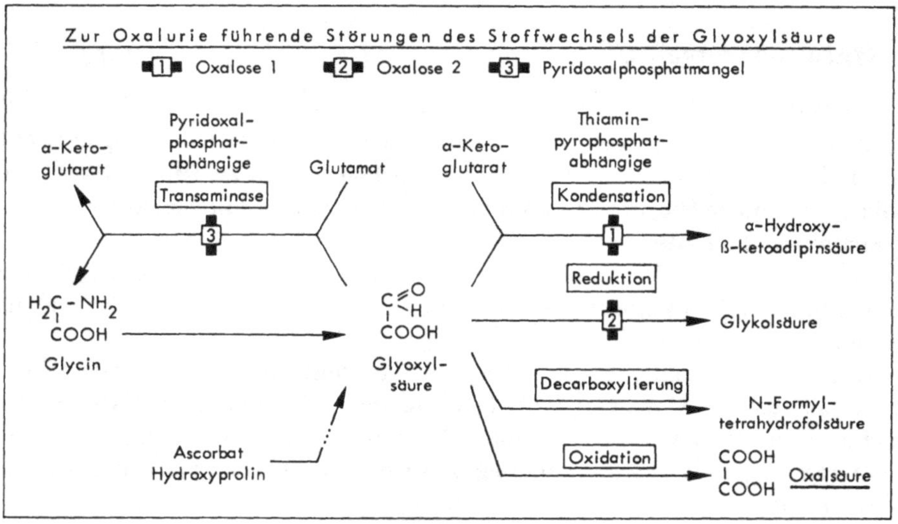


Glyoxylsäure kann mit α-Ketoglutarat zu einem Kondensationsprodukt, der α-Hydroxy-β-ketoadipinsäure, deren physiologische Bedeutung noch unklar ist, umgesetzt, zu Glykolsäure reduziert werden, unter Decarboxylierung mit Tetrahydrofolsäure zu N-Formyltetrahydrofolsäure reagieren, oder direkt ausgeschieden werden (normal 0,135–0,945 mmol/d, 10–70 mg/24 h). Eine erhöhte endogene Bildung und renale Ausscheidung von Oxalat liegt bei der Oxalose 1 und 2 vor, bei der die Kondensationsreaktion bzw. die Reduktion blockiert ist (s. a. Kap. Proteine und Aminosäuren, Reaktionsschema S. 65).

Auch ein Pyridoxalphosphatmangel kann durch Limitierung der Transaminierungsreaktion zu erhöhter Oxalsäureausscheidung und zu Oxalatablagerung führen.

Außer der Bildung von Nierensteinen, die häufig zu Nierenversagen und zum Tod schon im 20. Lebensjahr führen, kommt es zu Calciumoxalatablagerungen auch in verschiedenen Organen (z. B. Milz, Herz, Knochenmark).

Da die Oxalatbildung im Harn von der Konzentration weiterer Harnbestandteile positiv (Phosphat) oder negativ ($Mg^{2+}$, Citrat, Pyrophosphat) nach

$$k = \frac{[Ca^{2+}]\ [Oxalat]\ [Phosphat]}{[Mg^{2+}]\ [Citrat]\ [Pyrophosphat]}$$

beeinflußt wird, ist eine Prophylaxe (bzw. Metaphylaxe) mit $Mg^{2+}$ (12 mmol/d, 300 mg/24 h) und Orthophosphat (0,016–0,022 mmol/d, 1,5–2,0 mg/24 h), das die Pyrophosphatausscheidung steigert, die Calciumausscheidung dagegen senkt, sinnvoll. Zur Vermeidung des „Aussalzeffekts" von Urat werden Xanthinoxidasehemmer (300 mg Allopurinol/24 h) gegeben. Eine diätetische Beschränkung von calciumhaltigen Nahrungsmitteln (Milch, Käse) ist angezeigt.

**Calciumphosphatsteine.** Die Löslichkeit von Calciumphosphat nimmt mit steigendem pH ab. Daher treten Calciumphosphatsteine bevorzugt bei alkalischen Harn-pH-Werten bzw. bei einem Infekt mit $NH_4$-bildenden (harnstoffspaltenden) Bakterien auf (z. B. *Proteus vulgaris*), sie werden aber häufig auch sekundär gebildet, wenn eine erhöhte Calcium- oder Phosphatausscheidung (z. B. Hyperparathyreoidismus, S. 318) vorliegt. Gleichzeitig ist auch die Bildung von unlöslichem Magnesium-Ammoniumphosphat begünstigt. Ist eine Infektion auszuschließen, weist ein Calciumphosphatstein auf eine Tubulusfunktionsstörung oder einen Stoffwechseldefekt (z. B. renaltubuläre Acidose, Phosphatdiabetes, S. 301) hin. Die therapeutisch indizierte Ansäuerung des Urins auf pH 5,4–6,0 kann durch Ammoniumchlorid, HCl oder Ascorbinsäure erreicht werden. Zur Hemmung der enteralen Phosphatresorption ist Aluminiumhydroxyd (2,2–3,5 g/24 h) geeignet.

**Harnsäuresteine.** Harnsäure fällt bei saurer Reaktion als freie Säure, im neutralen Urin (Infektion mit $NH_4$-bildenden Bakterien) als schwer lösliches Ammoniumurat aus. Die zu einer Hyperuricämie und vermehrter Harnsäureausscheidung führenden Bedingungen und die sich ergebenden therapeutischen Möglichkeiten sind im Kap. „Nucleinsäuren" (S. 67) behandelt.

**Seltene Steine.** Die schwer löslichen Aminosäuren Cystin und Homocystin werden bei **Cystinurie** (S. 67), bzw. bei **Homocystinurie** (S. 64), Tyrosin und Leucin bei schwerem Leberschaden in hoher Konzentration mit dem Harn ausgeschieden und können dort auskristallisieren.

Bei der **Cystinurie** liegt eine Transportstörung für Cystin, Lysin, Arginin und Ornithin vor. Sie ist charakterisiert durch eine 20–30mal gegenüber der Norm erhöhte Ausscheidung von Cystin, Lysin, Arginin und Ornithin im Urin, die durch eine Rückresorptionsstörung im Nierentubulussystem bedingt ist (S. 67).

Der Defekt betrifft jedoch auch den intestinalen Transport und äußert sich dort in einer Unfähigkeit der Mucosazelle zur Aufnahme von Cystin, Lysin, Arginin und Ornithin. Infolgedessen wird der Blutcystinspiegel nicht durch das Nahrungscystin, wohl aber durch exogen zugeführtes Cystein erhöht. Das an sich harmlose Stoffwechselleiden kann dadurch kompliziert werden, daß das schwer wasserlösliche Cystin in der Niere oder in den ableitenden Harnwegen ausfällt und zur Konkrementbildung (Cystinsteine) führt. Unter den Ausscheidungsprodukten wurde auch das aus Cystein und Homocystein bestehende „gemischte Disulfid" gefunden.

Xanthin- und Indigosteine sind sehr selten. Unter den Medikamenten können die Sulfonamide in ihrer schwer löslichen (acetylierten) Ausscheidungsform Kristalle bilden.

## 10. Pathologische Harnbestandteile

**Aminosäuren.** Einer vermehrten Ausscheidung von Aminosäuren (Aminoacidurie) liegt immer eine Störung der Nierentubulusfunktion (S. 301) zugrunde.

**Kohlenhydrate.** Physiologischerweise wird freie Glucose nicht ausgeschieden, kann jedoch während der Gravidität und nach reichlicher Glucoseaufnahme im Harn nachweisbar sein. Eine Glucosurie tritt bei endokrinen Erkrankungen (Diabetes mellitus, S. 80, Nebennierenrindenüberfunktion, S. 163) und bei Schädigung des Tubulusapparates (S. 301) auf.

Eine Ausscheidung von Fructose erfolgt nach reichlicher Fructoseaufnahme und bei der essentiellen Fructosurie (S. 73).

Endogen gebildete Lactose wird in den letzten Monaten der Gravidität und während der Lactation mit dem Harn ausgeschieden (1,5–3,0 mmol/d, 0,5–1,0 g/24 h).

Die nach oraler Aufnahme aus Milchzucker freigesetzte Galaktose wird resorbiert und von der Leber metabolisiert. Säuglinge können bei Milchkost einen Teil der Galaktose, bei essentieller Galaktosämie (Kap. Kohlenhydrate, S. 71) mehrere Gramm/24 h mit dem Harn ausscheiden.

Bei essentieller Pentosurie werden unabhängig von der Diät 7–33 mmol/d (1,0–5,0 g L-Xylulose/24 h) ausgeschieden (S. 93).

Da alle genannten Zucker eine positive Reduktionsprobe geben, muß bei Vorliegen einer Glucosurie eine Identifizierung des Zuckers durch spezifische enzymatische Nachweismethoden, durch Gaschromatographie oder Dünnschichtchromatographie vorgenommen werden.

**Ketonkörper.** Die Normalausscheidung von Ketonkörpern (10–15 mg/24 h) ist erhöht im Hunger (besonders bei gleichzeitiger Muskelarbeit), bei Diabetes mellitus, nach Äthernarkose, gelegentlich bei Thyreotoxikose und im Fieber.

**Weitere pathologische Harnbestandteile.** Freies Hämoglobin kann nach massiver Hämolyse, bei quantitativem Verbrauch des Haptoglobins (S. 56) oder schweren Verbrennungen, Myoglobin nach umfangreichen Muskelquetschungen (Crash-Syndrom) in den Harn übertreten. Die Anwesenheit von Bilirubin, Urobilinogen und Urobilin und ihre Beziehung zur Pathogenese der Lebererkrankungen sind auf S. 246 beschrieben. Die normale Koproporphyrinausscheidung beträgt bis 460 nmol/d (bis 300 µg/24 h). Die pathologische Ausscheidung von Metaboliten des Porphyrinstoffwechsels ist für Porphyrien (S. 232) kennzeichnend. Auch bei zahlreichen erblichen Stoffwechselstörungen und Vitaminmangelzuständen (s. d.) treten charakteristische Ausscheidungsprodukte im Harn auf.

# 11. Extrakorporale Dialyse und Hämoperfusion

Chronisches Nierenversagen kann – sofern konservative Maßnahmen, wie die Reduktion der täglichen Proteinzufuhr auf 20–40 g und die Gabe von Diuretika nicht ausreichen – eine Langzeittherapie mittels extrakorporaler Dialyse (oder Organtransplantation, s. S. 398) notwendig machen. Die extrakorporale Dialyse, die 2–3mal/Woche über einen arterio-venösen Shunt vorgenommen wird, bringt das ungerinnbar gemachte Blut über ein Cellophanschlauchsystem mit einer Dialyseflüssigkeit in Kontakt, die alle physiologischen Bestandteile des Blutplasmas in normaler Konzentration enthält. Auf diese Weise entsteht ein Konzentrationsgefälle nur für die harnpflichtigen Substanzen, die aus dem Blut ausdialysiert werden. Allerdings bestehen Anämie, Hypertension und periphere Neuropathie (S. 296) weiter. Bei Hämodialyse beträgt die durchschnittliche Überlebensrate nach 3 Jahren 65–80%.

Bei der Hämodialyse kann es zu neurologischen Symptomen (Erbrechen, tetanische Krämpfe, Somnolenz, Coma) kommen. Sie sind dadurch bedingt, daß bei rascher Elimination des extrazellulären Harnstoffs die Reduktion der intrazellulären Harnstoffkonzentration zeitlich nachhinkt. Folglich entwickelt sich ein osmotischer Gradient, der das entstehende Hirnödem und den Wassereinstrom in den Liquorraum mit den neurologischen Begleitsymptomen erklärt.

Bei schweren Intoxikationen kann die Hämodialyse der renalen Elimination – selbst bei medikamentös erzwungener forcierter Diurese – überlegen sein und zu einer schnelleren Ausscheidung führen, da in der Niere stets ein Teil des bereits abfiltrierten Giftes (z. B. Schlafmittel) im Tubulussystem wieder rückresorbiert wird.

Eine wesentliche therapeutische Bereicherung, die selbst die Hämodialyse an Wirksamkeit übertrifft, stellt die **Hämoperfusion** über Aktivkohle dar. Bei der Hämoperfusion wird das Blut des Patienten nach Heparinisierung über einen extrakorporalen Kreislauf durch eine mit Adsorbentien (Aktivkohle, Amberlite) gefüllte Patrone gepumpt, welche die Fremdsubstanz bindet. Die unspezifische Adsorption von Blutzellen, Serumproteinen, die Aktivierung des Gerinnungs-

Elimination von Medikamenten durch Diurese, Hämodialyse und Hämoperfusion:

Angabe in Clearance -Werten (ml/Min.)

| Substanz | Forcierte Diurese | Hämodialyse | Hämoperfusion |
|---|---|---|---|
| Phenobarbital | 17 | 60 | 90-120 |
| Glutethimid | 10 | 40 | 125 |
| Kurzzeitbarbiturate | 5 | 20 | 50-120 |
| Bromcarbamid | 8 | 50-70 | 120 * |

* 200-300 bei Hämoperfusion mit Amberlite

systems sowie die Mikroembolien von Kohlepartikeln werden durch Überschichten der Adsorbentien mit einer biokompatiblen Membran verhindert.

Die Überlegenheit der Hämoperfusion gegenüber der Hämodialyse besteht in der wesentlich schnelleren Elimination (Tabelle) und der Möglichkeit, auch lipophile und proteingebundene Substanzen durch Adsorption aus dem Blut zu entfernen.

Der Anwendungsbereich der Hämoperfusion erstreckt sich daher auch auf Vergiftungen mit organischen Lösungsmitteln, Insektiziden, Herbiziden und auf Knollenblätterpilzvergiftungen (*Phalloidin, Amanitin*). Überraschende Behandlungserfolge lassen sich auch bei der Thyreotoxikose erzielen.

# VI. Skelettsystem

## 1. Homöostase des Calcium- und Phosphathaushalts

Im Blutplasma existiert Calcium z. T. in freier (ionisierter) Form (40%), z. T. als Calciumproteinat (60%). Seine Gesamtkonzentration beträgt 2,25–2,75 mmol/l (9–11 mg/100 ml). Da im menschlichen Körper 99% des Calciums (1,5 kg) und über 80% des Phosphats (0,7 kg) im Skelettsystem als Apatit deponiert sind, und die Knochenmineralien ein Reservoir darstellen, aus dem Calcium mobilisiert, und in welches überschüssiges Calcium abgegeben werden kann, sind der Blutcalcium- und Phosphatspiegel und Skelettstoffwechsel eng miteinander gekoppelt. Der normale Phosphatgehalt des Blutserums wird als anorganisches Phosphat angegeben und beträgt 0,65–1,94 mmol P/l (2–6 mg P/100 ml).

Da der Prozeß der Mineralisierung von der Bereitstellung einer skelettspezifischen extrazellulären bindegewebigen Grundsubstanz abhängt, bestehen weiterhin enge Beziehungen zwischen dem Stoffwechsel des Knochens und des Bindegewebes. Bei Systemerkrankungen des Bindegewebes (S. 331) ist häufig auch das Skelettsystem betroffen.

**Funktionen des $Ca^{2+}$.** Wichtige Funktionen freier Calciumionen sind:

- Kontrolle der Erregungsleitung im Nervensystem und der neuromuskulären Erregungsübertragung,
- ihre Beteiligung an der Blutgerinnung (Faktor IV),
- die Hemmung der Adenyl-Zyklase und Beeinflussung Zyklo-AMP vermittelter Hormonwirkungen (Kap. Hormone, S. 141),
- ihr positiver Effekt auf die Permeabilität der kapillaren Basalmembran („gefäßabdichtende" Wirkung des $Ca^{2+}$) und
- die Aktivierung zellulärer Enzyme (z. B. der Muskel-ATPase).

Bei Abnahme des ionisierten Calciums – **Hypocalcämie** – unter Werte von 0,5–0,75 mmol/l (2–3 mg/100 ml) im Blut kommt es zur Tetanie (tonische Krämpfe). Der Blutcalciumspiegel wird auch durch die Konzentration anderer Elektrolyte des Blutplasmas und den pH-Wert des Blutes positiv oder negativ beeinflußt, so daß die neuromuskuläre Erregbarkeit nicht ausschließlich durch die Konzentration an freiem $Ca^{2+}$ bestimmt wird. Die nachstehende Formel zeigt die Abhängigkeit der neuromuskulären Erregbarkeit (k) von weiteren Anionen und Kationen.

$$k = \frac{[K^+]\,[HCO_3^-]\,[HPO_4^{2-}]}{[Ca^{2+}]\,[Mg^{2+}]\,[H^+]}$$

Die Zunahme von k bedeutet Übererregbarkeit, Abnahme Untererregbarkeit des Nervensystems. Ausdruck einer neuromuskulären Übererregbarkeit sind EKG-

Veränderungen und tonische Muskelkontraktionen, die bis zum Spasmus gehen können. Weitere Symptome der Hypocalcämie sind eine Eintrübung der Augenlinse (Cataracta tetanica), Hautveränderungen und psychische Störungen.

Eine Erhöhung des Blutcalciumspiegels – **Hypercalcämie** – führt, vor allem in Verbindung mit einer Hyperphosphatämie, bei Überschreitung des physiologischen Ionenprodukts $[Ca^{2+}] \cdot [Phosphat] \approx 60$ mg/100 ml Serum zu atypischen Calciumeinlagerungen in verschiedene Organe. Prädestinationsorte solcher metastatischen Verkalkungen sind die Cornea, Synovia („Calciumsynovitis", Pseudogicht") und die Pankreasgänge (Pankreatitis durch calcifizierende Obstruktion).

**Resorption und Ausscheidung.** Die Konstanz des Calcium- und Phosphatspiegels in Blut und Körpersäften setzt eine wirksame Regulation der Resorption, der Verteilung und der Ausscheidung von Calcium und Phosphat voraus.

Die tägliche **Resorption von Calcium,** das in einer gemischten Nahrung reichlich vorhanden ist, beträgt 0,5–0,8 g. Ein geringerer pH-Wert in der Intestinalflüssigkeit, die Anwesenheit von Citrat (Bildung eines löslichen Calciumkomplexes) und Vitamin D fördern die Resorption. Unlösliche Calciumsalze, wie das Calciumoxalat, das sich in Gegenwart von Nahrungsoxalsäure bildet, oder die unlöslichen

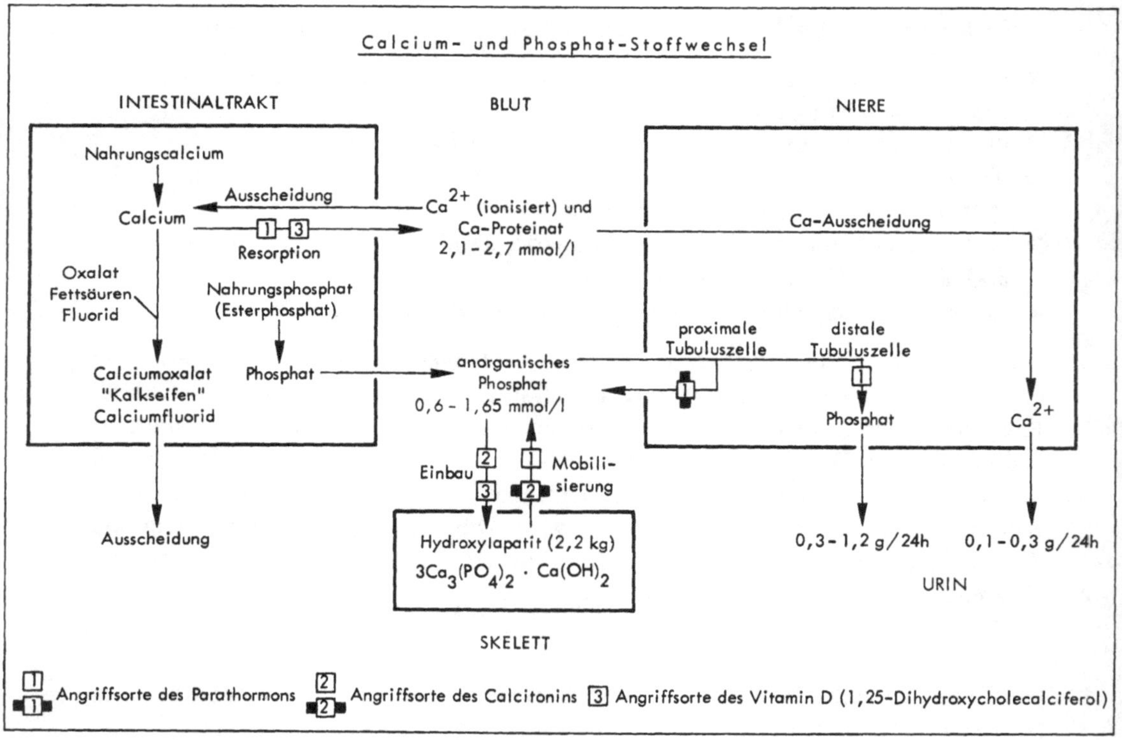

Calciumsalze der Fettsäuren („Kalkseifen"), die bei Störungen der Fettverdauung auftreten, verhindern die Resorption. Auch der Calciumphytinsäurekomplex wird nicht resorbiert. Phytinsäure ist ein in Getreidekörnern vorkommendes Inosithexaphosphat.

15% (~ 2,5 mmol/d, 0,1 g/24 h) des täglich resorbierten Calciums werden mit der Niere, der Rest durch den Intestinaltrakt ausgeschieden. Im Gegensatz hierzu wird das Phosphat praktisch vollständig über die Niere eliminiert. Auf diese Weise bleibt das physiologische Ionenprodukt [Calcium] · [Phosphat] = $1{,}5 \cdot 10^{-6}$ mol im Harn gering, und es wird vermieden, daß die Calcium-Phosphatkonzentration den kritischen Wert des Löslichkeitsproduktes ($3{,}5 \cdot 10^{-6}$ mol) erreicht. Eine Übersicht über den Calcium- und Phosphatstoffwechsel und die endokrine Regulation gibt das Schema.

## 2. Hormonelle Regulation des Calcium- und Phosphathaushalts

Die Konstanz des Blutcalciumspiegels wird durch die antagonistische Wirkung des Blutcalcium-senkenden **Calcitonins** und des Blutcalcium-steigernden **Parathormons** gewährleistet. Die Ausschüttung dieser Hormone wird wiederum durch den Blutcalciumspiegel reguliert. In diesen Regelkreis eingeschaltet ist das Skelett, das als Calciumreservoir überschüssiges Blutcalcium aufnehmen oder fehlendes Blutcalcium ergänzen kann. Ein Konzentrationsabfall des Blutcalciums löst vermehrte Parathormonsekretion aus, wodurch wiederum Calcium aus den Knochen mobilisiert wird. Hohe Blutcalciumspiegel hemmen die Parathormonsekretion und führen über erhöhte Calcitoninausschüttung zur Calciumablagerung im Knochen.

**Parathormon.** Nach parenteraler Verabreichung von Parathormon (Polypeptid aus 84 Aminosäuren) lassen sich ein Anstieg des Blutcalciums, ein Absinken des Blutphosphatspiegels, eine Erhöhung der Phosphatausscheidung mit dem Urin (Phosphaturie), eine Entmineralisierung des Knochens und eine Aktivitätszunahme der alkalischen Serumphosphatase nachweisen. Diese Veränderungen sind Folge einer direkten Wirkung des Parathormons auf Niere, Skelett und Gastrointestinaltrakt.

*1. Renale Wirkung.* Die erhöhte Phosphatausscheidung ist einerseits durch eine Zunahme der aktiven Sekretion von Phosphat im distalen Tubulus bedingt. Dieser Prozeß ist ein aktiver Transport. Er hat die Anwesenheit oxidierbarer Substrate und einen intakten Stoffwechsel zur Voraussetzung. $O_2$-Mangel oder Entkopplung der oxidativen Phosphorylierung heben die Parathormonwirkung auf. Andererseits wird auch die Rückresorption von Phosphat im proximalen Tubulus gehemmt. Auch dieser Effekt ist bei geschädigter Niere nicht mehr nachweisbar. Die direkte Wirkung des Parathormons auf die Niere läßt sich experimentell dadurch beweisen, daß es bei einseitiger Injektion von Parathormon in **eine** Nierenarterie lediglich in der entsprechenden Niere zur Phosphaturie kommt.

*2. Skelettwirkungen.* Auf die Osteoklasten des Skeletts hat Parathormon eine stimulierende Wirkung, die sich in einer vermehrten Synthese von m-RNA und einer Aktivitätszunahme der Enzyme der Glykolyse und des Citratzyklus nachweisen läßt. Die Osteoklasten mobilisieren den extrazellulären Hydroxylapatit und verursachen den Anstieg des Blutcalciumspiegels. Ein Anstieg des gleichzeitig freigesetzten Phosphats im Blutserum bleibt jedoch aus, da es rasch über die Nieren ausgeschieden wird. Auch am kollagenen Bindegewebe des Knochens kommt es zu Umbauvorgängen. Eine vermehrte Ausscheidung von Glykosaminoglykanen („Mucopolysacchariden") und Hydroxyprolinpeptiden im Harn ist die Folge.

*3. Calciumresorption.* Parathormon verbessert die Resorption von Calcium aus dem Intestinaltrakt und die Abgabe von Calcium aus den Mucosazellen an das Blut. Dieser Effekt ist jedoch weniger deutlich als derjenige auf Niere und Skelettsystem und ist von einer ausreichenden Versorgung mit Nahrungscalcium und der gleichzeitigen Anwesenheit von Vitamin D abhängig.

*4. Weitere Stoffwechselwirkungen.* Die verbesserte Glucoseutilisation der Augenlinse und ein Absinken des Blutmagnesiumspiegels unter Parathormon sind gesicherte, aber in ihrem Mechanismus noch nicht geklärte Effekte.

**Calcitonin.** Calcitonin (Polypeptid aus 32 Aminosäuren) führt bei der Ratte schon in Dosen von 0,01 mmol (0,05 μg) zu einer Senkung des Blutcalciumspiegels, die durch eine stimulierende Wirkung auf die Osteoblasten und vermehrte Calciumphosphatdeponierung im Skelettsystem zustande kommt. Die gesteigerte Mineralisierung führt zu einer gleichzeitigen Senkung des Blutphosphatspiegels. An der Wirkung des Calcitonins ist ferner eine Blockierung des Übergangs von Skelettcalcium zum Blutcalcium beteiligt, die durch eine Hemmung der Osteoklasten bedingt ist.

**1,25-Dihydroxycholecalciferol.** Vitamin D ($D_3$ = Cholecalciferol) entsteht im menschlichen Organismus aus Cholesterin, das in einer Folge enzymatischer Reaktionen in der Haut, Leber und Niere in die Wirkform – das 1,25-Dihydroxycholecalciferol – umgewandelt wird (Kap. Vitamine und Coenzyme, S. 209). Da die Wirkform des Vitamin $D_3$ im menschlichen Organismus durch Totalsynthese gebildet werden kann und eine steroidhormonähnliche Wirkung entfaltet, wird 1,25-Dihydroxycholecalciferol auch als **D-Hormon** bezeichnet.

Unter dem Einfluß des 1,25-Dihydroxycalciferols (aber auch des 25-Hydroxycalciferols und Cholecalciferols) wird in der intestinalen Mucosazelle ein spezifisches calciumbindendes Protein gebildet (Mol.-Gew. 25000, Calciumbindungsfähigkeit 1 $Ca^{2+}$/Proteinmolekül), das zusammen mit einer calciumabhängigen ATPase für die Resorption des Calciums aus dem Intestinaltrakt notwendig ist. Die Förderung der intestinalen Resorption von Calcium führt zu einem Anstieg des

Calcium- (und Phosphat-)spiegels im Blutserum und unterstützt damit das Knochenwachstum und die Verknöcherung. Darüber hinaus besitzt es eine direkte Wirkung auf den Knochenstoffwechsel. Durch Versuche mit radioaktiv markiertem Calciferol ließen sich dessen Anreicherung in den Epiphysenfugen der langen Röhrenknochen und die Bildung eines calciumtransportierenden Proteins nachweisen. In Gegenwart von Proteinbiosynthesehemmstoffen (z. B. Aktinomycin D) ist Vitamin D wirkungslos.

Die Homöostase des Blutcalciumspiegels und seine hormonelle Kontrolle faßt das nachfolgende Schema zusammen.

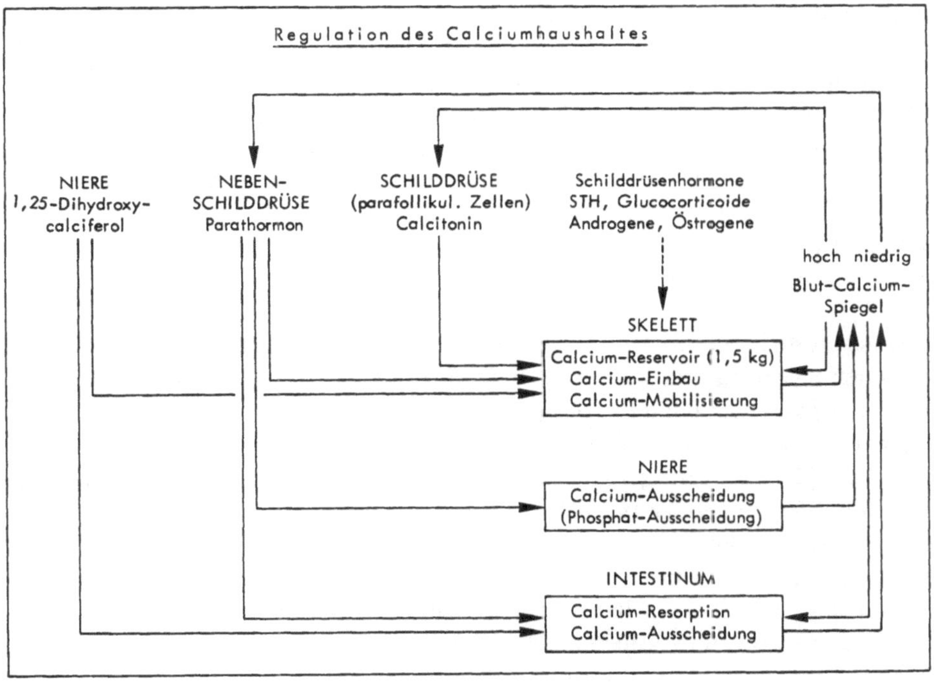


## 3. Dynamik des Knochenstoffwechsels

**Bildung der organischen Matrix und Calcifizierung.** Das longitudinale und appositionelle Wachstum und die Mineralisierung des Skelettsystems vollziehen sich nach folgendem Prinzip:

In den Osteoblasten erfolgt die Synthese von Kollagen (s. Bindegewebe, S. 333), Proteoglykanen und Glykoproteinen, die nach Ausscheidung aus den Zellen in den Extrazellulärraum eine organisierte Matrix mit spezifischer und funktionsadäquater Quartärstruktur bilden. An dieser Matrix (sog. „Osteoid“) beginnt – mit einer

Verzögerung von 8–10 Tagen – der Mineralisierungs-(Calcifizierungs-)vorgang. Hierfür wandeln sich die Osteoblasten in Osteozyten um, deren Tätigkeit mit einer intrazellulären Akkumulation von Calcium und Phosphat beginnt. Dabei scheint die Mitwirkung eines calciumbindenden Proteins notwendig zu sein. Calcium und Phosphat werden in Sekretionsvesikeln – vermutlich z. T. als anorganisches $Ca_3(PO_4)_2$ – aktiv aus der Zelle ausgeschleust. Die eigentliche Mineralisation (Apatitbildung) beginnt extrazellulär in sog. „Matrixvesikeln". Später erfolgt eine Orientierung an den freien ε-Aminogruppen des Lysins bzw. Hydroxylysins im Kollagen, die zunächst in einer ATP-abhängigen Reaktion mit Pyrophosphat verknüpft werden. Die gebundenen Pyrophosphatgruppen bilden einen Calciumkomplex, der als Kristallisationskern (Nucleus) die Anlagerung von Apatitkristallen begünstigt. An den Kristallisationskernen kommt es zur fortlaufenden Anlagerung weiterer Apatitkristalle (Nucleisationskristallisation).

Die Osteoblasten enthalten eine **alkalische Phosphatase,** die – auf ungeklärte Weise – an der Knochenbildung beteiligt ist. Bei defekter Knochenbildung fehlt das Enzym, in regenerierendem Knochen (nach Fraktur oder bei erhöhter Osteoblastentätigkeit s. u.) ist die alkalische Knochenphosphatase in Gewebe und Blutplasma in erhöhter Aktivität vorhanden. Während der embryonalen Entwicklung ist sie erst **nach** Einsetzen der ersten Verknöcherungsvorgänge nachweisbar.

**Knochenstoffwechsel.** Der größte Teil des in den Knochen und Zähnen vorhandenen Calciums und Phosphats liegt als Hydroxylapatit, Fluorapatit und Carbonatapatit vor. Die mehrere 100 Å langen hexagonalen Apatitkristalle (∅ 50 Å) sind extrazellulär lokalisiert und mit ihrer Längsachse parallel zu den kollagenen Fasern des Knochens ausgerichtet. Aufgrund seiner großen Oberfläche ($200\ m^2/g$) stellt der Knochen jedoch besonders im Bereich der Epiphyse und Spongiosa eine labile Phase dar, die einem ständigen Stoffaustausch (Mobilisierung, Einlagerung) unterliegt. In dieser labilen Phase besteht das Knochenmineral ganz oder teilweise aus amorphem (und damit leicht disponiblem) Calciumphosphat ($Ca_3(PO_4)_2$).
Organische Matrix und Knochenmineralien sind auch nach Abschluß des Wachstums einem ständigen Umsatz unterworfen. Die große Oberfläche des Hydroxylapatit macht es möglich, daß etwa 0,3% des Knochenminerals einem ständigen Austausch mit dem Calcium und Phosphat des Blutplasmas unterliegen, der durch die Osteoblasten und Osteoklasten bewerkstelligt wird. Während Osteoblasten und Osteozyten für die Synthese der organischen Matrix („Osteoid") und Mineralisierung verantwortlich sind, werden die Abbauvorgänge durch Osteoklasten bewerkstelligt. Der Knochenabbau wird durch die Steigerung der anaeroben Glykolyse eingeleitet, die über vermehrte Bildung und Abgabe von Lactat zu einer Erhöhung der Wasserstoffionenkonzentration im Extrazellulärraum und damit zur Bildung von löslichem Calciumlactat und Phosphationen führt. Gleichzeitig kommt es zur vermehrten Abgabe lysosomaler Enzyme an den extrazellulären Raum, von denen eine Pyrophosphatase an der Solubilisierung des Minerals

mitwirkt. Kollagenase, Glykosidasen und Sulfatasen entfalten eine synergistische Wirkung beim hydrolytischen Abbau von Kollagen, Proteoglykanen und weiteren Bestandteilen der organischen Matrix.

Calcium, Phosphat und ein Teil der enzymatischen Spaltprodukte des Kollagens (Hydroxyprolin, Hydroxyprolinpeptide) erscheinen im Blut. Die Hauptmenge der fragmentierten organischen Matrix wird jedoch durch adsorptive Pinozytose von den Osteoklasten aufgenommen und intralysosomal zu monomeren Bestandteilen abgebaut. Die Aktivität der alkalischen Knochenphosphatase ist ein Index für den Knochenaufbau- bzw. -anbau (Osteoblastenaktivität), die Konzentration des Hydroxyprolins und der Hydroxyprolinpeptide im Blut dagegen für den Knochenabbau (Osteoklastentätigkeit). Dabei kann ein Osteoklast in der Zeiteinheit die von 100–150 Osteoblasten gebildete Knochensubstanz (Grundsubstanz und Mineral) abbauen.

Eine Übersicht über die Dynamik des Knochenstoffwechsels gibt das nachfolgende Schema. Die selektiven Effekte der osteotropen Hormone und Wirkstoffe erklären sich durch die Existenz spezifischer zellmembrangebundener Rezeptoren (R).

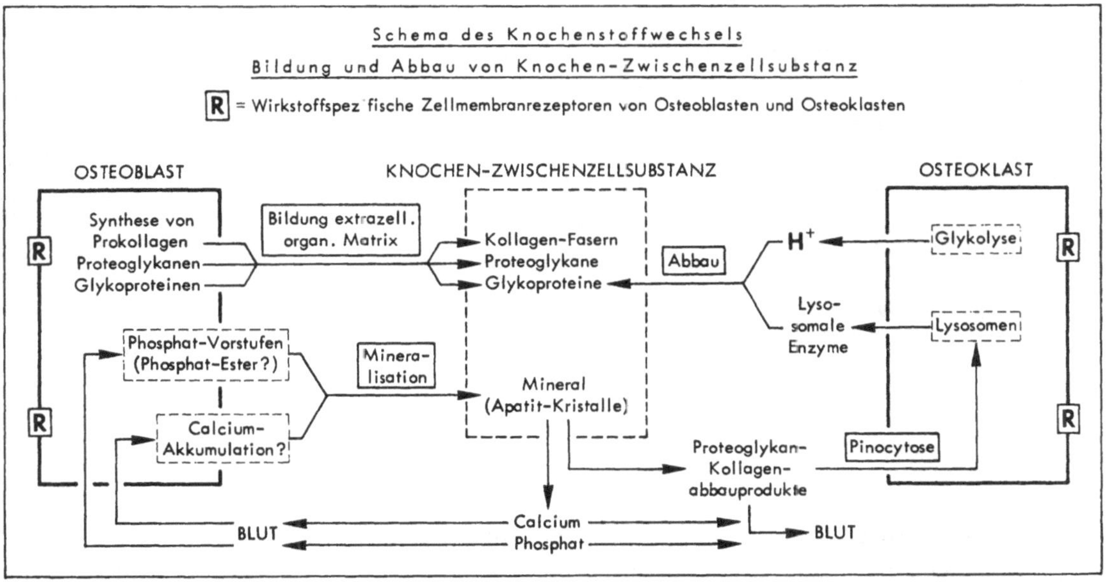


Beim Erwachsenen sind anaboler und kataboler Knochenstoffwechsel synchronisiert und – wie die Konstanz des Calcium- und Phosphatbestandes des Gesamtorganismus ausweisen – die Bilanz des Knochenstoffwechsels ausgeglichen. Absolutes oder relatives Überwiegen der Abbauvorgänge führt zur negativen Bilanz des Knochenstoffwechsels und zur **Osteoporose** (Atrophie). Überwiegen dagegen

Syntheseprozesse, resultiert positive Bilanz des Knochenstoffwechsels und **Hyperostose** (Osteosklerose). Beide Bilanzstörungen können verschiedene Ursachen haben.

## 4. Negative Bilanz des Knochenstoffwechsels

Unter den Regulationsstörungen, die zu einer negativen Bilanz des Knochen- bzw. Calciumstoffwechsels führen, sind **Osteoporose, Osteomalazie** sowie **primärer und sekundärer Hyperparathyreoidismus** am häufigsten. Zum Teil haben sie ihre Ursache in endokriner Fehlsteuerung, Vitaminmangel oder sind Folge einer Grundkrankheit, z. T. ist ihre Pathogenese unklar („idiopathische Formen"). Die Tabelle gibt eine Übersicht.

**Negative Bilanz des Knochenstoffwechsels**

Biochemie: Anaboler Stoffwechsel < kataboler Stoffwechsel
→ Abbau, Demineralisation

Pathobiochemie: Osteoporose (Atrophie), Osteomalazie, primärer und sekundärer Hyperparathyreoidismus, Ostitis deformans (Paget)

| Ursachen: | Hemmung der Osteoblasten und/oder | Stimulation der Osteoklasten |
|---|---|---|
| Hormone | Glucocorticoide, Östrogenmangel | Parathormon, Thyroxin, Glucocorticoide |
| Vitamine | Ascorbinsäuremangel, Vitamin D-Mangel | Hohe Dosen Vitamin D oder A |
| Andere Faktoren | Malnutrition, Maldigestion, Malabsorption, Inaktivität, Alter | Erhöhte Ca-Ausscheidung, Acidose, Heparin |

**Osteoporose.** Die Osteoporose ist eine lokalisierte oder generalisierte Atrophie des knöchernen Skeletts als Ergebnis eines pathologisch gesteigerten Knochenabbaus bei normaler Knochenneubildung. Pro Volumenanteil sind organische Matrix und Mineral gleichmäßig vermindert.

Bei der **primären Osteoporose** ist die Ursache unbekannt (idiopathische Form). Obgleich sie gehäuft nach der Menopause bzw. im Senium auftritt, läßt sich ein Defizit an Sexualhormonen als alleinige Ursache ausschließen, da bei Postmenopause-Osteoporose die therapeutische Gabe von Östrogenen zwar zum Sistieren des Prozesses, nicht jedoch zu einer Heilung mit Restitution führt. In den schweren Formen führt die Postmenopause-Osteoporose zu Kompressionsfrakturen der Wirbelkörper sowie zu Schenkelhals- und Unterarmbrüchen.

Eine **sekundäre Osteoporose** kann als Folge langdauernder Glucocorticosteroidmedikation oder einer Cushingschen Erkrankung auftreten, da sich der antianabole Effekt der Glucocorticoide auch in einer Abnahme des Proteingehalts im Knochen mit Verlust des Kollagens und begleitender Entmineralisierung bemerkbar macht. Ein gleicher Effekt kommt unter der katabolen Wirkung der Schilddrüsenhormone bei Hyperthyreose zustande. Calcium-Mangelernährung (s. Malabsorption, S. 283) und Inaktivität bzw. Immobilisierung des Skeletts sind weitere pathogenetische Faktoren. Bei Ruhigstellung der Muskulatur oder ungenügender Beanspruchung (z B. im Zustand der Schwerelosigkeit bei Astronauten) führt die Gefäßdilatation des Periosts zu einer Intensivierung des Knochenabbaus. Bei rheumatischer Arthritis und der Sudeckschen Erkrankung tritt eine lokalisierte Inaktivitätsosteoporose auf.

**Osteomalazie.** Als Osteomalazie wird die isolierte Störung des Mineralisationsvorgangs bei normaler Bildung der organischen Matrix (Osteoidbildung) bezeichnet. Morphologisch ist sie an dem breiten nichtverkalkten Osteoidsaum erkennbar. Eine Osteomalazie tritt bei allen pathologischen Zuständen mit Mangel an disponiblem Calcium oder Phosphat ein.

Die **Rachitis** – Folge eines Vitamin D-Mangels (S. 210) – repräsentiert den klassischen Typ der Osteomalazie. Die beobachteten Symptome der Rachitis sind Ausdruck einer generalisierten Störung des Calcium- und Phosphatstoffwechsels: Aufgrund der herabgesetzten (Vitamin-D-abhängigen!) intestinalen Resorption von Calcium kommt es zu einem Abfall des Serumcalciumspiegels. Da die – nicht Vitamin-D-abhängige und daher unveränderte – Calciumausscheidung die Resorption übertrifft, wird die Calciumbilanz negativ. Bei der engen Verbindung zwischen Calcium- und Phosphatstoffwechsel ist der Vitamin D-Mangel weiterhin durch eine starke Erniedrigung des Serumphosphatspiegels und eine vermehrte Ausscheidung von Phosphat mit dem Urin gekennzeichnet. Eine direkte Wirkung des Vitamin D auf die Nierentubuli (verminderte Phosphatrückresorption) kann dabei eine Rolle spielen. Die unter dem Vitamin D-Mangel unvollständige Mineralisation des Osteoids führt zur Knochenerweichung (Osteomalazie) mit charakteristischer Deformierung des Skeletts (Skoliose, Trichterbrust, Säbelbein, Caput quadratum). Die ausbleibende Calcifizierung stimuliert die Proliferation der Osteoblasten. Eine erhöhte Aktivität der alkalischen Phosphatase in den Zonen der (ausbleibenden) Verknöcherung und im Serum sind die Folge.

Das Absinken des Serumcalciumspiegels führt auf dem Weg der Gegenregulation zu einer Funktionssteigerung der Nebenschilddrüse (sekundärer Hyperparathyreoidismus, s. u.) mit Mobilisierung des Skelettcalciums, weshalb der Serumcalciumspiegel bei Rachitis oft nicht auffällig erniedrigt ist, und zu vermehrter Ausscheidung von Phosphat mit dem Urin. Der Wirkungsgrad des Parathormons ist im Zustand des Vitamin D-Mangels allerdings herabgesetzt.

Ursache eines Vitamin D-Mangels können Mangelernährung (Vitamin D wird nur von Wirbeltieren gebildet und benötigt, Vitamin D-reich sind Lebertrane) oder ungenügende intestinale Resorption des Vitamin D (z. B. beim Malabsorptions-Syndrom, bei Pankreasinsuffizienz oder Verschlußikterus) sein. Aber auch chronische Erkrankungen der **Niere** oder der **Leber** können einen Vitamin D-Mangel verursachen, wenn die Umwandlung des Cholecalciferols in 25-Hydroxycholecalciferol (Leber) oder die Reaktion 25-Hydroxycholecalciferol → 1,25-Dihydroxycholecalciferol (Niere) durch die geschädigten Organe ausbleibt.

**Vitamin D-resistente Rachitis.** Auch bei renalen Tubulopathien (Phosphatdiabetes, S. 301) führt der damit verbundene renale Calciumverlust zum Bild einer (Vitamin D-resistenten) Osteomalazie.

**Hyperparathyreoidose.** Eine vermehrte Bildung und Ausschüttung von Parathormon kann **primär** durch eine krankhafte Wucherung der Nebenschilddrüsen bedingt sein, aber auch **sekundär** durch alle mit Osteoporose oder Osteomalazie einhergehenden Krankheitsbilder ausgelöst werden.

Bei der **primären Hyperparathyreoidose** liegt eine autonome Nebenschilddrüsenüberfunktion vor, die zu 85% durch Adenome und zu 10% durch eine diffuse Hyperplasie des Nebenschilddrüsengewebes bedingt ist. Unter der Wirkung des erhöhten Parathormonspiegels im Blut finden eine Mobilisierung von Calcium und Phosphat aus dem Skelett und eine vermehrte Phosphatausscheidung in der Niere statt. Der Serumcalciumspiegel ist daher meist erhöht, der Serumphosphatspiegel dagegen erniedrigt (< 0,97 mmol/l, < als 3 mg Phosphor/100 ml). Da in der Niere nicht nur die Ausscheidung von Phosphat, sondern auch von Calcium (von dem normalerweise über 50% über die Niere ausgeschieden werden) erhöht ist (bis 6,24 mmol/d, 250 mg/24 h), kann es zu einer Überschreitung des Löslichkeitsproduktes von $Ca^{2+}$ und Phosphat ($3{,}5 \cdot 10^{-6}$ M) und zu einer Bildung von Calciumphosphatsteinen in der Niere selbst (Nephrocalcinose) oder in den ableitenden Harnwegen (Nierenbeckenstein, Ureterstein, Blasenstein) kommen. Calciumphosphatablagerungen werden jedoch auch in anderen Organen (z. B. Blutgefäßen, Cornea des Auges, Synovia, Lunge, Conjunctiva, Trommelfell, Herzmuskel, Skelettmuskel und Gelenken) beobachtet. Die Entmineralisierung des Skeletts löst einen regellosen und überstürzten Ab- und Umbau des Knochengewebes mit Cystenbildung aus. In seiner schweren Form wird das Krankheitsbild als **„Osteodystrophia fibrosa generalisata“** (Fibroosteoklasie, Morbus Recklinghausen) bezeichnet. Die verstärkte Tätigkeit der Osteoblasten gibt sich in einer vermehrten Abgabe und erhöhten Aktivität der alkalischen Phosphatase im Blutserum zu erkennen.

Der **sekundäre Hyperparathyreoidismus** ist eine adaptive Funktionssteigerung zum Ausgleich eines extrazellulären Calciummangels (Calciummangelernährung,

Vitamin D-Mangel, Malabsorption). Das Symptomenbild des sekundären Hyperparathyreoidismus entspricht dem des primären Hyperparathyreoidismus, jedoch treten vermehrte extraossäre Verkalkungen auf. Bei Nierenbeteiligung kann im Gegensatz zum primären Hyperparathyreoidismus das Serumcalcium erniedrigt oder normal, der Phosphatgehalt im Blut dagegen – in späteren Stadien bei einer als Folge der Nephrocalcinosis sich entwickelnden Urämie – erhöht sein.

**Ostitis deformans Paget.** Zu einer negativen, jedoch lokal begrenzten Bilanz des Knochenstoffwechsels kommt es bei der Ostitis deformans Paget, die – aus unbekannter, aber wahrscheinlich genetisch bedingter Ursache – durch massive Steigerung des Knochenabbaus mit Destruktionen, Deformierung und Steigerung der Hydroxyprolinausscheidung einerseits, sowie reaktive gesteigerte Osteoblastentätigkeit mit Erhöhung der Aktivität der alkalischen Phosphatase des Serums andererseits gekennzeichnet ist. Die Krankheit betrifft vorzugsweise Skelettanteile mit starker mechanischer Beanspruchung (Becken und Extremitäten).

Einen Hinweis auf die noch unklare Pathogenese könnte die Tatsache geben, daß der gesteigerte osteoklastische Knochenabbau durch Calcitonin, dessen osteoklastenblockierende Wirkung bekannt ist, therapeutisch beeinflußt werden kann. Auch die orale Gabe von Diphosphonaten, die – im Tierexperiment – die Kollagensynthese stimulieren und den Hydroxylapatit gegen Auflösung schützen, ist wirksam.

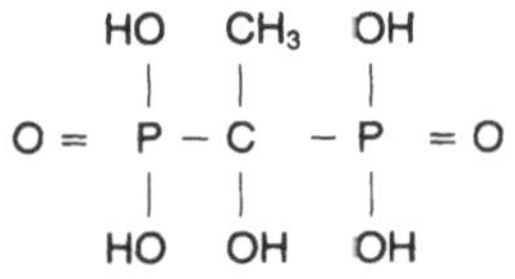

Äthan-1-hydroxy-1,1-diphosphonat (EHDP)

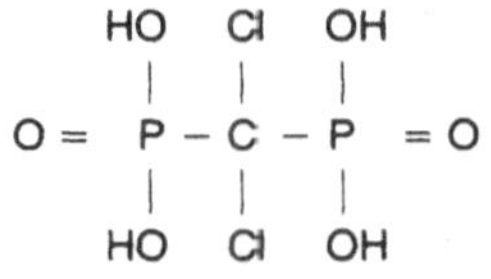

Dichlormethylen-diphosphonat ($Cl_2MDP$)

## 5. Positive Bilanz des Knochenstoffwechsels

Ist pro Volumeneinheit mehr Knochengewebe vorhanden als es dem physiologischen Normbereich entspricht, liegt eine **Hyperostose** (synonym: Osteosklerose) vor.

Eine positive Bilanz des Calciumstoffwechsels während des Wachstums ist physiologisch und tritt auch lokal (und vorübergehend) bei der Restitution von Knochenfrakturen (Callusbildung) auf. Fluorose, Somatomedin-Hyperostose und Osteopetrose sind Zustände einer pathologisch gesteigerten Knochenbildung (s. Tab.).

**Positive Bilanz des Knochenstoffwechsels**

Biochemie: Anaboler Stoffwechsel > kataboler Stoffwechsel
→ Aufbau, Mineralisation, Wachstum

Pathobiochemie: Hyperostosen (Fluorose, Somatomedin-Hyperostose), Osteopetrose

| Ursachen: | Stimulation der Osteoblasten (und/oder) | Hemmung der Osteoklasten |
|---|---|---|
| Hormone | Calcitonin, Östrogene, Androgene, STH | Calcitonin, Östrogene |
| Vitamine | 1,25-Dihydroxycalciferol (Vitamin D) | |
| Andere Faktoren | Ca-reiche Diät, Protein-reiche Diät, mechanische Belastung, Fluorid | Fluorid (?) |

**Fluorose.** Langdauernde Zufuhr von Fluoriden in hohen Dosen bewirkt einen zunehmenden Ersatz des Hydroxylapatits durch den schwer abbaubaren Fluorapatit. Dies Prinzip wird unterstützt durch eine Stimulation der Osteoblasten durch Fluorid mit Anstieg der alkalischen Phosphatase, die von einer weniger intensiven Osteoklastentätigkeit (Abnahme der Ausscheidung von Hydroxyprolin und Hydroxyprolinpeptiden) begleitet ist. Dieser als Fluorose bezeichnete Zustand läßt sich auch für die Therapie der Osteoporose mit Natriumfluorid ausnützen (z. B. 1,25–2,50 mmol, 50–100 mg NaF/24 h über 1–2 Jahre).

**Somatomedin.** Somatomedin (S. 176) steigert über die Anregung der Synthese von Kollagen und Proteoglykanen den Knochenumsatz und die Neubildung und Mineralisierung von Osteoid, die nach Epiphysenfugenschluß zu einem Breitenwachstum führen, und sich in einer Vergrößerung der Phalangen manifestieren (Akromegalie).

**Osteopetrose.** Bei der Osteopetrose (Morbus Albers-Schoenberg), einem seltenen kongenitalen Leiden, liegt vermutlich eine Rezeptordefizienz der Osteoklasten für Parathormon vor. Die Folge ist ein permanentes Überwiegen des anabolen Knochenstoffwechsels.

## 6. Störungen des Proteoglykan- und Kollagenstoffwechsels

Da sich eine Mineralisation nur an der regulären extrazellulären Matrix vollziehen kann, sind Calcifizierungsstörungen auch dann zu erwarten, wenn Defekte im Stoffwechsel des Kollagens oder der Proteoglykane vorliegen, die beide die

Hauptkomponenten der Knochengrundsubstanz ausmachen. Dies trifft z. B. für die Mucopolysaccharidosen (Kap. Bindegewebe, S. 339) zu, die infolge des gestörten Glykosaminoglykanabbaus und der resultierenden Akkumulation partieller Abbauprodukte in den Lysosomen häufig von Skelettmißbildungen begleitet sind. Ebenso sind Störungen in der Biosynthese des Kollagens für eine unzureichende Mineralisierung verantwortlich. Beispiele sind die Osteogenesis imperfecta, bei der Kollagen vom Typ I nicht gebildet werden kann, die Osteoblasten jedoch sonst voll funktionsfähig sind, einige Unterformen des Ehlers-Danlos-Syndroms (S. 335) und der Ascorbinsäuremangel (S. 214).

## 7. Diagnostik von Störungen des Calcium-Phosphatstoffwechsels

Einen Einblick in die Dynamik des Calcium- und Phosphatstoffwechsels gibt die quantitative Bestimmung des Blutcalcium- und Phosphatspiegels, die Bestimmung der Aktivität der alkalischen Phosphatase und die Ermittlung der 24 h-Ausscheidung von Calcium und Phosphat mit dem Harn. Die zusammenfassende Beurteilung dieser Parameter erlaubt eine Differenzierung der Störungen des Calcium- und Phosphatstoffwechsels, die häufig charakteristische Befunde aufweisen. Die Tabelle belegt dies durch einige Beispiele.

Klinisch-chemische Befunde bei Störungen des Calcium- und Phosphatstoffwechsels

| | Blut-Spiegel | | | Ausscheidung im Harn | |
|---|---|---|---|---|---|
| | Ca | Phosphat | Alkalische Phosphatase | Ca | Phosphat |
| Primärer Hyperparathyreoidismus | ↑ | ↓ | ↑ (N) | ↑ | ↑ |
| Sekundärer Hyperparathyreoidismus | | | | | |
| Glomeruläre Niereninsuffizienz | ↓ | ↑ | ↑ (N) | ↓ | ↓ |
| Rachitis, Ca-Malabsorption | ↓ | ↓ | ↑ (N) | N | ↑ |
| Vitamin-D-Intoxikation | ↑ | ↑ | N | ↑ | ↓ |
| Metastasierendes Malignom | ↑ (N) | N | ↑ (N) | ↑ | N |
| Hypoparathyreoidismus | ↓ | ↑ | N | ↓ | ↓ |
| Phosphatdiabetes (Tubulopathie) | N | ↓ | N | N | ↑ |

# VII. Herz- und Skelettmuskel

## 1. Energiestoffwechsel des Herz- und Skelettmuskels

Die Fähigkeit des Herz- und Skelettmuskels, sich zu kontrahieren und damit mechanische Arbeit zu leisten, ist

1. an die Existenz kontraktiler Strukturelemente (Myofibrillen) und
2. an die Bereitstellung chemischer Energie (ATP) gebunden, die beim Kontraktionsvorgang in mechanische Energie umgewandelt wird.

Die kontraktilen Elemente, welche die Fähigkeit zur reversiblen Verkürzung besitzen – die Myofibrillen – bestehen aus 4 Proteinen (Myosin, Aktin, Troponin und Tropomyosin). Das für die Muskelkontraktion benötigte ATP wird durch den Energiestoffwechsel der Muskelzelle bereitgestellt.

Beim Kontraktionsvorgang kommt es zur Verkürzung der Myofibrillen. Dabei wird ATP als unmittelbare Energiequelle verbraucht. Die Kontraktion setzt eine Steigerung von $10^{-7}$ auf $10^{-5}$ mol/l und eine Erhöhung der ATPaseaktivität voraus. Dies wird durch motorische Nervenimpulse eingeleitet, unter deren Wirkung

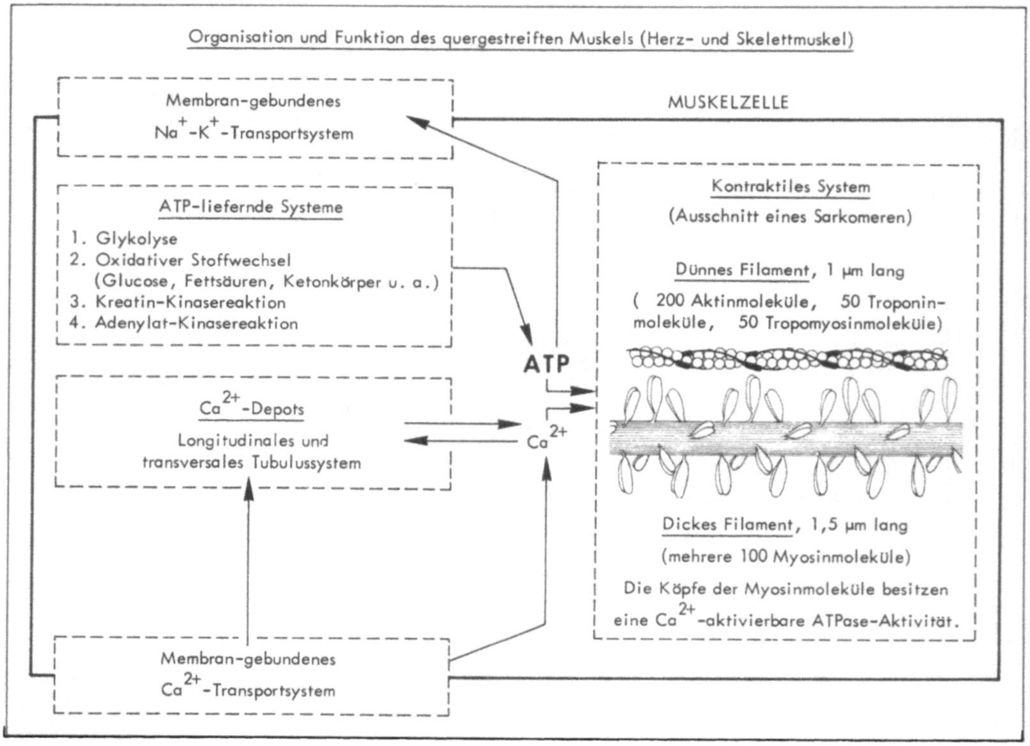

innerhalb weniger msec $Ca^{2+}$ aus dem extrazellulären Raum in den sarkoplasmatischen Raum eintritt und auch die Calciumdepots der longitudinalen Struktur des sarkoplasmatischen Retikulums entleert werden.

Die ATP-Bildung des **Myocards** erfolgt über einen aeroben Stoffwechsel. Bei einem Coronardurchfluß von durchschnittlich 80 ml Blut/100 g Herzmuskel/Min. läßt sich ein durchschnittlicher myocardialer Sauerstoffverbrauch von 9,5 ml $O_2$/100 g Herzmuskel/Min. berechnen. Der vom Myocard utilisierte Sauerstoff dient der Oxidation von freien Fettsäuren, Glucose, Ketonkörpern (Acetessigsäure, β-Hydroxybuttersäure), Aminosäuren und Lactat bzw. Pyruvat. Ihren prozentualen Anteil am Gesamtsauerstoffverbrauch zeigt nachstehende Tabelle.

**Substrate des Oxidationsstoffwechsels im Herzmuskel**

| Vom Herzmuskel oxidiertes Substrat | Anteil % |
|---|---|
| Freie Fettsäuren | 60 |
| Glucose | 15 |
| Lactat | 15 |
| Aminosäuren | 5 |
| Ketonkörper | 4,5 |
| Pyruvat | 0,5 |

## 2. Myocardinsuffizienz

Bei der Myocardinsuffizienz (Herzinsuffizienz) ist die $Ca^{2+}$-Konzentration in den Myofibrillen herabgesetzt. Die Ursache hierfür liegt einmal in der Tatsache, daß bei einer Zunahme der Länge und Dicke der einzelnen Myofibrillen aufgrund einer Vermehrung der kontraktilen Elemente (Hypertrophie) bei gleichzeitig unverändertem Calciumbestand der Myofibrille die hypertrophische Muskelfaser eine relativ geringere $Ca^{2+}$-Konzentration aufweist. Der Calciummangel wird dadurch akzentuiert, daß der Übertritt von $Ca^{2+}$ aus dem longitudinalen Tubulussystem in die Myofibrille gestört ist. Wegen der Abhängigkeit des Kontraktionsvorgangs von einer ausreichenden $Ca^{2+}$-Konzentration kann bei Absinken des $Ca^{2+}$ unter einen kritischen Gewebsspiegel die vorhandene Energie (ATP) nicht genutzt werden. Es liegt eine „Utilisationsinsuffizienz" vor. Dieser Tatsache entspricht der Befund, daß die calciumabhängige Adenosintriphosphatase bei Myocardinsuffizienz in ihrer Aktivität reduziert ist.

Gleichzeitig ist die Aktivität der ATP-abhängigen $Na^+$-$K^+$-Pumpe heraufgesetzt, so daß die $K^+$-Konzentration im Zellinnern zunimmt und sich damit die Kontraktionskraft weiterhin verringert. Es stellt sich ein Zustand ähnlich der

Addisonschen Erkrankung ein, bei der als Folge einer Hyperkaliämie und erhöhten Kaliumgehalts der Muskulatur eine Adynamie auftritt.

Die therapeutische Wirkung der herzwirksamen Glykoside (Strophanthin, Digitalis) bei der Myocardinsuffizienz beruht auf einer Förderung des Übertritts von $Ca^{2+}$ aus dem longitudinalen Tubulussystem in die Myofibrille und einer Blockierung des Calciumrückstroms während der Relaxationsphase. Dadurch steigen intrazelluläre $Ca^{2+}$-Konzentration und Kontraktionsfähigkeit. Unterstützt wird dieser Prozeß durch Hemmung der $Na^+$-$K^+$-Pumpe durch die herzwirksamen Glykoside, so daß sich das $Na^+$-$K^+$-Verhältnis in der Fibrille normalisiert.

Die Störung des Stoffwechsels des Herzmuskels zeigt sich im Zustand der Insuffizienz weiterhin in einer Umstellung des aeroben Stoffwechsels auf die anaerobe Glykolyse mit entsprechender Erhöhung der LDH-Aktivität. Ursache dieser Veränderung ist – wenigstens zum Teil – die infolge der Hypertrophie der Myofibrillen verlängerte Diffusionsstrecke für Sauerstoff von den Kapillaren bis an den Wirkungsort. Die damit verbundene Reduktion des aeroben Stoffwechsels äußert sich in einer herabgesetzten Aktivität der Malatdehydrogenase, die als eines der Schlüsselenzyme des Citrazyklus einen herabgesetzten Substratdurchsatz und damit eine verminderte Bereitstellung von oxidierbarem Wasserstoff anzeigt.

Als Folge der Myocardinsuffizienz kommt es zu einer Ödembildung, die auf einer positiven Natriumbilanz ($Na^+$-Ausscheidung $<$ $Na^+$-Zufuhr) beruht. Zwei pathogenetische Mechanismen sind von Bedeutung:

1. Als unmittelbare Folge der Insuffizienz kommt es zu einer Minderdurchblutung der Niere und zur erhöhten $Na^+$-Retention. Diese führt zur Erhöhung der Osmolarität der extrazellulären Flüssigkeit und löst über das Hypothalamus-Hypophysenhinterlappen-System einen Osmolaritäts-Regulationsmechanismus mit vermehrter Ausschüttung von antidiuretischem Hormon (ADH) aus. Die dadurch bedingte vermehrte tubuläre Rückresorption von Wasser hält so lange an, bis wieder eine normale Osmolarität vorliegt. Der Serumnatriumspiegel verändert sich daher nicht dauerhaft, jedoch vermehren sich das intravasale und extrazelluläre Volumen (Ödem).

2. An der Pathogenese des Ödems ist auch eine Dysregulation der Aldosteronausschüttung beteiligt. Die verminderte Nierendurchblutung wird mit einer vermehrten Ausschüttung von Renin und dem Wirksamwerden des Renin-Angiotensin-Mechanismus beantwortet. Die daraufhin erfolgende vermehrte Produktion und Ausschüttung von Aldosteron führt zu verstärkter Rückresorption von Natriumchlorid und Wasser.

## 3. Ischämische Herzinsuffizienz

Die bei Hypoxie auftretende ischämische Herzinsuffizienz ist durch Unvermögen des Herzmuskels, Lactat aus dem arteriellen Blut aufzunehmen und unter Energiegewinn zu oxidieren, gekennzeichnet. Der physiologischerweise im Sinus coronarius nur geringe Lactatgehalt (im Vergleich zum systemischen arteriellen Blut) steigt unter den Bedingungen einer Ischämie an.

## 4. Myopathien

Als Myopathien bezeichnet man Erkrankungen und Funktionsstörungen der Muskelfaser, die nicht Folge von Störungen des Nervensystems sind. Es werden die mit Strukturveränderungen der Fibrillen einhergehenden Störungen – **Muskeldystrophie** – und die als Folge von Elektrolytverschiebungen auftretenden funktionellen Myopathien – **Myotonien** – unterschieden.

**Muskeldystrophie.** Die Pathogenese der progressiven Muskeldystrophie (Duchenne-Erb) ist durch einen progressiven Untergang von Myofibrillen gekennzeichnet und betrifft vorwiegend die Skelettmuskulatur (Schultergürtelform, Beckengürtelform), aber auch das Myocard und die glatte Muskulatur. Ihre Pathogenese ist ungeklärt. Viele Symptome deuten jedoch auf einen Membrandefekt hin, der die bei der progressiven Muskelatrophie stark erhöhten Aktivitäten der Serumenzyme LDH, GOT, CK-MM, ferner die Aminoacidurie als Folge der Muskeldegeneration, die Kreatinurie (normal 11,4–15,3 mmol/d, 1,5–2,0 g/Tag) als Folge der Unfähigkeit des Muskels, das von der Leber synthetisierte und auf dem Blutwege angebotene Kreatin zu utilisieren, erklärt. Im Muskelgewebe selbst findet man eine korrespondierende Erniedrigung der Glykogenolyse, der Aktivität der Enzyme des oxidativen Stoffwechsels, des Phosphokreatins und des ATP-Gehalts. Dies deutet auf eine gestörte Korrelation zwischen Synthese und Abbau zugunsten des Abbaus hin, wodurch das Auftreten von Kreatin und muskelspezifischen Enzymen im Blutplasma in erhöhter Aktivität bzw. Konzentration erklärt ist.

Bei der Polymyositis (und Dermatomyositis) kommt es zur Nekrose, interstitiellen Entzündung und Bindegewebsvermehrung. Im akuten Stadium sind die Aktivitäten der Muskelenzyme im Serum, sowie die Konzentration des Kreatins und der Aminosäuren erhöht.

**Myotonie.** Die Myocard und Skelettmuskel betreffende *Myotonia congenita* (Thomson) und die *Myotonia dystrophica* beruhen auf einer abnormen Durchlässigkeit der Muskelfasermembran für $K^+$ und einer gestörten Kaliumrückresorption nach tonischer Kontraktion. Auch die Rückresorption des Calciums in das longitudinale Tubulussystem ist beeinträchtigt. Dies führt zu einer verzögerten

Relaxation, da die Entspannungszeit von Herz- und Skelettmuskel durch die Geschwindigkeit des Calciumrücktransports bestimmt wird. Die Aktivität der Muskelenzyme im Serum liegt im Normbereich.

Myotonien treten weiterhin als Folge einer Störung der Elektrolytbilanz und des Elektrolytumsatzes auf. Eine Mitbeteiligung der Muskulatur, die bis zu Lähmungen gehen kann, wird als sekundäres Symptom bei Hyper- und Hypothyreose, bei Hyperparathyreoidismus und bei Cushingscher Erkrankung beobachtet.

**Muskelatrophie.** Eine Muskelatrophie kann entweder durch mangelnden Gebrauch eines Muskels (Inaktivitätsatrophie) oder durch Denervierung zustandekommen. Sie ist charakterisiert durch eine Abnahme der Muskelmassen mit Schwund der Myofibrillen, an dem bei der Denervierungsatrophie auch das Sarkoplasma beteiligt ist. Durch einen Verlust an Myoglobin und der Zahl der Mitochondrien kommt es zur Herabsetzung des oxidativen Stoffwechsels und der Aktivität der dabei beteiligten Enzyme, während der Stoffwechselweg der Glykolyse nur geringe Veränderungen zeigt. Im Stoffwechsel der am Aufbau der Myofibrillen beteiligten Proteine lassen sich eine herabgesetzte Syntheserate und ein beschleunigter Abbau nachweisen, an dem die (vermehrt nachweisbaren) Lysosomen beteiligt sind. Der bindegewebige Anteil des Muskels bleibt unverändert, steigt aber infolge des Schwundes der Muskelmassen relativ an.

## 5. Motorische Endplatte

Das in den präsynaptischen Bläschen an Membranproteine gebundene und in inaktiver Form gespeicherte Acetylcholin wird auf einen Nervenimpuls hin freigesetzt, dringt in den synaptischen Spalt ein und bindet sich an die Rezeptoren der postsynaptischen Membran, die mit einer unmittelbaren Steigerung der Permeabilität für $Na^+$, $K^+$ und $Ca^{2+}$ reagiert. Das dadurch veränderte elektrische Potential breitet sich über die gesamte Membran aus und führt schließlich zur Kontraktion des Muskels. Das freigesetzte Acetylcholin wird durch die Cholinesterase zu Acetat und Cholin abgebaut, das Cholin wird rückresorbiert und unter Energieverbrauch (Acetyl-Coenzym A) zu Acetylcholin resynthetisiert.

Jeder dieser (Synthese, Freisetzung, Rezeptorbindung und enzymatische Spaltung des Acetylcholins umfassenden) Teilschritte kann gestört sein:

- Störungen der Acetylcholin-Synthese bei Vorderhornzellerkrankungen (spinale Muskelatrophie, Poliomyelitis) oder Permeabilitätsstörung für Cholin.
- Störungen der Acetylcholinfreisetzung bei Calciummangel, Magnesiumvergiftung, Botulismus.
- Cholinesterasemangel bei Vergiftung mit Cholinesterasehemmern (Prostigmin, Alkylphosphate, Insektizide, Nikotin).

- Blockierung des Rezeptors durch kompetitive (Curare) oder depolarisierende Agentien (Succinyldicholin, Decamethonium), Auftreten von Antikörpern gegen den Acetylcholinrezeptor (Myasthenia gravis).

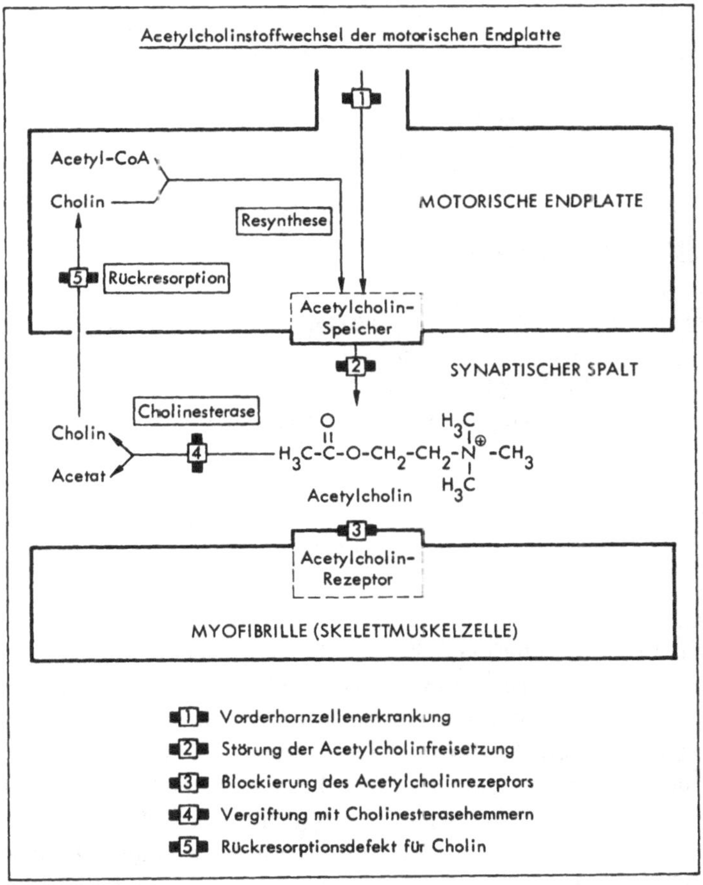


**Myasthenia gravis.** Diese schubweise verlaufende, einzelne Muskelgruppen (z. B. Lidheber, äußere Augenmuskeln, Schluckmuskeln) betreffende, oder generalisiert auftretende Krankheit ist durch abnorme Ermüdbarkeit der Muskulatur, Erholung erst nach längeren Ruhepausen, Empfindlichkeit gegenüber Curare und Besserung durch Cholinesterasehemmer gekennzeichnet. Ursache ist eine Blockierung und/oder Schädigung der Acetylcholinrezeptoren durch Antiköper. Dies ist aus Tierversuchen zu schließen, in denen eine Myasthenia gravis durch Immunisierung mit gereinigten Rezeptorproteinen erzeugt wurde, sowie aus der Tatsache, daß auch im Serum von Myasthenikern Antikörper gegen Acetylcholinrezeptoren nachweisbar waren. Da die Myasthenia gravis damit in die Gruppe der Autoimmunkrankheiten (S. 399) einzuordnen ist, bietet eine immunsuppressive Therapie Erfolgsaussichten.

**Genetischer Serum-Cholinesterasemangel.** Pharmaka, die den Acetylcholinrezeptor an der Membran der Muskelzelle besetzen (z. B. Succinyldicholin), setzen die motorische Aktivität der Skelettmuskulatur herab. Als „Muskelrelaxantien" werden sie bei der Narkose für chirurgische Eingriffe verwendet, bei denen die notwendige Muskelerschlaffung („Abwehrspannung") nicht allein durch das Narkosemittel erreicht wird. Die Muskelrelaxantien werden durch die unspezifische Serum-Cholinesterase (aus der Leber stammend) innerhalb mehrerer Minuten abgebaut. Zu beachten ist jedoch die Möglichkeit einer starken und lang anhaltenden Wirkung bei genetischem **Serum-Cholinesterasemangel.**

## 6. Muskelfunktionsdiagnostik

Stoffwechselstörungen oder Untergang von Muskelgewebe lassen sich durch Bestimmung der Aktivität von Muskelenzymen, der Konzentration von Kreatin und Kreatinin, des Lactatspiegels und durch Nachweis des Myoglobins (Mb) im Blutserum erfassen. Auch an Muskelbiopsieproben lassen sich biochemische Untersuchungen durchführen.

**Myocardinfarkt.** Einen diagnostisch verwertbaren Anstieg der Aktivität von CK (bzw. CK-MB), GOT und LDH (bzw. α-HBDH) im Serum findet man bei über 90% der Patienten mit Myocardinfarkt. Die Lactat-Dehydrogenase (LDH) des Herzmuskels enthält vorwiegend die Isoenzyme 1 und 2. Ihr relativer Anteil an der Gesamtlactat-Dehydrogenaseaktivität ist dadurch meßbar, daß die Isoenzyme 1 und 2 neben ihrem natürlichen Substrat Lactat auch das im Stoffwechsel nicht vorhandene α-Hydroxybutyrat umsetzen. Die α-Hydroxybutyrat-Dehydrogenase (α-HBDH) ist ein Parameter für die LDH 1 und 2. Der LDH/α-HBDH-Quotient im Serum, der normalerweise 1,38–1,62 beträgt, sinkt bei akuten Herzmuskelerkrankungen, ist dagegen bei Schädigung der Skelettmuskulatur erhöht.

Die Kreatinkinase (CK) ist ein Enzym mit relativ hoher Organspezifität für Herz- und Skelettmuskel. Für die Differentialdiagnose eines Myocardinfarkts ist die Bestimmung der Kreatinkinase-Isoenzyme nützlich, von denen die CK-MM (M = Muskel) relative Spezifität für Skelettmuskel, die CK-MB für Herzmuskel aufweist. Das im ZNS vorkommende Isoenzym CK-BB (B = Brain) spielt für die Diagnostik keine Rolle, da es die Blut/Hirnschranke nicht passieren kann.

Die Höhe des Enzymaktivitätsanstiegs im Serum ist abhängig von der Größe des infarzierten Bereichs. Da die verwertbaren Aktivitätsänderungen bereits wenige Stunden (CPK und GOT 4–8 h, LDH bzw. α-HBDH 6–12 h) nach Eintritt des Myocardinfarkts nachweisbar sind, ist der Zeitpunkt der Blutentnahme für die Interpretation des Enzymanstiegs von besonderer Bedeutung. Sie kann dem Ergebnis der Elektrocardiographie überlegen sein, wenn bereits ältere EKG-Veränderungen vorliegen.

Für die Verlaufsbeobachtung des Myocardinfarkts ist ferner die Bestimmung der γ-GT des Serums geeignet, die einen maximalen Anstieg zwischen dem 8. und 12. Tag erreicht und eine meist subklinisch verlaufende Mitreaktion der Leber anzeigt.

Da bei einem Angina pectoris-Anfall die Enzymaktivitäten im Serum normal bleiben, muß ein nach einem Anfall eintretender Anstieg der Serumenzyme auch dann als Hinweis auf einen Myocardinfarkt angesehen werden, wenn Hinweise im EKG fehlen. Ein empfindlicher und spezifischer Nachweis für einen Myocardinfarkt ist auch die immunologische Bestimmung des Myoglobins im Urin. Nach Herzmuskelschädigung (z. B. nach Myocardinfarkt) wird das im Herzmuskel lokalisierte Myoglobin freigesetzt und ist sowohl im Serum als auch im Urin nachweisbar. Der diagnostische Wert der quantitativen Myoglobinbestimmung im Urin mit Hilfe der Radialimmundiffusionstechnik liegt in der Tatsache, daß die Myoglobinurie – im Vergleich zum Anstieg der Enzymaktivitäten – eher auftritt, länger anhält und größere Genauigkeit bringt.

**Skelettmuskel.** Ein Anstieg der Aktivität von CK (CK-MM), Aldolase und der LDH (Isoenzym 5 der LDH) wird bei

- Myopathien (progressiver Muskeldystrophie, Myotonie),
- Myositis und Dermatomyositis und
- bei der intermittierenden Myoglobinurie beobachtet.

Insbesondere die Bestimmung der CK bzw. der Isoenzyme CK-MM und CK-MB kann eine latente Myopathie erfassen. Sie erlaubt bei homozygoten männlichen Kindern mit einer progressiven Muskeldystrophie vom Typ IIIa eine Frühdiagnose bereits im 1. Lebensmonat aufgrund eines Anstiegs der CK. Heterozygote Anlageträgerinnen zeigen in 50–80% der Fälle ebenfalls erhöhte CK-Aktivitäten.

Auch nach ungewohnter Muskelarbeit (exzessive Muskelbelastungen bei Untrainierten wie z. B. Skigymnastik oder „Garten-Umgraben") können zu starken Erhöhungen der CK (10–20faches der Norm) führen.

# VIII. Bindegewebe

Bindegewebe entsteht aus allen drei Keimblättern des embryonalen Gewebes, vor allem aus dem Mesenchym. Das nicht organspezifische, ungeformte Bindegewebe durchzieht kontinuierlich den ganzen Organismus, verbindet, unterteilt, durchsetzt und umhüllt alle Organe als Stütz- und Gerüstwerk. Spezielle Bindegewebsformen sind u. a. Knorpel, Knochen, Sehnen, Hornhaut, Lederhaut und Glaskörper des Auges, Haut, Lunge und das Blutgefäßsystem.

Bei aller Vielfalt der morphologischen Erscheinungsformen läßt jedes Bindegewebe einen typischen Aufbau aus Zellen und Extrazellulärsubstanz erkennen. Der prozentuale Anteil der Zellen ist in bindegewebigen Organen geringer als in parenchymatösen Organen und beträgt oft nur 20–30% des Organvolumens. Die extrazellulären Bestandteile – kollagene und elastische Fasern und die (strukturlose) Grundsubstanz – bilden die Hauptmasse des Bindegewebes.

## 1. Stoffwechsel des Bindegewebes

Die Zellen (Mesenchymzellen, Fibroblasten, Chondroblasten u. a.) sind die Stoffwechselzentren des Bindegewebes und sorgen für die Bildung und Erhaltung der extrazellulären Bestandteile. Die im Vergleich zu anderen Organen nur geringe oder fehlende Vaskularisation bindegewebiger Organe (z. B. Knorpel, Cornea, Arteriengewebe) und der große Anteil an extrazellulären Bausteinen bedingen Besonderheiten im Stoffwechsel des Bindegewebes. Sie bestehen einmal darin, daß

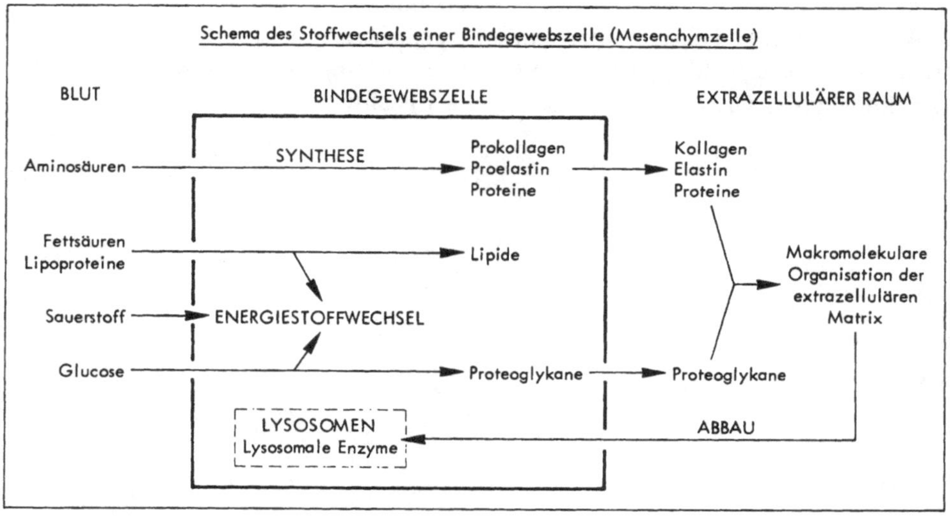

die Energiegewinnung bis zu 50% auf dem Wege der anaeroben Glykolyse erfolgt, jedoch ist auch ein oxidativer Stoffwechsel in allen bindegewebigen Organen nachweisbar.

Die extrazellulären Bausteine werden von der Bindegewebszelle aus niedermolekularen, über das Blut in ausreichender Menge und gleichbleibender Konzentration angebotenen Substraten auf dem Weg der Totalsynthese hergestellt. Dies gilt für die Faserproteine Kollagen und Elastin und die Proteoglykane der Grundsubstanz, die nach der Synthese in den Extrazellulärraum abgegeben werden und dort als Strukturelemente verbleiben.

Für den Abbau werden die extrazellulären Bausteine des Bindegewebes von der Zelle durch adsorptive Pinozytose wieder aufgenommen und innerhalb der Lysosomen einem enzymatischen Abbau bis zu den monomeren Bestandteilen unterworfen (Schema).

Die Systemerkrankungen des Bindegewebes umfassen

- vererbbare, durch einen Enzymdefekt bedingte Störungen des Proteoglykan- und Kollagenstoffwechsels, zu denen die **Mucopolysaccharidspeicherkrankheiten** und die sog. **Kollagenkrankheiten** gehören,
- komplexe, bezüglich ihrer molekular-biologischen Pathogenese noch nicht bekannte Stoffwechselstörungen, zu denen z. B. die **Osteoarthrose,** die Erkrankungen des **rheumatischen Formenkreises** und die **Arteriosklerose** gerechnet werden und
- **alternsbedingte Veränderungen** des Bindegewebsstoffwechsels, die auf Bindegewebserkrankungen einen begünstigenden oder modifizierenden Einfluß ausüben können.

Regenerative, durch eine de novo Synthese von kollagenem Bindegewebe gekennzeichnete Prozesse laufen bei der **Wundheilung** ab (S. 394). Sie können in bindegewebigen Organen (z. B. Haut) zu einer Restitutio ad integrum mit geringfügiger Texturstörung des Gewebes (Narbe) führen, bilden aber auch die Basis des Gewebsersatzes bei begrenzter Regenerationsfähigkeit parenchymatöser Organe (Substitution).

Entzündliche Veränderungen des kollagenen Bindegewebes sind für die **Kollagenosen** charakteristisch. Im Hinblick auf ihre Pathogenese sind sie jedoch nicht zu den Erkrankungen des Bindegewebes, sondern zu den Autoimmunkrankheiten (Kap. Immunchemie, S. 399) zu rechnen.

## 2. Störungen des Kollagenstoffwechsels

**Kollagenbiosynthese.** Die Biosynthese des Kollagens vollzieht sich nach den gleichen Prinzipien wie die Biosynthese anderer Proteine, weist jedoch Besonderheiten auf: Die primären Produkte der Kollagenbiosynthese sind α-Ketten (prolinreiche Proteine mit einem Mol.-Gew. von etwa 100000), von denen für die verschiedenen Kollagentypen (Tabelle) entsprechende, in ihrer Aminosäurezusammensetzung geringfügig variierte Kettentypen ($\alpha_1$I, $\alpha_1$II, $\alpha_1$III, $\alpha_1$IV und $\alpha_2$) synthetisiert werden.

Kollagengehalt menschlicher Organe

| Organ bzw. Gewebe | g/100 g Frischgewebe | g/Organ bzw. Gewebe |
|---|---|---|
| Skelettmuskel | 1 | 350 |
| Leber | 0,1 | 1,5 |
| Niere | 3 | 10 |
| Haut | 22 | 1000 |
| Aorta thorac. | 8 | 10 |
| Lunge | 5 | 40 |
| Knochen | 15 | 1700 |
| | Gesamt | 3111,5 |

Quartärstruktur und Verteilungsmuster verschiedener Kollagentypen

| Kollagen-typ | Quartär-struktur | Vorkommen |
|---|---|---|
| I | $[\alpha_1(I)]_2\alpha_2$ | Haut, Sehnen, Knochen, Aorta, Lunge u. a. |
| II | $[\alpha_1(II)]_3$ | Hyaliner Knorpel |
| III | $[\alpha_1(III)]_3$ | Wie Typ I, Retikulin, embryonale Gewebe |
| IV | $[\alpha_1(IV)]_3$ | Basalmembranen |

In einer postribosomalen Modifikation werden etwa 50% der Prolinreste und ein Teil der Lysinreste der α-Ketten in einer enzymatischen Hydroxylierungsreaktion (Prolinhydroxylase, Lysinhydroxylase) in Hydroxyprolin bzw. Hydroxylysinreste umgewandelt. Anschließend wird ein Teil der Hydroxylgruppen des Hydroxylysins in β-glykosidischer Bindung mit einem Disaccharid der Struktur Glc-α (1–2) Gal verknüpft. Der Kohlenhydratgehalt des Kollagens der Wirbeltiere beträgt etwa 2%. Durch Assoziation von 2 $\alpha_1$ und einer $\alpha_2$-Kette (Kollagentyp I) oder je 3 $\alpha_1$-Ketten entsteht eine spiralige Quartärstruktur, in der 3 Ketten zu einer rechtsdrehenden Superhelix mit einer Ganghöhe von 2,68 nm verdrillt sind. Während die 3 Ketten im helikalen Bereich durch Wasserstoffbrücken stabilisiert werden, sind die nichthelikalen C- und N-terminalen Kettenabschnitte durch Disulfidbrücken miteinander verknüpft.

Die Endprodukte der intrazellulären Kollagenbiosynthese sind neutralsalzlösliche, stäbchenförmige Kollagenmoleküle von einer Länge von 280 nm mit einem Durchmesser von 1,2–1,5 nm und einem Mol.-Gew. von etwa 300000. Sie werden als **Prokollagen** bezeichnet. Bei der Ausschleusung des Prokollagens aus der Zelle werden unter Wirkung der spezifischen Peptidasen I und II ein am N-terminalen Ende des Prokollagens lokalisiertes, aus etwa 70 Aminosäuren bestehendes Peptid sowie ein C-terminales Peptid abgespalten (Schema).

Nach der Sekretion in den Extrazellulärraum formieren sich die Kollagenmoleküle in einer typischen Seit-zu-Seit und End-zu-End-Anlagerung zu Fibrillen, die durch Ausbildung von kovalenten Bindungen innerhalb einzelner Kollagenmoleküle und zwischen verschiedenen Kollagenmolekülen verfestigt werden. Die dabei ablaufenden Vernetzungsreaktionen spielen sich zwischen den Lysin- bzw. Hydroxylysinresten ab, von denen ein Teil oxidativ desaminiert wird (Lysyl-

## Störungen der Kollagenbiosynthese

- 1 Osteogenesis imperfecta
- 2 Ehlers-Danlos Typ IV
- 3 Ehlers-Danlos Typ VI
- 4 Ascorbinsäuremangel, $Fe^{2+}$-Mangel, $O_2$-Mangel
- 5 Ehlers-Danlos Typ VII, Dermatosparaxis
- 6 Ehlers-Danlos Typ V, Kupfermangel, ß-Aminopropionitril
- 7 Penicillamin, Homocystein

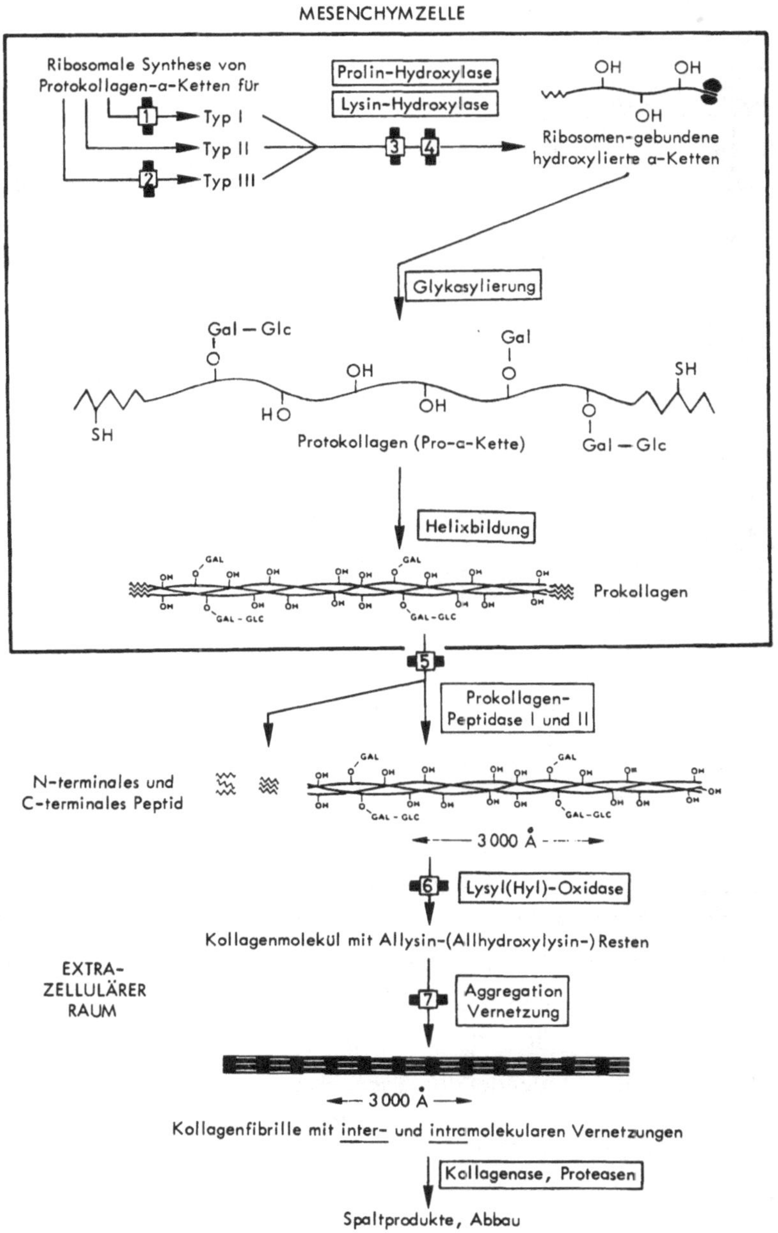

Oxidase). Die durch Desaminierung der ε-Aminogruppen gebildeten Aldehydgruppen reagieren entweder mit einer zweiten Aldehydgruppe (einer benachbarten Polypeptidkette in einer Aldolkondensationsreaktion) oder mit einer Aminogruppe eines Lysin- bzw. Hydroxylysinrestes unter Aldiminbildung (Tabelle).

Inter- bzw. Intramolekulare Vernetzungsreaktionen des Kollagens

| Vernetzungs-reaktionen | Struktur | Bindungstyp |
|---|---|---|
| A + A' | $\cdots-CH_2-N=\overset{H}{C}-CH_2-\cdots$ | Aldimin |
| A + B' | $\cdots-CH_2-N=CH-\overset{OH}{CH}-\cdots$ | Aldimin |
| B + A' | $\cdots-\underset{OH}{CH}-CH_2-N=CH-CH_2-\cdots$ | Aldimin |
| B + B' | $\cdots-\underset{OH}{CH}-CH_2-N=CH-\underset{OH}{CH}- \rightleftarrows -\underset{OH}{CH}-CH_2-NH-CH_2-\underset{\underset{O}{\Vert}}{C}-\cdots$ | Aldimin/Keto-Amin |
| A' + B' | $\cdots-CH_2-\overset{H-C=O}{C}=CH-\underset{OH}{CH}-\cdots$ | Aldol |
| A' + A' | $\cdots-CH_2-\overset{H-C=O}{C}=CH-CH_2-\cdots$ | Aldol |
| B' + B' | $\cdots-\underset{OH}{CH}-\overset{OH}{CH}-\underset{H-C=O}{\overset{OH}{C}}-CH_2-\cdots$ | Aldol |

Das in der so gebildeten Fibrille lokalisierte Kollagen hat eine lange biologische Halbwertszeit, die bei Säugetieren in Leber und Muskel 30 bzw. 60 Tage, in der Aorta jedoch bis zu 100 Tagen beträgt.

**Biosynthesestörungen.** Jeder der durch spezifische Enzyme gesteuerten Syntheseschritte kann Sitz einer Störung des Kollagenstoffwechsels (Schema, S. 333) sein und bedingt charakteristische Krankheitsbilder:

Bei der **Osteogenesis imperfecta** ist die Synthese der $\alpha_1$I-Kette gestört, so daß der für die Knochenbildung notwendige Kollagentyp I fehlt. Die Folge ist, daß die Knorpelbildung in der Epiphysenfuge (die Kollagentyp II enthält) und auch das Längenwachstum des Knochens zunächst normal verlaufen, die Metaphyse jedoch lediglich calcifizierten Knorpel, aber keinen regelrechten Knochen oder normales Osteoid enthält. Der calcifizierte Knorpel weist unzureichende mechanische Festigkeit auf und neigt zu Frakturen, die die Symptome des Krankheitsbildes bestimmen.

Das **Ehlers-Danlos-Syndrom** ist durch Hyperelastizität und abnorme Zerreißbarkeit der Haut, Überstreckbarkeit der Gelenke, Aortenklappeninsuffizienz, Aortenaneurysmen und hämorrhagische Diathese charakterisiert. Die individuelle Variabilität des Krankheitsbildes und des Erbgangs deuten auf die Existenz verschiedener Formen hin. Je nach Ausprägung der klinischen Symptomatik werden **7 Formen des Ehlers-Danlos-Syndroms** unterschieden. Die Formen I–III werden autosomal-dominant, die Formen IV–VII rezessiv vererbt. Allen Formen gemeinsam ist eine Synthesestörung bzw. eine mangelhafte oder ausbleibende Vernetzung der extrazellulären Kollagenmoleküle mit der Folge einer unzureichenden mechanischen Belastbarkeit der kollagenen Fibrillen.

Beim Ehlers-Danlos-Syndrom **Typ VI** (okulärer Typ) liegt ein Defekt der Prolin-(bzw. Lysin-) Hydroxylase vor. Neben der allgemeinen Symptomatik werden Netzhautablösungen und Rupturen des Bulbus oculi nach Verletzungen beobachtet.

Beim Ehlers-Danlos-Syndrom **Typ IV** (ekchymotischer Typ) wird kein Typ III-Kollagen synthetisiert. Da die Blutgefäße, besonders die großen Arterien, einen hohen Anteil an Typ III-Kollagen enthalten ($\approx 40\%$), lassen sich die beim Typ IV beobachteten Blutungsneigungen und Gefäßrupturen auf diesen Defekt zurückführen. In der Veterinärmedizin ist eine dem Ehlers-Danlos-Syndrom Typ IV analoge Erkrankung des Rindes als **Dermatosparaxis** (abnorme Zerreißbarkeit der Haut) bekannt.

Der Ehlers-Danlos-Typ **VII** hat seine Ursache in einer Defizienz der Prokollagenpeptidase. Die Symptomatik ist durch massiven Gelenkbefall (Arthrochalasis multiplex congenita) und durch Zwergwuchs gekennzeichnet. Die nicht abgespaltenen Prokollagenpeptide stören die Aggregation der Moleküle zu Fibrillen, die dann den funktionellen Erfordernissen nicht gerecht werden.

Die primäre Störung des Ehlers-Danlos-Syndrom **Typ V** besteht in einem Defekt der Lysyloxidase. Da die Lysyloxidase in ihrer Aktivität von der Anwesenheit von $Cu^{2+}$ abhängig ist, können dem Ehlers-Danlos Typ V ähnliche Symptome auch bei Kupfermangel eintreten. Dies gilt z. B. für das **Mencke-Syndrom,** eine erbliche intestinale Kupferresorptionsstörung des Menschen, bei der Aortenaneurysmen und fleckförmige degenerative Veränderungen der Blutgefäße auftreten. Dem entspricht, daß eine Kupfermangeldiät bei Schweinen eine Reihe von Bindegewebsveränderungen auslöst.

Auch Medikamente, die selektiv Enzyme des Kollagenstoffwechsels inhibieren (β-Aminopropionitril als Inhibitor der Lysyloxidase) oder mit den für die Vernetzung notwendigen Aldehydgruppen reagieren (z. B. D-Penicillamin), können die postribosomale Modifikation des Kollagenmoleküls unterbrechen und die extrazelluläre Fibrillenbildung beeinträchtigen. α-Amino- und β-Thiolgruppen des D-Penicillamins bilden mit der Aldehydgruppe des Allysins einen Thiazolidinring (Abb.).

Verhinderung der Quervernetzung des Kollagens durch reversible Reaktion von D-Penicillamin bzw. Homocystein mit Allysinresten der Kollagenmoleküle

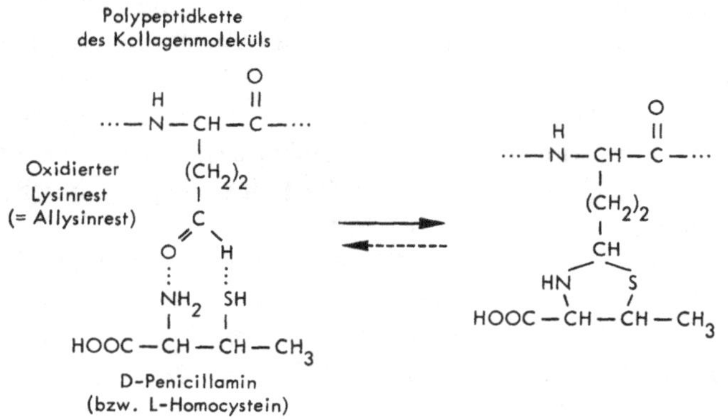


Einen ähnlichen Effekt wie das D-Penicillamin weist das strukturanaloge Homocystein auf, das ebenfalls eine Verbindung mit Aldehyden des Lysins und Hydroxylysins eingeht (Formel). Bei der Homocystinurie, der ein Defekt verschiedener Enzyme zugrunde liegen kann (S. 64), kommt es zu Akkumulation von Homocystein (und Homocystin) im Gewebe und damit zu einer kompetitiven Hemmung der Quervernetzungsreaktionen am Kollagen. Dies erklärt die bei Homocystinurie beobachteten Thoraxdeformitäten, Linsenektopie, generalisierte Osteoporose und Veränderungen des Blutgefäßsystems.

**Marfan-Syndrom.** Auch dem Marfan-Syndrom liegt ein – noch nicht identifizierter – molekularer Defekt des Kollagenstoffwechsels zugrunde. Dies ist aus der erhöhten Löslichkeit von Kollagen bei Marfan-Patienten zu schließen und der Symptomatik des Marfan-Syndroms (Skelettveränderungen, Ektopie der Augenlinse, Myopie, Aortenaneurysma). In der Tunica media der großen Arterien weist das Verhältnis der Kollagentypen I/III (30/70) eine deutliche Verschiebung gegenüber dem Normbereich (60/40) auf.

# 3. Störungen des Proteoglykanstoffwechsels

**Proteoglykanstoffwechsel.** In der extrazellulären Matrix des Bindegewebes sind die Faserproteine Kollagen und Elastin in ein gelartiges Aggregat von Proteoglykanmolekülen (zusammen mit Glykoproteinen und Proteinen) eingebettet. Proteoglykane sind Makromoleküle mit einem Mol.-Gew. von $0{,}5-2{,}0 \cdot 10^6$ und bestehen aus einem zentralen Proteinfilament, an das eine variable Anzahl von **Seitenketten von Glykosaminoglykanen** (sauren Mucopolysacchariden) in kovalenter Bindung angeheftet sind (Schema).

Chemische, physikochemische und elektronenoptische Kenngrößen eines Proteoglykanmoleküls (kurze Form, Rindernasenknorpel)

(A = Schematische Darstellung, B = Elektronenoptische Aufnahme)

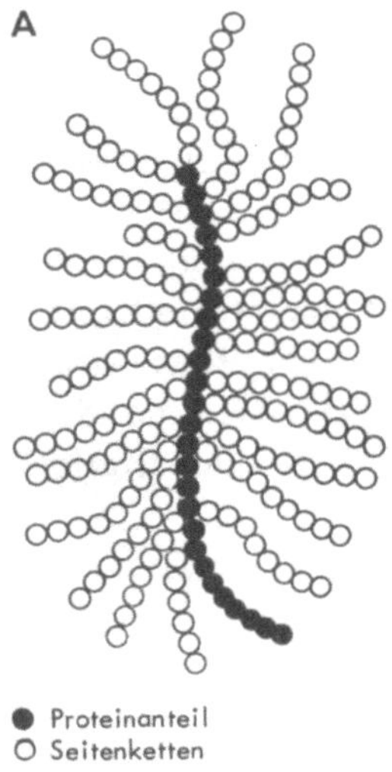


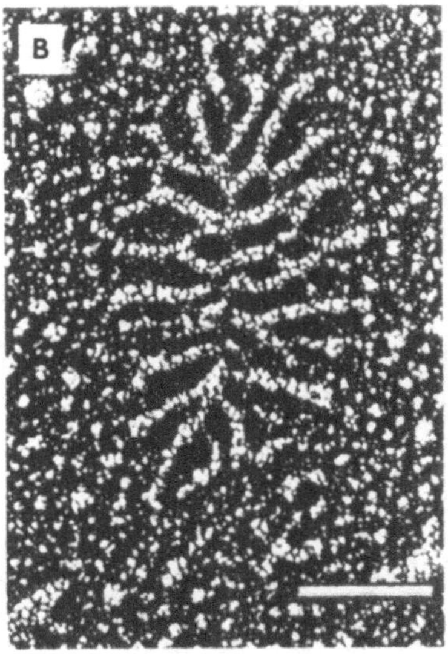


Chemische Analysen

| | |
|---|---|
| Proteinanteil | 16 % |
| Chondroitinsulfat | 79 % |
| Keratansulfat | 5 % |
| Zahl der Bindungsstellen | 24 |

Physikochemische Messungen

| | |
|---|---|
| Mol. Gew. (n) | $0.55 \times 10^6$ |
| Mol. Gew. (w) | $2.8 \times 10^6$ |
| Intrinsic viscosity (0.15 M NaCl) | 2.55 g/ml |
| Durchmesser äquival. Kugel | 203 nm |
| Form: Statistisches Knäuel | |

Elektronenoptische Daten

| | |
|---|---|
| Länge des Proteincore (≈ 580 Aminosäuren) | 180 nm |
| Zahl der Seitenketten | 22 |
| Länge der Seitenketten (≈ 42 Disaccharideinheiten) | 53 nm |
| Form: Ellipsoid (Halbachsen: a 160 nm, b 70 nm | |

Proteoglykane können Chondroitinsulfat, Dermatansulfat, Keratansulfat, Heparansulfat oder Heparin als Glykosaminoglykankomponente enthalten, wobei die Proteinkomponente 10–20%, der Polysaccharidanteil 80–90% des Proteoglykanmoleküls ausmachen. Eine Ausnahme bildet Hyaluronat, dessen Proteingehalt nur 0,5–2% beträgt.

Proteoglykanreiche Organe (z. B. hyaliner Knorpel) können bis zu 30% ihres Trockengewichts Proteoglykane enthalten, während der Proteoglykangehalt Kollagen- und Elastin-reicher Bindegewebe (Arterien, Haut, Cornea des Auges) 0,5–2% des Trockengewichts beträgt. Die meisten Bindegewebe besitzen ein charakteristisches Glykosaminoglykanverteilungsmuster (Tabelle).

Glykosaminoglykane von Organen des neugeborenen (Neug.) bzw. erwachsenen (Erw.) Menschen

CH = Chondroitin  CS = Chondroitin-4- bzw. -6-sulfat  DS = Dermatansulfat

HA = Hyaluronat  HS = Heparansulfat  KS = Keratansulfat  GAG = Glykosaminoglykane

| Organ | g Gesamt-GAG/ 100 g Trockengewicht | % Anteil der Gesamt-GAG |
|---|---|---|
| Haut (Erw.) | 0,5 - 1,0 | HA 30, DS 70 |
| Haut (Neug.) | | HA 75, DS 25 |
| Arterie (Aorta, Erw.) | 1,0 | HA 20, CS 60, DS 10, HS 10 |
| Knorpel* (Neug.) | 25,0 | CS 95, KS 5 |
| Knorpel* (Erw.) | 15,0 | CS 50, KS 50 |
| Cornea des Auges | 1,7 | CS 5, CH 45, KS 50 |

*Bandscheibenknorpel

Im Gegensatz zu den Faserproteinen Kollagen und Elastin weisen die Proteoglykane eine hohe Umsatzrate auf. Ihre biologische Halbwertszeit liegt in Abhängigkeit vom Lebensalter in der Größenordnung von 2–14 Tagen.

Die intrazelluläre Biosynthese der Proteoglykane verläuft in zwei Phasen. In der ersten Phase vollzieht sich die ribosomale Synthese der kohlenhydratfreien Proteinkomponente, die an das endoplasmatische Retikulum abgegeben wird. Dort erfolgt durch schrittweise Anheftung von Monosaccharidresten an das Akzeptorprotein die Synthese der Polysaccharid- (Glykosaminoglykan-)Kette,

Schema der Synthese und des enzymatischen Abbaus von Proteoglykanen

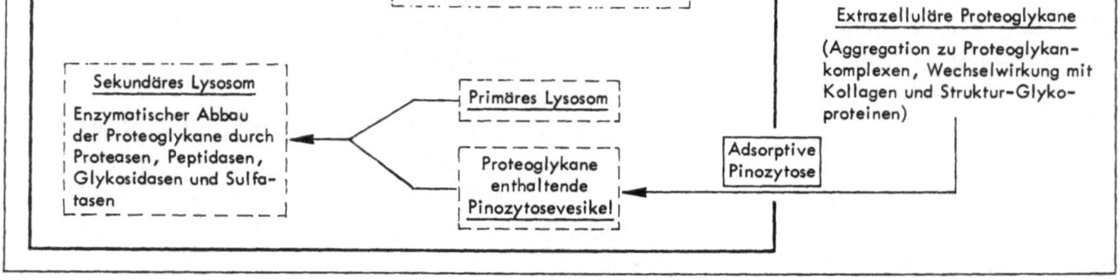

wobei deren Sequenz durch die Spezifität der beteiligten Glykosyltransferasen und Sulfotransferasen festgelegt wird.

Nach Abgabe in den Extrazellulärraum bilden die Proteoglykane zusammen mit den übrigen Bausteinen der extrazellulären Matrix eine Quartärstruktur von hohem Organisationsniveau. Im Knorpelgewebe treten dabei mehrere Proteoglykanmoleküle mit Hyaluronat zu strukturspezifischen Aggregaten mit einem Mol.-Gew. von mehreren 100 Mill. zusammen, die wiederum mit Kollagenfibrillen und Strukturglykoproteinen in Wechselwirkung treten (Abb. 345).

Im Rahmen des Stoffumsatzes werden die Proteoglykane des extrazellulären Raumes – nach partieller enzymatischer Mobilisierung – von der Bindegewebszelle durch adsorptive Pinozytose aufgenommen. Innerhalb der Bindegewebszelle vereinigt sich das Pinozytosebläschen mit einem primären Lysosom zum sekundären Lysosom, in dem der hydrolytische Abbau der Proteoglykane komplettiert wird. Die entstehenden Abbauprodukte können reutilisiert, jedoch auch aus den Bindegewebszellen ausgeschieden werden (Schema).

**Mucopolysaccharidspeicherkrankheiten.** Beim intralysosomalen Abbau der Proteoglykane wird die Glykosaminoglykankomponente – z. T. nach Depolymerisation unter Einwirkung von Endoglykosidasen – durch sukzessive Wirkung von

Mucopolysaccharidspeicherkrankheiten

| Typ | Name | Abbaustörung von | Symptome | Enzymdefekt |
|---|---|---|---|---|
| I | Hurler'sche Erkrankung (IH)<br>Scheie'sche Erkrankung (IS) | Dermatansulfat<br>Heparansulfat | Zwergwuchs, "Wasserspeiergesicht", Schwachsinn (IH), Corneatrübung (IS) | α-L-Iduronidase |
| II | Hunter'sche Erkrankung | Dermatansulfat<br>Heparansulfat | Zwergwuchs, "Wasserspeiergesicht", weniger schwer als Hurler'sche Erkrankung | Iduronidsulfat-Sulfatase |
| III | Sanfilippo'sche Erkrankung (Polydystrophische Oligophrenie): Typ A, Typ B | Heparansulfat | geringe körperliche und schwere geistige Entwicklungsstörung | (A) Heparansulfat-Sulfamidase<br>(B) α-N-Acetyl-glucosaminidase |
| IV | Morquio-Brailsford'sche Erkrankung (Osteochondrodystrophie), 2 Unterformen | Keratansulfat<br>Chondroitin-6-sulfat | Zwergwuchs, Skelettdeformitäten, Corneatrübung | 1. β-Galaktosidase<br>2. Galaktose-6-sulfat-Sulfatase |
| VI | Maroteaux-Lamy'sche Erkrankung | Dermatansulfat | Skelettdeformitäten, Corneaveränderungen, geistige Entwicklung normal | N-Acetylgalaktosamin-4-sulfat-Sulfatase |
| VII | β-Glucuronidase-Defizienz | Chondroitinsulfat<br>Dermatansulfat | ähnlich dem Typ I, jedoch weniger schwere Symptome | β-Glucuronidase |
| | N-Acetylglucosamin-6-sulfat-Sulfatase-Defizienz | Keratansulfat<br>Heparansulfat | körperliche und geistige Entwicklungsstörung entsprechend einer Kombination der Typen III und IV | N-Acetylglucosamin-6-sulfat-Sulfatase |

Glykosidasen und Sulfatasen vom nichtreduzierenden Ende her schrittweise unter Abspaltung von Monosacchariden abgebaut. Fehlt ein am Abbau beteiligtes Enzym, ist der weitere Abbau blockiert und Polysaccharid- bzw. Oligosaccharidfragmente reichern sich in den Lysosomen der betroffenen Gewebe und Organe an. Dies ist bei den **Mucopolysaccharidspeicherkrankheiten** der Fall, bei denen als Ursache ein Mangel eines am Abbau der Glykosaminoglykankomponente beteiligten Enzyms erkannt worden ist (Tabelle).

Der Enzymdefekt betrifft besonders häufig den Abbau des Dermatansulfats und Heparansulfats, die bei den Mucopolysaccharidosen vom Typ I und II meist gemeinsam – bei den einzelnen Patienten jedoch in wechselndem Mengenverhältnis – in zahlreichen Organen gespeichert und auch mit dem Harn ausgeschieden werden (bis 0,5 g/24 h). Die Wirkungsweise der am Abbau von Heparansulfat beteiligten Enzyme und die bislang bekannten Enzymdefekte zeigt das nachstehende Schema.

Die aufgrund des Abbaudefekts gespeicherten Mucopolysaccharide lassen sich in den Zellen des Knorpels, der Faszien, der Sehnen, des Periosts, der Blutgefäße, Meningen und der Hornhaut, aber auch in Leber- und Milzzellen nachweisen. Zellkulturen von Hautfibroblasten dieser Patienten speichern die nicht abgebauten Mucopolysaccharide in den Lysosomen.

Bei Zugabe des fehlenden Enzyms zur Zellkultur verhalten sich die Zellen von Patienten mit Mucopolysaccharidspeicherkrankheiten wie normale Fibroblasten. Die enzymdefizienten Zellen nehmen das (exogene) Enzym aus der Kulturflüssigkeit auf. Durch die Substitution des fehlenden Enzyms werden die intrazellulär akkumulierten Mucopolysaccharide abgebaut.

Die Tatsache, daß normale Fibroblasten ständig einen Teil ihrer lysosomalen Enzyme an den extrazellulären Raum abgeben, und die extrazellulären lysosomalen Enzyme von der gleichen oder benachbarten Zelle durch Pinozytose wieder aufgenommen werden, hat zu therapeutischen Ansätzen bei den Mucopolysaccharidspeicherkrankheiten geführt (Transplantation normaler Hautfibroblasten bei Patienten mit Mucopolysaccharidspeicherkrankheiten S. 36).

Das klinische Bild der Mucopolysaccharidosen zeigt disproportionierten Zwergwuchs mit Kurzhalsigkeit, großem Kopf und fratzenhaftem Gesichtsausdruck (Gargoylismus) sowie geistige Retardierung. Weitere Symptome sind Hepatosplenomegalie, Taubheit und Hornhauttrübungen. Dabei sind fließende Übergänge zwischen den einzelnen Mucopolysaccharidspeicherkrankheiten möglich. Die Diagnose wird aufgrund der vermehrten Ausscheidung von Mucopolysacchariden mit dem Harn (normal 5–10 mg/24 h) und durch Nachweis des Enzymdefekts bzw. Korrektur der Mucopolysaccharidspeicherung durch Zugabe des fehlenden Enzyms an Hautfibroblastenkulturen gestellt.

Mit Ausnahme der Hunterschen Erkrankung (Mucopolysaccharidose Typ II), die X-chromosomal-rezessiv vererbt wird, zeigen die Mucopolysaccharidosen autosomal rezessiven Erbgang. Ihre Häufigkeit beträgt etwa $1:10^5$.

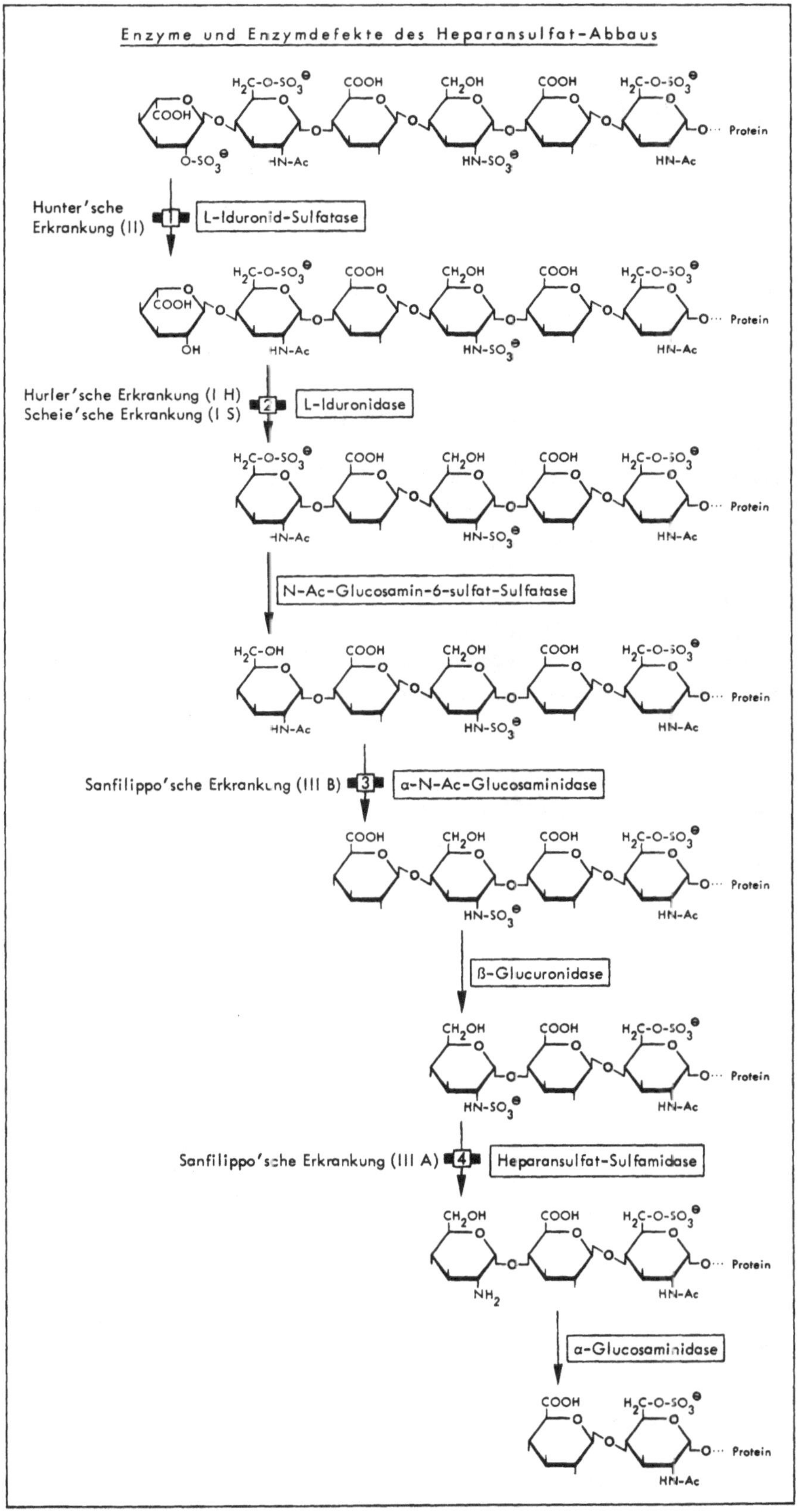
Enzyme und Enzymdefekte des Heparansulfat-Abbaus
Protein
Hunter'sche Erkrankung (II)
1
L-Iduronid-Sulfatase
Hurler'sche Erkrankung (I H)
Scheie'sche Erkrankung (I S)
2
L-Iduronidase
N-Ac-Glucosamin-6-sulfat-Sulfatase
Sanfilippo'sche Erkrankung (III B)
3
α-N-Ac-Glucosaminidase
ß-Glucuronidase
Sanfilippo'sche Erkrankung (III A)
4
Heparansulfat-Sulfamidase
α-Glucosaminidase

## 4. Mucolipidosen und Sulfatidose

Mucolipidosen sind Speicherkrankheiten, bei denen gleichzeitig Mucopolysaccharide (Glykosaminoglykane bzw. deren partielle Abbauprodukte) und Glykolipide gespeichert werden, die Ausscheidung von Glykosaminoglykanen mit dem Harn jedoch nur geringfügig erhöht ist.

Die Akkumulation von Glykosaminoglykanen und Glykolipiden in den Geweben führt zu Skelettveränderungen, neurologischen Symptomen, Myelindegeneration und Hepatomegalie (vacuolisierte Hepatozyten und Kupfersche Sternzellen). Aufgrund der klinischen Symptomatik wurde eine vorläufige Unterscheidung der Mucolipidosen in die Typen I–III vorgenommen.

**Mucolipidose I.** Der Basisdefekt bei der Mucolipidose I liegt in einer stark reduzierten Aktivität der Neuraminidase (Schema). Dies hat zur Folge, daß der Abbau der prosthetischen Kohlenhydratgruppe von Glykoproteinen, die terminale Sialinsäurereste tragen, nicht vorgenommen werden kann, da eine Entfernung der Sialinsäurereste am nichtreduzierenden Ende der prosthetischen Oligosaccharide Voraussetzung für die nachfolgende Wirkung der übrigen am Abbau beteiligten Exoglykosidasen (2–5) ist, die Oligosaccharide physiologischerweise vom nichtreduzierenden Ende her durch sukzessive hydrolytische Abspaltung von Monosacchariden schrittweise abbauen. Da jedoch die Aktivität der beim Abbau von

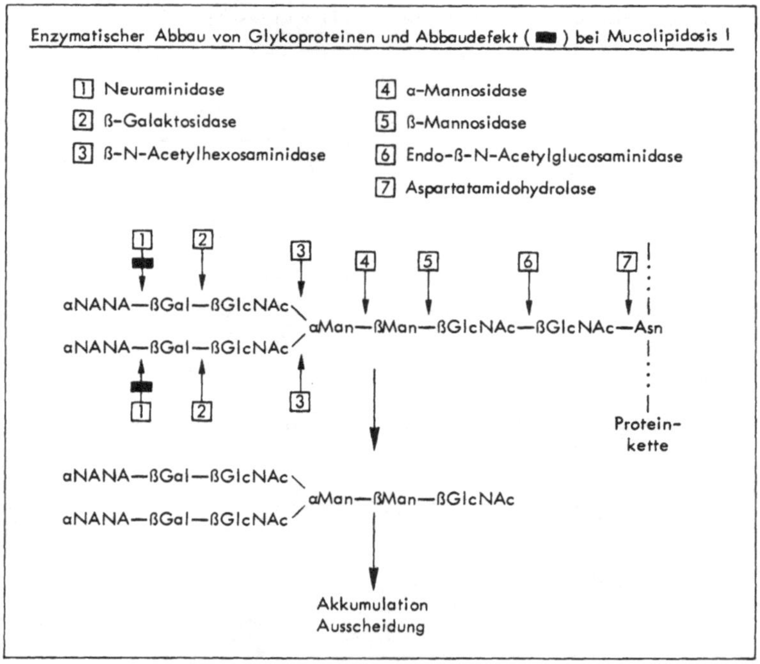

Glykoproteinen beteiligten Aspartylamidohydrolase (7) und der Endo-β-N-Acetylglucosaminidase (6) unverändert ist, akkumulieren in den Lysosomen der betroffenen Zellen Oligosaccharide mit einer für Glykoproteine charakteristischen Teilstruktur und werden auch vermehrt mit dem Harn ausgeschieden. Die fehlende Neuraminidaseaktivität beeinträchtigt auch den Gangliosidabbau, der zwar weniger stark betroffen zu sein scheint, dessen Störung sich jedoch regelmäßig – wie bei der Tay-Sachsschen Erkrankung – in einem kirschroten Maculafleck zu erkennen gibt.

**Mucolipidosis II und III.** Charakteristisch für die Mucolipidose II (I-Zellerkrankung) sind die in kultivierten Fibroblasten nachweisbaren Einschlußkörperchen (Inclusions), die aus Glykolipiden und Glykosaminoglykanen bestehen. Bei dieser Erkrankung können die physiologischerweise von den Zellen sezernierten lysosomalen Enzyme nicht wieder von der Zelle aufgenommen werden, so daß es zu einer intrazellulären Verarmung lysosomaler Enzyme und Akkumulation nicht abgebauter Substrate kommt.

Da Mucolipidosis II- und III-Zellen lysosomale Enzyme normaler Fibroblasten ungehindert aufnehmen, liegt der Defekt in der makromolekularen Struktur der von den Mucolipidosis-Zellen produzierten und an das Medium abgegebenen lysosomalen Enzyme, von denen viele Glykoproteine sind. Diese Enzyme sind mit einem Synthesedefekt ihres Kohlenhydratanteils behaftet, dem ein terminaler

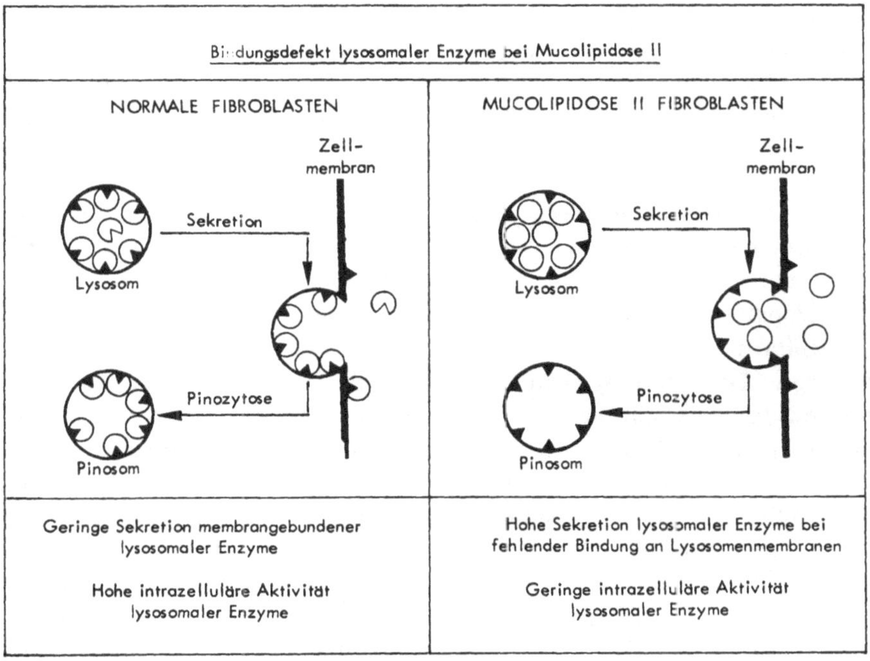

Hexose-6-phosphatrest (Mannose-6-phosphat) fehlt. Das Hexose-6-phosphat stellt jedoch wiederum die spezifische Erkennungsregion des Enzyms dar, um mit der Lysosomenmembran zu assoziieren und mit Rezeptoren der Zellmembran für die nachfolgende Pinozytose zu reagieren (Abb.). Aber auch die Zellmembran selbst weist Abnormalitäten auf. Möglicherweise besteht ferner ein Zusammenhang mit der Beobachtung, daß die lysosomalen Enzyme bei dieser Erkrankung einen überdurchschnittlich hohen Sialinsäuregehalt aufweisen und auch die Neuraminidaseaktivität von Mucolipidose II- und III-Zellen herabgesetzt ist.

Die Mucolipidose III unterscheidet sich vom Typ II durch spätere Manifestation und höhere Lebenserwartung der betroffenen Patienten.

**Mucosulfatidose.** Für den Abbau der Sulfatide ist die Mitwirkung einer Sulfatase notwendig, die den esterartig gebundenen Sulfatrest von der Galaktose abspaltet. Bei der Mucosulfatidose wurde ein genereller Sulfatasemangel nachgewiesen. Dies ist die Ursache der diffusen Demyelinisation mit metachromatischer Leukodystrophie, die morphologisch bis zur vollständigen Decerebralisierung führt.

## 5. Arthrose und Arthritis

Die Arthrosen umfassen eine heterogene Gruppe von Erkrankungen, die durch Fissuren und Defekte im Gelenkknorpel, Sklerose des subchondralen Knochens und sekundär durch Hypertrophie des randständigen Knorpels, aus dem sich durch Verkalkung und Verknöcherung Osteophyten bilden, gekennzeichnet sind. Traumen, chronische Überlastungsschäden (z. B. Übergewicht) und fortgeschrittenes Lebensalter sind als prädisponierende Faktoren bzw. auslösende Ursachen bekannt.

**Biochemie der extrazellulären Matrix des Knorpels.** Die extrazelluläre Knorpelmatrix (Extrazellulärsubstanz), die etwa $^2/_3$ des Gewebsvolumens ausmacht, stellt einen „Verbundwerkstoff" dar, in dem Kollagen, Proteoglykane und Wasser als Hauptkomponenten eine Quartärstruktur von hohem Organisationsniveau bilden. Sie verleiht dem Knorpel seine mechanischen Eigenschaften (Formkonstanz, Stoßdämpfung). Die Proteoglykanmoleküle sind Syntheseprodukte der Zellen (Chondrozyten, Chondroblasten) des Knorpelgewebes und besitzen eine charakteristische chemische Struktur (S. 337) sowie funktionsadäquate physiko-chemische Eigenschaften (Wasserbindung, Viskoelastizität). Im hyalinen Knorpel bilden Chondroitin-4,6-sulfat und Keratansulfat die Glykosaminoglykanseitenketten.

Proteoglykanmoleküle besitzen die Fähigkeit, zusammen mit Hyaluronat und einer als Link-Protein bezeichneten Fraktion strukturspezifische Aggregate zu bilden. Dabei tritt ein polysaccharidfreier oder nur mit wenigen Keratansulfatseitenketten besetzter Anteil des Proteincores mit etwa 10 Disaccharideinheiten eines Hyaluronatmoleküls durch nichtkovalente, d. h. dissoziierbare Bindungen in Wechselwirkung, die durch ein Link-Protein stabilisiert wird (Abb.). Mit einem Hyaluronatmolekül können – je nach Molekulargewicht des Hyaluronats – 100–150 Proteoglykanmoleküle ein Aggregat bilden, wobei die Proteoglykaneinzelmoleküle an der Hyaluronatkette einen Abstand von 30–60 Disaccharideinheiten (etwa 30–60 nm) aufweisen. Die Proteoglykanaggregate können ihrerseits mit kollagenen Fasern in eine noch nicht näher definierte Wechselwirkung treten und auf diese Weise eine makromolekulare Überstruktur bilden.

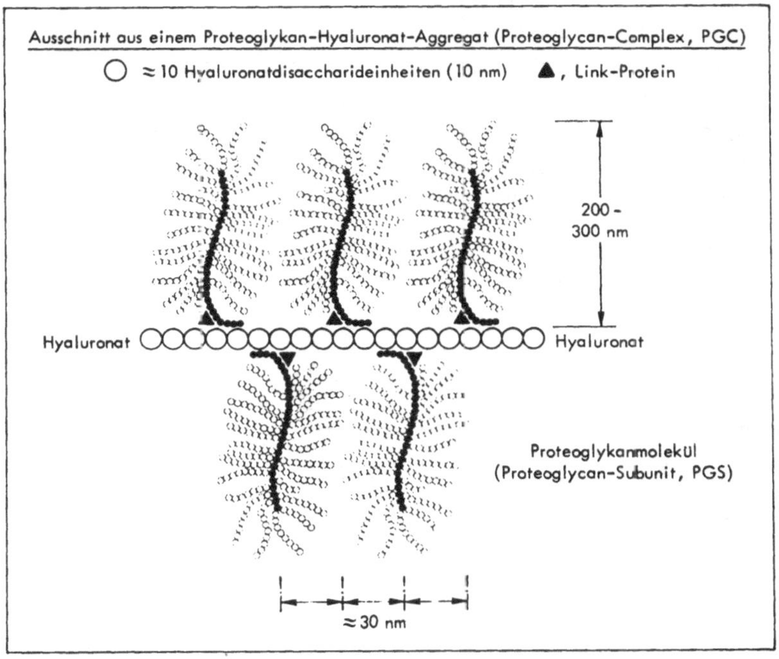


**Pathobiochemie der Arthrose** (Arthrosis deformans, Osteoarthrosis). Untersuchungen an experimentellen Arthrosemodellen (z. B. Entfernung des Ligamentum cruciatum anterior des Kniegelenks) zeigen, daß die Osteoarthrose trotz ihrer zunächst morphologischen Begrenzung auf das betroffene Gelenk keine fokale Erkrankung darstellt, sondern biochemische Veränderungen auch am Knorpelgewebe anderer Gelenke verursacht. Diese Veränderungen betreffen

- Zunahme des Wassergehalts,
- leichtere Extrahierbarkeit der Proteoglykane aus dem Knorpelgewebe mit 0,15 M NaCl,
- qualitative Veränderungen (Synthesestörung?) der Proteoglykane, die mehr Chondroitinsulfatketten und weniger Keratansulfatketten enthalten,
- Verlust der Fähigkeit, mit Hyaluronat spezifische Aggregate zu bilden.

Da Proteoglykane einen höheren Stoffumsatz aufweisen als Kollagen, sind die Störungen des Kollagenstoffwechsels (Umschaltung der Synthese von Typ II auf Typ I) vermutlich sekundärer Natur. Eine Störung des Glykosaminoglykanstoffwechsels wird auch dadurch nahegelegt, daß das von der Synovia produzierte Hyaluronat veränderte physikochemische Eigenschaften (Scherkraft) aufweist.

**Chronische Polyarthritis** (progredient chronische Polyarthritis*, rheumatoide Arthritis). Die chronische Polyarthritis ist eine chronische, durch unspezifische Entzündung der peripheren Gelenke charakterisierte Krankheit, die schließlich zu progressiver Zerstörung des gelenkeigenen und periartikulären Gewebes führt.

Dem schematisch dargestellten pathogenetischen Mechanismus liegt die Beobachtung zugrunde, daß sich bei Patienten mit chronischer Polyarthritis in einem Prozentsatz von 80–90% sowohl im Serum als auch in der Synovia Antigen-Antikörperkomplexe nachweisen lassen, in denen der **„Rheumafaktor“** – ein atypisches IgG-Fragment – das Antigen darstellt, das mit spezifischen Antikörpern vom Typ IgG bzw. IgM zu Komplexen mit einer Sedimentationskonstante von S 7–11 bzw.

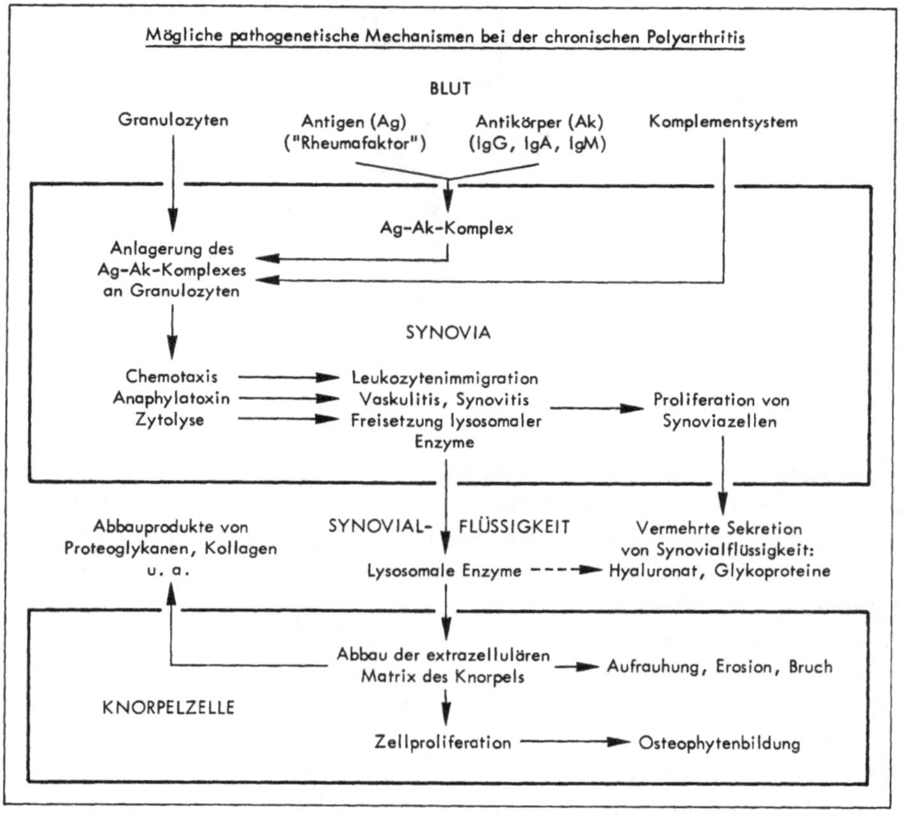


* Ältere nicht mehr empfohlene Bezeichnung: pcP = primär chronische Polyarthritis.

S22 reagiert. Durch die Bildung des Antigen-Antikörperkomplexes und dessen Anlagerung an Synoviazellen bzw. Granulozyten der Synovia wird unter Mitwirkung des Komplementsystems eine charakteristische immunologische Folgereaktion ausgelöst (Kap. Immunchemie, S. 410). Die bei dieser Reaktionsfolge entstehenden C3a- und C3b-Fragmente erklären die Anaphylatoxinwirkung, die über die Histaminfreisetzung zur Gefäßreaktion („Vaskulitis“) führt, die Chemotaxis (Einwanderung von Granulozyten, Lymphozyten und kleinen Plasmazellen in die Synovia) und die reaktive, an dem gesteigerten $^3$H-Thymidineinbau erkennbare Bildung eines pannikulären Granulationsgewebes (Synovitis).

Die Resultante dieser Prozesse ist eine vermehrte Sekretion von Synovialflüssigkeit, aber auch eine gesteigerte Abgabe lysosomaler Enzyme, die teilweise lysierten Synovialzellen, teilweise einer gesteigerten aktiven Sekretion von lysosomalen Enzymen aus dem Granulationsgewebe entstammen. Die Enzyme werden in die Synovialflüssigkeit abgegeben, wo sich z. B. Kathepsin, β-Glucuronidase, β-N-Acetylhexosaminidase, α-Mannosidase und β-Galaktosidase in erhöhter Aktivität nachweisen lassen. Diese am katabolen Stoffwechsel beteiligten Enzyme führen nicht nur zu einem hydrolytischen Abbau der Makromoleküle der Synovialflüssigkeit, sondern entfalten vor allem auf Gelenkknorpel und Gelenkknochen eine chondrolytische bzw. osteolytische Wirkung. Sie führt zum Abbau von Proteoglykanen, Kollagen und den übrigen Bestandteilen der extrazellulären Matrix des Gelenkknorpels, dessen Spaltprodukte in der Synovialflüssigkeit nachweisbar werden. Gleichzeitig löst die Destruktion des Knorpelgewebes Zellteilung und verstärkte Syntheseleistungen der Chondrozyten und Osteozyten aus. Aufrauhung der Oberfläche des Gelenkknorpels, Erosionen und Risse sowie Osteophytenbildung sind das morphologische Korrelat dieser Prozesse.

Die chronisch-entzündlich verdickte Synovia schaltet auf glykolytischen Stoffwechsel um (erhöhte Aktivität glykolytischer Enzyme und der Lactatkonzentration sowie Abnahme des Glucosespiegels in der Synovialflüssigkeit). Die Permeabilität der Synovia für Seruminhaltsbestandteile ist erhöht.

## 6. Arteriosklerose

Die Pathogenese von Erkrankungen des Arteriensystems, insbesondere der Arteriosklerose, ist trotz zahlreicher Experimente und klinischer Untersuchungen ein vielschichtiges Problem. Es wird dadurch kompliziert, daß die Arteriosklerose in verschiedenen morphologischen Formen und Stadien in Erscheinung tritt, einen unterschiedlichen Befall einzelner Gefäßprovinzen zeigt und ätiologisch ein multifaktorielles Geschehen darstellt, bei dem Blut und Gefäßwandfaktoren mitwirken.

**Definition (WHO).** Die **Atherosklerose** ist eine variable Kombination von Veränderungen der Intima, bestehend aus herdförmigen Ansammlungen von Lipiden, komplexen Kohlenhydraten, Blut und Blutbestandteilen, Bindegewebe und Calciumablagerungen, verbunden mit Veränderungen der Arterienmedia.

Der Begriff **Atherosklerose** betont die intimale Akkumulation von Lipiden als charakteristisches Erscheinungsbild. Der Begriff **Arteriosklerose** wird als Oberbegriff verwendet und umfaßt neben der Atherosklerose auch die Mediasklerose und hypertoniebedingte Arteriopathien.

**Biochemie der Arterienwand.** Die Pathobiochemie der Arteriosklerose setzt genaue Kenntnisse der Chemie, der makromolekularen Struktur und des Stoffwechsels des Arteriengewebes voraus.

Untersuchungen zur chemischen Zusammensetzung menschlicher Arterien (Arterien elastischen Typs) lassen ein einheitliches Bauprinzip erkennen. Es ist dadurch gekennzeichnet, daß die mechanisch belastbaren Skleroproteine Kollagen und Elastin zusammen mehr als 60% und die extrazellulären Proteoglykane, Glykoproteine und Proteine (Bausteine der strukturlosen Grundsubstanz) weitere 10% des Trockengewichts der Arterienwand ausmachen, während der Gehalt an zellulären Bauelementen ($3-6 \times 10^6$ Zellkerne/g Frischgewicht) nur 20–30% des Gewebsvolumens beträgt. Für den Stoffwechsel der Arterienwandzellen ergeben sich daraus lange extrazelluläre Diffusionswege bei der Versorgung mit Sauerstoff und Substraten aus der Blutzirkulation.

Der Nachweis aller Enzyme der Hauptketten des Stoffwechsels (Glykolyse, Citratzyklus, Atmungskette), die Aufnahme von Sauerstoff sowie die Utilisation von Glucose, Aminosäuren und freien Fettsäuren weisen darauf hin, daß der Stoffwechsel des Arteriengewebes autonom und nach den gleichen Prinzipien verläuft wie in parenchymatösen Organen. Trotzdem weist das Arteriengewebe eine Reihe von Stoffwechselbesonderheiten auf:

- Die **hohe Glykolyserate** von Arteriengewebe, die sich darin ausdrückt, daß $^{14}C$-Glucose zu etwa 80% in $^{14}C$-Lactat umgewandelt wird, ist nicht nur Konsequenz der geringeren Versorgung der Arterienwandzellen mit Sauerstoff und der langen Diffusionswege, sondern wird auch von kultivierten Arterienwandzellen (z. B. glatten Muskelzellen) mit ausreichender $O_2$-Versorgung aufrecht erhalten. Ein oxidativer Stoffwechsel und ein entsprechender Sauerstoffverbrauch des Arteriengewebes (Abb. S. 351) sind jedoch immer nachweisbar.
- Das Arteriengewebe des Menschen besitzt spezifische **Regulationsmechanismen** des Energie- und Synthesestoffwechsels, die bei akuter oder chronischer Hypoxie wirksam werden. Die dabei erfolgende Stoffwechselumschaltung ist durch Steigerung der Glykolyserate und Steigerung der Synthese von Fettsäuren über den Mechanismus der Kettenverlängerung gekennzeichnet. Die Synthese von Fettsäuren durch Fettsäurekettenverlängerung im Stadium der Hypoxie dient der Aufrechterhaltung eines physiologischen NADH/NAD-Quotienten und dem Verbrauch (nicht oxidierbarer) Acetyl-CoA-Reste.

- die **Proteoglykane** (bzw. Glykosaminoglykane) des Arteriengewebes nehmen aufgrund ihres hohen Stoffumsatzes (Halbwertszeit 5–15 Tage) und ihrer funktionell wichtigen physikochemischen Eigenschaften eine Sonderstellung ein. Bei der Analyse des Proteoglykanverteilungsmusters der menschlichen Aorta lassen sich Chondroitinsulfat, Dermatansulfat und Heparansulfat als Polysaccharidkomponenten von Proteoglykanen und Hyaluronat als Glykosaminoglykan nachweisen. Die Theorien über die Funktion der Proteoglykane sind das Ergebnis von Modellversuchen.
  *Molekularsiebfunktion.* Das dreidimensionale Netzwerk der hydratisierten Proteoglykane, deren Mol.-Gew. in der Größenordnung $1-3 \cdot 10^6$ liegt, und deren Radius ca. 200 nm beträgt, hat die Funktion eines Filters, dessen Porengröße (5 nm) durch die Konzentration des Proteoglykans in Lösung, sein Mol.-Gew. sowie durch den pH-Wert und die Elektrolytkonzentration des Lösungsmittels bestimmt wird. Dieses Filter wirkt als molekulares Sieb, das Fremdmoleküle mit kleinem Durchmesser (Glucose, Aminosäuren u. a.) ungehindert passieren läßt, während Makromoleküle in Abhängigkeit von ihrem Molekulargewicht in der Passage durch das Filter behindert (Siebeffekt) oder im Extremfall vollständig ausgeschlossen werden (Ausschlußeffekt). Die Annahme einer Molekularsiebfunktion wird durch die Tatsachen gestützt, daß $^4/_5$ der Proteoglykane des Arteriengewebes im inneren Drittel der Arterienwand (subendothelial) lokalisiert sind, daß die Proteoglykane ein besonders stoffwechselaktives und damit regulierbares System darstellen, und die Einwirkung von proteoglykanabbauenden Enzymen zu einer Zunahme der Permeabilität der Arterienwand führt.
  *Hyaluronat als viskoelastisches System.* Im Gegensatz zu den Chrondroitinsulfat-Dermatansulfat-Proteoglykanen, die 60% der Gesamtglykosaminoglykane ausmachen, ist ein großer Teil des Hyaluronats in der faserreichen Mediaschicht der Arterienwand lokalisiert. Aufgrund seiner rheologischen Eigenschaften bildet das extrazelluläre Hyaluronat ein schockabsorbierendes System, das einerseits als visköse Lösung wie ein Gleitmittel wirkt, andererseits bei starker und wiederholter mechanischer Beanspruchung in ein viskoelastisches System übergeht, das in hohem Maße elastisch verformbar ist und dadurch energieverzehrend wirkt. Bei der durch die Herzfunktion rhythmisch ausgelösten Dilatation bzw. Retraktion des Arteriengewebes vermag das Hyaluronat die primär von den mechanisch belastbaren Kollagenfasern aufgefangene mechanische Energie zu übernehmen und in eine reversible Molekülverformung zu transformieren.

- **Lipide des Arteriengewebes.** Arteriengewebe ist zu endogener Fettsäuresynthese befähigt, die sowohl als de novo Synthese als auch über den Mechanismus der Kettenverlängerung präexistierender Fettsäuren erfolgen kann. Kultivierte Arteriengewebszellen und menschliches Arteriengewebe inkorporieren bei in vitro Inkubation $^{14}C$-Acetat in die Fettsäuren der Lipide und ihrer Subfraktionen. Wenn Arteriengewebszellen bzw. Arteriengewebe unter $O_2$-Mangel metabolisieren, kommt es zu einer mehrfachen Einbausteigerung von $^{14}C$-Acetat in die Triglyceride. Gleichzeitig wird die Bildung endogener Fettsäuren von der de novo Synthese auf den Mechanismus der Kettenverlängerung umgeschaltet (s. o.). Eine gesteigerte Fettsäuresynthese in arteriosklerotischen Bezirken von menschlichen Arterien als Folge einer chronischen Hypoxie der betreffenden Gewebsabschnitte läßt sich nachweisen. Auch die Lipoproteine des Blutplasmas spielen im Lipidstoffwechsel der Gefäßwand eine wichtige Rolle. Nach Passage des Endothels können sie von den Arterienwandzellen aufgenommen und verstoffwechselt werden. Bei Hyperlipoproteinämie, reduzierter zellulärer Stoffwechselkapazität oder gestörtem Abtransport über das Lymphdrainagesystem können Lipoproteine bzw. die in ihnen enthaltenen Lipide intra- oder extrazellulär akkumulieren (Risikofaktor Hyperlipoproteinämie, S. 104).

**Pathobiochemie der Arteriosklerose.** Die über arteriosklerotische Gefäßveränderungen gewonnenen biochemischen Daten ergeben kein geschlossenes Bild. Dies liegt daran,

- daß zahlreiche Befunde an tierexperimentellen (mit der menschlichen Spontanarteriosklerose nicht vergleichbaren) Modellen erhoben wurden,
- daß in vitro Stoffwechselstudien an menschlichem Arteriengewebe – vor allem wegen der post mortem rasch einsetzenden Reduktion der Syntheseleistungen – nur begrenzten Aussagewert haben,
- daß die Pathobiochemie der Arteriosklerose in verschiedenen Stadien (Frühveränderungen, atheromatöser Herd, fibroatheromatöser Plaque) durch unterschiedliche Veränderungen der chemischen Zusammensetzung und des Stoffwechsels geprägt wird,
- daß hereditäre, geographische und rassische Faktoren in der Arteriosklerosefrequenz bestehen, die nur teilweise auf unterschiedliche Ernährung und Lebensweise bezogen werden können und
- daß unterschiedliche individuelle Verlaufsformen beobachtet werden, bei denen entweder Abweichungen im Bindegewebsstoffwechsel **oder** im Lipidstoffwechsel im Vordergrund stehen.

Bei den Angaben der nachfolgenden Tabelle ist daher zu berücksichtigen, daß die genannten Stoffwechselstörungen selten gleichzeitig und in gleicher Intensität, sondern in zeitlicher Folge und auch unter Dominanz von Abweichungen im Bindegewebs- **oder** Lipidstoffwechsel auftreten können.

So kann das **initiale Intimaödem** als lokale und passagere Permeabilitätsstörung des Endothels aufgrund einer Struktur- und Funktionsänderung des Proteoglykan-Molekularsiebs im subendothelialen Bindegewebe aufgefaßt werden. Dies erklärt die nach Penetration von Thrombozyten und Fibrinogen sowie anderen Plasma-

**Parameter des Arterienstoffwechsels und deren Änderung bei Arteriosklerose (kompilierte Daten)**

(↑ = Erhöhung, ↓ = Verminderung, o = keine signifikante Änderung, FG = Frischgewicht, TG = Trockengewicht, GAG = Glykosaminoglykane, HexN = Hexosamin)

| | Normalwert | Veränderung bei Arteriosklerose |
|---|---|---|
| **Energiestoffwechsel** | | |
| Glucoseaufnahme (µMol/h/g FG) | 130 | ↑↑ |
| Lactatbildung (µMol/h/g FG) | 180 | ↑ |
| $O_2$-Aufnahme (µl/h/g FG) | 80 | ↓ |
| $^{14}CO_2$-Bildung (% utilisierter [U-$^{14}$C] Glc) | 0,5 | ↓ |
| **Kollagenstoffwechsel** | | |
| Kollagengehalt (g/100 g TG) | 25 | o - ↑ |
| Kollagentyp I/III | 60/40 | ↑ |
| Kollagen-Halbwertszeit (Tage) | > 50 | |
| **Proteoglykanstoffwechsel** | | |
| Gesamt-GAG (mg/g FG) | 1,5 | o |
| Chondroitin-6(4)-Sulfat (g/100 g GAG) | 50 | o |
| Dermatansulfat (g/100 g GAG) | 15 | ↑ |
| Heparansulfat (g/100 g GAG) | 15 | ↓ |
| Hyaluronat (g/100 g GAG) | 20 | ↓ |
| Spez. Aktivität der $^{14}$C-GAG (cpm/µMol HexN)+) | 91000 | ↑ |
| Halbwertszeit der $^{35}$S-GAG (Tage)++) | 8-14 | |
| **Lipidstoffwechsel** | | |
| Gesamtlipide (mg/g FG) | 6-8 | ↑ |
| Spez. Aktivität der Triglyceridfettsäuren (cpm/mg)+++) | 32000 | ↑ |
| Spez. Aktivität der Phospholipidfettsäuren (cpm/mg)+++) | 25000 | ↓ |
| **Mineralstoffwechsel** | | |
| Ca-Gehalt (g/100 g TG) | 6-8 | ↑ |

+) Nach 6 h Inkubation mit [U-$^{14}$C] GlcN
++) Sulfatierte GAG nach Markierung mit $^{35}$S-Sulfat
+++) Nach 6 h Inkubation mit [1-$^{14}$C] Acetat

proteinen einsetzende Fibrinbildung, die reaktive Proliferation (gesteigerter Proteoglykanstoffwechsel) und die Phagozytoseprozesse. Bei gleichzeitigem Eindringen von Lipoproteinen aus der Zirkulation, die von den Arterienwandzellen bei überhöhtem Angebot nicht metabolisiert, sondern akkumuliert werden (Umwandlung von Intimazellen in Schaumzellen), ergibt sich der **initiale lipoide Plaque.**

Endotheldefekte provozieren eine Aggregation und Bindung von Thrombozyten an das subendotheliale Kollagen Typ III (S. 391). Die Freisetzung chemotaktischer und mitogener Faktoren aus aggregierten Thrombozyten (S. 392) begünstigt die Entstehung parietaler Mikrothromben, die durch sekundäre Endothelialisierung inkorporiert werden können.

Die Frühveränderungen können durch Nekrosen kompliziert werden, bei deren akutem Verlauf eine massive Synthese wasserbindender (strukturell veränderter?) Proteoglykane mit hohem hydrodynamischem Volumen einsetzt und die durch akute Volumenzunahme umschriebener Intimabezirke lebensbedrohliche Arteriostenosen verursacht.

Die Nekrose kann sich jedoch auch – vor allem als Folge stärkerer Lipidakkumulation – in einen exulzerierenden atheromatösen Herd umwandeln und sekundär Proliferationsprozesse (Vermehrung von Kollagen Typ I!) oder Verkalkung und Ossifikation auslösen.

**Theorien der Pathogenese der Arteriosklerose.** Die Arteriosklerose ist weder eine originäre Erkrankung des Arteriengewebes noch eine Reaktion auf eine un-

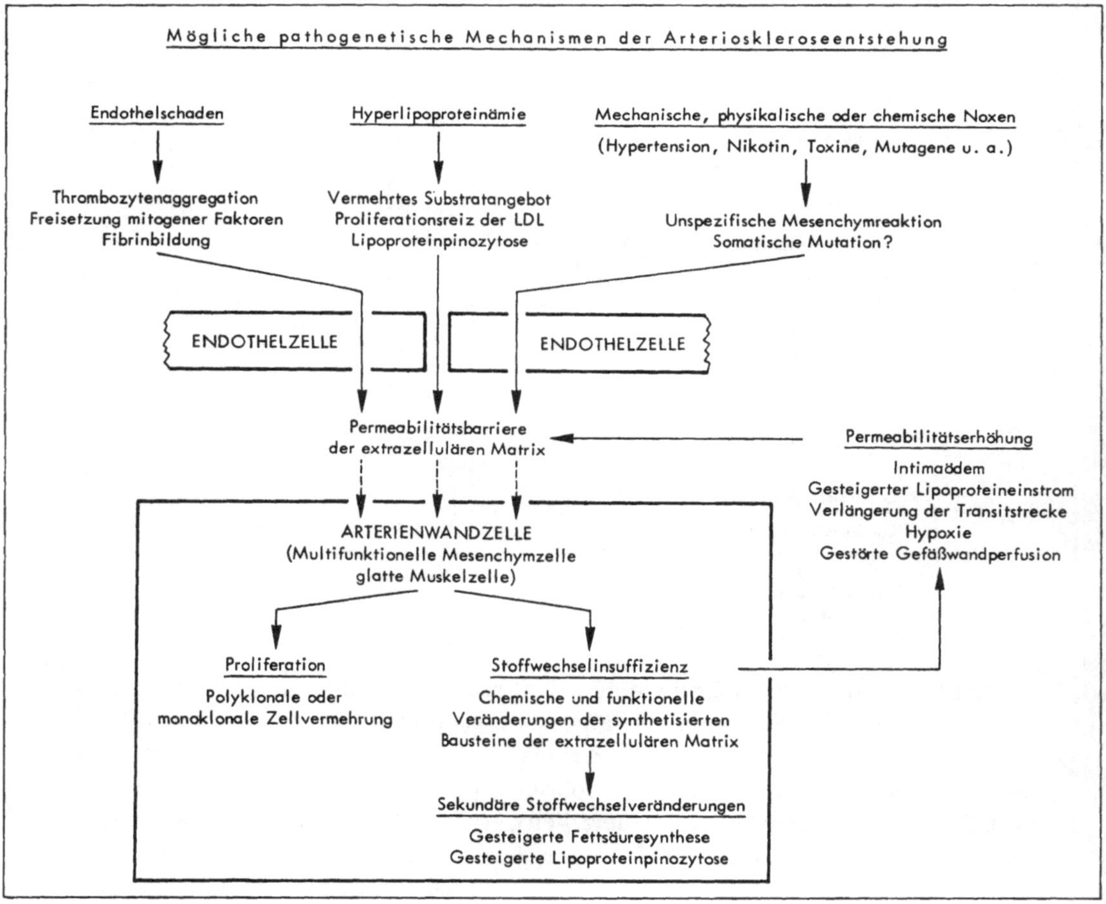

abhängig vom Arteriensystem bestehende Grundkrankheit (z. B. Veränderungen in der Zusammensetzung des Blutplasmas), sondern entsteht durch Zusammenwirken von **Gefäß- und Blutfaktoren.** Die Pathogenese muß daher als multifaktorielles Geschehen mit multiplen ätiologischen Faktoren und wechselnden Schwerpunkten angesehen werden. Infolgedessen haben die nachstehend aufgeführten Einzeltheorien auch einen geringeren Wahrscheinlichkeitswert als ein Synergismus pathogenetischer Faktoren (Schema).

Allen Theorien ist jedoch gemeinsam, daß zahlreiche **Risikofaktoren** (z. B. Hypertonus, Hyperlipoproteinämie, starker Tabakkonsum, Übergewicht) die Manifestation einer Arteriosklerose begünstigen.

- *Theorie der unspezifischen Mesenchymreaktion.* Auf multiple exogene Einzelfaktoren (z. B. Infekte, Toxine, Nikotin, Hypertension, mechanische Reize, emotionelle Belastung) antwortet die multifunktionelle Mesenchymzelle der Arterienwand mit einer Stoffwechselentgleisung, die sich in gesteigerter, aber fehlerhafter Synthese der Bausteine der extrazellulären Matrix und Störung der Molekularsiebfunktion der Proteoglykane manifestiert. Der damit verbundene Einstrom von Lipoproteinen (LDL, VLDL) führt – insbesondere bei Vorliegen einer Hyperlipoproteinämie – zu zusätzlicher Stoffwechselbelastung und Proliferation der Mesenchymzellen (gesteigerter $^3$H-Thymidineinbau). Das sich entwickelnde Intimaödem bedingt eine verlängerte Diffusionsstrecke (Transitstrecke) für Sauerstoff und Substrate des Arterienwandstoffwechsels. Auf die resultierende Hypoxie antwortet die Gefäßwand mit gesteigerter Fettsäuresynthese.
- *Thrombogene Theorie.* Auf der Basis einer – durch zahlreiche mögliche Reize auslösbaren – Endothelschädigung entwickeln sich eine fokale Desquamation von Endothelzellen, Adhärenz und Aggregation von Thrombozyten an das subendotheliale Bindegewebe (Kollagen), lokale Freisetzung von Plasmafaktoren sowie eine Passage von Thrombozyten und Plasmabestandteilen in die subendotheliale Struktur. Dieser Prozeß ist begleitet von einer Wanderung von glatten Muskelzellen in die Intima und einer thrombozyteninduzierten Intimaproliferation von glatten Muskelzellen (Ausschüttung mitogener Faktoren) mit der Folge einer Neubildung von bindegewebiger Matrix (kollagenen und elastischen Fasern, Proteoglykanen). Die lokalen Störungen der Struktur der Extrazellularsubstanz bedingen extrazelluläre und intrazelluläre Lipidakkumulation. Der wiederholte und chronische Verlust von Endothelzellen wird als der erste ätiologisch maßgebende Schaden angesehen, auf dessen Grundlage sich die Atherosklerose entwickelt.
- *Theorie der monoklonalen Zellvermehrung.* Nach der Lyon-Hypothese ist in jeder Zelle weiblicher Individuen nur eines der beiden X-Chromosomen funktionell aktiv, während das andere inaktiviert wird. Die Entscheidung, welches Chromosom aktiv bzw. inaktiv ist, fällt während des 12.–16. Tages nach der

Befruchtung. Die einmal festgelegte Aktivität bzw. Inaktivität wird bei allen folgenden Zellteilungen von den Tochterchromosomen beibehalten.
Die Glucose-6-phosphat-Dehydrogenase ist ein X-chromosomal gebundenes Enzym, von dem es mehrere Isoenzyme gibt. Die Isoenzymformen A und B sind jedoch besonders häufig. Nach der Lyon-Hypothese verfügen heterozygote Frauen über zwei Zelltypen, von denen – je nach Aktivität des einen oder anderen X-Chromosoms – ein Typ das Isoenzym A der Glucose-6-phosphat-Dehydrogenase, der andere Zelltyp dagegen das Isoenzym B produziert. In normalen, nicht arteriosklerotischen Gewebsproben aus Aorten ist bei solchen Individuen folglich eine Zellmosaikstruktur und eine etwa gleiche Aktivität beider Isoenzyme zu erwarten, was auch der Fall ist. Überraschenderweise wird jedoch in arteriosklerotischen Plaques der gleichen Aorta nur **ein** Isoenzym gefunden und zwar entweder das Isoenzym A **oder** das Isoenzym B. Dies bedeutet, daß ein arteriosklerotischer Plaque nur aus einem der beiden bei Heterozygoten vorkommenden Zelltypen entstanden sein kann (monotypische Zellpopulation). Nach Ausschluß anderer Ursachen ist daraus zu folgern, daß die arteriosklerotischen Plaques monoklonalen Ursprungs sind. Eine solche selektive Vermehrung eines Zellklons könnte durch eine lokale somatische Mutation unter der Einwirkung chemischer Mutagene (z. B. im Zigarettenrauch enthaltene Präcancerogene) entstehen. Wenn ein solches Mutationsereignis mehrfach auf begrenzten Arealen der Arterienwand eintritt, kann die monoklonale Zellpopulation entweder das Isoenzym A oder das Isoenzym B der Glucose-6-phosphat-Dehydrogenase enthalten.

- *Perfusionstheorie.* Der Stofftransport aus dem strömenden Blut in die Gefäßwand erfolgt über Transitstrecken, deren Durchlässigkeit durch morphologische Charakteristika des Wandaufbaus einer Arterie bestimmt wird. Aus dem Blutplasma gelangen Makromoleküle durch Pinozytose in die Endothelzellen und nach Durchwanderung ihres Hyaloplasmas und der Basalmembran in den subendothelialen Raum. Sie können das Endothel aber auch durch die interendothelialen Spalten passieren. Über Diffusions-, Filtrations- und Perfusionsprozesse im Extrazellulärraum erfolgt der Transport der Substratmoleküle durch die Basalmembran, die Elastica interna und durch das dreidimensionale Netzwerk kollagener und elastischer Fasern zu den verbrauchenden Zellen aller Wandschichten. Ein Rückresorptionsstrom sorgt zusammen mit der Gewebsdrainage über die Lymphbahnen für den Abtransport nichtutilisierter Substrate bzw. Stoffwechselprodukte der Arterienwandzellen.

Bei Störungen der extrazellulären Transport- und Diffusionspassage (Mißverhältnis zwischen Substrateinstrom und Transportkapazität) resultiert ein Flüssigkeits(Plasma-)aufstau, der von einer Lipoproteinakkumulation begleitet ist und Proliferationsvorgänge der an der Intima-Mediagrenze (Elastica interna) gelegenen Intimazellen in Gang setzen kann. Der beeinträchtigte Stofftransport der Gefäßwand führt schließlich zu metabolischer Insuffizienz der Arterienwandzellen.

# 7. Alternsabhängige Veränderungen des Bindegewebes

Für das Studium biochemischer Alternsveränderungen des Bindegewebes bieten insbesondere die Proteoglykane günstige Voraussetzungen, da sie chemisch und physiko-chemisch gut charakterisierte Makromoleküle darstellen und typischen Alternsveränderungen unterliegen. Aufgrund seines geringen Sauerstoffverbrauchs eignet sich das Bindegewebe zudem bevorzugt für in vitro Stoffwechselstudien.

**Proteoglykansynthese.** Der Einbau radioaktiv markierter Vorstufen ($^{14}$C-Glucosamin, $^{35}$S-Sulfat) in die Polysaccharidkomponente von Proteoglykanen läßt sich unter in vitro oder in vivo Bedingungen verfolgen und durch Bestimmung der spezifischen Radioaktivität des Syntheseprodukts quantifizieren. Sie ergibt für die Proteoglykane zahlreicher mesenchymaler Gewebe (menschlicher Rippenknorpel, Haut, Arteriengewebe) einen charakteristischen exponentiellen Abfall der spezifischen Radioaktivität in Abhängigkeit vom Lebensalter. Bleiben Zellzahl und Proteoglykangewebskonzentration alternsabhängig konstant, entspricht diese Abnahme einer Reduktion der Syntheseleistung der Zelle (Abbildung).

Alternsabhängige Abnahme der $^{35}$S-Sulfatinkorporation in die sulfatierten Glykosaminoglykane der Aorta des Rindes

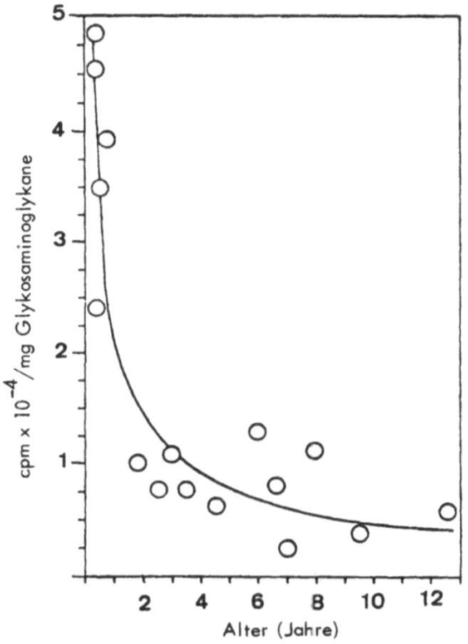


**Veränderungen der Gewebskonzentration und der chemischen Zusammensetzung.** Neben einer Verringerung der Syntheserate lassen sich alternsabhängige Änderungen in der Gewebskonzentration (Poolgröße) und in der chemischen

Zusammensetzung der Proteoglykane nachweisen. Beispiele hierfür sind die von der Geburt an bzw. schon während der Embryonalentwicklung nachweisbare Abnahme des Hyaluronat/Chrondroitinsulfat-Quotienten in der Haut bzw. die Abnahme des Chondroitinsulfat/Keratansulfat-Quotienten im Knorpelgewebe mit zunehmendem Lebensalter.

Auch die einzelnen Polysaccharidketten des Proteoglykanmoleküls können Veränderungen aufweisen. So nimmt der Sulfatierungsgrad des Chrondroitinsulfats im Knorpelgewebe bei unverändertem Molekulargewicht der Chondroitinsulfatkette alternsabhängig zu unter gleichzeitiger Bevorzugung eines Sulfattransfers auf C-Atom 6 des Galaktosamins (Abnahme des Chondroitin-4-sulfats, Zunahme des Chondroitin-6-sulfats). Im Keratansulfat nehmen Kettenlänge (Molekulargewicht) und Sulfatgehalt (Galaktose-6-sulfatreste) zu (Abbildung).

Altersabhängige Änderung des Kollagen- und Glykosaminoglykan(GAG)-gehaltes sowie der Relation Chondroitin-4(6)-sulfat/Keratansulfat im menschlichen Rippenknorpel (2. - 4. Rippe)

(GAG = Gesamtglykosaminoglykane, KS = Keratansulfat, C-4(6)-S = Summe von Chondroitin-4- und -6-sulfat, TG = Trockengewicht)

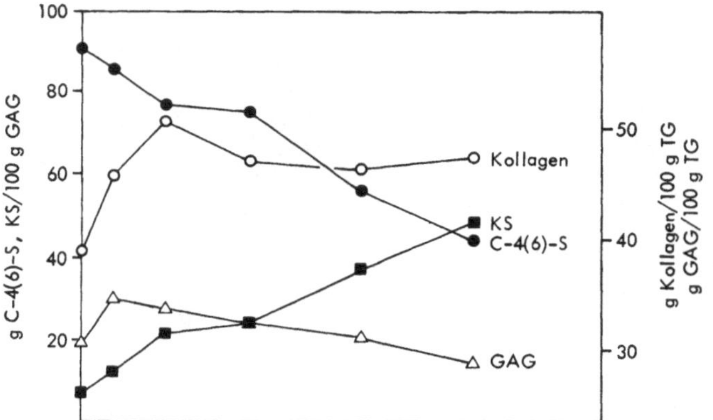


**Proteoglykanaggregate.** Die alternsabhängigen Veränderungen der chemischen Struktur der extrazellulären Proteoglykane haben Auswirkungen auf die Fähigkeit zur Aggregatbildung. Die bisher vorliegenden Ergebnisse deuten darauf hin, daß die Fähigkeit der Proteoglykane zur Bildung gewebsspezifischer Aggregate mit zunehmendem Alter geringer wird. Dies drückt sich in der Abnahme des scheinbaren Molekulargewichts und des Wasserbindungsvermögens der Proteoglykane des Knorpelgewebes (menschlicher Rippenknorpel) aus.

**Kollagen.** Die alternsabhängigen Veränderungen des Kollagens sind häufig durch eine Zunahme der Kollagenkonzentration von der Geburt bis zum 2.–4. Dezennium mit nachfolgender Verringerung gekennzeichnet. Daten über den Kollagenstoffwechsel sind wegen der langen biologischen Halbwertszeiten und der Unlöslichkeit des Kollagens schwierig zu ermitteln. Hinweise dafür, daß mit zunehmendem Alter auch der Vernetzungsgrad des extrazellulären Kollagens zunehmen kann, sind die Zunahme der Fibrillendicke und die Erhöhung der thermischen Kontraktion des Kollagens. Sie wird ausgedrückt durch die Gewichtsbelastung, die notwendig ist, um eine thermische Kontraktion einer Kollagenfibrille (z. B. Rattenschwanzsehne) zu verhindern.

# IX. Malignes Wachstum

Die Erforschung der Pathogenese, der Diagnostik und Behandlung maligner Tumoren (Synonyma: bösartige Geschwulst, maligne Neoplasie, Malignom, „Krebs" („Cancer")) hat sich zu einer umfangreichen Spezialdisziplin der Medizin – der **Onkologie** – entwickelt.

Tumorzellen entstehen durch Umwandlung körpereigner Zellen. Die Bösartigkeit der Krebszellen drückt sich in einer Autonomie des Wachstums aus, d. h. in ihrer Fähigkeit, ungehemmt und ohne Einordnung in den Bauplan der Organe und unter Gewebszerstörung infiltrierend zu wachsen. Ein sicheres Zeichen der Malignität ist die Bildung tumorferner Absiedlungen (Metastasen) nach hämatogener oder lymphogener Ausbreitung von Tumorzellen.

## 1. Cancerogenese

Die auslösende Ursache für die spontane Entstehung menschlicher Tumoren ist – von Einzelfällen abgesehen – unbekannt. Im Tierexperiment lassen sich Tumoren durch

- Viren (Tumorviren, onkogene Viren),
- Chemikalien (Carcinogene bzw. Cancerogene und Cocarcinogene) und
- ionisierende Strahlen (energiereiche Strahlen)

erzeugen. Es ist nicht auszuschließen, daß auch menschliche Tumoren auf diese Ursachen zurückgehen.

**Tumorviren.** In der Tabelle sind die bekanntesten DNA-Tumorviren aufgeführt. Eine Eigenart der Tumorviren besteht darin, daß sie jeweils nur bei einer bestimmten Species maligne Erkrankungen auslösen. Im Gegensatz zur üblichen Virusinfektion rufen Tumorviren jedoch keine oder eine nur geringe produktive Infek-

**DNA-Tumorviren**

| Familie | Größe (nm) | Zahl der Gene | Beispiele |
|---|---|---|---|
| Papovaviren | 40–55 | 5 | Papillomaviren, Polyomaviren SV 40, HD-Virus |
| Adenoviren | 60–90 | 23 | A: Typ 12, 18, 31<br>B: Typ 3, 7, 11, 14, 16, 21<br>C: Typ 1, 2, 4, 5, 6 |
| Herpesviren | 150–170 | ~ 100 | Epstein-Barr-Virus<br>Marek-Virus<br>Herpes simplex Virus Typ 2 |

tion hervor. Es findet meist auch keine Vermehrung der Viruspartikel in der Wirtszelle statt, vielmehr wird die Virus-DNA in das Genom der Wirtszelle integriert.

Humanpathogenität ist bisher nur für das **Epstein-Barr-Virus** bewiesen, das sein Genom in die DNA der humanen Wirtszelle einzubauen und diese maligne zu verändern in der Lage ist. Das Epstein-Barr-Virus ist Erreger des Burkitt-Lymphoms. Eigenartig bleibt jedoch, daß das Epstein-Barr-Virus häufig als Erreger der infektiösen Mononucleose beobachtet wurde, während das Burkitt-Lymphom selten und geographisch streng abgesetzt (Zentralafrika, Asien) auftritt.

Die Rolle des **Herpes simplex** Virustyp 2 bei der Entstehung des Collumcarcinoms ist noch unklar. Immerhin zeigen in den USA 80% der Frauen mit Collumcarcinom Antikörper gegen dieses Herpesvirus.

Die **Adenoviren,** die humane kultivierte Zellen maligne transformieren können, werden entsprechend ihrem (abnehmenden) onkogenen Potential in die Gruppen A–C eingeteilt (Tabelle, S. 358).

Die **Papovaviren** können bei verschiedenen Säugetieren Papillome (Warzen) hervorrufen, die bei Kaninchen regelmäßig maligne entarten.

In der weitverbreiteten Gruppe der **Onkornaviren** (**Onko**gene **RNA**-Viren) sind zahlreiche Vertreter für die Leukämie, Sarkome bzw. Mammacarcinome von Versuchstieren verantwortlich. Obgleich wiederholt Onkornaviren auch aus menschlichen myeloischen und lymphatischen Leukämiezellen dargestellt wurden, fehlen überzeugende Beweise, daß Onkornaviren beim Menschen tumorerzeugend wirken. Ehe RNA-Viren ihr Genom in den DNA-Bestand der Wirtszelle integrieren können, müssen sie ihre RNA mit Hilfe der Reversen Transkriptase (S. 25) in die korrespondierende informationstragende DNA umschreiben.

**Chemische Cancerogene.** Zahlreiche Chemikalien haben sich im Tierexperiment als cancerogen (carcinogen, krebserzeugend) erwiesen (Tabelle). Ein Teil der Cancerogene entfaltet seine krebserzeugende Wirkung nicht direkt, sondern erst nach chemischer Veränderung im tierischen (oder menschlichen) Organismus. Es handelt sich z. T. um synthetische Kohlenwasserstoffe (Fremdstoffe), z. T. aber auch um Naturstoffe, die in Nahrungs- und Genußmitteln vorkommen oder entstehen können. Aufgrund tierexperimenteller Untersuchungen oder casuistischer Mitteilungen muß weiterhin eine Reihe von Arzneimitteln als potentiell carcinogen gelten. Hierzu gehören z. B. Diäthylstilböstrol und das Zytostatikum Procarbazin.

Die Gefährdung durch **Nitrosamine,** die mit zu den stärksten krebserregenden Substanzen gehören, liegt in der Tatsache, daß sie aus Nitrit und sekundären Aminen nach der Reaktion

$$\underset{\text{sekundäres Amin}}{\begin{matrix} R_1 \\ R_2 \end{matrix}\!\!>\!NH} + \underset{\text{Nitrit}}{HNO_2} \longrightarrow \underset{\text{Nitrosamin}}{\begin{matrix} R_1 \\ R_2 \end{matrix}\!\!>\!N-N=O} + H_2O$$

auch im menschlichen Organismus (z. B. im salzsauren Milieu des Magensaftes) entstehen können, und daß Nitrit aufgrund einer gesetzlichen Zulassung bei der Fleischverarbeitung dem Kochsalz in einer Konzentration von 0,5–0,6% (Pökelsalz) beigemischt werden darf. Die meisten natürlich vorkommenden Aminoverbindungen sind entweder schwer nitrosierbar oder liefern unwirksame Nitrosoderivate, jedoch können manche biogene Amine (z. B. in Käse, Rotwein), sowie einige Arzneimittel, die oft in hoher Dosis aufgenommen werden, cancerogene Nitrosamine bilden.

**Beispiele für chemische Cancerogene (A) und Cocarcinogene* (B)**

| Bezeichnung | Vorkommen | Möglicher Carcinomtyp |
|---|---|---|
| A. Arsen | Lebensmittel, Zigarettenrauch | Lebercarcinom<br>Bronchialcarcinom |
| Benzypren (3,4-Benzo-a-pyren) | Abgase von Verbrennungsmotoren, Steinkohlenteer | Hautcarcinom<br>Bronchialcarcinom |
| Nitrosamine | Geräucherte Lebensmittel (Fleisch, Fisch), Nitritbehandeltes Heringsmehl | Wechselnde Organmanifestation je nach Nitrosaminderivat |
| 2-Naphthylamin | Steinkohlenteer | Harnblasencarcinom |
| Aflatoxine | Toxische Stoffwechselprodukte von Schimmelpilzen (z. B. in Erdnußmehl) | Lebercarcinom, Magencarcinom |
| B. Phorbolester (Diterpene) | Pflanzliches Öl (Crotonöl) | Hautcarcinom |
| Basische Fraktion des Kreosotöls | Steinkohlenteer (Holzschutzmittel) | Hautcarcinom |

* Cocarcinogene wirken nur in Verbindung mit anderen Substanzen bei gleichzeitiger oder zeitlich folgender Einwirkung krebserzeugend. Sie lassen z. B. die unterschwellige Dosis eines Cancerogens wirksam werden.

**Ionisierende Strahlen.** Unter der Wirkung von UV-Licht und ionisierenden Strahlen lassen sich Chromosomenbrüche und Mutationen erzeugen. Sofern es sich nicht um eine Letalmutation handelt, können diese Einwirkungen zu einer malignen Veränderung von Normalzellen führen.

## 2. Tumorstoffwechsel

Die verschiedenen Tumortypen zeigen – ähnlich wie ihre Muttergewebe – eine große Vielfalt und Unterschiedlichkeit in ihrer Enzymausstattung und ihrem Stoffwechsel. Die beobachteten Abweichungen vom Normalgewebe sind jedoch nur quantitativer, nicht aber qualitativer Natur.

**Glykolyse und Glucosestoffwechsel.** Ein häufig feststellbares Merkmal maligner Tumorzellen ist ihre hohe Glykolyserate und ihre geringe Sauerstoffaufnahme, die – im Gegensatz zum normalen ausgewachsenen Körpergewebe – auch bei ausreichender Sauerstoffversorgung beibehalten wird.

Viele Tumoren können allerdings bei Abwesenheit von Glucose auch endogene Substrate veratmen und zwar unter Sauerstoffaufnahme, die derjenigen normaler Gewebe gleichkommt. Gestört scheint lediglich die Veratmung der Glucose zu sein. Die Ursache hierfür könnte in der schlecht ausgeprägten Fähigkeit der Tumormitochondrien liegen, das glykolytisch bei der Glycerinaldehydphosphat-Dehydrogenasereaktion gebildete $NADH_2$ zu oxidieren. Die Tumorzelle verwendet das $NADH_2$ stattdessen für die Reduktion des Pyruvats zu Lactat. Mangel an NAD, Coenzym A, Thiaminpyrophosphat und auch die im allgemeinen geringere Zahl der Mitochondrien in der Tumorzelle sind weitere Faktoren, die als Ursache der ungenügenden Bereitschaft der Krebszellen zur Glucoseveratmung angesehen werden.

Die Energiegewinnung aus Glucose mit Hilfe der anaeroben Glykolyse ist für den Tumor bei genügend hohem Glucoseangebot und Glucosedurchsatz ausreichend. Das dabei gebildete Lactat kann ein Absinken des pH-Wertes im Tumor zur Folge haben. Die Aktivität der Glykolyseenzyme ist häufig erhöht.

Der im Vergleich mit Stoffwechselgesunden stark gesteigerte Glucoseverbrauch von Tumorpatienten (4,4 mol/d, 800 g/24 h statt 0,56–0,83 mol/d, 100–150 g/24 h) und die u. U. daraus resultierende **Tumorhypoglykämie** (S. 92) haben ihre Ursache jedoch offenbar nicht allein in dem Glucosemehrverbrauch durch den Tumor selbst, sondern scheinen auch mit einer generellen Hemmung der Lipolyse und der hepatischen Glykogenolyse zusammenzuhängen.

**Enzyme der Tumorzelle.** In Tumorzellen wurde auch ein Aktivitätsanstieg anderer Enzyme als derjenigen der Glykolyse, z. B. bei den RNA-methylierenden Enzymen und bei der Tumor-Kollagenase beobachtet, die bevorzugt die Kollagentypen III und I spaltet. Der Angriff der Tumorzellen auf die Bindegewebsmatrix ist die Basis des invasiven Wachstums und der Metastasenbildung. Umgekehrt führt eine mit zunehmender Malignität fortschreitende Entdifferenzierung der Tumorzelle zum Verlust organspezifischer Enzyme. In Hepatomen gehen z. B. Glucokinase-, Aldolase- und Glykogensynthetase-Aktivität verloren. Manche Tumoren sind auf die Versorgung mit Asparagin angewiesen, da ihnen das Enzym zur endogenen Asparaginsynthese (Asparaginsäure + Glutamin → Asparagin + Glutaminsäure) fehlt. Auch die Fähigkeit, Hemmstoffe der Nucleinsäurebiosynthese (5-Fluoruracil, 6-Mercaptopurin) enzymatisch abzubauen, kann herabgesetzt sein. Der Pentosephosphatzyklus wird jedoch nicht aufgegeben. Der wachsende Tumor ist somit nicht von einer Versorgung mit Pentosephosphat für die Nucleinsäuresynthese abhängig. Eine geringe Restatmung scheint für die Teilung der Tumorzelle notwendig zu sein.

Alle geschilderten Veränderungen des Tumorstoffwechsels werden in ihrer Bedeutung dadurch stark eingeschränkt, daß man tierexperimentelle Lebertumoren kennt, die im Gärungs- und Atmungsstoffwechsel nur sehr geringfügig von normalen Leberzellen abweichen („minimal deviation" Hepatom), die aber trotzdem alle Kriterien des malignen Wachstums aufweisen. Die Annahme eines „tumorspezifischen" Stoffwechsels ist nicht gerechtfertigt.

Auch die Hoffnung, aus enzymologischen und biochemischen Besonderheiten von Tumorzellen diagnostische oder prognostische Schlüsse zu ziehen, hat sich nicht bestätigt. Die wenigen Ausnahmen betreffen hormonproduzierende Tumoren (Nebennierenrindenadenom bzw. -carcinom, Chorionepitheliom, Schilddrüsencarcinom). Die enzymologische Diagnostik kann wegen der geringen Trefferquote – vor allem im Hinblick auf eine Frühdiagnose – nur Hinweise geben. Über Tumorantigene und tumorassoziierte Antigene s. u.

**Modifikation der Tumorzellmembran.** Die Umwandlung einer Normalzelle in eine Tumorzelle ist mit dem Zugewinn zellmembrangebundener tumorspezifischer Antigene verbunden, kann aber gleichzeitig auch zu einem Verlust physiologischer Zellantigene führen. Die immunologisch differenzierbaren Abweichungen im Antigenmuster der Zellmembranen haben ihre Basis in Veränderungen der chemischen Zusammensetzung und der makromolekularen Organisation der Zellmembran. In zahlreichen Fällen ließen sich an Tumorzellen – auch solchen menschlichen Ursprungs – folgende Veränderungen registrieren:

- Verlust oder Modifikation von Membranglykolipiden und -glykoproteinen. Diese Veränderungen korrespondieren mit dem Verlust, der Modifikation und dem Neuerwerb von Zelloberflächenantigenen.
- Veränderte Zahl, Ladung und Dichte zellmembrangebundener ionisierter Gruppen. Diese Abweichungen sind z. T. durch einen veränderten Neuraminsäuregehalt bedingt.
- Beeinträchtigte Permeabilität, Transportmechanismen, Phagozytose- und Pinozytoseprozesse.
- Veränderte Mobilität und Lectin-Agglutinabilität* von Oberflächenstrukturen.
- Veränderte Aktivität von Zelloberflächenenzymen.
- Verlust der Mitosehemmung bei Zell-Zell-Kontakt, Übergang vom Wachstum in einzelliger Schicht zum Wachstum in mehrzelliger Schicht bei Kultivierung (Monolayer → Multilayer).

## 3. Hypothesen der Cancerogenese

Die Vielzahl der experimentellen Befunde ist vereinbar mit der Annahme, daß Tumorzellen über verschiedene Mechanismen aus Normalzellen entstehen können.

* **Lectine** (Phytoagglutinine) sind pflanzliche (Glyko-)Proteine, deren Proteinkomponente eine spezifische Bindung mit Kohlenhydraten einzugehen vermag. Die Reaktion von Lectinen mit Glykoproteinen bzw. Glykolipiden der Zellmembran verleiht ihnen die Fähigkeit zur Agglutination tierischer (und menschlicher) Zellen.

Sie hat ihren Niederschlag in verschiedenen Hypothesen der Cancerogenese (Schema) gefunden, die sich jedoch gegenseitig nicht ausschließen.

**Somatische Mutation.** Chemische Cancerogene – wie z. B. Methylcholanthren oder Benzpyren – erzeugen ein außerordentlich variantenreiches Muster von Zelloberflächenantigenen. Auch zwei Tumoren, die durch das gleiche cancerogene Agens bei einem Versuchstier entstanden sind, weisen in ihrem Antigenmuster unterschiedliche Spezifität auf. Diese Veränderungen könnten das Ergebnis somatischer Mutationen sein, oder aber durch eine Aktivierung von Genen bedingt sein, die normalerweise nur latent vorhanden sind, und nicht exprimiert werden, aber im foetalen Leben bestimmte Funktionen gehabt haben.

**Virusinduzierte maligne Transformation.** Die Gene von Mäuse-Leukämieviren werden bei leukämieanfälligen Inzuchtstämmen bei **allen** Versuchstieren in die DNA inkorporiert und werden damit Bestandteil des Genoms. Diese Veränderungen des Genbestandes (durch Zugewinn von Virus-DNA) können folgenlos bleiben oder zur Leukämie führen. Die Virus-DNA wird offenbar in ganz verschiedenem Ausmaß – und unter noch nicht geklärten Bedingungen – exprimiert. Bei der Expression erscheinen die als Proteine identifizierten und antigenwirksamen Bestandteile der Leukämieviruspartikel als Oberflächenantigene der transformierten Zellen (sog. **Neoantigene**).

**Derepression.** Nach dem Ergebnis tierexperimenteller Untersuchungen an Mäusezuchtstämmen kann eine Virusinfektion auch zu einer Aktivierung „stummer", d. h. während des Lebens ständig reprimierter Gene, also zur Expression scheinbar „neuer" Oberflächenantigene führen. Daß es sich hierbei nicht um Virusantigene handelt, sondern um Antigene, für welche die Information bereits im primären DNA-Bestand der Wirtszelle vorhanden war, zeigt sich darin, daß bei anderen Inzuchtstämmen diese Antigene zum normalen Antigenbesatz der Zellmembran gehören.

Die Umwandlung einer Normalzelle in eine Tumorzelle vollzieht sich in verschiedenen Phasen. Mutation oder maligne Transformation sind als Primärereignisse irreversibel und nach Zellteilung auch in den Tochterzellen nachweisbar. In diesem Stadium – **Tumorinitiation** – braucht es jedoch nicht zur Manifestation der Malignität zu kommen. Die Zellen sind potentielle Tumorzellen. Erst in der zweiten Phase – der **„Tumorpromotion"** – wird die Normalzelle zur Tumorzelle mit allen Zeichen der Malignität. Die Tumorpromotion kann durch Cocarcinogene (Tabelle, S. 360) ausgelöst werden.

Die Frage, ob im gegebenen Falle die Entstehung des Tumors auf eine somatische Mutation des genetischen Materials – ausgelöst z. B. durch cancerogene Stoffe oder energiereiche Strahlung – zurückgeht oder im Gefolge einer Virusinfektion durch das Auftreten virusspezifischer Antigene bedingt ist, oder aber

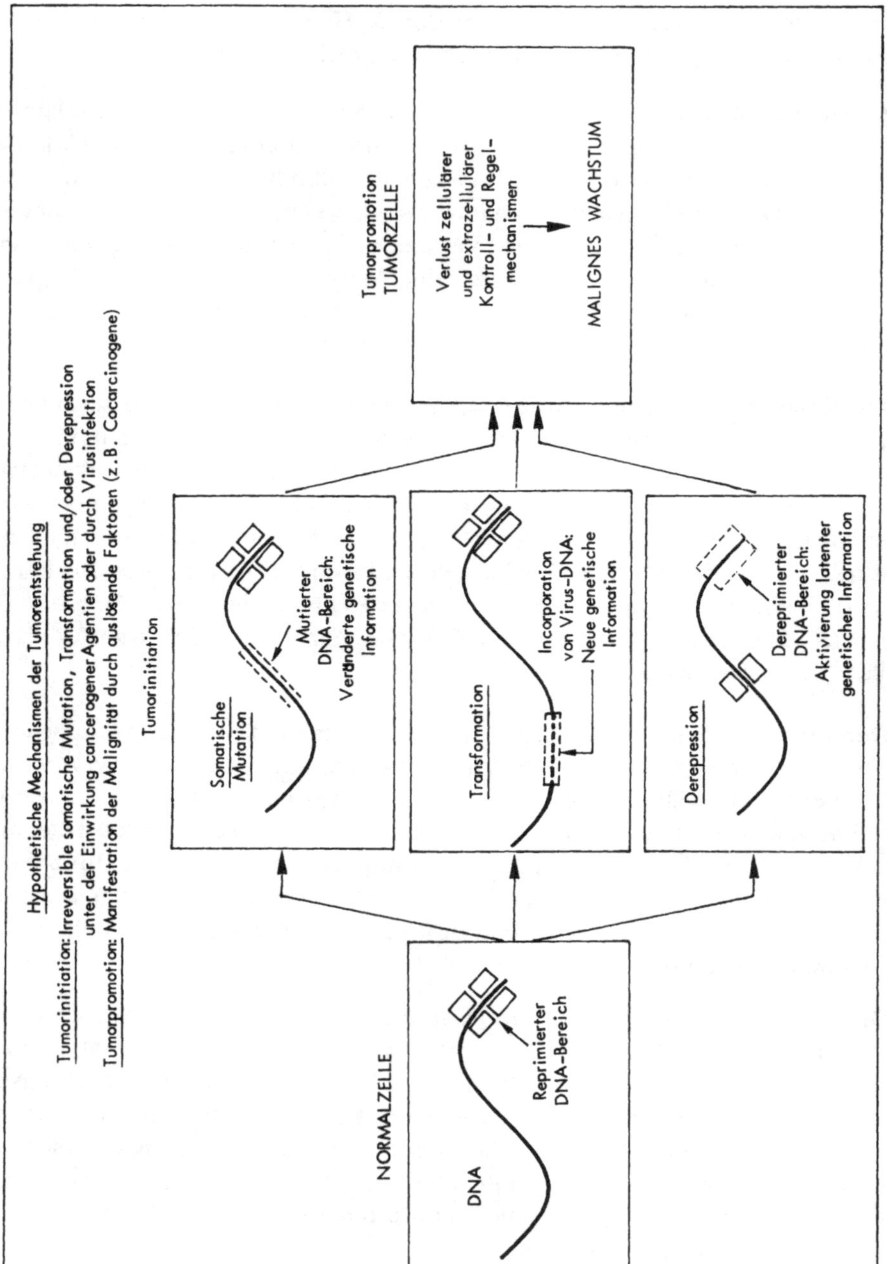
Hypothetische Mechanismen der Tumorentstehung
Tumorinitiation: Irreversible somatische Mutation, Transformation und/oder Derepression unter der Einwirkung cancerogener Agentien oder durch Virusinfektion
Tumorpromotion: Manifestation der Malignität durch auslösende Faktoren (z.B. Cocarcinogene)
Tumorinitiation
NORMALZELLE
DNA
Reprimierter DNA-Bereich
Somatische Mutation
Mutierter DNA-Bereich: Veränderte genetische Information
Transformation
Incorporation von Virus-DNA: Neue genetische Information
Derepression
Dereprimierter DNA-Bereich: Aktivierung latenter genetischer Information
Tumorpromotion
TUMORZELLE
Verlust zellulärer und extrazellulärer Kontroll- und Regel-mechanismen
MALIGNES WACHSTUM

Ausdruck einer Aktivierung physiologischer, jedoch nur latent vorhandener, d. h. reprimierter Gene ist, kann vorläufig nicht entschieden werden. Die allen Prozessen gemeinsame Konsequenz ist der Informationsverlust der Zelle, der sich in ihrer Unfähigkeit zur Anpassung an intrazelluläre und extrazelluläre Regulationsmechanismen manifestiert.

## 4. Tumorimmunologie

Das von der Normalzelle abweichende Antigenmuster der Membran von Tumorzellen ist die Basis der immunologischen „Erkennung" der Tumorzelle durch den Wirtsorganismus und die Voraussetzung für eine wirksame immunologische Abwehr. Es gilt als erwiesen, daß im menschlichen Organismus entstehende Tumorzellen vom immunologischen Abwehrsystem als „fremd" erkannt und durch spezifische zytolytische Mechanismen vernichtet werden können.

**Immunabwehr.** Bei der immunologischen Abwehr von Tumorzellen ist die zellvermittelte Immunität entscheidend. Durch den Kontakt mit den Tumorzellen werden T-Lymphozyten zur Teilung und Differenzierung zu Blastenzellen angeregt, die nicht nur zellmembrangebundene, spezifisch gegen das Tumorantigen gerichtete Immunglobuline produzieren, sondern auch eine Reihe von Nicht-Antigen-spezifischen Faktoren abgeben, die chemotaktische, zytotoxische und mitogene Wirkung haben. Die T-Lymphozyten werden damit zu „Killerzellen" (Kap. Immunchemie, S. 402). An der Vernichtung der Tumorzellen sind neben den differenzierten T-Lymphozyten auch Makrophagen, die durch den von den Lymphozyten produzierten Migration inhibiting Faktor (MIF) in der Nähe der Tumorzelle fixiert werden, und das aktivierte Komplementsystem (S. 410) beteiligt. Für die Abtötung einer Tumorzelle sind ca. 1000 differenzierte T-Lymphozyten notwendig. Ein Tumor mit einem Volumen von etwa 5 $mm^3$ (ca. 1 g) setzt sich aus $1 \cdot 10^9$ (1 Milliarde) Zellen zusammen.

Daß der Mechanismus der immunologischen Überwachung („Immune Surveillance") und Abwehr einen Schutz gegenüber neoplastischen Erkrankungen bietet, wird durch folgende Beobachtungen belegt:

- Die Krebshäufigkeit in der perinatalen Periode und in allen Stadien einer verminderten immunologischen Aktivität ist hoch.
- Bei Antikörpermangelsyndrom, bei Defektimmunopathien und Autoimmunkrankheiten (gestörte Regulation der Immunabwehr) steigt die Tumorhäufigkeit.
- Die Prognose eines bestimmten Tumors ist oder wird besser, wenn um den Tumor ausgeprägte Lymphozyteninfiltrate zu sehen sind oder die Immunabwehr durch Stimulation gesteigert wird.

- Es wurde wiederholt über statistisch gesicherte Beobachtungen berichtet, daß nach Entfernung immunaktiver Organe (Appendektomie, Tonsillektomie) häufiger maligne Tumoren auftreten als bei Kontrollkollektiven.

Eine nichtadäquate Immunabwehr kann den klinischen Ausbruch einer neoplastischen Erkrankung bedeuten. Die Konsequenz dieser Erkenntniss waren Versuche, die Prognose einer neoplastischen Erkrankung – neben der klassischen Therapie (s. u.) – durch Stimulation der zellulären Immunität zu steigern. Als wirksam haben sich folgende Maßnahmen erwiesen:

- Intracutane Verabreichung der für die aktive Immunisierung gegen Tuberkulose benutzten bovinen Tuberkelbazillen (BCG-Stamm) oder des Corynebakterium parvum bzw. von Freundschem Adjuvans.
- Orale Behandlung mit dem als Anthelminthikum bekannten Levamisol (2,3,5,6-Tetrahydro-6-phenyl-imidazo[2,1b]-thiazol-hydrochlorid).
- Immunisierung mit Neuraminidase behandelten und durch massive Zytostatika-Einwirkung definitiv teilungsunfähig gemachten autologen oder homologen Tumorzellen.

Die Behandlung maligner Tumoren durch Immunstimulation weist jedoch noch zahlreiche Probleme, z. T. sogar Widersprüche auf.

**„Escape"-Mechanismen.** Aber auch ein intaktes Immunsystem garantiert noch keine Elimination maligner Zellen, wenn diese sich der immunologischen Abwehr entziehen („Escape-Mechanismus"). Dieser Fall kann unter folgenden Bedingungen eintreten:

Die antigenen Determinanten der Tumorzelloberfläche können durch nichtantigene Strukturen maskiert sein. Solche maskierenden, die Zelloberfläche umhüllenden Schutzschichten bestehen häufig aus neuraminsäurehaltigen Glykoproteinen. Die Entfernung der Neuraminsäurereste durch enzymatische Behandlung mit Neuraminidase (die aus Choleravibrionen- oder Clostridium perfringens-

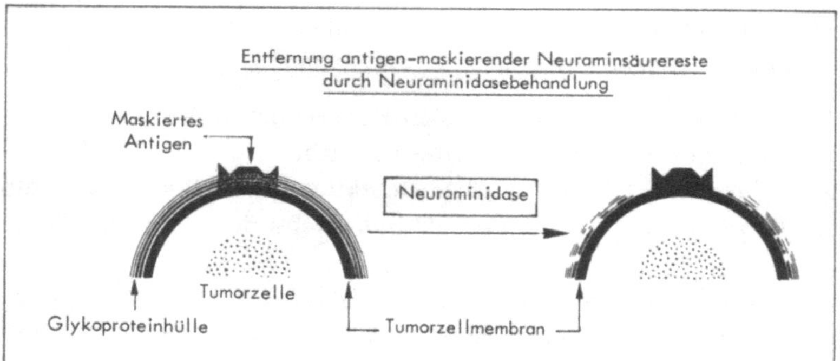

Kulturen gewonnen wird) macht die Tumorzelle wieder angreifbar für die antikörpertragenden T-Lymphozyten und die durch die Antigen-Antikörper-Bindung ausgelöste komplementvermittelte Lyse der Tumorzelle. Versuche, die spezifische Immunabwehr durch Injektion von autologen Tumorzellen, die mit Neuraminidase behandelt waren, zu steigern, waren im Tierexperiment erfolgreich (s. o.).

Eine andere wichtige Möglichkeit der Tumorzellen, sich der immunologischen Attacke zu entziehen, besteht darin, daß die Tumorzellen ihr Antigen bzw. den Antigen-Antikörper-Komplex von der Zelloberfläche abstoßen. Solche in freier Form auch im Serum nachweisbaren Tumorantigene bzw. Tumorantigen-Antikörper-Komplexe werden als „blockierende Faktoren" bezeichnet und können die zellvermittelte Tumorabwehr nicht nur vollständig neutralisieren, sondern das ungestörte Tumorwachstum begünstigen (sog. „Enhancement"). Es wurden Versuche unternommen, diese blockierenden Antikörper durch **Plasmapherese** zu entfernen. Die Plasmapherese besteht in der Entnahme des Blutes, der Separierung von zellulären Elementen und Plasma und selektiver Reinfusion der Blutzellen.

Eine weitere, die immunologische Abwehr erschwerende Eigenschaft der Tumorzellen ist die mangelhafte Fixierung ihrer Oberflächenantigene, für die offenbar das Fehlen einer transmembranären Verankerung der Antigenstrukturen an das Zytoskelett (Mikrotubuli, zytoplasmatische Myofibrillen) verantwortlich ist. Diese fehlende Fixierung bzw. erhöhte Mobilität der Tumorantigene führt dazu, daß die Tumorantigene nach ihrer Bindung an Antikörper konfluieren und auf der Zellmembran „Kappen" oder dichtgedrängte Haufen („Cluster") bilden oder sich in Einstülpungen der Zellmembran aufhalten. Dies wiederum verhindert die Komplementfixation und die Komplementaktivierung, ohne die eine Zytolyse der Tumorzellen nicht zustande kommt.

**Tumorassoziierte Antigene.** Die Annahme, daß die Umwandlung der Normalzelle zur Tumorzelle mit einer Reaktivierung von Genen verbunden ist, die die foetale Entwicklung steuern, wird durch das Auftreten embryonaler Antigene gestützt. Sie werden als „tumorassoziierte Antigene" bezeichnet. Zu ihnen gehören das $\alpha_1$-Fetoprotein und das carcinoembryonale Antigen (CEA). Es sind Glykoproteine, die physiologischerweise während des Foetallebens im Serum vorhanden sind, im Erwachsenenalter jedoch, von Ausnahmen abgesehen, nur bei bestimmten Tumoren in erhöhter Konzentration im Serum nachweisbar sind.

Das **$\alpha_1$-Fetoprotein** (Mol.-Gew. 65000) kommt physiologischerweise in der foetalen Leber und im Dottersack vor und erreicht während des 6. Schwangerschaftsmonats im foetalen Plasma eine Konzentration bis zu 1 g/l, sinkt danach auf Werte zwischen 50 und 150 mg/l zum Zeitpunkt der Geburt ab. Beim gesunden Erwachsenen ist $\alpha_1$-Fetoprotein in einer Konzentration von 1–4 µg/l vorhanden und durch Radioimmunassay quantitativ bestimmbar. Erhöhte Spiegel findet man bei primärem Lebercarcinom und embryonalen Tumoren der Genitalorgane, aber auch bei Hepatitis, Leberzirrhose und hepatischem Coma.

Das **carcinoembryonale Antigen** (Mol.-Gew. 180000) ist beim gesunden Erwachsenen in einer Menge von 2,5 µg/l Serum nachweisbar (Radioimmunassay). Beim Coloncarcinom kommt es in dem lumenwärts gerichteten Anteil der Drüsenzellen vor, ferner bei Carcinomen des Pankreas, Magens, der Mamma und der Bronchien. Das CEA wurde allerdings auch bei entzündlichen Erkrankungen des Magen-Darmtraktes und der Bronchialschleimhaut in erhöhter Konzentration im Serum nachgewiesen.

Für die Tumordiagnostik spielen diese Antigene wegen ihrer geringen Trefferquote (ca. 25% falsch-negative, ca. 12% falsch-positive Ergebnisse) keine Rolle. Sie können aber für eine Verlaufskontrolle von Tumorerkrankungen herangezogen werden. So läßt sich z. B. die Radikalität einer Tumorresektion durch Bestimmung des $\alpha_1$-Fetoproteinspiegels 2–3 Wochen nach Operation kontrollieren, da das $\alpha_1$-Fetoprotein mit einer Halbwertszeit von 5–10 Tagen aus dem Serum eliminiert wird.

## 5. Therapeutische Aspekte

Die Möglichkeit einer Therapie maligner Tumoren umfaßt neben der – wenn möglich radikalen – operativen Entfernung des Tumors die

- radiologische Therapie (Röntgenstrahlen, α-, β-, γ-Strahlen),
- Chemotherapie und ggf.
- Immuntherapie (s. o.).

Die Therapieformen ergänzen sich und werden auch kombiniert bzw. sequentiell eingesetzt.

**Radiologische Therapie.** Die Wirkung energiereicher Strahlen auf Stoffwechselprozesse ist im Kap. Nucleinsäuren (S. 31) beschrieben. Die relative Wirkungsspezifität der radiologischen Therapie beruht auf der Beobachtung, daß rasch wachsende und sich teilende Zellen eine höhere Strahlenempfindlichkeit besitzen als ruhende Zellen.

Unter der Wirkung ionisierender Strahlen entstehen in wäßrigen Lösungen aus Wassermolekülen Hydroxyl- bzw. Perhydroxylradikale ($OH^\cdot$, $O_2H^\cdot$) und H-Atome ($H^\cdot$). Die Radikale vermögen mit zahlreichen Zellbestandteilen (z. B. Nucleinsäuren, Enzymen), insbesondere mit SH-Gruppen enthaltenden Verbindungen, unter Zerstörung ihrer Struktur zu reagieren. Wasserstoffradikale wirken reduzierend; aus $OH^\cdot$-Radikalen kann $H_2O_2$ in zellschädigender Konzentration entstehen. In DNA bzw. RNA-Molekülen sind Purin- und Pyrimidinbasen gegen energiereiche Strahlung empfindlicher und werden eher zerstört als die Desoxyribose- bzw. Ribosereste.

**Chemotherapie.** Viele Hemmstoffe der Purin-, Pyrimidin-, Nucleinsäure- und Proteinbiosynthese haben sich für eine Chemotherapie von Tumoren als wirksam erwiesen und werden als **Zytostatika** (S. 25) eingesetzt. Ihr Effekt beruht allerdings zum großen Teil auf der höheren Mitoserate der Krebszellen und eine gleichzeitige Schädigung der Normalzellen – insbesondere derjenigen mit hoher Mitosefrequenz (z. B. hämatopoetisches System, Epithelzellen der Magen-Darm-Schleimhaut, Haarfollikel) – muß in Kauf genommen werden.

Über die Klassifizierung der Zytostatika nach ihrem Angriffsort in der Zelle (Purin-, Pyrimidin-, DNA-, Proteinbiosynthese) gibt das Kap. Nucleinsäuren (S. 0●) Auskunft. Eine Ordnung nach der chemischen Struktur der Zytostatika würde zur folgenden Einteilung führen:

- **Alkylantien.** Verbindungen, die Alkylgruppen (Methyl-, Äthyl-, Propyl- usw. Gruppen) in Zellbausteine einführen und sie damit funktionell schädigen.
- **Antimetabolite.** Kompetitive Inhibitoren definierter Reaktionen des Zellstoffwechsels wie z. B. Folsäureantagonisten (S. 198), 6–Mercaptopurin (S. 26).
- **Alkaloide.** Wirkstoffe aus Pflanzen (Colchicin, Vinkaalkaloide), deren biochemischer Wirkungsmechanismus noch unvollständig geklärt ist.
- **Antibiotika** (S. 25). Wirkstoffe aus Pilzen oder Mikroorganismen, die Syntheseprozesse der Zelle mit unterschiedlicher Spezifität hemmen.

Es hat sich gezeigt, daß eine kombinierte bzw. sequentielle Anwendung von Zytostatika die Wirksamkeit eines einzelnen Zytostatikums (Monotherapie) übertrifft und dadurch möglich ist, daß sich die z. T. erheblichen Nebeneffekte bei der Polychemotherapie nicht addieren.

**Chemotherapie und Zellzyklus.** Für die Chemotherapie hat sich die zunehmende Kenntnis über Zyklus und Phasenspezifität verschiedener Tumoren günstig ausgewirkt. Wenn der besonders hohe Wirkungsgrad der einzelnen Zytostatika in bestimmten Abschnitten des Zellzyklus für eine phasenspezifische Therapie ausgenutzt wird, lassen sich mit der gleichen Dosis nicht nur höhere Effekte erzielen, sondern auch allgemeine Schäden, mit denen alle Zytostatika belastet sind, verringern und nutzlose Anwendung oder Einsatz zum falschen Zeitpunkt verhindern.

Als **Zellzyklus** bezeichnet man den Zeitraum zwischen dem Ende einer Zellteilung und dem Beginn der nächsten. Innerhalb dieses Generationszyklus, der für menschliche HeLa-Zellen unter Kulturbedingungen 15–30 h dauert, nimmt die eigentliche – durch typische Chromosomenbilder belegte – Zellteilung (Mitose) nur ~ 1 h etwa ein. Die übrige Zeit (Interphase) dient der Vorbereitung auf die nächste Teilung. In der Interphase wird zunächst bei noch konstanter DNA-Menge RNA und Protein synthetisiert ($G_1$-Phase, 5–15 h). In der dann folgenden S-Phase vollzieht sich die DNA-Replikation (8–10 h), während der auch RNA und Protein gebildet werden. In der Post-DNA-Synthesephase ($G_2$-Phase) erfolgt wiederum eine 3–4 h RNA- und Protein-Synthese. Während der Mitose selbst

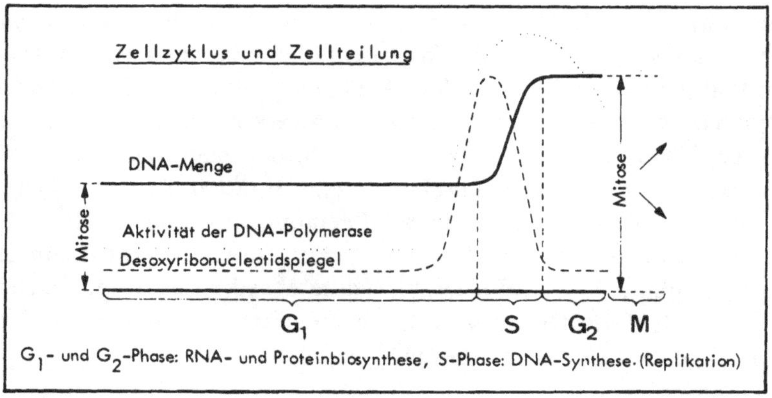


findet keine nennenswerte Synthese statt, doch muß sich nicht notwendigerweise an jede DNA-Verdopplung eine Zellteilung anschließen.

Zytostatika können nur an proliferierenden, d. h. in einer der Phasen des Zellzyklus sich befindlichen Zellen wirksam werden. Die Tabelle orientiert über die Zellzyklusphasenspezifität einzelner Zytostatika.

**Wirkung von Zytostatika auf den Generationszyklus von eukaryoten Zellen**

| Phase des Zellzyklus | Zytostatikum | Hemmwirkung auf |
|---|---|---|
| Mitose | Colchicin, Demecolcin, Vincristin, Vinblastin, Mitoprotozid | |
| $G_1$ | Aktinomycin D, Mitomycin, Puromycin, Glucocorticoide | RNA-Synthese, Protein-Synthese |
| S | Alkylantien (höhere Dosierung), Purinantagonisten, 5-Fluoruracil, Folsäureantagonisten, Hydroxyharnstoff, Cytosinarabinosid, Mitomycin | DNA-Synthese |
| $G_2$ | Alkylantien (niedrige Dosierung) | RNA-Synthese, Protein-Synthese |

Ein Problem der zytostatischen Tumortherapie besteht darin, daß es innerhalb jeder Zellpopulation – auch im Tumorgewebe – Zellen gibt, die in einer als $G_0$ bezeichneten Phase eine unbestimmte Zeit verharren können. In der $G_0$-Phase findet kein Teilungsstoffwechsel statt, und die Zellen sind daher auch nicht gegenüber einem Zytostatikum sensitiv. Wann und unter welchen Bedingungen solche $G_0$-Zellen wieder zu $G_1$-Zellen werden, d. h. in den Zellzyklus eintreten (sog. „Recruitment"), ist nicht bekannt.

Ein weiteres Handicap der phasenspezifischen Chemotherapie besteht in der Variation der Zeiträume, welche die einzelnen Phasen in Anspruch nehmen. Dabei weist die $G_1$-Phase die größte Streuung auf. Sie beträgt z. B. für die Epithelzellen der Krypten des Colons beim Menschen 20 h, für die Epithelzellen der Magenschleimhaut dagegen nur 10 h. Bei der Maus wurden für die $G_1$-Phase Werte zwischen 3 h (Haarfollikel) und 45 h (Alveolen der Brustdrüsen) gemessen. Die $G_2$- bzw. M-Phase scheinen dagegen mit 2 bzw. 5 h relativ konstant zu sein.

**Synchronisationstherapie.** In einem Verband sich teilender (proliferierender) Zellen befinden sich die einzelnen Zellen in jeweils verschiedenen Phasen des Zellzyklus, sind also auch gegen einen zytostatischen Angriff unterschiedlich empfindlich. Eine bessere Ausgangsposition für die Chemotherapie läßt sich – zumindest im Prinzip – dadurch erreichen, daß man zunächst ein Zytostatikum verabfolgt, das nicht zellschädigend, sondern nur mitosehemmend wirkt (z. B. Vincristin). Dadurch wird die gesamte Zellpopulation in der M-Phase „angehalten" und tritt – nach Aussetzen der Verabreichung des Mitosehemmers – gemeinsam und synchron in die $G_1$-Phase und S-Phase ein, in der sie durch ein Zellzyklus spezifisches Zytostatikum gezielt vernichtet werden soll (Abb.).

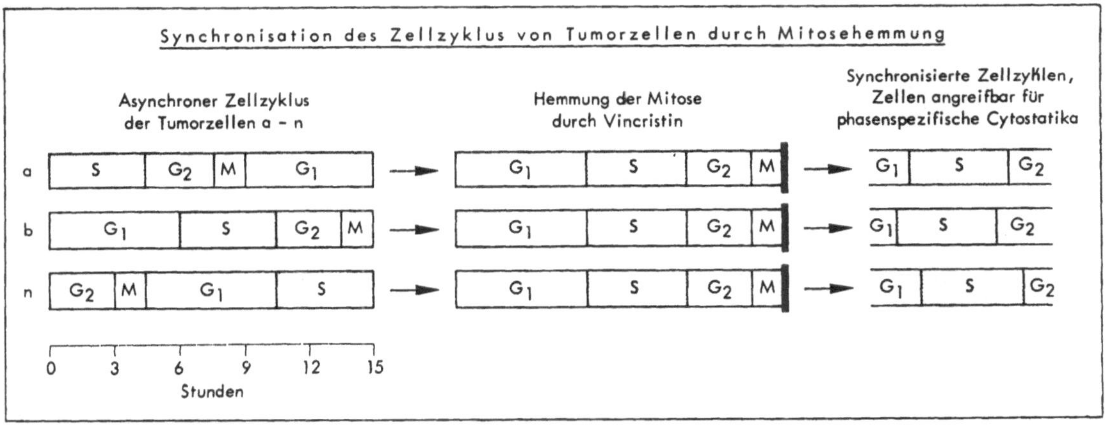


Die Grundschwierigkeit dieser Therapie liegt nicht nur in der unterschiedlichen – für die einzelnen Tumoren unbekannten – Länge der $G_1$-Phase, sondern auch in der Beobachtung, daß Tumorzellen unter der Synchronisationstherapie ihre Zykluszeit verlängern und eine zunehmende Tendenz zum Eintritt in die $G_0$-Phase zeigen. Mit sinkender Wachstumsrate (und zunehmender Tumormasse) werden Tumoren gegen Zytostatika unempfindlich.

# D. Dynamische Systeme

I. Hämostase

II. Entzündung

III. Wundheilung

IV. Immunchemie

# I. Hämostase

## 1. Mechanismus der Blutgerinnung

Blutgerinnung und Blutstillung sind Schutzmechanismen des Organismus gegen den Verlust von Blut. Sie werden ausgelöst durch Gefäßläsionen, durch abnorme Durchlässigkeit der Gefäßwand für Blutproteine, Blutzellen oder durch Steigerung des intravasalen Drucks.

An der Blutstillung sind die **Gefäßwand** selbst, die **Blutplättchen** (Thrombozyten) und die in Plasma und extravasaler Flüssigkeit vorhandenen **Blutgerinnungsfaktoren** beteiligt. Alle drei Komponenten bilden eine funktionelle Einheit und ergänzen sich gegenseitig. Kein System ist jedoch in der Lage, Funktionsausfälle eines anderen Systems zu kompensieren.

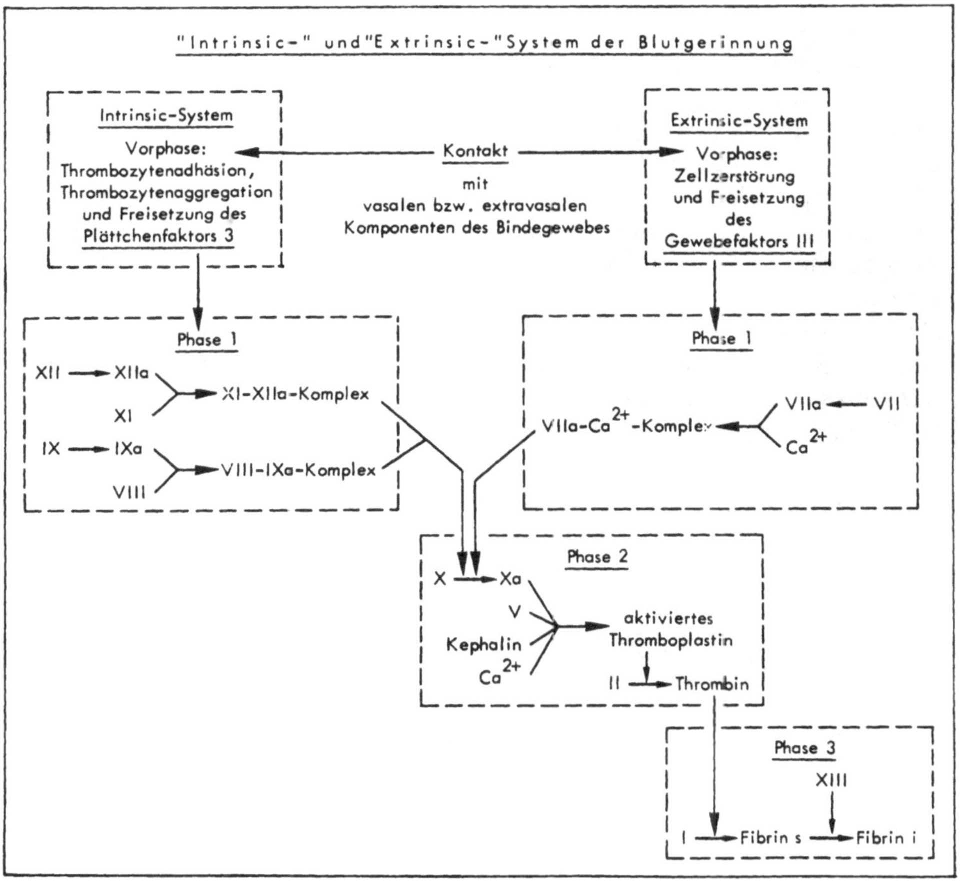

Bei der Hämostase laufen zeitlich koordiniert, aber komplex ineinandergreifend, folgende Reaktionen ab:

Nach der Kontinuitätstrennung eines Blutgefäßes kommt es z. T. durch nerval reflektorische Prozesse, z. T. durch Bildung vasoaktiver Peptide zur Konstriktion bzw. Kontraktion des Gefäßes. An der rauhen Oberfläche der verletzten Gefäße, speziell an freigelegten Kollagenfasern, lagern sich Thrombozyten an, aus denen ADP und biogene Amine (Serotonin, Adrenalin, Noradrenalin) freigesetzt werden, wodurch weitere Thrombozytenaggregation und Vasokonstriktion begünstigt werden. Die zu einem Hämostasepfropf verschmolzenen Thrombozyten und die Gefäßverengung führen zu primärer Blutstillung.

Aus dem verletzten Gewebe und den aggregierten Thrombozyten werden weiterhin der Gewebefaktor III (Extrinsic-System) und der Plättchenfaktor 3 (Intrinsic-System) frei, die nunmehr die in mehreren Phasen verlaufende plasmatische Gerinnungskaskade in Gang setzen, deren Endprodukt – das **Fibrin** – für die endgültige Abdichtung des verletzten Gefäßes sorgt. Die verschiedenen Phasen faßt das vorstehende Schema zusammen:

Die chemische Natur der in der Tabelle zusammengestellten, an der plasmatischen Gerinnung beteiligten Blutgerinnungsfaktoren ist nur zum Teil bekannt. Näher untersucht sind das Prothrombin bzw. **Thrombin** und das Fibrinogen. Prothrombin ist ein Glykoprotein (Mol.-Gew. etwa 62000), das in der Leber unter Mitwirkung von Phyllochinon (Vitamin K) gebildet wird und in der α-Globulinfraktion des Blutplasmas vorhanden ist. Es hat den Charakter eines Proenzyms, bei seiner Umwandlung in Thrombin werden Kohlenhydrate und Peptide freigesetzt, wobei das Mol.-Gew. auf 39000 absinkt. Das proteolytisch aktive Thrombin greift Fibrinogen als Substrat an.

Die Wirkung des Thrombins wird durch **Antithrombin** – ein Lipoprotein des Blutplasmas – aufgehoben. Hierbei ist **Heparin** beteiligt, das in seiner Polysaccharidkette dicht beieinanderliegende Abschnitte für die spezifische Bindung von Thrombin und Antithrombin besitzt (Abb.).

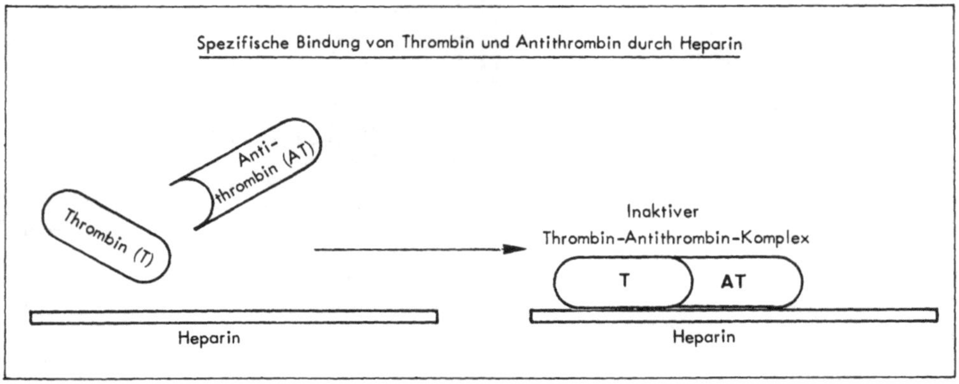

Über ähnliche Mechanismen hemmt Heparin die Aktivierung des Faktor IX durch den aktivierten Faktor XI und die Aktivierung des Faktor VIII durch den aktivierten Faktor IX.

**Fibrinogen** ist ein Faserprotein vom Mol.-Gew. 330 000. Es besteht aus 3 Paaren von Polypeptidketten (2α-, 2β-, 2γ-Ketten), die durch Disulfidbrücken zusammengehalten werden, und weist einen Kohlenhydratgehalt von 3% auf. Fibrinogen gehört in die Gruppe der β-Globuline des Blutplasmas. Seine Konzentration beträgt 2–3 g/l Plasma. Bei Einwirkung von Thrombin auf das lösliche Fibrinogen entsteht unlösliches Fibrin. Dabei erfolgt zunächst die proteolytische Spaltung von 4 Arginylglycinbindungen am Fibrinogenmolekül (je eine Bindung an beiden α- und β-Ketten), wobei zwei Glykopeptide A und B freigesetzt werden. Die unter Einwirkung des Thrombins aus dem Fibrinogenmolekül durch Abspaltung der Peptide A und B entstehenden Fibrinmonomeren lagern sich zu langen

**Nomenklatur und Eigenschaften von Blutgerinnungsfaktoren**

| Faktor | Name | Eigenschaften bzw. Funktion | Bildungsort | Biologische Halbwertszeit |
|---|---|---|---|---|
| I | Fibrinogen | $\beta_2$-Glykoprotein | Leber | 4– 5 d |
| II | Prothrombin | Endopeptidase, durch Faktor Xa aktivierbar | Leber | 50–60 h |
| III | Thromboplastin | Lipoprotein, wird bei Verletzungen freigesetzt | Zellen | ? |
| IV | Calcium | In Blut und Gewebe in konstanter Konzentration vorhanden | | |
| V | Acceleratorglobulin (Proaccelerin) | Durch Calcium stabilisiertes Protein | Leber | 35 h |
| VII | Proconvertin | Durch Kontakt mit Zellfragmenten aktivierbares Enzym | Leber | 5– 6 h |
| VIII | Antihämophiles Globulin | Durch Calcium stabilisiertes $\beta_2$-Globulin | Milz, RES | 6–20 h |
| IX | Plasmathromboplastinkomponente (Christmas-Faktor) | $\beta_2$-Globulin, bildet zusammen mit Faktor VIII, Calcium und Phospholipiden den Aktivator von Faktor X | Leber | 18–30 h |
| X | Stuart-Prower-Faktor | Arginin-Esterase durch endogene oder exogene Faktoren aktivierbar | Leber | 40–60 h |
| XI | Plasmathromboplastinantecedent | Substrat von Faktor XIIa, an Aktivierung von Faktor IX beteiligt | RES ? | 48–60 h |
| XII | Hageman-Faktor | Arginin-Esterase, durch Kontakt mit Fremdoberflächen aktivierbar | RES ? | 52–70 h |
| XIII | Laki-Lorand-Faktor (Fibrinstabilisierender Faktor) | Transglutaminase, durch Thrombin aktiviert. Verbindet Fibrinmonomere über Peptidbindungen zum Polymer | Leber | 3– 4 d |

Polymersträngen zusammen, wobei jeweils zwei Polymerstränge einen Doppelstrang bilden. Mehrere Doppelstränge bilden durch seitliche Aggregation Fibrinfibrillen, die zunächst nicht durch kovalente Bindung, sondern nur durch Wasserstoffbrücken und hydrophobe Kräfte stabilisiert werden. Die Vernetzung erfolgt unter der Wirkung des Faktor XIII (Glutamylamidotransferase), wobei zwischen den Aminogruppen von Lysinresten und den Säureamidgruppen von Glutamylresten unter Austritt von $NH_3$ kovalente Bindungen geknüpft werden (Abb.).

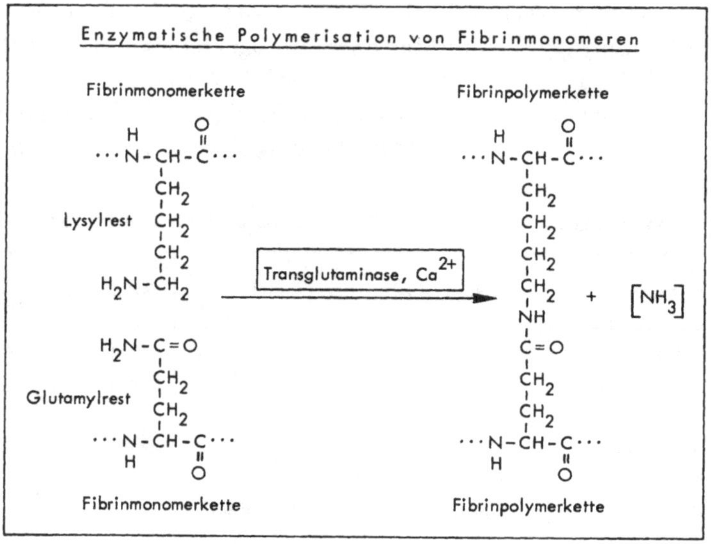


## 2. Fibrinolyse

Unter physiologischen Bedingungen laufen Gerinnung und Fibrinolyse nacheinander ab. Ihr Zusammenspiel gewährleistet, daß sich zur Blutstillung Fibrin bildet und dieses bei der Wundheilung wieder abgebaut wird, wenn es seine biologische Funktion erfüllt hat. Daher kann man die Fibrinolyse auch als „Nachphase der Blutgerinnung" betrachten.

Wie das nachstehende Schema zeigt, sind an der Blutgerinnung und Fibrinolyse trotz entgegengesetzter Wirkung sehr ähnliche Reaktionen beteiligt. Die biologische Aktivität ist jeweils an ein proteolytisches Enzym gebunden: **Thrombin** leitet die Gerinnung, **Plasmin** die Fibrinolyse ein. Beide Enzyme liegen im Blut als inaktive Enzymvorstufen vor und werden durch Aktivatoren, die sowohl im Blut als auch im Gewebe lokalisiert sind, in das aktive Enzym umgewandelt, wobei die Aktivatoren durch eine Zell- oder Gewebebarriere vom Blutstrom getrennt sind und erst bei Verletzung des Gewebes oder Veränderung der Zell- oder Gefäßoberfläche gebildet und freigesetzt werden.

Im gesunden Organismus besteht ein dynamisches Gleichgewicht zwischen Gerinnung und Fibrinolyse. Eine überschießende Enzymreaktion in der einen oder anderen Richtung kann fatale Folgen (Blutungen, Thrombosen oder Gefäßerkrankungen) haben.

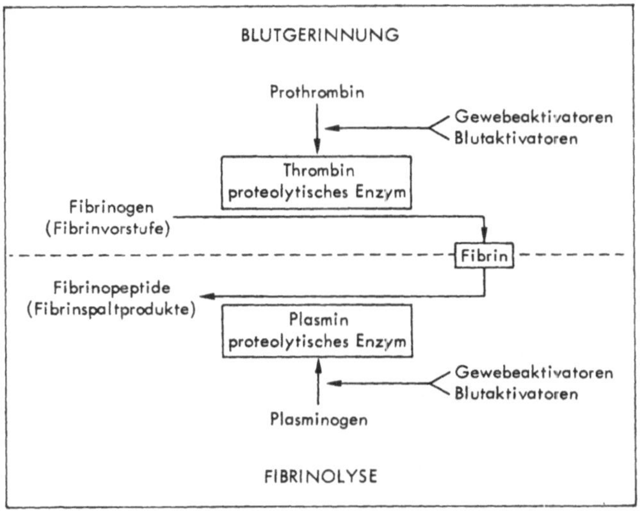


## 3. Klassifikation und Differentialdiagnose hämorrhagischer Diathesen

Da bei Blutgerinnungsstörungen (hämorrhagischen Diathesen) jedes der beteiligten Systeme betroffen sein kann, ergibt sich eine Aufgliederung in folgende Gruppen:

1. **Plasmatisch bedingte hämorrhagische Diathesen** (Koagulopathien). Störungen des Gerinnungs- und Fibrinolysemechanismus.

2. **Thrombozytär bedingte hämorrhagische Diathesen.** Blutungsneigungen, die auf einer zu geringen Zahl (Thrombozytopenien) oder fehlerhaften Funktion (Thrombozytopathien) der Thrombozyten beruhen.

3. **Vaskulär bedingte hämorrhagische Diathesen** (Angiopathien). Vaskuläre Blutungsneigungen, bei denen eine erhöhte Durchlässigkeit der Gefäßwände besteht.

Die unter 1–3 aufgeführten Schäden können angeboren oder erworben sein und auch kombiniert (z. B. 1 und 2) auftreten. Ihre Ursache kann in ungenügender Bildung oder einem beschleunigten Abbau der für eine Blutstillung notwendigen Faktoren liegen. Ihre differentialdiagnostische Beurteilung ergibt sich aus dem Ausfall von Globaltesten (Tab.).

Klassifikation hämorrhagischer Diathesen und Differentialdiagnose durch Globalteste

| Hämorrhagische Diathesen | Blutungszeit | Rumpel-Leede | Thrombozytenzahl | Thromboplastinzeit (Quick, Prothrombinzeit) | Thrombinzeit | Partielle Thromboplastinzeit |
|---|---|---|---|---|---|---|
| 1. Plasmatisch bedingt (Koagulopathien) | | | | | | |
| Endogen (angeboren) | N | N | N | N | N | + |
| Exogen (erworben) | N | N | N | + | N | N (+) |
| Afibrinogenämie | N | N | N | + | + | + |
| 2. Thrombozytär bedingt (z. B. Thrombozytopenie) | ↑ | + | ↓ | N | N | N |
| 1. + 2. Plasmatisch und thrombozytär bedingt | | | | | | |
| (z. B. Verbrauchskoagulopathie) | N (+) | N (+) | ↓ | + | + | + |
| (z. B. Hyperfibrinolyse) | N | N (+) | N | + | + | + |
| 3. Vaskulär bedingt (Angiopathien) | ↑ | + | N | N | N | N |

↑ verlängert, ↓ vermindert, + pathologisch, N normal

Erste Hinweise für die Differentialdiagnose hämorrhagischer Diathesen geben Globalteste, deren **Normalwerte** nachstehend aufgeführt sind:

**Blutungszeit** (subaquale Blutungszeit): bis 5 Min.

**Rumpel-Leede:** Keine petechialen Blutungen im Bereich der Druckmanschette.

**Thrombozytenzahl** (Zählkammer): 120–250 G/l (120–250 · $10^3$ Thrombozyten/µl Blut).

**Thromboplastinzeit** (Quick, Prothrombinzeit): 70–100% bei Vergleich mit einer Bezugskurve, die mit verdünntem Plasma von Gesunden aufgestellt wurde.

**Thrombinzeit:** 15 ± 2 sec (abhängig von dem zum Test verwendeten Thrombinpräparat).

**PTT** (partielle Thromboplastinzeit): bis 40 sec (bei Verwendung von Cephaloplastin aus Kaninchenhirn) bis 55 sec bei Verwendung von kaolinaktiviertem PTT-Präparat aus menschlichen Thrombozyten.

**Plasmatisch bedingte hämorrhagische Diathesen** (Koagulopathien). Die plasmatisch bedingten hämorrhagischen Diathesen entstehen entweder durch

- Verminderung oder Fehlen oder durch Bildung von vermindert aktiven oder inaktiven Gerinnungsfaktoren (Defektkoagulopathien),
- Vermehrung von Hemmstoffen, Verbrauch von Gerinnungsfaktoren durch intravasale Gerinnung (auch Verbrauchskoagulopathie) oder
- Zerstörung von Gerinnungsfaktoren durch intravasale Fibrinolyse.

Die Defektkoagulopathien können angeboren oder erworben sein (Tab.).

Die wichtigsten plasmatisch bedingten kongenitalen und erworbenen hämorrhagischen Diathesen

| Faktor | Kongenitaler Defekt | Erworbener Defekt |
|---|---|---|
| I | Afibrinogenämie und Hypofibrinogenämie | Verbrauchskoagulopathie bei diversen Grunderkrankungen, gesteigerte Fibrinolyse |
| II | Idiopathische Hypoprothrombinämie | Leberzellschaden, hämorrhagische Diathese der Neugeborenen, Überdosierung von Cumarinderivaten |
| IV | Nicht bekannt | Nicht bekannt |
| V | "Parahämophilie" (M. Owren) | Schwerer Leberparenchymschaden, schwere Fibrinolyse |
| VII | Faktor-VII-Mangel | Leberparenchymschaden, Vitamin-K-Mangelzustände, Überdosierung von Cumarinderivaten |
| VIII | Hämophilie A, Angiohämophilie | Schwerer Leberparenchymschaden, Leukämie, intravasale Fibrinolyse |
| IX | Hämophilie B, Angiohämophilie B | Schwerer Leberparenchymschaden, schwere allergische Reaktionen, Leukämien, Überdosierung von Cumarinderivaten |
| X | Faktor-X-Mangel | Leberparenchymschaden, Vitamin-K-Mangel, Überdosierung von Cumarinderivaten |
| XI | PTA-Mangel | Leberparenchymschaden |
| XII | Hageman-Faktor Mangel | |
| XIII | FSF-Mangel | Bei gesteigerter Fibrinolyse |

**Thrombozytär bedingte hämorrhagische Diathesen.** Die Thrombozyten entstehen als zytoplasmatische Abschnürung aus den Megakaryozyten des Knochenmarks. 30% der funktionstüchtigen Thrombozyten können in der Milz gespeichert und bei Bedarf (Blutungen, Thrombozytenverbrauch) freigesetzt werden. Die Thrombozyten sind – obwohl kernlos – stoffwechselautonom. Für die Auslösung der viskösen Metamorphose (ein Zustand, der mit Veränderung der Oberflächenstruktur und Neigung zur Thrombozytenaggregation einhergeht), für die Retraktion und für die Phagozytose bilden und speichern die Thrombozyten ATP, das über die Glykolyse und den Atmungsstoffwechsel (oxidative Phosphorylierung in den Mitochondrien der Thrombozyten) gewonnen wird. Bei der Adhäsion der Thrombozyten an der Gefäßwand oder untereinander wird ADP freigesetzt, in dessen Gegenwart es in Anwesenheit von Calcium, Magnesium sowie Fibrinogen zur Aggregation kommt.

Auch die Enzyme des Pentosephosphatzyklus lassen sich in Thrombozyten nachweisen. Als funktionelle Inhaltsbestandteile sind in den Thrombozyten weiterhin Glykogen, Phospholipide (Plättchenfaktor 3), biologisch aktive Amine (Serotonin,

Adrenalin, Noradrenalin), chemotaktische und mitogene Faktoren (S. 392) sowie ein kontraktiles Protein (Thrombosthenin) nachgewiesen worden. Die biologisch aktiven Amine werden bei Auslösung des Gerinnungsmechanismus freigesetzt und tragen zur iokalen Vasokonstriktion bei. Das Thrombosthenin befähigt die Thrombozytenaggregate zur Retraktion.

An die Oberfläche der Thrombozyten sind Plasmaproteine und Gerinnungsfaktoren adsorbiert. Nach Adsorption können auch Mikroorganismen und Antigen-Antikörper-Komplexe von den Thrombozyten phagozytiert werden. Nach einer Lebensdauer von 7–10 Tagen werden die Thrombozyten vorwiegend in der Leber und in der Milz abgebaut.

Jede der Thrombozytenteilfunktionen kann aufgrund erworbener oder hereditärer Defekte gestört sein (Tab.).

A. Kongenitale thrombozytäre Blutgerinnungsstörungen

1. Kongenitale Thrombozytopenien
   - mit Karyozytenmangel
   - mit normalen Megakaryozyten
   - mit Begleitanomalien (z. B. Wiskott-Aldrich-Syndrom)
2. Kongenitale Thrombozytopathien
   - Reduzierte Gerinnselretraktion (Morbus Glanzmann, Thrombasthenie)
   - ADP-Freisetzungsdefekt (Thrombopathie)
   - Reduzierte Plättchenfaktor-3-Aktivität (Thrombozytopathie)
   - Thrombozytopathie mit Begleitanomalien (ADP-Freisetzungsdefekt mit Apigmentation oder mit Nephritis und Taubheit)

B. Erworbene thrombozytäre Blutgerinnungsstörungen

1. Schädigung der Thrombozyten in der Zirkulation (Autoantikörper, Isoantikörper, Medikamente, Verbrauchskoagulopathie)
2. Verminderte Thrombozytenbildung im Knochenmark (Panmyelopathie, medikamentös-toxisch, Strahlenschäden)

**Verbrauchskoagulopathie** (DIC-Syndrom, Disseminated Intravascular Coagulation). Die Verbrauchskoagulopathie ist ein erworbenes dysregulatorisches Syndrom der Hämostase, bei dem das Gleichgewicht in der Neubildung von Thrombozyten und Gerinnungsfaktoren und deren Katabolismus zugunsten des Abbaus verschoben ist. Die Verbrauchskoagulopathie stellt eine kombinierte Gerinnungsstörung dar, die sowohl die plasmatischen Gerinnungsfaktoren als auch die Thrombozyten betrifft. Eine Vielzahl von Grundkrankheiten kann den Prozeß auslösen, der in seiner schwersten Verlaufsform lebensbedrohend ist.

Zum Verständnis der pathobiochemischen Mechanismen sind drei Stadien der Verbrauchskoagulopathie zu unterscheiden:

Das **Initialstadium** kann durch Einschwemmung Thromboplastin-ähnlicher Substanzen aus Muskulatur (Polytraumatisierung), Gehirn (Schädel-Hirntrauma), Leber (Leberzellnekrose), Uterus (geburtshilfliche Komplikationen, vorzeitige Lösung der Plazenta, verhaltener Abort) ausgelöst werden, wobei es zur Aktivierung des exogenen Gerinnungssystems kommt. Eine intravasale Aktivierung des endogenen Gerinnungssystems ist dagegen bei Acidose (als Folge eines länger bestehenden Schocks) oder unter Endotoxin-Einwirkung (Sepsis durch gramnegative Keime oder Staphylokokken) möglich und wird durch eine Thrombozytenaggregation induziert. Auch Erythrozytenstromata, die bei intravasaler Hämolyse freigesetzt werden, können das endogene Gerinnungssystem aktivieren.

Als Ergebnis aller Prozesse kommt es zu intravasalem Auftreten von Thrombin, das einerseits eine weitere Thrombozytenaggregation begünstigt mit der Folge einer drastischen Abnahme des Thrombozytengehalts im Blut, andererseits die Proteinaseinhibitoren des Blutplasmas absättigt und damit eine (unphysiologische) Hydrolyse des Fibrinogens zu Fibrinogenspaltprodukten ermöglicht, so daß ein regulärer Gerinnungsvorgang wegen der resultierenden Fibrinogenopenie nicht mehr möglich ist. Das Initialstadium der Verbrauchskoagulopathie ist im nachfolgenden Schema dargestellt.

Im **zweiten Stadium** sinkt infolge steigender Thrombinfreisetzung die Konzentration der Gerinnungsfaktoren V, VIII, XIII rasch ab. Die Folgen sind Hämorrhagien in Haut und Schleimhäuten. Gleichzeitig werden die Kapillaren von Organen mit hohem Durchströmungsvolumen (Lunge, Niere) durch Thrombo-

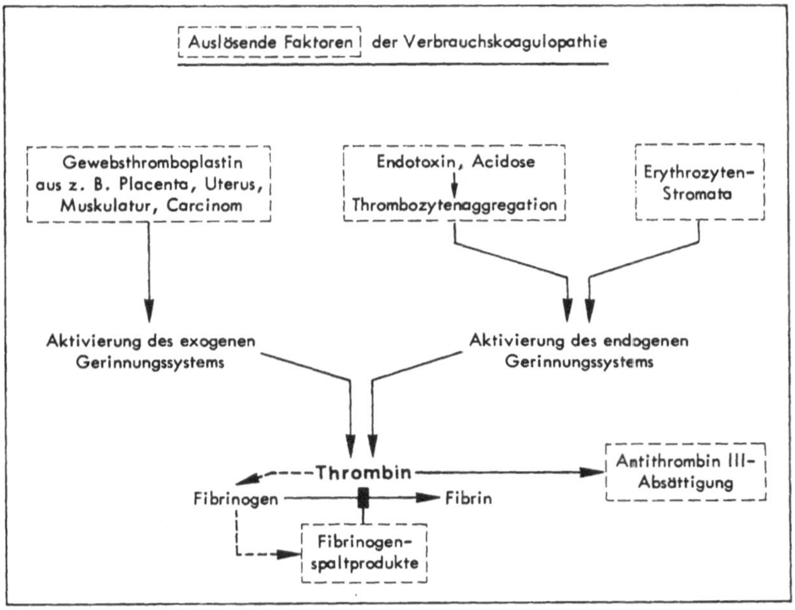

zytenaggregate embolisiert. Diese Störung der Mikrozirkulation hat ihrerseits Anoxie und Acidose der betroffenen Organe zur Folge und kann einen Schock auslösen.

Im **dritten Stadium** werden aus den anoxisch geschädigten Organen Aktivatoren des Plasminogens freigesezt, so daß das Fibrinogen nun zusätzlich durch das proteolytisch **aktive Plasmin** hydrolysiert wird. Die Fibrinogenspaltprodukte interferieren bei der physiologischen Reaktion der Fibrinmonomeren zu Fibrin und verhindern durch Fibrinkettenabbruch die Bildung eines mechanisch stabilen Fibrins. Das dritte Stadium der Verbrauchskoagulopathie ist durch schwere Thrombozytopenie, Erniedrigung fast aller Gerinnungsfaktoren und das Auftreten von unphysiologischen Fibrinspaltprodukten gekennzeichnet. Neben dem Verbrauch muß allerdings auch eine Synthesestörung der durch Hypoxie geschädigten Organe (Leber) angenommen werden. In schweren Fällen tritt der Tod durch Verbluten ein.

**Vaskulär bedingte hämorrhagische Diathesen.** Im Kapillargebiet der meisten Organe vollziehen sich transkapillare Austauschmechanismen zwischen Blut und Organzellen, die durch Diffusion, Filtration, vesikulären Transport und die intrazelluläre Passage von Wasser, niedermolekularen Substanzen, jedoch auch von Makromolekülen und zellulären Elementen des Bluts charakterisiert sind.

Die normale Kapillarstruktur garantiert den ungestörten Ablauf dieser Transportprozesse zwischen Gefäßlumen und dem von ihm zu versorgenden Gewebe. Endothelzellen bzw. der Kapillare benachbarte Fibrozyten sorgen durch synthetische Leistungen für die Aufrechterhaltung der Kapillarstruktur und die Bildung des Basalmembrankollagens.

Zahlreiche Noxen wie Entzündungsreize, Mangel an Calcium, Elektrolytverschiebungen u. a. können die Struktur der Kapillarwand so schädigen, daß es

Vaskulär bedingte hämorrhagische Diathesen

| Defekt | Beispiele |
|---|---|
| hereditär | Teleangiektasia hämorrhagica hereditaria, |
| | Purpura simplex hereditaria familiaria, |
| | Ehlers-Danlos-Syndrom, |
| | Marfan-Syndrom |
| erworben | |
| entzündlich | Purpura anaphylactoides Schönlein-Henoch, |
| | Purpura rheumatica |
| toxisch | Purpura urämica, hepatica, leucämica u.a. |
| Stoffwechsel-Defekt | Ascorbinsäuremangel (Möller-Barlow'sche Erkrankung der Kinder) |

infolge Auftretens stark erweiterter Interzellularfugen zu einem Abstrom von Flüssigkeit und zu einem massiven Übertritt von zellulären Elementen des Bluts in den interstitiellen Raum kommt.

Störungen in der Struktur und im Stoffwechsel der Kapillarwand, die Ursache einer vaskulär bedingten hämorrhagischen Diathese sind, können angeboren oder erworben sein. Die praktisch wichtigsten sind die hereditären und entzündlichen Formen. Die pathogenetisch bedeutsame Rolle des Basalmembrankollagens zeigt sich im Auftreten von vaskulären Diathesen bei Kollagensynthesedefekten (Ehlers-Danlos-Syndrom, Ascorbinsäuremangel S. 214). Die vorstehende Tabelle gibt eine Übersicht.

## 4. Thrombosen

Unter einer Thrombose versteht man einen vollständigen oder partiellen Verschluß von Gefäßen (Arterien, Venen, Lymphgefäßen) oder von Herzhöhlen durch einen aus Thrombozytenaggregaten und Fibrin bestehenden Thrombus.

An der Bildung intravasaler Thromben sind folgende Faktoren beteiligt:

- **Verlangsamung der Zirkulation (sog. Stase).** Sie tritt lokal – vorzugsweise in den unteren Extremitäten und im kleinen Becken – bedingt durch körperliche Untätigkeit (längere Bettruhe, Adipositas, höheres Alter) auf, wird aber auch durch Varizen oder Polyzythämie (erhöhte Viskosität) begünstigt.
- **Veränderungen der Gefäßwand.** Jede größere Gewebsschädigung (Trauma, Infektion) aktiviert das Extrinsic-System der Blutgerinnung, ohne daß eine lokale Fibrinolyse (sofort) wirksam wird.
- **Beschleunigte Gerinnung.** Thrombozythämie, Thrombozytose nach Splenektomie.

Während arterielle Thrombosen der Endarterien zu ischämischer Nekrose (Myocardinfarkt, Encephalomalacie) führen, ist bei venösen Thrombosen infolge bestehender Kollateralen eine partielle Kompensation möglich, doch können Ödeme, Ulcus cruris und braune Pigmentierung auftreten.

# II. Entzündung

Die Entzündung ist eine Gegenreaktion des Gewebes auf eine Zell- bzw. Gewebsschädigung, die durch unterschiedliche Faktoren ausgelöst werden kann:

- Physikalische Schäden (Verbrennung, energiereiche Strahlung, mechanische Schäden),
- chemische Agentien („Zell- und Membrangifte", starke Säuren und Basen),
- Mikroorganismen (Inhaltsstoffe, Stoffwechselprodukte oder Bestandteile von Zellwänden und Kapseln von Bakterien, Pilzen, Protozoen, Parasiten u. a.),
- Antigen-Antikörperreaktionen mit Komplementaktivierung (allergische Reaktionen).

Art und Umfang der Zellschäden variieren in Abhängigkeit vom schädigenden Agens. Auf die schadensauslösende Initialphase folgt eine von der Qualität der schädigenden Noxe unabhängige Phase der Veränderung im Stoffwechsel der geschädigten Zellen, die die **Zellteilung** oder vermehrte **Synthese von Extrazellularsubstanz** auslösen kann, ggf. aber auch mit dem **Zelltod** endet.

Darüber hinaus löst die Zellschädigung **lokale Sekundärreaktionen** aus, an denen Blutplasmabestandteile, Blutzellen und aus den geschädigten Zellen freigesetzte Wirkstoffe beteiligt sind. Im Gefolge der initialen Zellschädigung können weiterhin auch biologisch aktive Substanzen entstehen, die heftige **Allgemeinreaktionen** hervorrufen.

## 1. Bakterielle Toxine und Enzyme

Bakterien besitzen nicht nur antigene Strukturen, die eine aktive Immunisierung induzieren, sondern wirken häufig direkt toxisch. Die Toxizität beruht auf der Produktion und Freisetzung von bakteriellen **Ektotoxinen** bzw. auf der Wirkung von **Endotoxinen,** die bei Absterben der Mikroorganismen frei werden. Während die Antigenwirkung erst nach einem Zeitraum von 8–10 Tagen an dem Auftreten von spezifischen Antikörpern erkennbar ist, setzt die toxische (zellschädigende) Wirkung unmittelbar nach der Infektion ein und ist häufig nicht nur lokal begrenzt, d. h. im Entzündungsgebiet nachweisbar, sondern auch von starken Allgemeinreaktionen begleitet (Fieber, Leukozytose, Aktivierung der Fibrinolyse). Unbeschadet dieser Sofortwirkung sind viele Ekto- und Endotoxine außerdem Antigene.

Bei gramnegativen Bakterien ist das Lipopolysaccharid A für diese Wirkungen verantwortlich, das noch in einer Dosis von 0,001 μg/kg Körpergewicht pyrogen (fiebererzeugend) wirkt. Die komplexe Struktur des Lipopolysaccharid A, die u. a. seltene Monosaccharide aufweist, zeigt das Schema in vereinfachter Form.

Schematische Struktur des Lipopolysaccharids aus Salmonella typhi murium

Abe = D-Abequose (3,6-Didesoxy-D-galaktose), Rha = L-Rhamnose (6-Desoxy-L-mannose), α-Hep = L-Glycero-D-mannoheptose

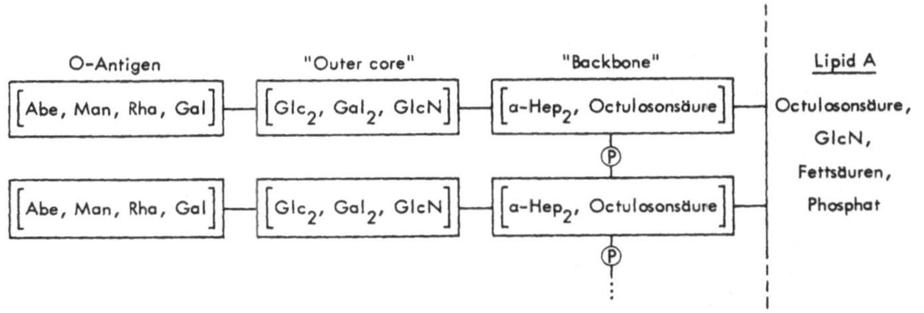


Aus der Kulturflüssigkeit von Pseudomonas- bzw. Streptomyces-Arten wurde das Toxoflavin isoliert (Formel).

Ektotoxin aus Pseudomonas cocovenans bzw. Streptomyces albus

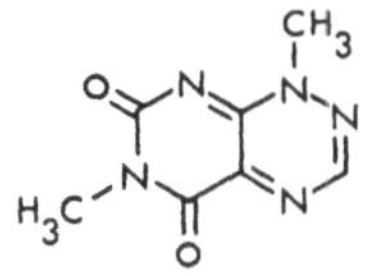

Toxoflavin

(1,6-Dimethyl-5,7-dioxo-1,5,6,7-tetrahydro-pyrimidol(4,5e)triazin)

Andere Ektotoxine sind Enzyme (s. u.) bzw. Proteine wie z. B. das Botulismustoxin (Mol.-Gew. $9 \cdot 10^5$) aus Clostridium botulinum, das die Acetylcholinfreisetzung aus den cholinergischen Nervenendigungen blockiert.

Die vorstehenden Beispiele verdeutlichen, daß die Zellmembran- bzw. Zellstoffwechsel-schädigenden Effekte von Stoffwechselprodukten oder Inhaltsstoffen von Mikroorganismen eine reiche Skala der verschiedensten chemischen Strukturen umfaßt.

Die aus kollagenen und elastischen Fibrillen und makromolekularen Proteoglykanen aufgebaute Zwischenzellsubstanz (Kap. Bindegewebe, S. 330) stellt eine natürliche Barriere für die eingedrungenen Mikroorganismen dar, wirkt also einer Infektionsausbreitung entgegen. Dieser Schutz geht bei enzymatischem Abbau der Zwischenzellsubstanz verloren. Einige Bakterien vermögen Enzyme zu produzieren und abzugeben, die Kollagen, Proteoglykane und Proteine der extrazellulären

Matrix hydrolytisch abbauen. So produzieren Clostridium histolyticum-Arten und Choleravibrionen eine **Kollagenase,** die bezüglich Spezifität und Wirkungsweise nicht mit der Säugetierkollagenase identisch ist, und im Kollagen enthaltene Aminosäuresequenzen mit folgender Spezifität hydrolytisch spaltet.

Clostridium-Kollagenase
↓
···–Gly–Pro–X–Gly–Pro(Hyp)–··· (Ausschnitt aus Kollagenpolypeptidkette)
× = beliebige Aminosäure

Manche Streptokokkenarten verfügen über eine Hyaluronatlyase, die Hyaluronat zu ungesättigten Disacchariden depolymerisiert.

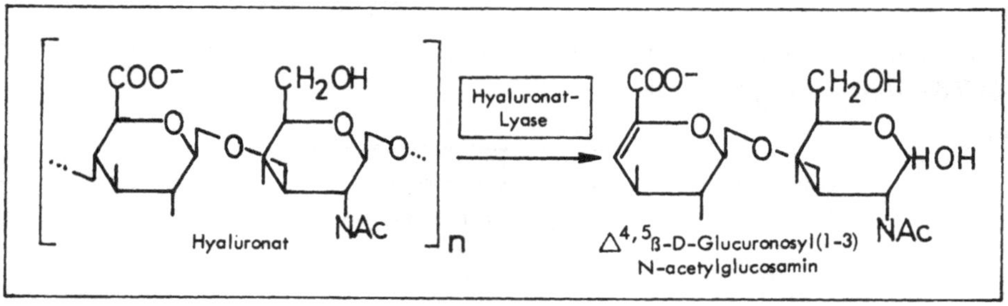


Wegen des ausbreitungsbegünstigenden Effekts auf die Infektionserreger wurden Hyaluronidasen und Hyaluronatlyase früher als „Spreading-Faktor" bezeichnet. Andere Mikroorganismen eliminieren $\Delta^{4,5}$-D-Glucuroniddisaccharide aus Chondroitinsulfat bzw. Dermatansulfat mit Hilfe einer Chondroitinsulfatlyase AC bzw. ABC. **Proteolytische Enzyme** aus Bakterien vervollständigen die Desintegration der Zwischenzellsubstanz und bauen auch Fibrin ab (z. B. Streptolysin). Die mikrobielle Phospholipase C katalysiert die Reaktion

Lecithin → Diacylglycerin + Phosphorylcholin

Die Stärke der entzündlichen Gewebsreaktion und die Ausbreitung der Infektion werden durch das Ausmaß der Freisetzung mikrobieller Toxine und gewebszerstörender Enzyme bestimmt.

## 2. Zellulärer Schädigungsstoffwechsel

Im entzündeten Gewebe treten Stoffwechselveränderungen ein, die durch verstärkte Glykogenolyse, erhöhte Glykolyserate und vermehrte Lactatbildung mit entsprechender pH-Absenkung, drastischem Abfall der intrazellulären ATP-Konzentration und intra- und extrazellulärer Proteolyse gekennzeichnet sind. Dem Zusammenbruch des Stoffwechsels voraus geht eine Membranschädigung und die Freisetzung von intrazellulären Elektrolyten ($K^+$), zytoplasmatischen und lysosomalen Enzymen, welche durch die funktionsgeschädigte Membran der Zelle in den Extrazellulärraum gelangen und dort makromolekulare Substrate angreifen. Da gleichzeitig die de novo Synthese der Extrazellulärsubstanz blockiert ist, sind Ordnungszustand der extrazellulären Matrix und Wechselwirkung ihrer Baubestandteile aufgehoben. Diese Veränderung der makromolekularen Überstruktur der Extrazellulärsubstanz wird in der Morphologie als „Entmischung“ bezeichnet.

Sowohl aus den geschädigten Zellen als auch aus den Makro- und Mikrophagen (S. 237) werden Kinine, Prostaglandine, Histamin, Serotonin, ADP und Polypeptide freigesetzt, die z. T. schmerzauslösend, z. T. gefäßlähmend und Hyperämie induzierend, z. T. kapillarpermeabilitätsfördernd wirken und damit den Einstrom von Blutplasma und Thrombozyten (Blutgerinnung, entzündliche Exsudation) und die Einwanderung weiterer polymorphkerniger Granulozyten und Monozyten („zelluläre Infiltration“) fördern. Da einerseits die bei enzymatischer Hydrolyse entstehenden niedermolekularen Spaltprodukte osmotisch wirksam sind und so den

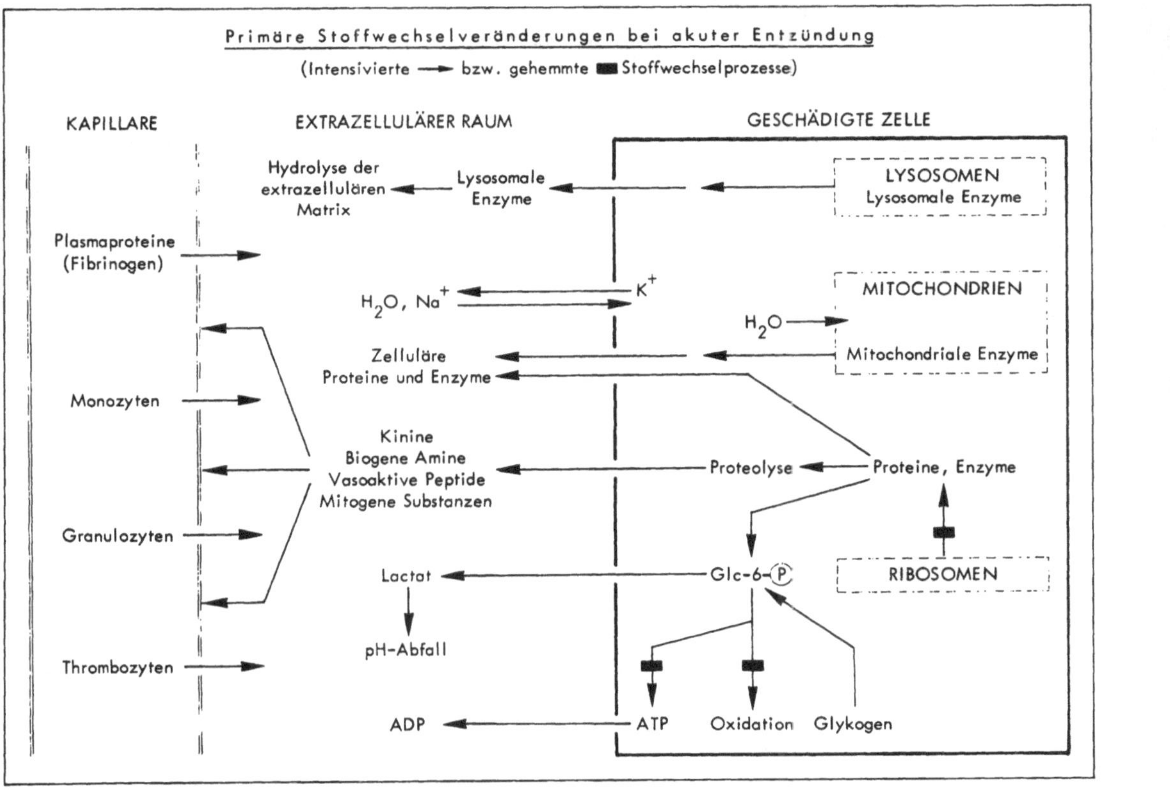

Flüssigkeitseinstrom in das Entzündungsgebiet begünstigen, andererseits kollagene Fibrillen der Prädilektionsort für die Fibrinbildung sind, ergibt sich für die Morphologie das Bild der „fibrinoiden Verquellung" kollagener Fasern.

Die bei einer **akuten Entzündung** in der geschädigten Zelle, im Extrazellulärraum und benachbarten Kapillargebiet ablaufenden Veränderungen gibt die vorstehende Abb. in schematischer Form wieder.

Alle Prozesse im Entzündungsgebiet zielen auf eine Umwandlung unlöslichen, zelltoten Materials in lösliche niedermolekulare und diffusible Spaltprodukte bzw. auf eine Beseitigung nicht enzymatisch abbaubarer Zell- und Gewebsbestandteile durch Phagozytose. Diese Vorgänge dienen der Vorbereitung auf die nachfolgende Proliferation des Gewebes im Rahmen der Reparations- und Restitutionsprozesse. Sie sind im Kap. „Wundheilung" beschrieben (S. 391).

Persistiert die Zellschädigung aufgrund wiederholter oder dauernder Einwirkung der Noxe, weil ungenügende oder falsche Abwehrleistungen (Immundefekte, Autoimmunmechanismen) vorliegen, resultiert eine **chronische Entzündung.** Sie ist dadurch gekennzeichnet, daß Entzündungsstoffwechsel (Zellschädigung, Zellmembranpermeabilitätserhöhung mit Austritt lysosomaler Enzyme und Bildung entzündungsfördernder Substanzen) und Reparaturstoffwechsel (S. 394) mit Teilung von Bindegewebszellen, Synthese von Extrazellulärsubstanz und Narbenbildung nebeneinander und gleichzeitig ablaufen.

# III. Wundheilung

Die Wundheilung stellt einen Grenzfall zwischen physiologischer Chemie und Pathobiochemie dar. Als Sonderfall des Wachstums mit Neubildung lebender Substanz gehört sie in den Bereich der physiologischen Chemie, wogegen Gewebsschädigung, Substanzverlust oder die Zusammenhangstrennung eines Gewebes pathologische Ereignisse darstellen.

Definiert man die Wunde als eine mit Substanzverlust verbundene bzw. durch Zellschädigung verursachte Zusammenhangstrennung von Geweben, so kann die Wundheilung als die natürliche Wiederherstellung der geweblichen Kontinuität bezeichnet werden. Die Gewebsschädigung kann durch mechanische, physikalische oder chemische Noxen verursacht oder Folge einer Infektion mit Mikroorganismen sein (s. Kap. Entzündung).

Die Wundheilung vollzieht sich in einem mehrphasigen Verlauf und nach zeitlich genau festgelegten Gesetzmäßigkeiten.

Als erste unmittelbare Schutzmaßnahme hat die Abdichtung des verletzten Blutgefäßes und die Regulierung des Blutdrucks den primären Wundverschluß zum Ziel, der über eine Aktivierung des Gerinnungssystems und der Fibrinbildung erfolgt (Kap. Hämostase, S. 375). Gleichzeitig werden jedoch Reaktionen in Gang gesetzt, die durch Chemotaxis für Trümmerbeseitigung sorgen und durch Anregung der Zellteilung im Wundgebiet schließlich zur Gewebsneubildung (Substitution bzw. Restitution) führen.

## 1. Thrombozytenaggregation und Blutgerinnung

In der ersten Phase der Wundheilung löst der Kontakt von Blut, das aus dem verletzten Gefäß in das Gewebe eindringt, zwei rasche Reaktionen aus: Die Aggregation von Thrombozyten an Kollagen und die Aktivierung des plasmatischen Gerinnungssystems (S. 382).

Thrombozyten verfügen über eine hohe Tendenz, sich an Kollagen vom Typ III anzuheften. Die Kollagentypen I und II sind weniger wirksam bzw. zeigen keine Affinität gegenüber Thrombozyten. Dieser Befund ist bedeutungsvoll, da Thrombozyten bei der Schädigung der Endothelschicht eines Blutgefäßes zunächst mit dem subendothelialen Kollagen vom Typ III in Berührung kommen (Schema).

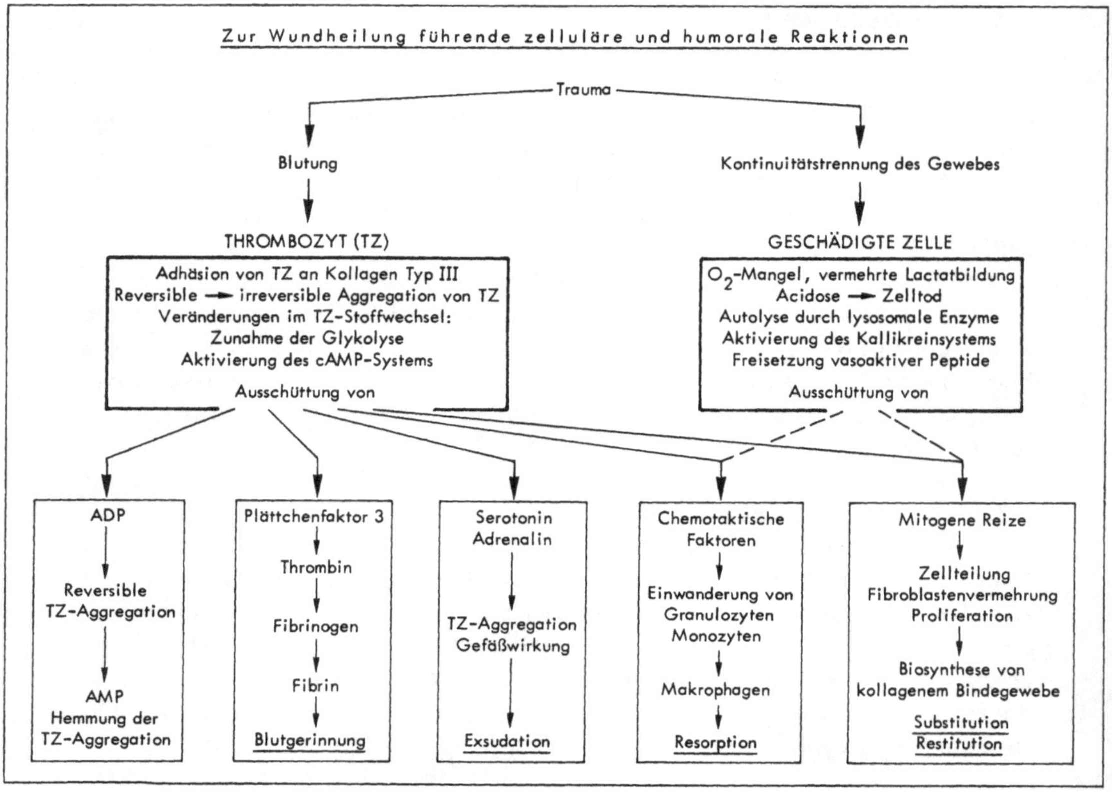


## 2. Chemotaktische und mitogene Faktoren

Die Anheftung der Thrombozyten an Kollagenfibrillen löst nicht nur eine Formveränderung der Thrombozyten und ihre Aggregation aus, an der ADP und $Ca^{2+}$ beteiligt sind, sondern führt auch zu einer deutlichen Stimulation des Stoffwechsels der Thrombozyten und zur Sekretion zahlreicher Faktoren, deren Wirkung für einen regelrechten Ablauf der Wundheilung Voraussetzung ist: Neben dem Plättchenfaktor 3 (ein Lipoproteid mit starker koagulatorischer Wirkung) und dem Plättchenfaktor 4, einem Antiheparin, werden Serotonin und Adrenalin freigesetzt, die weitere Thrombozyten zur Aggregation veranlassen und durch ihre Gefäßwirkung Vasokonstriktion und Blutstillung, bzw. durch Permeabilitätserhöhung eine Exsudation begünstigen.

Aggregierte Thrombozyten bilden und sezernieren aber auch chemotaktische Faktoren, unter denen die aus Arachidonsäure durch Plättchenlipokinase gebildete **12-L-Hydroxy-5,8,10,14-eicosatetraensäure** identifiziert wurde. Sie veranlaßt Granulozyten – später auch Monozyten, die sich in Makrophagen umwandeln –

aus den angrenzenden Gefäßen in das Wundgebiet einzuwandern. Chemotaktisch wirksame Komponenten des Blutplasmas sind **Kallikrein** und der Plasminogenaktivator sowie das **Fibrinopeptid B,** das bei der Umwandlung von Fibrinogen in Fibrin durch Thrombin freigesetzt wird. Die eingewanderten Granulozyten und Makrophagen sorgen für Trümmerbeseitigung und Resorption des geschädigten Gewebes.

Neben der Immigration von Blutzellen kommt es im Wundgebiet zu einer Vermehrung der Fibroblasten. Sie wird durch mitogene Faktoren veranlaßt, die aus aggregierten Thrombozyten, aber auch aus dem plasmatischen Gerinnungssystem sowie aus Zellen des geschädigten Gewebes stammen können. Die Stimulierung des Zellwachstums erfolgt vermutlich durch Proteasen, die spezifische Substrate an der Oberfläche von Fibroblasten angreifen. Unter den proteaseempfindlichen Proteinen der Fibroblastenoberflächen scheint das **Fibronectin** besondere Bedeutung zu besitzen, bei dessen proteolytischer Ablösung die Zellen in einen angeregten Zustand und schließlich in Zellteilung übergehen können. Fibronectin wird von den Fibroblasten ständig erzeugt und von ihrer Oberfläche auch an die Umgebung abgegeben. Im Blutplasma ist es in einer Konzentration von 330 mg/l vorhanden und identisch mit dem kälteunlöslichen Globulin. Die wesentliche Funktion des Fibronectins ergibt sich aus seiner Fähigkeit, sowohl mit Proteinen der Zellmembran von Fibroblasten als auch mit $\alpha_1$-Ketten des Kollagen Typ I eine spezifische Bindung einzugehen. Dadurch vermittelt Fibronectin das Anheften von Fibroblasten an Kollagenfibrillen und schafft damit die Voraussetzung für die Ansiedlung von Zellen im Wundgebiet, für ihr Überleben und ihre reparativen Syntheseleistungen (Abb.).

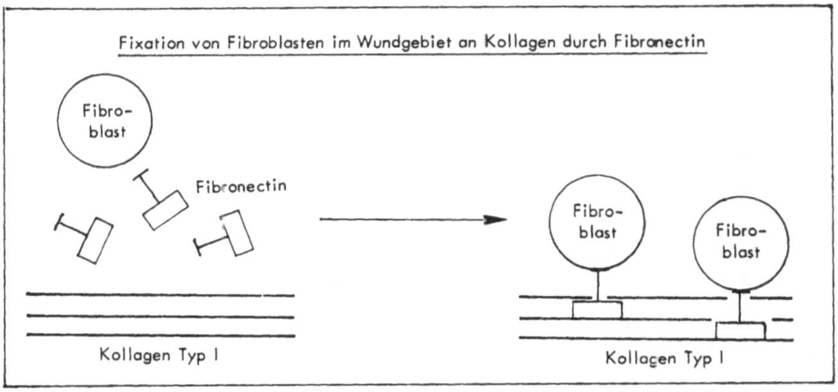


An der Phase der Trümmerbeseitigung, die durch enzymatischen Abbau defekter Gewebsstrukturen und Exsudation von Plasmainhaltsbestandteilen in das Wundgebiet gekennzeichnet ist, sind auch die primär geschädigten Zellen des Wundgebiets beteiligt, die ihre lysosomalen (proteolytischen) Enzyme abgeben und zusammen mit der phagozytotischen Aktivität der Granulozyten und Makrophagen schließlich einen vollständigen enzymatischen Abbau zelltoten Gewebsmaterials herbeiführen.

Ortsständige Mastzellen können ebenfalls Histamin und Serotonin ausschütten und damit an der reaktiven Vasodilatation während der ersten Phase der Wundheilung beteiligt sein.

## 3. Bindegewebsneubildung

Die durch Fibroblastenproliferation vorbereiteten Reparationsvorgänge führen zu einer Gewebsregeneration oder – wenn dies nicht möglich ist – zu einer Substitution des verlorengegangenen Gewebes durch ein fibrilläres Bindegewebe („Narbengewebe") und damit zu einer bleibenden Störung der Gewebstextur.

Die Bildung eines kollagenen Bindegewebes ist durch lebhafte Biosynthese der Bestandteile der extrazellulären Matrix durch die Fibroblasten gekennzeichnet. Dabei werden zunächst (nicht näher identifizierte) Glykoproteine synthetisiert, denen in kurzem zeitlichen Abstand eine Biosynthese von Proteoglykanen und Kollagen folgt. Während die Glykoproteine, welche die Bildung kollagener Fibrillen verzögern, nach kurzer Zeit verschwinden, nimmt die Intensität der Proteoglykansynthese kontinuierlich zu, jedoch unter Verschiebung des Proteoglykanverteilungsmusters (Abnahme des Hyaluronat- und Chondroitin-4-sulfatgehalts,

Biosynthese von kollagenem Bindegewebe im Reparationsstadium der Wundheilung

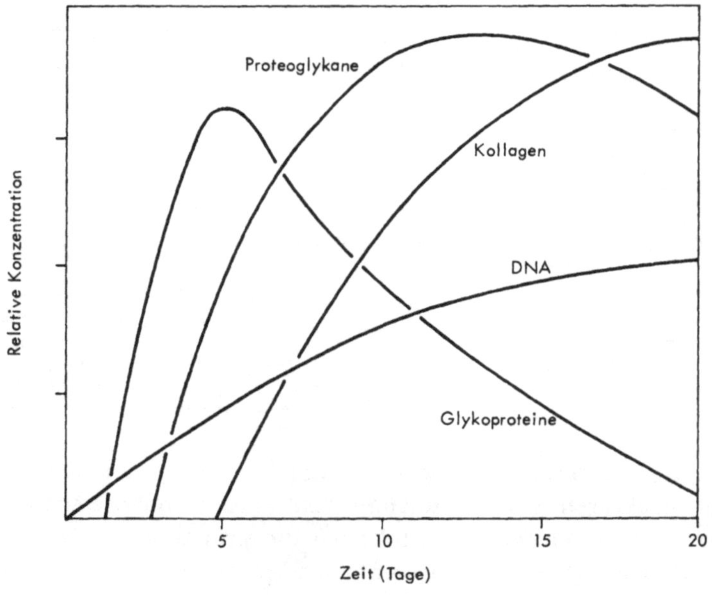

Zunahme des Chondroitin-6-sulfat- und Dermatansulfatgehalts). Nach Einsetzen der Kollagenfibrillenbildung wird die Proteoglykansynthese auf ein physiologisches Maß reduziert, während der Kollagengehalt nach Erreichen eines Maximums zwischen dem 20. und 35. Tag konstant bleibt (Abb.).

## 4. Regulation der Wundheilung

Die Wundheilung unterliegt einer Kontrolle durch Hormone und Wirkstoffe. Hormone, die an der Einstellung einer anabolen Stoffwechsellage beteiligt sind (STH, Insulin, Androgene, Östrogene) oder Vitamine, die bei der Bindegewebssynthese direkt (Ascorbinsäure) oder indirekt (Vitamin A) mitwirken, fördern und beschleunigen die Wundheilung, während Vitaminmangelzustände und eine katabole Stoffwechsellage herbeiführende Hormone (hohe Dosen Glucocorticoide oder Schilddrüsenhormone) das Wachstum von Fibroblasten und die Synthese von Kollagen und Proteoglykanen hemmen.

Auch zellspezifische Hemmstoffe, welche das Zellwachstum nach Erreichen der vorgegebenen Organform zum Stillstand bringen, sind an der Wundheilung beteiligt. Die Existenz solcher antimitotischer Hemmstoffe (Chalone) hat man durch die Darstellung artspezifischer, aus der Epidermis gewonnener, und nur auf die Epidermis wirkender Mitosehemmstoffe wahrscheinlich machen können. Eine dieser Substanzen, die als S-Faktor (bzw. $G_1$-Chalon) bezeichnet und vorzugsweise von sich differenzierenden Zellen produziert wird, arretiert die Zellen in der späten $G_1$-Phase. Ein zweiter Faktor (M-Faktor oder $G_2$-Chalon) wird von den Basalzellen produziert (Glykoprotein mit einem Mol.-Gew. von 30 000–40 000) und inhibiert die Zellen während der $G_2$-Phase, verhindert also den Eintritt der Zelle in die Mitose.

## 5. Störungen der Wundheilung

Eine überschießende Narbenbildung mit exzessiver Kollagensynthese und Ausbildung wulstförmiger Erhebungen über das Niveau der Epidermis bezeichnet man als **Keloid.** Es liegt eine Regulationsstörung im Kollagenstoffwechsel vor, bei dem das Verhältnis von löslichem zu unlöslichem (vernetztem) Kollagen zugunsten des löslichen Kollagens gestört und der Wassergehalt des Narbengewebes erhöht ist. Keloide entwickeln sich häufig nach Verbrennungen, Verätzungen oder Impfungen, lassen sich aber durch lokale Anwendung von Glucocorticoiden verhindern.

# IV. Immunchemie

## 1. Mechanismen der Immunabwehr

Höhere Organismen besitzen die Fähigkeit, zwischen körpereigenen Strukturen und nichtkörpereigenen Strukturen zu unterscheiden. Für die Abwehr nichtkörpereigener Strukturen stehen dem Menschen humorale und zelluläre Immunmechanismen zur Verfügung, die z. T. angeboren sind und sich in einer unspezifischen Resistenz ausdrücken (natürliche Immunität), z. T. jedoch streng spezifische Immunreaktionen darstellen, die sich erst nach Kontakt mit einer als nichtkörpereigen erkannten Struktur ausbilden, die ohne Rücksicht auf ihre chemische Konstitution als **Antigen** bezeichnet wird (erworbene Immunität).

Zu den unspezifischen humoralen Immunmechanismen gehören das **Interferon,** das **Lysozym,** das **Komplementsystem** und das **Properdin,** ein Serumprotein, das in der Lage ist, in Gegenwart von Magnesium und Komplement Bakterien und Viren abzutöten. Die angeborenen zellulären Mechanismen der Immunabwehr sind durch die Fähigkeit von Makrophagen und Granulozyten charakterisiert, sich Bakterien oder Partikel durch **Phagozytose** einzuverleiben und durch ihre lysosomalen Enzyme aufzulösen. Makrophagen und Leukozyten sind hierfür mit besonderen „Erkennungsregionen" auf ihrer Zellmembran ausgerüstet. Träger der spezifischen humoralen und zellulären Immunität sind die **B- und T-Lymphozyten.**

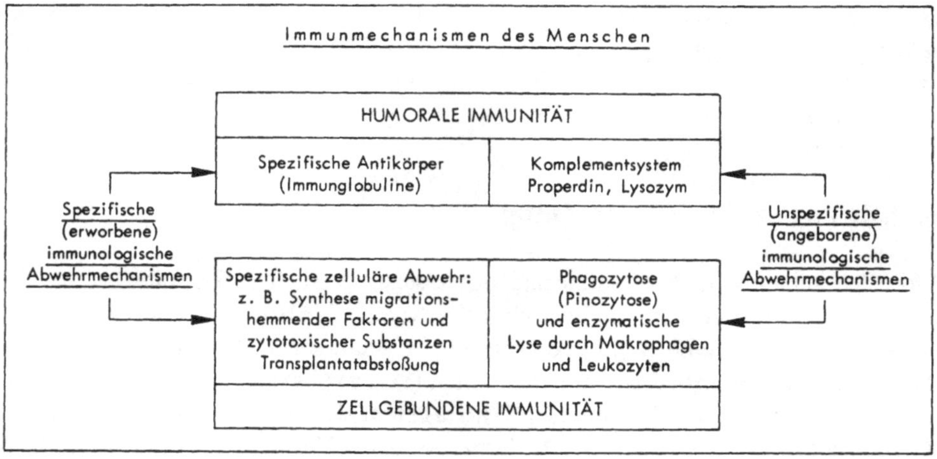

## 2. Homologe und autologe Antigene

Antigene sind Substanzen, die

- spezifische immunologische Abwehrmechanismen (Produktion humoraler Antikörper oder Veränderung der zellulären Reaktivität) induzieren und
- die Fähigkeit haben, mit spezifischen Antikörpern eine Bindung einzugehen. Beide Eigenschaften sind nicht identisch. Manche Antigene reagieren mit einem Antikörper, sind aber nicht in der Lage, in jedem Fremdorganismus die Antikörperbildung anzuregen. Sie sind nicht „immunogen". Die **Immunogenität** hängt von der Reaktionslage des Organismus ab, während die **Antigenität** lediglich die Fähigkeit zur Reaktion mit Antikörpern beschreibt. Für beide Eigenschaften sind besimmte Areale der Oberfläche des Antigenmoleküls – sog. Antigendeterminanten – verantwortlich.

**Klassifizierung von Antigenen.** Je nach Herkunft unterscheidet man verschiedene Antigentypen:

- **Heterologe** (oder xenogene) **Antigene** stammen von einer anderen Species ab (bakterielle Antigene, artfremde Serumproteine oder artfremde Zellen). Als
- **homologe** (allogene) **Antigene** bezeichnet man Antigene der gleichen Species, aber anderer Individuen (Transplantate, Transfusion von artgleichem Blut).
- **Autologe Antigene** sind körpereigene Substanzen, die zur unphysiologischen Antikörperbildung führen (Autoimmunkrankheiten, s. u.).

**Homologe Antigene.** Die genetische Identität eines Menschen ist durch den Besitz individualspezifischer Antigene determiniert. Sie werden dominant oder rezessiv vererbt und lassen sich in der Zellmembran, im Zytoplasma und im Kern aller Organe und Gewebe nachweisen. Die Antigenmuster zweier Individuen zeigen mehr oder weniger große Unterschiede. Infolge der Vielfalt der Antigene ist eine Übereinstimmung nur bei syngenen Individuen (eineiigen Zwillingen) vorhanden bzw. zu erwarten. Beispiele für homologe Antigene sind die **Blutgruppenantigene,** die sich auf der Zelloberfläche aller Zellen, insbesondere der Erythrozyten nachweisen lassen, und die **Histokompatibilitätsantigene.**

*Histokompatibilitätsantigene* (HLA-Antigene). Die HLA-Antigene stellen Strukturmerkmale der Zelloberfläche aller bisher untersuchten kernhaltigen Zellen des Menschen dar. Sie sind auf dem Chromosom Nr. 6 lokalisiert. In der Formalgenetik des HLA-Systems werden 3 Serien alleler Antigene unterschieden, deren Bildung vom Locus A, Locus B und Locus C gesteuert wird. Die Antigene werden fortlaufend numeriert. Soweit über ihre Zuordnung noch keine endgültige Klarheit herrscht, tragen sie ein W (= workshop) vor der Zahl. In der A-Serie sind bisher 15 Antigene, in der B-Serie 18 und in der C-Serie 5 Antigene festgelegt.

Praktische Bedeutung haben die HLA-Antigene erlangt, weil sie

- Parameter der Transplantationsimmunität, d. h. der Histokompatibilität, darstellen und
- auf das Risiko eines gehäuften Auftretens von Neoplasmen, Autoimmunkrankheiten oder Virusinfektionen hinweisen.

*Transplantationsimmunität.* Bei der Organtransplantation (z. B. Niere) wird die Spenderauswahl nach den Kriterien der HLA-Kompatibilität vorgenommen. Bei guter Übereinstimmung der mehr als 50 bekannten HLA-Antigene – wie dies z. B. bei Geschwistern der Fall ist – liegen die Überlebensraten bei 90%. Aber auch wenn keine Verwandtschaft zwischen Spender und Empfänger besteht, werden bei Übereinstimmung der HLA-Antigenmuster bessere Ergebnisse erhalten als bei nicht vorhandener oder geringer Übereinstimmung.

Die Histokompatibilität zweier Individuen läßt sich aber auch durch die gemischte Lymphozytenkultur (MLC) feststellen. Kultiviert man die Lymphozyten von potentiellem Spender und Empfänger in einer gemeinsamen Kultur, transformieren sich die Lymphozyten in um so stärkerem Ausmaß zu blastenähnlichen Zellen, je verschiedener die HLA-Antigenmuster der Lymphozyten von Spender und Empfänger sind. Die MLC-Gene liegen außerhalb der HLA-Genloci.

*HLA-Antigene und Erkrankungen.* Die Assoziation der HLA-Antigene mit bestimmten Erkrankungen bzw. Erkrankungsrisiken stellt ein wichtiges Anwendungsgebiet der Diagnostik dar. Die Zuordnung verschiedener HLA-Spezifitäten zu einzelnen Erkrankungen steht erst im Anfang. Bei allen HLA-Antigen-

Korrelation zwischen HLA-Antigenen und Erkrankungen

| Erkrankung | HLA - Antigen | Häufigkeit bei Patienten | Häufigkeit bei Kontrollen | Relatives Risiko+) |
|---|---|---|---|---|
| Spondylitis ankylopoetika (Bechterew) | 27 | 90 | 7 | 141 |
| Reiter-Syndrom | 27 | 76 | 6 | 46 |
| Akute Uveitis anterior | 27 | 74 | 8 | 30 |
| Myasthenia gravis | 8 | 52 | 24 | 4,6 |
| Zöliakie | 8 | 75 | 23 | 9,5 |
| Multiple Sklerose | 3 | 36 | 25 | 1,7 |
| | 7 | 36 | 25 | 1,5 |
| Akute lymphatische Leukämie | 2 | 63 | 37 | 1,7 |
| | W 5 | 25 | 16 | 1,6 |
| Lymphogranulomatose (Hodgkin) | 1 | 39 | 32 | 1,3 |
| | 8 | 26 | 22 | 1,3 |
| Kreuzkraut-Heufieber | 7 | 50 | 19 | 4,0 |

+) Das relative Risiko gibt an, wievielmal häufiger die Krankheit in Individuen vorkommt, die das Antigen besitzen, verglichen mit der Häufigkeit von Personen, die es nicht aufweisen. Relatives Risiko 1,0 bedeutet keine Abweichung von der Norm.

assoziierten Krankheiten bestehen jedoch eine familiäre Häufung und eine Beteiligung immunologischer Faktoren an der Pathogenese. Die Tabelle gibt einige Beispiele.

Bisher hat man bei etwa 20 Krankheitsbildern eine direkte Beteiligung eines HLA-Typs (oder mehrerer) feststellen können. Bei weiteren Erkrankungen liegen Hinweise für eine Relation vor (z. B. Psoriasis HLA A 8 und W 15 oder multiples Myelom W 18). Auch der juvenile Diabetes mellitus ist eine HLA assoziierte Krankheit, bei der die HLA-Typisierung zur Abgrenzung von Risikogruppen verwendet werden kann, da etwa 25% der älteren Geschwister juveniler Diabetiker das HLA B 8 und HLA B 15 aufweisen.

Die HLA-Antigene sind jedoch nicht **direkt** an der Pathogenese der Erkrankung beteiligt, sie sind vielmehr „Empfänglichkeitsantigene" die mit (defekten?) Immunantwortgenen gekoppelt sind, welche die Antwort auf ein spezifisches Pathogen determinieren.

**Autologe Antigene und Autoimmunkrankheiten.** Der Kontakt des noch unreifen embryonalen Immunsystems mit körpereigenen Antigenen führt zur Blockierung oder Elimination aller Abwehrmechanismen, die mit körpereigenen Antigenen reagieren könnten, d. h. zur Immuntoleranz gegen körpereigene Strukturen.

Unter dem Prinzip der **Autoimmunisierung** werden Vorgänge zusammengefaßt, bei denen eine Fehlreaktion humoraler oder zellulärer Immunmechanismen im Sinne einer Autoaggression besteht.

Der Autoimmunisierung können verschiedene auslösende Faktoren zugrundeliegen:

- Bei einer pathologischen Reaktivierung von immunkompetenten Elementen – sog. **„Forbidden Clons"** –, die nur während des Embryonallebens aktiv, später jedoch blockiert sind, liegt ein Versagen der immunologischen Selbstkontrolle vor. Hierbei kann der Thymus als übergeordnetes Kontrollorgan beteiligt sein.
- Erhalten körpereigene Antigene, die physiologischerweise außerhalb des immunologisch kontrollierten Raums lokalisiert liegen (z. B. Linsenkapsel, Myelinscheiden der Nerven, Spermatozoen, unlösliches Kollagen der bindegewebigen Grundsubstanz), Kontakt mit dem Immunsystem, z. B. nach Trauma, so kommt es zur Autoimmunisierung. Solche Antigene werden, wenn sie die natürliche Barriere überwunden haben, als „sequestrierte Antigene" bezeichnet.
- Eine Autoimmunisierung kann sich bei primärer Heterosensibilisierung über eine Kreuzreaktion entwickeln. So können z. B. Antikörper, die gegen die M-Substanz hämolysierender A-Streptokokken gebildet werden und mit ihr reagieren, aufgrund einer biochemischen Verwandtschaft mit antigenen Strukturen des Sarkolemms der Muskulatur ebenfalls eine Bindung eingehen, worauf es zur Schädigung des Herzmuskels kommt.

- Schließlich können sich körpereigene Substanzen unter dem Einfluß exogener und endogener Faktoren so verändern, daß sie „körperfremd" werden und eine Autoimmunreaktion auslösen. Bei Infekten kann z. B. die bakterielle Neuraminidase die terminalen Neuraminsäurereste der Glykoproteine oder Glykolipide der Zellmembran von Erythrozyten abspalten, wobei bisher verdeckte neue Antigenstrukturen (sog. T-Antigen) freigelegt werden. Die dagegen produzierten Antikörper können eine Hämolyse hervorrufen (immunhämolytische Anämien).

Bindet sich ein Hapten an ein zellmembrangebundenes Trägerprotein, so kann der Antikörper, der primär gegen das Hapten gerichtet ist, auch das Trägerprotein schädigen und Zytolyse auslösen. Dieser Vorgang wird als „Haptenisierung" bezeichnet. Als chemisch definierte Haptene können Medikamente oder Gifte fungieren.

Kommt es nach Invasion von Viren zur Integration des Virusgenoms in die DNA der Wirtszelle, können sich an der Zellmembran neue virusspezifische Antigene, sog. Neoantigene, ausbilden (Kap. Malignes Wachstum, S. 363).

Die Tabelle zeigt an Beispielen die klinische Manifestation von Autoimmunkrankheiten.

Pathogenese bei Autoimmunreaktionen

| Ursache | Beispiele für klinische Manifestation |
|---|---|
| 1. Auftreten verbotener Klone (Thymuserkrankungen, maligne Immunproliferation) | Immunthyreoiditis, immunhämolytische Anämie |
| 2. Freisetzung "sequestrierter Antigene" | Phakogene Uveitis, Azoospermie |
| 3. Gemeinsame Antigene (Kreuzreaktion autologer und heterologer Antigene) | Rheumatische Carditis, Colitis ulcerosa |
| 4. Modifikation körpereigener Strukturen (enzymatische Freilegung verdeckter Antigene) | |
| Auftreten neuer Antigene durch "Haptenisierung" | Immunhämolytische Anämie, T-Agglutination mit Hämolyse |
| Induktion von Neoantigenen nach Virusinfektion | Entzündliche Organerkrankungen |

**Kollagenosen.** Unter dem (umstrittenen) Begriff „Kollagenosen" wird eine Reihe von Erkrankungen zusammengefaßt, die als gemeinsames Merkmal u. a. entzündliche Veränderungen des kollagenen Gefäßbindegewebes aufweisen. Weitere Gemeinsamkeiten bestehen in der Progressionstendenz, Erhöhung der Körpertemperatur und dem Nachweis humoraler Autoantikörper. Es handelt sich jedoch weder um eine ätiologisch oder pathogenetisch einheitliche Krankheitsgruppe, noch um definierte Störungen des Kollagenstoffwechsels, sondern um Autoimmunkrankheiten, für die vermutlich eine genetische Disposition besteht.

Die nachfolgende tabellarische Aufstellung der Kollagenosen, für die z. T. Unterformen existieren, enthält Angaben über die Antigene, gegen die humorale Autoantikörper nachgewiesen wurden. Die chemische Charakterisierung der beteiligten Gewebsantigene steht noch in den Anfängen.

Kollagenosen als Autoimmunkrankheiten

| Kollagenose | Humorale Autoantikörper gegen |
|---|---|
| Lupus erythematodes visceralis (Lupus erythematodes disseminatus, L. e. d.) | Native und denaturierte DNA, RNA, Erythrozyten Organ- und Zellantigene |
| Sjögren-Syndrom | Speicheldrüsenantigene, Nicht-DNA-Kernantigene |
| Periarteriitis nodosa | Gefäßantigene (Endothel, Glomeruluskapillaren) |
| Sklerodermie | Lösliche Kollagenfragmente, N cht-DNA-Kernantigene |
| Dermatomyositis | Muskelproteine, Myosin |

## 3. Antikörper

**Spezifische Immunsysteme des Menschen.** Die Stammzelle des Knochenmarks hat in der Embryonalzeit die Fähigkeit, sich in zwei verschiedene immunkompetente Zellpopulationen zu differenzieren. Unter dem Einfluß des Thymus entstehen die thymusabhängigen Lymphozyten, die sog. **T-Zellen** (T-Lymphozyten), die vor allem für die zellulären Immunreaktionen verantwortlich sind, und die eine hohe Lebensdauer besitzen.

Die andere Differenzierungsart führt unter dem Einfluß der Mikroumgebung zu den sog. **B-Zellen** (B-Lymphozyten). Die Bezeichnung „B-Zelle“ erfolgte, weil bei den Vögeln diese Entwicklung in der Bursa *Fabricii* stattfindet. Diese Zellen können sich in immunkompetente Plasmazellen weiter differenzieren und sind vorzugsweise für die humoralen Immunreaktionen (Antikörperproduktion) verantwortlich.

Bei der Antikörperbildung ist jedoch eine Kooperation der immunkompetenten Zellen notwendig. Ohne Mithilfe der T-Zellen (sog. Helferzellen) vermögen die B-Zellen im allgemeinen keine spezifischen Antikörper zu bilden. Im Rasterelektronenmikroskop unterscheiden sich B- und T-Zellen dadurch, daß die T-Zellen eine glatte Oberfläche besitzen, während die B-Zellen durch zahlreiche handschuhfingerförmige Ausstülpungen der Oberflächenmembran einen wollknäuelartigen Eindruck machen.

**T-Lymphozyten.** T-Lymphozyten entwickeln nach Kontakt mit dem Antigen – oder mitogener Stimulierung z. B. durch Phytoagglutinine (Lectine, S. 362) – eine zelluläre Immunität, d. h. sie bilden zwar keine humoralen Antikörper, besitzen jedoch fest mit der Zellmembran verankerte antikörperähnliche Proteine mit der Fähigkeit zur spezifischen Erkennung und Bindung von Antigenen. Aufgrund dieser Eigenschaft reagieren T-Zellen, wenn auch meist verzögert, mit dem Antigen. Dieser Typ der verzögerten Immunreaktion ist für die Abstoßung transplantierter Gewebe (bei Homoio- oder Heterotransplantaten) und für die Abwehr von Tumorzellen (S. 365) verantwortlich. Allergische Reaktionen vom verzögerten Typ (S. 410) sind für bestimmte Antigene charakteristisch.

Als Antwort auf eine Fremdantigen enthaltende Zelle wird die überwachende T-Zelle zum Angreifer und scheidet eine zytotoxische Substanz aus, um den Eindringling abzutöten („Killerzelle"). Weitere spezifische Immunantworten dieser Zellen bestehen in der Bildung und Ausschüttung eines migrationshemmenden Faktors (MIF), der die Mobilität von Makrophagen und die Produktion des Lymphotoxins einschränkt. Am Ort der Antigen-Antikörper-Reaktion kommt es daher zu einer Akkumulation von Makrophagen.

Auch der **„arming factor"** ist ein von T-Zellen freigesetztes Produkt, das, an Makrophagen gebunden, diese spezifisch für Zellen sensibilisiert, gegen die die Spezifität des „arming-factors" gerichtet ist. Aus T-Lymphozyten können sich Suppressorzellpopulationen entwickeln, welche idiotypisch spezifische B-Zellenklone supprimieren.

Der Antigenreiz kann in immunkompetenten Zellen ein immunologisches Gedächtnis anregen (Memoryzellen) derart, daß zunächst zwar keine erkennbare Immunantwort erfolgt, die Zelle auf einen erneuten Kontakt mit dem gleichen Antigen jedoch mit einer massiven Immunantwort reagiert (Abb. S. 407).

**B-Lymphozyten.** Kontakt mit einem Antigen, das u. U. durch eine vorangehende Aufnahme in Makrophagen eine verstärkte Immunogenität erhalten hat („Superantigen"), regt die B-Lymphozyten zur Teilung und Differenzierung in antikörperbildende Plasmazellen an. Die von ihnen produzierten Antikörper werden in die Blutbahn ausgeschüttet (humorale Immunität). Die von den B-Lymphozyten produzierten Antikörper können verschiedene Eigenschaften aufweisen: Sie

- reagieren mit dem homologen, freien bzw. zellgebundenen Antigen unter Präzipitation bzw. Agglutination,
- sind in Abhängigkeit vom Komplement direkt zytotoxisch wirksam,
- reagieren mit antigenen Determinanten der Targetzellen* unter Blockierung, so daß die Determinanten von zytotoxischen Zellen nicht mehr erkannt werden können (blocking factor, enhancement),

* Targetzellen sind die Zellen eines „Zielorgans", die aufgrund des Besitzes von antigenen Determinanten „gezielt" von spezifischen Antikörpern erreicht werden.

- können über Fc-Rezeptoren an andere (keine Antikörper produzierende) Zellen gebunden und damit für diese Zellen zytotoxisch werden, wenn sie Kontakt mit dem Antigen erhalten. Der Fc-Anteil des Antikörpers bildet auch die Bindungsregion für die Komplementkomponente C1.

**Struktur der Antikörper.** Die von den Plasmazellen gebildeten humoralen (zirkulierenden) Antikörper gehören den γ-Globulinen an. Es ist anzunehmen, daß die γ-Globulinfraktion eine Mischung von mehreren 1000 verschiedenen Antikörpern ist. Aus diesem Grunde werden die γ-Globuline auch Immunglobuline (Ig) genannt. Man kennt mehrere Klassen von Ig, die sich durch Molekulargewicht, Sedimentationskonstante, Kohlenhydratgehalt (3–12%), Konzentration im Serum und durch ihre chemische Konstitution unterscheiden (Abb.).

Humane Immunglobulinklassen im Blutserum

| Immunglobulintyp | Struktur | Mol.Gew. $\times 10^{-3}$ | Kettenkombination (Molekülformel) | Gehalt im Normalserum g / l | Funktion | Halbwertzeit (Tage) |
|---|---|---|---|---|---|---|
| IgG |  | 143 - 149 | $\kappa_2\gamma_2$ oder $\lambda_2\gamma_2$ | 9 - 15 | antivirale, antibakterielle Antitoxinaktivität, Komplementfixierung, placentarer Transfer, "Spätantikörper" | 23 |
| IgA | 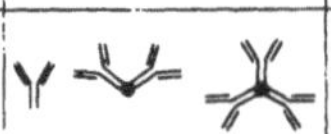 | 158 - 162 | $(\kappa_2\alpha_2)_n$ oder $(\lambda_2\alpha_2)_n$ | 1,4 - 2,6 | lokalisierter Schutz in externen Sekreten (sekretoriales I-Globulin) | 5,8 |
| IgM |  | 800 - 950 | $(\kappa_2\mu_2)_5$ oder $(\lambda_2\mu_2)_5$ | 0,7 - 1,8 | "Frühantikörper", Komplementfixierung, Agglutination, (Autoantikörper, Rheumafaktor) | 5,1 |
| IgD |  | 175 - 180 | $\kappa_2\delta_2$ oder $\lambda_2\delta_2$ | < 0,03 | unbekannt, geringe Antikörperaktivität | 2,8 |
| IgE |  | 185 - 190 | $\kappa_2\varepsilon_2$ oder $\lambda_2\varepsilon_2$ | < 0,06 | Reaginaktivität, Mastzellfixierung, höhere Titer bei parasitären Infektionen | 2,5 |

Das Strukturprinzip der Ig-Moleküle besteht im Aufbau aus H (Heavy)- und L (Light)-Ketten, die über Disulfidbrücken miteinander verknüpft sind und deren (in der Aminosäuresequenz) variabler Anteil jeweils gemeinsam die Antigenbindungsregion repräsentiert.

Ig-Moleküle (z. B. IgG) lassen sich durch das proteolytische Enzym Papain (pflanzlicher Herkunft) in definierte Spaltprodukte zerlegen (Abb.). Dabei entstehen Fab-Fragmente (ab = antigenbindend), die noch Antigenbindungsfähigkeit besitzen, jedoch keine Präzipitate mit dem Antigen bilden können, und das Fc-Fragment (c = kristallisierbar). Dieser Befund hat praktische Bedeutung, da er zu der Erkenntnis führte, daß Leukozyten, Thrombozyten, Mastzellen, aber auch andere Körperzellen die Fähigkeit besitzen, den Fc-Anteil des intakten Ig-Moleküls auf ihrer Zelloberfläche fest zu fixieren. Durch diese Antikörperbeladung erhalten die Zellen die Fähigkeit zur Erkennung und spezifischen Bindung von Antigenen.

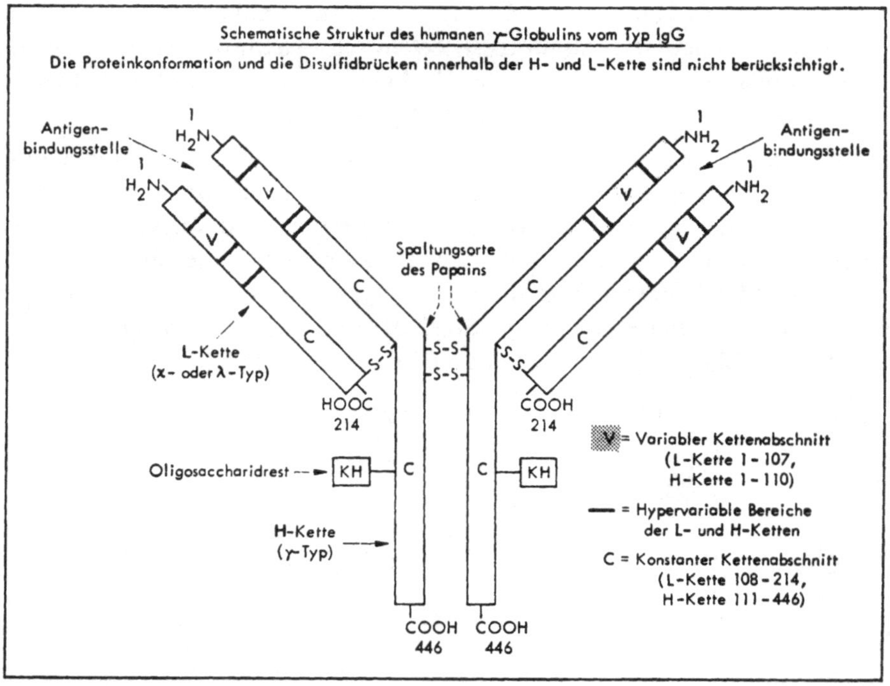


Die Fähigkeit zur Synthese spezifischer Immunglobuline ist eine erworbene Eigenschaft. Adäquater Reiz ist die nach der Geburt erfolgende Auseinandersetzung mit den Antigenen der Umwelt.

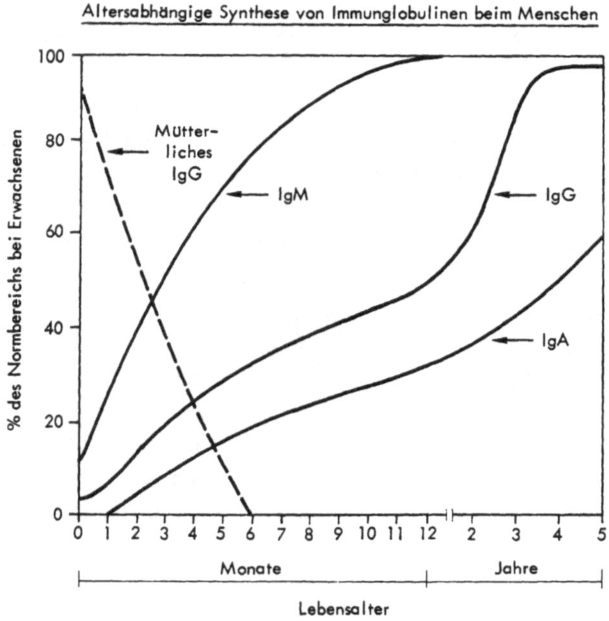

**Diagnostische Bedeutung der Immunglobuline.** Die Immunglobuline IgG, IgM, IgA sind wichtige diagnostische Parameter. Bereits die Erhöhung einer einzelnen Immunglobulinklasse weist auf akute Prozesse (IgM), auf chronisch entzündliche Erkrankungen (IgG), bzw. auf toxische Schädigung oder allergisch-autoaggressive Vorgänge (IgA) hin.

Die Konstellation der Immunglobuline gibt insbesondere Auskunft über Erkrankungen der Leber, der Niere und des rheumatischen Formenkreises (Tabelle). Auch bei verschiedenen anderen Erkrankungen werden typische Ig-Erhöhungen beobachtet.

Diagnostische Bedeutung der Immunglobuline bei Erkrankungen der Leber, Niere und des rheumatischen Formenkreises

| | IgA | IgG | IgM |
|---|---|---|---|
| 1. Leber | | | |
| Akute Hepatitis | N | N | ↑↑ |
| Chronische Hepatitis | N | ↑ | N |
| Chronisch-persistierende Hepatitis | N | ↑ | ↑↑ |
| Chronisch-aggressive Hepatitis | ↑ | ↑↑ | ↑↑ |
| Leberzirrhose und toxischer Leberzellschaden | ↑↑ | N | N |
| Akute Leberzirrhose | ↑↑ | N(↑) | ↑↑ |
| Primäre biliäre Zirrhose | ↑↑ | ↑ | ↑↑ |
| Cholangitis | N | N(↑) | ↑ |
| 2. Niere | | | |
| Akute Pyelonephritis | N | N | ↑↑ |
| Chronische Pyelonephritis | ↑ | ↑↑ | ↑↑ |
| Glomerulonephritis | ↑↑ | ↑↑ | N(↑) |
| 3. Rheumatischer Formenkreis | | | |
| Akutes rheumatisches Fieber | N | N | ↑↑ |
| Chronisch rezidivierendes rheumatisches Fieber | ↑ | ↑ | ↑ |
| Progressiv chronische Polyarthritis (pcP) | ↑↑ | N | N |
| Kollagenosen | ↑ | N | N |

**Paraproteinämien.** Paraproteinämien (Kap. Proteine und Aminosäuren, S. 48) entstehen durch maligne Transformation und unkontrollierte Vermehrung einer immunkompetenten Zelle bzw. eines Zellklons und werden deshalb (nach einem Vorschlag von Waldenström) als „monoklonale Gammopathien" bezeichnet. Paraproteine zeigen im Prinzip denselben strukturellen Aufbau wie die normalen Immunglobuline.

IgG-, IgA-, IgD- und IgE-Paraproteinämien sowie das Bence-Jones-Protein kommen hauptsächlich bei Plasmozytom, die IgM-Paraproteinämie bei **Makro-**

**globulinämie Waldenström** und **Kälteagglutininkrankheit** und die isolierten H- bzw. Fc-Fragmente bei der sog. **„Schwereketten-Krankheit"** vor.

Auch Fälle von di-, tri- und multiklonalen Gammopathien sind beschrieben (s. Kap. Proteine und Aminosäuren, S. 48).

# 4. Immunkrankheiten

Die Komplexität des menschlichen Immunsystems spiegelt sich in zahlreichen Störungen und den daraus resultierenden Erkrankungen wider. Sie können angeboren oder erworben sein und das B- oder T-Zell-System betreffen, aber auch in kombinierten Defekten bestehen.

**Primäre** (angeborene) **Immundefekte.** Die Tabelle gibt die von der WHO empfohlene Klassifizierung primärer Immundefekte wieder. Besonderheiten (z. B. Ataxie, Thrombozytopenie, Ekzeme, Zwergwuchs) sind aus der Terminologie der Immundefekte ersichtlich.

Klassifizierung primärer Immundefekte

| |
|---|
| 1. Humorale Immundefektzustände (B-Zell-Defekte) |
| Infantile X-chromosomale Agammaglobulinämie (Bruton) |
| Selektiver Immunglobulin-A-Mangel |
| Selektiver Immunglobulin-E-Mangel |
| Transitorische Hypogammaglobulinämie des Kleinkindes |
| X-chromosomaler Immundefekt mit Hyper-IgM-Globulinämie |
| 2. Zelluläre Immundefektzustände (T-Zell-Defekte) |
| Thymushypoplasie (Nezelof-Syndrom) |
| Thymushypoplasie und Hypoplasie der Nebenschilddrüse (Di George-Syndrom) |
| Episodische Lymphopenie mit Lymphozytotoxin |
| 3. Kombinierte T- und B-Zelldefekte (z.T. auch Stammzelldefekte) |
| Immundefekt mit Normo- oder Hyperimmunoglobulinämie |
| Immundefekt bei Ataxia teleangiektasia |
| Immundefekt mit Thrombozytopenie und Ekzem (Wiscott-Aldrich-Syndrom) |
| Immundefekt mit Thymom |
| Immundefekt mit kurzgliedrigem Zwergwuchs |
| Immundefekt mit generalisierter hämopoetischer Hypoplasie |
| Schwere kombinierte Immundefekte (autosomal rezessiv, x-chromosomal, sporadisch) |
| Kombinierter Immundefekt mit Adenosin-Desaminasemangel |
| Variabler Immundefekt (nicht klassifizierbar, häufig) |

Die Lokalisation primärer Immundefekte ist an einigen Beispielen schematisch dargestellt:

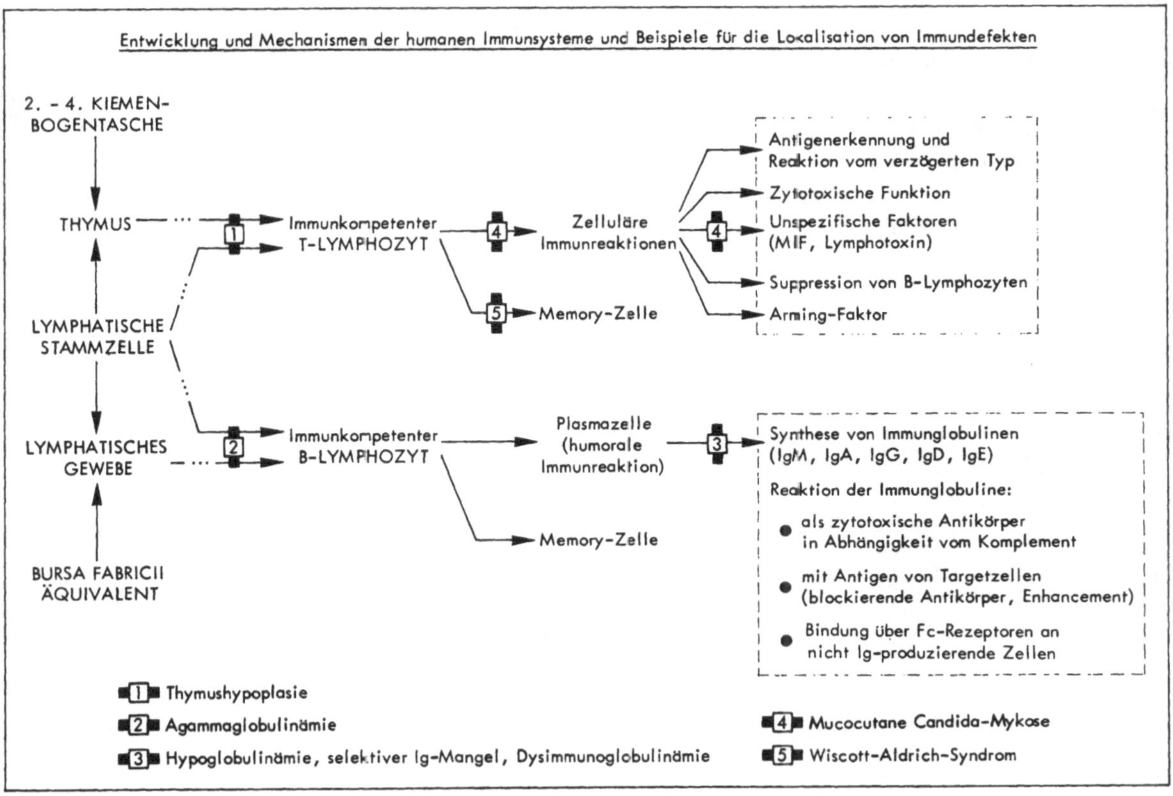


Die klinische Symptomatik der Immundefekte ist durch gestörte humorale und/oder zelluläre immunologische Reaktion gekennzeichnet. Erhöhte Infektanfälligkeit gegenüber Bakterien (humorale Immundefekte) bzw. Viren und Pilzen (zelluläre Immundefekte) sind charakteristisch, rekurrierende Infekte des Respirations- und Intestinaltrakts häufig.

Die in der Tabelle aufgeführten Immundefekte lassen sich aufgrund immunologischer, morphologischer und genetischer Kriterien definieren, die Diagnose erfolgt jedoch unter Einbeziehung zahlreicher Laboruntersuchungen (Zytohämagglutination, Stimulation der Lymphozyten, gemischte Lymphozytenkultur (MLC, Mixed Lymphocyte Culture), da eine Differenzierung allein nach klinischen Kriterien nicht möglich ist.

Allerdings läßt sich der weitaus größte Teil der Patienten mit Immundefektsyndromen nicht einem bestimmten Defekt zuordnen, sondern bildet eine heterogene Gruppe, die sich einer klaren nosologischen Zuordnung entzieht.

Bei Immundefekten besteht ein erhöhtes Risiko für rheumatische Arthritis und Kollagenosen (S. 400), aber auch für lymphatische Leukämie und maligne Lymphome. Die Zusammenhänge sind noch hypothetisch (Kap. Malignes Wachstum, S. 365). Bei der Pathogenese von Malignomen wird u. a.

- ein erhöhtes Infektrisiko für onkogene Viren,
- eine pathologische Immuntoleranz gegenüber malignen Zellen oder
- eine erhöhte Anfälligkeit von Zellen vermutet, die auf eine vom Thymus gesteuerte Differenzierung „warten".

**Sekundärer Mangel an Immunglobulinen.** Erworbene immunologische Defektsyndrome manifestieren sich z. T. in schwerer Form bei malignen Erkrankungen (insbesondere bei malignen Systemerkrankungen und hämatologischen Erkrankungen), bei renalen oder enteralen Eiweißverlustsyndromen oder Verbrennungen, bei Proteinmangelernährung und nach Milzentfernung. Immundefekte können auch durch therapeutische Maßnahmen (langfristige Verabfolgung von Steroidhormonen, immunsuppressiv-wirksame Medikamente, Zytostatika) ausgelöst werden (Tabelle).

Erworbene Immundefekte

+ deutlicher Defekt, (+) verminderte Immunität, - kein Defekt

| Erkrankung | Humorale Immunität | Zelluläre Immunität | Phagozytose |
|---|---|---|---|
| Hodgkin-Erkrankung | (+) | + | - |
| Leukosen | | | |
| akute lymphatische | - | - | + |
| akute myeloische | - | - | + |
| chronisch myeloische | - | - | + |
| chronisch lymphatische | + | + | - |
| Multiples Myelom | + | - | - |
| Exsudative Enteropathie | + | selten (+) | - |
| Nephrotisches Syndrom | + | - | - |
| Verbrennungen | + | + | + |
| Kwashiorkor | - | + | - |
| Splenektomie | + | - | - |
| Sarkoidose | - | + | /- |

**Graft-versus-host-Reaktion** (GVH-Reaktion). Werden immunkompetente Zellen eines Spenders auf einen allogenen immuntoleranten Empfänger übertragen, so erkennen die immunkompetenten Zellen Antigene des allogenen Empfängers, und es kommt zu einer Antikörperproduktion der transplantierten Zellen (Graft) gegen den Wirt (Host). Die GVH-Reaktion führt zu Wachstumsstillstand, Milzvergrößerung, hämolytischer Anämie, Diarrhoen und Kachexie. Beim Menschen wird die GVH-Reaktion nach Behandlung von Immundefekten durch Übertragung von immunkompetenten Knochenmarkszellen beobachtet. Je größer dabei der Unterschied der HLA-Antigene ist, um so stärker ist die GVH-Reaktion.

**Allergische Reaktionen.** Allergie ist ein Zustand gesteigerter Reaktionsfähigkeit bzw. spezifischer Überempfindlichkeit, der nach Erstkontakt mit einem Antigen („Sensibilisierung") durch Bildung spezifischer Antikörper entsteht. In diesem Zustand kann die spätere Exposition gegenüber dem gleichen Antigen schädliche Folgen haben und zur Allergie (Anaphylaxie) führen. Die allergische Reaktion wird durch Reaktion des Antigens mit freien oder zellgebundenen Antikörpern ausgelöst und kann akut (Sofortreaktion) oder später (verzögerte Reaktion) eintreten.

An der **anaphylaktischen Sofortreaktion** vom „Reagintyp" (Typ I), die 20–30 Min. nach Antigenkontakt einsetzt, sind Immunglobuline der Klasse E (Tabelle S. 403) beteiligt. Die IgE-Moleküle können mit ihrem Fc-Stück eine feste und spezifische Bindung an die Membran von Mastzellen eingehen. Auf die Reaktion des Antigens mit dem oberflächenfixierten IgE-Molekül antwortet die Mastzelle mit einer massiven Ausschüttung von Histamin, Serotonin, Heparin und der sog. „Slow Reacting Substance" (SRS*), die eine langsame Kontraktion der glatten Muskulatur bewirkt. Außer an Mastzellen können sich IgE-Moleküle auch an Leukozyten und Thrombozyten anlagern.

Die Freisetzung der Mediatorsubstanzen erklärt die Symptomatik der anaphylaktischen Reaktion, die lokal (z. B. Konstriktion der Bronchialmuskulatur → allergisches Bronchialasthma bei Überempfindlichkeit gegen Pollen, Hausstaub u. a.) oder generalisiert (z. B. nach intravenöser Antigengabe) auftreten und dann zu tödlichem Kreislaufschock führen kann.

Bei der **Sofortreaktion vom Arthustyp** (Typ III), die etwas verzögert erst nach 2–3 h einsetzt, kommt es zur intravasalen Bildung von – infolge Antigenüberschuß – löslichen Antigen-Antikörper-Komplexen. Sie gelangen durch die Gefäßwand an die Elastica interna der Gefäße oder die Basalmembran der Nierenglomeruli und lösen eine Komplementaktivierung aus, die wiederum zu Permeabilitätserhöhung, Ödembildung und Vasodilatation führt, aber auch eine chemotaktische Anlockung polymorphkerniger Leukozyten bewirkt. In diese Kategorie allergischer Reaktionen gehört die **Serumkrankheit,** die auftritt, wenn größere

* Chemische Struktur unbekannt (Mol.-Gew. ≈ 400).

Mengen eines heterologen Serums (nach früherem Erstkontakt) appliziert werden. Über den gleichen Mechanismus kann auch die tierexperimentelle Immunkomplex-Nephritis – ein häufig benutztes Modell für die Glomerulonephritis – ausgelöst werden.

Bei der **Reaktion vom verzögerten Typ** (Typ IV) handelt es sich nicht um eine Reaktion humoraler Antikörper mit einem Antigen, sondern um ein Phänomen der zellvermittelten Immunität. Allergische Reaktionen vom verzögerten Typ werden bevorzugt von bestimmten Antigenen gegeben. Die klassische Reaktion vom verzögerten Typ ist die **Tuberkulinreaktion,** die sich bei einer Infektion mit *Mycobacterium tuberculosis* ausbildet und nach intrakutaner Injektion abgetöteter Mykobakterien oder von Tuberkulin erst nach 24–48 h ihr Maximum erreicht.

Allergische Reaktionen vom verzögerten Typ werden jedoch auch nach Infektionen mit Brucellose-, Lepraerregern, zahlreichen Viren (z. B. Mumps, Psittakose) und bei Mykosen (z. B. Candidiasis) beobachtet, können aber ebenso durch niedermolekulare Substanzen ausgelöst werden (z. B. das Dinitrochlorbenzol (DNCB), Pikrylchlorid, Chromate, Nickelsalze), die bei perkutaner Exposition zum Kontaktekzem führen.

Sensibilisierte T-Lymphozyten wandeln sich beim Kontakt mit dem Antigen in lymphoblastenartige Zellen um (sog. Lymphozytentransformation) und beginnen sich mitotisch zu teilen. Die DNA-Synthese ist durch Einbau von $^{3}$H-Thymidin meßbar. Die lokale entzündliche Reaktion wird durch die von den T-Lymphozyten bei Antigenkontakt freigesetzten Faktoren (S. 401, Abb. S. 407) in Gang gesetzt und unterhalten. Die Bedeutung einer Allergie vom verzögerten Typ für den Krankheitsverlauf ist jedoch noch unklar.

Die Immunreaktion vom verzögerten Typ kann passiv nicht nur durch sensibilisierte Lymphozyten, sondern auch durch den **Transferfaktor** übertragen werden. Der Transferfaktor, der sich aus Lymphozyten immunisierter Personen isolieren und reinigen läßt, ist eine niedermolekulare (dialysable) Substanz mit einem Mol.-Gew. von $< 1000$. Er besitzt weder Antigen- noch Antikörpereigenschaften und wird durch DNA-ase- und RNA-ase-Behandlung nicht zerstört, ist jedoch thermolabil und durch Pronase (bakterielle Protease) inaktivierbar.

## 5. Komplementsystem

Der durch die Reaktion eines Antigens mit einem spezifischen Antikörper und Bildung eines Antigen-Antikörper-Komplexes eingeleitete Immunprozeß löst eine Reihe unspezifischer Folgereaktionen aus, bei denen das Komplementsystem – ein aus Blutplasmaproteinen bestehendes Mehrkomponentensystem – eine wichtige Rolle spielt. Das Komplementsystem besteht aus 9 funktionellen Einheiten bzw. 11 verschiedenen Serumproteinen der Globulinklasse, deren

Eigenschaften von Komplementproteinen aus menschlichem Serum

| Komplement-Komponente | Elektrophoret. Beweglichkeit | Sedimentat.-Konstante (S) | Mol.-Gew. $\times 10^{-3}$ | Konzentration im Blut mg/l |
|---|---|---|---|---|
| C1q | γ | 11,0 | 400 | 1 - 2 |
| C1r | β | 7,0 | | |
| C1s | $\alpha_2$ | 4,0 | 110 | 0,25 - 0,45 |
| C4 | $\beta_1$ | 10,0 | 230 | 2 - 6 |
| C2 | $\beta_2$ | 5,2 | 117 | 0,08 - 0,12 |
| C3 | $\beta_1$ | 9,0 | 185 | 9 - 15 |
| C5 | $\beta_1$ | 8,7 | | 0,56 - 1,0 |
| C6 | $\beta_2$ | 6,6 | | |
| C7 | $\beta_2$ | 5,6 | | |
| C8 | γ | 8,5 | 150 | |
| C9 | $\alpha_2$ | 4,5 | 75 | 0,01 - 0,02 |

Nomenklatur und Reihenfolge ihrer sequentiellen Reaktion auf der vorstehenden Tabelle und dem Reaktionsschema wiedergegeben sind.

Die Auslösung des Komplementsystems beginnt mit der Bindung eines Antikörpers vom Typ IgG oder IgM an ein lösliches Antigen oder ein auf der Oberfläche einer Zelle lokalisiertes Antigen (Erythrozyten, Tumorzellen, Bakterien). In einer Serie hintereinander geschalteter Reaktionen der verschiedenen Komponenten des Komplementsystems entstehen Zwischen- bzw. Reaktionsprodukte mit vielfältigen Wirkungen: Erhöhung der Gefäßpermeabilität, Chemotaxis für polymorphkernige Leukozyten bzw. Thrombozyten, vermehrte Phagozytose der angegriffenen Zellen durch polymorphkernige Leukozyten bzw. Makrophagen und schließlich die Produktion eines Defekts in der Membran der antigentragenden Zellen, die mit osmotischer Lyse und Zelltod reagieren.

Ein Teil der an der Komplementreaktion beteiligten Faktoren hat Enzymaktivität (z. B. das aus drei Untereinheiten bestehende C1, das Esteraseaktivität besitzt) oder erhält durch Einwirkung anderer Komplementfaktoren Enzymaktivität (Proteaseaktivität des 4-2-Komplexes = C3-Konvertase).

Die C3-Komponente nimmt im Komplementsystem eine zentrale Position ein: Ihre Aktivierung durch C4-2 führt zur Spaltung in die Bruchstücke 3a und 3b. Während 3a als Anaphylatoxin zur Histaminfreisetzung und Steigerung der Gefäßpermeabilität mit Ödembildung führt, bleibt 3b membrangebunden und begünstigt die Phagozytose der Antigen-Antikörper-Komplex-beladenen Zellen („Opsonierung“) durch Anlockung von Makrophagen (Chemotaxis) sowie ihre Agglutination („Immunadhärenz“).

Die proteolytische Spaltung der C3-Komponente kann jedoch auch antikörperunabhängig durch Endotoxine (Lipopolysaccharide aus der Zellwand gramnegativer Bakterien), Zymosan (Rohextrakte aus Hefezellwänden) oder durch

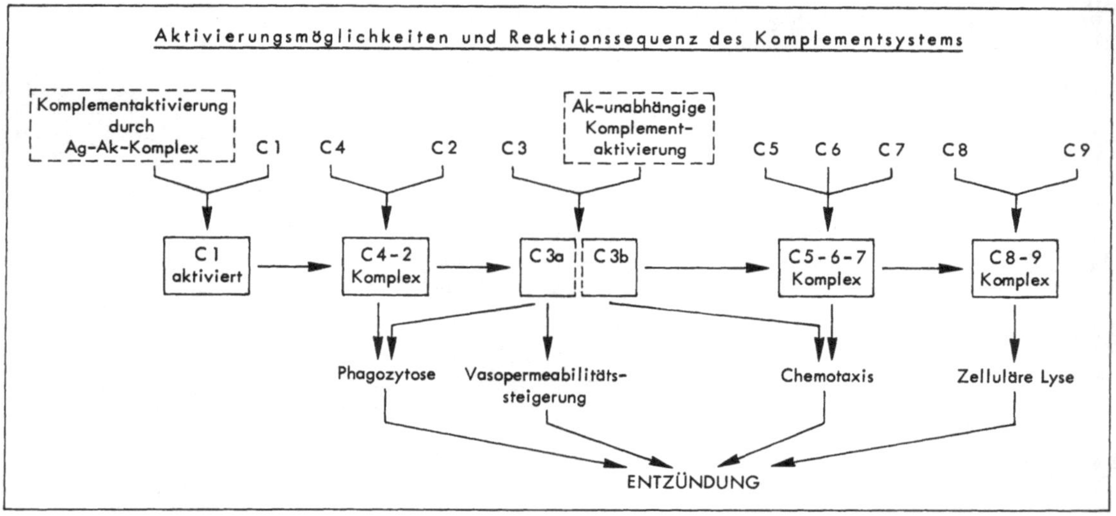


Proteasen selbst (z. B. Trypsin, Plasmin, Gewebsproteasen) ausgelöst werden und damit das Gesamtkomplementsystem in Gang setzen (Schema).

Die Wirkung des Komplementsystems auf die Zellmembran wird durch die Bildung eines makromolekularen Komplexes aus C6–7 und 5 ausgelöst, der sich mit C8 verbindet, und dessen Wirksamkeit durch Zugabe von C9 gesteigert wird. Als sichtbarer Effekt treten elektronenmikroskopisch nachweisbare Löcher bzw. Blasen der Zellmembran mit einem Durchmesser von 10 nm auf.

Die klinische Bedeutung des Komplementsystems liegt in der Tatsache, daß eine gesteigerte Aktivierung zu lokalisierter oder generalisierter Anhäufung von wirksamen Reaktionsprodukten des Komplementsystems führt und damit krankheitsauslösend oder -unterhaltend wirkt*. Dies gilt z. B. für die **Serumkrankheit** (S. 409), für **immunhämolytische Anämien** (S. 346), für die rheumatoide Arthritis (S. 400), den Lupus erythematodes sowie die akute und chronische Glomerulonephritis.

Das Komplementsystem wird in seiner Aktivität durch verschiedene im Blutplasma vorhandene Inhibitoren kontrolliert. Das Fehlen solcher Inhibitoren kann Ursache vererbbarer Krankheiten sein. So ist z. B. das **hereditäre Angioödem** durch einen Defekt des Inhibitors für C 1 bedingt (Tabelle, S. 55).

Auch das Fehlen bestimmter Komplementkomponenten, sei es auf genetischer Grundlage oder durch gesteigerten Verbrauch, kann zu bestimmten Krankheiten führen. Eine **Steigerung der Infektanfälligkeit** wurde für eine Form von C3-Hyperkatabolismus sowie für ein abnormes C5 beschrieben.

* Die Reaktionsprodukte des Komplementsystems wurden früher als „Anaphylatoxin" bezeichnet.

## 6. Immunsuppression und Immuntoleranz

Die Herstellung einer **Immuntoleranz,** d. h. eines Zustandes, in dem gegen ein Antigen keine Antikörper mehr gebildet werden bzw. die spezifischen Reaktionen einer zellulären Immunantwort ausbleiben, wird aus klinischer Indikation zur Verhinderung einer Transplantatabstoßung oder zur Ausschaltung pathogener Immunreaktionen bei Autoimmunerkrankungen angestrebt, läßt sich jedoch nicht vollständig erreichen. Dagegen ist eine **Immunsuppression** bei alternativer oder kombinierter Anwendung folgender Maßnahmen möglich:

- Glucocorticoide und Zytostatika, die die Proteinbiosynthese bzw. Nucleinsäurebiosynthese inhibieren, hemmen auch die Immunglobulinbiosynthese bzw. zelluläre Immunreaktionen.
- Unter der Wirkung ionisierender Strahlen entstehen in wäßriger Lösung aus Wassermolekülen Hydroxyl- bzw. Perhydroxylradikale und H-Atome. Die Radikale reagieren mit zahlreichen Zellbestandteilen (z. B. Nucleinsäuren) insbesondere mit SH-Gruppen enthaltenden Verbindungen unter Zerstörung ihrer Struktur. Die resultierende Zellschädigung führt zu einer Reduktion spezifischer Immunantworten.
- Antilymphozytenserum, das durch heterologe Immunisierung mit menschlichen Lymphozyten gewonnen und von agglutinierenden und zytotoxischen Substanzen befreit wird, zeigt einen inhibierenden Effekt auf immunkompetente menschliche Lymphozyten.
- Operative Entfernung lymphatischer Gewebe oder Zellen (Thymektomie, Splenektomie).

Die immunologische Reaktionsfähigkeit des Menschen gegenüber verschiedenen Antigenen ist individuell verschieden und altersabhängig. Die Entwicklung des Immunitätssystems beginnt im Foetalleben, ist jedoch dort nur schwach ausgeprägt und steigert sich erst nach der Geburt unter dem Einfluß des Antigenreizes der Umwelt (Abb. S. 404). Der Kontakt mit einem Antigen während des Foetallebens kann zur **Immuntoleranz** führen, d. h. daß dieses Antigen während des ganzen Lebens als körpereigen anerkannt wird und damit den Charakter eines Antigens verloren hat.

# Bibliographie

Das nachstehende Verzeichnis enthält meist neuere – vorwiegend deutschsprachige – Monographien, Handbuchartikel und Übersichtsarbeiten, die den Zugang zur Primärliteratur vermitteln sollen, jedoch keine vollständige Übersicht geben.

Die Schrifttumsnachweise sind nach Kapiteln und chronologisch geordnet.

## Lehrbücher der Pathophysiologie, Pathobiochemie und Klinischen Chemie


Thompson, R. H. S. and I. D. P. Wootton (eds.), Biochemical Disorders in Human Disease (3. ed.), Churchill, London, 1970

Stanbury, J. B., J. B. Wyngaarden and D. S. Fredrickson, The metabolic basis of diseases (3. ed.), McGraw Hill, New York, 1972

Bock, H. E., Pathophysiologie (Band I u. II, 2. Aufl.) Thieme, Stuttgart, 1974

Curtius, H. Ch. and M. Roth (eds.), Clinical Biochemistry, Principles and Methods (Vol. I and II), de Gruyter, Berlin, 1974

Englhardt, A., Klinische Chemie und Laboratoriumsdiagnostik, Schattauer, Stuttgart, 1974

Sodeman, W. A., and W. A. Sodeman, Pathologic Physiology, Saunders, Philadelphia, 1974

Hollmann, S., R. Schoen und H. Südhof, Biochemische Befunde in der Differentialdiagnose innerer Krankheiten, Thieme, Stuttgart, 1975

Mehnert, H. und H. Förster, Stoffwechselkrankheiten (2. Aufl.) Thieme, Stuttgart, 1975

Bühlmann, A. A. und E. R. Froesch, Pathophysiologie (3. Aufl.), Springer, Berlin, 1976

Prellwitz, W., Klinisch-chemische Diagnostik (2. Aufl.), Thieme, Stuttgart, 1976

Siegenthaler, W. (Hrsg.), Klinische Pathophysiologie (3. Aufl.), Thieme, Stuttgart, 1976

Rick, W., Klinische Chemie und Mikroskopie (4. Aufl.), Springer, Berlin, 1977


## A I. Enzyme


Bergmeyer, H. U. (Hrsg.), Methoden der enzymatischen Analyse (Bd. I und II, 2. Aufl.) Verlag Chemie, Weinheim, 1970

Boyer, P. D. (ed.), The Enzymes (Vol. I bis VIII), Academic Press New York, 1970–1973

Enzyme Nomenclature, Recommandations of the Commission on Biochemical Nomenclature on the Nomenclature and Classification of Enzymes together with their Units and the Symbols of Enzyme Kinetics, Elsevier, Amsterdam, 1973

Schmidt, E. und F. E. Schmidt, Kleine Enzymfibel, Boehringer, Mannheim GmbH, Mannheim, 1973

Bergmeyer, H. U. (Hrsg.), Grundlagen der enzymatischen Analyse, Verlag Chemie, Weinheim, 1977

## A II. Nucleinsäuren

Mertz, D. P., Gicht – Grundlagen, Klinik und Therapie (2. Aufl.), Thieme, Stuttgart, 1973

Harris, H., Biochemische Grundlagen der Humangenetik, Akademie-Verlag, Berlin, 1974

Kersten, H. and W. Kersten, Inhibitors of Nucleic Acid Synthesis, Springer, Berlin, 1974

Korfmacher, I. und N. Zöllner, Gicht – lebenslange Behandlung unerläßlich. Dtsch. Ärztebl. **17**, 1221 (1974)

Harbers, E., Nucleinsäuren (2. Aufl.), Thieme, Stuttgart, 1975

Watson, J. B., Molecular Biology of the Gene (3. ed.), W. A. Benjamin, New York, 1975

Lenz, W., Medizinische Genetik (3. Aufl.), Thieme, Stuttgart 1976

Murken, J. D. und H. Cleve, Humangenetik (2. Aufl.), Enke, Stuttgart, 1977

## A III. Proteine und Aminosäuren

Nythan, W. L. (ed.), Amino Acid Metabolism and Genetic Variation, McGraw-Hill, New York, 1967

Nyhan, W., Heritable Disorders of Amino Acid Metabolism, J. Wiley, New York, 1974

Dörfler, H. und P. U. Heuckenkamp, Unterernährung und Kachexie (in: Klinische Ernährungslehre, Bd. II, 1), Thieme, Stuttgart, 1976

## A IV. Kohlenhydrate

Wieland, O. und H. Mehnert (Hrsg.), Biochemie und Klinik des Insulinmangels, Thieme, Stuttgart, 1970

Mehnert, H. und K. Schöffling, Diabetologie in Klinik und Praxis, Thieme, Stuttgart, 1974

Löffler, G. und L. Weiss, Die Stoffwechselwirkungen des Insulins (Handbuch der Inneren Medizin, Bd. VII/2 A), Springer, Berlin, 1975

Oberdisse, K., Diabetes mellitus (Handbuch der Inneren Medizin, Bd. VII/2 A), Springer, Berlin, 1975

Förster, H., Das Krankheitsbild der Lactat-Acidose, Fortschr. Med. **95**, 2243 (1977)

## A V. Lipide

Zöllner, N., Physiologie des Gesamtstoffwechsels, Fettsucht, Magersucht (in: N. Zöllner [Hrsg.], Thannhausers Lehrbuch des Stoffwechsels und der Stoffwechselkrankheiten), Thieme, Stuttgart, 1957

Schettler, G. (ed.), Lipids and Lipidoses, Springer, Berlin, 1967

Undeutsch, D., Fettstoffwechselstörungen, Schattauer, Stuttgart, 1975

Greten, H. (ed.), Lipoprotein Metabolism, Springer, Berlin, 1976

Robert, L. and A. M. Robert (eds.), Adipose Tissue, Karger, Basel, 1976

## A VI. Wasser- und Elektrolythaushalt

Moll, H. C. und G. W. Daugherty, Stoffwechsel des Wassers und der Elektrolyte (in: N. Zöllner [Hrsg.], Tannhausers Lehrbuch des Stoffwechsels und der Stoffwechselkrankheiten), Thieme, Stuttgart, 1957

Siegenthaler, W., Klinische Physiologie und Pathologie des Wasser- und Salzhaushalts, Springer, Berlin, 1961

Davenport, H., Säure–Basen–Regulation, Thieme, Stuttgart, 1973

Muntwyler, E., Elektroytstoffwechsel und Säure–Basen–Gleichgewicht, de Gruyter, Berlin, 1973

Zumkley, H. (Hrsg.), Klinik des Wasser-, Elektrolyt- und Säure–Basen–Haushalt, Thieme, Stuttgart, 1977

## B I. Hormone

Schirren, C., Fertilitätsstörungen des Mannes, Diagnostik, Biochemie des Spermaplasmas, Enke, Stuttgart, 1961

Labhart, A., Klinik der Inneren Sekretion (2. Aufl.), Springer, Berlin, 1971

Williams, R. H., Textbook of Endocrinology (4. ed.), Saunders, Philadelphia, 1972

Klein, E., J. Kracht, H.-L. Krüskemper, D. Reinwein und P. C. Scriba, Klassifikation der Schilddrüsenkrankheiten, Dtsch. med. Wschr., **98**, 2249 (1973)

Tausk, M., Pharmakologie der Hormone, Thieme, Stuttgart, 1973

Schleusener, H. und B. Weinheimer (Hrsg.), Schilddrüse, Thieme, Stuttgart. 1974

Gupta, D., Radioimmunoassay of Steroid Hormones, Verlag Chemie, Weinheim, 1975

Gupta, D. und W. Voelter (eds.), Hypothalamic Hormones-Structure, Synthesis and Biological Activity, Verlag Chemie, Weinheim, 1975

Ludvik, W., Andrologie, Thieme, Stuttgart, 1976

## B II. Vitamine und Coenzyme

Kress, v. H. und K. U. Blum, Vitamine A, E und K. Klinische und physiologisch-chemische Probleme, Schattauer, Stuttgart, 1969

Kress, v. H. und K. U. Blum, B-Vitamine. Klinische und physiologisch-chemische Probleme, Schattauer, Stuttgart, 1969

McLaren, D. S., The Vitamins (in: P. K. Bondy [ed.], Diseases and Metabolism), Saunders, Philadelphia, 1969

Lang, K., Biochemie der Ernährung (2. Aufl.), Steinkopff, Darmstadt, 1970

Norman, A. W., K. Schaefer, J. W. Coburn, H. F. DeLuca, D. Fraser, H. G. Grigoleit, D. von Herrath, (eds.), Vitamin D. Biochemical, Chemical and Clinical Aspects related to Calcium Metabolism, de Gruyter, Berlin, 1977

## C I., II. Erythrozyten, Granulozyten, Monozyten

Pribilla, W., Erythrämie und Erythroleukämie (in: R. Gross und J. van de Loo [Hrsg.], Leukämie), Springer, Berlin, 1972

Gerlach, E., K. Moser, E. Deutsch und W. Wilmanns (Hrsg.), Erythrocytes, Thrombocytes, Leucocytes, Thieme, Stuttgart, 1973

Fliedner, T. M., Kinetik und Regulationsmechanismen des Granulozytenumsatzes, Schweiz. med. Wschr. **104**, 98 (1974)

## C III. Leber

Popper, H. und F. Schaffner, Progress in Liver Disease (Vol. I–IV), Grune & Stratton, New York, London, 1961–1974

Wallnöfer, H., E. Schmidt und F. W. Schmidt, Synopsis der Leberkrankheiten, Thieme, Stuttgart, 1974

Böhm, C. und K. Seilnacht, Leberkrankheiten aus der Sicht der Praxis, Skripta Medica Merck, Darmstadt, 1975

Keppler, D. (ed.), Pathogenesis and Mechanisms of Liver Cell Necrosis MTP-Press Ltd., Lancaster, 1975

Schiff, L. (ed.), Diseases of the Liver (4. ed.), Lippincott, Philadelphia, 1975

Sherlock, S., Diseases of the Liver and Biliary System, Blackwell Scientific Publ., Oxford, 1975

Wallnöfer, H., E. Schmidt und F. W. Schmidt (eds.), Diagnosis of Liver Diseases, Thieme, Stuttgart, 1977

## C IV. Gastrointestinaltrakt

Demling, L. (Hrsg.), Klinische Gastroenterologie (Bd. II), Thieme, Stuttgart, 1973

Caspary, W. F., Resorption von Kohlenhydraten und Proteinen im Dünndarm unter normalen und krankhaften Bedingungen, Thieme, Stuttgart, 1975

Csaky, T. Z. (ed.), Intestinal Absorption and Malabsorption, Raven Press, New York, 1975

Domagk, G. F. und K. Kramer, Ernährung und Verdauung (2. Aufl.), Urban und Schwarzenberg, München, 1977

## C V. Niere

Gerok, W., Primäre Tubulopathien, Störungen des zellulären Transportes, Thieme, Stuttgart, 1969

Reubi, F., Nierenkrankheiten (2. Aufl.), Huber, Bern, 1970

Black, D., Renal Disease, Blackwell Scientific Publ. Oxford, 1972

Heptinstall, R. H., Pathology of the Kidney (2. ed.) Churchill, London, 1974

## C VI. Skelettsystem

Kuhlencordt, F. und H. P. Kruse, Was ist gesichert in der Therapie der Osteoporose und Osteomalacie? Internist, **15**, 588–593 (1974)

Rasmussen, H. and P. Bordier, The Physiological and Cellular Basis of Metabolic Bone Disease, Williams & Wilkins, Baltimore, 1974

Delling, G., Endokrine Osteopathien, Fischer, Stuttgart, 1975

Kuhlencordt und H. P. Kruse (eds.), Calcium Metabolism, Bone and Metabolic Bone diseases, Springer, Berlin, 1975

Talmage, R. V., O. Maureen, and J. A. Parsons (eds.), Calcium-Regulating Hormones, Excerpta Medica, Amsterdam, 1975

## C VII. Herz- und Skelettmuskel

Beckmann, R., Myopathien, Thieme, Stuttgart, 1965

Schwarzbach, W., Die Herzinsuffizienz, Urban & Schwarzenberg, München, 1972

Schwartz, A., L. A. Sordahl, M. L. Entman, J. C. Allen, Y. S. Reddy, M. A. Goldstein, R. J. Luchy, and L. E. Wyborny, Abnormal Biochemistry in Myocardial Failure, Amer. J. Cardiol. **32**, 407 (1973)

## C VIII. Bindegewebe

McKusick, V. A., The Mucopolysaccharidoses (in: V. A. McKusick [ed.], Heritable Disorders of Connective Tissue, 4. ed.), Mosby, St. Louis, 1972

Spranger, J. W., The Systemic Mucopolysaccharidoses, Ergebnisse der Inneren Medizin und Kinderheilkunde, **32**, 116–265 (1972)

Neufeld, E. F. and M. Cantz, The Mucopolysaccharidoses Studied in Cell Culture (in: H. G. Hers and F. van Hoof [eds.], Lysosomes and Storage Diseases), Academic Press, New York, 1973

Buddecke, E., R. Fricke, F. Hartmann, H. Muir, and K. Kühn (eds.), Connective Tissues, Springer, Berlin, 1974

Hartmann, F., Neue Gesichtspunkte zu den Folgen der chronischen Polyarthritis, Byk Gulden, Pharmazeutika, Konstanz, 1974

Schettler, G. and A. Weizel (eds.), Atherosclerosis III, Springer, Berlin, 1974

Mathews, M. B., Connective Tissue, Springer, Berlin, 1975

Perper, R. J. (ed.), Mechanisms of Tissue Injury with Reference to Rheumatoid Arthritis, Ann. New York Acad. Sci. **256** (1975)

Camerini-Davalos et al. (eds.), Atherogenesis, Ann. N. Y. Acad. Sci. **275**, New York, 1976

Effert, S. and J. D. Meyer-Erkelenz (eds.), Blood Vessels, Springer, Berlin, 1976

Hauss, W. H., The Role of the Mesenchymal Cells in Arteriosclerosis, Front. Matrix Biol. (Vol. 2), Karger, Basel, 1976

Platt, D., Biologie des Alterns, Quelle und Meyer, Heidelberg, 1976

## C IX. Malignes Wachstum

Langen, P., Antimetabolite des Nucleinsäurestoffwechsels, Akademie Verlag, Berlin, 1968

Müller, W. E. G., Chemotherapie von Tumoren, Verlag Chemie, Weinheim, 1975

Sartorelli, A. C. and D. G. Johns (eds.), Antineoplastic and Immunsuppressive Agents, Springer, Heidelberg, 1974, 1975

Friedman, H. and C. Southam (eds.), International Conference on Immunobiologie of Cancer, Ann. N. Y. Acad. Sci, **276**, New York, 1976

Sauer, H. und W. Wilmanns, Derzeitiger Stand der Synchronisation von malignen Tumoren und akuten Leukämien, Klin. Wschr. **84**, 197 (1976)

Andreeff, M., Zellkinetik des Tumorwachstums, Thieme, Stuttgart, 1977

## D I. Hämostase

Breddin, K., Die Thrombozytenfunktion bei hämorrhagischen Diathesen, Thrombosen und Gefäßkrankheiten, Schattauer, Stuttgart, 1968

Bang, N. U., F. Beller, E. Deutsch and E. F. Mammen, Thrombosis and Bleeding Disorders, Thieme, Stuttgart, 1971

Hiemeyer, V., H. Rasche und K. Diehl, Hämorrhagische Diathesen, Thieme, Stuttgart, 1972

Deutsch, E., Blutung und Fibrinolyse (in: E. Deutsch und G. Geyer [Hrsg.], Laboratoriumsdiagnostik, 2. Aufl.), Hartmann, Berlin 1975

Lasch, H. G., D. Heeme und C. Mueller-Eckhardt, Pathophysiologie und Klinik der hämorrhagischen Diathesen (in: H. Begemann [Hrsg.], Klinische Hämatologie, 2. Aufl.), Thieme, Stuttgart, 1975

## D II., III. Entzündung und Wundheilung

Buddecke, E., Biochemie der Wundheilung, Med. Mittl. (Melsungen) 41/II, 129 (1967)

Kühnau, J., Biochemie der Wundheilung (in: E. Ungeheuer [Hrsg.], Wundheilung und Wundnaht), Urban und Schwarzenberg, München, 1967

Chayen, I. and L. Bitewsky, Multiphase Chemistry of Cell Injury (in: E. E. Bittar and N. Bittar [eds.], The biological basis of medicine, Vol. 1), Academic Press, London, 1969

Slater, T. F., Aspects of Cellular Injury and Recovery (in: E. E. Bittar and N. Bittar [eds.], The biological basis of medicine, Vol. 1), Academic Press, London, 1969

## D IV. Immunchemie

Baker, M. A. and R. N. Taub, Immuntherapy of Human Cancer. Progr. Allergy **17**, 227 (1973)

Burnet, M., Körpereigene und körperfremde Substanzen bei Immunprozessen, Thieme, Stuttgart, 1973

Kerl, H., M. Sandhofer, G. Klein und H. Altmann, DNS-Antikörperbestimmungen bei diffusen Bindegewebserkrankungen, Dtsch. med. Wschr. **32**, 1626 (1974)

Feltkamp, T. E. W., Autoimmunkrankheiten, Lehmann, München, 1975

Gergely, J. und H. H. Ott, Immunglobuline und Immunopathien, Fischer, Stuttgart, 1975

Keller, R., Immunologie und Immunpathologie, Thieme, Stuttgart, 1977

Sell, S., Immunologie, Immunpathologie und Immunität, Verlag Chemie, Weinheim, 1977

# Sachregister

Biotin 12, 214, 185, 194

**Über den Autor**

Eckhart Buddecke war nach Studium der Humanmedizin und Chemie (Promotion zum Dr. med. 1952) an der Medizinischen Forschungsanstalt der Max-Planck-Gesellschaft in Göttingen und – mit Unterbrechungen durch Studienaufenthalte in Schweden und den USA – an den Instituten für Physiologische Chemie in Gießen und Tübingen tätig. Seit 1966 ist er o. Prof. für Physiologische Chemie und Direktor des Instituts für Physiologische Chemie an der Universität Münster/Westf. Als Facharzt für Laboratoriumsmedizin leitet er die klinisch-chemische Abteilung des Instituts. Seine Arbeitsgebiete sind: Chemie, Physikochemie und spezielle Enzymologie der Proteoglykane und Glykoproteine, Biochemie und Pathobiochemie des Arteriengewebes und mesenchymaler Organe.

Postanschrift: Institut für Physiologische Chemie der Universität, Waldeyerstr. 15, 4400 Münster

**Sachverzeichnis und Manuskriptredaktion:** Dr. med. A. Buddecke

**Tabelle der Normbereiche und SI-Einheiten:** Dr. med. H. J. Enders

**Graphik:** Horst Bauer und Hans-Peter Gassel

FSC
www.fsc.org
MIX
Papier | Fördert
gute Waldnutzung
FSC® C083411

Kolibri 360 GmbH
Ferdinand-Jühlke-Straße 7
99095 Erfurt, Deutschland
produktsicherheit@kolibri360.de